MÉMOIRES ET SOUVENIRS

DE

AUGUSTIN-PYRAMUS DE CANDOLLE

24661

MÉMOIRES

ET

SOUVENIRS

DE

AUGUSTIN-PYRAMUS DE CANDOLLE

ASSOCIÉ ÉTRANGER DE L'INSTITUT

(Académie des Sciences)

ÉCRITS PAR LUI-MÊME

ET PUBLIÉS

PAR SON FILS

GENÈVE

JOËL CHERBULIEZ, LIBRAIRE, GRANDE RUE, 2

PARIS

MÊME MAISON, RUE DE LA MONNAIE, 10

———

1862

GENÈVE. — IMPRIMERIE RAMBOZ ET SCHUCHARDT

PRÉFACE DE L'ÉDITEUR

Mon père est mort le 9 septembre 1841.

Il avait écrit des *Mémoires* sur sa vie, ses travaux, ses souvenirs, et dans une lettre où il me laissait plusieurs directions et recommandations, j'ai trouvé la phrase suivante : « *Tu jugeras si ce manuscrit vaut la peine d'être publié. Dans ce cas, je t'autorise à y faire des retranchements, mais aucune addition, si ce n'est en ton nom.*

Vingt ans se sont écoulés. Cependant j'étais bien persuadé que mon père avait prévu et plus ou moins désiré une publication. La connaissance intime de son caractère me le faisait présumer et l'examen de son manuscrit le confirmait. Il avait achevé sa rédaction au travers d'années de découragement et de maladie; il avait préparé et classé des pièces justificatives très-détaillées ; enfin il avait effacé quelques anecdotes d'une nature trop personnelle ou trop vulgaire pour être communiquées au public. Evidemment, il avait commencé à écrire pour sa propre satisfaction et dans le but de fixer ses souvenirs ; ensuite, voyant sa réputation s'étendre et de nombreux amis ou élèves s'intéresser aux événements de sa vie, il s'était attaché graduellement à l'idée d'une publicité plus ou moins grande, à une époque indéterminée. Je ne me suis donc pas regardé comme absolument libre de publier ou de ne pas publier ; mais je pensais devoir apprécier la valeur de telle ou telle objection dont mon père n'aurait pas eu connaissance, et surtout j'avais à choisir le mode de publication et un moment opportun. D'ailleurs, je sentais pouvoir mieux que personne remplir la tâche d'éditeur, et

l'auteur aurait faites certainement s'il avait relu. Je n'ai pas abordé celles qu'il aurait ajoutées probablement, s'il avait été à la veille de livrer son manuscrit à l'impression. Peut-être ai-je été trop timide? C'est possible, — mais on connaît mes motifs. Ils proviennent de difficultés et de scrupules dont le lecteur voudra bien, je l'espère, me tenir compte, de la même façon qu'il ne doit pas juger comme un livre achevé des pages que l'auteur n'a pu revoir.

Au lieu de réclamer si humblement l'indulgence du public, il m'était venu quelquefois l'idée de faire imprimer l'ouvrage à un petit nombre d'exemplaires, pour en donner à quelques amis seulement. J'ai senti très-vite qu'il fallait y renoncer. J'aurais mécontenté, en suivant ce système, bien des personnes à Genève, à Paris, à Montpellier et ailleurs, qui ont eu des relations directes ou indirectes avec mon père, et que moi-même je ne connais pas toujours. Il ne m'est pas possible de deviner le degré d'intérêt que l'auteur des *Mémoires* peut avoir laissé chez ceux qui l'ont connu ou qui ont entendu parler de lui dans leur jeunesse. Et la cohorte nombreuse des bota-nistes ! Elle est pour moi comme une seconde famille, dissé-minée dans le monde entier. Ses membres m'ont accueilli avec une amitié singulière, même dans des pays très-éloignés du mien, sans aucun autre motif que mon nom. Je ne puis faire autrement que de mettre à leur portée l'histoire d'un homme qui a été un de leurs maîtres. Je serais presque tenté de la leur dédier.

Ils y trouveront, j'en conviens, peu de chapitres purement scientifiques, mais l'ouvrage les aidera à comprendre le rôle de l'auteur et les causes de son influence. A ce sujet, qu'on me permette quelques réflexions. Elles me paraissent op-portunes, soit pour les gens du monde, qui ne connaissent guère l'histoire de la botanique, soit même pour les botanistes, qui n'ont pas tous assez réfléchi sur l'enchaînement des tra-vaux de leurs devanciers et sur leurs effets. Je crois pouvoir indiquer d'une manière très-générale, sans employer des ex-pressions techniques, le genre d'action de mon père sur la science. On verra comment une connaissance plus intime de sa vie peut servir à expliquer et à compléter certaines notions relatives à ses ouvrages.

Une science de pure observation, comme la botanique, n'avance pas à la manière des mathématiques ou de la physique par des inventions ou des découvertes dont on puisse faire honneur à tels ou tels savants illustres. On serait fort embarrassé de dire quel organe des végétaux ou quel mécanisme de leur vie Linné aurait le premier fait connaître, et j'en dirai autant de Jussieu, de Tournefort, etc. C'est que la nature ayant toujours étalé ses richesses sous les yeux des hommes, les faits principaux ont été vus ou entrevus de bonne heure. Il y a longtemps que des observateurs habiles ont regardé les plantes. Si quelques-uns d'entre eux ont été considérés comme de grands botanistes, c'est qu'ils ont imaginé et employé des moyens nouveaux destinés à mieux observer, à mieux décrire et à mieux classer, c'est-à-dire mieux expliquer les faits, car tout rapprochement exact est une sorte d'explication. Chacun de ces hommes supérieurs, selon sa propre disposition d'esprit et l'état de la science, a porté ses regards ou avec intensité sur des détails, ou rapidement sur un vaste ensemble. C'est en excellant dans une de ces deux tendances qu'ils ont tous influé sur les opinions de leurs contemporains ou plutôt de leurs successeurs immédiats.

Le besoin de regarder tantôt les détails et tantôt l'ensemble varie, selon les époques, par une espèce de force des choses. L'histoire de la botanique en est une preuve palpable.

Lorsqu'on a étudié depuis longtemps les détails, les observateurs perdent l'habitude de comparer et de réfléchir. Chacun ne connaissant qu'un point ne peut plus profiter des progrès qui se font sur les autres. La science devient un chaos de petits faits isolés, dont le public ne comprend plus la véritable valeur et la portée. Elle languit nécessairement pendant un certain nombre d'années. Survienne alors un Linné qui, d'un coup d'œil vaste, embrasse tout le domaine de la science, rapproche les faits, élague ceux qui lui paraissent peu importants, et grâce au même esprit de généralisation, proclame des principes et des théories, la métamorphose sera subite. C'est le moment où la botanique plaît aux gens instruits, aux hommes à idées. On l'enseigne avec succès, et l'on voit l'Académie des sciences de Paris nommer pour la première fois un botaniste à l'une de ses huit places d'associés étrangers, le plus élevé des titres scientifiques qui existent[1]. Néanmoins, on s'aperçoit bientôt que, pour mieux généraliser et condenser, on a élagué trop de faits, que les détails doivent être revus, que les lois ont beaucoup d'exceptions, bref, on revient forcément à l'analyse. De nouveau, chaque savant ne veut plus s'occuper que d'une branche, puis d'une seule subdivision d'une branche, et alors quelques parties qui ont besoin de s'appuyer sur d'autres ne sont plus étudiées. Les personnes qui s'occupent des sciences voisines cessent de s'intéresser à la botanique ; elles n'y comprennent plus rien. Les jeunes gens capables s'en éloignent. Des savants de premier ordre cherchent même à les en détourner, comme de Saussure le tenta avec de Candolle[2]. Les botanistes ennuient. On retranche des chaires de botanique, et les sociétés savantes, loin de conférer à ceux qui s'en occupent des titres élevés, sont disposées à empiéter sur les modestes places qui leur sont destinées par les règlements ou les habitudes. Toute une génération de botanistes doit pâtir. Cependant elle travaille, elle amasse des faits ; les sciences voisines changent et éclairent : on attend de nouveau une transformation. Le premier jeune homme hardi, actif, intelligent et bien préparé qui comprend l'état des choses, saisit encore une fois dans ses bras tous les rameaux de l'arbre, et les rattache ensemble par quelques bons liens, c'est-à-dire par des lois, des hypothèses et des théories qui durent vingt ou trente ans et dont il subsiste en définitive une partie plus ou moins considérable.

Cet homme heureux, après Linné, a été de Candolle. Lorsqu'il a commencé l'étude de la botanique, à la fin du siècle dernier, la physiologie s'appelait physique végétale, et ceux qui s'en occupaient savaient à peine le nom d'une plante. D'autres, inversement, s'intitulaient botanistes, et ne savaient guère que les noms, encore les cherchaient-ils au moyen de la clef simplifiée que Linné avait construite comme un procédé commode. Un célèbre botaniste, Antoine-Laurent de Jus-

---

[1] Linné fut nommé en 1762. Voyez sur ce titre, aux *Pièces justificatives*, la page 522.

[2] Voir page 36 des *Mémoires*.

sieu, perfectionnait avec une rare sagacité la méthode naturelle
de classification, qui avait toujours eu des racines en France,
mais il ne sortait pas de ce genre de questions, ni de l'examen
d'une seule des deux grandes classes du règne végétal, et il
négligeait volontairement les espèces pour s'attacher aux genres
et aux familles. L'étude des organes, en eux-mêmes, existait
à peine. Si un homme de génie, tel que Gœthe, développait
quelques points de vue remarquables à cet égard, on n'y faisait aucune attention. La géographie botanique, dont Linné
s'était occupé, était abandonnée. Évidemment, la science, malgré des progrès partiels, s'était amoindrie par trente années
de subdivision. Elle a repris vigueur lorsqu'un seul individu
a cultivé simultanément la physiologie et la botanique descriptive, les organes des plantes et leurs relations de formes, les
espèces comme les genres, comme les familles ou les classes,
les plantes de toutes les catégories et de tous les pays, leur
distribution géographique, leurs propriétés médicales et leurs
applications aux usages économiques. Cette fusion se faisait
d'ailleurs avec un degré de talent qu'il ne m'appartient pas
d'apprécier, mais que des juges impartiaux et plus habiles que
moi ont qualifié de génie [1].

Linné, avec une justesse de vue admirable, avait posé des
principes, mais il les avait proclamés avec autorité, dans le
style d'aphorisme, à la manière des lois du décalogue ou des
douze tables. Cette forme ne pouvait pas convenir à la fin du
dix-huitième siècle. Alors on voulait aussi des lois, mais des
lois exposées et discutées. Il ne fallait même plus de discussions en latin, quoique la préface du *Genera plantarum* de
Jussieu en eût continué l'usage. La conviction n'arrivait plus
de cette manière, et la preuve c'est que, jusqu'en 1805, date de
la *Flore française*, c'est-à-dire dans les quinze ans qui ont suivi
l'apparition du *Genera*, aucune flore, aucun ouvrage important de botanique n'a été publié, même à Paris, en suivant le
système recommandé avec tant d'habileté par Jussieu. Pour

---

[1] *Il est le seul homme, depuis Linné, qui ait embrassé toutes les parties
de la botanique avec un égal génie*, a dit M. Flourens dans le remarquable
éloge déjà cité. — *Il a été le Linné de notre époque*, répète plusieurs fois
M. de Martius. — Sur les analogies de caractère avec Linné, voyez p. 569.

voir les botanistes. L'idée est conforme à la grandeur même de la nature, car elle offre semblablement un centre auquel tout est ramené (l'unité d'un plan de composition) et une infinie variété dans les détails. Cette variété crée une apparence de confusion, mais avec un ordre intime parfait. On dirait une de ces grandes nations fortement constituées dans lesquelles certains malheurs, certains abus résultant, par exemple, de la liberté individuelle ou de la séparation des pouvoirs, n'empêchent pas de reconnaître l'unité de l'ensemble, et expliquent même, si on les envisage de haut, certaines causes de stabilité et de vigueur.

Le sentiment de l'unité de composition a toujours existé, d'une manière plus ou moins claire, dans l'esprit des naturalistes. Il naît de l'étude des rapports et se manifeste dans toute tentative de classification naturelle. Gœthe l'avait conçu fortement. Geoffroy Saint-Hilaire en zoologie, de Candolle en botanique, l'ont développé, sans avoir la moindre connaissance des opuscules sur l'histoire naturelle de leur illustre devancier [1]. L'idée plus particulière de mon père, celle de la régularité du plan typique dans les végétaux, idée que Gœthe a toujours repoussée, se rapproche des théories de Haüy [2] sur la cristallisation, et de la loi des proportions déterminées de Berzelius pour la composition chimique des corps. Ce n'est pas tout à fait par hasard. Rien n'est dû au hasard dans la génération des idées, mais le lien qui les a unies à l'origine demeure souvent inconnu. On verra dans les *Mémoires* de mon père qu'il avait suivi dans sa jeunesse un cours de Haüy, dont il connaissait bien les ouvrages, et qu'à la première notion de la découverte de Berzelius il fut saisi d'un véritable enthousiasme.

Théories, vaines théories que tout cela, diront beaucoup de naturalistes de notre époque, un scalpel à la main et l'œil à l'oculaire de leur microscope. Je ne suis pas de leur avis. Ces théories sont ce qui groupe les faits beaucoup trop nombreux pour nos intelligences limitées ; elles enfont chercher de

---

[1] Voyez ma note, page 572.

[2] Remarque de M. Daubeny, qui a fort bien exposé les doctrines de mon père dans son éloge. (*Edinburgh philos. Journal*, 1843.)

entraîner, il fallait parler en langue vulgaire, le public tenant
à bien comprendre et à juger. C'est ce que l'auteur des *Principes de botanique* placés en tête de la flore française, de cette
Flore elle-même et de la *Théorie élémentaire*, avait deviné,
et c'est là une des grandes causes de son succès. La clarté
et la vivacité d'une rédaction en langue moderne devaient
tout emporter. Même pour les Anglais et les Allemands, un
exposé des principes en français produisit plus d'effet que n'aurait pu en avoir le latin le plus classique. La langue morte resta
dès lors pour les descriptions, où elle est commode, parce
qu'elle est devenue technique et plus précise que le vrai latin,
mais la discussion des lois et des théories se trouva dégagée
de la froideur et de la routine traditionnelle des phrases latines. Que l'on compare les traités de botanique avant et après
1813, date de la *théorie*, et l'on verra par où le raisonnement
est entré ouvertement dans la science. C'était bien la tendance
de l'époque, je le sais, mais celui qui a fait le mieux entrer
cet esprit moderne de discussion, avec ses formes les plus
claires, dans l'histoire naturelle des végétaux, a rendu un vrai
service. Non-seulement il a répandu plus vite ses propres idées,
mais il a préparé la voie pour les progrès subséquents.

Parlerai-je ici des opinions et des théories que mon père a
émises en botanique? Ce serait entrer dans un sujet bien vaste,
bien spécial, et m'éloigner beaucoup du genre des *Mémoires*
où l'auteur ne traite point de questions purement scientifiques.
Je dirai seulement, d'une manière très-générale, que ces théories roulaient sur la nature des organes des plantes et sur
leurs dispositions respectives. Elles tendaient à faire envisager
l'être organisé comme construit sur un plan régulier, avec
des pièces disposées symétriquement ; mais ce plan, cette disposition symétrique se montrent rarement dans la nature,
par l'effet de causes secondaires qui les altèrent ou les cachent
plus ou moins dans chaque cas particulier. Concevoir le plan
ou type d'après les données partielles que l'on possède, et démontrer les causes d'altération, en se servant pour cela des
manifestations variées de cent mille espèces de végétaux et
des monstruosités qui se présentent de loin en loin dans chacune, tel était le cercle immense dans lequel devaient se mou-

science qu'une marche inévitable avait trop isolées ; il a introduit largement la discussion sur les faits et les principes ; il a émis des idées nouvelles sur la manière de considérer les organes des végétaux, sur leur plan idéal et sur les causes variées de modifications à ce plan ; enfin, il a fait triompher la méthode naturelle de classification en la discutant, en la perfectionnant, et surtout en la pratiquant avec une ardeur extraordinaire et sur une grande échelle. Par toutes ces causes, il avait relevé la botanique dans l'opinion, et ce même titre scientifique supérieur dont je parlais il y a un instant comme une preuve de la réputation de Linné, il a été le second botaniste qui l'ait reçu. Robert Brown, son contemporain, esprit vaste également, plus exact, mais moins actif, a été le troisième, et malgré la profondeur de quelques recherches des botanistes modernes, je doute qu'on en voie un quatrième aussi longtemps que durera la période d'analyse dans laquelle la force des choses nous a fait entrer.

Le caractère individuel et les circonstances qui ont environné mon père dans sa jeunesse et son âge mûr ont notablement contribué à ses succès. C'est à ce point de vue que les *Mémoires* expliquent beaucoup de choses de sa carrière scientifique. Ils montrent sa passion instinctive pour l'étude, pour celle de la botanique en particulier, son activité infatigable, son indépendance d'esprit, et celle qui résultait de sa position à Genève et de sa résidence habituelle hors des grands centres scientifiques et politiques. Appartenant à un très-petit pays, il avait pris l'habitude de penser à l'Europe, comme à sa véritable patrie, dans tout ce qui n'est pas de pur intérêt local, et l'Europe l'avait adopté d'autant plus volontiers qu'il n'était d'aucune des principales nations jalouses les unes des autres. Les petits pays rétrécissent les idées de ceux qui ont de petites idées, et élargissent au contraire indéfiniment l'espace pour ceux qui aiment à traiter librement de grandes questions. Gœthe était né dans le plus petit des États de l'Allemagne et Rousseau dans une des plus petites républiques du siècle dernier.

J'ai cherché à compléter les *Mémoires* par la publication de quelques documents, en particulier de lettres, qui se trouvent

nouveaux, avec une ardeur que la simple curiosité ne susci-
terait pas, enfin ce sont elles qui élèvent le plus les sciences et
l'esprit humain. Sans doute, en histoire naturelle les théories
n'ont pas la précision qui se remarque dans les sciences physiques et mathématiques, mais elles sont bien de même importance, et, au fond, de même nature. Je renvoie pour cette
question philosophique aux idées très-justes que M. de la Rive[1]
a développées à l'occasion précisément de la vie de mon père,
et je reviens à la carrière scientifique de l'auteur des *Mémoires*
par des considérations d'un ordre moins élevé.

La fusion de toutes les parties de la science et un emploi
large de la discussion devaient conduire inévitablement à préférer la méthode dite *naturelle*. Celui qui rapprochait tout devait saisir les rapports les plus vrais, de la manière la plus
complète. Celui qui aimait à discuter devait raisonner ces rapports et leur chercher des bases solides. Aussi a-t-il été l'a-
pôtre le plus fervent des idées de Magnol, d'Adanson, de Bernard et Antoine-Laurent de Jussieu[2] sur le mode de classification à adopter pour des plantes. Il a écrit la première flore
d'un grand pays selon l'ordre des familles naturelles (*Flore
française*, 1805). Les chapitres de la *Théorie élémentaire* sur
cette méthode ont porté la conviction dans toute l'Europe, où
régnait encore avec ténacité le système de Linné. Enfin l'auteur n'a pas cessé, jusqu'à la fin de sa vie, d'appliquer et de
perfectionner judicieusement la méthode naturelle, soit dans
le *Systema,* soit dans le *Prodromus*, soit dans une foule de
mémoires, et voici le dernier trait qui le caractérise et que
je veux citer : il a décrit lui-même une immense quantité d'espèces nouvelles et de genres nouveaux, de sorte qu'il a forcé
les botanistes pratiques à suivre son langage et plus ou moins
ses opinions théoriques par la multiplicité et l'importance des
ouvrages de descriptions qu'il mettait entre leurs mains[3].

En résumé, il a groupé et saisi toutes les branches de la

[1] Éloge, etc., 2me édition, page 266.

[2] Antoine Laurent de Jussieu lui écrivait, le 7 juin 1813, en accusant
réception du volume de la *Théorie élémentaire* : « Vous êtes et serez un des
« plus ardents propagateurs de l'ordre naturel et un ce ceux qui contribue-
« ront le plus efficacement à faire abandonner les systèmes artificiels. »

[3] Voyez aux *Pièces justificatives* les pages 495 à 518.

à la fin du volume, dans les pièces justificatives. Celles de Cuvier, de Jean-Baptiste Say, de Châteaubriand, ont le double intérêt de l'écrivain et de celui auquel elles sont adressées. Les lettres de mon père lui-même ont été choisies en vue de le faire mieux connaître tel qu'il était dans sa jeunesse. Elles font sentir, plus que ses *Mémoires*, rédigés entre quarante et soixante ans, de quelle exubérance de force physique, morale et intellectuelle il était doué à l'origine. Elles montrent aussi la grande influence qu'il exerçait sur toutes les personnes en contact avec lui, mais à cet égard, ni les lettres ni les *Mémoires* ne donnent une idée vraiment complète. Il faudrait pouvoir citer l'opinion de ceux qui l'ont vu de près comme ami, comme maître, comme collègue, ou qui l'ont rencontré seulement dans les salons. Leur nombre diminue chaque jour. Heureusement il reste une foule d'écrits qui renferment sur ce point des détails très-exacts, et je ne puis mieux faire que de renvoyer aux ouvrages et aux articles de journaux publiés sur mon père par MM. de la Rive, de Martius, Flourens, Brongniart, Dunal et autres savants, qui ont parlé de lui avec tant de vérité et d'amitié.

Genève, 1er novembre 1861.

Alph. DE CANDOLLE.

PRÉFACE DE L'AUTEUR.

J'ai toujours aimé les gens qui parlent d'eux : ce sont en général des gens de bon cœur et qui ont peu de choses à se reprocher [1], ou des bavards qui, disant plus qu'ils ne veulent, font connaître le cœur humain. L'une des premières règles de la conversation est de faire parler les gens sur ce qu'ils savent le mieux ou sur ce qu'ils aiment le plus : ces deux conditions se trouvent réunies au plus haut degré lorsqu'on les met à parler sur leur propre compte. Il est vrai que l'intérêt même qu'ils portent au sujet les engage souvent à une prolixité désolante, ou à des répétitions trop fréquentes des anecdotes de leur propre vie. Bien des personnes trouvent qu'elles achètent trop cher ce qu'elles peuvent apprendre par cette voie sur la morale ou l'intelligence humaine.

Mais si les opinions sont diverses quant à la conversation, elles m'ont paru unanimes sur l'intérêt des mémoires vraiment autographes. Le succès de la plupart d'entre eux le démontre, et les imitations même qu'on a si souvent tenté d'en faire, soit sous forme de romans, soit sous celle de mémoires apocryphes, sont fondées sur l'opinion que les écri-

---

[1] « Le n'oser parler rondement de soy accuse quelque faulte de cœur, » d dit Montaigne.

1

vains et les libraires se sont faite du goût du public pour
ce genre d'écrits dans lequel un homme se montre à nu
tel qu'il croit avoir été, ou habillé tel qu'il désire qu'on le
voie. Sans doute, les mémoires ont beaucoup plus d'intérêt
lorsque l'auteur y dit la vérité franche, mais les efforts qu'il
fait pour la déguiser sont aussi fort curieux et presque toujours inutiles : le naturel perce dans mille petits riens, souvent dans ceux qu'on a mis exprès pour donner le change.

J'ai donc toujours pris beaucoup d'intérêt à la lecture
des mémoires autographes, et d'autant plus que leur auteur
était dans une position plus voisine de la mienne. Ce n'est
pas seulement à cause du charme du style que les *Confes-
sions* de Rousseau ont eu tant de succès, c'est qu'il n'était
ni roi, ni prince, et que la plupart des lecteurs pouvaient
trouver certaines analogies entre sa position et la leur à
telle ou telle époque : les mémoires de Marmontel, de Morellet, d'Arnaud, ceux de Gibbon surtout, font comprendre
comment la médiocrité de la situation ajoute de l'intérêt, et
compense, si j'ose le dire, la médiocrité des événements et
même de la narration.

Ces considérations ont un peu contribué à me faire écrire
mes propres mémoires : arrivé à un âge où l'on commence
à se plaire dans le retour sur soi-même, j'ai dans mes moments de loisir trouvé quelque charme à me retracer ma
propre vie. Ce n'est pas que j'aie l'idée de me livrer au public, mais j'imagine que ma famille, mes amis, pourront après
moi trouver quelque intérêt à me lire ; que peut-être quelques fragments de mon manuscrit pourront servir à l'histoire
des sciences ; qu'ils pourront du moins montrer à bien des
jeunes gens ce que peut la persévérance de la volonté.

Je raconte avec un certain soin la marche de mes études et de mes travaux botaniques, parce qu'il ne serait pas impossible qu'elle pût servir à guider quelque jeune naturaliste. Mais je ne me borne pas à cette classe d'objets, la seule pour laquelle j'aie le droit de réclamer l'attention du public : je cherche à me décrire sinon tout entier, au moins en buste, comme on l'a dit d'une femme célèbre. Je conte aussi mes sottises : si j'en ai omis, c'est par le même sentiment qui m'a fait omettre aussi quelques bonnes choses, c'est qu'elles ne me paraissaient avoir aucun intérêt pour personne, pas même aujourd'hui pour moi. Malgré ces omissions qui, j'ose le dire, se compensent en bien et en mal, j'ai la conviction de m'être décrit tel que je me vois. Peut-être me vois-je avec complaisance? C'est une maladie trop ordinaire aux hommes pour qu'on puisse en faire un grand crime à personne. Je dois dire cependant que j'ai cru me tenir en garde contre cette impression et je puis dire avec mon ami Montaigne, *ceci est un livre de bonne foi,* si tant est que ce soit un livre. Je ne pense pas qu'il soit nécessaire de m'excuser si le *je* tient beaucoup de place dans ces pages. Elles en sont à vrai dire composées, et ceux que ce *je* n'intéresse pas peuvent se dispenser de les lire.

J'ai commencé à écrire ces mémoires en 1821 et les ai continués dès lors à de longs intervalles. J'ai souvent interverti l'ordre des dates en écrivant et je le rétablissais ensuite par la transposition des feuillets. Cette circonstance expliquera comment il se trouve des portions entièrement omises ou réduites au titre, et pourquoi dans bien des cas les allusions que je fais au moment où j'écris ne se suivent pas toujours dans un ordre chronologique. Si la mort ou

la maladie viennent me surprendre avant que j'aie achevé
de remplir les lacunes laissées çà et là dans mon cadre,
je pense qu'il n'est pas nécessaire d'en demander pardon à
mes lecteurs, si j'en ai. — Les seuls auxquels j'aspire sont
mon fils et mes petits-enfants. Peut-être aussi pourra-t-on
tirer de ces feuilles les notes convenables à communiquer
à quelques-uns de ceux qui seront obligés d'écrire mon
éloge académique, non sans doute pour leur dicter une
opinion quelconque, mais pour qu'ils connaissent la vérité
des faits[1].

[1] D'après ce vœu de mon père, j'ai communiqué tantôt le manuscrit en
entier, tantôt des extraits plus ou moins étendus, aux personnes qui ont
bien voulu prononcer son éloge ou écrire sa biographie, par exemple, à
MM. Flourens, de la Rive, de Martius, Dunal, etc. Il en est résulté plus
d'exactitude dans les écrits publiés, sans que l'intérêt des détails du manuscrit lui-même en ait été diminué.   (Alph. de C.)

LIVRE PREMIER

De ma naissance jusqu'à mon établissement à Paris. — 1778 à 1798. —
Enfance et adolescence.

---

§ 1. NAISSANCE. FAMILLE.

Je suis né à Genève, le 4 février 1778. Je cite cette date
avec exactitude parce qu'elle a eu peut-être quelque influence sur mon sort. Linné était mort dans le mois de janvier; Haller et Bernard de Jussieu [1] quelques mois seulement
avant ma naissance; or, à cet âge heureux de la vie où aucune entreprise ne paraît au-dessus de la dose d'activité
dont on se sent animé, il m'est quelquefois arrivé de
m'exhorter moi-même à marcher sur les traces de ces trois
hommes célèbres et de tâcher de me persuader, tant bien
que mal, que j'y étais destiné par le hasard de ma naissance. Ce raisonnement, dont je ne me dissimulais pas la
fausseté, a jusqu'à un certain point contribué à me faire
publier la *Flore française* pour imiter Haller, la *Théorie
élémentaire de la Botanique* pour être digne de Bernard de
Jussieu, et le *Prodromus systematis naturalis vegetabilium*
pour remplacer l'ouvrage de Linné.

En commençant par cet aveu, ridicule peut-être, je donne
dès la première page de cet écrit la preuve du désir que
j'ai de m'y peindre avec franchise.

Mon père, Augustin de Candolle descendait d'une des plus

---

[1] Linné, le 10 janv. 1778; Haller, le 12 décemb. 1777 et B. de Jussieu,
le 6 novembre.

anciennes familles de la noblesse de Provence ; la branche
cadette de notre famille subsiste encore à Marseille. Son
chef, le marquis de Candolle, est en ce moment consul à
Nice (1823)[1]. Je me suis trouvé allié des principales familles provençales, telles que les Castellane, les Suffren,
les D'Albertas, les Bausset, etc., et ces rapports n'ont
pas laissé que de m'être quelquefois utiles ou agréables.
L'un de mes ancêtres, Pyramus de Candolle, se fit protestant, quitta la France et vint se réfugier à Genève, en
1591, auprès de son oncle Bernardin de Candolle, qui
avait été reçu bourgeois, en 1555, et membre du Conseil
des Deux-Cents, en 1562. Il y fut de suite, et pour services
rendus, reçu bourgeois et élu membre du Deux-Cents[2]; il
se fit remarquer par une activité d'esprit et une variété remarquable de connaissances ; il fonda à Cologny[3], puis à Yverdun, l'imprimerie Caldorienne[4], où il imprima les premières ou

---

[1] Il est mort depuis cette époque. Son fils, avec lequel nous avons eu le
plaisir de soutenir constamment des relations d'amitié et de parenté, habite
depuis quelques années à Versailles.   (Alph. de C.)

[2] En passant à Grenoble il y vit M. de Lesdiguières, qui y commandait,
apprit de lui et d'un officier appelé Lafin, le projet d'escalade que le duc de
Savoie avait formé pour s'emparer de Genève. A son arrivée il en fit part
au Conseil d'État. Ce plan ne fut repris et exécuté que plusieurs années
plus tard, en 1602. Pyramus combattit alors dans les rangs des Genevois
qui repoussèrent l'ennemi.

[3] Village près de Genève. (Alph. de C.)

[4] Une branche de la famille de Candolle, établie à Naples, y a porté le
nom de *Caldora* et y a joué un rôle important. (*Note de l'auteur*.) — J'ai
constaté récemment pendant un séjour à Naples, au moyen de nombreuses
pièces contenues dans les archives du royaume et des nobiliaires du pays,
ce qui n'était pas complétement connu d'après nos papiers de famille, savoir que cette branche était arrivée à Naples en 1272, à la suite des princes
de la maison d'Anjou. Le nom s'était altéré graduellement en *Candola*,
Caldola, *Caldora*. Giacomo Caldora, duc de Bari, mort en 1439, joua un
grand rôle dans l'histoire du royaume de Naples à la fin du quatorzième et
au commencement du quinzième siècle. Son fils lui succéda dans ses fiefs,
et fut comme lui conétable, mais l'expulsion de la dynastie française ruina
leurs descendants. Le dernier, Bérenger, troisième du nom, mourut par accident au passage d'une rivière, en 1550, étant encore jeune. (Alph. de C.)

l'une des premières traductions françaises de Tacite et de Xénophon; il établit plus tard à Yverdun diverses fabriques, grâce à une association avec l'avoyer de la république de Berne et la ville d'Yverdun, qui lui donna aussi sa bourgeoisie pour services rendus[1]. La mémoire de cet homme habile et actif est restée en honneur dans notre famille, et l'on y a conservé l'usage de donner aux aînés ce nom de Pyramus qu'il avait honoré. Depuis sa mort ma famille est restée à Genève dans un état de fortune médiocre. Mon père ayant fait le commerce de banque avec succès dans sa jeunesse, se voua vers l'âge de trente-deux ans aux fonctions publiques : il fut successivement *auditeur*, puis *châtelain* ; puis il fut appelé par le vœu public à la place de conseiller d'État dans des temps de troubles politiques. Il a été une fois *syndic* militaire et deux fois *premier syndic* de la république[2]. Il venait d'entrer dans le Conseil d'État lorsqu'il épousa Mlle Louise-Éléonore Brière.

Ma mère était une femme instruite, spirituelle, gaie, bonne, douée de toutes les vertus et de toutes les grâces de l'esprit; elle a beaucoup contribué par ses aimables conversations à développer en moi le goût de la littérature et des sciences, et le seul défaut que je lui aie jamais connu a beaucoup, et je crois heureusement, influé sur la tournure de mon esprit : elle était vaine de sa famille, qu'elle regardait comme fort supérieure à celle de mon père, principale-

[1] Elle se montra moins bien lorsque les affaires commerciales de Pyramus furent en mauvais état. Les gens du pays qui y perdaient quelque argent et les autorités bernoises furent d'une rigueur scandaleuse vis-à-vis d'un homme qu'ils durent finalement tenir pour honnête et qu'ils firent mourir de chagrin. Ces détails, peu honorables pour les persécuteurs, étaient oubliés, et notre famille avait été de nouveau (en 1790) très-bien accueillie à Yverdun, quand un amateur de commérages les a récemment fait connaître. Il va sans dire que cela n'altère en rien mes sentiments pour la ville d'Yverdun et pour l'immense majorité de ses habitants, mes compatriotes.
(Alph. de C.)
[2] La place supérieure dans l'ancien gouvernement de Genève.
(Alph. de C.)

ment en ce que par sa mère elle était petite-nièce de Le Fort, ministre de Pierre le Grand. Elle ne manquait aucune occasion de faire sentir cette prétendue supériorité à mon père, et celui-ci, qui jusqu'à l'âge de 48 ans n'avait point songé à revendiquer sa propre noblesse, s'en avisa alors et se fit reconnaître par ses parents et par le parlement de Provence. Mon père, je dois le dire, ne manquait aucune occasion de m'enseigner que le mérite seul fait la différence des hommes, que la noblesse n'est rien en elle-même, mais qu'elle donne à ceux auxquels le hasard l'a départie quelques petits avantages dans le monde et tout au moins le droit d'être au niveau de ceux qui y mettent de l'importance. Celle très-exagérée que ma mère et surtout sa famille y attachaient, les sages préceptes de mon père et les circonstances de mon temps, ont développé de bonne heure en moi un amour sincère et profond de la liberté politique, et un mépris, peut-être exagéré, pour tout moyen de fortune, de liaison ou d'avancement qui ne dépendait pas de mon propre fait.

Je suis né l'aîné de la famille et n'ai jamais eu qu'un frère, mon cadet de dix mois seulement. Mes plus anciens souvenirs remontent d'une manière assez distincte jusqu'à l'année 1781. Mon père était alors *syndic de la Garde*[1], et cette place était très-pénible dans une année qui fut marquée dans l'histoire de Genève par les plus violents déchirements: mon père y joua un rôle noble et utile. Placé parmi les chefs du gouvernement, il employait son influence à ramener à la fois le peuple à la confiance et à l'obéissance, les magistrats à la douceur, au patriotisme et à la déférence pour l'opinion publique[2]. Il a écrit le journal de cette année fatale pour la république, et certes quiconque lira ce dépôt

---

[1] C'était le titre du membre du gouvernement qui dirigeait l'administration militaire.   (Alph. de C.)

[2] Il était de la portion du Conseil d'État qui inclinait vers les idées du parti des *représentants*.   (Alph. de C.)

de ses pensées les plus intimes, ne pourra guère comprendre que douze ans plus tard il ait pu être condamné à mort comme ennemi du peuple.

§ 2. ENFANCE.

Ce n'était pas, on peut facilement le croire, de ces idées politiques que j'étais occupé à cette époque ; j'avais alors trois ans, et je me rappelle seulement que j'aidais ma mère chaque dernier jour de mois à faire une foule de petits paquets d'argent destinés à la solde de la garnison de la ville, et que j'accompagnais quelquefois mon père lorsqu'il allait passer la revue de cette petite troupe. La netteté parfaite de ces souvenirs de l'âge de trois ans mérite d'être notée, comme preuve de ma mémoire précoce.

Les premières années de mon enfance furent presque toutes signalées par de graves maladies ; je leur dois peut-être d'avoir dès cette époque pris, plus que la plupart des enfants, le goût de la lecture et des plaisirs qui tiennent au développement de l'intelligence : je me rappelle que mon plus grand amusement à l'âge de cinq ans était de lire des comédies, en les faisant jouer à des échecs, que je faisais avancer ou reculer pour représenter les personnages. Avant même de savoir écrire je composais moi-même, avec toutes mes réminiscenses, de prétendues comédies, que je faisais jouer à mes acteurs sur leur échiquier qui me servait de théâtre. A cette époque, M. de Florian vint passer un hiver à Genève ; il était fort lié avec mes parents, et ma mère me présenta à lui en me disant qu'il était l'auteur de charmantes pièces de théâtre ; *ah ! lui dis-je, vous avez fait des comédies, eh bien, moi aussi !* On m'a souvent plaisanté, avec raison, de cette impertinence enfantine ; elle me valut à l'âge de six ans le don du théâtre de Florian envoyé par l'auteur. Je ne savais pas alors qu'il me faisait ce cadeau pour remercier mes parents de leurs politesses et je me croyais bonnement appelé à être un auteur dramatique.

A sept ans je savais écrire assez bien ; je lisais avec avidité tous les livres qui étaient à ma portée ; je commençais à savoir les éléments de l'orthographe et de la géographie et j'écrivais des comédies à ma façon. Tout cela fut interrompu par une cruelle maladie : à la suite d'une fièvre scarlatine, dont l'éruption ne se déclara pas, je fus atteint d'un catarrhe violent, puis de maux d'oreilles douloureux, et enfin d'une hydropisie de cerveau bien prononcée. Je me rapelle encore l'un des principaux symptômes, savoir que ma vue était troublée au point de voir les objets doubles. Je me souviens aussi très-bien de tous les douloureux vésicatoires dont mon corps fut chargé ; j'en avais à la fois huit sur le corps et un en calotte sur la tête, le seul qui ne me fît pas souffrir. Je fus admirablement soigné par M. le docteur Odier, qui me sauva, en profitant fort habilement d'une disposition qui s'établit à de fortes évacuations par les urines : il m'a lu depuis le journal de cette maladie, par lequel je me suis aperçu que j'avais perdu le souvenir de plusieurs semaines de l'époque la plus critique. Mon père était alors syndic ; mais malgré les devoirs nombreux que cette place lui imposait, il mit un soin touchant à ma santé ; il me veillait deux ou trois fois par semaine et passait au chevet de mon lit tout le temps dont il pouvait disposer. Le souvenir de l'amour qu'il me témoigna alors est toujours resté profondément gravé dans mon âme. Ceux qui savent combien le nombre des individus qui échappent à l'hydrocéphale est petit et surtout combien peu sortent de cette crise sans altération de leurs facultés intellectuelles, peuvent juger de ce que je dois aux soins tendres et éclairés qui me furent alors prodigués, aussi ne me suis-je jamais permis les plaisanteries et les doutes qu'on entend si souvent dans le monde sur l'utilité de la médecine[1].

____

[1] Le célèbre philosophe et naturaliste Charles Bonnet, voisin de campagne et ami de mon grand-père, venait souvent demander des nouvelles du jeune malade. Un jour il écrivit dans l'antichambre le billet suivant, que je

Je sortis de cette maladie faible et condamné à de longs ménagements : je passai l'été à la campagne et je dus à l'usage habituel des glaces et à des bains froids courts et fréquents de reprendre peu à peu des forces. Bientôt même je me trouvai avoir, à la suite de cette secousse, une santé beaucoup plus robuste que ne semblait annoncer la débilité de mes premières années ; depuis mon hydrocéphale il s'est écoulé, en effet, cinquante ans avant que j'aie été dans le cas de rester un seul jour au lit par cause de maladie. Mon père ne me crut pas en état de suivre la règle du collége public et me fit commencer mes études dans la classe d'un maître particu-

---

conserve comme autographe et comme une preuve des facultés précoces de mon père :

« Nous ne pouvons assez témoigner à Monsieur le Premier Syndic tous les vœux que nous faisons pour la conservation de cet enfant si précieux et si intéressant, surtout par les grandes espérances qu'il donne dans un âge si tendre. Veuille l'Auteur de tout bien ne permettre point que le cœur si sensible de ses respectables parents soit déchiré par la plus cruelle des plaies ! Nous demandons avec empressement des nouvelles de ce cher malade. Monsieur le Premier agréera nos justes remerciments de sa complaisance, nous lui renvoyons cette réponse du Conseil qui nous a paru très-sage et bien motivée. Nous lui présentons l'assurance de notre respectueux attachement. »

Quelques jours après ou avant ce billet autographe non daté, Charles Bonnet, dont la vue était déjà très-affaiblie, dictait et signait une lettre à son « cher voisin, » où je trouve la phrase suivante :

« L'intéressant malade n'est point un enfant; il est presque un homme fait. Nous avons été frappés, ma femme et moi, de cette raison si précoce. Nous prions ses respectables parens d'être bien persuadés de toute la sincérité des vœux que nous ne cessons de faire pour le parfait rétablissement de ce cher malade qui fait une partie si essentielle de leur bonheur et dont la patrie pourra retirer un jour de grands services. »

La date de cette lettre est du 30 juin 1785. L'enfant qui donnait de si grandes espérances à un homme tel que Bonnet avait alors sept ans.

Je possède plusieurs autres lettres de Charles Bonnet à mon grand-père. Ordinairement avec la suscription cérémonieuse de l'époque, *Seigneur Premier Syndic*, etc., elles offrent dans l'intérieur un ton de familiarité amicale mêlé de quelques prétentions de style : mon cher *Sénateur*, comme si les syndics et le Conseil de Genève s'appelaient sénateurs et sénat ! Il y avait entre les deux voisins une grande sympathie politique, ce qui alors était beaucoup.

(Alph. de C.)

lier, nommé Gazin : j'y ai passé trois ans qui ne m'ont laissé
aucun souvenir. J'y apprenais sans intérêt les éléments
du latin, et soit que cela tînt encore à l'état de ma santé ou
à l'ennui de la classe, il me semble qu'aucune activité intellectuelle n'a marqué cette époque de mon enfance.

Nous passions tous les étés à Bellevue[1], campagne agréable que mon père possédait alors. Ce séjour, auquel j'étais
fort attaché, contribua à rétablir ma santé. Lorsqu'à l'approche des désordres de la révolution, mon père se décida à
vendre sa propriété, ce fut pour moi un vrai chagrin et je
fis à cette occasion une élégie que, comme production enfantine, j'ai regretté d'avoir perdue. De ces temps de ma première enfance il m'est resté un goût prononcé pour les bords
de notre lac, qui m'a décidé quarante ans plus tard sur le
choix de la campagne de La Perrière dont je fis l'emplette.

Mon séjour à Bellevue m'a donné l'occasion de voir souvent
le respectable Charles Bonnet, voisin et ami de mon père.
Il est vraisemblable que son exemple commença dès lors à
diriger un peu mon attention sur l'histoire naturelle ; mais
j'étais trop jeune pour en profiter. Je me rappelle assez dis-
tinctement qu'il y avait dans la propriété de mon père une
grande variété de fruits ; ma mère m'avait chargé de ranger son fruitier ; je le faisais avec plaisir et avec soin, et je
donnais dès lors une attention singulière à ne pas confondre
les espèces et à les combiner de manière à mettre à côté les
unes des autres celles qui se ressemblaient. On se moquait
de mes minuties, c'était cependant déjà un indice de mes
goûts futurs. On me disait qu'en plaçant les unes à côté des
autres les espèces qui se ressemblaient le plus, elles devenaient plus difficiles à distinguer : je répondais que je devais
les ranger dans le fruitier d'après leurs ressemblances naturelles ; je préférais déjà par instinct la méthode naturelle à
la méthode artificielle.

A onze ans, j'entrai au collège. Mon âge et la portée de mon

[1] A une demi-lieue de Genève, sur le bord du lac.   (Alph. de C.)

travail me plaçèrent dans la quatrième classe, alors dirigée
par une régent médiocre : il ne me reste que peu de souvenirs de cette année. J'étais dans la moyenne des écoliers, rarement au delà du milieu de la classe, plus rarement dans le
premier tiers ; je me maintenais ainsi dans une médiocrité
habituelle. Un jour mon père, étant premier syndic, vint au
collége s'informer de ma conduite : le régent obligé d'avouer
que j'étais dans les rangs du milieu imagina de dire à voix
haute que sûrement la visite de mon père porterait de bons
fruits et que je serais dans les premiers rangs au prochain
concours. En effet, huit jours après je fus proclamé premier de la classe. J'avais le sentiment de n'avoir pas mieux
fait mon thème qu'à l'ordinaire et je conçus une sorte de
mépris profond pour le maître qui, selon moi, avait fait un
passe-droit en ma faveur pour plaire au premier syndic ;
j'avais une telle honte de ma primauté, que, si j'avais osé,
je l'aurais refusée. Mon père, à qui je fis part de mon soupçon, m'engagea à n'en rien faire, mais me sut gré de mon
scrupule.

Je trouvai en troisième un régent plus habile et qui savait mieux se concilier l'affection de ses disciples ; mais je
n'avançai guère plus avec M. Couronne. Cependant, ma
santé raffermie, je commençai à prendre plus de part aux
jeux de mes camarades et à compter davantage parmi eux ;
je commençai même à reprendre quelques goûts de littérature. Guidé par les conseils de ma mère, j'essayai des
vers français sur les sujets qui s'offraient à moi. L'usage
de ce temps était que les écoliers devaient demander au
recteur, par une épître en vers latins, certains congés pour
le jour de l'an. Exiger des vers latins d'enfants auxquels on
n'avait pas même enseigné les éléments de la prosodie,
c'était les condamner à les copier ; aussi n'y manquait-on
jamais, et chaque année le recteur recevait une collection
d'épîtres latines qui se transmettaient sans altération de
génération en génération. Je ne voulus point suivre cette

marche et j'adressai au recteur (M. Picot), qui se trouvait le père de mon plus intime ami, une épître en vers français, sans doute fort médiocre, mais qui, venant d'un enfant de douze ans, ne laissa pas de m'attirer quelques encouragements, aussi pendant cette année de ma vie et la suivante je ne fis guère autre chose que de mauvais vers. Diverses circonstances contribuèrent à développer ce goût dans ma tête. Un émigré français, M. de Pouilly, correspondant de l'académie des inscriptions et belles-lettres, homme de goût et d'esprit, venait souvent chez mes parents et prit plaisir à m'encourager et à me diriger. Je lui dus de connaître mieux que je ne l'avais fait les règles de la prosodie et de la grammaire et de comprendre quelques-unes des nuances de l'élégance et du goût. Je trouve dans un ancien recueil de mes œuvres enfantines une épître à ce M. de Pouilly, qui, un peu emphatique sans doute, n'est pas tout à fait mauvaise pour un enfant de treize ans, et que je suis tenté de conserver dans les pièces qui accompagneront ce récit.

Le goût des vers me lia intimement avec un de mes camarades de classe qui en était aussi dominé. Gaudy, un peu plus âgé que moi, avait moins de facilité peut-être, mais plus d'élégance et de sévérité, ce qui à dire vrai n'était pas fort difficile. Nous passions ensemble toutes les heures de récréation à faire des vers. Le plus souvent nous traduisions tant bien que mal les auteurs que nous expliquions au collége; c'est ainsi que nous mettions en vers ou les dialogues de Lucien ou les odes de Horace. J'en ai retrouvé quelques échantillons, mais si mauvais que je devrais en avoir une véritable honte, si j'attachais à ces écrits de mon enfance un autre mérite que celui de m'avoir exercé l'esprit. Ayant lu à cette époque l'Énéide travestie, nous fîmes l'entreprise de mettre sur un ton analogue le 3me livre de l'Odyssée qu'on nous faisait traduire au collége. Notre parodie était un amas de platitudes et de plaisanteries mises en vers alexandrins assez pompeux; mais enfin, tous ces travaux

nous forçaient à étudier les auteurs que nous voulions traduire et nous exerçaient à manier notre langue. Bientôt nous
fûmes entraînés à une composition d'un autre ordre : nous
prétendîmes faire un poëme héroï-comique dans le genre du
Lutrin, et notre sujet était les guerres des écoliers du collége : notre héros était le bedeau des classes, nommé Griffon,
et notre poëme porta le nom de *Griffonade*. Je ne prétends
pas qu'il fut bon ; je sais qu'il était plein de réminiscences
de Boileau et qu'il péchait souvent contre bien des règles
de goût et de grammaire ; mais enfin nous avions douze à
treize ans et notre poëme était destiné à des enfants de notre
âge. Il eut parmi eux un grand succès ; nous le leur récitions
dans nos moments de récréation ; plusieurs d'entre eux en
savaient des morceaux par cœur et en avaient tellement
propagé les copies, que moi, qui l'avais perdu, je l'ai retrouvé dans la ville trente ans après sa composition. Le
titre en a été depuis appliqué à un autre petit poëme sur
le même sujet, mais tout à fait différent du nôtre. Au reste,
je puis le dire avec la plus complète vérité, nous ne mettions aucune espèce d'amour-propre à ces diverses productions, et excepté la Griffonade, que nous lisions à nos camarades parce qu'elle se rattachait à leurs jeux, nous ne pensions point à leur communiquer nos autres ouvrages, et le
plaisir de les faire ensemble était notre unique but. Nous
passions ainsi, Gaudy et moi, des soirées charmantes à lire
de bons vers ou en faire de mauvais, et je me rappelle encore
avec délices cet heureux temps de mon enfance[1].

Bientôt après, ou en même temps, se développa en moi
et chez mes camarades un autre goût, qui devint une véritable passion, ce fut celui de jouer la comédie ; nous

---

[1] Gaudy, peu après cette époque, alla rejoindre ses parents à Paris ; il
entra dans la maison Ternaux où son père était déjà employé. Je le vis de
temps en temps dans mes séjours et voyages à Paris ; notre amitié durait,
mais la diversité de nos carrières et de nos habitations nous séparait. Il est
mort à la fin de 1839 après une longue maladie.

nous mîmes d'abord en tête de jouer les *Plaideurs* et nous passions notre temps soit à apprendre la pièce, soit à la répéter ensemble, soit à faire nous-mêmes nos décorations. La pièce fut jouée assez tolérablement, et ce qui m'étonne encore en y pensant aujourd'hui, elle fut jouée devant un grand concours de la meilleure société de la ville; j'y faisais le rôle de la comtesse de Pimbêche. Ce premier succès enfla nos prétentions; dans l'hiver de 1790 et de 1791 nous jouâmes successivement la *Mort de César*, *Mahomet*, les *Fourberies de Scapin*, et quelques petites pièces. M. Gallatin, conseiller d'État, père d'un de nos acteurs et amateur passionné du théâtre, voulut bien se prêter à nous diriger dans la manière de débiter nos rôles. Cet exercice, en apparence de pur agrément, fut pour nous d'une véritable utilité, et il le sera de même, je crois, pour tous les jeunes écoliers bien dirigés. Il tend à exercer et à développer la mémoire, à former la prononciation, à habituer à paraître en public sans trop de crainte, à sentir en détail les vraies beautés des classiques français; j'ai éprouvé pour mon propre compte ces divers avantages, quoique je ne fusse pas l'un des meilleurs acteurs de notre petite troupe. Comme j'avais la figure un peu plus formée que la plupart de mes camarades, qui étaient cependant presque tous mes aînés, j'étais habituellement chargé des rôles âgés, tels que ceux de César et de Zopire.

Ce goût de tragédie m'engagea à en lire un grand nombre, et à cette époque de ma vie je savais par cœur tout le Théâtre de Racine et les meilleures pièces de Voltaire. Je fus aussi entraîné par des exercices de collége à apprendre beaucoup de vers latins; j'ai su par cœur les six premiers livres de l'Énéide, au point de me présenter dans la seconde classe, à une espèce de concours, pour les réciter en totalité. Hélas, je serais bien embarrassé aujourd'hui d'en dire quatre vers de suite, et lorsqu'on affirme que ce qu'on apprend dans l'enfance ne s'oublie pas, je serais tenté de croire que ce n'est que pour ceux qui n'apprennent pas grand'chose d'autre dans le reste de leur vie. Je ne conclus pas de là que ces exercices ne soient pas singulièrement utiles ; outre que je leur ai dû un grand développement de mémoire, je suis persuadé que je leur dois ce que je sais de latin, et que si j'ai oublié presque tout ce que j'ai su du grec, c'est que je n'avais rien appris par cœur dans cette langue que j'ai cependant étudiée dans un temps avec passion. Une citation se grave dans la mémoire plus aisément qu'une règle, et sert aussi bien que la règle à résoudre les difficultés qui se présentent.

Pendant l'été mes parents habitaient à la campagne, et mon frère et moi nous restions à la ville pour suivre les leçons du collége ; une bonne tenait notre ménage et en ma qualité d'aîné j'étais censé maître de la maison, quoique je n'eusse que onze à douze ans ; je la réglais à peu près, j'invitais mes camarades à dîner, etc. Mon frère, mon cadet de dix mois seulement, mais qui était d'un caractère plus enfantin, souffrait avec peine cette petite suprématie, dont je crois cependant que je n'abusais pas. Cette manière de vivre a tendu à former mon caractère et à me donner très-jeune l'habitude de me gouverner.

Parmi les causes qui ont contribué à développer en moi le goût des études, je dois compter une idée heureuse de mon père : il me donna pour répétiteur du collége un jeune ministre, M. Humbert[1], qui devait nous donner à mon frère et à moi une heure de leçon régulière, puis en consacrer une autre à se promener avec nous et à causer. Cette seconde heure me servait plus que la première, et les bonnes directions de ce maître, plus rapproché de moi que ceux du collége, contribuèrent à mettre quelque règle dans cette espèce d'activité perpétuelle qui me portait sans cesse à m'occuper d'une foule d'objets étrangers aux études régulières. J'avais pour régent de seconde M. Duvillard, depuis mon collègue à l'Académie, homme d'esprit et fort supérieur à la place qu'il

---

[1] Plus tard, M. le pasteur Humbert père.   (Alph. de C.)

occupait alors, mais dont la sévérité ne cadrait point avec mon caractère. Je pris le dégoût de son enseignement et ne mis aucune espèce d'intérêt à suivre les travaux obligatoires de la classe. Je n'en eus que plus de temps pour me livrer à mes goûts favoris et aux travaux, que je faisais en particulier avec M. Humbert.

Ce fut dans ces dispositions que j'entrai en première. Cette classe était alors confiée à un vieux régent, M. Maunoir, qui n'avait plus l'énergie suffisante pour exciter les tièdes au travail, mais qui était très-capable de donner de bonnes directions à ceux qui avaient quelque zèle; la plupart de mes camarades reculèrent pendant cette année, et moi, je sentais au contraire chaque jour que j'avançais davantage. Soit par un effet des causes dont je viens de parler, ou que le développement physique déterminât en moi (comme je l'ai vu chez plusieurs) un nouvel essor, il est certain que cette année a été la première où j'ai commencé à sortir des rangs de la médiocrité. Jusqu'alors je n'avais obtenu aucun prix; je les eus presque tous cette année. J'escamotai, pour ainsi dire, ceux de bonnes notes par un procédé particulier : ces prix, destinés à encourager le travail assidu et journalier, devaient être la récompense des écoliers qui remplissaient leurs devoirs avec le plus de rigueur, et je dois avouer que je ne m'inquiétais guère, ni de faire les devoirs, ni d'apprendre les leçons du collège, mais le régent, désirant encourager les élèves à l'exercice de la prosodie latine, avait établi l'usage de dicter, un quart d'heure avant la fin de la leçon, une phrase latine à mettre en distique et récompensait ce travail par trois bonnes notes, puis en donnait encore trois à celui qui savait retourner le distique, c'est-à-dire mettre l'hexamètre en pentamètre et vice versâ, et trois autres à celui qui le traduisait en vers français. Mes camarades avaient la plupart grand'peine à gagner les trois premières bonnes notes, et j'en gagnais régulièrement neuf chaque jour par un exercice qui rentrait

tout à fait dans mes goûts favoris. La première classe était
alors la seule où il y eut un prix de vers latins ; je me promis
de l'obtenir. On choisissait le sujet en tirant au hasard le
titre de l'un des chapitres du recueil intitulé *Selectæ e pro-
fanis*, et on donnait aux écoliers ce sujet à traiter en une
petite pièce de vers qu'il fallait improviser en trois heures :
je me résolus à composer des vers latins sur tous les sujets
du livre et à les apprendre par cœur : j'exécutai cet immense
travail avec une ardeur soutenue, je fis au moins deux cents
pièces de vers et je les avais toutes apprises par cœur ; le
jour fatal arrive ; le sujet donné fut l'amitié fraternelle ; je ne
pus pas me rappeler un mot de ce que j'avais préparé, mais
j'avais, par cet exercice perpétuel, acquis une telle facilité
à composer des vers d'écoliers que je fis en peu de temps
une cinquantaine de vers, assez plats, qui ne manquaient
ni aux règles de la prosodie, ni à celles de la latinité des
colléges. En les relisant, le seul qui me paraisse tolérable
est celui-ci :

« Sæpe domi invenies alibi quem quæris amicum. »

J'eus le prix, et je dois noter ici une singularité qui ne
me frappait point alors et que j'ai souvent méditée depuis.
L'extrême facilité que j'avais à faire des vers latins (je ne
dis pas élégants, mais corrects), celle non moins grande que
j'avais acquise à parler latin en m'exerçant à cette langue
avec un sergent de la garnison, Hongrois de naissance, la
facilité avec laquelle je traduisais des auteurs même plus
difficiles que ceux de ma classe, pourraient faire croire que
je devais réussir aux thèmes latins, c'est-à-dire à la traduction d'un morceau donné de français en latin ; il en était
tout autrement ; cet exercice m'ennuyait ; je ne savais plus
tourner une phrase lorsqu'il fallait la mouler servilement
sur la phrase d'un autre ; aussi comme les rangs de la classe
étaient uniquement déterminés par le thème, je me trouvais
toujours assez reculé, et peu de jours après avoir fait une

pièce de cinquante vers latins sans faute, je fis un thème où
les solécismes et les barbarismes se croisaient à chaque
phrase. Pour me consoler de ma disgrâce, le prix du thème
latin échut à l'un des mes condisciples, que nous regardions
tous comme un imbécile, et qui est mort en effet peu de
temps après dans un idiotisme décidé ; j'ai vu ce fait se répéter plusieurs fois sous mes yeux pendant la durée de mes
études, et je suis resté convaincu qu'on donne dans la plupart des colléges, et surtout dans le nôtre, une importance
très-exagérée à la composition des thèmes latins ; je me suis
souvent expliqué par cette importance, pourquoi les succès
du collége étaient si rarement en rapport avec le véritable
talent des individus. Il me semble qu'il serait à la fois plus
juste et plus adroit de faire dépendre les rangs des écoliers,
non de leur prééminence dans un seul exercice, mais tour
à tour de leur supériorité dans toutes les branches ; on saurait alors la direction de chaque esprit, et l'on ne s'expose-
rait pas à décourager ceux qui ont quelque talent, mais qui
n'ont pas celui qu'on a ainsi arbitrairement choisi pour mesure de tous les autres.

Dans le but d'achever ce qui est relatif à ma vie de collége, je dois dire encore que j'obtins, cette même année, le
prix qu'on appelait assez bizarrement *prix de piété*, nom
qui supposerait qu'on l'accorde à celui qui croit ou pratique le mieux les préceptes de la religion, tandis qu'il s'agit
seulement de le donner à celui qui a le mieux discouru
sur des questions contenues dans le catéchisme. Le sujet
échu par le sort était l'existence de Dieu. Je fis, en quatre
heures environ, une dissertation de quinze à vingt pages,
qui était le résumé d'une foule de cahiers et de livres dont
je m'étais meublé la mémoire. J'obtins le premier prix et
même avec une approbation très-marquée de la part de
mes juges. En réfléchissant depuis sur mes propres sentiments, j'ai eu lieu de remarquer combien on se trompe sur
l'influence que ces études de religion, entremêlées au milieu

de toutes les autres, et faites dans un âge fort jeune, peuvent avoir sur les enfants. J'ai suivi comme les autres tous les sermons et les catéchismes possibles, j'ai analysé maint discours religieux, j'ai appris par cœur une foule de passages de la Bible et de cahiers préparés : je savais parfaitement toute la partie dogmatique de la religion ; je n'en doutais en aucun point ; mais j'étais complétement étranger par le cœur aux sentiments qu'elle peut faire naître et aux conséquences pratiques que j'aurais dû en déduire. C'est que jusqu'alors l'apprenant pêle-mêle avec le latin ou le grec [1], je n'y mettais pas une beaucoup plus grande importance ; il me semblait avoir rempli complétement ma tâche, quand j'avais débité de mémoire un catéchisme que je pouvais même au besoin commenter en théologien, mais que je ne savais ni discuter en homme raisonnable, ni appliquer en être sentant, et je crois qu'à cet égard aucun de mes camarades n'était dans une situation d'âme différente. Un an environ après ma sortie du collége, mon père me trouvant suffisamment instruit en théologie dogmatique, me fit admettre à la communion par son ami le pasteur Martin-Gourgas. Je reviens au collége.

Je n'ose compter parmi mes succès de première le prix de *Harangue,* que je reçus en sortant. Ce prix était une institution bizarre du collége de Calvin : chaque année, le professeur de rhétorique choisissait à son gré, et sans examen, un des écoliers de première, composait une harangue, et la lui faisait débiter en grande cérémonie le jour de la distribution des prix dans la cathédrale, en face du gouvernement, de l'académie et d'une foule immense. M. Weber, mon parent, me choisit pour cet office. Il composa en mon honneur un beau discours, tout allégorique et figuré, sur la comparaison de la Comédie et de la Tragédie, et je fus chargé de le réciter dans le temple de Saint-Pierre.

---

[1] Cette inconvenance a été sentie, et en 1836 on a séparé dans le collége l'enseignement de la religion de tous les autres.

Un accident faillit me priver de cet honneur : la veille du
jour fatal, en jouant à la campagne avec mes condisciples,
je reçus un coup de fourche dans l'œil qui me défigurait
tout à fait. On passa la nuit à renouveler de la glace sur
la contusion, et le lendemain je parus à la tribune sans
être trop ridicule. Je récitai ma harangue tant bien que
mal, et je reçus un prix, dont j'avais déjà alors un peu de
honte : aussi, dès que j'ai été membre de l'Académie, j'ai
cherché à faire modifier ce prix insignifiant, et j'y suis
parvenu.

§ 3. ADOLESCENCE.

C'est au mois de juin 1792 que je quittai le collége et
que j'entrai dans l'auditoire de belles-lettres [1]. Je me rappelle avec quelle joie je commençai cette nouvelle carrière:
affranchi de la gêne des classes, je travaillais avec ardeur;
sorti de la foule des enfants, je me croyais déjà un homme,
et les deux premiers mois de mon séjour dans les auditoires
me donnèrent un nouveau zèle pour l'étude. Cependant,
l'horizon politique se couvrait de nuages et bientôt la tempête
gronda près de Genève. L'armée française s'empara de la
Savoie et vint camper près de notre ville dans une attitude
menaçante. Le gouvernement se prépara à la défense; chacun courut aux armes, et les pères de famille se hâtèrent
d'envoyer dans l'intérieur de la Suisse leurs femmes et leurs
enfants pour les mettre à l'abri du danger. Je ne saurais
peindre mon désespoir, lorsque mon père m'ordonna de partir avec ma mère et mon frère; en vain je le conjurai de
me permettre de rester, en vain je l'assurai que j'étais d'âge
à servir ma patrie, ne fût-ce que dans les emplois les plus

---

[1] Les subdivisions des études dirigées à Genève par l'Académie se nomment *Auditoires*. A cette époque on passait de l'auditoire de belles-lettres,
qui répondait aux années de rhétorique des colléges français ou aux gym-
nases d'Allemagne, dans l'auditoire de philosophie, et enfin dans ceux de
droit ou de théologie.   (Alph. de C.)

subalternes de la milice, en vain j'affirmai qu'à l'âge de quinze ans dont j'approchais, mon départ serait une honteuse désertion et ferait tache pour ma vie : il fut inexorable, et j'entrai en pleurant de rage dans la voiture qui devait m'emmener. Je croyais n'être animé que par l'amour de la patrie et du devoir, mais aujourd'hui que je m'examine dans mes souvenirs, j'y trouve bien quelques autres sentiments : le principal est que j'étais humilié d'être encore traité en enfant, et je le sentais d'autant plus qu'étant lié avec des camarades un peu plus âgés que moi, je les voyais tous rester au poste d'honneur.

J'eus beau dire, il fallut partir. Nous nous rendîmes à Champagne, petit village aux environs de Grandson, où mon père, prévoyant l'orage, avait depuis un an acquis une propriété. Déjà l'année précédente j'y avais été avec lui. Je connaissais cette habitation, je l'aimais, et je n'y fus pas huit jours que le calme de cette belle nature, la vie paisible de la famille me firent oublier mon désespoir. En l'absence de mon père je dirigeais, de concert avec ma mère, les soins assez importants des vendanges. Je ne m'y dérobais que pour courir dans la ville voisine chercher les lettres qui nous donnaient des nouvelles de Genève, et je passai ainsi l'automne, occupé et partant heureux. Cependant le danger que Genève avait couru venait de diminuer : le général de Montesquiou, qui commandait l'armée française, avait répugné à écraser une petite peuplade inoffensive, et d'autres conjonctures avaient dirigé ailleurs l'attention de son gouvernement. Mon père nous fit rentrer à la ville et je repris le cours de mes études. Si les dangers extérieurs avaient cessé, ceux de l'intérieur étaient devenus plus menaçants. Le parti de l'égalité politique, auquel le gouvernement n'avait pas su, dans le temps où il avait quelque force, faire de justes concessions [1], profita de l'exemple et du voisinage

---

[1] Il ne faut pas oublier que cette partie des Mémoires a été rédigée en 1827.   (Alph. de C.)

de la France pour exiger ce qu'il avait longtemps demandé en vain. Vers les derniers jours de décembre le gouvernement fut renversé et remplacé par un conseil provisoire destiné à organiser une constitution très-démocratique. Mon père devait, par la rotation naturelle des fonctions, devenir premier syndic le 1er janvier suivant (1793), et ce fut une espèce de bonheur pour lui que la révolution se fît quelques jours avant l'époque où il devait entrer en place. Ce ne fut pas du moins entre ses mains que périt l'ancienne république. Il resta dans Genève encore quelques mois, et partit à l'entrée du printemps pour se retirer à l'abri de l'orage dans la retraite qu'il s'était préparée ; il plaça mon frère dans une pension à Aarau, pour y apprendre l'allemand et les connaissances utiles dans le commerce, et je restai à Genève pour continuer mes études.

Dès ce moment je devins maître de mes actions et je commençai réellement la vie d'homme. J'avais quinze ans, mon caractère était assez formé ; j'étais dévoré de l'amour de l'étude ; j'avais toujours été accoutumé, même dans la maison paternelle, à la plus grande liberté, de sorte que je continuai à en user, sans même m'en apercevoir, dans ma nouvelle position. Je fus placé en pension chez mon maître de latin, M. Humbert. Cet instituteur était très-jeune, venait de se marier avec une femme jeune et vive, et commençait à prendre des pensionnaires. Je fus le premier, et à peine y fus-je installé que je me trouvai dominer entièrement les personnes qui étaient censées faire mon éducation. La maison se composait du père, de la mère, de deux enfants, de trois pensionnaires et de deux domestiques, qui entre eux tous ne faisaient pas cent ans. La gaîté y était à proportion de la jeunesse ; nous vivions ensemble comme des frères, nous folâtrions comme des camarades, et jamais je n'ai plus travaillé que dans cette époque/où certes le travail était bien volontaire. Je passai ainsi quelques mois pour terminer ma première année de rhétorique ; je subis un

examen dont je me tirai avec quelque distinction, et à la fin
du printemps j'allais rejoindre mon père à Champagne pour
y passer l'été (1793).

Champagne est un beau et riche village, situé au pied
du Jura, près de l'ancienne ville de Grandson, à l'endroit
même illustré par la victoire des Suisses sur le duc de Bourgogne, non loin du lac de Neuchâtel et près d'une charmante petite rivière appelée l'Arnon, dont les bords rap-
pellent tout ce que les faiseurs d'églogues ont décrit de plus
agréable. Mon père avait acquis un domaine où tout était
destiné à l'utile, mais qui tirait quelques agréments de la
beauté du pays et de la bonté de ses habitants. Dans cette
retraite, où il s'était blotti pour échapper aux événements
politiques, nous menions une vie douce et agréable. Non-
seulement plusieurs de nos parents et amis de Genève venaient nous y voir, mais le village lui-même et ses alentours
étaient habités par des familles dont la société nous plaisait. L'absence de jeunes gens de mon âge me faisait vivre
forcément avec les amis de mes parents. Je me rappelle avec
reconnaissance leurs bontés pour moi, mais je dois citer
plus particulièrement ma relation avec Mme de Luze, parce
qu'elle a été pour moi la source de jouissances pures, et que
je lui dois probablement le goût que j'ai toujours conservé
pour la société des femmes. Mme de Luze était alors une
personne d'une vingtaine d'années, assez jolie, d'un esprit
fin, d'un extérieur froid, mais susceptible d'attachement.
Dans ce premier été que je passai auprès d'elle, elle me
regardait comme un enfant; et en paraissant me distinguer
malgré ma jeunesse, elle encouragea ma timidité. J'allais
souvent la voir; je l'accompagnais dans ses promenades, je
lui servais de lecteur pendant les soirées d'automne; je lui
dus ainsi des heures de délassements agréables et l'habitude
de me former à la lecture avec le soin que donne le désir de
plaire.

Pendant cet été mon temps fut entièrement consacré à

des études littéraires. Je me mis en tête de faire un dictionnaire de mots français dérivés du grec, et j'y travaillai avec
une ardeur assez soutenue ; je traduisis l'*OEdipe Roi*, de
Sophocle, en mauvais vers français; je m'exerçai à quelques
compositions, et je me souviens entre autres d'un éloge de
Bayard qu'à mon retour je présentai à mon professeur de
belles-lettres, M. Weber, et qui me valut de lui assez d'é-
loges pour m'encourager. Ma division était tirée du surnom
même du héros : chevalier *sans peur*, sa conduite militaire;
chevalier *sans reproches*, sa conduite morale. Je n'ai point retrouvé ce discours dans mes papiers, et j'en ai quelque regret vu qu'il était, je crois, ce que dans mon adolescence j'ai
fait de moins mauvais. Outre ces travaux d'un ordre un peu
sérieux je passais une bonne partie de mon temps à faire des
vers sur tout ce qui se présentait. Je n'écrivais pas à un
de mes camarades sans glisser quelques rimes dans ma
lettre; je ne manquais pas d'en faire sur tous les petits événements de la vie, et quant enfin les sujets me manquaient,
je traduisais ou je paraphrasais les poëtes latins ou grecs,
avec lesquels je me familiarisais par des lectures conti-
nuelles. Peut-être en joindrai-je quelques échantillons aux
pièces qui accompagneront ce récit.

A la fin de l'été je revins à Genève continuer mes études
de belles-lettres, pour lesquelles j'étais plus passionné que
jamais. L'auditoire n'avait alors qu'un seul professeur, mais
ce professeur avait au moins le mérite d'exciter les élèves
à la composition et de ne pas les laisser purement passifs,
comme on ne le voit que trop dans la plupart des écoles. Nous
faisions à tour de rôle des discours sur des sujets de notre
choix, et après leur lecture nous étions jugés, en présence
du professeur, par nos propres camarades, exercice qui nous
rendait tous attentifs à la lecture, et qui développait en nous
le goût et la critique. Nous avions de plus formé une petite
Société littéraire où nous apportions chaque semaine celles
de nos compositions qui, par leur nature plus familière, n'au-

raient pu paraître devant l'auditoire. Cette société a consolidé mes relations d'amitié avec ceux de mes camarades
d'enfance qui en faisaient partie. Je me rappelle d'y avoir lu
une dissertation sur le vers

« L'esprit qu'on veut avoir gâte celui qu'on a »

et je crois qu'elle démontrait assez bien, ne fût-ce que
comme exemple, le danger de l'affectation. J'y lus encore
plusieurs pièces de vers où je paraissais avoir pris Gresset
pour modèle; telles sont une pièce sur l'établissement même
de cette société; une sur les charmes de l'étude, adressée à un
vieillard spirituel et bizarre (M. Calandrini) qui m'avait pris
depuis deux ans en amitié, me recevait chez lui et m'entretenait de toutes les idées les plus singulières; une épître,
assez ridicule, sur les événements de la révolution de France
jugés comme pouvait le faire un enfant de quinze ans entouré de personnes qui en étaient très-ennemies.

Telles étaient mes occupations littéraires pendant cette
seconde année de l'Auditoire de belles-lettres; j'étais passionné pour toutes les branches de la littérature, indigné
contre ceux de mes camarades qui préféraient les sciences,
et je m'amusais même à faire contre eux des plaisanteries ou
des pièces de vers ironiques. J'étais cependant bien près de
l'époque à laquelle je devais moi-même partager ces goûts
que je dédaignais.

§ 4. COMMENCEMENT DE MES GOUTS POUR LA
BOTANIQUE.

Au printemps de 1794, M. Vaucher [1] donna un petit
cours de botanique dans un très-modeste jardin que la Société de physique et d'histoire naturelle venait alors d'éta-

---

[1] Pierre Vaucher, pasteur et professeur de théologie. Son *Histoire des
conferves d'eau douce* est un ouvrage remarquable pour l'époque à laquelle
il a paru.   (Alph. de C.)

blir [1]. Je fus entraîné à le suivre, soit parce que mes amis le
suivaient, soit parce que, appelé à vivre beaucoup à la campagne, je pensais que cette étude pourrait m'y être agréable. Je n'eus que le temps d'assister aux premières séances,
elles m'intéressèrent plus que je ne l'avais supposé, mais dès
que le moment de partir pour Champagne fut arrivé je les
abandonnai et me rendis chez mon père, ne me doutant
point que ces quelques leçons allaient décider du sort de
ma vie !

J'avais fait avec succès mon examen de sortie de belles-
lettres, et j'arrivais à Champagne plus occupé d'idées relatives à la littérature qu'à toute autre étude. Je continuais à
faire des vers sur tous les petits événements de la vie ; je
méditais de grands travaux sur les étymologies grecques ;
je lisais des livres d'histoire et j'avais le désir de me vouer
aux études historiques ; je lisais Locke, Condillac, et parmi
les études nouvelles, destinées à me préparer pour l'auditoire de philosophie, c'étaient celles de logique et de métaphysique qui me plaisaient le plus, parce qu'elles me semblaient moins éloignées de la littérature que toutes les
autres.

Cependant, au milieu de ces occupations que je regardais
comme mon travail, j'entremêlais quelque sentiment de curiosité pour les plantes qui m'entouraient ; je ne connaissais
aucune d'elles par son nom, car les leçons élémentaires que
j'avais suivies ne m'avaient appris que le nom des principaux organes des végétaux ; je connaissais encore moins leur
classification et n'avait aucune idée d'aucun système quelconque. Je n'avais auprès de moi aucun livre, aucun ami,
aucun maître, qui pût me guider, et cependant je commençais à observer les plantes avec intérêt. Mon frère, qui venait de passer quelques années dans un pensionnat à Aarau,
y avait appris à dessiner les fleurs, nous courions la campagne pour ramasser, lui des modèles, moi des sujets d'ob-

[1] Dans l'ancien cavalier Micheli, près de la maison Eynard. (Alph. de C.)

servations; je m'amusais à décrire les plantes que je rencontrais. Les seuls livres de botanique que j'eusse pu me procurer dans mon éloignement des villes étaient le dictionnaire de Valmont de Bomare et celui de Buchoz ; il aurait été certes difficile d'en trouver deux plus mauvais. Je commençai à décrire mes plantes d'après eux, mais je ne tardai pas à m'apercevoir que leur méthode était peu régulière et j'en vins de moi-même, sans en avoir vu de modèle, à arranger mes descriptions précisément dans l'ordre et presque dans le style admis par les botanistes ; je suivais l'ordre des organes : racines, tiges, feuilles, etc.; je désignais pour chacun d'eux ses modifications par de simples épithètes ; mais tout en faisant ces descriptions assez méthodiques, je ne connaissais les plantes que par leur nom vulgaire : je me rappelle encore la joie que j'éprouvai lorsqu'une dame, qui avait vécu en France, m'apprit que l'arbuste nommé *fresillon* dans le patois du pays, se nommait le *troène*. C'est dire à quel point allait mon ignorance sur toute la partie conventionnelle de la botanique ; je suis cependant demeuré convaincu depuis que rien n'a plus influé sur la direction de mes travaux subséquents et ne m'a mieux disposé à l'étude des rapports naturels, que cette observation des végétaux faite sur eux-mêmes, d'après mes seules idées, dépourvues de toute hypothèse préalable. Celui qui, à cette époque, m'aurait dit que je travaillais à ce qui devait faire l'occupation de ma vie entière m'aurait encore bien étonné : je ne croyais me livrer qu'à un délassement et ne me le permettais même que lorsque je croyais avoir donné assez de temps à des travaux littéraires.

§ 5. TERREUR A GENÈVE.

Mon séjour à la campagne fut prolongé cette année plus que de coutume, à cause des circonstances déplorables dans lesquelles Genève se trouva. Depuis le mois de décembre

1792, époque où l'ancien gouvernement avait été remplacé
par l'administration révolutionnaire, celle-ci, composée
d'hommes plus faibles que méchants, avait maintenu, au
milieu de plusieurs petites vexations individuelles, une apparence d'ordre; mais une faction virulente, excitée et
guidée par un homme émissaire de Robespierre ou séduit
par l'exemple de Paris, s'empara tout à coup du pouvoir
en 1794 (au mois de juillet); on incarcéra plusieurs centaines de citoyens des plus recommandables; on érigea un
tribunal révolutionnaire qui en condamna plusieurs à mort
et spolia les autres par des taxes arbitraires. Mon père fut
condamné à mort par contumace, et une propriété qu'il avait
dans Genève fut confisquée. On juge facilement de l'horreur
et de l'effroi qu'inspirèrent de pareilles mesures. Toute cette
effroyable imitation de la Terreur française se passait cependant au moment où celle-ci approchait de son terme; la
nouvelle du 9 thermidor et de la chute de Robespierre arriva à Genève au moment où le tribunal révolutionnaire
venait d'assouvir ses premières fureurs et contribua à les
modérer, au moins elle l'engagea à se contenter d'imposi-
tions forcées au lieu de sang. Un second tribunal eut l'idée
de racheter le meurtre des hommes qu'on avait fusillés en
faisant subir sans grands motifs la même peine à d'obscurs
jacobins, comme si on rachetait une injustice envers d'honnêtes gens par une autre injustice envers des misérables!

Je consacrai mon indignation contre ces excès dans une
ode d'imprécations sur la fatale journée du 19 juillet, et
plus tard, dans une autre ode adressée à des Genevois qui
devaient aller aux États-Unis fonder une nouvelle Genève.

Cependant la population égarée un instant revint bientôt
à des sentiments plus humains et témoigna une espèce de
honte de ce qui s'était passé. Le second tribunal annula la
plupart des condamnations personnelles qui n'avaient pas
été exécutées; on entra en négociation pour les biens con-
fisqués, et une espèce d'ordre analogue à ce calme menaçant

qui succède aux grandes tempêtes s'établit vers la fin de
l'année. Je retournai alors à Genève pour y reprendre le
cours de mes études.

§ 6. AUDITOIRE DE PHILOSOPHIE.

Je trouvai la ville dans un morne silence. La plupart des
personnes avec lesquelles je pouvais avoir des relations s'é-
taient enfuies; celles qui restaient encore ne se voyaient
plus que de loin en loin. Tout plaisir avait disparu, chacun
ne songeait qu'à réparer les débris de sa fortune ou à détourner de soi l'attention publique. Cet état de choses était
triste sans doute, mais il eut en ce qui me concerne quelques
résultats utiles. L'impossibilité de toute distraction me jeta
avec une nouvelle ardeur dans la carrière des études, comme
le seul plaisir qui restât à ma portée. J'entrais en *philosophie*[1];
la nouveauté et l'intérêt des matières, le mérite éminent des
professeurs qui les développaient, l'émulation que mes camarades m'inspiraient, tout tendait à développer chez moi
le goût des études scientifiques. La logique et la métaphysique étaient enseignées par M. Prevost, homme exact,
profond et spirituel, qui, au moyen des connaissances très-
variées qu'il possédait, savait donner à ces études, ordinairement arides, un grand intérêt. Mes camarades goûtaient
peu ses leçons; elles me plaisaient au contraire beaucoup.
J'étais presque le seul qui en fît des extraits réguliers, que
mes condisciples copiaient ensuite, à ce point que, lorsque
j'avais mal compris un sujet toute la classe semblait ne l'a-
voir pas mieux entendu. Le bon M. Prevost qui le lendemain d'une leçon interrogeait les élèves sur ce qu'il avait dit

---

[1] Dans la forme ancienne des études à Genève, l'*Auditoire de philosophie*
répondait à ce qu'on appellerait aujourd'hui une Faculté des sciences. Les
élèves étaient *obligés* de suivre des cours scientifiques pendant deux ans, et
subissaient des interrogations journalières et des examens annuels. Ils passaient ensuite en droit ou en théologie, ou allaient à l'étranger suivre d'autres
cours. (Alph. de C.)

la veille, se désolait quelquefois de voir que tout l'auditoire
avait compris telle proposition de travers ; il nous disait
alors avec sa bonne foi ordinaire : *il paraît que je me suis
bien mal exprimé puisque vous m'avez tous mal compris*, et il
se donnait une peine inouïe pour s'expliquer plus clairement.
Vingt fois j'ai été sur le point d'avouer que j'étais le seul
coupable, mais la crainte de nuire à mes camarades me liait
la langue. Je ne sais si ces études se trouvaient en harmonie
avec ma tournure d'esprit ou si elles ont développé en moi
des habitudes logiques, mais il est certain qu'elles ont souvent été depuis lors le sujet de réflexions utiles, et je n'ai
point douté qu'une partie du succès de ma *Théorie élémentaire* ne soit due à l'influence des cours de M. Prevost [1].

Je fus moins heureux pour la partie des mathématiques.
Je reçus quelques mois de leçons de M. Bertrand, homme
qui avait tous les genres d'esprit, sauf celui de l'enseignement, et qui, fatigué de ce métier monotone, lassé par l'âge
et dégoûté par l'état politique des choses, abandonna son
poste sans nous avoir appris grand'chose. Sa place fut remplie pendant la vacance par M. Peschier, homme savant et
spirituel, je veux le croire, puisqu'on le dit, mais professeur obscur et ennuyeux, qui ne savait faire aimer à ses
élèves ni la science ni lui. Je me rappelle que je passais le
temps des leçons à faire des vers, quelquefois même des
épigrammes contre le professeur. Est-ce dire assez que je
ne faisais guère de progrès en mathématiques ? Je me tirai
cependant de l'examen, en vérité je ne sais comment. A
M. Peschier succéda l'année suivante M. Lhuilier qui re-

[1] Cet hommage rendu aux cours de M. Prevost a été répété sous bien
des formes et à des époques différentes par des savants ou des jurisconsultes
qui avaient appris de lui ce que c'est qu'une observation bien faite et un
raisonnement exact. Qu'il me soit permis de payer aussi mon modeste tribut
à la mémoire de ce digne et savant professeur ! Je n'ai suivi qu'un seul cours
de lui, le dernier de sa longue carrière académique, et j'en ai retiré plus
d'instruction, surtout plus de développement intellectuel, que de la plupart
des autres cours que j'ai suivis à Genève ou à Paris.   (Alph. de C.)

venait de Pologne, précédé d'une réputation de géomètre.
Il était alors zélé pour l'enseignement, aimé de ses élèves,
qui espéraient beaucoup de lui, et il excita dans mon esprit
quelque désir d'étudier les mathématiques, surtout la géométrie qui me déplaisait moins que l'algèbre. Je réparai
un peu dans cette seconde année la nullité de la première;
j'atteignis en algèbre les problèmes du second degré, en
géométrie les sections coniques, les courbes et la trigono-
métrie; je fis un examen assez brillant sur les logarithmes,
et je souriais en moi-même quand le recteur m'assurait
que d'après cet examen j'étais destiné à devenir un mathé-
maticien. Si j'avais osé, je lui aurais dit que je n'avais
aucun goût pour cette étude, à laquelle je n'avais donné
quelque soin que pour ne pas rester au-dessous de mes camarades. Enfin, la physique était enseignée par M. Pictet,
professeur remarquable par la clarté et l'élégance de son
style; il était alors un des physiciens les plus distingués de
l'Europe et parfaitement au courant de cette branche fon-
damentale de toutes les sciences naturelles.

Deux années se passèrent avec rapidité et avec intérêt
sous ces professeurs; je me les rappelle encore avec une
véritable jouissance. Je demeurais chez M. Humbert, moins
comme élève que comme simple commensal et ami de la
maison; il ne me donnait aucune leçon et j'étais maître absolu de moi-même. Mes liaisons s'accrurent beaucoup,
par la conformité des goûts et des occupations, avec trois
de mes condisciples qui suivaient la même carrière et avec
lesquels je faisais tous mes travaux particuliers; ils sont
restés mes amis trop intimes pour ne pas les mentionner ici
avec quelques détails.

Picot avait été mon plus proche voisin quand j'habitais
la maison paternelle, et celui de mes camarades avec lequel
j'avais le plus de liaison. Nous avions eu en commun le
goût de la poésie, de la littérature, du théâtre, et il avait
un peu en ma faveur pris celui de la botanique. Il avait

de la facilité, de l'intelligence; son caractère était doux,
son commerce facile; la maison de son père nous offrait un
lieu de rendez-vous agréable et il était en quelque sorte le
centre de notre quatuor. Pictet, parent du professeur,
avait été aussi mon voisin d'enfance et se trouvait alors mon
commensal dans la maison Humbert. Il n'avait point partagé nos goûts de littérature et ne s'était rapproché de nous
que depuis que nous nous étions voués aux sciences. Girod
n'avait pas fait partie de notre société enfantine. Il s'était
lié avec nous vers la fin de nos années de collége et nous
l'avions admis dans notre intimité par le sentiment de son
mérite. Il avait réussi dans toutes ses études et aimait particulièrement les mathématiques. Son caractère était grave et
sévère, sa tournure d'esprit sérieuse, sa logique serrée, et
il a sûrement contribué alors à nous donner l'habitude de
la réflexion.

Ma vie se passait avec ces trois amis que j'ai retrouvés
dans la suite mes collègues à l'Académie. Nous suivions les
leçons de concert; nous en faisions les extraits en commun ;
nous nous promenions toujours ensemble ; notre conversation habituelle roulait sur des sujets sérieux ou sur des
plaisanteries du moment, et je puis dire avec vérité qu'à
cet âge de seize ans où nous étions et dans une telle intimité, il nous arrivait à peine de dire un mot équivoque [1].

---

[1] De ces trois amis intimes de mon père, M. Picot, le seul survivant aujourd'hui, est l'auteur de l'*Histoire de Genève* et de l'*Histoire des Gaulois*.
M. Pictet (Jean-Pierre), plus connu à Genève sous le nom de Pictet-Bara-
ban, a été momentanément professeur de physique, ensuite magistrat, et à
la fin de sa vie agriculteur. J'ai eu l'occasion, comme président de la Société
des Arts, de pouvoir retracer dans une séance publique les diverses phases
de sa vie modeste, utile et honorable (*Procès-verbaux des séances*, 1847,
page 221). Enfin, M. Pierre Girod, d'abord avocat et professeur de droit,
a été longtemps un des magistrats les plus respectables de Genève et l'un
des députés du canton à la Diète suisse. Des principes politiques opposés à
ceux qui ont prévalu lui nuisaient dans l'opinion de plusieurs personnes,
aussi a-t-on oublié quelquefois la science et la bonne volonté dont il faisait
preuve lorsqu'il secondait nos deux grands jurisconsultes, Rossi et Bellot,

Parmi les circonstances qui influèrent sur mon avenir, je dois mentionner quelques relations avec des savants que je dus à mon ami Picot. Son père, qui était professeur, cherchait à le mettre en rapport avec les personnes qui pouvaient développer son goût pour les sciences et j'en profitais par occasion. C'est ainsi que nous allions quelquefois ensemble visiter M. Le Sage, homme savant autant qu'on peut l'être, mais bizarre plus qu'on ne l'est d'ordinaire. Il avait consacré sa vie à la recherche de la cause de l'attraction et avait rapporté à ce but unique tous ses travaux, toutes ses lectures, toutes ses méditations. Sa chambre était meublée d'une multitude de petits sacs dans lesquels il déposait toutes les notes et même toutes les réflexions qu'il faisait sur chaque sujet. Dès que la conversation atteignait quelque point particulier, il allait chercher son petit sac et nous en tirait quelque carte, sur laquelle était inscrite son idée principale, toujours accompagnée de la date précise, du jour et de l'heure où elle était venue à son esprit. Il n'avait jamais pu, à force de minuties, parvenir à rien rédiger de suivi, et les travaux d'une vie entière n'ont été connus que par ce qu'en ont publié MM. De Luc et Prevost, ses disciples et ses amis. Tout en voyant très-bien les ridicules de notre philosophe, nous avons appris à son école à faire cas de l'ordre et du soin que l'on doit apporter dans ses lectures et ses méditations. Lorsque le tribunal révolutionnaire imposait à tous les citoyens des taxes arbitraires, il fit la plaisanterie (lui qui n'était guère plaisant!) de condamner M. Le Sage à publier son livre annoncé depuis trente ans. Je le revis quelques mois après et lui demandai à quoi il en était pour sa publi-

dans la réforme des lois civiles et criminelles. Pour moi, je me plais à rendre justice aux qualités affectueuses de cet ami de mon père et aussi à son zèle pour l'étude, jusque dans un âge avancé, à son patriotisme sincère et à son extrême délicatesse. Les relations de ces trois amis entre eux et avec mon père ont été un exemple assez rare d'une amitié multiple ou croisée, pour ainsi dire, qui ne s'est jamais interrompue ni refroidie depuis l'enfance jusqu'à la vieillesse.   (Alph. de C.)

cation. *Oh!* me dit-il, *j'ai travaillé, j'ai fait le titre du livre;* on juge qu'il n'a jamais fait le livre lui-même [1].

Ce fut à peu près alors que je connus le célèbre physicien de Saussure; il était déjà atteint de la singulière sorte de demi-paralysie qui l'a conduit au tombeau; mais sa physionomie était encore celle d'un homme supérieur, et pourvu qu'on lui donnât du temps, sa conversation était pleine d'intérêt. Il semblait mettre une espèce d'importance à m'enrôler pour les sciences qu'il aimait, et à me dégoûter de la botanique. Chaque fois que je le voyais il me réitérait l'assurance que cette étude ne promettait aucun succès, et ne valait pas la peine d'être suivie autrement que comme un délassement. J'osais, quoique bien jeune, avoir une autre opinion et la soutenir vis-à-vis de ce maître imposant. En y réfléchissant depuis, je me suis presque étonné d'avoir résisté à cette épreuve. J'ai retrouvé des idées analogues chez la plupart des physiciens; comme ils n'ont jamais besoin de l'histoire naturelle organique pour leurs propres travaux, ils ne l'étudient pas et n'en comprennent ni l'intérêt ni l'utilité, tandis qu'au contraire les naturalistes, qui ont souvent besoin de la physique et de la chimie, rendent à ces études la justice qui leur est due. Il en est des sciences comme de plusieurs autres choses : chacun n'est disposé à estimer que ce qui lui sert, et ce n'est que par un effort de raison ou par un sentiment élevé des principes généraux de la civilisation qu'on parvient à honorer les sciences qu'on ne connaît pas. L'exemple de M. de Saussure m'est souvent revenu dans la pensée lorsque je sentais naître en moi certaines préventions contre des études que je con-

---

[1] Le nom de Le Sage a reparu depuis quelques années sur l'horizon, pour une idée à laquelle il n'attachait sûrement aucune importance, lui, homme essentiellement théoricien : il avait proposé le *télégraphe électrique*. Dans les sciences physiques et mathématiques les applications découlent avec tant de facilité des théories, que les plus utiles découvertes sont quelquefois indiquées, pour ainsi dire en passant, par des hommes que le public appelle des rêveurs.   (Alph. de C.)

naissais peu, et j'ai eu pour principe, dans mes relations avec les jeunes gens, de ne jamais les décourager de la branche qu'ils aimaient, persuadé qu'on peut être utile dans toutes les carrières, pourvu qu'on s'y plaise.

Ce fut en mai 1796 que je quittai l'auditoire de philosophie. Pour la forme et selon un usage assez établi à Genève, j'entrai dans celui de droit, bien décidé à n'être jamais jurisconsulte ni avocat, mais pour acquérir quelques connaissances des affaires de la vie et surtout pour me procurer vis-à-vis de mon père un prétexte qui me dispensât de rester à Champagne et me permît de revenir à la ville pendant l'hiver.

Mon été se passa à la campagne, plus occupé que jamais d'études physiques et naturelles. Je m'amusai à répéter pour quelques personnes de ma famille une espèce de petit cours de chimie; je lus avec attention la *Physique des arbres* de Duhamel, ouvrage précieux par sa simplicité, et les *Recherches* de Bonnet *sur l'usage des feuilles*, où brille éminemment le génie de l'observation; je m'occupai à traduire de l'anglais la *Statique des végétaux* de Hales, ce qui était à la fois une étude de physiologie végétale et une étude de langue. Je parcourus les montagnes du Jura pour en étudier les plantes; je décrivais celles que je rencontrais, et ayant acquis le *Linné de l'Europe* de Gilibert, je commençai à connaître quelques noms; mais les deux années consacrées à cette étude sans aucun livre m'avaient déjà habitué à certains rapports naturels que je voyais rompus dans le système de Linné, de sorte que je m'accoutumai dès lors à le considérer comme un simple dictionnaire [1]. Je fis avec mon frère et un jeune étudiant en théologie de notre village, nommé Vautravers, une course dans les montagnes de Neuchâtel, qui fut la première de celles que je puis considé-

[1] Dans cette esquisse très-rapide de ses premiers pas en botanique, l'auteur a omis quelques détails dignes d'intérêt que la lecture de ses lettres à son père m'ont fait connaître, par exemple ses herborisations autour de Genève, ses déterminations d'après la méthode dichotomique de Lamarck, etc. Voir aux *Pièces justificatives*, n° XI.   (Alph. de C.)

rer comme consacrées à l'histoire naturelle. J'y fus comme
témoin d'un accident affreux produit par la belladone ; nous
arrivâmes dans un village près de Valangin où le jour même
trois enfants, en courant les bois, avaient rencontré des
fruits mûrs de cette plante qui les avaient séduits par leur
apparence et qu'ils avaient mangés, croyant, disaient-ils,
manger des cerises en herbe ; deux étaient morts et le troisième luttait contre le poison.

§ 7. VOYAGE A PARIS (1797).

Pendant que j'herborisais ainsi dans le Jura, mes camarades Picot et Pictet parcouraient les Alpes de Savoie avec
M. de Dolomieu, qui était venu à Genève, et qui, grâce
à ses relations avec MM. les professeurs Picot et Pictet,
avait bien voulu admettre mes amis dans son cortége. Il
fit plus, et il engagea leurs parents à les envoyer passer
l'hiver à Paris pour se fortifier dans les sciences physiques. Il offrit même de les prendre sous sa protection.
Cette idée enflamma plusieurs d'entre nous d'une ardeur
facile à comprendre. Pictet s'arrangea pour aller avec Maurice [1] loger chez M. de Lalande, l'astronome, et M. Picot
écrivit à mon père pour lui proposer de m'envoyer à Paris,
avec son fils, habiter dans la maison de M. de Dolomieu.
Mon père s'effraya d'abord de cette idée ; enfin il y con-
sent ! mon voyage est décidé ; je me rends à Genève vers
la fin d'octobre pour joindre Picot et partir ensemble pour
la grande capitale. On juge sans peine de ma joie, de tout
le prix que j'attachais à ce voyage et de tous les plans de
travail qui se succédaient dans une tête de dix-huit ans. Je
ne me doutais pas cependant alors de l'influence que cela
aurait sur le reste de ma vie.

Nous partîmes au mois de novembre 1796, avec Mme Lul-

---

[1] M. Maurice-Diodati, devenu plus tard préfet et membre de l'Institut.
(Alph. de C.)

lin-Pictet [1] et nous nous rendîmes en poste à Paris. Notre
compagne de voyage qui habitait cette ville depuis plusieurs
années, et qui était une femme de sens et de bon conseil,
nous mit au courant d'une foule d'usages bons à connaître
pour de nouveaux débarqués. La route se passa sans événements. Je ne me rappelle pour ainsi dire que de l'instant où,
arrivés sur les hauteurs entre Lieursaint et Charenton, nous
aperçûmes le Panthéon ; je sens encore l'émotion que produisit sur moi cette première vue de Paris ; il me semblait
voir à la fois devant mes yeux tous les hommes qui ont illustré cette capitale des lettres; il me semblait que j'entrais
dans le sanctuaire des sciences, et tout autre sentiment dis-
paraissait à côté de celui-là.

Nous arrivâmes de nuit; nous nous rendîmes rue de
Seine, à l'hôtel la Rochefoucauld, où M. de Dolomieu nous
avait retenu un petit logement dans les mansardes, immédiatement au-dessus du sien. Dès le soir je fis connaissance
avec cet aimable protecteur; dès le lendemain il nous mit au
courant de ce qui était nécessaire pour nos travaux, et nous
présenta aux personnes dont il crut que la connaissance
pourrait nous être utile. Au bout de deux jours nous étions
installés et occupés de nos études. Ces six mois passés à
Paris, en étranger et comme étudiant, se présentent à mon
esprit comme un seul jour, mais comme un jour qui a décidé de tous les autres.

Nous logions chez une bonne vieille femme qui soignait
notre petit ménage. Le matin nous descendions chez M. de
Dolomieu pour causer avec lui et prendre ses directions ;
le soir, lorsqu'il rentrait de bonne heure, nous y descendions
encore. C'était surtout alors, que, libre de toutes les affaires
de la journée, il voulait bien se mettre quelquefois à causer
intimement avec nous, et ces conversations sont demeurées
dans mon souvenir et s'y retracent souvent avec un charme
particulier. M. de Dolomieu était à cette époque un homme

---

[1] Sœur du professeur Marc-Auguste Pictet.   (Alph. de C.)

d'environ cinquante ans. Une vie active et agitée lui avait
donné une connaissance du monde sous des rapports variés. Il avait de la grâce dans l'esprit, de l'aménité dans le
caractère, de la noblesse dans les sentiments. Jamais je ne
lui ai entendu exprimer que des opinions modérées, et sur
les choses et surtout sur les hommes. Il avait vécu dans les
cours, au milieu des affaires, de l'ambition et des intrigues
de la coquetterie : son goût pour les sciences s'y était ravivé.
Il avait traversé tous les désordres de la révolution, il y
avait perdu sa fortune et risqué son existence : son goût
pour une sage liberté n'en avait point été ébranlé. Il nous
parlait avec regret du vœu par lequel il s'était, comme
chevalier de Malte, condamné à vivre isolé, mais il ne
croyait pas qu'aucune loi pût relever un homme d'honneur
d'un serment volontaire. Il aimait à nous raconter sa vie
avec une aimable simplicité, et ces récits ont été pour moi
des réponses irréfragables contre les calomnies que j'ai dans
la suite entendu quelquefois proférer contre lui. Il nous
parlait souvent de l'espèce de révolution que le Conseil des
mines préparait alors dans la minéralogie; ce que je lui ai
entendu dire sur la méthode a contribué à m'éclairer sur
cette base des sciences naturelles et n'a pas été sans influence sur mes travaux subséquents.

Tel était l'homme sous l'influence duquel je me trouvais
placé. Quoique bien passionné pour la minéralogie, il n'eut
pas comme de Saussure l'idée de me détourner de la botanique. Il m'engagea au contraire à suivre mes goûts et me
présenta à MM. Desfontaines et Deleuze, avec lesquels j'ai
eu plus tard d'intimes relations, mais qu'alors je vis seulement de loin en loin. Je me rappelle que, dans une visite,
M. Desfontaines m'expliqua sa belle découverte sur la structure des troncs des monocotylédones, et cette conversation,
qui me frappa beaucoup, eut dès lors quelque influence sur
mes études botaniques.

Cependant, à l'époque de l'année où nous étions arrivés,

tous les cours de botanique étaient suspendus, et nous cherchâmes à profiter de ceux qui se donnaient sur d'autres
sciences. Pictet quitta la maison de M. de Lalande et vint
se joindre à nous. Notre désir de profiter du temps que
nous avions à passer dans la capitale était tel qu'il nous fit
adopter un plan d'étude peut-être vicieux, mais que je dois
rapporter comme preuve de notre ardeur. Nous suivîmes
pendant le semestre d'hiver les cours de physique expéri-
mentale de MM. Charles et de Parcieux, de chimie de
MM. Fourcroy et Vauquelin, de minéralogie de M. Haüy,
d'anatomie de MM. Portal et Cuvier, de littérature de
M. Fontanes, et nous assistâmes à quelques leçons de presque tous les professeurs de Paris. Les distances des divers
établissements auraient rendu un pareil travail impossible
à continuer dans toute sa rigueur, mais nous nous parta-
geâmes la besogne. Nous suivions tous trois le seul cours de
M. Charles, parce qu'il était entièrement composé d'expériences ; quant aux autres, nous allions alternativement et
séparément à chacun d'eux, de telle sorte qu'à chaque leçon
un ou deux d'entre nous y assistaient. Toute la journée se
passait ainsi à courir les amphithéâtres, et à la nuit nous ren-
trions dans notre domicile et nous rédigions les extraits des
leçons de la journée. Celui qui avait assisté à tel de ces cours
répétait la leçon aux autres et la leur dictait. Le lendemain
un autre assistait à la leçon suivante, entendait la récapitulation faite par le professeur, et, préparé comme il l'était
par les récits de son camarade, il suivait assez bien la série
des idées.

Dans cette répartition de travaux, nos goûts détermi-
naient nos choix, et pour ma part je suivais avec plus de soin
les cours d'anatomie que les autres. Je pris un intérêt particulier à celui de Cuvier et je conçus une admiration sincère
pour son talent remarquable d'observateur et de professeur.
Sa clarté continue, l'élégance de son style, l'élévation de
ses idées générales, révélaient l'homme d'un talent supé-

rieur et me firent comprendre pour la première fois le
charme d'un cours improvisé. Son rival sous ce rapport
était M. Fourcroy, mais par mon propre jugement je trouvais celui-ci fort inférieur à Cuvier ; il parlait bien, sans
doute, mais il y avait trop de phrases vides de sens et trop de
mots de pur remplissage ; il appelait souvent l'esprit sur les
idées générales, mais on sentait trop en l'écoutant qu'il
voulait forcer la nature à se plier à ses combinaisons systématiques, ou se donner l'air d'avoir tout prédit en an-
nonçant au hasard une foule de chances possibles. Son disciple Vauquelin tombait dans l'extrême opposé ; son débit
lourd, monotone, fatiguait les auditeurs ; aucune idée brillante, aucune vue ingénieuse ne ranimait l'attention ; j'admirais fort ses connaissances détaillées, mais j'avais peine
à soutenir mon attention. Je me plaisais davantage aux leçons simples, claires, précises, mais peu profondes de M. de
Parcieux ; j'y apprenais peu, mais je suivais tout avec intérêt. Le cours de physique de M. Charles était presque
nul pour la partie théorique, mais très-utile pour nous
qui avions suivi pendant deux ans le cours de M. Pictet
sans voir une seule expérience ; ici elles se présentaient
avec précision, exécutées au moyen des plus beaux appa-
reils et variées sous toutes les formes. Le ton simple et
presque bonhomme du démonstrateur ne manquait pas de
quelque intérêt ; mais s'il expliquait bien les machines et les
expériences, il se perdait souvent dans les théories, qu'il
semblait à peine comprendre. Quant aux leçons de Portal,
c'étaient de véritables caricatures de l'enseignement. Qu'on
se figure un homme sec et maigre, coiffé à la vieille mode,
parlant avec l'accent gascon le plus prononcé et professant
l'anatomie médicale non d'après un plan, non en exposant
des théories, mais en racontant les historiettes que sa pratique médicale avait pu lui fournir, et en choisissant de préférence toutes celles qui pouvaient prêter à quelque plaisanterie équivoque ou à quelque allusion indécente.

Les leçons de littérature de M. Fontanes contrastaient avec les précédentes. A cette époque il avait d'intimes liaisons avec Laharpe ; il voyait que le public, lassé par la révolution, tendait à se dégoûter du philosophisme, et que la religion pourrait bien devenir un moyen de fortune ; aussi ne cherchait-il point à retrouver dans sa mémoire une traduction en vers de Lucrèce qu'il avait, disait-il, perdue au siége de Lyon, mais il dirigeait ses leçons de littérature vers des sujets religieux. Tous les thèmes de composition sur lesquels il exerçait ses élèves étaient tirés de la Bible, et il professait une grande admiration pour l'éloquence des livres hébreux. A la fin de notre séjour, il nous mena une fois avec M. Picot, le père de mon ami, qu'il connaissait, entendre une leçon de Laharpe à l'Athénée, alors le Lycée de Paris. C'était une des plus furibondes contre les philosophes, et après la séance, admis dans le cabinet du professeur, nous l'entendîmes ajouter de nouvelles injures à toutes celles qu'il avait dites en chaire. En sortant je revenais à pied avec M. Fontanes, et je ne pus m'empêcher de lui témoigner mon étonnement des discours énergumènes de Laharpe, auxquels il avait l'air d'applaudir : *Ne vous y trompez pas*, me dit-il, *notre but n'est pas de rétablir la puissance des prêtres, mais il faut frapper l'opinion publique de l'utilité d'une religion, et ensuite nous avons l'intention de pousser la France au protestantisme.* Je vois encore la place de la rue St-Honoré où il me tint ce propos. Ce que je venais d'entendre ne me permit pas de lui donner la moindre confiance ; je demeurai dès lors convaincu que le poëte ne tenait pas à penser ce qu'il disait et je ne cherchai nullement à continuer mes relations avec lui. Ce propos m'est revenu quelquefois à l'esprit lorsque, vingt ans plus tard, le même M. Fontanes refusait de me nommer recteur de l'académie de Montpellier par le motif que je suis protestant.

Parmi les relations que me procura ce premier voyage à Paris, je dois compter deux jeunes gens de mon âge, Bonnard et Coquebert, que je retrouvai les années suivantes, Brongniart, qui me donna dans la suite des marques précieuses d'intérêt, et surtout la famille Delessert dont je parlerai souvent dans ces mémoires. Je fis aussi, d'une manière assez singulière, la connaissance de M. de Lamarck, et je dois la citer parce qu'elle eut immédiatement quelque influence sur la direction de mes études. Je le connaissais de vue pour l'avoir aperçu à l'Institut, mais je n'avais aucun moyen de l'aborder. Je remarquai qu'avant les séances de l'Académie il venait souvent dîner seul chez un petit restaurateur, voisin du Louvre, où je dînais moi-même; j'engageai mon camarade Pictet à venir un jour se placer comme par hasard à la même table que lui et je me mis à parler avec Pictet de mes courses de botanique et de l'utilité très-réelle dont la *Flore française* avait été pour moi. M. de Lamarck écoutait avec attention et finit par se mêler à la conversation. Il m'engagea à aller le voir; je n'y manquai point et je conservai dès lors quelques relations avec lui, mais comme il était dans ce temps tout occupé de ses objections contre la théorie chimique et qu'on ne pouvait l'amener à parler de botanique, je tirai de cette connaissance moins de profit que je ne l'avais espéré. A mon départ il me remit un livre pour M. Senebier, ce qui me donna l'occasion de connaître cet excellent homme, et j'aurai bientôt à raconter combien ses encouragements eurent d'influence sur mes travaux. Ainsi ce dîner de la rue Saint-Germain-l'Auxerrois a peut-être été la première origine de mon goût pour la physique végétale, de l'entreprise de la *Flore française* et par suite de mes voyages en France, de ma nomination à Montpellier, et on peut dire de ma vie entière. Tous les événements s'enchaînent et il est difficile de prévoir quelle série d'incidents se seraient développés si l'on avait supprimé ou changé un seul des premiers anneaux de la chaîne de la vie.

Au milieu des occupations sérieuses dont je viens de donner une esquisse, j'avais encore le temps d'aller beau- coup à la Comédie-Française, où je jouissais vivement d'en- tendre Molé, Fleury, Mlle Contat, alors dans la plus belle période de leurs talents. J'allais même assez souvent dans le monde, et j'ai aperçu cette époque bizarre du renouvelle- ment frénétique des plaisirs de société qui succéda aux dés- astres de la révolution. L'admirable beauté de Mme Tal- lien [1], la voluptueuse et piquante figure de Mme Hamelin, l'élégante bizarrerie de Mme Enguerloz, qui étaient alors les femmes célèbres du jour, sont encore présentes à mon sou- venir. J'ai vu de mes propres yeux l'inscription de *Bal des zéphirs*, qui était placée sur la porte du cimetière de St-Sul- pice au-dessus de celle de *Requiescant in pace* ; j'ai vu les Directeurs, en longues toges romaines, tirer au sort celui d'entre eux qui sortirait du Conseil suprême, et le public entier annoncer d'avance la sortie de Letourneur, qui eut lieu en effet, soit par un simple hasard, soit par une trom- perie préparée avec adresse. Letourneur devait tirer le der- nier ; on dit que la boule noire avait été chauffée de telle sorte que les quatre premiers pouvaient l'éviter. Que d'i- mages, que d'idées, que de réflexions ne se présentaient pas ainsi chaque jour à mon esprit ? J'étais à l'âge où toutes les impressions sont vives et durables, j'assistais à une de ces époques bizarres où toutes les opinions sont remises en discussion et où l'on est appelé à réfléchir comme malgré soi sur tous les sujets ; aussi ces six mois à Paris ont eu sur tout mon être l'influence la plus prononcée, et je les re- trouve sans cesse dans mes souvenirs.

Au printemps de 1797 M. Picot vint nous rejoindre et nous ramena à Genève en passant par Lyon. Ce voyage fut pour nous une espèce de partie de plaisir, par la rencontre que nous fîmes en diligence d'une jeune et jolie Languedo-

[1] Voir aux *Pièces justificatives*, n° XI, une lettre à Mme de Luze, où il est question de Mme Tallien. (Alph. de C.)

cienne, femme d'un député au Conseil des Cinq-Cents, qui
retournait seule dans le Midi. Dès le premier jour un incident plaisant nous mit tous en train de rire ; la diligence venait souper à Fontainebleau et en repartait deux
heures après ; dès que le repas fut terminé je voulus profiter de ces deux heures pour dormir ; dans le fond de la longue salle mal éclairée où nous avions soupé j'aperçus un de
ces vastes lits des anciennes auberges ; je m'élançai dessus
comme on saute à dix-huit ans et m'y endormis profondément. Peu de temps après, notre compagne de voyage, ayant
la même intention vint, sans me voir, se placer sur le côté
opposé de ce même lit et s'y endormit. Quand arriva le
moment du départ, on nous chercha l'un et l'autre et
notre bon Mentor, la lumière à la main, nous trouva tous
les deux bien innocemment sur le même lit. Qu'on juge de
son étonnement, de la confusion de la jeune dame, de ma
propre surprise et des éclats de rire de tous les assistants,
et l'on pourra comprendre comment cette scène de comédie
nous mit pour le reste de la route en train de rire et de
plaisanter. La gaîté et la verve spirituelle de notre compagne de voyage se soutinrent pendant toute la route. Elle
nous permettait quelques petites licences qui ne laissaient
pas de nous divertir extrêmement, et c'est ainsi que nous
arrivâmes à Lyon. Là il fallut se séparer ; notre gentille
compagne poursuivit sa route vers le Midi ; nous nous quittâmes en fondant en larmes, en nous embrassant comme
d'anciens amis, et nous n'avons plus entendu parler les uns
des autres ; ainsi va le monde !

De Lyon nous allâmes à Genève en voiture lente, par
une pluie presque continue. M. Picot nous fit pâtir de nos
espiégleries en nous faisant lire toute la journée l'Énéide,
dont il me donna un véritable dégoût à force de me tourmenter pour admirer dans un moment où je n'y étais pas
disposé. Nous n'appréciâmes de cette route si pittoresque
que la beauté du lac de Sylant, situé au-dessus de Nantua ;

et j'en fis dans la suite le siége d'une petite nouvelle que je m'amusai à écrire.

Arrivé à Genève je me liai avec M. Senebier, qui m'encouragea dans le désir d'étudier la physiologie végétale et me donna quelques utiles conseils. C'était un homme d'une instruction variée mais peu profonde, qui a fait un grand nombre de livres diffus et incohérents, sans clarté dans le style, sans logique serrée et d'une composition lâche et fatigante. Avec ces défauts, dont même alors il m'était facile de me douter, je reconnus aussi que ses travaux sur la décomposition du gaz acide carbonique par les plantes étaient la base de la physiologie végétale, et que ses connaissances sur cette science, combinées avec celles de botanique proprement dite qui lui manquaient, devaient former le véritable cadre de cette étude. Je me décidai donc à profiter le plus possible de ses dispositions communicatives pour mon instruction; j'y réussis sans peine, grâce à son inépuisable bonté et à sa touchante complaisance. Je m'attachai sincèrement à lui, et je suis resté avec cet homme excellent en relation intime de correspondance jusqu'à sa mort. Je lui ai dédié le premier genre de plantes que j'ai été dans le cas d'établir, j'ai fait placer son buste dans le jardin botanique de Genève et j'ai toujours conservé pour sa mémoire le plus tendre souvenir et la plus sincère reconnaissance [1].

---

[1] J'ai fait relier en un volume la correspondance de mon père avec Senebier. Elle n'a guère aujourd'hui de valeur scientifique, puisque les principaux faits qui s'y trouvent ont été publiés par les deux auteurs dans leurs ouvrages sur la physiologie, mais elle est charmante par les égards mutuels et par une sincérité toute dépourvue d'amour-propre. Le jeune naturaliste était un peu embarrassé, au début, pour écrire à un ancien pasteur, à un érudit plus âgé que lui d'une trentaine d'années. J'ai le brouillon de ses premières lettres où l'on voit quelques mots corrigés de la main de son père, et j'ai les lettres mêmes que la veuve de M. Senebier nous a rendues. Pendant quelque temps le maître donne des conseils et écoute les observations de l'élève d'une manière très-aimable; bientôt il sent la supériorité du jeune homme qui, à vingt-trois ans, devait être candidat à l'Académie des sciences de Paris, et alors le ton devient différent, plus modeste s'il est possible, même trop modeste, et toujours amical.　　　　　(Alph. de C.)

§ 8. ÉTÉ A CHAMPAGNE.

Je passai l'été à Champagne auprès de mes parents. J'y jouis vivement et du plaisir de les retrouver et de la vie de la campagne. Je travaillai à diverses expériences de physique végétale. Quelques-unes que je fis alors sur la germination des graines de légumineuses ont trouvé place dans un ouvrage publié trente ans plus tard; celles sur le gui ont servi au mémoire que l'Institut accueillit en 1802 parmi ceux des savants étrangers ; celles sur la *Némaspore orangée* furent accueillies par la Société philomathique et publiées ensuite dans le *Journal de Physique*. Elles contenaient des faits vrais, mais j'en tirais une conclusion fausse; heureusement pour moi, j'ai été le premier à le reconnaître et à le dire (*Flore fr.*, vol. II, page 302). Je découvris pendant cet été la réticulaire rose, dont j'envoyai la description à Brongniart qui la fit insérer dans le *Bulletin philomathique*. Oserai-je dans ce récit tout familier, et qui ne sera probablement lu de personne, raconter dans quelle bizarre circonstance je fis cette première découverte de ma vie? Il y a dans le Jura des espèces de couloirs en planches dirigés verticalement, par lesquels on fait descendre les troncs coupés sur les sommités. Étant au haut d'une montagne, j'imaginai, pour descendre dans le Val-de-Travers, de me laisser glisser dans l'un de ces couloirs comme d'une montagne russe. En route j'aperçus sur une branche un objet rose à moi inconnu; tout en glissant je coupai la branche et j'arrivai au bas, possesseur de mon nouveau champignon, mais à peu près mis à nu par le frottement de mes habits contre les parois du couloir. J'eus grand'honte d'entrer ainsi dans Motiers, mais je conservai précieusement ma branche. Elle portait la première plante que j'aie découverte!

Ce fut encore pendant cet été d'activité et de loisir que je commençai à méditer sur l'ensemble de la science. J'en

savais assez pour m'apercevoir du vide des livres élémentaires qu'on avait alors sur la botanique, et je conçus l'idée
d'en préparer un. J'en traçai le plan, j'en écrivis même
quelques chapitres, mais heureusement je sentais trop ce
qui me manquait pour vouloir rien précipiter. Quelques
morceaux de ces premiers essais se sont retrouvés dans la
Théorie élémentaire et le traité d'*Organographie*. Je n'avais
que dix-huit ans et je savais bien peu de botanique, mais le
peu que je savais je l'avais appris dans la nature, par moi-
même, non dans les livres, et par conséquent je le savais
avec précision. De cette même époque datent mes premières observations, encore confuses, il est vrai, mais cependant exactes, sur le rôle que les avortements et les sou-
dures jouent dans l'organisation végétale. C'est la simple observation des faits qui m'y conduisait et je ne me doutais
guère alors que ces faits, isolés et incohérents, deviendraient
un jour un corps de doctrine. Ce fut aussi pendant cet été et
l'hiver suivant que je m'occupai d'expériences sur la marche
de la sève dans les lichens, travail qui me donna beaucoup
de peine et ne m'a pas conduit à de grands résultats. Je le
présentai à la Société d'histoire naturelle de Genève, qui
voulut bien encourager mes jeunes efforts en m'admettant
parmi ses membres; je le fis imprimer dans le *Journal de
Physique* (1798) et il y est resté oublié. C'est peut-être ce
qui pouvait lui arriver de mieux. Je suis mécontent de ce
travail et je ne puis cependant dissimuler qu'alors je le
trouvai bien, et que la plupart de ceux qui en eurent connaissance l'approuvèrent et conçurent une idée favorable
de ma capacité. Le sujet était trop difficile, mais cela même
prévenait peut-être en faveur de ma jeunesse, ou du moins
faisait excuser beaucoup d'imperfections.

Toutes mes heures de délassement se passaient chez
Mme de Luze et je ne saurais exprimer combien de charmes ma liaison avec elle a répandu sur cette partie de ma
vie. Elle avait alors vingt-quatre ans, son esprit était orné,

4

sa conversation agréable; elle recevait habituellement chez
elle les femmes les plus aimables de Neuchâtel, et j'y ai fait
plusieurs relations que j'ai pu toute ma vie regarder comme
des relations d'amitié. Mme de Luze avait pour moi des
sentiments affectueux et purs, que je méritais, car les miens
étaient semblables, ou s'il s'y mêlait quelque portion de
galanterie, j'ose dire que c'était à mon insu et sans aucun
but que celui de plaire. C'est à cette relation que j'ai dû de
conserver le goût de la littérature tout en m'occupant de
sciences, et de prendre quelque usage du monde tout en
vivant à la campagne. Mlles Delor et Dardelle, deux amies
de Mme de Luze passèrent une partie de l'été chez elle;
toutes mes soirées leur étaient consacrées. Nous lisions, nous
causions, quelquefois nous faisions des vers ou de petites
compositions. C'était alors la vogue des romans de Mme Radcliffe; nous fîmes ensemble le défi d'imiter son style. Nous
tirâmes au sort des sujets de compositions, et je me rappelle, après trente ans, la grâce avec laquelle Mlle Rose
Dardelle décrivit la Nuit, qui lui était échue en partage.
Son morceau n'était pas du Radcliffe, mais c'était beaucoup
mieux. J'eus à décrire le coucher du soleil et je plaçai le
siége de mon récit sur les bords du lac de Sylant, que je
venais de visiter.

Heureux temps de ma vie où tout me souriait, où aucune
inquiétude n'altérait mes jouissances, où je ne connaissais
ni chagrin, ni soucis, ni injustices! Cependant, tout en
jouissant vivement de ce bonheur, je sentais qu'il ne pouvait
être durable et que je me devais à moi-même et, je le croyais
aussi, à la société, de poursuivre une carrière.

Ce fut pendant le même été que je fis connaissance avec
M. de Chailliet, de Neuchâtel, ancien militaire, qui s'était
voué à l'étude de la botanique suisse avec un succès d'autant plus remarquable qu'il le devait tout à lui-même. Il me
donna des directions, des encouragements et des conseils
utiles; il continua dès lors à m'envoyer tous les objets qu'il

découvrait et m'a rendu des services essentiels lorsque je
me suis occupé des cryptogames de la Flore française. Ma
reconnaissance s'est exprimée en lui dédiant un genre de
plantes qui est devenu le type d'une nouvelle famille et qui,
je l'espère, consacrera pour toujours le nom de cet excellent homme, digne ami de ma jeunesse. Plus tard j'ai rédigé
(1840) son éloge pour la Société des sciences naturelles de
Neuchâtel [1].

§ 9. HIVER A GENÈVE.

A l'entrée de l'hiver je revins à Genève et je me mis à
suivre les leçons de droit que donnait M. Le Fort, homme
respectable, mais découragé par les circonstances politiques. Ce que j'ai appris dans ces leçons peut être considéré
comme nul et n'a point influé sur le reste de ma carrière.

Au milieu des malheurs dont Genève était menacée, on
y éprouvait alors quelque tranquillité ; la populace révolutionnaire, honteuse de ses excès et craignant la réunion à
la France, s'était calmée et avait permis au gouvernement
qu'elle avait elle-même créé, de rétablir une espèce d'ordre. Grâce à ce changement on avait repris de la sociabilité et cet hiver fut celui où je commençai à paraître dans
le monde. J'y obtins quelques légers succès et j'ai toujours
conservé un souvenir agréable de ces débuts.

Quant au travail, il se réduisait à peu de chose. Je lus
Bacon avec quelque attention ; je fis diverses observations
sur la végétation des lentilles d'eau ; je recueillis avec soin
toutes les plantes que je pouvais rencontrer. Ce fut alors que
de concert avec mes camarades Maurice, depuis préfet et
membre de l'Académie des sciences ; Picot, depuis juge et
professeur d'histoire ; Pictet, depuis conseiller d'État, président du Tribunal civil et professeur adjoint, etc. nous fon-
dâmes une petite société de recherches qui prit le titre de

---

[1] Il a été publié dans les Mémoires de cette Société. (Alph. de C.)

Société des sciences physiques. Elle contribua à conserver
en moi quelque goût pour l'étude au milieu des distractions
de société auxquelles je me livrais avec une sorte de passion.

Cependant l'horizon politique s'obscurcissait pour Genève : la France dissimulait peu son projet d'incorporer
notre petit État dans sa vaste république. Cette crainte
rallia presque tous les partis qui nous divisaient. Pour consacrer ce rapprochement les chefs d'alors mirent en train
une *représentation* [1] solennelle qui fut adressée au gouvernement par les citoyens pour déclarer qu'on désirait l'oubli
des scènes tragiques de 1794 et une réconciliation entre les
partis. Mon père avait été condamné à mort et à la confiscation de ses biens ; il avait échappé à la première par son
absence ; on lui avait rendu ses biens pour une légère contribution, et afin d'éviter une seconde confiscation il venait
de m'émanciper et de mettre ce qu'il possédait à Genève
sous mon nom. Dans cet état de choses, je crus de mon devoir de me joindre à un acte de paix, et de déclarer ainsi
que je pardonnais aux persécuteurs de mon père, puisqu'il
avait (par le fait, il est vrai, plus que par leur volonté)
échappé à leurs coups. Je dois dire que mon père approuva
ma démarche, dont je lui exposai les motifs. Ce fut là le
premier acte politique de ma vie.

[1] On appelait de ce nom à Genève une pétition présentée par les signa-
taires qui défilaient régulièrement, leur chef en tête, devant les magistrats.
Le mot ne s'appliquait pas exactement à la démarche dont il s'agit, qui
fut qualifiée plutôt du terme de *adresse des citoyens*, etc. Du reste, il
semble qu'il s'est glissé ici une confusion de dates assez importante. L'a-
dresse d'oubli, à laquelle mon père prit effectivement part (je le vois par
sa lettre du 1er septembre à son père), eut lieu à la fin d'août 1795. Probablement l'auteur a confondu avec la procession volontaire de tous les Genevois qui eut lieu en 1798 devant le Résident de France, Félix Desportes,
à l'occasion de la fameuse tache faite au drapeau français, tache qu'on découvrit n'avoir pu être faite que de l'hôtel même du Résident, ce qui donna
lieu au charmant jeu de mot : « Felix qui potuit rerum cognoscere causas. »
(Alph. de C.)

§ 10. DÉPART POUR PARIS.

Au mois de mars 1798 il parut que c'en était fait de
l'indépendance de Genève. Je sentis alors que je ne pouvais y avoir une carrière et qu'il me fallait chercher ailleurs une position. Je me décidai à aller à l'étranger étudier la médecine, tout en suivant la botanique, afin de me
donner une double chance : ou de me vouer aux sciences
si j'y réussissais, ou de me consacrer à la médecine si je
ne pouvais me faire un sort dans la carrière de l'histoire
naturelle. J'hésitai un moment entre Gœttingue et Paris ;
l'ignorance de la langue allemande et les relations que j'a-
vais déjà à Paris me décidèrent en faveur de cette capitale. J'allai à Champagne communiquer mon projet à mon
père et lui demander la permission de l'exécuter. Il me l'accorda sans hésiter, et dès le lendemain je quittai mes parents pour entreprendre un voyage qui devait être long et
décider de ma vie.

Mon père m'accompagna jusqu'à Orbe. Il m'embrassa en
pleurant et en me donnant sa bénédiction. Je vois encore la
place où je reçus cet adieu, que la gravité des circonstances
rendait bien douloureux. Ma patrie semblait perdue ; je quittais un père et une mère avancés en âge ; je savais leur
fortune très-réduite ; j'allais dans un pays nouveau, où j'é-
tais encore presque étranger, tenter une nouvelle existence !
Mon père calculait toutes les chances. Pour moi, jeune et
insouciant, doué d'un caractère ardent, je m'affligeais de sa
douleur, mais j'étais plein de confiance dans un avenir dont
je ne me faisais cependant aucune idée [1]. Je puis citer ici

---

[1] Mon grand-père, le syndic de Candolle, était alors âgé de soixante-deux
ans. C'était un homme d'une taille élevée, naturellement grave, et auquel
l'exercice de fonctions publiques dans un temps agité avait donné quelque
chose d'imposant. Il montrait peu ses sentiments, qui étaient cependant très-
vifs, et dans la séparation qui vient d'être racontée, il se fit violence pour
ne pas en témoigner davantage. De retour chez lui, il écrivit au-dessous

une preuve curieuse du degré auquel je poussais l'insouciance sur l'argent. Je savais que mon père avait perdu la moitié de sa fortune et que son frère, dont nous étions les héritiers naturels, car il n'avait pas d'enfants, l'avait perdue tout entière. Mon père me voyant partir, peut-être pour long-temps, voulut me donner connaissance de sa position et me remit un inventaire de sa fortune sous un pli cacheté. Je le reçus par déférence et ne pensai pas à l'ouvrir. Je l'ai re-trouvé, cacheté, en 1820, parmi mes papiers, lorsqu'à la mort de mon père je fus appelé à soigner mes propres affaires.

Je revins à Genève préparer sur-le-champ mon départ; la république était à l'agonie et chacun s'arrangeait pour que sa chute lui fît le moins de mal possible. On offrit à tous les étudiants en droit de les recevoir avocats sans exa-men, afin de les dispenser des formalités qu'exigeaient alors les lois françaises. Je refusai et ne pris que le diplôme de maître ès arts qui m'était acquis de droit par mes examens antérieurs, et que je crus pouvoir m'être utile un jour dans quelque école étrangère. Le 25 mars 1798 je quittai Ge-nève, un mois à peu près avant sa réunion à la France, et je m'acheminai vers Paris.

d'un portrait de mon père que j'ai retrouvé : « Souviens-toi, mon cher Py-« rame, du 19 mars 1798, à cinq heures et demie du matin, et de la main « de la croisée du chemin de Romainmotiers au-dessus d'Orbe; ce fut là « que je me séparai de toi, et que je te pressai contre mon sein, que les « larmes de la tendresse et de la douleur sillonnèrent mes joues et que « mon cœur se brisa quand je t'eus perdu de vue. Mon fils, mon cher fils, « si notre séparation est éternelle, rappelle-toi ce lieu, et quand tu y passe-« ras, arrête-toi, et laisse tomber une larme en mémoire du plus tendre des « pères. » Veut-on savoir ce qui le touchait en pensant à son fils : il avait écrit au-dessus du même portrait : « Ébauche bien imparfaite de mon Py-« rame..... mais mon imagination sait suppléer au défaut de ressemblance, « et retrouver dans cette esquisse l'empreinte de sa belle âme, de son ca-« ractère d'honnêteté et de candeur, de sa modestie, qualités plus chères à « mon cœur que son esprit et ses lumières.»   (Alph. de C.)

LIVRE SECOND

Jeunesse. — Séjour à Paris. — 1798 à 1808.

---

§ 1. COMMENCEMENT DE MON SÉJOUR A PARIS.

Mon arrivée à Paris ne ressemblait pas à celle que j'y avais faite dix-huit mois auparavant. Ce n'était plus un simple voyage d'agrément et d'instruction vague ; c'était un état, peut-être une patrie que je venais chercher. Ce n'était plus avec deux amis d'enfance; c'était seul que je venais tenter une nouvelle carrière. Cette dernière circonstance fut bien vite atténuée, parce que je trouvai à Paris mon oncle de Candolle-Boissier et sa femme que j'aimais fort l'un et l'autre, et que l'accueil aimable des personnes avec lesquelles j'avais formé quelques relations dans mon premier voyage me fit bien vite oublier ma qualité d'étranger.

A peine débarqué je courus chez mon ancien protecteur, M. de Dolomieu. Je le trouvai occupé de grands préparatifs de départ. « Ah! me dit-il, que n'êtes-vous arrivé plus « tôt, je vous aurais emmené avec moi! Du reste il est en- « core temps et si vous voulez partir demain..... Mais, lui « dis-je, pour quel voyage?..... Je ne puis vous dire ni où « nous allons, ni pour combien de temps, ni dans quel but; « mais je puis vous attester seulement qu'il y a de la gloire « et de l'instruction à acquérir et que vous ne me quitte- « riez pas. Pensez-y et revenez me voir. »

Je sortis fort ébahi d'une proposition si brusque, et

au bout de quelques heures j'appris le secret de la comédie, que M. de Dolomieu n'avait pu me dire parce qu'il avait promis le silence, mais que disaient tous ceux qui en avaient entendu parler dans le public. Il s'agissait de partir pour l'Egypte. Mon camarade d'étude Ernest Coquebert, de Mont-bret, était du voyage. Il y avait en effet de l'honneur et de la science à acquérir, et peut-être si je fusse arrivé quinze jours plus tôt en eussé-je été bien tenté; mais il était impos-sible de me décider et surtout de décider mon père si rapi-dement. J'y renonçai sur-le-champ; j'allai dès le soir même remercier M. de Dolomieu de son offre et lui présenter pour son heureux voyage des vœux qui, quoique bien sin-cères, n'ont pas été exaucés.

Je restai quelques jours logé à la rue de Richelieu, dans l'hôtel où était mon oncle, et je profitai de ce temps pour voir toutes mes relations. Mais je sentis bien vite que je perdais mon temps et je me décidai à venir me placer près du Jardin des plantes. Il n'y avait alors dans ce quartier aucun hôtel garni pour les étudiants, et après avoir beau-coup cherché je me logeai à la rue Copeau, dans une pen-sion d'*infirmes et autres*; c'était son titre; il est vrai que j'étais à moi seul tous les autres. Je n'avais qu'une mau-vaise chambre et j'étais entouré de vieilles femmes décré-pites et de vieillards dans l'enfance. Ce séjour n'était rien moins que gai, mais j'avais un tel désir d'être près du Jar-din que je n'hésitai pas. Je me fis inscrire comme élève à l'École de santé, je commençai quelques cours de médecine, et entraîné par les étudiants genevois, je fréquentai les hôpitaux, mais la vue des malades m'inspirait une tristesse si profonde et je me sentais si peu de goût pour la pra-tique de la médecine que je n'étais pas fort assidu. Quand je témoignais à mes camarades d'étude mon horreur pour ce genre de vie et l'espèce de malheur que je ressentais à voir toujours souffrir, ils ne faisaient que m'en éloigner da-vantage en me disant *que je m'y accoutumerais*. Il m'est

resté de cet essai de la médecine quelques connaissances
qui m'ont été utiles et de plus un sentiment bizarre, mais
qui a eu sa douceur. Chaque fois qu'il m'est arrivé de faire
une faute sur le nom ou la classification d'une plante, je me
surprenais me disant à moi-même : *grâce au ciel, ce n'est
qu'une plante mal nommée; si j'avais été médecin j'aurais
peut-être tué un enfant ou un père de famille!* Mais je reviens
au temps de ces mélancoliques études.

Dès que j'étais libre ou trop ennuyé de ces travaux je
m'échappais au Jardin. Là je retrouvais les études de mon
choix et un véritable bonheur. Je n'y connaissais personne,
mais je suivais tous les cours avec passion : la zoologie enseignée par Lacépède, Lamarck et Cuvier; la minéralogie par
Haüy ; cependant je ne suivais point ceux de botanique qui
ne répondaient pas à l'idée que je me faisais de cette science.
J'allais à l'École botanique, j'examinais les plantes, je les
décrivais, et je passais souvent ainsi la journée entière sur
un arrosoir, occupé à prendre des notes sur ce qui frappait
mon attention. Presque aucun des habitants du Jardin ne
savait mon nom, mais mon assiduité au travail les avait
tous frappés et intéressés en ma faveur. Longtemps après,
à une époque où j'y étais connu et comme établi, ils me rap-
pelaient ce temps de ma vie où les jardiniers ne me dési-
gnaient que sous le nom du *jeune homme à l'arrosoir* [1].

Je retournai voir M. de Lamarck, que j'avais connu comme
par ruse dans mon précédent voyage. Il m'offrit de travailler
à quelques articles pour son *Dictionnaire encyclopédique*. Je
vis dans cette offre une occasion de consulter son herbier,
sa bibliothèque et surtout leur propriétaire; j'acceptai et
je rédigeai alors les articles : *Paspalum, Parthenium, Par-
nassia, Peziza, Lepidium, Paronychia* et quelques autres qui,
restés parmi les papiers de M. de Lamarck, ont depuis

[1] Ces sentiments de bonheur à s'occuper de botanique et d'horreur pour
les visites aux hôpitaux sont exprimés avec vivacité dans les lettres que l'auteur écrivait alors. Voir les *Pièces justificatives,* n° XI. (Alph. de C.)

(en 1804) été publiés à mon insu et auraient mérité d'être
revus. Quelques fautes assez graves y étaient restées; excu-
sables sans doute pour l'âge où je fis ce travail, qui n'était
pas même terminé, elles ne l'étaient plus au moment où
M. Poiret les publia sans m'en prévenir. Les plus graves
de ces fautes sont : 1° d'avoir décrit sous le nom de *Lepidium verrucosum* une espèce (réellement nouvelle) sans faire
attention que les verrues étaient dues à la présence d'un
Uredo parasite, faute que M. Desvaux a depuis relevée
avec raison; 2° d'avoir décrit sous le nom de *Paronychia*
quelques espèces qui n'appartenaient pas à ce genre difficile, faute que j'ai été le premier à corriger, après trente
ans, dans le troisième volume du *Prodromus*.

Le travail sur le genre Lepidium me procura l'occasion
d'établir un genre nouveau qui a été sanctionné par les botanistes. Je remarquai que le *Lepidium didymum* et une
autre espèce nouvelle ne pouvaient faire partie du vrai
genre Lepidium, et j'en créai un nouveau que je fus heureux de dédier à mon maître et mon ami M. Senebier. Je
présentai ce mémoire à la Société d'histoire naturelle de
Paris, qui l'inséra dans ses Mémoires et qui me reçut moi-
même au nombre de ses correspondants. J'avais dix-neuf
ans !

Ce premier succès me servit d'encouragement; mais je ne
tardai pas à m'apercevoir que mon travail chez M. de Lamarck m'était peu utile. Ce savant était alors absorbé par
ses écrits contre la chimie moderne et par ses hypothèses
relatives à l'action de la lune sur l'atmosphère. Quand je
l'interrogeais sur la botanique il me répondait par de la chimie ou de la météorologie qu'il savait à peine. Je cessai donc
peu à peu d'aller le voir.

Cependant ma manière de vivre avait changé; un ancien
camarade de pension, Michel Loubier, était venu me joindre, aussi bien qu'un jeune homme, J.-L. Odier, fils du docteur qui m'avait sauvé la vie. Odier était plus jeune que moi

de trois ans et son père me le recommandait. Je quittai mon hôtel d'infirmes et nous prîmes ensemble dans la même rue un petit appartement au coin de la rue de la Clef. L'hôte, qui se nommait Bertrand, m'assura avoir connu très-bien mon père, pendant un séjour qu'il avait fait à Genève en 1785 ; je me réjouissais de cette circonstance, mais sait-on jamais si on a tort ou raison de se réjouir, je découvris ensuite que la relation de mon père avec ce Bertrand avait été de lui avoir prononcé, comme premier magistrat, une sentence qui le condamnait à la marque! Il paraît que Bertrand voulut s'en venger, car il n'y eut sorte de voleries et de mauvais procédés qu'il ne nous ait fait éprouver, au point que sa femme, chargée de faire nos chambres, volait les draps de nos lits que le mari nous faisait payer ensuite.

Ces petits incidents qui se renouvelèrent presque tout l'été n'altérèrent ni notre bonne humeur ni notre goût pour le travail. Odier était plein d'ardeur pour les études médicales, mais tout son talent semblait comme arrêté par une circonstance bizarre. Son admiration pour son père était telle qu'il ne se permettait pas de douter, de réfléchir sur une opinion quelconque émise par lui, et lorsqu'il m'arrivait de lui opposer quelques objections, il entrait dans une véritable fureur; je ne savais si je devais admirer cet amour filial ou rire de cette confiance exagérée. Le souvenir d'Odier n'a pas peu influé dans la suite pour m'engager à laisser à mon fils la liberté la plus complète dans ses opinions. Odier me quitta en octobre pour retourner à Genève et prit en route, par son imprudence, une fièvre qui le conduisit au tombeau à l'âge de dix-huit ans.

Michel (que nous appelions toujours de ce nom seul, parce que des raisons, qu'il disait politiques, l'obligeaient alors à se cacher), Michel, dis-je, était un bon et franc étourdi, qui partageait son temps entre le jeu au Palais-Royal et les petits services que je pouvais réclamer de lui.

C'était lui qui soignait notre petit ménage, qui copiait mes notes et mes articles de botanique, qui séchait mes plantes et me laissait ainsi le temps parfaitement libre pour le travail réel. Il revenait quelquefois avec de grosses sommes qu'il avait gagnées dans les maisons de jeu, et se moquait de moi lorsque je l'engageais à ne pas les reperdre, ce qui ne manquait pas d'arriver, sans prendre sur sa bonne humeur. Cet exemple ne me tenta point alors, mais un an plus tard je me laissai entraîner par Aubert à aller avec lui dans ces antres de jeu. Nous y perdîmes en moins d'un quart d'heure tout ce que nous avions amassé et emporté avec nous, qui se montait à une trentaine de louis, somme alors très-grande pour moi. Nous nous retirâmes tout penauds de notre mésaventure et surtout honteux de notre bêtise. La cure fut complète, et le bonheur que j'ai eu de commencer par perdre m'a sauvé pour toujours d'une passion funeste. Je reviens à mon séjour à la rue Copeau.

J'étais alors dans la ferveur de la physiologie végétale et je faisais assez d'expériences à ce sujet. J'avais imaginé et fait exécuter un appareil au moyen duquel je pouvais apprécier l'influence des différents gaz sur les racines des plantes vivantes. J'avais obtenu quelques résultats qui me semblaient curieux, mais n'ayant pu les varier et répéter suffisamment, je n'en ai jamais tiré aucun parti, et il est probable que je n'en ferai rien, car le temps me gagne et je vois à peine devant moi celui qui me serait nécessaire pour terminer mes principales entreprises. Je fus alors détourné de ces recherches par une circonstance qui a probablement décidé ma carrière et que je dois par conséquent mentionner en détail.

§ 2. LIAISON AVEC MM. DESFONTAINES ET L'HÉRITIER.

Le botaniste L'Héritier avait engagé Redouté, le fameux peintre de fleurs, à dessiner un grand nombre de plantes

grasses, attendu qu'on ne peut les conserver dans les
herbiers. Plus tard, Redouté ayant eu l'idée de publier les
dessins qu'il avait faits, s'adressa à M. Desfontaines pour
trouver un botaniste propre à ce genre de travail. Desfontaines, professeur au Jardin des plantes, qui me voyait
presque tout le jour occupé à examiner et à décrire les
plantes du jardin, et qui de temps en temps m'encourageait par quelques mots obligeants, vint un jour me proposer ce travail. Je connaissais à peine quelques plantes
grasses et je crus vraiment que cette proposition était une
plaisanterie. Quand je vis qu'elle était sérieuse je m'ex-
cusai sur mon ignorance : *non*, me dit M. Desfontaines,
*vous verrez que ce n'est pas si difficile que vous le croyez; vous
viendrez travailler chez moi et je vous guiderai.* A ces mots
mes scrupules furent levés, plutôt ils disparurent devant
l'espérance d'être admis dans l'intimité d'un botaniste dont
la bonté me charmait et qui était alors à l'époque brillante
de sa carrière. Il publiait la *Flore atlantique* et venait de découvrir la distinction anatomique des deux grandes classes de végétaux. J'acceptai. Quand j'écrivis ce beau
plan à mon père il me fit une mercuriale sur ma présomption, mais cependant je voyais percer dans sa lettre
le bout d'oreille paternelle, et il est clair qu'il n'était pas
fâché qu'on me crût digne de ce travail. M. de Chaillet,
qui m'aimait avec une vraie tendresse, ne cessait de me
dire que je perdais ma carrière en m'aventurant si jeune à
un ouvrage pareil. Il avait raison en apparence, car je n'a-
vais pas vingt ans, et pourtant l'affaire a tourné tout autrement. Cet ouvrage m'a fait plus de réputation qu'il ne
valait et m'a procuré plus d'instruction qu'il ne semblait
devoir le faire.

Le succès de l'*Histoire des plantes grasses* a beaucoup
tenu à la beauté des planches dessinées par le premier peintre du temps et imprimées en couleur par un procédé alors
nouveau et aujourd'hui populaire. Bulliard avait le premier

imprimé des planches en couleurs. Il se servait pour cela
du procédé employé pour les toiles peintes, c'est-à-dire qu'il
avait autant de planches que de couleurs différentes. Redouté a fait exécuter l'impression en couleur avec une seule
planche, semblable à celle qu'on emploie pour l'impression
en noir. Les *Plantes grasses* ont en effet précédé de plusieurs
années les grands ouvrages de Ventenat et les autres publications de Redouté. On me sut quelque gré de ce que
l'ouvrage s'annonçait comme une monographie, ce qui était
encore une sorte de nouveauté, et il faut le dire, le public, en le voyant paraître graduellement, escompta pour
ainsi dire d'avance l'estime qu'il aurait dû accorder plus
tard.

Quant à l'instruction que j'en ai retirée, elle a été considérable. Je me mis immédiatement à décrire avec soin
toutes les plantes grasses que je rencontrais, et cette espèce de mission spéciale me fit ouvrir tous les jardins publics
et particuliers. L'idée de faire une monographie excita mon
esprit sur tout ce qui se rattache à ce genre de travail et
m'en fit sentir l'importance. Je profitai bien vite des offres
de M. Desfontaines et j'allai travailler chez lui : je consul-
tais son herbier, sa bibliothèque et je causais avec lui. Il
me prit en amitié, et cette amitié, qui a duré jusqu'à sa
mort, a été l'une des plus douces et des plus honorables
liaisons de ma vie. Desfontaines a été pour moi un maître
indulgent, un protecteur actif, un véritable père pendant
toute la durée de ma carrière. Je l'ai aimé comme un fils,
et j'aurai souvent à reparler de lui si je continue à écrire
ces mémoires.

Ce fut encore à ce travail sur les plantes grasses que je
dus ma liaison avec M. L'Héritier. Celui-ci était un ancien
conseiller à la Cour des aides, jadis puissamment riche et
qui avait cultivé la botanique en amateur exact et en biblio-
mane passionné. Presque ruiné par la révolution, il avait
pris une place de premier commis au ministère de la justice

et avait renoncé à tout travail botanique. Il m'offrit l'usage
de sa bibliothèque, la plus vaste qui existât alors à Paris.
J'y allais tous les décadis passer la matinée, parce que c'é-
tait le seul jour où il put disposer de son temps. Il me recevait avec complaisance, me faisait connaître la bibliographie botanique et me donnait l'occasion d'acquérir bien des
connaissances nouvelles pour moi. C'était un homme sec,
froid en apparence, passionné en réalité, âcre et sarcas-
tique dans la conversation, livré avec une sorte de complaisance aux petites intrigues, ennemi déclaré de Jussieu, de
Lamarck et même des méthodes nouvelles, mais il eut toujours pour moi des bontés qui excitèrent ma reconnaissance.
Un horrible assassinat me priva quelques années plus tard
(1800) de cet appui.

Ce fut pendant le même été de 1798, que j'eus occasion
d'assister à la singulière cérémonie dans laquelle le Direc-
toire, voulant imiter les triomphes des Romains, fit rassembler au Jardin des plantes tous les monuments des conquêtes
d'Italie et les fit conduire au Champ-de-Mars par un cortége
immense, composé d'un grand nombre d'artistes, de savants
et d'élèves. J'y étais à ce dernier titre. Nous mîmes plus de
six heures à cette marche triomphale, lente et embarrassée.
On était alors si accoutumé aux choses extraordinaires que
cette cérémonie me fit moins d'impression au moment même
qu'elle ne m'en a fait depuis par le souvenir.

§ 3. RELATIONS AVEC LA FAMILLE DELESSERT.

Les relations que j'ai formées avec la famille Delessert
ont eu la plus grande et la plus heureuse influence sur mon
sort. J'en ai déjà dit quelques mots dans le livre précédent,
mais ils ne peuvent suffire pour exprimer la part d'affection
que je lui ai vouée. Cette excellente famille, originaire
comme moi de la partie française et protestante de la
Suisse, était, à mon arrivée, sous le patronage moral de la

respectable madame Delessert, née Bois-de-la-Tour, celle
à laquelle les lettres de Rousseau sur la botanique ont été
adressées. J'y trouvais aussi Mme Gautier, sa fille, pour laquelle ces lettres avaient été écrites, Alexandre et François, frères de Mme Gautier, qui avaient été mes camarades de collége à Genève, et surtout Benjamin, leur frère
aîné, avec lequel j'ai contracté la liaison la plus intime.
L'ancienne amie de Rousseau, de Franklin et de plusieurs
hommes de choix, voulut bien m'accorder quelque part
dans sa bienveillance, et le souvenir de sa bonté pour moi
reste profondément gravé dans mon cœur. Mme Gautier me
recevait avec une bonté parfaite qui ne s'est jamais démentie. Mes anciens camarades m'accueillaient avec bienveillance, mais celui des frères que je connaissais le moins
fut celui avec lequel je me liai le plus étroitement.

Benjamin, l'aîné de la famille, était déjà le chef de la
maison de commerce. Son abord était, surtout à cette
époque, froid et reservé à cause de sa modestie et d'une
certaine timidité. J'avais conçu très-vite pour lui un sentiment mêlé d'affection et de déférence, soit par l'effet de son
caractère, soit parce qu'il avait quelques années de plus
que moi, et qu'à l'âge où j'étais alors cette différence est
sensible. Un jour Mme Gautier me dit, en parlant je ne sais
de quoi : *Vous qui êtes le meilleur ami de mon frère Benjamin*, etc. Ce mot me frappa comme une révélation, j'eus
peine à retenir des larmes de joie ; je ne pus fermer l'œil de
la nuit, la passant tout entière à repasser dans mon souvenir les circonstances qui pouvaient me faire admettre ce
mot comme une réalité. J'y parvins, j'en suis resté persuadé, mais on comprend par là quelle était la réserve extérieure de cet homme, doué cependant d'un cœur chaud
et aimant. Occupé principalement de commerce, il y réunissait des goûts analogues aux miens : il avait aimé la botanique et continuait à s'en occuper dans ses rares heures
de loisir. Ce goût commença à nous lier et reprit avec moi

une nouvelle ardeur. Je travaillais souvent avec Delessert
dans son herbier, à une époque où je n'en avais pas moi-
même un suffisant. Je me rappelle avec délices un temps
de ma jeunesse où je venais deux ou trois fois par semaine,
de mon domicile lointain, passer la soirée chez Mme Gautier, avec Benjamin et François. On apportait des paquets
d'herbier, que Benjamin et moi examinions, tandis que
son frère et sa sœur s'occupaient de quelque lecture : tantôt
ils nous interrompaient pour nous communiquer un passage
intéressant, tantôt nous les appelions pour leur faire voir
quelque plante remarquable. Ces soirées se prolongeaient
souvent dans la nuit, et alors je restais à coucher dans cette
maison hospitalière, et le lendemain de bonne heure je retournais au Jardin des plantes. Je compte ces soirées, je
dirai presque ces nuits consacrées au travail et à l'amitié
dans nombre de mes meilleurs souvenirs.

Bientôt d'autres idées communes vinrent consolider mes
liaisons avec Benjamin. Nous avons conçu et organisé ensemble la Société philanthropique, puis contribué à fonder celle d'encouragement. Une telle sympathie existait
dans nos sentiments que sur la plupart des sujets nous
nous trouvions du même avis sans nous être entendus.
Sur la politique même, cette pierre d'achoppement de tant
de personnes, nous nous trouvions presque toujours d'accord.

La famille Delessert, dont tous les individus sont ou ont
été pour moi des amis plus ou moins intimes, est une de
celles qui jouissent à Paris de la considération la plus complète. Dans une foule d'occasions, à l'époque de ma jeunesse, il suffisait qu'on sût que j'y étais admis pour trouver
ailleurs un accueil honorable. Placé comme je l'étais, je ne
pouvais témoigner ma reconnaissance que par des sentiments amicaux, et je l'ai toujours fait du fond du cœur.
J'ai eu cependant plus tard le plaisir d'avoir suggéré à
l'Académie des sciences l'idée de nommer Benjamin à l'une

des places d'associés libres, lorsque ces places furent créées, et je dirai bientôt comment j'ai consacré son nom dans la botanique.

La maison Delessert est une de celles où j'ai fait le plus de connaissances agréables ou honorables; telles sont la famille Grivel, voisine des Delessert à la ville et à la campagne, la famille Pelet de la Lozère, Mme de Lavoisier et plus tard M. de Rumford, M. Garnier, le traducteur de Smith, alors sénateur, ensuite pair de France, M. de la Rochefoucauld-Liancourt, M. de Gérando, avec lequel j'ai contracté une liaison amicale, MM. Félix Faucon, Portalis, Crettet, et plusieurs autres membres des diverses assemblées politiques, MM. Morellet, Dupont de Nemours et quelques autres économistes ou littérateurs distingués. On conçoit sans peine combien de pareilles relations étaient précieuses pour un jeune homme de vingt à vingt-deux ans, et comment leur charme et leur influence se sont prolongés jusqu'à la fin de ma vie.

Le laps des années a bien changé la face de cette excellente famille où j'ai cependant trouvé toujours le même accueil et la même amitié. J'ai vu disparaître M. Delessert père, que j'ai connu seulement dans sa vieillesse; sa femme, que j'ai pleurée comme une seconde mère; M. Gautier, que je n'ai guère connu que déjà assez malade; Mme Laure, femme de mon ami Benjamin, qui voulait bien m'accorder une part des mêmes sentiments que son mari; enfin Mme Gautier, elle-même, a été enlevée à l'amitié de sa famille et j'ose ajouter à la mienne. En compensation de ces pertes j'ai vu Gabriel, le cadet des frères, que j'avais connu enfant, arriver à l'âge d'homme et au rang de préfet de police; Sophie, qui venait de naître lors de ma première visite dans la maison, devenir une aimable et excellente mère de famille; enfin, Mme Gabriel, femme spirituelle et gracieuse, a bien voulu m'accorder aussi, à l'exemple de ses proches, quelque part dans sa bienveillance. Je vois des enfants, des

petits-enfants de mes amis, qui me connaissent peu, mais
pour lesquels je ressens déjà de l'intérêt. Je compte cinq
générations de cette famille que j'ai connues; c'est le terme
extrême auquel il m'a été donné d'atteindre dans toutes les
familles avec lesquelles j'ai été lié.

§ 4. HERBORISATION A FONTAINEBLEAU.

Pendant l'été de 1798 je fis ma première herborisation
à Fontainebleau. Elle a eu trop d'influence sur mon sort
pour ne pas la mentionner spécialement. Brongniart [1], que
je connaissais un peu depuis mon premier voyage à Paris,
me proposa cette partie, et je l'acceptai avec joie. Ses
compagnons étaient Cuvier, Duméril, devenus dans la
suite mes amis; Dejean, alors jeune entomologiste, aujour-
d'hui habile naturaliste et pair de France; Bonnard, aujourd'hui ingénieur des mines; Cressac, dès lors membre
de la Chambre des députés, et quelques autres moins connus. Brongniart était le chef de la bande. Chaque matin
nous partions de Fontainebleau sous ses ordres; nous par-
courions la forêt méthodiquement, guidés par les cartes des
chasses et obéissant aux coups de sifflet de notre directeur
suprême. Nous attaquions à la fois toutes les branches de
l'histoire naturelle. Duméril et Dejean couraient les insectes; Bonnard et moi, les plantes; Cressac, les oiseaux;
Brongniart recueillait des minéraux, etc., etc. Pendant huit
jours nous explorâmes gaiement et utilement cette belle forêt : j'appris à y connaître plusieurs plantes, et, ce qui valait
beaucoup mieux, plusieurs hommes rares. J'étais parti
pour cette course petit étudiant, ignoré et isolé; j'en revins
ayant entendu des hommes distingués raisonner sur leurs
études, et j'avais gagné quelque chose de leur amitié. Je
les avais vus observer la nature et j'avais ainsi appris d'eux

[1] Alexandre Brongniart, le célèbre minéralogiste, père du botaniste actuel.   (Alph. de C.)

pratiquement l'art difficile de l'observation. Rien n'avait été perdu pour moi, ni l'herborisation, ni la conversation, et c'est encore aujourd'hui à cette course que je suis tenté de rapporter ma vie scientifique. Aussi ai-je toujours conservé un attachement particulier pour cette antique forêt de Fontainebleau, et jamais je ne la traverse sans éprouver une véritable émotion de souvenir et de reconnaissance.

§ 5. COURSE EN NORMANDIE.

Dans l'automne de cette année j'allai, avec Odier et Michel, faire un petit voyage en Normandie pour voir l'aspect de la mer, et prendre une idée des plantes marines. Je fis connaissance à Rouen avec un brave pharmacien, M. Ménaize, qui me prit en amitié, et me fit nommer correspondant de la Société d'émulation de Rouen. Cette nomination, que je n'avais point demandée, me fit plaisir comme encouragement, et j'avoue que je ne la méritais guère à cette époque, mais par un rapprochement bizarre, la même société, trente ans après, lorsque certainement j'avais mieux mérité, me retira le titre qu'elle m'avait donné, par le motif que je ne lui avais pas envoyé de mémoires. Ce qui rendit cette communication plaisante, c'est qu'elle me parvînt le jour où l'Académie des sciences me nommait l'un de ses huit associés étrangers, sans doute pour me consoler d'avoir déplu aux apothicaires normands.

Nous passâmes quelques jours au Havre et à Dieppe. Je les consacrai à l'étude des productions organiques de l'Océan; ce fut pour moi comme un monde nouveau qui se dévoilait à mes yeux : je desséchai, je disséquai plusieurs algues marines; je fis sur elles quelques observations de physiologie végétale; j'observai quelques poissons. Ces travaux n'eurent pas de suite, seulement à mon retour je repris avec Brongniart quelques observations microscopiques sur les Fucus, qui ont été insérées dans le *Bulletin phi-*

lomathique et ont contribué à me faire nommer correspondant de la société de ce nom.

Parmi les petits incidents que mon inexpérience en tout genre fit naître dans cette course, je me permettrai de citer les suivants. Je voulus aller visiter la forêt de Touques, située au-dessus de Honfleur. Je passai la Seine et me mis à parcourir cette partie du département du Calvados. Un gendarme m'y arrêta me croyant conscrit réfractaire, et, sous le prétexte que mon passe-port était pour le département de la Seine-Inférieure, il m'emmenait en prison. A cette époque c'était encore un mot redoutable, et je sentais l'embarras de mon isolement. En route nous passâmes devant un cabaret de village : je proposai à mon gendarme de nous y arrêter ; je lui offris tout ce que je trouvai de mieux en cidre et en poiré ! Je gagnai sa bienveillance, et quand il me vit ouvrir ma boîte de fer-blanc et contempler mes herbes avec délices, il comprit bien que je n'étais pas un conspirateur redoutable ; de lui-même, il me donna la volée, en refusant une pièce de cent sous que je lui offrais.

Un danger plus réel m'attendait. J'allais avec passion visiter à chaque marée [1] la plage de l'Océan pour y chercher des plantes marines ; mais peu habile sur le calcul des marées et préoccupé par mon but, je me laissai un jour acculer, dans une anse fermée par des falaises à pic : la mer avançait, je reculais devant elle, et, enfin, je me vis cerné de toutes parts. Je commençai à grimper sur le rocher ; la mer s'élevait après moi ; je grimpai plus haut avec peine et j'ignorais jusqu'où devait s'élever cette vague redoutable. Je restai ainsi perché sur une pointe de rocher, dans une situation de corps et d'esprit assez pénible, pendant près de cinq heures. Je m'en tirai sans autre accident que d'avoir manqué mon dîner, mais bien averti pour le reste de mes

[1] En relisant ceci, en 1839, j'ai quelque doute si cela eut lieu au Havre ou à Dieppe.

jours du danger de se jouer avec la mer. Cette position
était la même que celle admirablement décrite depuis par
Walter Scott, dans l'*Antiquaire*.

Parlerai-je d'un danger d'un autre genre qui eut au
moins le mérite de ne m'être connu qu'après avoir été
évité? J'étais parti avec les très-modestes économies d'un
étudiant, et ma bourse était strictement nécessaire à l'exécution de mes plans. J'avais une lettre de recommandation pour un négociant du Havre qui m'invita à dîner.
Après dîner on me proposa une partie de reversi avec
deux dames fort agréables : j'acceptai avec joie, car on
ne m'avait jamais inspiré de défiance que contre les jeux
de hasard. La partie fut gaie. Je gagnai, je gagnai beaucoup de fiches ! Quelle fut ma surprise lorsqu'on vint me
payer avec plusieurs pièces d'or. Je sens encore le frisson
que j'éprouvai en pensant que j'aurais pu perdre tout cela,
et que je n'aurais pas pu le payer ! je ruminais avec effroi
dans mon esprit l'horreur de cette situation que je m'exa-
gérais encore. Mon reversi du Havre s'est représenté à
mon souvenir toutes les fois qu'il s'est agi de jouer à un
prix inconnu, et *quoi qu'on en die*, cette expérience n'a pas
été perdue.

Son résultat immédiat fut de me donner quelque argent
de plus pour mon voyage. J'allai à Dieppe, ville célèbre
pour sa poissonnerie, et je résolus d'employer mon argent
de raccroc à me faire une collection de poissons. J'ache-
tai un tonneau d'eau-de-vie et force poissons ; mais une
autre étourderie emporta le produit du reversi; j'ignorais
avec quelle voracité le squale-roussette dévore ses compagnons, même hors de l'eau ; je me procurai une belle collection prise à l'arrivée des pêcheurs, et je mis tous les
échantillons dans un grand panier en attendant de les soigner. J'allai ensuite herboriser. Au retour, je trouvai presque tous mes poissons que les squales avaient entamés
cruellement, de manière à les rendre inutiles. Tel fut le

triste sort des louis des belles dames! Ce qui échappa aux
roussettes ne réussit pas mieux : je joignis les restes à la
collection zoologique que je fus peu après appelé à envoyer
à Genève, et le tout fut perdu. Ainsi se réalisa le proverbe : *ce qui vient par la flûte s'en va par le tambour.*

§ 6. PREMIERS TRAVAUX ZOOLOGIQUES.

A mon arrivée à Paris j'appris qu'on pensait à organiser
une école centrale à Genève, devenu chef-lieu du département du Léman, qu'on avait l'idée de m'y appeler comme
professeur d'histoire naturelle, et qu'on se disposait à y
former un musée. On me chargea de recevoir de l'administration du muséum d'histoire naturelle de Paris ce qu'il
voudrait bien nous adresser.

Je m'occupai avec zèle de ce travail, auquel je consacrai deux mois entiers. Mes relations avec les professeurs
qui dirigeaient cet établissement contribuèrent à rendre la
part de Genève aussi riche qu'elle pouvait l'être. Je fis mes
demandes systématiquement, et j'obtins une collection assez
nombreuse et assez suivie pour servir utilement à l'enseignement. Je la fis emballer et l'expédiai, fier de mes succès, à
l'administration municipale de Genève, où elle arriva en
bon état comme je l'ai su depuis par mon ami Picot, témoin
de l'ouverture des caisses ; mais on ne m'accusa pas même
réception de mon envoi, on ne me remboursa aucun de mes
frais, et au bout de peu de mois la collection tout entière fut
volée dans la mairie, probablement par les commis, ou peut-
être par quelques-uns des administrateurs. Je ne pus retrouver à Genève, à mon retour, en 1816, qu'un malheureux
zèbre empaillé, qu'on avait jugé trop gros pour l'emporter, et
qu'on avait laissé pour pâture aux vers dans un grenier. Ce
premier essai des services publics et gratuits ne m'en dégoûta
point, mais me donna la mesure de ce qu'on devait attendre
de la reconnaissance administrative. Il me procura du

moins l'occasion de voir beaucoup d'objets de zoologie, connaissance qui m'a servi dans la suite, lorsque j'ai été appelé
à enseigner cette science.

§ 7. RELATIONS DE SOCIÉTÉ.

Je passai l'hiver de l'an VII, comme on comptait alors,
soit de 1798 à 1799, dans un hôtel garni, rue Dauphine.
Mon temps s'employait, soit à suivre un cours particulier
d'anatomie humaine donné par M. Tyllaie à l'École de médecine, soit à travailler à l'Histoire des plantes grasses.
Plus rapproché du quartier du monde, je commençai aussi
à me livrer aux plaisirs de société: je me liai avec l'excellente famille du docteur de La Roche, qui m'accueillit
avec une bonté parfaite; je fis par elle connaissance avec
Mⁱⁱᵉ Rath, dont je parlerai plus tard, avec la famille Say,
puis avec la famille Torras, où je commençai à remarquer
Mⁱⁱᵉ Fanny, dont j'aurai à parler beaucoup, puisque mon
sort s'est trouvé dans la suite lié avec le sien. J'allais souvent dans la maison Delessert, où je commençais à être
traité en ami, et dans la maison Bidermann, où je recevais
un accueil aimable, et où je voyais aussi plusieurs hommes
distingués. Mais de toutes les relations de cet hiver celle
qui influa le plus immédiatement sur moi fut celle du docteur Aubert.

Genevois comme moi, étranger comme moi à Paris, voué
à la médecine comme j'y paraissais destiné, il rechercha
ma société, et me subjugua[1] par la grâce et la gaîté de son
esprit. Il revenait de Gœttingue, où il avait étudié, et il
prétendit vouloir m'apprendre l'allemand; mais il n'avait
pas plus la patience d'enseigner que moi celle de l'écouter.

---

[1] Le mot est singulier, car au bout de très-peu de temps ce fut Aubert
qui se trouva subjugué. J'ai vu des lettres de lui, adressées à des tiers,
dans lesquelles il professait une grande admiration pour son jeune ami, qu'il
avait surnommé Aristote.   (Alph. de C.)

L'allemand fut bientôt abandonné; il ne m'en est resté, à mon grand regret, que le stérile souvenir d'avoir épelé jadis le don Fiesco de Schiller dans sa langue naturelle. Nous dînions, Aubert et moi, chez un petit restaurateur où se réunissaient plusieurs jeunes docteurs ou étudiants avancés en médecine ; c'est là que j'ai, à proprement parler, appris tout ce que j'ai su en physiologie et dans les sciences médicales. Le dîner se terminait presque toujours par quelques discussions animées et intéressantes sur les études communes aux assistants, et la gaîté n'en écartait point la profondeur.

Il faut avouer que nos relations avec Aubert ne roulaient pas toutes sur des sujets si sérieux. Mon nouvel ami m'entraînait à bien des sottises, me débarrassait de bien des scrupules et m'encourageait à quitter souvent le travail pour les plaisirs.

Ce fut alors que je fis une connaissance intime avec une femme dont je suis resté l'ami pendant toute sa vie, Mme Sophie Gail. Je l'avais un peu connue à mon premier voyage, et je renouai avec elle une relation plus intime. Elle était sœur de Mme Silvestre, chez qui j'allais souvent, et parente de plusieurs de mes amis. Elle avait une maison fort gaie, où j'ai fait connaissance avec une foule d'hommes remarquables parmi les savants, les gens de lettres et les artistes, qu'elle captivait par sa grâce, son esprit, sa bonté, et, il faut bien l'avouer aussi, par la facilité de ses mœurs. Cette liaison m'a valu des journées agréables, et m'a fait comprendre une partie de la vie du monde dont je n'avais alors qu'une idée confuse. Mme Gail était un mélange de ce qu'un homme peut offrir de meilleur dans le caractère joint à la finesse et à la grâce d'un esprit féminin. Je n'ai connu personne qui (à la beauté près) me donnât mieux l'idée de Ninon de l'Enclos, et fît mieux comprendre l'espèce d'empire que celle-ci exerçait. Indignement traitée par son mari, elle n'a jamais voulu le tromper. Quand elle

n'a plus pu supporter ses mauvais procédés et avant qu'un
premier amant eût touché son cœur, elle l'a quitté, sans
vouloir divorcer, et s'est livrée alors à ses goûts comme
une personne qui se croit libre. Née avec tous les genres
de talent ; douée du génie de la composition musicale [1] ;
vive, spirituelle, brillante dans la conversation ; douce,
bonne, charitable dans la vie privée; capable de tous les sa-
crifices de l'amitié, elle n'a eu que des liaisons honorables.
Sa conversation m'a souvent élevé l'âme. C'est un genre
de femmes hors de toutes les règles, qu'on ne trouve, je
crois, qu'à Paris, et qu'on ne peut juger par aucune des for-
mules ordinaires. Dans l'intensité de notre liaison, elle me
contait toute sa vie, j'ai presque dit toutes ses folies; je
la grondais quelquefois vertement et pour son bien, mais
tout en blâmant sa mauvaise tête je n'ai jamais cessé de lui
être profondément attaché. Bien des années après l'avoir
perdue de vue, à raison de mon absence, j'ai rencontré à
l'improviste, dans l'un de mes voyages à Paris, un convoi
qui entrait dans l'église des Petits-Pères, et à la suite duquel se trouvaient les artistes et les savants les plus remarquables ; c'était celui de Sophie Gail ! Je m'y suis joint
en silence et j'ai payé un dernier regret à cette femme dont
je fus l'un des plus sincères amis.

§ 8. VOYAGE EN HOLLANDE.

Cependant mon travail sur les plantes grasses avançait
Il me fit sentir la pénurie des jardins de Paris, et ne pouvant, à raison des circonstances, aller en Angleterre, je résolus, au printemps de 1799, de faire une course en Hollande
pour en visiter les jardins. Aubert voulut m'accompagner;
je me défiais de ses goûts et ne consentis à l'admettre qu'à
condition que je serais souverain maître du voyage, quoi-

---

[1] Elle est auteur de la charmante musique de l'opéra des *Deux Jaloux*, etc.

que j'eusse sept ou huit ans de moins que lui. Il y consentit
et tint parole. Ce voyage de deux mois me fut peu utile
pour la botanique, mais il me fit voir un pays curieux, et
s'exécuta de la manière la plus gaie, la plus originale et
cependant la plus instructive. Je n'en raconterai que ce qui
tient à moi-même, car cette excursion se rapporte à un temps
trop reculé pour qu'il fût possible de décrire aujourd'hui
la Hollande d'après les souvenirs qui m'en restent.

(L'auteur avait eu l'intention de rédiger pour chacun de
ses voyages une sorte d'extrait, plus ou moins dégagé d'observations scientifiques et de détails purement locaux ou
d'un intérêt passager. Il ne l'a fait que pour le voyage dont
il est ici question, voyage trop rapide, exécuté dans un
moment fâcheux où la Hollande venait d'être révolutionnée
et conquise. J'ai retranché ce fragment des *Mémoires*,
comme un hors-d'œuvre incomplet, peu digne d'un pays
aussi remarquable que la Hollande. Je donnerai seulement
le résumé par lequel se termine le paragraphe. Dans les
Pièces justificatives, nᵒ IX, on trouvera quelques détails sur
les voyages de mon père et sur sa manière de voyager.)

Jamais un espace de temps aussi court ne m'a procuré
autant d'instruction ni autant de plaisir. J'ai appris alors à
connaître un pays singulier et un peuple fort intéressant ;
j'ai senti mes idées s'élargir sur une multitude d'objets, et
depuis cette époque je me suis constamment félicité d'avoir
fait ce voyage.

Sous le rapport botanique la vue des dunes, celle des marais m'a ouvert l'esprit sur divers points de la géographie
des plantes ; l'étude des jardins m'a fait voir bon nombre de
végétaux qui m'étaient inconnus et des procédés de culture
différents de ceux que j'avais vu employer. J'ai observé et
introduit dans les jardins de Paris plusieurs plantes grasses

qui m'étaient précieuses pour l'ouvrage auquel je travaillais;
j'ai acquis quelques ouvrages des botanistes hollandais et
j'ai lié avec quelques-uns d'utiles relations, enfin les renseignements que j'ai obtenus sur l'herbier des Burmann
ont décidé mon ami Delessert à l'acquérir, et ç'a été le premier par lequel il a commencé à accroître sa collection, qui
est devenue si utile à la science et à moi-même.

Sous d'autres rapports, je dirai que j'ai eu, dans ce
voyage, l'occasion de voir avec fruit plusieurs collections
de zoologie et d'anatomie. J'ai vu aussi un grand nombre
de cabinets de tableaux, qui m'ont fait comprendre la prodigieuse quantité et la diversité des Écoles flamandes et
hollandaises, que bien des amateurs confondent encore aujourd'hui. J'ai visité un grand nombre d'institutions philanthropiques et d'hôpitaux que j'ai comparés avec ceux de
France, et qui m'ont éclairé sur plusieurs points de leur organisation. Enfin j'ai commencé à former mes idées et mes
yeux relativement à la diversité des races humaines, étude
qui est restée stérile entre mes mains, mais qui m'a toujours
vivement intéressé.

§ 9. ÉTÉ A PARIS.

A mon retour de Hollande (1er juin 1799) j'allai me loger
dans un appartement assez agréable de la rue Copeau, très-
près du Jardin des plantes, et je repris immédiatement et
mes travaux botaniques et mes relations mondaines. La colonie des Genevois établis à Paris était cette année en
grand goût de plaisirs ; tous les décadis on allait à la campagne dès le matin et on y passait la journée d'une manière
fort agréable. Les familles Beaumont, Lullin, Bontems,
Torras formaient ces réunions. J'y voyais sans cesse Fanny
Torras, et ce fut là que je conçus pour elle un véritable
amour, mais je n'osais presque y entrevoir aucune issue
heureuse, tant je me trouvais trop jeune et trop isolé

pour penser au mariage. J'étais donc entraîné sans réflexion, sans examen de ma situation et avec la légèreté de vingt et un ans que j'avais alors.

Mon été se passa à étudier, à décrire, à dessécher les plantes du Jardin : je travaillais vivement, et je regarde cette époque comme une de celles où j'ai le plus amassé. Je voyais beaucoup mon bon maître Desfontaines et je recherchais toutes les occasions de travailler sous sa direction.

Je rédigeai alors un mémoire sur la fertilisation des dunes, qui fut inséré dans les *Annales de l'agriculture française*. Il n'offre qu'une chose digne de remarque, c'est que, sans connaître un mot des travaux de Brémontier, j'étais arrivé par la seule inspection des faits à la même conclusion que lui, savoir que le seul moyen de remédier aux maux causés par la stérilité et la mobilité des dunes est de les planter d'arbres. L'expérience commencée dès 1789 (mais alors ignorée de moi) et reprise depuis l'époque dont je parle, dans les landes de Gascogne, a démontré la justesse de cette opinion [1].

§ 10. VOYAGE A CHAMPAGNE.

A l'automne je pris le parti d'aller faire une visite à mes parents. Le voyage se fit en diligence avec Mlle Rath et M. Ferrière, ministre de l'Évangile, dont la conversation avait de l'agrément et de la solidité. Je passai quelques jours seulement à Genève, et je courus à Champagne. Mes parents savaient vaguement par mes lettres et par le public que j'allais beaucoup dans la maison Torras. Ma mère, qui avait eu dans sa jeunesse des relations intimes avec cette famille, me parla de mon amour avec approbation, avec encouragement, et je puis dire que sa conversation

---

[1] Voir aux *Pièces justificatives*, n° XIII, la description du système de Brémontier sous la forme d'une fable.　　　　　(Alph. de C.)

fut la première circonstance qui me fit attacher quelque
possibilité de réalité à mes idées encore bien vagues. Mon
père pensait que j'étais trop jeune pour me marier. Il me
parla du manque d'argent; à cette époque je n'y avais jamais réfléchi, et je ne me doutais pas que la fortune entrât
pour quelque chose dans l'existence. J'eus un moment la
crainte qu'il ne mît obstacle à mon retour à Paris. Un incident vint dissiper mon inquiétude.

Je reçus pendant mon séjour à Champagne une lettre
très-aimable de M. L'Héritier, qui m'annonçait que l'Institut ayant à nommer un correspondant pour la botanique,
la section avait présenté pour candidats : MM. Boucher
(d'Abbeville), Poiret, moi, Duchesne et trois autres personnes. Cette présentation me causa une extrême joie et
plus encore à mon père. Je ne prétendais point à être
nommé, mais c'était déjà une marque flatteuse d'approbation qu'en mon absence, à vingt et un ans, et étant encore
étudiant, l'Académie eût daigné penser à moi [1]. Dès ce
moment mon père ne parla plus de la moindre difficulté
pour m'établir à Paris et je me crus de mon côté un homme
fait et presque indépendant. J'espérais toujours que l'École
centrale du Léman allait s'organiser, et je fixais cette
époque dans ma tête pour celle de mon mariage. Ce fut
pendant ce séjour à Champagne que, retrouvant dans mon
oisiveté quelques inspirations, je composai mon *Épître au
thé*, adressée à Mlle Rath. Ce fut aussi alors que je m'amusai à écrire mon voyage en Hollande sous forme de lettres
adressées à plusieurs de mes amis, en ayant soin d'adresser
à chacun d'eux la description des objets qui pouvaient
l'intéresser. La forme n'était pas mauvaise, mais l'exécu-

[1] Cette indication n'eut pas de suite, parce que la Classe des sciences, qui
avait à former une liste définitive de trois candidats, remplaça mon père
par Duchesne. A cette époque l'Institut, tout entier, nommait sur une présentation faite par la Classe (Académie), laquelle présentation était précédée
d'une autre plus nombreuse par la section. (Alph. de C.)

tion était faible. J'ai eu le bonheur de le sentir, et ce manuscrit n'a jamais été lu de personne, à peine de moi.

En quittant Champagne je m'arrêtai quelques jours à
Genève, où le bon M. Senebier me montra plusieurs morceaux de sa *Physiologie végétale*, mais il n'écouta guère
mes observations, et quand son amitié pour moi l'a engagé
parfois à les citer, ç'a toujours été à contre-sens. J'eus
encore à cette époque un petit malheur du même genre.
M. de Lacépède m'avait demandé les poissons de notre
lac ; je les fis recueillir et je notai tout ce que les pêcheurs me disaient sur leur histoire. Je remis les poissons
et les notes à M. de Lacépède, en lui faisant observer que
j'étais simple rapporteur et n'attestais rien autre sinon
que tel était le dire des gens du métier. Il ne regarda pas
les poissons et inséra sous mon nom dans son grand ouvrage toutes les anecdotes citées par les pêcheurs, mais
en les rapportant sans examen aux espèces zoologiques, de
sorte qu'il m'a fait dire beaucoup de sottises dont j'étais in-
nocent. Ainsi les deux hommes les plus obligeants que j'aie
jamais rencontrés m'ont, par bonté d'âme, joué deux tours
fâcheux pour un débutant. Ce double accident m'a rendu
dans la suite plus circonspect dans mes relations avec les
auteurs, non que j'aie jamais craint qu'on s'appropriât mes
idées, mais qu'on les travestît.

Je revins de Genève en passant par Lyon. Voulant prendre dans cette ville une diligence pour Paris, j'eus le malheur d'entrer sans information dans le premier bureau que
je trouvai. Je payai ma place et je montai dans une voiture
tolérablement bonne, quoiqu'à douze places. J'allai ainsi
coucher à Roanne. Le lendemain, quand nous voulons partir, la bonne voiture était retournée à Lyon et on nous offre
des pataches. Grande colère de tous les voyageurs et de
moi en particulier ! Mais que faire? perdre son argent,
rester à Roanne jusqu'au hasard d'une autre voiture, et dans
ce temps il n'y en avait pas comme aujourd'hui ! Après

avoir crié pendant deux heures nous prîmes notre parti et
nous montâmes en patache. C'était au mois de décembre ;
il gelait à douze degrés ; la Loire charriait de gros glaçons ;
le vent du nord soufflait avec force ; la terre était couverte
de neige et nous étions sur un chariot non suspendu, ouvert devant et derrière et abrité en dessus par une simple
toile. Nous allâmes ainsi jour et nuit jusqu'à Nemours :
je n'ai jamais tant souffert, mais j'étais jeune, robuste,
amoureux et je supportai tout cela fort gaîment. A chaque
ville nous achetions des bas, des couvertures de laine pour
nous garantir ; mon haleine gelée sur une grosse cravate
en avait fait un hausse-col solide qui m'abritait contre la
bise. C'est dans cette patache que j'ai composé mon *Épître
à Borée*, qui fait assez bien connaître la gêne de mon corps
et la gaîté de mon esprit pendant ce voyage malencon-
treux.

§ 11. INTIMITÉ DANS LA FAMILLE TORRAS.

L'arrivée fut très-douce ; je ne savais presque pas en
partant si j'étais amoureux et aimé ; je fus sûr de l'un et
l'autre au retour. . . . .
. . . .
. . . .

§ 12. DINERS CHEZ MADAME BIDERMANN.

Mes autres relations m'offraient d'autres genres d'intérêt. C'est pendant cet hiver que je suis devenu décidément
commensal des dîners où la bonne madame Bidermann réunissait plusieurs hommes remarquables. Fille d'un ami intime de mon père, elle voulait bien m'y affilier, et dès lors,
pendant cinq à six ans, j'ai fait partie de cette réunion. On
y remarquait d'abord et pour ainsi dire comme chef de file,
l'abbé Morellet, cet ancien ami de Turgot et de Voltaire,
ce commensal de Mme Geoffrin et du baron d'Holbach. Il me

représentait tout le règne de Louis XV. Placé au haut de
la table comme le doyen (il avait alors 80 ans), affublé de
son antique perruque ronde, très-occupé des bons morceaux, il ne l'était pas moins de la conversation, qu'il
animait et dirigeait à merveille. Je l'ai entendu raconter
une foule d'anecdotes curieuses sur l'ancien Paris, et il
me semblait revoir en lui toute la société des philosophes
du dix-huitième siècle. Plusieurs de ces anecdotes se re-
trouvent dans ses Mémoires, mais je soupçonne qu'ils ont
été cruellement mutilés par les éditeurs, qui en ont retranché tout ce qui ne leur paraissait pas assez dévot.
Voici, par exemple, une anecdote qui y manque et que j'ai
entendu conter plusieurs fois à l'abbé. « Nous étions, disait-il, un soir, pendant mes études de Sorbonne, quatre
camarades réunis dans une de nos cellules : c'étaient Cicé,
qui a été depuis archevêque d'Aix, Brienne, depuis archevêque de Sens, Turgot et moi; nous causions des motifs qui
nous faisaient embrasser l'état ecclésiastique. Les deux
premiers, issus de grandes maisons, disaient qu'avec le
crédit de leurs familles ils étaient sûrs d'arriver promptement aux premières dignités de l'Église, et trouvaient ce
moyen de fortune assez séduisant. Moi, disait l'abbé Morellet, j'étais dans un cas différent, ayant peu de fortune,
je trouvais le costume d'abbé assez commode pour paraître
dans le monde et j'espérais bien y accrocher quelque pré-
bende. Turgot était pensif, silencieux. Au bout d'un moment il prit avec vivacité sa calotte et la jeta à terre en
s'écriant : *Non, je ne porterai pas le masque toute ma vie.* Il
quitta dès ce jour la Sorbonne et suivit la carrière administrative où tout le monde a connu ses succès. » C'est encore
en vain que l'on cherche, parmi les pièces fugitives de Morellet, une homélie piquante et originale qu'il a composée
sur le texte : *oportet hereses esse* (il faut qu'il y ait des hé-
résies), pour le maintien de la foi. Dans cet écrit il passait
en revue toute l'histoire ecclésiastique avec une grande

6

érudition, jointe à une haute dose de ce genre de gaîté sérieuse que les Anglais nomment *humour*.

A la droite de l'abbé Morellet se trouvait un autre personnage que sa date m'oblige d'appeler vieillard, mais que
sa gaîté et la jeunesse de son esprit faisaient agréablement
remarquer. C'était le bon, l'aimable Dupont de Nemours,
l'ancien coryphée des économistes, l'ancien ami de Turgot,
celui dont Turgot avait dit « qu'il serait toute sa vie un
jeune homme de dix-huit ans qui promettait beaucoup » et
qui semblait tout occupé à vérifier cette spirituelle prédic-
tion. Je voyais en M. Dupont toute la bande des économistes; mais dépouillée de sa roideur. C'était l'ancienne
urbanité française, ornée de quelques portions de solidité du
dix-neuvième siècle. Rien n'était piquant comme les querelles de nos deux doyens, et la diversité de leurs caractères
en amenait souvent. « Ces jeunes gens, disait le logique
Morellet, en parlant de Dupont, âgé de soixante-dix ans, ces
jeunes gens, ont la tête trop vive; on ne peut leur parler
raison. » M. Dupont n'était pas en effet remarquable par sa
logique, mais beaucoup par sa grâce et sa bonté. Je lui
ai entendu chanter sa petite chanson du Rossignol comme
une plaisanterie, et je l'ai vu s'y attacher peu à peu comme
à une réalité. J'ai vu ses singulières opinions sur le langage et la sociabilité des animaux, commencer dans sa tête
comme des jeux d'esprit, dont il devenait ensuite amoureux,
et auxquels il prêtait une existence, comme Pygmalion à sa
statue.

A la gauche de notre abbé-président se trouvait d'ordinaire M. Lacretelle aîné. C'était un homme respectable par
son caractère, sa conduite, ses opinions et son érudition,
mais c'était aussi le mortel le plus ennuyeux qu'on pût
trouver. Il était long, lent dans ses discours, et ne m'a laissé
quelques souvenirs agréables que lorsqu'il parlait de Buffon,
avec lequel il avait été fort lié. Il m'a conté que le seul moyen
d'être agréable à Buffon était de lui parler de ses ouvrages ;

il aimait beaucoup à questionner les nouveaux venus sur
leur opinion relativement à ses divers morceaux, et jugeait
par là de leur mérite. On était placé au premier rang dans
son estime quand on n'hésitait qu'entre la peinture de l'âne
et celle du cheval.

Ce brave Lacretelle se désolait souvent de ce que, malgré
ses travaux, il ne pouvait obtenir aucune place et végétait
presque dans la misère : « je suis cependant, disait-il, ami
du gouvernement consulaire et l'ai souvent loué et défendu. »
Rœderer, qui était fréquemment dans ces dîners, lui dit un
jour devant moi : il ne s'agit pas pour avancer de donner
de l'appui au passé, il faut marcher à l'avenir, vous voyez
que tout tend à l'hérédité, faites une brochure en sa faveur
et vous ferez fortune. Mais, dit Lacretelle, c'est que ce n'est
pas mon opinion. Ah ! répliqua Rœderer avec pitié, vous
voulez faire fortune et avoir une opinion, cela ne se peut
pas. Lacretelle garda son opinion et mourut pauvre.

Son frère, qui était aussi des nôtres, a suivi une route
différente. Écrivain élégant, il s'était déjà fait remarquer
le 16 fructidor par une opinion opposée à la révolution ;
sous le Consulat il a été libéral, sous l'empire, docile, sous
la Restauration, ardent contre-révolutionnaire quand c'était
la mode, puis libéral quand la mode a tourné. Quoique son
style soit pur et agréable, il parlait peu dans nos dîners,
soit par distraction, soit pour ne pas se compromettre. On
n'avait point un tel reproche à faire à Lefèvre-Gineau, qui
s'y trouvait aussi. Sa voix haute et glapissante retentit encore à mes oreilles. Il l'employait d'ordinaire à des professions d'athéisme assez mal placées, mais assez curieuses.
C'était un physicien médiocre, un homme du monde sorti
du pays latin, d'ailleurs un homme loyal et honnête.

Nous voyions encore dans cette société M. Maret, depuis
duc de Bassano ; M. Méjan, qui quitta Paris pour suivre le
prince Eugène en Italie, et quelques autres, moins assidus
et moins remarquables.

C'était assurément une réunion curieuse que ce mélange
de l'ancienne et de la nouvelle France, à une époque où aucune opinion ne dominait et où toutes les questions politiques ou religieuses se débattaient librement. Chaque jour
j'entendais soutenir les avis les plus contradictoires et je
formais mon opinion sous le feu croisé de ces batteries. Pendant les premières années de mon admission chez Mme Bidermann j'écoutais, je parlais très-peu; j'étais d'ordinaire
placé à côté de sa fille, Marie (depuis Mme Dupaty), et nous
jugions à notre manière tous nos fameux commensaux, à peu
près comme les petits jugent les grands, c'est-à-dire avec un
mélange d'admiration et de sarcasme. Un incident commença à me mettre en évidence et à me délier la langue.

L'année où l'abbé Morellet eut quatre-vingts ans, il se
trouva que notre dîner tombait sur le jour anniversaire de sa
naissance, et au dessert il nous chanta lui-même une chanson
qu'il avait composée à ce sujet. Elle eut grand succès. Mme
Bidermann le pria de la lui donner par écrit: il s'y refusa
obstinément: j'étais à côté de Mlle Bidermann, et je lui dis
tout bas: *tâchez de la lui faire répéter et je vous la donnerai.* Elle
demanda à l'abbé de la chanter une seconde fois. Celui-ci
donna dans le panneau et répéta sa chanson. Au sortir de
table je m'échappai dans un cabinet voisin, je l'écrivis tout
entière, quoiqu'elle eût dix-huit couplets, et la présentai au
café à la maîtresse de la maison. Cette chanson et une autre
que j'escamotai de la même manière roulaient toutes deux
sur la vieillesse de l'auteur, mais elles n'ont aucun rapport
avec les deux autres sur le même sujet qui sont imprimées à
la suite des *Mémoires.* Ce petit tour de force parut fort piquant et me mit à la vogue. Dès lors chaque fois que M. Morellet voulait chanter, il disait en riant: « Mais, faites sortir
Candolle, parce qu'il me volera, » et en effet je n'y manquais
pas. Il était loin de m'en vouloir et savait bien que je ne ferais jamais de ces larcins aucun emploi qui pût lui déplaire.
J'ai toujours retenu les chansons de Morellet quand je l'ai

voulu, parce que, bien qu'assez poétiques, elles avaient de
l'ordre dans les idées. Tous mes efforts ont été vains pour
retenir celles de Dupont de Nemours et de quelques autres.

§ 13. VOYAGE A CHAMPAGNE.

J'avais l'habitude d'aller chaque année faire une visite à
mes parents. A l'un de ces voyages je voulus faire un détour
pour voir les Vosges. Je partis de Paris, avec Bonnard, pour
Nancy. Là je vis le Jardin botanique et le vieux Willemet,
directeur de cet établissement. Ce que j'ai retenu de plus
bizarre de mon passage à Nancy est une inscription qui
était sur la porte Saint-Louis, dont le nom était alors
porte de la Liberté. Je la citerai parce qu'elle donne une
idée de l'époque.

> Les Arts que les tyrans asservissaient ici
> Avaient à cette porte imprimé l'esclavage;
> Le nom qu'à lui donner nous avons réussi
> En fait un monument qui dira d'âge en âge
> Que de la Liberté le siége est à Nancy.
>
>   10 prairial an II.

Après avoir vu les curiosités de Nancy, nous allâmes à
pied à Dieuze, où j'étudiai avec intérêt les superbes salines.
On n'y avait point encore trouvé les mines de sel gemme
qui depuis ont tant augmenté leur importance, mais on ex-
ploitait l'eau salée à seize degrés. Bonnard était chargé de
les étudier pour le Conseil des mines et en a rendu, si je
ne me trompe, un compte qui a été publié. Je profitai de
l'occasion pour me faire une idée de cette belle exploitation
et j'en ai rédigé une notice détaillée qui se trouve encore
dans mes journaux de voyage. A Dieuze nous vîmes l'ancien
système des chaudières soutenues par des barres de fer (ap-
pelées bourbons) qui partaient d'en haut; à Moyenvic nous
vîmes les premiers essais et nous admirâmes les avantages
de la méthode bavaroise, où le fond de la chaudière est sou-

tenu par-dessous au moyen de petits murs situés dans le foyer. Je profitai de cette occasion pour visiter les marais salés entre Dieuze et Moyenvic, et j'eus le plaisir d'y recueillir quelques plantes du bord de la mer, telles que la *Salicornia herbacea* (qu'on y confit sous le nom de Criste marine) et l'*Aster Tripolium*.

Après avoir passé quelques jours à Dieuze et à Moyenvic, je me décidai à aller aux Vosges. Bonnard, Aug. Bontems, qui de l'école de Metz était venu nous joindre, et les jeunes gens et jeunes demoiselles de Moyenvic vinrent m'accompagner jusqu'à Baccarat, où je passai avec eux une journée fort gaie. Si j'avais le talent de J.-J. Rousseau, je pourrais en faire une relation qui ressemblerait à sa chasse aux cerises, mais le talent manque, et je ne suis pas d'ailleurs un assez grand personnage pour que l'on s'inquiète si j'ai mangé des cerises à Baccarat. Après cette station, je partis seul, à pied, pour aller visiter les Vosges et le Jura, portant mon bagage sur mon dos et décidé à faire l'essai de mes forces. Le premier jour je vins à Saint-Diez, puis à Gérardmer. Là, accablé de fatigue, j'imagine de calmer l'irritation de mes pieds en les mettant dans de l'eau à la glace ; j'en fus puni, car, le lendemain, lorsque je voulus me remettre en route, j'avais peine à poser le pied à terre sans douleur, et ce ne fut qu'avec difficulté que je me traînai jusqu'à Remiremont ; je me couchai en arrivant, et un repos de vingt-quatre heures répara mon imprudence. Je vins de là passer une journée à Plombières, ville bizarre par sa position, et célèbre par ses bains d'eau chaude, qui semblent ne devoir leurs vertus médicinales qu'à leur seule chaleur. Après avoir visité les bains et écouté toutes les sottises qu'on y débite à leur sujet, je m'amusai à faire quelques expériences pour en reconnaître la fausseté. L'eau thermale est à 52 degrés, et on prétendait qu'il lui faut autant de temps qu'à de l'eau froide pour arriver à l'ébullition : l'expérience me prouva qu'il lui fallait précisément le même temps qu'à de l'eau ordinaire chauffée à 52 degrés. On disait aussi, et on dit presque dans toutes les villes de bains, que l'eau thermale se refroidit plus lentement que l'eau ordinaire ; l'expérience me démontra qu'elle mettait à se refroidir précisément le même temps qu'une même quantité d'eau chauffée au même degré. Tous les habitants de l'auberge où j'étais virent mes expériences, mais je ne doute pas qu'ils n'aient cru honorer leurs eaux en continuant à répéter les mêmes fables.

De Plombières j'allai visiter les mines de houille de Champagni. J'en parcourus les environs, et je passai à Béfort, Montbéliard et Saint-Hippolyte, sur le Doubs, sans incident qui soit resté dans ma mémoire.

De Saint-Hippolyte j'allai à pied jusqu'aux Brenets, accompagné par une jeune et jolie veuve, nommée Sophie Simonin, qui me fit paraître la route agréable et courte, car elle avait l'esprit fort au-dessus de l'état de guide. Des Brenets, premier village neuchâtelois, je parvins à Champagne, chez mon père, toujours voyageant à pied, et portant sur mon dos un paquet de plantes qui arrivait à un poids considérable. Le dernier jour, je fis seize lieues au travers des montagnes. Je me sus gré de mon zèle, quand je trouvai mes parents, auxquels mes lettres de Nancy n'étaient point arrivées, en proie à une vive inquiétude. Je les embrassai avec joie, et je me rappelle que, loin d'être fatigué, je passai la soirée à me promener dans le salon, en causant avec eux. Je n'avais pas la goutte (comme aujourd'hui, 1827), et j'ai peine à croire que c'est de moi que je raconte ceci.

Je passai environ un mois avec ma famille, retrouvant avec plaisir cette bonne vie de Champagne. J'y fis connaissance avec une jeune dame, Mme L***, Bretonne, de Saint-Pol-de-Léon, qui y était venue avec mon oncle Briere-Martin. C'était une jolie femme de vingt-quatre ans, d'une conversation piquante. Elle devait retourner à Paris. Mon oncle me demanda comme un service de faire le voyage avec elle, et je fus assez bon pour y consentir. Ce voyage fut un des plus agréables et des plus originaux que j'aie jamais faits.

§ 14. HISTOIRE DES ASTRAGALES.

Au milieu des voyages et des distractions mondaines dont je viens de rendre compte, j'étais loin de négliger la botanique, et mes matinées lui étaient presque entièrement consacrées, sauf quelques heures que mon voisinage du Louvre m'avait engagé à employer presque tous les jours à voir les tableaux du musée. J'allais chaque matin chez M. Desfontaines, et le décadi chez M. L'Héritier. C'est pendant cet hiver que j'ai fait ma *Monographie des astragales*. Je sentais le besoin de m'exercer à ce genre de travail, le plus propre de tous à former un jeune botaniste, et M. Desfontaines, qui possédait un grand nombre d'espèces d'astragales, me désigna ce groupe comme celui dans lequel j'avais le plus de chance de trouver des objets nouveaux. Je m'en occupai avec suite ; je décrivis tous ceux de son herbier, et ce travail, un peu monotone, devenait agréable, parce qu'il me rapprochait de mon bon maître. Tous deux, aux coins de sa cheminée, nous passions nos matinées, lui à achever sa *Flore atlantique* et moi à décrire mes astragales ; nous nous consultions réciproquement sur les objets qui exigeaient des observations délicates. Ce travail m'a été d'une immense utilité comme étude, et c'est à dater de lui seul que j'ai pu me considérer comme botaniste. Je le présentai à l'Institut, qui lui donna son approbation, circonstance qui engagea immédiatement le libraire Garneri à se charger de le publier ; mais pendant que je m'occupais à faire dessiner et graver les planches, j'eus connaissance de l'ouvrage que l'illustre Pallas commençait à publier sur le même sujet. Cette publication me causa quelque peine ; j'aurais pu, sans doute, en accélérant la mienne, paraître en même

temps que Pallas, et conserver sous mon nom les espèces
que j'avais réellement décrites comme nouvelles; mais je
pensai d'un côté que la science éprouverait beaucoup d'embarras de cette double nomenclature, de l'autre que ma
monographie serait très-promptement incomplète; je me
décidai donc à attendre que l'ouvrage de Pallas fût entièrement publié pour faire paraître le mien. A chaque nouveau
cahier, je trouvais plusieurs espèces que j'avais décrites, et
j'étais obligé de rayer les noms que j'avais établis pour adopter ceux de Pallas; une cinquantaine d'espèces, la moitié
environ de celles que j'avais réellement découvertes, passèrent ainsi de mon nom à celui d'un autre. C'est le premier sacrifice d'amour-propre que j'aie fait au désir de res-
pecter le plus possible les droits de la priorité et les lois
de la nomenclature.

Si l'ouvrage de Pallas enleva ainsi une portion notable
de l'importance du mien, je dois avouer qu'il releva mon
travail à mes propres yeux, et me donna une espèce de
sentiment encourageant. Pallas était alors au premier rang
des naturalistes; il habitait la patrie des astragales, il les
avait presque tous décrits vivants, et cependant il m'était
impossible, en comparant nos ouvrages, de ne pas juger
le mien supérieur. Il avait décrit trente espèces de mon
genre *Oxytropis* sans s'être aperçu de leur caractère géné-
rique; ses caractères de genre et de sections étaient d'ailleurs dépourvus de toute précision, j'avais au contraire
donné beaucoup de soin à cette partie, ainsi qu'aux généralités qui forment l'introduction de l'ouvrage, et j'ose
croire que l'*Astragalogie* a été la première ou l'une des premières monographies dans lesquelles l'esprit de la méthode
naturelle se soit fait sentir. Mes sections, groupées dans le
genre, à peu près comme les genres dans les familles, furent
un premier essai d'une méthode que j'ai depuis perfection-
née. En comparant mon Astragalogie avec l'article correspondant du *Prodromus*, on peut voir les progrès que ces idées

de méthode avaient faits dans ma tête de 1799 (époque réelle de mon premier travail) jusqu'à 1827.

Les deux genres nouveaux que je fus appelé à établir dans mon Astragalogie me donnèrent l'occasion de faire une politesse à mon ami Benjamin Delessert, en décorant l'un d'eux du nom de *Lessertia*. Il s'occupait alors de botanique en amateur, et favorisait mes efforts ; depuis, il a rendu beaucoup de services à la science comme l'un de ses protecteurs les plus actifs et les plus éclairés, mais j'étais dans ce temps le seul peut-être à connaître tout ce qu'il valait. Ce fut une grande joie pour moi de lui donner ce témoignage de mes sentiments[1], et si cette circonstance, en me liant un peu plus avec lui, a contribué à me donner l'occasion de conquérir son amitié, je dois regarder mon travail sur les astragales comme une des époques les plus heureuses de ma vie.

[1] Les lecteurs étrangers à la botanique seront peut-être surpris de l'importance que mon père attachait à dédier un nom de genre. Ils croient peut-être qu'il en est d'un nom de cette nature comme d'un nom de rose ou de géranium, inventé par un horticulteur. Les dédicaces de noms de genres se représentant souvent dans la suite de ces *Mémoires*, je donnerai ici une courte explication. Les familles du règne végétal se composent de genres, les genres se composent d'espèces, et les espèces se divisent quelquefois en variétés qu'on remarque surtout dans les plantes cultivées. Les noms de *genre*, tels que réséda, fuchsia, géranium, sont les plus importants, car ils sont communs à tout un groupe d'espèces, et de plus, les botanistes s'interdisent de les changer une fois qu'ils ont été donnés à un genre reconnu pour bon. Ainsi, à tout jamais, les botanistes qui feront des collections en Australie, et même les habitants un peu instruits, parleront des *Banksia*, des *Candollea* de leur pays, puisque les genres dédiés à Banks et de Candolle se trouvent en Australie. Un nom d'espèce dédié à quelqu'un n'a pas la même valeur : il est fixe également, mais il y a dix fois moins de genres que d'espèces. Un nom de variété, tel que ceux d'une infinité de plantes cultivées, a peu de fixité, s'applique à une modification de forme ou de couleur de petite importance, et ne signifie rien dans l'opinion d'un botaniste.   (Alph. de C.)

§ 15. TRAVAUX BOTANIQUES DIVERS.

A l'approche du printemps Aubert partit pour l'Angleterre, d'où il rapporta le premier en France le virus de la vaccine, importation dont on a fait honneur à d'autres et qui lui appartient en entier. Je quittai la rue des Poulies, et retournai à ma maison de campagne de la rue Copeau. Je m'y livrai avec passion à l'étude de la botanique, favorisée par le voisinage du Jardin des plantes et de l'herbier de M. Desfontaines. A cette époque, j'examinai la nature et le rôle des poils scarieux qui composent les aigrettes, les chevelures, les barbes, etc., des composées et de plusieurs autres plantes; je rédigeai même un mémoire à ce sujet, mais entraîné par d'autres idées, je ne l'ai point publié. Des opinions tout à fait analogues ont été émises par M. Cassini vingt ans plus tard, et le travail de ma jeunesse est devenu dès lors presque inutile. J'en ai seulement tiré quelques mots qui ont trouvé place dans l'*Organographie* et la *Physiologie*. Ce fut encore dans ce temps que je fis connaissance avec M. Mirbel. Il arrivait de Tarbes, où il avait suivi les cours de Ramond. Il savait alors peu de botanique, mais il annonçait de l'esprit et des talents. Je me liai avec lui. Il venait souvent déjeuner chez moi. Nous causions botanique; j'avais deux ou trois ans d'avance sur lui, et j'étais naturellement communicatif; je lui fis part de plusieurs idées, nouvelles pour lui, et dont quelques-unes l'étaient pour la science. Elles parurent l'intéresser, car j'en retrouvai une grande partie dans les éléments de physiologie qu'il publia peu d'années après; telles sont la distinction des feuilles séminales et primordiales, l'importance de l'étude des nervures principales des feuilles, etc. Appelé à rendre un compte succinct de cet ouvrage dans le *Bulletin philomathique*, je me divertis à ne citer que les idées que j'avais suggérées à l'auteur; je n'en revendiquai aucune, et ne

sais pas même s'il s'est aperçu de cette petite malice. Je dois
dire que je ne prétendis point, même alors, que ce fût un
plagiat volontaire, mais il arrive souvent dans les sciences
qu'on s'approprie, sans s'en douter, ce qu'on a entendu dire.
Cette circonstance éveilla ma propre attention sur la justice rigoureuse que j'ai désiré rendre à tous ; la force de
ma mémoire, et surtout le soin que j'ai eu très-jeune de
noter les faits et les idées nouvelles que j'entendais dans la
conversation, m'ont mis à même de pouvoir, bien des années après une conversation, citer exactement celui de qui
j'avais appris un fait ou une opinion quelconque. Cette habitude de justice m'a fait beaucoup d'amis, et j'ai eu souvent des remerciements de gens cités par moi, qui eux-
mêmes avaient oublié ce qu'ils m'avaient dit.

Je travaillai alors avec ardeur à l'observation des *pores
corticaux*[1]. Tous les jours, je consacrais deux heures à les
étudier au microscope. Ce travail est un de ceux auxquels
j'ai mis le plus de soin ; je lus à la fin de l'été un mémoire
sur cet organe devant la classe des sciences de l'Institut ; malheureusement personne ne s'occupait alors à Paris d'anatomie végétale, et mon mémoire eut moins de succès qu'il
n'en méritait. J'en insérai un extrait fort abrégé dans le
Bulletin philomathique : le mémoire lui-même fut imprimé
dans le premier volume des savants étrangers de l'Institut,
mais cette collection ayant mollement continué, ce volume,
et par conséquent mon mémoire, sont restés comme oubliés
dans la poussière des bibliothèques.

Je fus entraîné, je ne sais plus comment, à m'occuper du
sommeil des plantes. Je commençai par rechercher si l'action de l'air y était pour quelque chose, et je fus sur-le-
champ conduit à la négative en plaçant sous l'eau des plantes
à feuilles ou à fleurs dormantes, et en voyant que leur
sommeil s'y manifeste comme à l'ordinaire. Ces essais et
quelques autres observations me conduisirent à penser que

[1] Les Stomates.   (Alph. de C.)

la lumière avait la part prépondérante dans le phénomène. J'imaginai alors une série d'expériences et d'observations propres à le vérifier, et je voulus entre autres moyens es-sayer l'effet de la lumière artificielle. J'obtins de M. Thouin un caveau de l'une des serres du Jardin des plantes très-convenable à ce projet ; j'y disposai des quinquets pour ob-tenir de la lumière aux époques qui convenaient à mon but ; j'y transportai des vases de la plupart des plantes dont les feuilles ou les fleurs étaient susceptibles de sommeil, et je me dévouai pendant trois semaines à les observer presque continuellement. Ne pouvant toutefois suffire à une assi-duité aussi complète, j'eus recours à mon jeune ami Fran-çois de La Roche pour m'aider dans cette surveillance. Il voulut bien me remplacer pendant le peu d'heures que je donnais au sommeil ou à prendre de la nourriture ; tout le reste du temps, je surveillais attentivement mes lampes et mes plantes. Dès que l'une de celles-ci présentait un mou-vement, je l'inscrivais sur un registre et j'allais immédiate-ment voir dans le jardin, soit de jour, soit de nuit, si la plante de même espèce, livrée au cours naturel des choses, présentait un état analogue ou différent. Tantôt je donnais à mes plantes de la lumière continue, tantôt je les éclairais la nuit et leur donnais l'obscurité le jour ; tantôt je combi-nais, tantôt je séparais les effets de la lumière et de la cha-leur. Ces expériences m'intéressaient vivement, et j'avais le plaisir de voir MM. Desfontaines et Thouin y prendre aussi un grand intérêt; ils venaient souvent les visiter, et me tenaient compagnie durant les longues heures de la soi-rée et bien avant dans la nuit.

Ces soirées passées au jardin me donnèrent occasion de voir des réunions chez M. Thouin, composées de sa fa-mille, du peintre van Spaendonck, de M. Desfontaines, de Faujas Saint-Fond et du directeur Lareveillère-Lepaux, réunions originales, où l'un des cinq rois de la France d'alors venait se délasser de la représentation chez le

jardinier en chef du Jardin des plantes. De cette époque
date l'amitié que M. Thouin n'a cessé de me témoigner, et
l'habitude que prirent les employés du jardin de me considérer comme étant de la maison, circonstance qui m'en
a rendu le séjour agréable et a facilité tous mes travaux
subséquents.

Je lus le récit de mes expériences et de leurs résultats à
la classe des sciences de l'Institut. Cette lecture eut un véritable succès; le rapport fut très-favorable, et je fus dès ce
jour considéré par plusieurs des membres de ce corps comme
un physiologiste destiné à devenir un jour leur collègue.
Les résultats de ces expériences avaient en effet quelque
chose de merveilleux, même pour le vulgaire : j'avais coloré
en vert des plantes étiolées, comme le fait le soleil; j'avais
changé à ma volonté l'heure du sommeil et du réveil de
certaines fleurs, telles que la belle-de-nuit, ou de certaines
feuilles, comme celles de la sensitive; j'avais démontré les
effets de l'habitude dans les végétaux, etc. J'eus quelque
temps après le plaisir de voir Delille célébrer ces expériences dans son poëme des trois règnes de la nature, et je
puis dire que je n'ai jamais passé quelques semaines d'une
manière aussi intéressante et qui m'ait procuré autant de
réputation. Ce fut mon début comme physiologiste, car
quoique mon travail sur les pores corticaux ait précédé
celui-ci, sa lecture n'eut lieu qu'un peu après, à l'occasion
du concours auquel l'assassinat de L'Héritier donna lieu.

§ 16. PREMIÈRE PRÉSENTATION A L'INSTITUT [1].

Cet horrible assassinat fut commis dans l'été de 1800. Il
me priva d'un protecteur zélé, qui, bien que dur et disgra-
cieux pour tout le monde, avait toujours été pour moi d'une
rare complaisance. Sa place fut disputée par MM. Labil-

---

[1] Seconde, si l'on compte l'indication faite en 1799 par la section (§ 10),
d'après l'ancienne forme des élections.   (Alph. de C.)

lardière et de Beauvois, l'un et l'autre mes aînés d'un grand
nombre d'années. Je n'avais nullement l'idée d'y prétendre,
mais comme la forme de l'élection de cette époque exigeait
une triple présentation faite à l'Institut par la classe des
sciences, je sollicitai, de l'avis de M. Desfontaines, et j'obtins sans difficulté la troisième place. En la demandant, je
témoignai à tous les académiciens combien il me semblait
juste que la place fût donnée à M. Labillardière. Non-seulement ses ouvrages étaient plus nombreux et meilleurs que
ceux de Beauvois, mais il y avait un droit acquis : lors de la
première formation de l'Institut, il avait été nommé, quoique
absent ; mais Ventenat, qui avait envie de la place, et pour
lequel tous les moyens étaient bons, fit répandre le bruit
qu'il était émigré. A ce titre, alors réprouvé, sa nomination
fut cassée, et Ventenat le remplaça, car Labillardière était
alors en prison à Batavia, pour n'avoir pas voulu se déclarer émigré et coopérer aux malversations du capitaine qui
remplaça M. d'Entrecasteaux. En sollicitant pour M. Labillardière, je remplissais un devoir de justice, j'étais
agréable à M. Desfontaines, et me faisais un ami d'un
homme qui aimait très-peu de personnes et qui m'a dès lors
toujours soutenu. Il fut en effet nommé, mais le concours ne
fut pas pour moi sans honneur. Je lus, outre les mémoires
que j'ai cités tout à l'heure, une dissertation sur la végétation du gui, produit d'expériences faites à Champagne
dans ma première jeunesse. L'occasion me décida à les publier, et peut-être aurais-je mieux fait de les répéter et d'en
retarder la publication, qui eut cependant quelque succès.

Dans le cours des visites que je fus dans le cas de faire,
je me rappelle celle à Adanson. Cet ancien rival de Linné
et de Bernard de Jussieu, alors âgé de plus de quatre-vingts
ans, était tombé dans une espèce de demi-folie tranquille
qu'on pouvait appeler une légère déviation de ses grandes
facultés, ou, si l'on aime mieux, une exagération de l'excen-
tricité et de la bizarrerie qu'il avait toujours montrées. Il

avait entendu mon mémoire sur la lumière et m'accueillit
très-bien ; il me dit que je méritais la place quant au talent, mais que l'injustice faite à M. Labillardière obligeait
à le nommer ; il sortit alors son agenda, et m'inscrivit pour
me donner sa voix lors de la première place qui viendrait
à vaquer. Je pensais bien, et cette idée m'attristait, que ce
serait la sienne. Dans sa manière vive de s'exprimer, il me
disait « qu'il fallait bien distinguer les botanistes qui savent
réfléchir et les botanistes qui ne savent que recueillir ; on
devrait, disait-il, dans les voyages de long cours, adjoindre
toujours cinq ou six *botanicaux* à chaque botaniste. » En
parlant des professeurs du Jardin des plantes : « Bah, disait-il, ce sont mes élèves à la quatrième ou cinquième génération ! » A l'occasion de quelques travaux modernes qu'il
ignorait entièrement, il étendit sa main avec les doigts tout
ouverts, et me dit : « Monsieur, voilà les grands chemins de
la science, je n'ai pas besoin de chemins de traverse. » Il me
reçut dans un petit jardin entouré de murs et au milieu duquel il avait fait élever une pyramide de terre à quatre pans
pour y planter les mêmes végétaux sur quatre faces, et observer, disait-il, l'influence des vents cardinaux sur la végétation. Partout on retrouvait en lui les restes d'un homme
de génie que la vieillesse et un peu de folie avaient réduit
fort au-dessous de lui-même.

§ 17. SOCIÉTÉ PHILOMATHIQUE.

Le premier résultat de ma présentation à l'Institut fut
de me faire recevoir membre de la Société philomathique,
en remplacement de Ventenat, qui l'avait quittée. Je fus
aussi appelé de suite à le remplacer comme membre de la
commission du Bulletin. Cette société était alors la pépi-
nière de l'Académie des sciences, et la commission était
composée de ses membres les plus distingués. Je me trouvai, dans cette petite réunion, intime collègue de MM. Alex.

Brougniart, Duméril, Cuvier, Biot, Lacroix et Sylvestre. Nous nous réunissions chez l'un de nous le samedi soir, après la séance de la société. Dans cette première époque, nous y lisions et discutions les morceaux destinés au Bulletin; puis, après le travail, nous prenions du thé ensemble et causions familièrement. A mesure que nous avons passé de l'état de célibataires à celui d'hommes mariés, nous y avons introduit nos femmes; puis nous avons cessé d'y lire nos extraits, puis nous avons cessé même de faire le Bulletin, et nous avons continué à nous réunir le samedi. C'est par suite de cette habitude que M. Cuvier continua longtemps encore des réceptions le samedi, bien différentes de celles du Bulletin; mais je reviens à 1800.

Notre réunion était composée d'amis intimes et de savants zélés. Non-seulement j'appris beaucoup avec eux, mais j'eus le bonheur de gagner assez promptement leur amitié. Plusieurs sont restés au nombre de mes plus intimes relations, et je dois dire quelques mots sur ces hommes distingués avec lesquels je me trouvai associé[1].

Celui de tous mes confrères du Bulletin que, dès cette époque, je distinguai comme un véritable ami, et dont le temps m'a fait toujours mieux apprécier le cœur, est l'excellent Duméril. Il est l'idéal du caractère franc qu'on attribue aux Picards. C'est un ami sûr et dévoué que j'ai toujours trouvé prêt à me seconder et à me rendre service à moi et aux miens; jamais aucun nuage n'a altéré notre liaison, qui s'est resserrée lorsque plus tard les relations amicales de ma femme avec M_me veuve Say[2] décidèrent celle-ci à épouser Duméril. Il était chef des travaux anatomiques de l'école de médecine, et devint ensuite professeur et membre de l'Académie des sciences. Duméril est remarquable par la

[1] Les jugements que voulait donner ici mon père sur ses meilleurs amis scientifiques sont restés incomplets. On le regrettera après avoir lu ceux qui suivent, relatifs à Duméril, Cuvier et Lacroix. (Alph. de C.)

[2] Née de La Roche et veuve d'un frère de J.-B. Say. (Alph. de C.)

clarté de ses idées, la variété et l'exactitude de ses connaissances en histoire naturelle, plus que par des principes
théoriques; c'est un homme pratique, dont les ouvrages élémentaires ont eu du succès; mais qui après avoir entrevu
quelques-unes des lois relatives à la symétrie organique,
telle que l'analogie du crâne avec les vertèbres, semble
avoir reculé devant leur immensité. Ses principaux services
sont relatifs à l'enseignement et surtout aux encouragements
qu'il sait donner aux jeunes gens. Le cœur, dans ce genre
d'influence, est encore plus essentiel que la tête, et quoique
celle de Duméril fût remarquable par la clarté et la promptitude du jugement et du coup d'œil, il est bien plus remarquable encore au point de vue de ses qualités morales [1].

Cuvier, qui a été dans l'origine l'intime ami de Duméril,
avait une manière d'être entièrement différente, et il serait
difficile de trouver deux personnages qui eussent moins d'a-
nalogie. Né à Montbéliard et élevé à Stuttgard, Cuvier a
quelque chose de la gravité et même de la roideur allemande. Placé quelque temps dans une position subalterne [2],
il s'est efforcé dès sa jeunesse de le faire oublier par la dignité de ses manières, mais le monde savant au moins n'ou-
bliera jamais ce séjour en Normandie où il a fait, sur les
mollusques, les beaux travaux qui ont commencé son illustration. Appelé ensuite au Jardin des plantes comme
suppléant du vieux Mertrud, il dut cette place à l'amitié de
Geoffroy, et dépassa promptement son protecteur. Par suite
de cette position, il entra dans l'Institut à sa formation, et y
acquit bien vite le crédit qui résulte d'un grand talent, joint
à une habile ambition. A l'époque où les places de secrétaire étaient annuelles, il prévit qu'elles redeviendraient

[1] Le respectable et excellent M. Duméril est mort le 14 août 1860, âgé
de quatre-vingt-sept ans. Un de ses fils lui a succédé comme professeur au
Jardin des plantes, et jouit également de l'estime et de la considération de
tous ceux qui ont l'avantage de le connaître.   (Alph. de C.)

[2] Instituteur dans une famille noble en Normandie.

perpétuelles, et s'arrangea de manière à en remplir une presque continuement par lui-même ou pour d'autres, de telle sorte qu'il se trouva en position de l'avoir sans contestation lorsqu'elle devint permanente et bien rémunérée. Dès qu'il eut fait ces premiers pas, toutes les places lui échurent comme d'elles-mêmes, et nous l'avons vu graduellement professeur aux Écoles centrales, au Collége de France, au Jardin des plantes, inspecteur, puis conseiller, puis chancelier de l'Université, conseiller d'État, baron, pair de France, etc., etc. Son talent, son aptitude à tout savoir et à tout faire le rendent propre à toutes les fonctions; il y porte une méthode, un ordre, une facilité de travail et de rédaction, une connaissance des détails et de l'ensemble, un amour sincère de la justice et un désintéressement qui le font remarquer et admirer.

Cuvier peut être justement comparé à Haller, auquel il ressemble autant que la différence des nations et des époques le permet. Tous deux étonnent par leur capacité extraordinaire pour apprendre, connaissant également bien les sciences naturelles et historiques, avides des faits positifs sur tous les sujets, doués d'une mémoire extraordinaire et d'un esprit d'ordre remarquable, susceptibles d'un grand labeur et doués cependant de beaucoup de facilité. Mais à côté de ces admirables qualités, on peut remarquer que ni l'un ni l'autre n'a eu l'esprit inventif; ils ont très-bien vu les faits, mais n'ont jamais pensé à les lier par une théorie propre à en faire deviner ou découvrir d'autres. Leur caractère avait des rapports même hors des sciences : l'un et l'autre aimaient le pouvoir, et ont sacrifié au désir d'avancer dans la carrière politique un temps précieux; l'un et l'autre aimaient la lecture avec passion, même dans les heures que l'on destine communément aux repas et aux relations de famille ; l'un et l'autre avaient une conversation froide et dédaigneuse pour ceux qui ne leur inspiraient pas d'intérêt, piquante et profonde pour ceux qu'ils en jugeaient dignes ; enfin l'un et l'autre avaient un certain mépris pour cette classe d'idées qu'on nomme idées libérales, et tenaient au parti aristocratique. L'énormité de leur tête leur donnait même une certaine ressemblance physique. En un mot, il serait difficile de trouver deux hommes supérieurs plus exactement semblables entre eux, et les amateurs de métempsycose pourraient dire, si les époques le permettaient, que l'âme de Haller a passé tout entière dans le corps de Cuvier.

Avec moi, Cuvier a toujours été parfait. Plus âgé de neuf ans et plus avancé dans la carrière, il a été constamment un protecteur bienveillant et un ami sincère. Malgré de grandes disparates dans la manière de voir, et la politique du temps, et la conduite de la vie, et même quelques parties théoriques des sciences naturelles, nous avons toujours vécu dans une intimité sans nuages. Cette intimité ne s'est pas altérée pendant ses querelles avec Geoffroy, quoiqu'il sût que mes opinions penchaient un peu vers celles de ce dernier.

Le géomètre Lacroix était un vrai philosophe du dix-huitième siècle, un républicain de l'école de Condorcet, un ennemi des grands et de leurs flatteurs ; il réunissait la gaîté d'un enfant à la morosité d'un vieillard déçu ; la facilité, la grâce et la bonté d'un homme aimant avec la bouderie et la brusquerie d'un grognon. C'était un homme de bien dans toute l'étendue de ce terme, mais un homme étranger à la vie du monde. Le caractère du misanthrope de Molière, que j'avais souvent cru de pure invention, s'est trouvé réalisé à mes yeux quand j'ai connu Lacroix. C'est un ami dévoué qui se donne tout entier à ceux qu'il aime, et ne délibère jamais sur ce qu'il croit les devoirs de l'amitié. J'en ai plusieurs fois éprouvé les effets, et j'ai conservé pour ce bon géomètre bien plus d'affection que la rareté de nos relations habituelles ne semblerait l'indiquer [1].

Dans la réunion à laquelle je me trouvais associé au *Bul-*

---

[1] Lacroix est mort en 1843.   (Alph. de C.)

letin de la Société philomathique, j'étais le plus jeune d'environ dix ans. J'étais aussi moins avancé que mes collègues dans la carrière des places, qui était leur but commun, et qui devint bientôt le mien quand, une fois marié, je commençai à sentir l'utilité de l'argent, dont je ne m'étais jamais douté jusque-là. Leur exemple et leur conversation m'en inspirèrent le désir; en même temps, leurs conseils et leur protection me furent utiles à ce point de vue. J'ai appris dans cette société à connaître les hommes et les mobiles cachés de bien des choses. J'y ai aussi beaucoup appris d'histoire naturelle, et je crois que sans cette réunion il m'eût été impossible de faire plus tard des cours de zoologie, science que j'ai à peine apprise autrement que par la conversation. J'ai vu éclore et entendu discuter entre amis éclairés tous les travaux de Cuvier, de Duméril, de Geoffroy, etc., et quand plus tard j'ai relu leurs ouvrages, ils me faisaient l'effet de perpétuelles réminiscences. Cette réunion de gaîté, de commérage et d'instruction nous était très-précieuse, et nous ne la manquions presque jamais. Elle reste encore dans mon souvenir comme une des choses les plus agréables de ma vie.

§ 18. MISSION PRÈS LE PREMIER CONSUL.

Un incident inattendu vint me sortir complétement de ma vie habituelle pendant l'espace de quinze jours. Bonaparte, alors premier consul, donna ordre aux préfets de lui envoyer trois notables de leurs départements respectifs pour connaître les désirs des populations, et surtout probablement pour frapper l'opinion publique par leur intermédiaire. Le préfet du Léman ne trouvant pas un Genevois de marque qui voulût se prêter à cette mission, me désigna pour la remplir. Je vis arriver chez moi deux collègues : M. Fabry, représentant le pays de Gex, et M. Bastian, représentant la partie savoyarde du département. Ils m'ap-

portèrent ma lettre de nomination en date du 11 fructidor,
an VIII (septembre 1800), qui me causa la plus grande
surprise. Il s'agissait d'assister à la fête du 1er vendémiaire
de l'an IX (23 septembre 1800). Dès le lendemain, j'allai
avec eux faire visite à tous les consuls et aux divers ministres. C'était une vie tout à fait nouvelle pour moi et qui
me présentait un grand intérêt de curiosité, car tout absorbé
par mes travaux botaniques, je n'avais aperçu aucune des
cérémonies du gouvernement consulaire.

Nous fûmes invités à faire les demandes que nous croi-
rions utiles à notre département. La plus marquante, que
nous fîmes à l'instigation de M. Bastian, fut de faire rayer
de la liste des émigrés les Savoyards qui n'avaient encouru
cette peine que pour être restés, comme l'honneur l'exigeait impérieusement, fidèles au drapeau du roi de Sardaigne. Nous en comptions près de cent vingt dans ce cas[1].
On exigea une demande individuelle pour chacun d'eux.
Nous allâmes un matin porter cette liasse de pétitions à
Fouché, alors ministre de la police; il me semble encore le
voir, avec sa face blême, en robe de chambre sale, signant
toutes ces pétitions sans les lire, et s'arrêtant de temps en
temps pour nous dire : « Prenez-y bien garde! vous m'en
répondrez sur vos têtes, car enfin, du train dont j'y vais,
vous pourriez me faire signer la radiation du comte de Lille
(on désignait ainsi Louis XVIII) ou du comte d'Artois. »
Mais ce que j'eus de plus curieux dans cette mission ce fut
de voir de près le premier consul.

J'en étais peu partisan. Né républicain et ami de la paix,
je voyais avec inquiétude sa tendance évidemment monar-
chique et guerrière. Je rendais cependant pleine justice à
ses talents supérieurs et au service qu'il avait rendu en
détruisant l'anarchie; j'étais donc dans une position d'esprit
très-favorable pour observer.

[1] La députation réclama aussi pour des émigrés du Pays de Gex, MM. de
Varicourt, de Divonne, etc.   (Alph. de C.)

La première fois que nous lui fûmes présentés, c'était en bloc, dans la grande salle des Tuileries. Les trois cents députés des départements étaient réunis ; le premier consul parcourait la salle, et on lui présentait chaque députation. Quand vint le tour de celle du Léman, il demanda immédiatement : « Quel est le député de Genève ? » M. Bastian me désigna. « Eh bien, me dit le premier consul, Genève est-elle contente d'être réunie à la France ? — Non, lui répondis-je, général, mais depuis le 18 brumaire elle est moins mécontente. » Cette réponse un peu hardie était l'exacte vérité. Mes deux collègues parurent frappés d'étonnement, et avaient l'air de croire que j'avais fait une grande imprudence. Bonaparte sembla me savoir gré de lui avoir dit la vérité, et la seconde partie de ma phrase était d'ailleurs une politesse pour lui. « Mais, me dit-il, sans la réunion vous seriez encore livrés à des querelles intestines. — Peut-être, général, mais nous aurions conservé l'espoir d'être une nation. — Vous étiez ruinés par les douanes, au lieu qu'elles sont à votre profit. — Cela est vrai, général, mais nous avons perdu par la guerre plusieurs débouchés. » La conversation continua sur ce ton, lui présentant les avantages de la réunion, moi les inconvénients. Il me dit : « Je connais très-bien votre pays [1]. » Il termina en me faisant de belles promesses de protection et de bienveillance pour Genève.

A quelques jours de là, nous fûmes invités à dîner chez le premier consul. Nous nous rendîmes à cinq heures dans un petit salon des Tuileries. Mme Bonaparte nous y reçut avec sa grâce ordinaire, et au bout de quelques instants le premier consul entra d'un air riant. Il nous salua en masse (nous étions une trentaine), et alla se poster le dos appuyé contre la croisée. « Eh bien, nous dit-il, Messieurs, les af-

---

[1] Il y était venu en 1797, avant la réunion de Genève à la France, et au printemps de 1800, deux années après la réunion, lorsqu'il allait passer le Saint-Bernard.   (Alph. de C.)

faires vont bien; mon ami Paul vient de mettre l'embargo
sur les vaisseaux anglais ; j'en reçois la nouvelle ce matin ;
il m'aime beaucoup, mon ami Paul; il a mon portrait sur sa
tabatière; il m'aime beaucoup, et moi j'en profite, parce
qu'il va vite, mon ami Paul, il va vite. » Et, tout en parlant,
il passait sa tabatière d'une main à l'autre alternativement,
comme pour montrer la manière dont l'empereur de Russie
passait rapidement des Anglais aux Français ou l'inverse.
Je fus très-frappé de l'espèce d'imprudence de ces propos,
qui se prolongèrent un quart d'heure devant trente personnes qu'il ne connaissait pas, et que chacune pourrait répéter à l'ambassade russe. Le reste de la journée eut peu
d'intérêt, le dîner fut très-court, et après dîner le premier
consul prit à part quelques généraux et son frère Joseph.

Notre audience de congé offrit un incident digne d'être
noté. Quand on annonça la députation du Léman, le premier consul vint droit à nous, et nous demanda d'un air
très-brusque : « Qui sont vos députés au corps législatif et
au tribunat ? » Nous commençâmes à les nommer ; mais
sans nous laisser achever, il ajouta: « Eh ! vous ne nom-
mez pas Benjamin Constant? C'est une chose bien honteuse
pour vous. — Général, ce n'est pas nous qui l'avons nommé,
c'est le Sénat. — Cela ne fait rien, c'est une honte pour
votre département! C'est un homme qui veut tout brouil-
ler, et qui voudrait nous ramener au 2 et 3 septembre. » Il
continua ainsi une longue tirade, et finit en disant: « Mais
je saurai le contenir ; j'ai le bras de la nation levé sur lui. »
Puis tout à coup, prenant un ton très-radouci, il se mit à
dire : « Mais, au reste, il est de Lausanne, il n'est pas Français. » Voyant bien son but, je lui dis immédiatement : « Général, il est Français comme tous les Genevois le sont. Son
père était bourgeois de Genève. » Il tourna encore plusieurs
questions ayant évidemment pour but de nous faire dire
quelque phrase de laquelle il put conclure que Benjamin
Constant n'était pas Français, pour le faire, à ce titre, chas-

ser du tribunat; nous ne donnâmes point prise à cette fausse
conclusion, et peu de temps après on se débarrassa de lui
par l'épuration générale du tribunat. Je sortis de cette audience assez content d'avoir vu le grand homme en colère,
et d'avoir envisagé sans danger ces yeux terribles, qui devaient glacer de terreur ceux sur lesquels ils étaient dirigés
un peu plus réellement que sur nous [1].

§ 19. SOCIÉTÉ PHILANTHROPIQUE.

Ce fut peu de temps après ce petit essai de la vie politique qu'on créa les auditeurs au conseil d'État. Quelques-
uns de mes amis me conseillaient de me présenter, et j'étais
en effet placé de manière à réussir, grâce à la position de
ma famille à Genève, au poste que je venais de remplir momentanément et à mes relations avec plusieurs personnes
influentes à Paris. L'essai que j'avais fait de la vie politique
me tenta si peu que je ne discutai pas même avec moi la
question de savoir si je m'y livrerais : j'étais trop décidé à
rester dans la carrière des sciences.

Je cherchai cependant à me rendre utile d'une manière
plus pratique. Je n'avais aucun doute sur l'utilité des
sciences pour la société prise en masse, mais il me semblait
que je devais, comme individu, quelque service plus direct
à mes contemporains. Cette espèce de scrupule de conscience m'a toujours guidé dans ma carrière, et m'a engagé
à joindre habituellement une vie pratique à ma vie théorique. A cette époque, en particulier, ce motif me fit embrasser avec ardeur quelques travaux philanthropiques qui
jetèrent alors de l'intérêt dans ma vie, et qui, j'ose le croire,
ont porté quelques fruits. Dans l'un de mes voyages à Ge-

---

[1] La députation ne réussit pas dans une demande sur laquelle M. Fabry
insista beaucoup, qui était la création à Genève d'une école supérieure,
dite école centrale. Les ministres ajournèrent ; mais quelques années après
on donna à l'ancienne Académie de Genève un développement qui était la
réalisation des premiers projets.   (Alph. de C.)

nève, j'avais eu occasion de voir le premier essai que l'on y fit
d'un établissement de soupes économiques, d'après les procédés du comte de Rumford. De retour à Paris, j'en parlai
à mon ami Delessert. Il eut le désir de fonder un établissement de ce genre dans son quartier et me demanda de l'y
aider. Je lui fournis tous les plans des chaudières que j'a-
vais examinées à Genève, et me chargeai de surveiller avec
lui la construction d'un fourneau qu'il fit établir, rue du
Mail, et la confection des premières soupes ; j'y mettais
d'autant plus de zèle que ne contribuant pas pécuniaire-
ment, je voulais par mon travail mériter l'espèce d'association d'amitié que Delessert m'avait offerte. Le fourneau, la
soupe réussirent à merveille, et trois cents rations furent
distribuées chaque jour par Delessert aux pauvres du quartier, sur des billets délivrés par le bureau de bienfaisance.
Je passai bien des heures à cette occupation, et ayant voulu
m'assurer de la qualité nutritive des soupes, je m'étais soumis pendant huit jours à m'en nourrir exclusivement : je vé-
cus avec trois rations de trente onces, coûtant quatre sols
et demi les trois. Après ces huit jours, je n'avais rien perdu
de mon poids primitif, ce qui prouvait que j'avais été complétement soutenu.

Malgré cette expérience et le témoignage des pauvres, il
ne manqua pas d'objections contre ce mode de secours. Les
mendiants le dénigraient parce qu'il nuisait à leur industrie ; les hommes mêmes qui auraient dû l'apprécier n'étaient
pas tous convaincus. L'un des bureaux de bienfaisance voisins de celui du Mail publia un pamphlet très-peu mesuré
pour décrier ce genre de secours et blâmer le bureau du
Mail, qui avait contribué à le populariser. Les membres de
ce dernier bureau me demandèrent de rédiger une réponse.
Je le fis avec la verve de la colère, et je persiflai si vivement et cependant si justement les attaques, qu'on se tint
pour battu, et que le public donna gain de cause aux soupes
économiques.

Pendant l'été suivant, je cherchai à persuader à Delessert qu'il ne suffisait pas d'avoir organisé un fourneau et
donné un bon exemple ; que celui-ci ne porterait aucun fruit
si nous ne poursuivions notre entreprise ; qu'enfin il me
semblait possible d'en établir dans tout Paris. Delessert
traitait mes espérances d'illusion, et tout en sentant l'utilité
de mon projet, osait à peine en envisager l'exécution. Je le
pressai, et lui proposai de publier une invitation dans les
journaux en notre nom collectif ; il s'y décida, et je rédigeai
l'article en quelques lignes, qui fut inséré dans le *Moniteur*
et les autres journaux. Dix jours après (on comptait alors
par décades), nous avions plus de dix mille francs de sous-
criptions, et notre liste se composait des noms les plus honorables de Paris.

Nous organisâmes de suite un comité avec un projet de règlement que j'avais préparé. Delessert se chargea d'être trésorier, je fus secrétaire, et l'ancien duc de Béthune-Charost,
membre de l'ancienne société philanthropique, fut nommé
président. Il ne le fut pas longtemps, à cause de sa mort,
qui survint peu après, accompagnée d'une circonstance qui
me la rendit frappante : c'était alors la ferveur de l'introduction de la vaccine ; M. de Charost me conta qu'il n'avait
jamais eu la petite vérole ; là-dessus je me figurai que la
vaccination d'un homme aussi considéré serait un exemple
utile, et je le pressai de se faire vacciner. « Mon cher Monsieur, me dit-il, j'ai quatre-vingts ans, et puisque je suis
venu jusqu'ici sans accident, j'irai bien jusqu'au terme. » Je
sentis le peu de convenance de ma proposition et me tus ;
quinze jours après, à la séance suivante, M. de Béthune
manquait. Il était mort de la petite vérole dans l'intervalle.
Je le regrettai. C'était un véritable homme de bien. Son
âge, son nom, son caractère donnaient du relief à notre institution naissante. Il me parlait quelquefois d'un frère qu'il
avait eu, et qui avait été tué à la bataille de Malplaquet,
en 1709. Son père avait été marié deux fois : la première

fois très-jeune, et il avait eu ce fils tué en 1709 ; la seconde fois à soixante ans environ, et il avait eu un second fils, celui que je mentionne aujourd'hui ; ce rapprochement semblait me reporter au siècle de Louis XIV.

Le comité des soupes économiques dont, j'ose le dire, Delessert et moi étions les fondateurs et les soutiens, développa une grande activité. En moins de deux ans, vingt fourneaux de soupes économiques furent établis dans tous les quartiers. Comme secrétaire, j'étais chargé de la correspondance avec les autorités municipales et avec un grand nombre de départements ; j'avais à moi seul la direction spéciale de trois établissements, je rédigeais des instructions, des notices pour accélérer la naturalisation de ce bienfait. Enfin, une grande partie de mon temps fut alors consacrée à cette œuvre de bienfaisance, et appela mon attention sur les lois générales de la charité publique. J'ai rédigé pendant plusieurs années le rapport annuel du comité, et j'avais entrepris un ouvrage théorique sur les règles, les principes, les limites de la bienfaisance. Entraîné par d'autres idées, je ne l'ai jamais achevé, et peut-être ai-je eu tort, soit pour le bien général, soit pour ma propre considération. Quarante ans plus tard, mon ami de Gérando a exécuté cet ouvrage d'une manière qui fait le plus grand honneur à son cœur et à sa tête, et qui est bien au-dessus des essais informes que j'avais tentés. J'ai rendu compte de son travail dans la *Bibliothèque Universelle de Genève* [1].

Le comité des soupes économiques sentit, au bout de deux ans environ, qu'il pouvait user utilement de la confiance qu'il inspirait, en étendant la sphère de ses occupations. Il décida, sur ma proposition, de s'occuper de tous les objets de bienfaisance publique qui lui paraîtraient réclamer ses soins et reprit le nom de *Société philanthropique*, qu'une honorable réunion d'hommes bienfaisants avait déjà adopté avant la révolution. Ce fut en vertu de cette décision que la

---

[1] L'article fut réimprimé à Paris.   (Alph. de C.)

Société s'occupa de fonder cinq dispensaires, dans différents quartiers de Paris, pour le service des malades à domicile; puis d'encourager la formation des écoles et celles des sociétés de secours mutuels parmi les ouvriers. Je m'occupai avec beaucoup de zèle de ces divers objets, et je donnai en particulier beaucoup de temps aux deux derniers.

Cette époque était celle où le clergé catholique commençait à reprendre quelque influence et voulait s'emparer de l'éducation primaire. On ne cessait de calomnier ou de faire calomnier les écoles primaires dirigées par les laïques. La Société désira connaître l'état réel de ces écoles pour savoir si elle devait donner ses soins à la formation de nouveaux établissements. Je fus chargé de les visiter, ce que je fis avec M. Méjan, secrétaire général de la préfecture et M. Petitot, chef du bureau de l'instruction. Nous passâmes près de deux mois à voir toutes les écoles de Paris, et je rédigeai à la suite de cet examen un rapport détaillé à la Société où je montrais que ces écoles, quoique non exemptes de tous reproches, étaient réellement fort supérieures à l'opinion qu'on avait d'elles. Mon rapport fut transmis au préfet de Paris (M. Frochot), qui dans sa réponse témoigna une vive reconnaissance de ce témoignage rendu à son administration, et déclara que mon travail était une des choses les plus agréables qu'il eût rencontrées depuis qu'il était dans les fonctions publiques.

Nous essayâmes à la suite de ces recherches le parti que l'on pouvait tirer des diverses méthodes d'enseignement élémentaire. La Société organisa une école sur le plan de celle de Pestalozzi, mais, quoique dirigée par un de ses élèves, elle n'eut aucun succès réel. Nous fûmes plus heureux avec la méthode d'écriture de Choron. D'autres sociétés s'étant ensuite exclusivement vouées à ces objets, la Société philanthropique cessa de s'en occuper ; mais il est juste de remarquer qu'elle a servi de modèle à toutes celles qui se sont créées depuis.

Les sociétés de secours mutuels m'occupèrent aussi d'une manière active. Nous apprîmes qu'il en existait quelques-unes dans Paris, mais qu'elles se cachaient avec soin dans la crainte que le gouvernement ne défendît leurs réunions ou peut-être ne s'emparât de leurs fonds. Nous mîmes beaucoup d'activité à les découvrir. Nous leur offrîmes de l'argent et nous gagnâmes peu à peu leur confiance. La commission chargée de cet objet se composait de MM. Mathieu de Montmorency, Dupont de Nemours, Petit et moi. Le premier y servait par son nom, le second par son caractère aimable, le troisième par ses relations avec le préfet (M. Frochot) dont il était beau-frère. Chaque dimanche nous allions visiter quelques réunions d'ouvriers ; nous assistions à leurs délibérations ; nous leur donnions quelques conseils, et quand leur organisation nous paraissait digne de confiance nous leur accordions des secours en argent. Ces visites m'ont laissé dans l'esprit une véritable estime pour le bas peuple de Paris. Je me rappelle en particulier mon admiration pour la Société des *débardeurs de bois*, qui rédigea sous nos yeux un règlement excellent, quoique la plupart de ses membres ne sussent ni lire ni écrire.

Les relations que ces nouvelles occupations firent naître m'ont été précieuses à beaucoup d'égards, et je leur dois une liaison assez intime avec plusieurs hommes dont le souvenir mérite d'être consigné dans ces pages.

Je mettrai au premier rang mon ami Benjamin Delessert et sa sœur, Mme Gautier, avec lesquels cette nouvelle occupation commune resserra mes liens. A la suite de nos conversations je rédigeai pour Mme Gautier le plan de la société maternelle, en faveur des femmes en couches, et pour Mme Pastoret, celui d'un asile de petits enfants, destiné à donner aux mères le moyen de suivre leur état en les débarrassant de la garde de leurs enfants pendant la journée. La première de ces institutions a eu un grand succès et a été adoptée par le gouvernement, et imitée dans une foule de

villes; la seconde fut alors gâtée par les sœurs de la charité,
qui en firent une mauvaise école de lecture. Je l'ai vue depuis renaître avec succès, surtout à Genève.

Ce fut encore à ce genre d'occupation que je dus mes liaisons avec MM. Pastoret, Mathieu de Montmorency, Cadet
de Vaux, le comte de Rumford, le comte de Lasteyrie.
M. Pastoret, ancien membre de l'Assemblée législative, était
alors un des hommes les plus considérés de Paris par son
caractère moral. Il n'était encore ni sénateur, ni chancelier
comme il l'a été depuis, mais il avait marqué comme président de l'Assemblée législative. On estimait son talent de
jurisconsulte et l'indépendance sage et honorable qu'il avait
montrée jusqu'alors. C'est un homme froid, sans imagination, sans invention, fort instruit, animé d'intentions honorables et ayant beaucoup d'esprit de conduite. Son choix
contribua à donner à la Société philanthropique le rang
qu'elle devait avoir dans l'opinion. Il la présidait avec calme,
mais prenait en réalité peu de part aux détails de son administration intérieure.

M. Mathieu de Montmorency était une acquisition précieuse pour la société à laquelle il se voua avec l'ardeur
qu'il mettait à tout ce qu'il croyait bon. Son nom et sa dé-
votion tendaient à nous rallier deux classes d'hommes ordinairement opposés aux institutions nouvelles, et son activité, digne d'un plébéien, le rendait précieux dans nos
réunions. Il avait conservé des habitudes de cour une urbanité parfaite, et de son rôle politique, la facilité de la
discussion et l'habitude de voir sans se fâcher ses opinions
contredites. Elles l'étaient souvent, soit dans la Société,
soit dans les comités. Tout son désir était de rattacher la
Société au clergé. Nous ne demandions pas mieux, mais nous
voulions conserver notre indépendance et l'égalité des reli-
gions, tandis qu'il aurait cru gagner le ciel en faisant de nous
les simples auxiliaires des curés de Paris. J'étais sans cesse
appelé à lutter contre lui pour défendre la Société contre

cette influence, et j'avais trouvé un argument qui, bien que
répété cent fois, n'a jamais manqué son effet. Lorsque, dans
la Société, M. de Montmorency réclamait quelque faveur
pour les curés je prenais la parole ; j'appuyais vivement sa
proposition en renchérissant sur ce qu'il avait dit de l'union
de la bienfaisance et de la religion, mais j'ajoutais que cette
union me paraissait si importante qu'il ne fallait pas la
borner comme l'avait fait le préopinant, et qu'en conséquence je demandais la même faveur pour les ministres protestants et les rabbins ! Le bon M. de Montmorency m'aurait
alors passé les ministres, mais il ne pouvait digérer les rabbins, et quand il voyait que ma proposition prenait faveur, il retirait d'ordinaire la sienne, ce qui était mon seul
but. Ma tactique à cet égard était si bien connue que, toutes
les fois qu'il arrivait quelque proposition de ce genre, M.
Pastoret, à côté duquel je siégeais comme secrétaire, me
disait à l'oreille : eh bien, les rabbins ne viendront-ils pas
bientôt?

Malgré cette petite guerre de principes et de paroles,
nous étions fort bien ensemble, M. de Montmorency et moi,
et il m'en a donné dans la suite une preuve très-aimable.
Exilé à Toulouse, en 1811 (ou l'année suivante ?), il passa
vingt-quatre heures à Montpellier, vint m'y voir à son débotté et n'y vit que moi. Il arriva à l'improviste pour faire
un mauvais dîner, visita avec moi les hôpitaux et les établissements d'instruction publique et revint encore déjeuner
chez moi le lendemain. Quelques personnes furent prodigieusement scandalisées de sa préférence et moi je fus très-
sensible à son souvenir. Dès lors il est devenu puissant,
mais je n'ai plus eu d'occasion de le revoir. Très-éloigné de
ses vues politiques, je l'ai regretté comme un dévot de bonne
foi et un homme de bien [1].

---

[1] M. le marquis Pastoret avait également conservé de cette époque un
souvenir très-vif qu'il exprimait volontiers à ses anciens collègues. Mon père

M. de Lasteyrie a de commun avec M. de Montmorency d'appartenir à la haute noblesse, et d'avoir comme lui consacré sa vie à faire du bien, mais il l'a cherché par une route très-différente. Il était avant la révolution engagé dans les ordres, et il profita de la liberté que les événements lui donnèrent pour se marier. Il embrassa avec ardeur la cause de la liberté dès que celle-ci fut dégagée des atrocités dont on l'avait souillée, et il consacra sa vie entière à propager les bonnes méthodes en agriculture, en instruction, en bienfaisance, en économie publique. C'est un homme bon, droit, vrai, que j'ai toujours trouvé dans la ligne du bien, mais il faut avouer que son amour pour la nouveauté et sa haine pour les anciens abus l'ont porté souvent à accueillir sans examen réfléchi toutes les innovations.

Je passe sous silence plusieurs autres personnes de mérite que j'ai connues dans la Société philanthropique, et j'en

lui ayant recommandé quelqu'un à l'occasion d'un concours, il répondit par le billet suivant :

Chancelier de France,
cabinet particulier.

> « Palais du Petit-Luxembourg, le 26 juin 1830.

« Je ne puis vous dire, Monsieur, combien j'ai été touché de l'honorable souvenir dont votre lettre est l'expression. Vous êtes un de ces hommes dont on aime à conserver la bienveillance et l'amitié. Je n'ai pas oublié ce temps où nous allions, vous et moi, chez M. Delessert et ce vénérable duc de Montmorency, digne à jamais de tous les regrets des amis des pauvres et de la vertu, et avec quelques autres encore, essayer d'un nouveau moyen de secourir l'indigence. Il est vrai que vous m'aviez élevé à cette modeste présidence, mais il n'en est pas moins vrai que, heureux de partager vos travaux, je ne l'étais pas moins de vous avoir pour guides et pour modèles. Conservez-moi, Monsieur, des sentiments qui me sont chers, et agréez l'expression des miens et pour toujours.

> « (Signé) PASTORET. »

Après la révolution de juillet, M. Pastoret vint faire visite à mon père, à Genève. Il écrivit, en partant, un billet analogue à celui-ci pour remercier de l'accueil qu'il avait reçu chez son ancien collègue de la Société philanthropique. (Alph. de C.)

8

viens au grand maître de notre institution, le comte de
Rumford. C'était d'après ses plans que nous avions construit
nos fourneaux, d'après ses recettes que nous faisions nos
soupes, d'après ses conseils que nous tentions de substituer
ce genre de secours aux anciens dons en argent. A la vé-
nération qu'il nous inspirait comme philanthrope se joignait
l'admiration qu'excitaient en nous ses découvertes sur la
chaleur et la lumière; aussi, quand nous apprîmes qu'il arrivait, nous nous en félicitâmes, Delessert et moi, comme
d'un bonheur inespéré. Nous allâmes l'attendre à son arrivée et le ramenâmes dîner rue Coq-Héron. Sa vue dimi-
nua beaucoup notre enthousiasme; nous trouvâmes en lui
un homme sec, méthodique, qui parlait de la bienfaisance
comme d'une discipline, et des pauvres comme nous n'eussions pas osé parler des vagabonds. Il faut, nous disait-il,
punir ceux qui font l'aumône; il faut forcer les pauvres au
travail, etc. Notre étonnement fut grand à l'ouïe de pareilles maximes; cependant nous fîmes tous nos efforts pour
profiter des conseils du comte sous les rapports pratiques
et matériels. J'eus beaucoup de relations avec lui, une
entre autres assez particulière. Mlle Rath, peintre genevois, et comme nous enthousiaste de Rumford, eut l'idée
de faire son portrait pour le faire graver. M. Say, son
parent et mon ami, alors directeur de la Décade philosophique, voulut l'insérer dans son journal et me demanda
une notice sur M. de Rumford. Ne connaissant point sa
vie antérieure, je demandai à M. de Rumford lui-même
quelques notes; il me les promit et me donna un rendez-
vous chez lui pour me les remettre. Je me rendis à sa demeure: quel fut mon étonnement lorsqu'il me présenta un
article tout fait et assez *élogieux*. Ce n'est pas tout: il
exigea de moi de le copier chez lui, ne voulant pas laisser
entre mes mains le manuscrit de son écriture. Je trouvai le
procédé peu délicat et la méfiance peu polie. Je respectai
cependant la volonté d'un homme que j'avais jusqu'alors

considéré au plus haut degré ; j'obéis : je transmis à la Décade avec fort peu d'additions la note écrite, et j'ai gardé jusqu'à la mort de Rumford, et même jusqu'à présent, le secret sur l'origine de cette biographie, pensant que ce trait risquerait de la déparer.

M. de Rumford s'établit à Paris, où il épousa ensuite Mme Lavoisier, veuve du célèbre chimiste. J'avais des relations avec l'un et l'autre, et n'ai jamais vu d'union plus bizarre. M. de Rumford était froid, calme, entêté, égoïste, prodigieusement occupé du matériel de la vie et des moindres petites inventions de détail. Il voulait des cheminées, des lampes, des cafetières, des vitraux faits d'une certaine façon, et contrariait mille fois par jour sa femme sur l'intérieur de son ménage. Mme Lavoisier-Rumford (car elle s'est appelée ainsi de son vivant et n'a commencé à porter le nom de Rumford qu'après lui) était une femme à caractère ferme et volontaire. Veuve depuis douze ou quinze ans, elle avait l'habitude de faire sa volonté et supportait difficilement les contrariétés. Son esprit était étendu, son âme forte, son caractère masculin. Elle était susceptible d'amitié durable et je n'ai jamais eu qu'à me louer de sa bonté pour moi. Son second mariage fut bientôt troublé par des scènes grotesques. La séparation valut mieux pour tous les deux que l'union. Monsieur y gagna une pension dont il avait besoin, mais dont sa mort l'empêcha de jouir longtemps ; Madame y gagna la liberté et le titre de comtesse : tous deux furent contents. Monsieur s'occupa à ranger à sa mode une maison à Auteuil, madame continua à recevoir chez elle une société choisie. J'y ai été admis constamment, et j'ai eu aussi le plaisir de recevoir quelquefois Mme de Rumford chez moi, à Genève.

Je reprends le fil de ma narration, d'où je me suis écarté pour cette espèce de commérage.

§ 20. TRAVAIL AVEC BIOT.

Les derniers temps de ma vie de célibataire à Paris furent employés à une foule de travaux peu cohérents entre eux. J'en rendrai ici un compte sommaire.

Ma liaison avec Biot, à la Société philomathique, m'entraîna à entreprendre avec lui une suite d'expériences dans le but de déterminer le degré de conductibilité des différents gaz pour la chaleur. Nous avions un immense ballon dans lequel nous mettions divers gaz, et un thermomètre placé au centre indiquait la marche du refroidissement et du réchauffement. Nous portions cet appareil alternativement d'une chambre à zéro à une autre chauffée à 60 degrés, et, de cette étuve, nous retournions à la chambre glacée enveloppés dans de grandes couvertures de laine, pour éviter les fâcheux effets de cette transition si brusque. Nous n'avons jamais souffert du froid, grâce à cette précaution, mais les séjours dans l'étuve étaient très-pénibles; ils duraient près d'une heure, et le dernier quart d'heure était réellement une espèce de supplice. Nous nous préservions de la chaleur rayonnante du poêle par des écrans de papier doré, mais nous avions à subir une transpiration extraordinaire, qui nous soulageait cependant et que nous entretenions en buvant beaucoup d'eau. Fr. de La Roche (jeune étudiant en médecine qui nous servait d'aide) et moi conçûmes l'idée que si le corps humain conserve sa température propre d'envion 30 degrés, lors même qu'il est exposé à une chaleur de 60 degrés, cela tient à ce qu'il perd par la vaporisation de la sueur la température qui lui est communiquée. De La Roche a confirmé cette opinion par de nombreuses expériences qu'il a faites avec le docteur Berger, et dont il a rendu compte dans une dissertation très-curieuse. Ce résultat indirect a été le plus utile de notre travail. Biot a rendu compte dans son *Traité de Physique* du peu qu'il a été possible de conclure de nos expériences, quelque longues et pénibles qu'elles aient été.

§ 21. EXPÉRIENCES SUR LES IPÉCACUANA.

J'en fis quelques autres dans le même temps qui ne laissèrent pas d'avoir aussi leur désagrément : je me livrai à des recherches sur les ipécacuanas. Après avoir déterminé l'origine botanique des diverses espèces confondues sous ce nom, je voulus essayer leurs propriétés, et comme je n'avais pas de malades à émétiser ce fut sur moi-même que je fis mes essais. De temps en temps je me faisais vomir avec diverses racines, prises à diverses doses, et je parvins à me rendre ainsi assez maigre et un peu malade. J'ai consigné les résultats de ces recherches dans un mémoire présenté en 1804 ou 1805 à la Société des professeurs de l'École de médecine, et qui, soutenu par le zèle et l'amitié de Duméril, m'en fit nommer membre. Ce mémoire a été imprimé par extraits dans ceux de la Société médicale d'émulation, et dans le *Bulletin philomathique*. Il avait été adopté pour les mémoires de la Société de l'École, et j'en ai même une épreuve imprimée par elle, mais je ne sais par quelle cause le volume dont il faisait partie n'a jamais paru. Quelques années plus tard, A. Richard a repris ce travail et sa publication a rendu mon mémoire inutile.

§ 22. RAPPORT SUR LES CONFERVES.

Ce fut aussi dans ce temps que je fis quelques travaux pour la Société philomathique. Elle avait reçu une longue lettre de M. du Petit-Thouars (qui était alors à l'île de France), renfermant ses observations sur les premiers volumes du *Dictionnaire botanique* de M. de Lamarck. J'en fis un extrait qui fut inséré dans le Bulletin. Cette même Société avait reçu à diverses reprises de M. Girod-Chantrans, de Be-

sançon, un grand nombre de lettres relatives à ses observations sur les Conferves, et dans le même temps M. Vaucher
lui avait adressé des observations contraires aux précédentes; je fus chargé de comparer ces deux séries de travaux
et d'en offrir les résultats à la Société. Le travail était difficile et délicat. Les travaux de Girod-Chantrans avaient été
adressés successivement pendant un grand nombre d'années,
et à chaque fois des rapports d'amis complaisants, qui probablement ne les avaient pas lus, les avaient prônés comme
des ouvrages distingués. J'eus peu de peine à m'apercevoir
que ses observations étaient une suite non interrompue
d'erreurs, fondées sur ce que l'auteur laissait les Conferves
qu'il voulait étudier macérer dans l'eau assez longtemps
pour qu'il s'y développât une foule d'animalcules, qu'il
croyait propres à la Conferve. De cette manière il était arrivé à soutenir l'animalité des Conferves. Passe pour une
opinion qui est soutenable sous d'autres rapports! mais pour
s'expliquer successivement des faits mal observés, M. Chantrans changeait sans cesse de théorie, sans même s'en douter, et se contredisait à chaque page. Il y avait loin de cette
manière incertaine et obscure à la précision, à la rigueur,
à la sagacité de M. Vaucher. Je fis l'analyse de ces deux
ouvrages avec une consciencieuse exactitude; je fis ressortir
le peu de faits tolérablement vrais qui se trouvaient dans
Chantrans; j'établis d'après les lumineuses observations de
Vaucher une classification des Conferves en genres, et je
donnai à l'un de ces genres le nom de *Chantransia* et à un
autre celui de *Vaucheria*. Par la première de ces dédicaces,
j'espérais prévenir la colère d'un homme dont je venais de
renverser les illusions; par la seconde, qui était mieux méritée, je rendais hommage au génie de l'observation et au
sentiment de l'amitié. Je lus ce rapport à la Société philomathique et j'en publiai un extrait dans le *Bulletin*.

M. Girod-Chantrans, mécontent de mon jugement, crut
devoir imprimer les originaux eux-mêmes de ses nombreux

mémoires sous le titre de *Recherches sur les Conferves* (un vol. in-4°), et accompagna cette publication d'une note assez malhonnête contre moi. Cette note m'obligea à publier dans le *Journal de Physique* le texte entier du rapport que j'avais lu à la Société. M. Vaucher publia à la même époque son *Histoire des Conferves*. Le public put alors juger de nouveau, et je puis dire qu'il confirma sur tous les points mon opinion, si ce n'est peut-être qu'il n'osa accorder aucune confiance au petit nombre de faits vrais que j'avais signalés dans l'ouvrage de Chantrans, tant il fut dégoûté de cet incohérent farrago. Son livre est aujourd'hui tombé dans un oubli complet, et celui de M. Vaucher, qu'à titre d'ami je n'avais pas osé louer suffisamment, est, au contraire, un de ces ouvrages dont le temps sanctionne le mérite supérieur.

§ 23. OBSERVATION SUR LA GRAINE DE NYMPHÆA.

Une petite observation que j'eus occasion de faire à cette époque eut un sort presque semblable à celui de mon rapport sur les Conferves. Un jour, avec le comité qui rédigeait le *Bulletin philomathique*, j'allai visiter le bon Lacroix dans son petit ermitage de Saint-Maurice. Nous nous promenâmes en bateau sur la Marne, et tout en causant j'y cueillis des fruits mûrs du nénuphar jaune, fruits que je n'avais jamais vus. Je les emportai et les disséquai le lendemain. J'y reconnus, avec évidence, selon moi, que la graine du nénuphar est munie de deux cotylédons et que la famille des nymphéacées devait par conséquent appartenir à la classe des dicotylédones et non à celle des monocotylédones, où on la mettait alors. Je publiai cette observation dans le *Bulletin*, en une vingtaine de lignes, et en l'accompagnant de quelques figures.

Peu après le vieux professeur Richard s'éleva contre mon observation et soutint que ce que j'avais appelé cotylédon ne méritait pas ce nom, et que le cotylédon unique du nénuphar était ce que j'avais pris pour les téguments de l'embryon. A son ordinaire il entassa, pour prouver son dire, de belles observations mal raisonnées. Son ami, M. de Jussieu, qui depuis longtemps ne voyait que par ses yeux, s'empressa d'adopter cette opinion, conforme à la place qu'il avait jadis donnée au nénuphar. Je ne répondis rien à ces attaques. M. Mirbel, alors ennemi de Richard, lui répliqua en adoptant mon opinion. M. Correa vint aussi à mon secours, tandis que Turpin soutenait l'opinion de Richard. Cinq ou six mémoires se publièrent alors pour et contre moi, je ne voulus point entrer dans la lice, mais bien des années après, à l'occasion du premier volume du *Systema*, je repris cette discussion dans un mémoire publié parmi ceux de la Société d'histoire naturelle de Genève. Je soumis les faits avoués de tous à un examen rigoureux et démontrai la vérité de ma première opinion, de telle sorte qu'elle est, ce me semble, unanimement adoptée aujourd'hui.

§ 24. TRAVAUX DIVERS. COMMENCEMENT D'HERBIER.

A cette époque je lus aussi à la Société philomathique une notice sur la famille des joubarbes, où j'établissais les genres tels qu'ils résultaient de mon travail sur les plantes grasses. Un extrait en fut inséré dans le *Bulletin* de la Société philomathique, mais je ne publiai point le mémoire original. Trente ans plus tard j'ai repris ce travail, je l'ai développé plus que je ne l'avais fait et il en est résulté le mémoire sur les Crassulacées qui fait partie de ma *Collection de Mémoires.*

L'ouvrage sur les Plantes grasses me procura un avantage qui est devenu immense : le libraire Garneri en était éditeur, et il me devait de l'argent, que je négligeais de demander et qu'il négligeait de me payer. A la mort de M. L'Héritier il acheta tous ses manuscrits et ses dessins inédits, et voulut les publier. Il me proposa ce travail; je l'acceptai, à condition qu'il achèterait l'herbier de M. L'Héritier pour mon

compte, en déduction de ce qu'il me devait. Il y consentit
et j'obtins ainsi pour le prix de 1,500 fr. (que je n'aurais
jamais touchés) un herbier d'environ huit mille espèces, dans
lesquelles se trouvaient : 1º une collection précieuse faite à
Cayenne par Patris, donnée ou vendue par celui-ci au chevalier Turgot, qui l'avait donnée à L'Héritier ; 2º une collection presque complète des espèces découvertes par Swartz
aux Antilles et étiquetées par lui ; 3º le fond de l'herbier
recueilli à la Guadeloupe par Badier ; 4º celui de Sierra-
Leone, recueilli par Smeathmann ; 5º toutes les plantes recueillies dans les jardins de Paris depuis vingt ans par
L'Héritier lui-même.

Mon herbier ne se composait alors que des plantes que
j'avais moi-même ramassées à la campagne et dans les jardins, de celles que Delessert m'avait données lorsqu'il avait
acquis l'herbier de Lemonnier et celui de Burmann, et
de quelques autres que j'avais reçues de MM. Bosc et
Desfontaines ; ainsi l'herbier de L'Héritier était deux ou
trois fois plus considérable, et sa possession me donna de
nombreux sujets de recherches. Elle me permit de vérifier
une foule de faits à tous les moments. Elle commença à me
classer parmi les botanistes ; peut-être aussi contribua-t-elle
à m'éloigner de la physiologie végétale pour me jeter dans
la description et la classification des plantes. Mon premier
soin, avant même de l'arranger, fut de choisir dans la collection de Cayenne les doubles qui s'y trouvaient, pour les
donner à Delessert, comme il l'avait fait en ma faveur lorsqu'il avait acheté l'herbier de Lemonnier. Je ne me regardai comme propriétaire légitime qu'après avoir rempli ce
devoir d'amitié.

Je me mis immédiatement à ranger les manuscrits et
préparai deux livraisons qui devaient faire suite aux *Stirpes
novæ* de L'Héritier. L'une, composée de genêts et de cytises,
annoncée à la fin de la dernière livraison publiée ; l'autre
composée des solanums. La masse des dessins inédits était

de huit cents, sur lesquels on aurait pu facilement trouver
deux ou trois cents planches nouvelles pour la science. Ce
travail considérable aurait absorbé plusieurs années de ma
vie sans grande utilité. J'ai eu le bonheur d'avoir affaire à
un libraire tellement léger et négligent qu'il n'a pas même
publié les livraisons que j'avais préparées, et que j'ai été dispensé de remplir un engagement accepté dans mon ardeur
pour obtenir l'herbier, et dont l'exécution eût été fâcheuse
pour moi. Il m'est resté de cette affaire l'herbier et les manuscrits de mon ancien protecteur, et Garneri a laissé perdre une masse énorme de dessins et de gravures prêtes à
paraître. Par sa faute, tout le bénéfice a été pour moi et la
perte pour lui!

Je m'aperçois que cette partie de mes récits ne suit pas
bien exactement l'ordre des temps, et je profiterai de cette
licence pour raconter encore quelques petits faits un peu
antérieurs à ceux que je viens de citer.

§ 25. VISITE AUX HOPITAUX ET PRISONS DE PARIS.

Pendant que je m'occupais avec le plus d'ardeur de soupes économiques j'eus l'idée de visiter les hôpitaux de Paris
avec un certain soin. J'obtins du préfet, dont ma visite dans
les écoles m'avait fait bien voir, j'obtins, dis-je, de M. Frochot une recommandation pour les agents de surveillance
des hôpitaux, et chaque semaine je consacrai une matinée
à aller visiter un hôpital ou un hospice. Après chaque visite,
je rédigeais une notice sur l'établissement et sur les moyens
de l'améliorer. Il résulta de ces recherches, qui durèrent
tout un hiver, un tableau assez fidèle des hospices et des
améliorations dont ils étaient susceptibles. Ces établissements avaient été fort négligés, et quoique bien supérieurs
à ce qu'ils étaient sous l'ancien régime, ils laissaient encore
beaucoup à désirer. Le gouvernement consulaire s'en occupa et nomma un conseil destiné à les diriger. Je regrettai

beaucoup que ma jeunesse et mon obscurité ne me permissent pas de prétendre à cette fonction gratuite que j'aurais préférée à toute autre, mais mon ami Delessert en faisait partie, et je m'imaginais presque en être. Je lui remis mon travail, et j'ai eu le plaisir de voir exécuter graduellement par son influence tous les perfectionnements que j'avais indiqués. Comme aucun sentiment d'amour-propre ne m'avait servi de mobile, il ne s'éleva pas dans mon âme le moindre sentiment de regret de ce que le bien se faisait sans ma participation. Je m'étais voué à ces travaux, comme je l'ai déjà dit, par une espèce de compensation d'un goût pour une science qui me paraissait trop peu pratique; mon but était rempli et j'en jouissais pleinement. Quelque temps après, lorsque mon mariage me fit sentir la nécessité de me créer un sort, Delessert m'offrit une des cinq places salariées d'administrateur des hôpitaux, et je la refusai sans hésiter. Je voulais bien faire de la philanthropie un délassement utile : je ne voulais pas en faire une profession, et surtout je ne voulais pas abandonner la botanique.

A la suite de cette visite des hospices, j'eus l'idée de faire celle des prisons. M. Say, qui était alors tribun, obtint la permission du préfet de police et se joignit à moi, quoique par son âge et ses connaissances il me fût très-supérieur dans ce genre de recherches. Cette visite réussit moins bien que la précédente. J'étais obligé de me plier à la marche de mon collègue; je ne pouvais voir les détails autant que je l'aurais voulu, et s'il m'est resté des connaissances et de vives impressions de cet examen des prisons, je n'en tins pas des notes assez exactes et il n'en résulta aucune utilité réelle.

§ 26. RELATIONS AVEC LA FAMILLE SAY.

Ma relation avec la famille Say en devint seulement un peu plus intime. Je l'avais connue chez les de La Roche,

dont les Say sont proches parents, et je fus appelé à les
voir souvent parce qu'ils demeuraient dans mon voisinage, rue de Tournon. M. Say était alors un homme de
quarante ans, rédacteur de la *Décade philosophique*, bientôt
membre du tribunat, républicain assez prononcé et habile
économiste. Mes conversations avec lui roulaient toujours
sur cette classe de matières; elles m'ont ouvert l'esprit
sur une foule de sujets qui étaient très-nouveaux pour moi.
J'ai vu pour ainsi dire éclore dans sa tête son *Traité d'économie politique* et j'ai appris les bases de cette science en
les discutant avec lui. Je me rappelle, entre autres, une
course que nous fîmes ensemble à Villemomble, village près
de Paris. Il m'y exposa tout son plan et je le critiquai avec
lui; je lui exposai de mon côté le plan d'un traité de botanique
que je méditais alors et que j'ai exécuté bien des années
après, et il me présenta sur mon cadre d'utiles observations. Je trouvai un véritable intérêt dans ces communications avec un homme voué, il est vrai, à des études très-
différentes des miennes, mais dont l'esprit méthodique cadrait avec le mien [1].

Mᵐᵉ Say était une femme très-aimable, gracieuse, bonne
et prévenante. Je suis resté attaché à l'un et à l'autre et j'ai
toujours soutenu mes relations avec eux. J'ai même présenté à la mairie leur fille Octavie, lors de sa naissance, ce
qui m'a constitué en quelque sorte son parrain. Au moment où j'écris ces lignes (1830) je viens d'apprendre la
mort de Mᵐᵉ Say; je la regrette comme une amie et comme
une femme d'un vrai mérite. Elle avait dans le son de la voix
un charme particulier, aussi, indépendamment de l'intérêt

---

[1] M. Say était un descendant de Français réfugiés à Genève lors de la
révocation de l'édit de Nantes et naturalisés Genevois. Il avait été élevé à
Genève, ce qui contribua sans doute aux relations de mon père avec lui.
Sous la Restauration, en 1817, il fit faire des démarches pour conserver à
ses enfants la qualité de Genevois, disant dans une lettre adressée à mon
père : « Il faut cesser d'être républicain le plus tard qu'on peut. » J.-B. Say
est mort en 1832.   (Alph. de C.)

de sa conversation, je l'écoutais comme on écoute un concert
de flûte ou de harpe. Dès lors je me suis souvent aperçu
que ce genre d'agrément est celui qui me séduit et m'entraîne le plus dans les petites affections de société.

§ 27. COURSES A CHAMPAGNE ET AUX ALPES.

De temps en temps, et à peu près une fois chaque année,
je quittais cette vie active de Paris pour aller faire une visite à mon pays et à ma famille. Je jouissais beaucoup de
me retrouver à Champagne, le lieu du monde dans lequel,
à tout compter, j'ai été le plus heureux, soit à cause de
l'âge où je l'habitais, soit parce que le calme, lorsqu'il succède à une vie très-occupée, semble être le bonheur, ou que
je jouissais vivement de la joie que mes parents avaient de
me revoir. Je ne me rappelle pas bien exactement les détails
de ces voyages, et il serait possible que je les eusse un peu
intervertis dans mon récit; mais ma chronologie n'est bien
importante pour personne, et ceux qui la liront (si quelqu'un
la lit) me pardonneront bien ces graves erreurs. L'un des
voyages dont je parle m'a laissé un souvenir marquant, c'est
celui que je fis en 1801 pour régler avec mon père ce qui
tenait à mon mariage.

Je fus entraîné par mes amis de Genève à aller faire une
course à Chamounix, lieu remarquable, que je ne connaissais point encore. Nous partîmes huit ensemble, Girod, les
deux Picot (les aînés), M. J.-A. Deluc, et quelques autres.
Nous arrivâmes à Servoz et de là nous nous dirigeâmes sur
la gauche. Nous visitâmes le plateau de Pormenaz, qui est
un des points de ces montagnes les plus riches en plantes :
nous vînmes coucher aux chalets de Villy, espèce de village
d'été, au pied du Buet. Il n'est habité que par des femmes.
Les hommes restent dans la plaine pour les travaux des
champs et ne viennent que le samedi soir apporter à leurs
femmes du pain et du bois, car les chalets sont situés au-

dessus de la région des forêts. Ces femmes, tout occupées
du soin de leurs bestiaux, nous reçurent fort bien, et quand
elles virent que nous ramassions des fleurs elles allèrent
en chercher de tous les côtés, de telle sorte que le devant
de notre maison en était jonché. On nous avait abandonné
un chalet tout entier pour notre hôtel ; ces habitations sont
construites en blocs de granit entassés, qui ne sont liés
par aucun ciment, de sorte que la clarté, le vent, la pluie,
le froid passent librement au travers des murailles. Après
avoir rangé nos plantes nous nous couchâmes sur le plancher, c'est-à-dire sur la terre, et nous nous endormîmes
comme on le fait à vingt ans, quand on a marché quinze
heures dans la journée. Une pluie à flots vint nous réveiller
et nous nous trouvâmes complétement dans la boue. Nous
fîmes du feu et nous passâmes notre temps à nous sécher
d'un côté pendant que la pluie nous arrosait de l'autre.

Le lendemain nous vîmes que le mauvais temps continuait de telle sorte qu'il n'aurait pas été possible de monter au Buet de plusieurs jours. Nous prîmes alors le
parti de quitter les chalets de Villy, de passer le Brévent,
et d'aller à Chamounix. Nous partîmes, et nous arrivâmes
par une pluie à verse. Le passage sur le Brévent où, pour
la première fois, j'aperçus la neige rouge, sans lui donner
une attention suffisante, ne fut ni exempt de fatigue ni de
quelque danger, à raison du mauvais temps. Enfin, après
six ou sept heures de marche, nous arrivâmes non-seulement mouillés jusqu'aux os, mais ayant toutes nos valises
percées jusqu'au centre. Dans cet état de choses, nous
fîmes allumer un grand feu, nous nous dépouillâmes de
nos habits, et nous fîmes sécher nos corps et nos vêtements en riant comme des fous. Les gens de l'auberge, qui
riaient aussi de notre état, venaient les uns après les autres
nous apporter leurs habits pour nous vêtir. Nous acceptions
tout, et ce fut dans cette mascarade digne du carnaval que
nous fîmes le souper le plus gai que l'on puisse imaginer.

Nous passâmes quelques jours à Chamounix à visiter le Montanvert, la Mer de glace et tous ces lieux si remarquables par le contraste des rigueurs du pôle et des moissons les plus fertiles, de la nature la plus agreste et la plus sauvage avec les traces d'une civilisation éclairée. Comme botaniste et comme amateur des spectacles de la nature, je ne pouvais me lasser d'admirer cette vallée si célèbre et si digne de célébrité. Je fis alors un certain nombre d'observations sur les plantes alpines, qui ont trouvé plus tard leur place dans la *Flore française*.

Après avoir exploré les environs immédiats de Chamounix, nous entreprîmes ce qu'on appelle le tour du Mont-Blanc. Nous remontâmes la vallée de Saint-Gervais, qui n'avait pas encore la célébrité qu'elle a acquise par l'établissement des bains, mais qui la méritait déjà par son aspect pittoresque. Nous vînmes coucher au chalet du mont Jovet, où nous trouvâmes un chasseur qui venait de tuer un chamois. Nos provisions étaient maigres, et notre appétit très-irrité par une course de quinze heures. Nous dépeçâmes le chamois et le mîmes bouillir dans une vieille marmite; ce repas improvisé reste dans mon souvenir comme l'un des plus exquis de ma vie, et je voudrais savoir comme Brillat-Savarin, auteur de la *Physiologie du goût*, homme de bonne société, que j'ai jadis connu, le faire savourer à mes lecteurs.

Le jour suivant nous franchîmes le col du Bonhomme, et vînmes descendre dans l'Allée blanche; cette route, faite en grande partie sur les neiges éternelles, est fatigante, mais très-curieuse. Elle l'était surtout pour moi, qui n'avais point encore parcouru les hautes sommités alpines. Nous eûmes une occasion curieuse de juger des erreurs visuelles que l'on peut faire dans ces localités. Au moment où nous arrivâmes au sommet, nous vîmes de loin le lac Combal, et tous à la fois nous jugeâmes qu'il devait y avoir trois quarts de lieue de distance pour y arriver. Nos guides, accoutumés à cette erreur, nous engagèrent à faire quelques pas de plus; alors nous jugeâmes qu'il y avait au moins trois heures. C'est que, dans le premier cas, nous ne pouvions voir la distance qu'à vol d'oiseau, et que dans la seconde position nous pouvions estimer le chemin interposé et en mesurer la longueur. L'herborisation de l'Allée blanche m'intéressa vivement; cette localité est restée dans mon esprit comme la plus riche et la plus variée de nos Alpes.

Je ne pouvais me rassasier de parcourir ces lieux ; aussi je laissai la plupart de mes compagnons aller coucher à Courmayeur, et je restai au chalet de l'Allée blanche.

Il est situé sur le revers de la vallée opposé au Mont-Blanc. Ce géant des Alpes y paraît dans toute sa majesté, car on le voit presqu'à pic du fond de l'Allée blanche, qui est à environ mille toises de hauteur, jusqu'au sommet à 2,450, c'est-à-dire sur une coupe presque abrupte de 1,400 toises d'élévation. Le soir, au clair de la lune, le coup d'œil était véritablement magique, et un petit incident peu digne de la majesté du spectacle me donna tout le temps de le considérer. En arrivant au chalet, j'étais très-fatigué; le berger m'offrit son lit, je le refusai, sachant par expérience que ces lits sont des repaires de puces. Il rit beaucoup de ma crainte, en m'affirmant, comme une chose reconnue, que les puces ne peuvent vivre à cette hauteur, et il finit, comme moyen de conviction, par m'offrir de me donner le lendemain six francs par piqûre que j'aurais éprouvée. Je cédai, moitié par conviction, moitié par curiosité de naturaliste; je me couchai et m'endormis profondément. Au bout d'une heure ou deux, je m'éveillai dans un état d'angoisse difficile à décrire; j'avais le corps brûlant, mais le berger m'avait si bien endoctriné, que je ne pensai point aux puces et me crus réellement malade. Je me levai ; je passai la nuit sur le seuil du chalet occupé à admirer le Mont-Blanc! Aux premiers rayons du soleil, je vis que mon corps entier était criblé de piqûres de ces insectes, qui ne peuvent vivre si haut ! Si l'offre du berger eût été ce qu'on appelle *ferme* en style de commerce, j'aurais eu de quoi acquérir son chalet et son troupeau tout entier. Le pauvre bonhomme se confondait en excuses et en étonnement, car lui n'était jamais piqué. C'est un fait commun à presque tous ces petits accidents qu'au bout de quelque temps ceux qui y sont habituellement exposés ne sont plus, et affirment de bonne foi qu'il n'y a chez eux ni puces, ni cousins, ni punaises. Malheur à l'étranger dont la peau est plus délicate. Je l'avais appris à mes dépens. Il est dommage que l'expérience personnelle, en toutes choses, soit un moyen un peu dur d'instruction, car c'est bien celui que l'on oublie le moins.

Une journée à Courmayeur me donna l'occasion de réparer mes fatigues, et fut agréablement employée à visiter cette singulière localité. En parcourant la caverne d'où sortent les eaux thermales, j'y trouvai en grande quantité une production fongueuse analogue aux clavaires, que je désignai dans la *Flore française* sous le nom de *Clavaria thermalis*, sans me dissimuler qu'elle différait beaucoup des vrais *Clavaria*. Ce doute me poursuivait encore en 1824, lorsque mon fils alla faire une course au même endroit. Je lui recommandai l'examen de cette production, et il découvrit qu'elle n'était autre chose que le jeune âge de l'*Agaricus tubæformis* de Schæffer. J'éprouvai une sorte de joie en pensant que son premier pas dans la carrière fut de relever une erreur[1] de ma jeunesse, et je l'engageai à publier; mais je reviens à cette époque.

En quittant Courmayeur (lieu célèbre en zoologie, parce que ses environs sont la seule partie des Alpes où l'on trouve encore des bouquetins), nous nous décidâmes à aller au

---

[1] Ce n'était pas précisément une erreur, mais plutôt une observation incomplète, provenant de ce que l'espèce en question était mal développée, réduite à un pied sans chapeau, et comme monstrueuse, lorsque mon père avait eu l'occasion de la voir, tandis que j'ai rencontré, par hasard, la plante bien développée. (Alph. de C.)

Grand Saint-Bernard, non par Aoste, mais par le col Saint-
Remi, passage élevé, difficile et peu fréquenté. Notre journée
commença péniblement, mais avec beaucoup d'intérêt. Le
col est situé à 1700 toises de hauteur, et me donna l'occasion
de voir la végétation la plus alpine. Après l'avoir franchi,
nous avions à traverser presque horizontalement une pente
de neige fortement gelée, très-inclinée, qui aboutissait à un
précipice de plusieurs centaines de pieds. Nos guides marchaient en avant, marquant les pas dans la neige avec leurs
bâtons ferrés, et nous suivions sur une ligne, en mettant
exactement nos pieds dans les traces des leurs. J'étais le
second après eux; le pied me manqua. Je tombai assis, et
glissai avec une grande rapidité sur cette neige gelée; j'a-
vais beau la frapper avec mon bâton, je ne pouvais l'entail-
ler, et je me voyais entraîné avec une vitesse accélérée vers
le précipice! Cette position était périlleuse au plus haut
degré. Par bonheur, je ne perdis point la tête, et tout en
glissant, j'aperçus une petite fente dans la neige; j'enfonçai
mon bâton entre mes jambes, et restai à cheval sur ce bâton, arrêté comme par miracle. Alors mes compagnons, qui
me voyaient descendre à la mort sans pouvoir rien faire
pour moi, poussèrent des cris de joie; les guides, dont le
chef, Marie Coutet, était un des plus expérimentés et des
plus intrépides habitants de Chamounix, vinrent par un long
détour me retirer de ma position délicate. Il leur fallut
presque une demi-heure pour arriver au point où j'étais
descendu par la ligne droite en quelques instants. Ces instants m'ont donné une idée de la rapidité de la pensée, car
tout en songeant à ma sûreté, j'eus aussi le temps de penser à tout ce que j'aimais au monde; à mes parents, que
ma perte aurait désespérés, et à la jeune personne que je
devais épouser à mon retour. Lorsque le brave Marie Coutet arriva jusqu'à moi, il se mit de suite à me tracer une
route dans la neige, et me conduisit alors à bon port jusqu'à
l'extrémité de cette fatale pente; alors il m'embrassa avec

une effusion de sensibilité que je n'ai jamais oubliée. On comprend que, lorsque je suis retourné à Chamounix, je n'ai jamais demandé d'autre guide. « Ah ! » me disait-il, « c'est vous ! jamais personne ne m'a donné une si vive inquiétude. »

Ces dangers, quelque grands qu'ils puissent être, ont au moins l'avantage qu'à l'instant même où l'on y a échappé, on se retrouve avec la plénitude de sa santé et de sa force ; aussi notre course ne fut-elle que médiocrement troublée par cet incident, et nous arrivâmes le soir au Grand Saint-Bernard, gais et dispos. Nous y fûmes reçus avec cette bonne et simple hospitalité qui caractérise les religieux respectables du célèbre couvent. De là, nous fûmes à Genève par le Valais et la Savoie, sans qu'il me soit resté grand souvenir de cette partie du voyage.

§ 28. SOCIÉTÉ D'ENCOURAGEMENT.

De retour à Paris, je trouvai qu'une idée mise en avant par moi l'année précédente dans la Société philanthropique avait prospéré depuis que cette réunion, d'abord si modeste et toute vouée aux soupes économiques, avait pris un but plus général. J'avais cherché à attirer son attention sur les causes de la pauvreté, et j'avais essayé de montrer toute l'utilité qui résulterait d'encouragements pécuniaires accordés avec discernement aux industriels. Je lus à ce sujet un mémoire dans une des séances : je fis comprendre que ce but était trop vaste pour être lié au nôtre, et exigeait une société particulière. La Société philanthropique, entrant dans mes idées, décida d'adresser copie de mon mémoire au ministre de l'Intérieur, en l'appuyant d'une recommandation. Le ministre était alors M. Chaptal qui, par ses antécédents et ses connaissances, était très-porté à ce genre d'encouragements. Il recommanda l'affaire à quelques-uns des chefs de ses bureaux, et on forma à cette occasion un

petit comité préparatoire composé de MM. Huzard, de Gérando, Costaz, Delessert et moi. Nous nous réunîmes une
ou deux fois chez Delessert pour poser quelques bases, puis
ce comité chargea M. Costaz et moi de la rédaction d'un
projet de règlement. Costaz, à son tour, me chargea de rédiger un plan. Je m'en acquittai, en ayant principalement
dans l'esprit celui qu'avait alors la *Société des arts de Genève*, mais en l'agrandissant pour l'adapter à la France, et
en le mariant, pour ainsi dire, avec les bases de celui de
la Société philanthropique. M. Costaz admit mon projet
presque de confiance, et lorsqu'il fut présenté au comité
préparatoire, j'eus le plaisir de l'y voir fort goûté et admis
sans changement. Le ministre l'approuva aussi, et nous pu-
bliâmes alors le projet de la *Société pour l'encouragement de
l'industrie nationale* [1]. J'ai eu le plaisir de voir que la part à
la formation de cette société que je viens de mentionner
n'était pas oubliée. Longtemps après, dans une course faite
à Paris, en 1833, j'assistai comme visitant à une séance de
la société. On me fit placer à côté du président, et on rappela
de la manière la plus obligeante mon titre de fondateur.

Nous eûmes très-vite une foule de souscripteurs. Nous
dressâmes une liste du premier comité à élire, qui fut ad-
mise sans restriction par la première assemblée générale,
sous la présidence du préfet de police, M. Frochot, et j'eus
ainsi le plaisir de penser qu'à vingt-quatre ans j'avais contribué à fonder, dans la capitale de la France, deux sociétés
qui ont eu une influence considérable sur le sort des pauvres et sur celui des industriels. Peu de gens ont connu
toute la part que j'y avais eue. J'y pensais à peine, car, je le
répète, je me livrais à ces travaux comme à une sorte de
compensation de ce que l'étude théorique de la botanique

---

[1] D'après ces détails, il ne faut pas s'étonner si la Société d'encouragement a encore une organisation analogue à celle qu'avait la Société des Arts
de Genève avant 1820 : division en comités, membres effectifs des comités
et membres simplement souscripteurs, etc.　　　　(Alph. de C.)

ne me paraissait pas assez applicable au bien-être actuel de mes contemporains. En remplissant ce genre de devoir vis-à-vis d'eux, je satisfaisais à ma propre conscience, et je retournais ensuite à mes occupations favorites avec une nouvelle ardeur. J'ai fait pendant quelques années partie du comité de la société d'encouragement.

Nous construisîmes à cette époque, Delessert et moi, une machine destinée à conserver longtemps de l'eau chaude, et nous parvînmes, en enveloppant un vase de tissus peu conducteurs, à y renfermer de l'eau bouillante qui, trois jours après, était encore à 50 degrés. Nous nous occupâmes beaucoup de l'amélioration des poêles et des moyens populaires de chauffage, et nous recevions tous les jours quelque invention à ce sujet. J'eus dès lors occasion de voir (et je l'ai souvent vérifié depuis) que la multiplicité des petites inventions modernes et leur apparence de diversité exagérée par les fabricants, sont au nombre des causes qui retardent le plus leur diffusion. Quand le public voit qu'on lui propose vingt formes de poêles ou de fourneaux, ne sachant laquelle choisir et craignant que dès le lendemain on en annonce une meilleure, il garde son poêle ou son fourneau de vieille fabrique. Cette considération rend compte de la permanence des vieux usages populaires, qui semble en opposition avec la multiplicité des inventions modernes. Elle m'a guidé utilement dans la suite lorsque j'ai voulu influer sur certaines pratiques populaires.

Ce que j'ai fait de plus utile, comme membre de la société d'encouragement, ce fut d'y proposer la publication du bulletin de ses travaux. Je fus même de la première commission qui en fixa le plan et la marche, mais dès qu'il fut organisé, je regardai mon action comme terminée, et me déchargeai de ce soin pour retourner à ma chère botanique, objet constant et perpétuel de mon affection.

§ 29. MARIAGE.

Après avoir passé ainsi en revue les travaux extérieurs
de ma jeunesse il convient de rentrer dans ma vie privée,
et je suis conduit par l'ordre des dates à parler de mon mariage.

J'ai dit que, depuis trois ans environ, j'avais été admis
dans l'intérieur de la famille Torras. J'y allais et j'y étais
reçu comme le futur enfant de la maison. J'avais conçu
pour Fanny un de ces amours purs dont le mariage est le
but, mais je craignais que mon père ne fût opposé à cette
union, et je n'avais ni les moyens de me passer de ses dons,
ni la volonté de faire rien contre ses ordres. Dans cette position délicate j'allais presque tous les jours dans la maison
Torras, mais je me gardais de rien dire qui pût être pris
pour un engagement ou une demande formelle. On comprenait mes sentiments et la délicatesse de ma position sans y
faire la moindre allusion, et mon désir d'entrer dans cette
famille s'accroissait de cette espèce d'égards. Je voyais
qu'on savait bien mon amour quoique je ne l'eusse pas dit.
Je croyais voir qu'il était partagé, quoiqu'on ne me l'eût jamais exprimé. Je causais librement, de l'aveu de la mère, et
comme aurait pu le faire un fiancé, avec une jeune fille de
dix-sept ans, sans avoir avec elle le plus léger engagement.
Jamais un mot n'est sorti de ma bouche qui pût enfreindre
la pureté de nos rapports, et cependant nous nous entendions à merveille. J'avais été dès l'origine encouragé par
Mlle Rath [1], amie de Mme Torras, qui servait ainsi d'intermédiaire bénévole entre nous et facilitait cette singulière et
très-agréable position.

J'avais toujours fixé dans ma tête que je chercherais un
moyen de finir cet état d'incertitude dès que je serais nommé

[1] Mlle Henriette Rath, une des généreuses fondatrices du Musée Rath de
Genève.   (Alph. de C.)

professeur de l'École centrale du Léman, mais cette école
ne s'organisait point et l'époque de sa création paraissait
tous les jours plus éloignée. D'un autre côté je me faisais
des reproches de prolonger outre mesure ma position vis-à-
vis de la famille Torras, et surtout j'étais amoureux. Je pris
donc mon parti et me décidai à aller voir mon père à
Champagne.

(L'éditeur supprime ici le narré d'une conversation sur des détails
purement pécuniaires, à la suite de laquelle les vœux du fils furent ap-
prouvés et une demande formelle du père fut adressée à Paris.)

J'écrivis en même temps, et je dois avouer que je me
croyais bien sûr de mon fait. La réponse arriva, en effet,
telle que je l'attendais et satisfit mon père. Nous nous
quittâmes fort bons amis et ma mère partageait ouvertement ma joie. Je trouvai à Besançon une lettre de Fanny
en réponse à la mienne : c'était la première que je recevais
d'elle. Sans nous dire un mot nous nous étions bien compris. J'arrivai donc à Paris où je fus reçus de la manière
la plus touchante... J'étais parfaitement heureux !

A peine les premiers jours passés dans ces douces effu-
sions il fallut penser à la partie prosaïque, ou si l'on veut
positive. M. Torras consentit à me recevoir chez lui, mais
son appartement trop étroit ne le permettait pas. Il fallut
en chercher un autre, ce qui n'était pas aisé. Que de courses
j'ai faites dans ce but? Enfin je trouvai cet objet de mes
recherches, mais il exigeait des réparations. Pour abréger
tant de longueurs, il fut convenu qu'on nous marierait, que
je partirais pour Champagne et Genève, afin de présenter
ma femme à mes parents, et que nous reviendrions quand
on pourrait nous loger.

Plusieurs mois s'écoulèrent dans ces arrangements. Tout
en pestant souvent de ces retards, je ne pensais guère ni
au passé ni au futur, tant j'étais joyeux du présent. Enfin,
le 14 germinal de l'an X, comme on comptait alors, ou le

4 avril 1802, je devins l'époux de Mlle Torras. Mon bon
maître Desfontaines représenta mon père à la cérémonie, et
il m'en témoigna tous les sentiments. Ce jour fut, comme
on le pense, un jour bien heureux, et depuis trente-sept ans
que cette union dure, il ne m'est certes pas arrivé un seul
instant de ne pas m'en applaudir.

Dès le lendemain nous partîmes pour Champagne dans
une chaise de poste que Delessert m'avait prêtée. Il est sans
doute inutile de dire combien ce voyage fut doux. Arrivé à
Yverdun j'écrivis à mon père pour le prier de m'envoyer sa
voiture. Malheureusement je ne sais comment j'eus l'idée de
signer ma lettre, ce dont je n'avais pas l'habitude, et comme
ma lettre de Paris n'était pas arrivée, que nous étions dans
les premiers jours d'avril, mon père se mit à croire que
c'était une mystification ou poisson d'avril et ne voulait pas
m'envoyer d'équipage. Ma mère heureusement fut moins
défiante : elle vint à notre rencontre et nous ramena triom-
phants à Champagne. Mon père reçut ma femme aussi bien
que je pouvais l'espérer ; ma mère de son côté lui fit toutes
les caresses que son bon cœur lui suggérait ; mon frère
vint exprès de Genève pour voir sa belle-sœur, et comme
il arriva au milieu de la nuit, nous fîmes la plaisanterie de
lui envoyer son portrait pour qu'il en eût quelque idée avant
le lendemain. Nous passâmes ainsi un mois de ce qu'on appelle la lune de miel.

Nous allâmes ensuite faire une course à Genève, et chemin faisant je présentai ma femme à mes oncles et tantes[1].
A Genève nous logeâmes chez les bonnes demoiselles Bau-
lacre, parentes et amies de ma mère, qui nous reçurent
avec une hospitalité dont je leur ai toujours conservé une
vraie reconnaissance. Nous revînmes à Champagne emmenant avec nous mes amis Picot et Girod[2]. Nous passâmes

[1] Ils étaient à Yverdun, à Saint-Prex, etc., dans le canton de Vaud.
(Alph. de C.)

[2] M. Pictet, le quatrième du *quatuor* d'amis mentionnés auparavant, était
à cette époque en Espagne.   (Alph. de C.)

encore quelques jours de gaîté et revînmes à Paris dès que nous sûmes l'appartement disposé pour nous recevoir.

§ 30. FLORE FRANÇAISE.

A mon retour, en mai 1802, j'allai m'installer chez mon beau-père, boulevard Montmartre. Nous y occupions un petit appartement fort agréable. M. Torras voulut bien prendre les arrangements les plus avantageux pour nous, et faire valoir nos petits capitaux de la manière la plus sûre et la plus fructueuse possible. Je ne tardai cependant pas à m'apercevoir combien nos revenus étaient limités et je m'occupai des moyens d'y suppléer.

Quelque temps auparavant M. de Lamarck m'avait témoigné le désir de me charger d'une nouvelle édition de sa *Flore française*. J'avais fait un peu la sourde oreille, mais le besoin me rendit plus docile. Je retournai à lui, il accepta mon insinuation et m'offrit un marché avantageux. Il avait vendu cette troisième édition au libraire Agasse pour douze mille francs ; il se réserva trois mille francs sur le marché et m'alloua pour prix de mon travail la propriété des éditions subséquentes et neuf mille francs sur celle-ci. M. Agasse, de son côté, consentit à payer ces neuf mille francs en trois ans, par sommes égales, le premier de chaque mois. Je me trouvai donc, au moyen de ce marché, assuré d'une recette de mille écus par an, mais chargé il est vrai d'un immense travail. Je m'y vouai avec zèle et, sauf quelques distractions dont je rendrai compte plus tard, je consacrai tout mon temps à la rédaction de la *Flore*. Je conçus de suite la nécessité d'en reformer le plan, et j'eus le bonheur de faire agréer à M. de Lamarck le nouveau cadre que je proposais.

Dans l'ouvrage primitif la méthode analytique se poursuivait d'un bout du livre à l'autre, et chaque description était placée là où le hasard de la dichotomie la mettait. Cette marche avait divers inconvénients, les uns de pratique, les autres de logique. Pour adopter cette méthode, il aurait fallu faire l'ouvrage tout entier avant de commencer l'impression, ce à quoi le libraire ne voulait pas entendre; il aurait fallu se refuser à toute addition pendant le cours du travail, et l'état de mes collections me faisait pressentir la nécessité d'organiser une correspondance active et de recevoir des matériaux successivement. D'ailleurs le nombre des plantes connues s'étant beaucoup accru depuis les premiers travaux de M. de Lamarck, l'ouvrage imprimé sur l'ancien plan eût été très-volumineux et impossible à porter avec soi à la campagne. Enfin cette méthode avait l'inconvénient de morceler les familles et de ne pas faire sentir leurs rapports. J'adoptai une marche à la fois plus commode et plus logique: dans une série de volumes je décrivais toutes les plantes rangées en familles et dans l'ordre de leurs véritables rapports ; puis dans un volume séparé, qu'on pouvait porter dans les herborisations, je rejetais la méthode analytique tout entière. Je regarde ce système d'ordre comme une des principales causes du succès de mon ouvrage, et ce succès j'ose en parler comme d'un fait matériel, car malgré le prix élevé il s'est vendu cinq mille exemplaires[1]!

A peine eus-je pris ma résolution sur la marche du travail, que je me mis à l'ouvrage avec une ardeur tout à fait juvénile, et je puis dire aussi avec une persévérance digne d'un autre âge. Les matériaux dont je disposais pour connaître les plantes de France étaient: 1° mon ancien herbier, qui contenait les espèces recueillies par moi dans les

___

[1] L'édition a été épuisée assez promptement, et l'ouvrage a conservé une valeur si grande, malgré les changements survenus dans la science, que dans les ventes de vieux livres les exemplaires se paient trois ou quatre fois le prix primitif. Un libraire nous demanda avec instance, vers l'année 1833 ou 1834, de faire une nouvelle édition; il nous en offrait quatorze mille francs, mais la cause qui avait déterminé mon père n'existait plus, et ce genre de travail ne convenait ni à lui ni à moi.   (Alph. de C.)

Alpes, le Jura, les environs de Genève, de Paris et du Havre, et dont plusieurs étaient accompagnées de descriptions; 2º l'herbier de L'Héritier, où se trouvaient les plantes recueillies par lui en Picardie, à Sorrèze par dom Fourmeault, et quelques autres envoyées de diverses provinces [1] ; 3º l'herbier de M. de Lamarck qu'il me prêtait, famille par famille, à mesure que j'avançais, et qui me servait surtout à connaître les espèces décrites par lui. Outre l'étude de ces matériaux permanents j'avais soin, après la rédaction de chaque famille, d'aller visiter les herbiers de MM. Delessert, Desfontaines et de Jussieu, pour y chercher les espèces de France qui avaient pu m'échapper.

Je sentis promptement l'insuffisance de ces ressources, et c'était, en effet, alors une chose remarquable que le point auquel les botanistes français avaient négligé l'étude des plantes de leur pays. Je tentai d'organiser des correspondances dans diverses provinces pour en connaître les productions: M. Balbis m'adressa, avec une rare libéralité, les plantes du Piémont (qui faisait alors partie de la France) collationnées sur l'herbier d'Allioni, dont il était propriétaire ; M. Clarion me procura celles des Alpes de Provence ; M. de Chaillet me procura toutes les espèces du Jura neuchâtelois, qui ne diffèrent en rien du Jura franc-comtois, dont il est limitrophe ; M. Nestler m'adressa tout ce qu'il avait récolté dans l'Alsace et les Vosges; M. Bonpland me fit part d'un herbier de la Rochelle ; M. Broussonnet de ses plantes de Montpellier ; M. Ramond, de toute sa flore des Pyrénées ; M. Léon Dufour, de ses découvertes dans les Landes et autour de Paris, etc., etc. J'acquis de M. Thuillier un herbier des environs de la capitale, de M. Schleicher, ses collections de plantes des Alpes, de M. Hoppe, ses centuries de plantes d'Autriche, pour servir

---

[1] Outre son herbier général que je possédais, L'Héritier avait un herbier de France séparé. Ne prévoyant pas ma destinée ultérieure, j'avais refusé de l'acquérir et l'avais fait acheter par M. Coulon de Neuchâtel.

de terme de comparaison, etc., etc. Enfin j'organisai ce travail avec tant de zèle et de bonheur que je pus ajouter *deux mille espèces* au nombre de celles que M. de Lamarck avait indiquées comme croissant naturellement en France !

Pour mettre en ordre cette immense quantité de matériaux je reçus d'utiles secours de M. Léman. Ce botaniste, alors jeune et déjà instruit, m'offrit très-obligeamment de venir chaque semaine passer deux ou trois matinées à la maison et de mettre mes collections en ordre. Il a eu la constance de suivre ce travail pendant tout le temps que j'ai consacré à la Flore; il rangeait chaque famille avant que je commençasse à m'en occuper; distribuait les espèces dans les genres et mettait en note ses propres observations. Il n'a jamais voulu d'autre récompense de ce travail que quelques échantillons doubles des espèces lorsque j'en avais suffisamment, et encore lui-même m'a souvent communiqué de ses propres collections. Je lui ai voué pour ses bons services une sincère reconnaissance, et j'ai le regret de penser qu'une mort prématurée me réduit à rendre hommage seulement à sa mémoire.

Avant de me livrer en entier au travail de la *Flore française*, j'avais été (septembre 1802) passer un mois, avec ma femme, dans une ferme que sa grand'mère, Mme Varnier, possédait à Tracy, en basse Normandie, près du bord de la mer, en face du rocher du Calvados. Mon but était en partie de faire un voyage de délassement, mais surtout d'étudier les plantes marines. Je fis sur elles un grand nombre d'expériences physiologiques et d'observations microscopiques; chaque jour nous allions, juchés à la mode normande sur un gros cheval de charrue, nous établir à la basse marée sur le rivage. J'y ramassais des varecs que je rapportais à la maison, dans des jarres d'eau de mer, pour en étudier la végétation. Ces travaux donnèrent naissance à un mémoire que je présentai plus tard à l'Institut et qui reçut son approbation. Je négligeai dans le temps de l'imprimer, quoiqu'il renfermât

des faits et des vues nouvelles. Dès lors la science a fait
des progrès ; il aurait fallu de grandes recherches pour le
remettre au niveau, et je l'ai abandonné.

L'ordre des familles de Jussieu que je suivais à cette époque m'appela immédiatement à employer ce que je venais
d'apprendre. Je commençai la série des plantes en établis-
sant la famille des algues, qui a depuis été presque unanimement sanctionnée, et que je rédigeai d'après les idées que
ma précédente course au Havre et celle à Tracy m'avaient
suggérées. Elles n'étaient pas assez complétement élabo-
rées, mais j'ose dire que, pour le temps où j'écrivais, mon
travail sur les algues marines était fort supérieur à ce que
l'on avait fait. Celui sur les algues d'eau douce était un simple extrait des conferves de Vaucher.

Lorsque j'arrivai à la famille des champignons il me
sembla que j'entrais dans mon domaine. Je les avais souvent observés pendant mes séjours à Champagne, et c'é-
tait de beaucoup l'ordre que je connaissais le mieux. Leur
plus habile historien, M. Persoon, venait de publier son
Synopsis fungorum, qui facilita beaucoup ma besogne, et
mes relations avec lui me donnèrent la solution de quelques
doutes ; mon ancien ami Chaillet m'envoya de Neuchâtel
tout ce qu'il avait ramassé de cette famille, objet particulier de ses études, et me donna ainsi l'occasion de faire
connaître bien des espèces nouvelles. Cette partie de la
Flore fut la plus soignée et celle qui eut le plus de succès
auprès des vrais connaisseurs.

Les lichens en eurent moins, quoique je leur aie donné
assez de temps. On n'avait à cette époque que le *prodromus*
d'Acharius pour se guider dans leur classification. Je suivis
cet ouvrage, mais j'y apportai plusieurs additions et modifica-
cations qui, dans le plan admis, étaient de vraies améliorations. Dès lors Acharius a deux fois renversé tout son écha-
faudage et le mien a été entraîné à sa suite. Il est cependant
resté quelques genres de ceux que j'ai créés, tels sont ceux

des *Pertusaria*, *Conocorpon*, etc., qu'Acharius a refaits après moi sous d'autres noms, mais que Fries a restitués sous mes dénominations. Acharius, avec une grande partie de l'École allemande de cette époque semblait faire peu de cas du droit de priorité et négligeait à dessein tout ce qui sortait de France. C'était une petite consolation de vanité nationale par laquelle cette École cherchait alors à cacher sa médiocrité ; depuis qu'elle est devenue plus forte elle est aussi devenue plus juste. Je donnai alors assez de temps aux lichens et j'allai en particulier passer huit jours à Fontainebleau pour y revoir, sur place, les nombreux lichens de cette belle forêt. J'étais si préoccupé de l'étude de cette famille que je n'y voyais qu'elle. Il me semblait que la végétation était réduite aux lichens. Grâce à cette direction d'esprit, j'en trouvai un grand nombre que je n'avais jamais aperçus dans deux voyages précédents. Celui-ci se fit avec toute notre société du *Bulletin*, femmes et hommes, mais il fut moins gai que celui que j'avais fait six ans auparavant avec la même Société. Nous étions moins jeunes! les dames y avaient introduit plus de cérémonie et de recherche; nous-mêmes étions peut-être plus préoccupés. C'est dans cette course que je trouvai le *Rhizomorpha*, en fructification, ce qui donna lieu à une note insérée au *Bulletin* de la Société philomathique (floréal an XI-1803).

Lorsque j'arrivai à la famille des mousses, je sentis vivement tout ce qui me manquait. Je m'en étais peu occupé et je ne trouvais aucun secours ni chez les botanistes ni dans les herbiers de Paris, où cette partie était alors entièrement négligée. Je recourus à mes correspondants suisses pour obtenir des échantillons. Une visite que M. Bridel fit alors à Paris m'éclaira sur quelques points de la nomenclature, mais surtout j'écrivis au fils du célèbre Hedwig pour lui demander des renseignements.

Romain-Adolphe Hedwig commençait alors une monographie des Fougères. J'en possédais beaucoup des Antilles

et lui en offris la communication en échange d'une collection de mousses d'Europe tirées de l'herbier de son père. Il
accéda à cette proposition, et je me trouvai en possession
d'une série d'échantillons authentiques, déterminés par
l'homme qui a réellement créé la science des mousses. Une
pareille collection rendit mon travail aussi facile que la nature des objets pouvait le comporter, et lui donna un haut
degré d'exactitude. Cette partie de la *Flore française* présenta peu de nouveautés, mais elle a dû être peu modifiée
depuis trente-cinq ans qu'elle a paru.

Il m'est resté de cette étude des mousses une relation
épistolaire avec R.-A. Hedwig qui a duré jusqu'à sa mort
et qui n'était pas dénuée d'intérêt [1]. Ce jeune botaniste
me témoignait une amitié extraordinaire. Il m'envoya un
ouvrage sur les champignons parasites fait avec un vrai talent. Il voulait le publier à Paris et j'avais engagé le libraire
Garnery à s'en charger. Celui-ci s'en dégoûta au bout de
quelque temps. Ne voulant pas paraître négligent aux yeux
d'Hedwig, j'engageai Garnery à lui écrire pour lui expliquer
ses motifs. Il le promit et ne le fit pas. Je me fâchai et lui
déclarai que je ne lui donnerais plus de texte des Plantes
grasses jusqu'à ce qu'il eût écrit; il se piqua, et quoiqu'il eût
alors huit à dix livraisons gravées il ne voulut pas écrire ;
je tins bon, et cet incident a déterminé la cessation de la
publication des *Plantes grasses.* Dès lors Garnery fit banque-
route. Je n'entendis plus parler de lui jusqu'en 1829, qu'il
vint me proposer de reprendre l'entreprise. J'avais alors
d'autres idées : je cédai l'affaire à Guillemin, brave jeune
homme dont je parlerai dans la suite, mais l'ouvrage ne fut
pas repris.

Je savais que M. de Lamarck avait entièrement négligé
la cryptogamie, mais je croyais que, lorsque j'en serais aux
plantes phanérogames, l'ancienne *Flore* me serait d'un grand
secours. Je fus bien désappointé quand, arrivé à cette classe,

---

[1] Elle se faisait en latin.   (Alph. de C.)

je m'aperçus du nombre prodigieux d'espèces qui y étaient
ou omises ou confondues ensemble, de manière à m'obliger
de refaire presque toutes les descriptions. Je redoublai d'efforts, je multipliai mes correspondances, et je mis à ce travail immense un tel zèle et une telle activité, que je ne puis
encore me rendre raison de tout ce que j'ai pu faire en si
peu d'années.

§ 31. COURS AU COLLÉGE DE FRANCE.

Pendant la durée de ces travaux, j'en fus momentanément détourné par quelques autres, obligatoires dans ma
position. Mon but était d'obtenir un jour une place de professeur de botanique, et il se présenta, en novembre 1803,
une occasion favorable pour me faire connaître sous ce
rapport. M. Cuvier, chargé de quelques missions pour l'Instruction publique, ne pouvait faire son cours au Collége de
France, et me présenta pour le faire à sa place. Le champ
était l'histoire naturelle tout entière, je pouvais donc aussi
bien en faire un cours sur le règne végétal que sur le règne
animal, et je me décidai à parler uniquement de la physiologie végétale. C'était sans doute un peu d'audace de paraître pour la première fois en public sur un aussi grand théâtre et en remplacement d'un professeur aussi célèbre. Je me
lançai avec ardeur dans cette entreprise, sans me dissimuler
les difficultés, mais rassuré par cette circonstance que c'était
le premier cours de physiologie végétale qu'on eût fait en
France. M. Desfontaines donnait quelques leçons sur ce sujet à l'entrée de son cours de botanique, mais elles se réduisaient à quelques faits sans liaison, extraits de Hales ou de
Duhamel. J'espérais donc pouvoir présenter un ensemble de
cette science assez nouveau pour ceux auxquels je devais
l'adresser.

Je comptai jusqu'au bout une centaine d'auditeurs, parmi
lesquels se trouvaient quelques juges éclairés, tels que l'ex-

cellent Frédéric Cuvier, etc. Frappé de la crainte de me
laisser troubler, et ignorant moi-même si j'aurais la faculté
d'improviser, je m'imposais la loi d'écrire d'avance mon
cours, je gardais mon manuscrit sous mes yeux, et tantôt je
lisais, tantôt je développais verbalement les points qui m'en
semblaient susceptibles. C'est par ce procédé que je me suis
formé à l'habitude de l'improvisation. Dès lors je me suis
aperçu que le mélange de la lecture ou de la mémoire avec
l'improvisation nuit plus qu'il ne sert. Dès qu'on a la moindre habitude de parler en public, il faut se livrer tout entier
à l'improvisation et laisser de côté l'instrument de la mémoire qui, par sa commodité même, endort l'imagination.

Mon cours de physiologie eut quelque succès, et ce travail ne fut pas perdu pour la *Flore française*. Je plaçai en
tête de cet ouvrage des éléments de botanique et de physiologie végétale qui étaient l'extrait succinct, mais substantiel,
de mon cours. Une partie de ce travail, celle qui indiquait
la marche générale de la nutrition, fut présentée à l'Institut
sous forme de mémoire. Cuvier, chargé d'en rendre compte
au nom d'une commission, n'adoptait pas une partie de mes
opinions et m'adressa par écrit ses objections. J'y répondis
par une lettre assez longue, et il eut le bon procédé d'exposer dans son rapport ses objections et mes réponses tex-
tuelles. Cette espèce de polémique bénévole intéressa l'Institut, qui décida l'insertion du rapport parmi ses mémoires.
Dès lors, malgré le respect que j'ai pour les opinions de Cuvier, je n'abandonnai point les miennes. Elles ont fait la
base de tous mes cours subséquents et de la *Physiologie*, que
j'ai publiée en 1837. Les principes publiés en tête de la
Flore n'eurent pas, j'ose le dire, le succès qu'ils méritaient,
et j'ai vu publier comme nouvelles bien des assertions qui
y étaient indiquées [1]. J'ai attribué cet effet soit à ce qu'ils

---

[1] J'ai même vu un botaniste italien, M. Pollini, traduire plusieurs chapitres entiers et les insérer mot pour mot, sans me citer, dans son *Traité de*

étaient placés à la tête d'un ouvrage où l'on n'a pas l'habitude d'aller chercher de la physiologie, soit à ce qu'ils
étaient si serrés dans leur forme qu'il fallait être passablement fort pour les bien comprendre.

§ 32. DOCTORAT EN MÉDECINE.

Comme je venais de terminer mon cours de physiologie,
j'entrevis l'occasion d'en obtenir une récompense. Le vieux
bonhomme Peyrilhe, professeur d'histoire naturelle médicale à l'Ecole de médecine, vint à mourir, et sur le conseil
de son collègue et de mon ami Duméril, je pensai à le remplacer. Je trouvai quelque bonne volonté dans les amis de
mon ami, mais je n'étais pas docteur et n'avais jamais fait
grand'chose pour la botanique médicale, si ce n'est mon
travail sur la comparaison des différentes racines confondues
sous le nom d'ipécacuana. Je voulus avoir un second titre,
et je fis des recherches sur les algues confondues, à doses diverses, dans la mousse de Corse. Ces deux mémoires, présentés à la Société des professeurs de l'École, y eurent
quelques succès. L'impression en fut ordonnée, et l'on commença par me nommer membre de cette société. C'était un
premier pas; cependant M. Richard qui ne m'aimait pas,
sans me connaître et uniquement parce que j'étais l'élève de
M. Desfontaines, cherchait à m'écarter et suggéra à son
ami, M. de Jussieu, de se mettre sur les rangs. J'osais bien
me présenter contre d'autres concurrents médecins, parce
que la place exigeait des connaissances d'histoire naturelle,
mais je ne pouvais lutter contre le nom de Jussieu. Je fis ma
retraite devant lui et cherchai à me le concilier en déclarant
que je ne pouvais ni ne voulais lutter contre le maître de la
science.

Cependant la loi sur l'organisation de l'Université se pré-

Physiologie. Au contraire, M. Savi, M. de la Sagra, etc., en ont profité en
me rendant justice, et je leur en fais ici mes remerciements.

parait et il devint très-probable qu'on ne pourrait plus parvenir à une chaire de botanique dans les écoles de médecine sans être docteur. Je me voyais ainsi frustré d'une espérance très-importante dans ma position. Mon ami Duméril
me proposa de me faire recevoir docteur en médecine. J'a-
vais bien, à mon arrivée, été immatriculé sur les registres
de l'École et fait quelques études de physiologie, d'anatomie et même un peu de médecine, mais je me regardais
comme tout à fait incapable de soutenir des examens. Duméril, qui connaissait le terrain à titre de professeur à l'École
de Paris, me traça un plan de conduite qui leva tous les obstacles : j'avais le titre de professeur de l'Académie de Genève ; je connaissais un peu M. Chaptal, alors ministre de
l'intérieur ; il me conseilla de lui demander de considérer
l'Académie de Genève comme une école spéciale et de m'accorder à ce titre le droit d'être reçu docteur, en payant les
cinq examens sans les faire, et en soutenant simplement une
thèse. D'après ce conseil, je demandai une audience au ministre. Je l'avais jadis rencontré chez le libraire Dugour
(premier éditeur des *Plantes grasses*) où nous étions tous deux
à titre d'auteurs. Je l'avais depuis revu à la Société philomathique et à l'Institut ; il m'avait toujours témoigné de la
bienveillance. Je lui exposai ma demande avec les mêmes
détails que je viens de le faire et sans rien dissimuler. Il en
rit beaucoup et accorda sur-le-champ. L'assemblée des professeurs de l'École ratifia, grâce à Duméril, et je fus admis
à présenter ma thèse.

Quand je me vis seul avec moi-même, obligé de composer
une thèse médicale, je commençai à frissonner. Le choix
du sujet, la crainte de dire quelque sottise qui trahît mon
incapacité, la terreur d'une discussion publique sur des
points sur lesquels je me sentais peu préparé, tout se réunissait pour me donner de l'inquiétude. Je me décidai à
examiner la question quelquefois débattue de savoir si les
plantes de la même famille ont réellement des propriétés

analogues. Je me mis à l'ouvrage avec une ardeur juvénile et, en trois semaines, je fis une dissertation que, d'après son succès, j'ose dire assez savante et assez originale. Voici comment je m'y pris.

Pour chaque famille naturelle je lus attentivement les articles de Murray qui s'y rapportaient, puis je complétai ces notions par la revue plus rapide des articles correspondants du Dictionnaire de Lamarck et de quelques autres ouvrages. Je fus frappé dès l'abord de l'analogie que présentaient les propriétés des plantes de chaque groupe dans tous les pays, et je découvris peu à peu, par cet examen même, les causes de plusieurs exceptions. Lorsque j'eus achevé ce travail pour toutes les familles, je résumai les idées générales qu'il avait fait naître dans mon esprit en composant la première partie de ma thèse, qui en semble la base et qui en est la conséquence. Quand cela fut terminé, je portai mon ouvrage à Duméril et à M. Desfontaines, tremblant de leurs jugements, mais je fus vite rassuré. Ils lui donnèrent beaucoup d'approbation, s'étonnèrent de la rapidité avec laquelle je l'avais fait et ne pouvaient le concilier avec ce que j'avais dit de mon ignorance, quelque réelle qu'elle fût. Le jugement d'amis aussi éclairés, qui prenaient un intérêt réel à ma réputation, me rassura. Je présentai ma thèse, qui fut agréée, et je fus appelé à la soutenir.

Je priai M. de Jussieu de me servir de président, et à la manière dont je m'étais désisté devant lui, il ne put me le refuser. J'avais trouvé moyen de lui dédier mon ouvrage, conjointement avec M. Desfontaines, et de manière à les contenter tous les deux. Mes examinateurs étaient le bon Duméril, MM. Hallé, Petit-Radel et deux autres que j'ai oubliés. Tous savaient que je ne demandais pas le titre de docteur dans l'intention de pratiquer la médecine, mais seulement pour parvenir une fois à une chaire de botanique. Leurs objections furent faibles ou bienveillantes, et je m'en tirai assez bien. M. Hallé m'embarrassa un moment par une question délicate sur le narcotisme des borraginées, j'avouai franchement mon ignorance à ce sujet. Petit-Radel, qui avait des prétentions à être botaniste et qui avait voyagé à l'île de France et au cap de Bonne-Espérance, voulut faire briller sa science et me fit des objections qu'il croyait graves; mais il faisait de grosses erreurs, et comme je savais qu'il n'était aimé ni de ses collègues ni de ses élèves, je ne me gênai point pour les relever; aussi, ce qui est presque sans exemple à une thèse, je fus applaudi par les élèves, et en sortant plusieurs professeurs me faisaient comme des excuses des bévues de leur collègue: « Ne vous en étonnez pas, me disait le bon M. Hallé, c'est le plus bête de l'École. »

Après avoir reçu le diplôme officiel je fus appelé le soir à une cérémonie plus gaie. Duméril avait invité chez lui ma famille, mes amis du *Bulletin philomathique*, et même quelques professeurs de l'École : cette grave assemblée se divertit à me faire en grand costume la réception du *Malade imaginaire*. C'était un spectacle curieux de voir Cuvier, Lacroix, Biot et autres savants académiciens débiter la scène de Molière, en costumes de la Comédie française. On m'avait affublé d'un immense bonnet en pain de sucre, tout garni de petits lampions allumés. Dans les mouvements de salutation, je croyais toujours que j'allais brûler, alors l'acolyte qui me conduisait pressait une éponge pleine d'eau placée au sommet et l'eau de couler, non sur les lampions, mais sur ma tête, et toute l'assistance de rire à l'envi de ma surprise. Je me trouvai donc le même jour docteur en médecine de par la faculté et de par l'amitié.

Mon ouvrage *Sur les propriétés des plantes* eut un succès qui dépassa mon attente. M. de Jussieu l'adopta pour cadre et presque pour texte de ses leçons, et les exemplaires en étaient si recherchés que du prix de 3 francs on les vit atteindre dans les ventes jusqu'à 30 et 40 francs. J'en fis, en 1816, une seconde édition plus complète et surtout plus soignée, en un vol. in-8°. Cet ouvrage a été traduit en alle-

mand et accompagné de notes par M. Perleb, professeur à
Fribourg en Brisgau. Il est souvent cité dans les ouvrages
de botanique médicale, et M. Blume m'a assuré que le gouvernement des Pays-Bas avait ordonné à tous les médecins
qu'il envoyait dans les colonies d'emporter ce volume, afin
de se guider dans le choix des succédanés. Ainsi, outre le
titre de docteur qui devait me servir un jour, je gagnai à
ce travail une sorte de réputation, et je m'étais essayé dans
des questions d'un ordre assez relevé dans la science. Les
réflexions que cet ouvrage et la *Flore française* firent naître
dans mon esprit ont beaucoup contribué à me préparer aux
idées que j'ai émises plus tard dans la *Théorie élémentaire*.

Des pensées, des événements d'un tout autre genre vinrent encore me distraire momentanément de la Flore française, et je dois rentrer un instant ici dans ma vie domestique. . . . .

§ 33. AMELLA.

Je suis resté longtemps avant d'avoir le courage de reprendre ces mémoires. Tels qu'ils s'étaient présentés jusqu'ici c'était une série de souvenirs avec lesquels j'aimais
à me retrouver, mais un premier malheur a quelque chose
d'amer, et son récit est plus pénible à faire quand il a été
suivi d'un autre de même ordre et bien plus affreux [1].

Dès le moment de mon mariage, un sentiment auquel je
n'avais pas songé jusqu'alors se développa avec vivacité : ce
fut le désir de la paternité. Ma femme resta près d'un an
sans m'en donner l'espérance : enfin elle devint grosse et je
ne puis dire la joie que je ressentis. Mon père, malgré son

---

[1] D'après l'apparence du manuscrit et une date qui se trouve plus loin,
cet article doit avoir été rédigé en 1835, tandis que ce qui précède est de
1827 à 1830. L'auteur était dans une meilleure disposition d'esprit, peut-
être parce qu'il avait vu naître, en 1833, le premier de ses petits-enfants.
(Alph. de C.)

âge, vint à Paris pour assister à la naissance de cet enfant, dont il devait être le parrain. L'accouchement fut heureux et je me vis père d'une petite fille qu'on nomma, d'un nom de fantaisie, Amella. Cette enfant prospéra pendant dix-huit mois au gré de tous nos désirs. Tout à coup elle fut saisie d'un violent miséréré et vingt-quatre heures après elle n'était plus ! Je ne saurais exprimer à quel point me saisit cette mort si subite et si inattendue. Elle ne s'était jamais présentée à mon esprit. C'était la première fois que je voyais mourir quelqu'un qui me tenait; aussi, malgré l'âge si tendre de cet enfant, je tombai dans un désespoir profond. Il me semblait que c'était le plus grand malheur qu'on pût éprouver : j'ai vu depuis qu'il en est de plus cruels encore !

Dès ce moment, incapable de penser à rien, je me résolus à aller passer quelque temps à la campagne, chez mes parents ! Je confiai le soin d'achever l'impression de la *Flore française* au docteur Berger, et je me dirigeai vers Champagne, avec ma femme.

Ce n'était plus ce premier voyage si gai, si fou, que j'avais fait trois ans auparavant. C'était un voyage de tristesse et de regrets. Cependant le changement d'air, le mouvement du voyage, le calme de la campagne, la touchante amitié de mes parents, nous remirent l'âme peu à peu. Je commençai alors à éprouver un sentiment que j'ai depuis éprouvé bien plus vivement, c'est qu'on aime beaucoup plus ses parents quand on est père soi-même ! Quand j'eus senti à quel point j'aimais cet enfant, si jeune encore, je pensai combien mon père et ma mère m'aimaient plus que je ne l'avais jamais cru. Il me semblait que j'étais coupable envers eux de tout ce que je ne leur avais pas témoigné auparavant. Je crois bien cependant que jusqu'alors je n'étais pas en arrière en fait de sentiments filiaux, mais qu'il y a loin de là à ce qu'on éprouve pour ses enfants ! Comme tous les sentiments, au moins pour moi, sont pâles à côté de celui-là ! Comme ils semblent intéressés et égoïstes, à côté de l'amour qu'on porte à ces êtres qu'on croit destinés à vous survivre et à vous continuer !

§ 34. COURSES AU JURA, AUX ALPES, ETC.,
AVEC BIOT ET BONPLAND.

Pendant que je reprenais du calme dans cette bonne vie de Champagne, je fus brusquement sorti de mon repos par quelques amis de Paris : Biot, Bonpland, dont les noms suffisent pour les désigner, accompagnés d'un jeune chimiste nommé Gresset, et de Thélème du Vaucel, beau-fils de Cuvier, vinrent visiter nos montagnes et s'arrêtèrent quelques jours chez mon père, qui les reçut avec son hospitalité accoutumée. Leur pétulance, leur gaîté, remplissaient la maison. Je me joignis à eux pour faire quelques courses dans le voisinage ; nous allâmes par le lac à Neuchâtel, afin de prendre la température de l'eau devant cette ville, comme l'avait fait de Saussure, dont nous confirmâmes l'observation ; de là nous allâmes au lac et à l'île de Bienne, jouir d'un site charmant et rendre hommage à la mémoire de Jean-Jacques, puis nous revînmes visiter le Val-de-Travers. Je conduisis mes compagnons de course au Creux du Van ou du Vent, lieu très-remarquable du Jura, que j'avais visité bien des fois pendant mon séjour à Champagne et que je tenais à leur montrer. Ce Creux du Vent est un escarpement demi-circulaire d'environ six cents pieds de hauteur, dans la partie de la chaîne du Jura la plus voisine du lac de Neuchâtel. De son sommet se présente une vue magnifique et bizarre, où l'extrémité du lac et la ville de Neuchâtel, le lac et l'île de Bienne semblent magiquement encadrés. Sa base est à la hauteur de la partie inférieure du Val-de-Travers. C'est par là que nous l'abordâmes. Au fond du Creux, qui a environ un quart de lieue de diamètre, est une métairie, et auprès d'elle une source remarquable par sa fraîcheur, car

son eau est dans le gros de l'été à deux degrés seulement au-
dessus de zéro, d'où l'on peut augurer qu'elle sort de quelque glacière naturelle comme on en trouve çà et là dans
cette partie du Jura.

Après avoir examiné ce lieu remarquable, nous nous dis-
posâmes à gravir l'escarpement pour retourner à Champagne. Cette route devait nous montrer un pays très-pitto-
resque et nous épargnait un détour de près d'une journée.
Il existe une sorte de fissure dans le roc par laquelle on
peut monter et descendre : je l'avais passée plusieurs fois
jadis, et je croyais la bien connaître. Nous nous mettons
à herboriser dans le fond du Creux où se trouve le rhododendron et quelques autres plantes des Alpes. Distrait
par ces recherches et un peu trompé par le brouillard, je
crois prendre la fissure qui doit nous conduire au sommet et
j'en prends une que les pâtres mêmes regardaient comme
inaccessible. Lorsque nous sommes à peu près à moitié
hauteur, nous nous trouvons devant un mur presque ver-
tical et nous hésitons à continuer. Biot, Bonpland et moi
étions en avant des deux autres, et fûmes les premiers
arrêtés par cet obstacle; nous tînmes conseil sur notre position difficile et dangereuse ; nous étions sur une sorte de
rebord escarpé où se trouvait tout juste la place de nous
recevoir tous les trois. Après avoir bien examiné les lieux,
nous reconnûmes la presque impossibilité de descendre sans
risquer notre vie du point où notre imprudence nous avait
conduits, et nous crûmes qu'il y avait moins de danger
en continuant de monter, car on sait que dans les lieux
très-escarpés la descente est plus périlleuse que la montée. Nous criâmes à nos deux compagnons restés en arrière de se garder de nous rejoindre et de retourner à Noi-
raigue, puis nous formâmes notre ordre de bataille. Chacun de nous devait monter en se soutenant aux pointes
de rochers et même aux herbes ou arbustes qui sortaient
des fissures ; il fallait tâter leur degré de force pour s'as-

surer quelles pouvaient soutenir le poids de notre corps, et alors on osait faire un pas en avant. Nous avions soin de ne jamais nous placer dans la même ligne verticale, afin que si l'un de nous venait à tomber il n'entraînât pas la chute, c'est-à-dire la mort inévitable des autres. C'était sans aucun doute l'une des positions les plus dangereuses qu'il fût possible d'imaginer. Biot me grondait de l'y avoir conduit. J'avais, outre mon inquiétude personnelle, le remords d'être la cause d'un pareil danger. Quant à Bonpland, il n'exprimait qu'une idée, c'était le regret de venir mourir *sur cette taupinière du Jura après avoir gravi sans accident le Chimboraço !* Cependant, à force d'audace et de persévérance, nous atteignîmes le sommet de cette redoutable muraille, et vraiment, quand je pense à la difficulté de notre position, je puis regarder comme un miracle qu'aucun de nous n'y ait péri, car un seul faux pas nous précipitait de cinq ou six cents pieds de hauteur sur des rochers entassés. A peine arrivés, notre premier sentiment fut de nous jeter dans les bras les uns des autres pour nous féliciter d'avoir échappé à un si grand péril.

Lorsque nous fûmes un peu calmés sur notre joie et notre émotion, nous nous mîmes à nous observer. L'un avait perdu un soulier, l'autre son chapeau ; tous avaient leurs habits déchirés et couverts de terre. Il était tard, et nous avions encore cinq lieues à faire pour gagner Champagne. Je connaissais assez bien la route pendant qu'il faisait jour, mais à la nuit nous entrâmes dans un chalet pour prendre un guide. Les bonnes gens qui s'y trouvaient, en écoutant le récit de notre aventure, étaient aussi étonnés que nous-mêmes de nous voir debout. Ils voulaient nous retenir à coucher, mais nous tenions à arriver le soir même. Il nous semblait que l'on devait sentir quels dangers nous avions couru, et que notre présence calmerait l'inquiétude de ma famille. Nous reprîmes notre route, et vers dix heures du soir nous arrivâmes chez mon père, harassés de fatigue

et dans un état de délabrement pitoyable. Nous fîmes frissonner mes parents du récit de nos aventures, mais le pa-
thétique dans ce genre est toujours fort gâté par la présence,
en bonne santé, des personnes qui ont couru les dangers
dont elles se sont tirées. Le lendemain seulement arrivèrent
nos deux compagnons qui avaient été fort inquiets sur notre
sort. C'était de bon compte la seconde fois que mes herborisations dans les montagnes avaient failli me coûter la vie !
Nous en retrouverons une troisième aux Pyrénées.

   Après avoir pris quelque repos à Champagne, j'accompagnai mes amis dans le reste de leur voyage. Nous allâmes
d'abord admirer la belle source de l'Orbe à Vallorbe, lieu plus
beau que Vaucluse, mais qui n'a jamais eu de Pétrarque.
Nous visitâmes la vallée du lac de Joux et de là nous vînmes
passer quelques jours à Genève, puis nous allâmes visiter la
vallée de Chamounix qui était nouvelle pour mes compagnons et que je revis avec plaisir. Les soirées commençaient
déjà à devenir longues, car c'était vers la fin d'août (1805)
Nous employâmes la dernière à une petite orgie de vin de
Champagne, déterminée par l'étonnement d'en trouver de
l'excellent au pied du Mont-Blanc. Le lendemain, il nous
avait procuré à tous les cinq un état singulier d'irritation
aux doigts de la main et même du pied, de sorte qu'en touchant un objet ou en marchant nous éprouvions une sorte
de crispation nerveuse désagréable. Cet état disparut cependant assez vite et ne nous empêcha pas de gravir le col
de Balme, ravissante excursion pendant laquelle nous reprîmes toute notre énergie. En passant à La Tour je vis ces
amas de schistes noirs, réduits en poussière, dont on se sert
au printemps pour saupoudrer la neige, dans le but d'en
accélérer la fonte. Nous arrivâmes tard et assez fatigués à
Martigny, et le lendemain nous allâmes au couvent du Saint-
Bernard. Les bons pères ont tant de relations avec Genève
que je croyais être au milieu de ma famille. Ils nous reçurent à merveille. Nous y passâmes deux ou trois jours fort

occupés de botanique et de recherches physiques, puis nous prîmes tout d'un coup la fantaisie d'aller à Turin, pour vingt-quatre heures, et de revenir par le mont Cenis.

En exécution de ce plan improvisé, nous descendîmes sur Aoste à pied. Nous nous trouvions fatigués, Bonpland et moi, et nous cherchâmes dans l'antique cité d'Aoste une manière quelconque de nous faire voiturer jusqu'à Yvrée. Nos recherches aboutirent à trouver une sorte de cabriolet découvert qu'on nomme *valantine* dans le pays. Elle était bien délabrée et une des roues menaçait ruine : n'importe, nous faisons la plaisanterie de tirer au sort lequel sera du côté de la roue condamnée. Le mauvais billet m'échoit : nous partons, et sans cesse Bonpland me raillait sur ce que la roue allait casser, que je tomberais dans la poussière et lui sur moi ! mais il en fut autrement. D'abord une forte averse nous mouilla jusqu'aux os, et changea la poussière en une mer de boue : puis, crac, une roue casse, c'était la bonne ! Bonpland tombe couché dans la boue et je tombe si bien sur lui qu'en me relevant je n'avais pas une éclaboussure, tandis que lui était tout crotté : j'eus beau jeu pour prendre ma revanche. Nous fûmes obligés de laisser notre bagage aux soins de notre cocher qui loua une charrette à bœufs pour porter à Yvrée sa voiture et nos sacs. Nous allâmes à pied à la ville, où nous n'arrivâmes que de vive nuit.

Entrés dans le premier cabaret venu, il se trouve que c'était une petite auberge tenue par une bonne femme et deux servantes. Nous étions trempés à plaisir. Nous fîmes allumer un grand feu pour sécher nos habits ; nous priâmes ces femmes de nous prêter des vêtements, et nous voilà bientôt affublés, avec les éclats de rire qu'on peut juger ! Alors nous envoyâmes quelqu'un à la porte de la ville attendre nos compagnons pour les amener dans cette admirable hôtellerie. Leur arrivée fut une vraie scène de comédie, et je suis persuadé que cette soirée a fait époque dans la guinguette d'Yvrée. Ils étaient aussi mouillés que nous ;

on les affubla à peu près de même; nous fîmes, ainsi mas-
qués, un souper détestable qui nous parut exquis, mais que
seulement les éclats de rire nous empêchaient de savourer.
Nos effets étant arrivés dans la nuit, les deux servantes,
que nous avions bien amusées, passèrent leur temps à les
faire sécher. Le lendemain, nous louâmes une bonne voiture
et partîmes pour Turin. Pendant la route, nous descendions
tantôt pour herboriser, tantôt pour étudier la carpologie
sur d'admirables grappes de raisins dont les vignes étaient
couvertes et que les paysans nous laissaient cueillir selon
l'usage hospitalier de ces pays. A un certain endroit nous
voulions descendre, mais notre *vetturino* fouettait ses chevaux à tour de bras et ne détournait pas seulement la tête
de notre côté. Il nous arrêta enfin à l'entrée d'un village, et
nous assura qu'il avait vu des paysans ramasser des armes
cachées par terre et se diriger sur nous. Il les avait évités
par sa vitesse. Comme c'était, en effet, de cette manière
que l'on dévalisait alors les passants dans quelques parties du Piémont, nous nous consolâmes des raisins que
nous avions manqués et nous arrivâmes sans encombre à
Turin.

Mon seul but dans cette course improvisée avait été de
faire la connaissance personnelle du botaniste Balbis, mon
correspondant. Il se trouvait absent! J'allai parcourir la
ville, le jardin et quelques établissements, mais dès le lendemain mes camarades parlèrent de départ et je me joignis
à eux. Nous nous fîmes mener à Suze et nous montâmes le
mont Cenis à pied, par l'ancienne route, en herborisant.
Nous vîmes coucher à l'hospice; les religieux nous y reçurent, non avec l'hospitalité simple et patriarcale de ceux
du Saint-Bernard, mais avec l'accueil de bons vivants char-
més de voir arriver des gens gais et qu'ils supposaient capables de les vanter à Paris. Ils nous donnèrent un souper
exquis en truites de leur lac, gibier de leur chasse, vin de
Suze, etc., et la soirée se passa en contes gaillards.

C'était alors la vogue d'une méthode anglaise de faire
sauter les mines sans bourrer la charge (qui cause souvent
des détonations dangereuses); mais en remplissant le trou,
par-dessus la poudre, de sable seulement. On travaillait
alors à la route du mont Cenis. Il y partait chaque jour
plusieurs centaines de mines, et rarement une journée entière s'écoulait sans qu'un mineur fût tué ou blessé. Nous
trouvâmes l'occasion belle pour vérifier la méthode, et, si
elle était vraie, pour rendre service. Nous nous décidâmes,
avec la grande approbation des moines, à passer un jour
au mont Cenis. Biot mettait surtout, comme physicien,
beaucoup d'intérêt à ces essais. J'en mettais aussi par amitié pour M. Pictet qui avait fait connaître la méthode en
France. Ayant fait connaissance avec les ingénieurs qui dirigeaient les travaux, nous passâmes la journée à faire faire
l'essai dans divers ateliers. Partout les mineurs commençaient par se moquer de nous, et soutenaient qu'il n'y aurait
aucun effet produit. Quelques-uns offraient sérieusement de
rester sur la mine quand on y mettrait le feu; mais leur
étonnement fut grand quand toutes ces mines chargées en
sable non bourré sautèrent tout aussi fortement qu'à l'ordinaire. Les ateliers où l'ancienne méthode avait produit des
accidents récents nous bénissaient; les autres nous regardaient avec cette défiance des ignorants qui soupçonnent
toujours quelque mal dans ce qui leur semble inexplicable.
Notre journée se passa tout entière, et avec un vif intérêt,
à faire ces expériences, et le soir nous revînmes au couvent
harassés de fatigue et tourmentés de la faim, savourant
d'avance les truites des moines et leurs bons lits....... A la
porte nous trouvâmes nos valises jetées sur les escaliers
extérieurs. Qu'est-il arrivé? un domestique nous dit fort
paisiblement que le prince Jérôme s'étant fait annoncer, les
pères l'ont chargé de nous dire d'emporter nos effets et de
chercher gîte où nous pourrions! On ne nous permit pas
seulement de rentrer dans nos chambres pour recueillir nos

petits effets, en un mot on nous mit à la porte ! Nous étions
furieux. Ah ! mes bons pères du Saint-Bernard, vos figues
et votre fromage valaient mieux que les truites de vos confrères du mont Cenis, mais c'est vous faire injure que de
leur donner ce nom de confrères !

Nous avions beau dire, il était presque nuit et nous nous
trouvions à la belle étoile. Il fallut prendre un parti ! Bonpland
nous avait quittés à la pointe du jour, parce que la veille au
soir il avait vu par hasard un chiffon de papier qui lui avait
fait soupçonner qu'une dame, dont il était amoureux, avait
passé par le mont Cenis allant à Milan, et il s'était mis à sa
poursuite. Biot, du Vaucel et Gresset, qui voulaient prendre la diligence de Lyon, allèrent chercher gîte à son bureau. Nous nous fîmes des adieux succincts ! Hélas, je n'ai
plus revu ce jeune du Vaucel ; très-peu d'années après il fut
tué à l'armée d'Espagne. Pour moi, qui devais prendre le
courrier de Chambéry, j'allai loger à la poste.

En y entrant, je trouvai l'auberge à la lettre remplie de
ces ouvriers qui travaillaient à la route, tous grands gaillards, brûlés par le soleil, à crinière et barbe noire, à œil vif
et féroce, déguenillés et ayant des figures de véritables
bandits. J'avais été, depuis mon arrivée en Piémont, abreuvé
d'une foule d'histoires de vols et d'assassinats, et je trouvais
cette position d'autant plus désagréable qu'une noire mari-
torne me déclara qu'on ne pouvait me donner qu'un lit dans
un dortoir commun avec toute cette bande de sacripans, et
encore que je devais être bien heureux si on n'en mettait
pas un à côté de moi ! Je dressai sur-le-champ mes batteries : je commandai un souper aussi bon que la circonstance
le permettait, puis je liai conversation avec ceux de ces ouvriers qui parlaient français et qui avaient l'air le moins rébarbatif, je leur parlai de nos expériences et de la sécurité
que la nouvelle méthode donnerait aux ouvriers. Il y en
avait quelques-uns qui avaient l'air de dire : mais si le
danger diminue on diminuera le salaire ; cependant la plu-

part témoignaient de la reconnaissance. Je choisis les deux
meilleurs en apparence, et leur proposai de partager mon
souper ; ils acceptèrent avec joie ; nous devînmes bons
amis, et quand vint l'heure du repos j'en campai un dans
un grabat à ma droite et l'autre à ma gauche, et m'endormis de tout mon cœur entre mes nouveaux amis, au milieu
de tous ces lazzaronis à figures de spadassins. A la petite
pointe du jour, on vint m'avertir du passage du courrier ;
je sautai dans la chaise, vu que, couché tout habillé, ma
toilette n'avait pas été longue, et deux jours après j'étais
chez mon père sain et sauf !

Je me suis permis le récit un peu détaillé de cette course,
non certes pour ce que j'y ai appris sur le pays, mais parce
que mon but est moins de décrire les contrées que de raconter les petits incidents de ma propre vie.

Au retour de cette expédition, je m'arrêtai quelques jours
à Genève. Nous revînmes ensuite à Paris par un froid très-
vif, et je repris ma vie accoutumée.

§ 35. SYNOPSIS DE LA FLORE FRANÇAISE.

A mon retour à Paris, je fus encore obligé de m'occuper
un peu de la *Flore française*. Le libraire Agasse mettait,
dans son intérêt, beaucoup de prix à ce qu'elle fût présentée
à l'empereur. M. de Lamarck, qui alors ne manquait aucune occasion de me montrer son amitié, consentit, comme
membre de l'Institut, à faire cette présentation ; mais
comme je n'avais pas l'entrée du grand salon, il fallut quelques négociations pour que je pusse me trouver avec lui.
Nous arrivâmes enfin à cette présentation. L'empereur, en
voyant les quatre volumes, dit à M. de Lamarck : « Voilà
un ouvrage bien considérable. — Sire, lui dit M. de Lamarck, vos conquêtes ont étendu notre besogne ; » puis il
me présenta comme son collaborateur. Tout cela se passa
en deux minutes et comme une affaire de forme.

J'en avais à côté une autre plus grave. M. le Dr Loiseleur Deslongschamps, beau-frère de M. de Lamarck, avait profité de son intimité avec lui pour obtenir les épreuves de la *Flore* à mesure qu'elle paraissait, en lui disant qu'il travaillait à un ouvrage de botanique médicale, et qu'il serait bien aise de s'accorder avec notre nomenclature. La réalité était qu'il fit de mon ouvrage un extrait, rédigé dans l'ordre de Linné, et propre, par son petit volume, aux herborisations. Grâce à cet abus de confiance, il put le faire paraître quelques semaines après le nôtre, et quoiqu'il soit juste de dire qu'il citait notre *Flore*, il lui ôtait réellement une partie de son prix en offrant au public un extrait bon marché et portatif, au moment presque où l'ouvrage paraissait. M. de Lamarck était furieux. J'étais aussi d'assez mauvaise humeur de ce procédé, et pour en pallier l'effet, le libraire me proposa de publier immédiatement un extrait plus portatif encore que l'ouvrage de Loiseleur. C'est ce que j'exécutai sous le titre de *Synopsis plantarum in Flora gallica descriptarum*. Léman et Fr. de La Roche m'aidèrent dans ce travail de simple rédaction, et en quelques semaines, grâce à leur obligeance, je fis paraître ce petit volume qui para en partie au mal que la publication de Loiseleur aurait pu faire à la vente de la *Flore française*. Quant au fond même des deux livres, je crois bien pouvoir dire, sans être taxé de vanité, qu'il n'y avait aucune comparaison. L'ouvrage de Loiseleur, outre qu'il ne comprenait point de cryptogames, était, dans son ensemble, une simple compilation à laquelle il avait pu joindre quelques espèces de Corse que je n'avais pas connues. Ma *Flore*, au contraire, était un ouvrage original où j'avais presque partout modifié les méthodes et les caractères, et qui a obtenu un succès fort supérieur à celui que j'avais lieu d'attendre. Le *Synopsis*, tiré à quinze cents exemplaires, et la *Flore*, tirée à cinq mille, ont été épuisés en vingt ans. Je ne puis comprendre où ont pu se trouver en Europe cinq mille

11

individus disposés à donner deux louis pour un ouvrage
dont le but semble borné aux plantes de la France ; mais
il faut ajouter que c'était réellement le premier ouvrage,
élémentaire et pratique fait d'après la méthode des familles naturelles. Ç'a été la vraie cause de son succès, et
il a eu l'honneur de populariser plus que tout autre la doctrine des rapports naturels.

La rédaction de la *Flore française*, en m'obligeant à passer
en revue les deux tiers des familles, avait fait naître dans
mon esprit une foule d'idées sur la classification, aussi de
cette époque datent réellement les opinions que j'ai plus
tard, en 1813, développées dans la *Théorie élémentaire*.
Elles étaient encore confuses et incohérentes dans ma tête,
et pour les mûrir je sentis le besoin de m'occuper des familles étrangères que j'avais négligées. Je procédai à ce
travail pendant l'hiver de 1805 à 1806, en rangeant cette
partie de mon herbier qui était alors fort en désordre.

Ceci m'entraîna à étudier en détail la famille des Rubiacées. J'y découvris plusieurs genres nouveaux. Je soumis l'ensemble à une classification nouvelle, et je rédigeai
sur cette famille un mémoire que je ne publiai pas alors,
mais où il y avait plus de philosophie que dans mes ouvrages antérieurs, et qui suffisait à prouver combien mes
idées étaient mûries. C'est dans ce mémoire que j'ai eu
l'occasion de décrire un genre très-remarquable auquel je
donnai le nom de *Cuviera*, en l'honneur de mon illustre et
excellent ami George Cuvier. Je passai de même en revue,
mais sans rien écrire, un grand nombre d'autres familles
exotiques.

§ 36. RELATIONS AVEC M. CORREA.

Ce goût de la haute botanique contribua à me lier avec
un homme fort remarquable sous ce rapport et sous plusieurs autres, M. Correa de Serra : une amitié assez in-

time s'établit promptement entre nous, malgré la différence
d'âges, et je puis d'autant mieux me permettre d'en parler
en détail que la conversation de cet homme supérieur est
une de celles qui ont le plus contribué à développer mon
intelligence.

Joseph Corrêa de Serra était alors un homme de cinquante-cinq à soixante ans; il était Portugais et issu d'une
famille ancienne qui a produit plusieurs hommes de lettres.
Il avait fait ses études à l'université de Coïmbre et de là
avait été envoyé au collège de la Sapience à Rome, où il
avait fait pendant douze ans des études de théologie, mais
d'où il était sorti sachant une foule d'autres choses. A son
retour en Portugal, il fut nommé gouverneur du prince héréditaire, secrétaire de l'Académie des sciences, etc., et devint l'un des hommes les plus influents, tant par son esprit
que par son crédit sur son élève; on croyait généralement
que le prince devant être roi à sa majorité, puisque sa mère
n'était que régente, Corrêa deviendrait ministre, et que
son premier acte serait de renverser l'inquisition; mais le
prince mourut la veille, pour ainsi dire, de sa majorité, et
Corrêa resta en butte à la haine des jaloux et des prêtres.
Au bout de quelques temps il obtint la permission d'aller en
Angleterre, où il vécut dans la société des savants réunis
chez sir Joseph Banks[1]; de là il vint se fixer à Paris où il
vivait aussi dans la société des savants et des gens de lettres,
et où il montra le plus noble caractère lorsque Bonaparte,
en s'emparant du Portugal, le priva de toutes ses ressources.
Il était doué d'une singulière faculté de tout savoir sans
avoir jamais l'air de travailler : il n'y a que les méridionaux
qui sachent allier une grande facilité avec une profonde
paresse. Celle-ci l'a empêché de publier autre chose que de
petites dissertations fort inférieures à son talent; mais

---

[1] Robert Brown était du nombre. Ne serait-ce point de lui que venaient
certaines idées nouvelles et profondes attribuées par mon père à Corrêa?
(Alph. de C.)

c'était dans la conversation que toutes ses connaissances, toutes ses vues ingénieuses se développaient avec grâce.

Dans ce temps-là, Humboldt et Cuvier venaient souvent chez moi et il m'arrivait de temps en temps de les réunir avec Correa. Quoique la réputation des deux premiers soit à juste titre, d'après leurs travaux, bien plus grande que celle du dernier, cependant Correa avait toujours de l'avantage sur eux, et ce n'était pas l'une des parties les moins piquantes de ces petits dîners de causeries que l'espèce de crainte et de déférence que Cuvier et Humboldt paraissaient avoir en énonçant leurs opinions devant Correa qui, parfois, avec la grâce et la malice d'un chat, savait en découvrir à l'instant les côtés faibles. Comme les deux autres, il savait également toutes les sciences historiques et naturelles, et employait ses vastes connaissances avec une logique sévère et une rare sagacité. Il venait souvent passer des heures dans mon herbier, et les aperçus fins et ingénieux qu'il m'indiquait rapidement à la première vue de plantes étrangères, que souvent il ne connaissait pas même, ont beaucoup contribué à m'apprendre l'art d'observer et surtout de combiner mes observations en botanique. A tant de talents il joignait une âme élevée et un cœur dévoué à l'amitié. Ce fut un vif chagrin pour moi de le voir, âgé de plus de soixante ans, quitter l'Europe pour rejoindre au Brésil le roi qui l'avait persécuté, mais dont il avait oublié tous les torts dès qu'il l'avait vu malheureux. Correa est mort ambassadeur aux États-Unis. Je l'ai pleuré comme un excellent ami et comme un homme d'un rare talent.

§ 37. SOCIÉTÉ D'ARCUEIL.

Je dois rapporter à cette époque mon affiliation à la société d'Arcueil, qui mérite quelque mention, non pour l'influence qu'elle a eue sur mon sort, mais à raison de sa forme et du nom des hommes qui la composaient. Son fon-

dateur était le bon et illustre Berthollet, qui vivait alors
retiré dans sa campagne d'Arcueil, jouissant en sage du
rang élevé que lui procuraient dans la science ses importants travaux et dans l'État son rang de sénateur et l'affection du souverain. Il eut l'idée d'inviter chez lui une fois
par mois quelques jeunes savants pour encourager leurs
efforts; ses collègues, MM. de La Place et Chaptal, aussi
sénateurs et membres de l'Institut, furent comme les vice-
présidents de cette petite réunion. Humboldt en faisait
partie, hors rang, et le parterre se composait de Biot,
Thénard, Gay-Lussac, Descotils, Malus, Amédée Berthollet et moi ; plus tard, Berard et François de La Roche y
furent admis [1]. Toute la réunion était essentiellement vouée
aux sciences physiques et chimiques. J'y fus admis à cause
des applications de la chimie à la physiologie végétale et
j'ai donné quelques articles sur ce sujet dans les *Mémoires
d'Arcueil*, savoir ma Note sur la cause de la direction des
tiges vers la lumière, mon Mémoire sur l'influence de la
hauteur absolue sur la végétation des plantes et leur distribution géographique ou topographique, et plus tard celui
sur les fleurs doubles, notamment sur celles de la famille
des Renonculacées. Le premier de ces écrits était une solution simple et claire d'un problème qu'on avait cru inso-
luble; le deuxième réduisait à sa juste valeur les exagéra-
tions de Humboldt sur l'influence des hauteurs ; le troisième
était un essai lié à l'observation des dégénérescences des
organes auxquelles ma Théorie élémentaire était consacrée.
Ces travaux, insérés dans un recueil lu seulement par les
physiciens et les chimistes, ont été peu connus des savants
plus spécialement voués à l'étude du règne végétal.

La fréquentation de la société d'Arcueil, où j'entendais
sans cesse discuter les points les plus délicats des théories
physiques ou chimiques, a contribué à me tenir au courant

---

[1] Et enfin Arago, Poisson et Dulong. Le dernier volume des *Mémoires
d'Arcueil* est de 1817. (Alph. de C.)

de ces sciences et m'a été fort utile sous ce rapport. Elle
m'a aussi lié davantage avec des hommes de mérite, qui ont
souvent été pour moi d'utiles protecteurs, ou des relations
bienveillantes. C'était aussi une réunion agréable de causerie. Nous nous donnions rendez-vous ordinairement chez
Thénard et nous allions ensemble à Arcueil, heureux de
cette course à la campagne comme des écoliers échappés du
collége. Nous nous promenions dans cette jolie villa d'Arcueil
et nous savourions la société de nos doyens. Rien ne peut
peindre complétement la bonhomie et la simplicité de M.
Berthollet et même de Madame. Ils étaient avec nous comme
des pères avec leurs enfants, et nous entretenaient de leur
intérieur avec un abandon touchant. M. Berthollet était assez
gros et très-sanguin, il craignait tellement la chaleur qu'il
ne s'habillait que par respect humain et que la nuit il dormait nu sur son lit. « Comment, lui disions-nous, même en
hiver ! — Oh, disait-il, quand il fait très-froid, je mets mon
mouchoir de poche sur mes pieds. » Cet homme, élevé si
haut par son rang social et sa célébrité scientifique, supportait très-bien la contradiction, et aimait par-dessus tout
la vérité. Lorsque les premiers travaux de Berzélius sur les
proportions déterminées furent connus à Paris, ils me sé-
duisirent à un haut degré, et quoiqu'ils fussent en opposition directe avec les principes de la statique chimique, je
ne craignis point de dire à M. Berthollet l'opinion avantageuse que j'en avais. Loin de se gendarmer de cette préférence, il m'encouragea à étudier les ouvrages de Berzélius.

M. de La Place était d'un caractère tout différent. Il avait
la sécheresse d'un géomètre et la hauteur d'un parvenu ;
mais, à côté de ces défauts de forme, c'était un homme
d'honneur et de mérite. Je n'ai jamais eu qu'à me louer
de sa bonté pour moi. Il m'a souvent secondé, quoiqu'il
fît en réalité peu de cas de l'histoire naturelle. Dans nos
séances il avait souvent de petites querelles avec M. Berthollet et croyait le réduire au silence en lui disant :

« Voyez-vous, M. Berthollet, ce que je vous dis là est
mathématique. — Eh, par Dieu, ce que je vous dis est
physique, répondait l'autre, et cela vaut bien autant. »
M. Chaptal venait rarement aux réunions d'Arcueil, et j'aurai occasion plus tard de mentionner mes relations avec
lui. M. de Humboldt n'y venait aussi que de loin en loin,
mais il y mettait beaucoup de vie et d'intérêt quand il y paraissait : il affectait de se faire passer pour le créateur de la
géographie botanique, à laquelle il n'a ajouté que quelques
faits et l'exagération d'une théorie vraie qu'il était parvenu
à rendre presque fausse [1]. Il ne m'a jamais bien pardonné
d'avoir, dans le préambule de mon *Mémoire sur la Géographie des plantes de France*, cité ceux qui, avant lui, s'étaient
occupés de géographie botanique, quoique dans cet exposé
j'eusse en conscience fort amplifié sa part [2].

Parmi les autres membres de la société dont je n'ai
pas encore parlé je citerai principalement Thénard, qui
commençait alors une carrière devenue depuis très-bril-
lante. Son activité, son ardeur, sa loyauté me plaisaient

---

[1] L'auteur a voulu parler probablement de l'influence de l'élévation du
sol sur la distribution des végétaux, mais le mot de *théorie* n'est pas heureux, car le défaut précisément des ouvrages de Humboldt, en géographie
botanique, est l'absence non-seulement de théorie, mais même de toute discussion des faits. Le point le plus original de ses travaux a été celui des
lignes isothermes, dont il a eu l'idée et qu'il a fort bien développée ; or ces
lignes d'égale température appartiennent à la science appelée physique ter-
restre ou géographie physique. J'ai démontré qu'elles sont absolument sans
application aux phénomènes de géographie botanique et d'agriculture, dans
lesquels les sommes et non les moyennes expliquent les faits.

(Alph. de C.)

[2] Je viens de communiquer à M. de la Roquette plusieurs lettres de
Humboldt à mon père, qui doivent être publiées dans un recueil des lettres
de l'illustre voyageur écrites en français. L'une des plus longues et des plus
spirituelles roule précisément sur une réclamation au sujet du préambule
du *Mémoire sur la Géographie des plantes de France*, tel qu'il avait été lu
à Arcueil. Un mot qui avait déplu à Humboldt fut effacé avant l'impression.
Du reste, pour qui connaît bien et le caractère de Humboldt et ses ouvrages, la modestie gracieuse de ses lettres particulières n'infirme pas ce
que dit mon père de ses prétentions.

(Alph. de C.)

beaucoup, et sans avoir jamais été lié avec lui d'une amitié bien intime, j'ai toujours eu pour lui des sentiments d'estime et de bienveillance qui dépassaient ceux d'une simple liaison. Je puis peindre par une anecdote le contraste des caractères de Thénard et de Descotils, autre membre de notre réunion, qui était homme de mérite et que la mort a trop tôt moissonné. On correspondait alors difficilement avec l'Angleterre à cause du blocus continental. Je me trouvai recevoir le premier, par une lettre du Dr Marcet, la nouvelle de la grande découverte de Davy sur la décomposition des alcalis fixes. Par un hasard heureux elle m'arriva le matin même d'un jour de société d'Arcueil. Je me hâtai d'aller à notre rendez-vous ordinaire, et ne pouvant attendre la séance pour faire part d'une si importante découverte, je lus ma lettre aux membres présents. Thénard était enthousiasmé ; il courait dans la chambre comme un fou, criant à tue-tête : « C'est beau, c'est admirable ! » puis se prenant le bras et se tournant vers moi : « Voyez, disait-il, je donnerais ce bras pour avoir fait cette découverte. » Descotils, tranquillement enfoncé dans un fauteuil, disait aussi, mais sur un autre ton : « C'est fort beau, mais je ne donnerais pas le bout de mon petit doigt pour l'avoir faite. »

Amédée Berthollet, fils de notre président, était un bon jeune homme qui ne manquait point de quelques capacités, mais qui n'avait pas le caractère de sa position. Lorsque la fortune de son père commença à se déranger, il alla former sur les rives désertes de la Provence un établissement de soude artificielle. Il y réussit assez bien, mais l'ennui le gagna dans cette solitude, au point qu'il s'y donna la mort, en s'asphyxiant, avec un sang-froid étonnant, dans une atmosphère d'acide carbonique. Il laissa un écrit dans lequel il prétendait que la cause de son dégoût de la vie était son isolement, qui l'empêchait de lire les journaux scientifiques et de se tenir au courant du progrès des études.

Je me suis laissé entraîner par le plaisir de rappeler les

souvenirs d'Arcueil, et je dois revenir sur mes pas pour
rendre compte de l'origine de mes voyages en France et de
quelques événements de ma vie domestique.

§ 38. ORIGINE DE MES VOYAGES EN FRANCE.

Après avoir publié la *Flore française*, je restai frappé du
nombre considérable des provinces où l'on n'avait jamais
herborisé et du peu que l'on savait exactement sur la géographie botanique de la France. Je parlai à quelques personnes du désir vague de combler cette lacune en parcourant quelques parties de l'empire. Mes bons amis Delessert,
toujours prêts à saisir les occasions de m'obliger, en parlèrent à M. de Gérando, alors secrétaire général du ministère de l'intérieur, qui mit quelque intérêt à cet objet. Je
fus engagé à présenter ma *Flore* au ministre, M. de Champagni, qui la reçut avec obligeance, et donna (sur l'invitation de Gérando) quelque attention à la carte géographique
dans laquelle j'avais indiqué les points explorés et laissé en
blanc ceux qui ne l'avaient pas été. Peu de jours après cette
présentation, le ministre me fit demander un plan sur la manière la plus convenable de combler cette lacune. Je proposai, d'accord avec de Gérando, qu'on chargeât un botaniste
de parcourir en cinq ans toute la France, pour en étudier la
botanique dans ses rapports avec la géographie et l'agriculture. Le plan fut agréé et je fus chargé de son exécution.
Sur ma proposition, on alloua quatre mille francs par an
pour frais de voyage, somme assurément très-modeste, mais
que je n'osai proposer plus forte une fois que je parlais pour
mon propre compte.

D'après le plan adopté, la France fut divisée en six régions, dont chacune devait faire l'objet d'un voyage pendant l'été. L'affaire ne fut décidée qu'au mois de juin. Peu
après je me mis en route pour la première excursion,
dont Rennes devait être le centre. J'en rendrai ici un compte

succinct, non pour décrire le pays, mais pour raconter ce qui est relatif à ma propre histoire, seul objet des feuilles que j'écris dans ce moment.

§ 39. VOYAGE DANS L'OUEST DE LA FRANCE [1].

Ce voyage devait être court, à cause de l'époque tardive (2 juillet 1806) à laquelle j'étais obligé de le commencer, et comme il offrait peu de chances de travaux botaniques importants, je ne pris avec moi ni compagnon ni jardinier, et m'acheminai seul par la diligence du Mans. Je traversai la fertile Beauce et la ville de Chartres. Je commençai, sept lieues au delà de cette ville, à trouver le système des haies vives autour des terres, ce qui indique qu'on quitte un pays de moissons pour entrer dans un terrain entièrement consacré aux prairies. Avant d'arriver à Nogent, je remarquai une haie d'ulex qui indiquait l'approche de la région de l'ouest ; aux environs de La Ferté, je trouvai l'extrême limite des pommiers à cidre du côté du sud. En approchant du Mans on commence à trouver la culture du maïs, qui continue jusqu'au delà de La Flèche. Sa graine sert à nourrir les fameuses volailles du Mans, car il n'y a de volailles célèbres en gastronomie que là où le maïs forme la partie essentielle de leur nourriture (Bresse, Toulouse, La Flèche). Cette culture est entièrement en dehors de la ligne tracée par Arthur Young, et j'ai eu bien d'autres occasions de voir le peu d'exactitude de sa carte géographique agricole [2].

---

[1] Voyez *Pièces justificatives*, n° IX, et surtout le *Rapport sur un voyage botanique et agronomique dans les départements de l'Ouest*, in-8°, inséré dans les *Mémoires de la Société d'agriculture du département de la Seine*, v. X, et réuni avec les autres rapports dans le volume intitulé : *Rapports sur les voyages botaniques et agronomiques*. Paris, 1813. (Alph. de C.)

[2] Le jugement est peut-être un peu sévère dans sa généralité. La limite du maïs a probablement avancé vers le nord à mesure que l'agriculture a fait des progrès, en particulier dans les années qui ont suivi le voyage de Young. (Alph. de C.)

Je trouvai au Mans M. Desportes, jeune botaniste, que j'avais connu à Paris. Il me conduisit chez M. de Tascher, cousin de l'impératrice Joséphine, et chez M. d'Hercygny, qui avaient l'un et l'autre un petit jardin botanique et qui s'occupaient en amateurs des plantes du pays. M. d'Hercygny est à la tête d'une belle manufacture de bougies dites du Mans ; je l'ai vue avec intérêt et j'ai appris dans sa conversation un fait curieux, savoir qu'on ne peut jamais blanchir complétement la cire provenant d'abeilles qui ont picoré sur les fleurs de la vigne, et qu'on blanchit très-bien, au contraire, la cire provenant des fleurs du sarrasin. Le Mans est placé très-près de la limite de la vigne, aussi paie-t-on beaucoup mieux la cire que les paysans apportent du nord où il y a du sarrasin et point de vignes, et on l'emploie seule pour les bougies fines, tandis que celle des autres districts sert pour les cierges et autres objets de cire jaune. On m'a assuré que jadis les fabriques du Mans vendaient annuellement 250,000 livres de bougies, mais qu'alors, depuis l'introduction des quinquets et la diminution du culte, elles étaient réduites au quart ou au tiers.

J'ai encore vu au Mans l'abbé Ledru qui avait fait le voyage des Antilles et des Canaries avec le capitaine Baudin, et qui m'a donné un bon nombre d'échantillons de ses récoltes. Plus tard, j'ai consacré son nom en lui dédiant (sous le nom, peut-être mal fabriqué, de *Drusa*) un genre d'ombellifères dont je lui devais la connaissance. J'ai aussi été voir un M. Maulny, vieillard qui a fait jadis une esquisse de la *Flore du Maine*, ouvrage incomplet et qui ne sera jamais éclairci, car l'herbier de M. Maulny ne porte aucun nom. J'ai parcouru avec Desportes les environs du Mans, qui ont un certain rapport de végétation avec ceux de Fontainebleau; mais je supprime tous les détails botaniques et agronomiques qui ont trouvé place dans mes ouvrages imprimés.

Je quittai le Mans par la diligence en société de trois

sœurs de la charité fort alanguées, dont une était remarquablement jolie. Je me suis fort diverti de leur conversation, assez nouvelle pour moi. Nous avons traversé La
Flèche, célèbre par ses poulardes et ses colléges, car, outre
le collége des jeunes gens, il s'y est établi des pensionnats
de jeunes filles pour profiter des maîtres du grand collége.

En approchant d'Angers, on commence à trouver le sol
schisteux dont la couleur noire et la nature peu favorable à
la culture rendent l'aspect assez triste. Cet effet est encore
plus prononcé dès qu'on entre dans la ville. Elle porte dans
le pays le nom de *ville noire* et le mérite. Elle est vieille et
sombre. Ses rues sont la plupart étroites et tortueuses, le
pavé et les murailles sont en schiste un peu ferrugineux ; la
boue est de la même couleur. Les toits sont en ardoise. On
a commencé à détruire les murailles qui ont servi à défendre la ville contre les Vendéens. Il en est résulté un
agrandissement qui porte la population à trente, ou, dit-on
même, trente-trois mille habitants.

Je commençai mes explorations d'Angers en allant voir
M. Merlet-Laboulaie, directeur du Jardin botanique, vieillard vif, instruit et communicatif. Je n'avais aucune recommandation pour lui, et je fus reçu d'abord très-froidement,
mais dès qu'il sut mon nom il m'accueillit d'une manière
tellement aimable qu'entré chez lui à neuf heures du matin je n'en sortis qu'à neuf heures du soir ! Il avait sur sa
table la *Flore française* et me dit sur cet ouvrage les choses
les plus aimables. Il employa une partie de la journée à me
montrer le jardin de l'école centrale, les musées d'histoire
naturelle et de tableaux, et me donna sur le pays une foule
de documents. Il me procura enfin la connaissance d'un jeune
homme, nommé Bastard, qui était son élève favori et qui me
fut fort utile.

Dès le lendemain je partis avec lui pour aller visiter les
environs de la ville. Nous parcourûmes les collines schis-
teuses des environs de l'étang Saint-Nicolas, et je fus frappé

des rapports de cette végétation, d'un côté, avec celle des environs de Fontainebleau, de l'autre, avec quelques parties de l'ouest et du midi. Ces étangs servent à élever du poisson et à faire aller un grand nombre de moulins. Le lendemain j'allai avec M. Bastard et un pharmacien nommé Guitet visiter les rives de la Loire et quelques îles de ce beau fleuve. Le terrain de ce côté du pays est un sable limoneux, humide et fertile. L'aspect en est frais et agréable. Nous avons été jusqu'au pont de Cé, qui avait été coupé en deux endroits pendant la guerre de la Vendée et qu'on réparait alors. Nous sommes revenus en traversant un pays schisteux comme celui de la veille. On y trouve des espèces d'étangs, formés par les eaux pluviales, dans des cavités d'anciennes carrières. Ces cavités offrent souvent des îles flottantes, formées de végétaux plus ou moins aquatiques, notamment de sparganium, de typha, etc. Les îles ont ceci de singulier qu'elles commencent toujours à se solidifier par le milieu. Peut-être que les bords étant agités sont frappés contre les rives ? ou que les plantes les plus fortes se fixent au centre par leurs racines ?

Nous terminâmes cette course en visitant quelques-unes des carrières de schiste. Leur exploitation se fait par des compagnies de très-longue durée ; les assises sont d'environ neuf pieds de hauteur ; on enlève les pierres et les eaux au moyen d'un cabestan mu par des chevaux. Les blocs de pierre, arrivés en haut, y sont divisés en lames et équarris par des ouvriers différents de ceux qui les préparent dans le fond de la carrière. Ces deux classes se distinguent sous les noms d'ouvriers *du haut et du bas*. Ils ne se mélangent point ; ceux du haut sont plus honorés et mieux payés. Les enfants mâles sont, dès leur naissance, enrôlés dans la classe de leurs parents et reçoivent cinq sous par jour.

Je me suis fort occupé à Angers de recueillir des greffes et des plans de pommiers à cidre que j'ai expédiés à la pé-

pinière du Luxembourg, et des instruments aratoires, destinés à M. Thouin. Par une économie mal entendue, je plaçai
dans la même caisse les plantes sèches que j'avais recueillies et les outils. Ceux-ci ont fait leur métier, et à mon retour je trouvai mon herbier d'Angers presque réduit en
poussière par l'action des mauvais voisins que je lui avais
donnés. Heureusement, dans la suite, Bastard répara cette
perte en m'adressant des collections assez considérables des
plantes d'Anjou.

Après avoir consacré une journée à ranger ces divers
objets et à visiter les hôpitaux et autres établissements
d'Angers, je suis parti avec Bastard pour aller, en herborisant, à Chalonne où demeure son père. Nous avons suivi
les roches qui bordent la rive droite de la Mayenne, et j'y
ai recueilli l'*Endocarpon complicatum* que je n'ai vu guère
ailleurs. Chalonne est un bourg d'environ deux mille habitants, dans une jolie position ; j'y ai été bien accueilli par
M. Bastard le père, et surtout par M. et Mme Leclerc, neveux des excellents Thouin, que j'avais aperçus au Jardin
des plantes et qui m'ont témoigné une cordialité précieuse
à rencontrer en voyage. M. Leclerc m'a mené voir dans la
haie d'une de ses propriétés un cerisier croissant au sommet d'un chêne. Dans le pays on le regarde comme une
greffe extraordinaire, mais ayant grimpé au sommet de
l'arbre, je me suis assuré que les deux écorces ne coïnci-
daient pas et que le cerisier est très-probablement le produit d'un noyau qui sera tombé dans la cavité du chêne, y
aura germé, et aura trouvé assez d'humidité pour s'y développer en un buisson de trois pouces de circonférence et de
cinq à six pieds de hauteur.

Le 16 juillet je quittai mes hôtes de Chalonne et j'entrai dans la célèbre et malheureuse Vendée. Bastard m'accompagna jusqu'à Saint-Laurent, où j'avais expédié mon
bagage et deux chevaux. De là je me dirigeai sur Chollet,
voyant de tous côtés des traces encore flagrantes de la

guerre civile. Saint-Laurent et Jallais avaient été incendiés
par les Vendéens, Chollet et Mortagne par les deux partis.
Mortagne, en particulier, et la partie basse de Chollet
étaient encore tout en ruines. Les métairies des environs
avaient été brûlées et presque toutes étaient abandonnées,
soit manque de moyens pour les rebâtir, soit parce que
les propriétaires ne se retrouvaient pas ! La vue de ces
désastres m'attristait l'âme et m'empêchait de faire aucune
observation botanique. C'est dans ces villages qu'ont eu
lieu les premiers rassemblements des Vendéens, aussi est-ce
un des points qui ont le plus souffert. Chollet continue, mais
faiblement, son commerce de mouchoirs qui se fabriquent
dans les métairies environnantes. Entre Chollet et Mortagne
on quitte le terrain schisteux et on entre dans un sol de
granit grisâtre qui porte le nom de *Grison*. Mortagne a
quelques industries agricoles, comme par exemple la récolte des cantharides pour la pharmacie, mais surtout l'engrais des bœufs qu'on achète maigres en Saintonge et qu'on
envoie gras du côté de Paris. On les engraisse avec du sarrasin, avec une espèce de grosse rave qu'on nomme *naveau*
et surtout avec le *chou mille-têtes*, excellente variété du chou
cavalier qui est fort cultivé dans le pays. On se sert dans ce
sol granitique, comme engrais, des ajoncs qu'on brûle et dont
on enfouit la cendre, et de la *chairie*, soit cendre qui a déjà
servi à la lessive. Les genêts servent, soit comme engrais,
soit comme fagots.

J'étais frappé, en traversant ces malheureux villages, de
l'énorme quantité d'enfants qu'on y voyait courir ; je n'ai pu
me procurer des états de population, car un des malheurs
de la guerre a été la destruction des registres de l'état civil et d'un grand nombre d'actes particuliers, mais je suis
porté à croire qu'il est arrivé ici, après la guerre désastreuse
de la Vendée, ce qu'on avait observé à Marseille après la
peste, savoir une augmentation notable dans le nombre des
mariages et dans la fécondité de chacun d'eux.

J'ai quitté Mortagne dès le lendemain à quatre heures du matin, et me suis dirigé sur l'ancienne La Roche-sur-Yon, bourg absolument dévasté et qu'on s'occupait à reconstruire sous le nom de Napoléon. J'ai traversé les Herbiers, déjeuné aux Quatre-chemins, dîné aux Essarts, tous lieux célèbres dans cette affreuse guerre de la Vendée. Les villages et les métairies avaient la même apparence de désolation que ceux de la veille, et le pays en général stérile, couvert de genêts et de bruyères, s'harmonise avec les tristes traces qu'une guerre civile alors récente montrait de tous côtés. Je fis treize lieues sur un cheval à trot rude et saccadé, qui me soumit à des épreuves multipliées, et j'arrivai vers quatre heures dans le singulier chef-lieu de la Vendée. Il se composait alors de ruines et de décombres entremêlés de quelques bâtiments restaurés ou bâtis à neuf, d'une auberge où logeaient les bureaux et les employés du département, avec une grange où se rendait la justice, et une caserne assez vaste où résidait un corps de troupes. De belles routes aboutissaient à cette façon de ville et complétaient sa singularité. On pouvait à volonté les regarder comme des plaisanteries, vu leur inutilité apparente, ou les admirer comme une pensée d'avenir et de civilisation.

Je me hâtai dès le lendemain de quitter cet embryon de chef-lieu où il n'y avait aucune espérance d'obtenir des renseignements et je me dirigeai sur la ville des Sables-d'Olonne. A mesure qu'on approche de la mer, on voit les arbres diminuer en nombre et en grandeur, et l'aspect du pays devient celui d'une vaste bruyère. La ville offre beaucoup de blé dans les alentours : on le moissonne à la faucille, en laissant le chaume long d'un pied. Sur ce chaume, on pose les javelles qui, en cas de pluie, sont ainsi à l'abri du danger de germer, méthode qui indique l'humidité du climat. Cette ville est bâtie sur un petit cap granitique entouré et recouvert de sable ; son port est un vaste bassin ovale, presque à sec à basse marée, et où l'on entre par une large

ouverture. On y compte environ cinq mille âmes, y compris
le petit bourg de la Chaume, qui en fait partie quoique situé
de l'autre côté du port. Ses principales industries sont la
fabrication du sel et la pêche de la morue, qui sont maintenant fort diminuées ou abolies, et la pêche de la sardine qui
dure encore, mais sur une faible échelle, car on n'en sale
pas, on se contente de les expédier fraîches dans les villes
voisines. Sables-d'Olonne a des rues étroites, des maisons
basses, à toit plat (ce qui prouve qu'on craint plus le vent
que la neige). Entre les maisons on a ménagé une petite
ruelle d'un pied de large, bonne pour le passage des chats,
mais qu'on a probablement pratiquée comme obstacle à la
propagation des incendies. Les femmes ont en général une
figure agréable et comme étrangère, un visage allongé,
peu coloré, de grands yeux noirs, de jolies bouches ; elles
vont presque toutes pieds nus. Leur tournure est élégante.
On dit que cette ville est une colonie espagnole ou portu-
gaise.

Après avoir visité les environs immédiats de la ville et
étendu le cercle de mes observations botaniques, ma première course se dirigea vers la plage du bord de la mer.
J'y fis une ample récolte des plantes propres à ces côtes de
l'ouest. Je comptais prolonger cette herborisation fructueuse, quand je tombai près d'un petit poste de gardes-
côtes : le caporal bancroche qui le commandait me demanda
mon passe-port ; je le lui présentai. Ce passe-port m'avait
été donné au ministère de l'intérieur, et me rappelant mon
ancienne aventure de la forêt de Touques, j'y avais fait
insérer la clause que j'étais chargé d'herboriser sur les
bords de la mer. Mon caporal me soutenait que cela ne
valait rien, que je devais avoir un passe-port du ministre
de la marine. Il me fallut débattre avec lui la compétence
des deux ministères ! J'avais beau lui dire : « Mais ne
suis-je pas dans la France? N'étais-je pas occupé à herboriser ? » Je ne pus éviter d'être mis en arrestation et en-

voyé aux Sables-d'Olonne entre deux fusiliers. Mes gardes
étaient de bons diables qui se moquaient de leur caporal ;
ils s'intéressèrent à mes recherches et herborisèrent pour
moi de tout leur cœur. Nous arrivâmes aux Sables les
meilleurs amis du monde : à l'entrée de la ville je me remis entre eux deux comme un prisonnier et nous nous dirigeâmes vers la maison du commandant, avec lequel j'avais
dîné la veille chez un négociant (M. Ocher). Tout le long
du chemin j'étais suivi par les gamins qui criaient : « En
voilà encore un qui sera pendu ! » Cet agréable pronostic
me fit connaître la cause de la sévérité du caporal : quelques jours auparavant on avait arrêté un homme qu'on disait espion et qu'on avait expédié sur Paris. Je disais aux
gamins : « Non, je ne serai pas pendu, je vous demande
pardon de ne pas vous procurer ce plaisir. » J'arrivai chez
le commandant, qui avait peine à me reconnaître tout couvert de fucus, et en particulier de l'immense *ulva bulbosa*,
mais qui, en me remettant, rit beaucoup de ma mésaventure,
et me donna un billet pour me permettre de parcourir son
empire en sûreté.

Ma seconde herborisation fut dirigée du côté des marais
salants. Je voulais en observer l'organisation et recueillir
les plantes qui y croissent. Dans ce but, je portais sur mon
dos un gros registre rempli de papier gris, destiné à recevoir les échantillons de ma cueillette. Après avoir herborisé quelques heures, j'entrai pour déjeuner dans un petit
cabaret bien rustique. A la fin du repas, je vis mon hôte
s'inquiéter ; il me conta que les saulniers, me voyant avec
mon registre, m'avaient pris pour un employé des droits
réunis, et que, furieux des impôts qu'on venait tout récemment d'établir, ils voulaient me faire un mauvais parti, et
en effet ils entouraient la maison avec de mauvaises phy-
sionomies. Quand je sus que les soupçons étaient causés
par mon malheureux registre, je priai l'hôte de me conduire
vers les saulniers ; je leur montrai le corps du délit tout

rempli de plantes. Cette vue les apaisa ; nous nous sépa-
râmes bons amis, et j'obtins quelques renseignements de
ceux qui voulaient m'assommer un quart d'heure auparavant.

Après avoir bien parcouru les environs des Sables, je
quittai cette ville avec le projet d'aller voir l'île de Noir-
moutiers, mais le temps se mit à la pluie et je fus obligé de
m'arrêter à Chalans une demi-journée. J'avais toujours avec
moi quelque travail à faire pour les occasions où j'étais
retenu dans un endroit sans rien à voir, et me suis trouvé
bien de cette méthode. Le lendemain je suis venu déjeuner à Machecoul, premier bourg de Bretagne, souvent
cité dans les chroniques des guerres de la Vendée. On y
voyait encore bien des décombres produits par la guerre,
car Machecoul a été pris et repris plusieurs fois par les deux
partis.

Dès qu'on entre en Bretagne, on voit commencer la culture du sarrasin. Celle du mil est fort commune autour de
Challans ; ses épis noirs et inclinés donnent aux champs un
aspect assez singulier. En l'honneur de la pluie, je pris une
petite voiture à Machecoul et j'allai à Nantes.

L'entrée par ce côté de la ville est singulière : on traverse
dans le faubourg Rouxeau sept ponts jetés sur autant de bras
de la Loire. Je descendis chez M. de La Roche, mon ancien
camarade, qui me reçut avec la plus franche hospitalité. A
peine débotté, j'allai avec lui parcourir la ville qui est intéressante par sa construction, son ancienneté et son activité,
et je fis une visite au seul botaniste du pays, M. Hectot,
pharmacien et directeur du jardin naissant de la ville. J'eus
avec lui une longue conversation sur la végétation du pays,
dans laquelle j'appris bien des choses utiles. De La Roche
ne revenait pas d'étonnement de la manière dont je souti-
rais une foule de faits à mon interlocuteur. J'avais réduit
à une sorte de tactique l'art d'interroger : je ne suis point
l'ordre que j'ai vu souvent recommandé par ceux qui ont

étudié cette méthode; je questionne presque au hasard, et je continue mes questions tant que mon interlocuteur n'en paraît pas fatigué. Dès qu'il laisse percer un peu de lassitude ou d'impatience, je cherche une occasion de rendre quelque chose à mon tour, et je me mets à raconter quelque anecdote analogue au sujet, en ayant soin de la terminer par une nouvelle question qui entraîne ma partie adverse à prendre la parole. De cette manière on peut tenir les gens bien des heures sur la sellette sans les trop impatienter, et je me rappelle que je soumis ainsi le brave M. Hectot à la question extraordinaire pendant trois heures. Le difficile, dans cette méthode, est pour beaucoup de gens de se rappeler ce qu'on a dit, mais mon heureuse mémoire m'en donne assez bien le moyen [1].

J'allai faire quelques herborisations aux environs de Nantes. La première, faite avec M. Hectot et un de ses élèves, commença en remontant la petite rivière de l'Erdre jusqu'à la Ducerie. Cette rivière est retenue par une écluse (avant d'arriver à la Loire) et changée ainsi en une sorte d'étang. J'y cueillis plusieurs plantes intéressantes, telles qu'un *Exacum*, que je décrivis alors sous le nom d'*Exacum pusillum*, mais que M. Desvaux a depuis établi comme une espèce, en me la dédiant sous le nom d'*Exacum Candollii*, et une graminée élégante que j'avais déjà reçue de Fr. de La Roche, décrite et figurée sous le nom de *Poa agrostidea*, et que les botanistes ont depuis désignée sous le nom de *Airopsis Candollii*. Notre principale station fut la baie de la Verrerie, baie entourée de bois d'où découlent de petites sources, sur les bords desquelles croissent le *Pinguicula lusitanica*, le *Campanula hederacea*, le *Sibthorpia europœa*,

---

[1] En outre, l'auteur ne négligeait jamais son journal de voyage. Il y consignait jour par jour ce qu'il apprenait, et cela sans préjudice de longues lettres à sa famille. On ne peut trop s'en étonner quand on pense à la fatigue de ses journées d'herborisation dans la campagne ou d'explorations diverses dans les musées, bibliothèques, jardins, etc.   (Alph. de C.)

plantes propres à la zone occidentale de l'Europe. Les
bords de l'Erdre sont frais, boisés, hérissés de rochers
épars et ornés de petites métairies ; c'est l'un des points
pittoresques des environs de Nantes, et je m'affligeais en
entendant dire qu'on devait y faire un canal pour pouvoir
aller en temps de guerre de Nantes à Brest, mais ce projet
n'a pas été exécuté.

Ma seconde course fut dirigée du côté du Temple, où Bonamy indique son chêne nain. J'y allai seul, à cheval. Le
pays n'offre guère que l'aspect aride d'une lande : j'y ai en
effet trouvé le chêne nain, mais je l'ai reconnu sans hésitation pour le *Q. Tozza,* qui se présente sous divers as-
pects. Lorsqu'il croît sur les landes, où il est brouté par
les bestiaux, il ne s'élève qu'à un ou deux pieds ; c'est le
vrai *Q. humilis* de Bonamy : lorsqu'il croît sur le bord des
haies et des fossés, où la terre est fréquemment remuée, il
prend une grandeur plus considérable et va quelquefois jusqu'à égaler le rouvre. Cette espèce, qui se trouve des Pyrénées à Nantes, forme un des arbres caractéristiques de la
région de l'ouest.

Une troisième herborisation, faite avec MM. Hectot,
Dubuisson et de Tussac, fut dirigée vers la Galissonière,
à quatre lieues de Nantes, route de Clisson. M. de la Galissonière, revenant de l'Amérique septentrionale en 1750
environ, y avait semé un grand nombre d'arbres étrangers
qui y ont bien prospéré et en font un lieu intéressant pour
la botanique. J'y ai vu encore des tulipiers immenses, des
tilleuls, divers chênes, des noyers d'Amérique, des cyprès
distiques, des sassafras grands comme des cerisiers, etc.
Cette terre a été vendue pendant la révolution à deux frères,
MM. C., qui se la sont partagée et qui taillent et détruisent
ces beaux arbres avec un vandalisme dégoûtant. En causant
avec l'un d'eux, je cherchai à lui faire honte de ses dévas-
tations, mais voyant qu'il n'était point sensible à ce genre
d'argument, j'en trouvai un plus à sa portée : je lui fis le

compte du profit qu'il pourrait trouver à recueillir les graines
et à soigner les boutures et les marcottes de ces arbres pour
les mettre dans le commerce. Je le laissai dans les meilleures
dispositions pour les sauver, mais je n'ai pu savoir s'il a tenu
ces résolutions.

Dans une quatrième course j'allai, toujours avec M. Hectot, remonter la rive gauche de la Sèvre. C'est dans les parties vaseuses de cette rive que j'ai trouvé l'*Elatine hexan-
dra*, dont j'ai publié la figure et la description. Entre le
Portereau et le Chaffaud, dans le parc de la Maillardière,
j'ai vu le plus gros *Magnolia grandiflora* qui existe en
France : il a vingt-cinq pieds de hauteur et un pied de diamètre. Il a été barbarement mutilé pendant la guerre de la
Vendée, parce que, en raison de son nom populaire de
laurier-tulipier, les deux partis en venaient couper des
branches pour célébrer leur victoire. C'est cet individu que
M. Merlet la Boulaie a eu en vue dans la note qu'il a insérée dans la nouvelle édition des arbres de Duhamel. Au
Chaffaud, j'ai visité un petit Jardin botanique récemment
fondé par M. Barbier. Ce pays est très-favorable à l'horticulture à cause de la douceur de ses hivers.

Les jours où je n'allais pas herboriser étaient consacrés à
voir les fabriques et autres institutions de la ville de Nantes,
et à visiter en détail l'herbier du bon M. Hectot, qui m'a fourni
beaucoup de documents sur la végétation du pays. J'ai vu
aussi quelques fragments de celui de M. de Tussac, amateur de botanique, qui venait d'arriver des Antilles. Ce fut,
d'après mon journal, le 26 juillet 1806 que je le vis pour la
première fois. Je cite cette date avec précision, parce qu'elle
a pris quelque intérêt à la suite d'une mauvaise querelle que
ce M. de Tussac m'a faite plus tard. Il me cita quelques faits
de certains animaux qui se nourrissent indifféremment de
diverses espèces de plantes, appartenant aux mêmes genres
et aux mêmes familles. J'avais, deux ans auparavant (1804),
publié la même observation dans mon *Essai sur les propriétés*

des plantes (page 18), mais je ne pris pas la peine de le lui
dire. Lorsqu'en 1816 je publiai la seconde édition de mon
Essai, M. de Tussac y vit un paragraphe à ce sujet, et sans
faire attention qu'il se trouvait déjà dans l'édition de 1804,
antérieure à son retour en Europe, il inséra dans le journal
de botanique de son gendre, M. Desvaux, un article très-
injurieux où il prétendait que je lui avais volé cette grande
observation. J'aurais pu relever cette calomnie par le simple exposé des faits et des dates, mais je m'en suis abstenu pour rester d'accord avec mon principe d'éviter toute
guerre de plume, et aussi, je dois l'avouer, parce que j'ai
bien jugé qu'une telle attaque ne pouvait nuire à la réputation de probité littéraire que ma vie tout entière m'a
acquise.

Cette station à Nantes fut pour moi agréable et instructive. J'y pris une idée des provinces de l'ouest; j'y recueillis
assez de documents; mais surtout je jouis beaucoup de la
bonne société et de l'obligeance de mes hôtes. Après avoir
mis mes notes en ordre et avoir expédié mes cueillettes à
Paris, il fallut songer à continuer ma route.

Je pris une petite embarcation, qu'on nomme *barge*, pour
descendre la Loire; nous avions vent et marée contraires,
de sorte que le voyage fut plus long qu'il n'aurait dû
l'être. Forcés de nous arrêter au Buzay, je vins à pied
jusqu'à Paimbœuf, gros bourg qui sert comme de port à
Nantes. L'eau y est déjà un peu saumâtre, mais c'est plus
bas, entre Paimbœuf et Saint-Nazaire, qu'on commence à
trouver des varecs. En approchant de Croisic, on commence
à voir le *Scolymus hispanicus*, l'*Atriplex Halimus*, etc. Les
environs de Croisic offrent beaucoup de marais salants. Les
ouvriers qui y travaillent se nomment *Paludiers*. Leur costume est singulier, parce qu'ils ont plusieurs gilets super-
posés qui débordent les uns sur les autres et qu'ils n'ont en
hiver qu'une simple culotte de toile. On approche ici de la
limite des langues : le Pouliguen et le bourg de Batz par-

lent français, les villages de Roffia, Kergalé, etc., parlent
bas-breton et les enfants n'y entendent point le français. Le
Croisic est un joli petit bourg, avec un port et belles promenades plantées d'arbres : ceux-ci accusent l'incurie des
habitants, qui prétendent que les arbres ne peuvent venir
chez eux, et se contentent pour se chauffer des fumiers desséchés des animaux domestiques [1].

§ 40. DEUXIÈME PRÉSENTATION A L'INSTITUT [2].

A peine arrivé (c'était le 26 août 1806), je courus chez
mon protecteur Desfontaines m'informer des chances que
je pouvais avoir pour entrer à l'Institut. Il m'accueillit avec
cette bonté qui ne s'est jamais démentie pendant sa vie entière, et me donna tous les conseils les plus propres à assurer la réussite de mes désirs. J'allai de là chez M. de Lamarck, pour lequel je venais de terminer la *Flore française*,
et qui parut mettre le plus vif intérêt à ma nomination.
M. de Labillardière, ami intime de Desfontaines et pour
lequel j'avais moi-même sollicité à la précédente vacance,
était aussi entièrement dans mes intérêts. Je voyais donc
trois membres de la section de botanique décidés à me présenter au premier rang, et MM. de Jussieu et Ventenat
déterminés à porter M. Palissot de Beauvois. J'avais, de
plus, dans le comité philomathique et la société d'Arcueil,
des amis zélés, et parmi lesquels se trouvait toute l'élite de
l'Académie; je me croyais donc bien sûr de mon fait, mais
je ne négligeai cependant aucun moyen de le rendre plus
certain encore. Pour la forme (quoique les gens peu au courant de ces sortes de choses pussent croire que c'était l'essentiel) je rédigeai quelques mémoires à lire devant l'Aca-

[1] La fin de ce voyage n'est pas racontée. L'auteur alla jusqu'à Quimper,
où il apprit la mort d'Adanson. (Alph. de C.)
[2] Troisième si l'on compte l'indication par la section en 1799.
(Alph. de C.)

démie ; ce fut à cette occasion que je lui présentai (26 octobre 1806) mon mémoire sur les champignons parasites
qui a été imprimé dans les *Annales du Musée d'histoire naturelle* et plus complétement dans l'*Encyclopédie botanique*, au
mot *Uredo*, et celui sur les rubiacées (21 septembre 1806);
dont je ne fis alors imprimer qu'un extrait dans les *Annales
du Musée*. Ces deux mémoires furent accueillis avec faveur,
et l'Institut en vota l'insertion dans les *Mémoires des savants
étrangers*.

A ces travaux, qui avaient pour unique utilité de constat-
ter ma candidature et de donner à mes adhérents des motifs à faire valoir, je joignis la partie essentielle, les visites
aux membres ; mais j'avoue que dans ce genre de travail
je mis de la gaucherie : je n'osais demander à personne une
promesse formelle, et je ne savais guère faire mon propre
éloge sans rougir jusqu'au blanc des yeux. Mon concur-
rent me paraissait et a dès lors été jugé si faible, qu'il
me semblait assez inutile de montrer ma prééminence. Je
le dis ici tout franchement, parce que toute dissimulation
à cet égard serait un mensonge de ma part. J'avais déjà
publié l'*Histoire des plantes grasses*, celle des *Astragales*, la
Flore française, le *Synopsis*, l'*Essai sur les propriétés des
plantes* et plusieurs mémoires de quelque importance. Beauvois n'avait fait alors ni la *Flore d'Oware*, ni le *Prodrome
de l'Ethéogamie*, ni en un mot aucun de ses ouvrages qui,
quoique médiocres, lui ont valu quelque célébrité. Il avait
publié des mémoires absurdes contre la théorie d'Hedwig,
et ayant été en Afrique faire la traite des nègres, il avait
envoyé quelques plantes sèches à son camarade de collége,
M. de Jussieu, qui voulait les lui payer en le faisant entrer
à l'Institut, et qui de plus trouvait plaisir à en écarter,
comme dévot, un protestant, comme ennemi caché de M.
Desfontaines, un de ses élèves. Parmi les bizarreries de
cette collision, il faut compter que M. de Jussieu poussait
vivement le linnéen le plus décidé de Paris, et que tous

les linnéens soutenaient avec chaleur l'ami le plus décidé des méthodes naturelles. M. de Jussieu trouva un puissant auxiliaire en M. Fourcroy, qui ne m'aimait pas, soit parce que je ne lui avais jamais fait la cour, soit parce qu'il me regardait, et avec raison, comme ami de M. Chaptal, qu'il détestait.

Ce fut Fourcroy qui me fit le plus grand tort en détachant Lamarck de mes intérêts. Il avait une grande action sur lui, parce qu'il était alors directeur de l'instruction publique, et que M. de Lamarck, pauvre et chargé d'une nombreuse famille, avait grand besoin de lui. Lamarck résista d'abord avec conviction et en objectant qu'il m'avait lui-même offert sa voix. On lui persuada que cela l'engageait seulement à sa voix au scrutin, et que pour la présentation il pouvait bien mettre M. de Beauvois et moi sur le même rang. M. de Lamarck se laissa aller à le promettre et fut bien embarrassé pour me le dire. La tournure qu'il prit fut assez plaisante : « J'ai réfléchi, me dit-il, que Beauvois a sur vous la priorité de date. — Je n'en disconviens pas, lui dis-je, et je reconnais même que, si nos travaux sont égaux, il mérite d'être placé avant moi. — Oh, dit Lamarck, vos travaux ne sont pas égaux ; les siens ne valent rien du tout. — Eh bien, lui dis-je, si vous pensez ainsi, quel est le mérite d'avoir publié plus tôt des ouvrages qui ne valent rien ? — C'est vrai, disait Lamarck, mais enfin vous ne pouvez pas nier qu'il a la priorité ? » Je ne pus jamais le faire démordre de ce sot raisonnement. A la présentation, la section étant partagée entre Jussieu et Ventenat pour Beauvois, Desfontaines et Labillardière pour moi, la majorité fut faite par Lamarck, et on nous présenta *ex æquo* au premier rang.

Alors d'un côté les amis de Beauvois allaient dire partout : « Vous le voyez, les experts les déclarent égaux, c'est donc le cas de nommer le plus ancien ; » de l'autre, mes amis indignés d'une telle parité ne se gênèrent point pour se mo-

quer vivement de mon rival, et donnèrent par là quelque
âcreté à notre rivalité. Le jour fatal arriva, et trois voix de
majorité firent nommer Beauvois ! J'étais très-capot. A cette
époque le titre de membre de l'Institut était d'une importance extraordinaire pour tout avancement quelconque.
Aussi longtemps qu'on en était dehors on semblait un amateur ou un commençant, et j'avais en particulier toujours
fixé l'époque de mon élection à l'Institut pour celle où je
ferais connaître les vues générales que j'ai dès lors développées dans la *Théorie élémentaire*. Je n'osais les publier
avant dans la crainte qu'elles ne m'aliénassent mes plus zélés
protecteurs, Cuvier et Desfontaines, que je savais ou leur
être contraires, ou être disposés à les écarter sans examen.

Quant au désappointement d'amour-propre qui accompa-
gne souvent cette position, je dois dire que je n'en eus aucun. Il se fit dans la gent savante un mouvement si prononcé
contre cette élection, que bien loin d'avoir perdu dans l'opinion, je m'aperçus très-vite que ma défaite m'avait rehaussé.
On parla beaucoup plus de moi que si j'avais été nommé ;
toute l'élite de l'Académie : Laplace, Cuvier, Berthollet,
Chaptal, Haüy [1], etc., témoignèrent hautement leur estime
pour moi, et la réaction alla au point qu'une foule de membres de l'Académie vinrent me faire visite et m'écrivirent en
me qualifiant de collègue.

§ 41. NAISSANCE D'ALPHONSE.

J'eus peu de jours après cet événement une consolation
d'un autre genre. Ma femme accoucha heureusement d'un
fils (le 28 octobre). Il reçut les noms d'Alphonse-Louis-

---

[1] On avait voulu circonvenir le bon abbé Haüy, que je connaissais fort
peu, en cherchant à lui persuader que sa conscience était intéressée à ne
pas nommer un protestant. « Justement, dit-il, je suis bien aise d'avoir une
occasion de prouver que je ne mêle point des questions de religion avec des
jugements sur la science. »

Pierre-Pyramus. C'est le seul enfant que j'aie conservé! C'est
sur lui que se concentraient alors et que se sont concentrées
depuis toutes mes affections les plus vives, c'est l'être sur
lequel se sont dirigés tous mes plans, toutes mes espérances !

§ 42. OUVERTURES POUR ALLER A MONTPELLIER.

Cependant cette circonstance de famille me faisait plus
vivement sentir la nécessité d'avoir une position assurée,
et en même temps le désappointement déterminé par ma
non-élection me disposait mieux à prendre une place où
qu'elle se présentât. Je travaillais paisiblement à étudier les
plantes que j'avais rapportées de Bretagne et à rédiger mon
rapport sur ce voyage, lorsqu'on apprit à Paris la nouvelle
de l'apoplexie de M. Broussonet, professeur de botanique à
Montpellier et l'état singulier d'affaiblissement qui en fut la
suite. Il parut même évident que s'il conservait la vie il serait impossible qu'il pût exercer ses fonctions. Amédée Berthollet, excité par son père, titulaire de la sénatorerie de
Montpellier, et par Chaptal, protecteur de l'école de cette
ville, me fit la première ouverture à ce sujet et m'engagea
à songer à cette place. L'idée me sourit au premier aspect,
mais d'un côté je ne devais y donner aucune attention tant
que Broussonet serait vivant, et de l'autre j'avais besoin de
prendre des renseignements sur le nouveau sort qui se présentait à moi. Il s'agissait de quitter Paris, peut-être pour
toujours, de me transporter dans un pays inconnu, de séparer ma femme de sa famille, tout cela exigeait réflexion.
Je commençai par demander au ministre de l'intérieur de
permettre que mon second voyage (celui de 1807) fût dirigé
sur les Pyrénées, parce que je pouvais de cette manière
passer à Montpellier, sans avoir l'air d'y aller exprès, voir
la ville et les hommes, et me décider ainsi avec une certaine
connaissance du pays. Le plan, qui avait d'ailleurs d'autres

avantages, fut agréé, et dès le 1er avril je quittai Paris.
Je me dirigeai d'abord sur Genève. Je fis ce voyage d'une
manière fort agréable avec M. Martin de La Tour, homme
d'une conversation fine et sensée, qui, Genevois établi
comme moi à Paris, m'offrait une foule de points de contact.
Je passai quelques jours à voir mes parents et mes amis de
Genève. Mon père m'engagea à prendre pour compagnon
un jeune Neuchâtelois, Perrot, avec lequel il avait des relations et qui avait du goût pour la botanique. J'y consentis,
et malgré une grande diversité de caractère je m'en suis
bien trouvé. L'administration du Jardin des plantes m'avait
donné un garçon jardinier, nommé Berger, qui devait, sous
ma direction, cueillir des graines et expédier des plantes
vivantes. J'entrepris donc ce second voyage avec une espèce d'escorte et avec le désir d'en profiter mieux que du
premier.

§ 43. VOYAGE AUX PYRÉNÉES.

Le récit de ce voyage est resté en blanc dans le manuscrit. J'ai voulu
y suppléer par un extrait des volumineux journaux de voyage de mon
père, mais je me suis promptement aperçu que les détails de nature à
intéresser les lecteurs, sous le point de vue *biographique*, n'y sont pas
contenus. Les observations agricoles, géographiques ou botaniques n'étant
pas le but de ces mémoires, tels que l'auteur les concevait, il me paraît
impossible maintenant de suppléer à cette lacune. On peut voir les principaux résultats scientifiques du voyage dans le *Rapport adressé au Ministre de l'Intérieur* (1 vol. in-8°. Paris, 1813, pages 70 à 140) et dans
le supplément à la *Flore française*.   (Alph. de C.)

§ 44. NOMINATION A MONTPELLIER.

J'avais quitté Montpellier très-satisfait de tout ce que j'y
avais vu, et décidé à accepter la place de l'École si on per-
sistait à me l'offrir à la retraite ou à la mort de Broussonet;

En route j'appris la mort de cet excellent homme et j'arrivai à Paris parfaitement décidé à refuser. Ce changement de volonté tenait à l'intérêt prodigieux que le voyage des Pyrénées m'avait inspiré. Je voyais tant de travaux curieux à suivre sur la géographie botanique et agricole que, persuadé de l'incompatibilité des deux places, je ne pouvais abandonner celle de voyageur. En conséquence, j'annonçai que je préférais garder ma place de voyageur. Cette résolution était loin d'être conforme à l'état de mes finances; elle était toute fondée sur ma passion de géographie botanique. Ma femme et sa famille, qui y trouvaient une certitude de ne point se séparer, y donnaient les mains, et je me mis à travailler avec ardeur à l'étude des matériaux recueillis dans mon voyage et à préparer mon second rapport.

Dès que ma résolution de refuser la chaire de Montpellier fut connue, je reçus de M. Dumas, doyen de la faculté de médecine, des lettres instantes pour m'engager à accepter. Quoique sensible à ces démarches, je me défendais, en m'appuyant sur le désir que j'avais d'achever mon étude de la géographie botanique et agricole de la France. Alors il m'écrivit de nouveau pour m'offrir de me laisser nommer, que je toucherais le traitement, que je resterais à Paris et que je viendrais de loin en loin faire un cours ou même que je pourrais n'en pas faire du tout; je répondis que je n'accepterais jamais une place dont je ne voudrais pas remplir les fonctions.

Cependant MM. Berthollet et Chaptal ne crurent point devoir abandonner un projet auquel ils me faisaient l'honneur de mettre de l'intérêt pour la restauration de l'histoire naturelle dans l'École de Montpellier. Ils en parlèrent avec M. Cretet, alors ministre de l'intérieur, et celui-ci me manda auprès de lui; il s'enquit de mes motifs de refus; je les lui expliquai avec d'autant plus de franchise que je l'avais souvent rencontré dans la famille Delessert, et que j'étais assez familier avec lui pour lui parler, non comme à un

ministre, mais comme à un homme qui me voulait du bien.
C'était assurément l'individu le moins susceptible d'enthousiasme qu'on pût trouver; il rit beaucoup de ma passion
pour la géographie botanique à laquelle il ne comprenait
rien; il me menaça de me retirer ma commission de voyageur en me disant d'un air bourru : « Croyez-vous que je
continuerai à vous payer pour aller chercher des plantes;
c'est comme si je donnais 4000 francs à quelqu'un pour
aller chercher un petit écu perdu dans toute la France. »
Enfin, voyant à quel point je tenais à mes voyages, il finit
par me dire : « Eh bien, choisissez, vous aurez les deux
places ou vous n'aurez ni l'une ni l'autre. » Alors je lui représentai que la place de Montpellier, pour être bien faite,
exigeait une résidence habituelle et que l'autre exigeait
plusieurs mois d'absence. Il me dit qu'il se fiait à moi pour
tout concilier, qu'il me donnait d'avance toutes les autorisations pour faire mes voyages à l'époque et de la longueur
que je voudrais, et tous les congés nécessaires pour m'ab-
senter. Il n'y avait plus rien à répliquer, et je ne pus même
m'empêcher de sentir tout ce qu'il y avait d'obligeant dans
sa démarche; je lui déclarai en conséquence que j'acceptais
la place de Montpellier.

Je pourrai donner encore une idée de la manière bourrue
avec laquelle le brave M. Cretet disait les politesses et gâ-
tait par la forme des idées qui avaient de la justesse. J'étais
chez lui un jour de grand gala avec M. de Laplace, alors
sénateur et fort en crédit. Celui-ci, voulant dire au ministre
quelque chose d'obligeant sur mon compte, s'approcha de
M. Cretet avec lequel je parlais et lui dit : « Monseigneur,
vous nous jouez un mauvais tour en envoyant M. de Candolle à Montpellier, nous comptions l'avoir sous peu à l'Institut. » M. Cretet se retourna vers lui d'un air colère et lui
dit : « Votre Institut! savez-vous ce que j'en voudrais faire
de votre Institut? — Quoi donc? dit M. de Laplace tout
ébahi du ton. — Je tirerais un coup de canon au beau mi-

lieu,» dit M. Cretet; je crus que M. de Laplace allait tomber à la renverse. «Oui, continua le ministre, je tirerais un coup de canon pour en disperser les membres dans toute la France. C'est affreux de concentrer à Paris toutes les lumières et de laisser les départements dans l'ignorance et l'oisiveté. J'ai tenu à envoyer M. de Candolle à Montpellier pour y porter de l'activité, etc.» Je ne pouvais être que flatté du rôle que je jouais dans cette scène, mais je ne pouvais aussi me défendre d'un rire intérieur à la vue des deux interlocuteurs.

Dès qu'il fut décidé que j'acceptais la place, la Faculté de médecine de Montpellier s'occupa à faire sa présentation; mais avant d'y procéder elle fit un petit sacrifice à son ancienne réputation : elle commença par me donner le diplôme de docteur de la Faculté de Montpellier, puis elle présenta M. de Candolle, de sa Faculté. Je reçus les deux actes à peu de jours de distance. La Classe des sciences de l'Institut me présenta aussi comme candidat; j'y obtins l'unanimité des voix, moins un billet blanc ! Enfin ma nomination, datée du 15 janvier 1808, me parvint le 24 février.

Décidé à ne point me prévaloir ni des offres du doyen de l'École de ne pas résider, ni des autorisations d'absences illimitées que le ministre m'avait données, je fis sur-le-champ mes combinaisons et mes préparatifs pour aller à Montpellier aussitôt, pour m'y installer, faire mon cours et aller ensuite voyager. J'acquis les meubles que je pensais devoir emmener de Paris ; j'emballai ma bibliothèque et mon herbier, et vers la fin de mars je partis pour Montpellier avec ma femme, sa femme de chambre et mon fils âgé de dix-huit mois.

Le voyage fut heureux, excepté qu'Alphonse fut légèrement malade à Autun. Nous trouvâmes tant de sympathie pour notre inquiétude à l'hôtel de la poste, que dès lors je m'y suis toujours arrêté, même sans utilité, toutes les fois que j'ai traversé cette ville. Le reste du voyage n'offrit au-

cun incident remarquable. Je ne me doutais pas, alors de
l'importance que cet acte de ma vie aurait sur ma destinée.
Dégoûté des intrigues et des cabales qui m'avaient écarté
de l'Institut, je voyais avec joie que je leur échappais, mais
j'espérais bien être rappelé sous peu par une élection qui
me fixerait à Paris sans sollicitations de ma part. Je regrettais mes bons amis Desfontaines, Duméril, Cuvier, Delessert, etc., etc., mais je comptais bien revenir les voir chaque
année. Je regrettais, surtout pour ma femme, l'habitation
commune avec sa famille, mais nous nous consolions par
l'espèce d'indépendance qui devait résulter de notre nouvelle
position. Enfin, si je regrettais Paris et les secours que son
séjour offre aux savants, je n'étais pas indifférent au plaisir
de diriger un Jardin botanique, de former des élèves, de
développer une institution longtemps négligée. Ainsi, à tout
prendre, j'avais oublié toutes mes résistances et j'étais très-
disposé à voir en beau ma nouvelle carrière. J'avais précisément trente ans ; j'étais, par conséquent, dans l'âge de la
force physique et intellectuelle ; je me fiais en entier aux
chances de l'avenir.

LIVRE TROISIÈME

Age viril. — Séjour à Montpellier. — 1808 à 1816.

---

§ 1. ÉTABLISSEMENT A MONTPELLIER.

Mon séjour à Montpellier, vu de la distance de plus de deux cents lieues et après une vie active, me semble comme un jour dans ma carrière. J'ai quelque peine à en tracer les phases dans mon souvenir. Il pourrait bien m'arriver, par conséquent, de faire dans mon récit quelques transpositions d'époques; mais comme fort heureusement je ne suis pas un personnage historique, et que peut-être personne ne lira ce que j'écris, ces légères erreurs, s'il y en a, n'auront aucune conséquence.

Mon arrivée à Montpellier, à la fin de mars 1808, est une époque assez importante dans ma carrière. Jusqu'alors j'avais vécu à Paris sans état fixe et avec les habitudes d'un commençant; je n'étais dans le monde et dans les sciences qu'un jeune homme que l'on recevait avec bienveillance, mais que son peu de fortune et sa privation de carrière positive rendaient un peu dépendant des uns et isolé des autres. Je commençai, en arrivant à Montpellier, à m'apercevoir des indices d'une autre existence. Le jour même de mon arrivée tous mes collègues vinrent me faire des visites très-aimables, les employés du Jardin vinrent prendre mes ordres, le préfet vint lui-même m'engager à dîner chez lui. La plupart des amis et parents de M. Chaptal me firent des avances, et les familles protestantes, qui me connaissaient de nom par leurs relations avec Genève, m'accueillirent avec une bonté parfaite. Je fus, je l'avoue, extrêmement sensible à cette réception, et une impression très-favorable se fit dès ce moment dans mon esprit, je dirai presque dans mon cœur.

A peine arrivé, j'annonçai au doyen de l'École, M. Dumas, mon désir d'accélérer mon cours, afin d'aller faire ensuite mon voyage botanique. Il fallut procéder de suite à mon installation. Elle fut fixée à peu de jours de distance, et Dumas ne me communiqua que la veille le discours auquel je devais répondre. Ce soir-là je n'étais pas en train d'écrire, et je me couchai sans avoir rien rédigé d'un discours que je devais prononcer en grand public le lendemain à dix heures. Ma femme en était toute troublée ; je dormis bien : je me levai à huit heures ; à dix heures le discours était fait. Il était court et eut assez de succès. Lorsque je le vis quelques jours, après inséré en entier et à mon insu dans le *Moniteur*, j'eus quelques regrets de l'avoir traité avec tant de légèreté. Je réparai cette brièveté l'année suivante à la rentrée de l'École, après les vacances. Je prononçai l'éloge de mon prédécesseur, Auguste Broussonet, homme pour lequel j'avais eu de l'amitié, et dont la vie un peu aventureuse et la fin extraordinaire étaient propres à ce genre de composition.

Son frère, Victor Broussonet, mon collègue à l'École de médecine, fut un de ceux qui me furent le plus utiles à mon arrivée ; lui et sa femme nous firent préparer notre appartement et nous aidèrent avec bonté dans tous les soins matériels qu'exigeait l'établissement d'un ménage. Broussonet nous rendit aussi un service essentiel, comme médecin, en rétablissant la santé d'Alphonse, que la fatigue du voyage et le changement de climat faisaient dépérir à vue d'œil. Nous avions encore dans la maison un abbé Durand (ancien compagnon de voyage de Broussonet, et conserva-

teur des collections du Jardin), qui à notre arrivée chercha
à nous être utile et s'était établi notre familier. Enfin, l'un
de mes collègues, M. Prunelle, ami de MM. Chaptal et Berthollet, et qu'à ce titre je connaissais un peu plus que les
autres, venait aussi sans cesse chez moi. Ma femme, accoutumée à la vie des femmes de Paris qui reçoivent tous
les soirs et sortent rarement, s'accommodait de cette société
incohérente dont je voyais déjà les inconvénients ; mais dans
ce premier séjour, qui devait être très-court, je ne cherchai
pas à l'en détourner.

Je commençai mon cours dès le lendemain de mon installation. J'avais pensé que, puisque les élèves restaient quatre
ans dans l'École, je devais combiner mes leçons de manière
à faire alternativement un cours d'organographie et de physiologie, terminé par un aperçu sommaire de classification,
et un cours d'histoire des familles, précédé par un aperçu
très-abrégé de la structure des organes. Je commençai par
le premier de ces cours qui était neuf à Montpellier, où
les leçons de botanique avaient toujours été réduites à la
démonstration des plantes. Il eut un grand succès parmi
les quatre à cinq cents élèves qui le suivaient, soit par la
nouveauté des idées, soit parce que j'improvisais, tandis
que jusqu'alors tous les cours étaient lus. Le succès de
l'improvisation fut tel dans l'École, qu'en peu d'années les
autres professeurs furent obligés d'adopter cette méthode,
sous peine de perdre leurs auditeurs. Je faisais une leçon
tous les jours et le dimanche je menais les jeunes gens herboriser à la campagne. Ainsi, en deux mois, je me trouvai
avoir achevé mon cours et je pus me préparer pour mon
voyage.

Mon père, quoique déjà âgé de soixante-douze ans, voulut
voir mon établissement et vint me faire une visite à laquelle
je fus profondément sensible. Il avait été à Montpellier cinquante ans auparavant, et se rappelait l'époque où l'on ne
parlait que patois dans toutes les sociétés ; mais il trouvait

la ville bien changée sous ce rapport, et parut heureux de me sentir placé comme je l'étais, dans un poste honorable et paisible, avec un bon logement, un beau jardin et un traitement suffisant pour vivre. Il se chargea de conduire chez lui, à Genève, ma femme et mon enfant, et le 1er juin je partis pour l'Italie accompagné d'un jeune jardinier nommé Sieulle, qui devait m'aider à recueillir des plantes pour les Jardins de Paris et Montpellier.

§ 2. VOYAGE EN TOSCANE (1808).

Cet article est resté en blanc dans le manuscrit. Les principaux résultats du voyage sont consignés dans le *Rapport au Ministre,* contenu dans les *Mémoires de la Société d'agriculture du département de la Seine,* v. XII, et imprimé à part en 1810.   (Alph. de C.)

§ 3. TROISIÈME PRÉSENTATION A L'INSTITUT [1].

J'arrivai à Genève le 1er octobre 1808, et fort à propos, car, par suite de l'état politique de l'Italie, toutes les lettres que j'avais écrites depuis un mois s'étaient perdues, et mes parents me croyaient mort : je m'étonnais alors de leur sollicitude ; depuis que j'ai été dans une position analogue je ne l'ai que trop comprise et je l'ai dépassée.

A peine fus-je resté quelques jours à jouir du plaisir de revoir ma famille et mes amis de Genève que j'appris la mort de Ventenat, l'un des membres de la section de botanique. Une place devenait ainsi vacante à l'Institut. J'étais trop près de l'époque où j'avais vivement désiré y entrer, et encore trop peu accoutumé à Montpellier pour abandonner mes anciennes prétentions. Je me décidai donc à partir immédiatement pour Paris. Mes concurrents, tous deux sans

---

[1] Quatrième en comptant l'indication par la section en 1799.
                                    (Alph. de C.)

aucune comparaison plus dignes de l'être que Beauvois, étaient Mirbel et du Petit-Thouars, mais il fut évident que ce dernier n'avait alors aucune chance, et la question roula entre Mirbel et moi. La section chargée de la présentation était partagée comme à la précédente élection : Desfontaines et Labillardière pour moi, Jussieu et Beauvois pour Mirbel ou plutôt contre moi, enfin Lamarck flottant, et décidant comme l'autre fois la présentation de Mirbel et moi *ex æquo* au premier rang.

Nos droits scientifiques étaient loin d'être aussi inégaux qu'à ma précédente présentation ; mais j'avais en ma faveur le souvenir de ma défaite, quelque peu d'ancienneté, et je crois un plus grand nombre de travaux incontestés et qui resteront dans la science [1]. Dans cette position j'aurais, je pense, été nommé, si on n'avait pas habilement exploité l'idée que j'étais inéligible puisque je résidais à Montpellier. Je donnai moi-même dans un panneau qui ajouta de la force à cette objection. On venait de constituer l'Université impériale. J'avais des faveurs à demander pour l'extension du Jardin de Montpellier. M. Delambre, trésorier de l'Université, me parut celui qui était le mieux placé pour soutenir cet établissement scientifique, je le lui demandai avec la chaleur que j'ai l'habitude de mettre à ce que je crois utile et qui ne m'est pas personnel. Quand j'eus, au contraire, à lui demander sa voix, je le fis avec la timidité que m'a toujours inspiré ce genre de démarches. Comme il était favorable à Mirbel, il crut, ou fit semblant de croire, d'après ce contraste, que si j'étais nommé je resterais à Montpellier ; il en répandit l'idée dans l'Acadé-

---

[1] Avant 1809, Mirbel n'avait certainement rien publié qui pût balancer la *Flore française*. La carrière de ce savant a présenté, du reste, une circonstance qui mérite d'être notée, car elle est extrêmement rare dans l'histoire des sciences : ses meilleurs travaux, ceux qui ont le plus d'originalité et de précision, ont été faits après l'âge de cinquante ans : je veux parler des *Recherches sur l'ovule*, en 1830, et *sur le Marchantia*, en 1833. Mirbel était né en 1776.   (Alph. de C.)

mie et en parla notamment au Bureau des Longitudes.
Là, neuf mathématiciens, membres de l'Institut, s'engagèrent à voter pour moi si je donnais ma parole de quitter la
place de Montpellier immédiatement après l'élection, et à
voter pour Mirbel si je refusais de prendre cet engagement.
Mon plan était de garder ma place jusqu'à ce que j'eusse
pu en trouver une à Paris qui me donnât de quoi vivre et
de venir en attendant chaque année passer l'hiver à Paris.
Cette combinaison était très-légitime : Broussonet, Proust,
Cassini père, etc., en avaient fait autant depuis vingt ans.
Quand on me communiqua la proposition du Bureau des
Longitudes, j'en fus choqué comme d'une sorte d'abus de
pouvoir. Je répondis que si j'étais nommé, je m'engageais à
remplir les clauses du règlement qui étaient d'avoir domicile à Paris et de ne jamais rester un an sans siéger à
l'Académie. Le Bureau vota pour Mirbel, quoique composé
en partie de mes anciens amis. Au scrutin je restai au-dessous de Mirbel de cinq voix ; j'en avais refusé neuf pour ne
pas trahir la vérité[1].

Cette défaite était facile à prévoir ; elle me fit très-peu
d'impression et me rattacha davantage à Montpellier. Quelques mois après, en mon absence, l'Institut voulut me donner un dédommagement et me nomma correspondant. On
m'assura dans le temps que j'avais été nommé à l'unanimité.
Je fus sensible à cette marque d'attention, mais la chose en
elle-même ne me fit pas une bien vive impression. J'étais
hors de cette fièvre d'élection qui domine les savants parisiens ; et je voyais déjà ces sortes de choses à leur vraie
valeur. Je n'eus dès lors d'autre ambition que la science
elle-même, et ne pensai plus qu'à l'opinion de l'Europe et
de la postérité. S'il s'y mêlait quelque autre idée, c'était

---

[1] Récapitulons : l'auteur a échoué en 1799 contre Boucher, Poiret et
Duchesne qui furent seuls admis par la Classe ; en 1800, contre Labillar-
dière ; en 1806, contre Palissot de Beauvois ; enfin, en 1808, contre Mirbel.
Il n'avait lutté que dans les deux dernières présentations. (Alph. de C.)

l'espoir de démontrer un jour par mes travaux que l'Institut
avait été deux fois injuste envers moi[1].

§ 4. RETOUR A MONTPELLIER.

J'employai quelques semaines à Paris à rédiger le rapport
de mon troisième voyage et à préparer les affaires relatives
à l'agrandissement du Jardin de Montpellier, et le 20 décembre 1808, par un froid très-vif, je partis pour le Midi.
Mme Torras et sa fille cadette vinrent avec nous : nous
étions dans deux voitures de poste ; le sol était couvert de
neige et de glace ; les routes si mauvaises qu'en voyageant,
tant qu'il faisait jour, nous ne pouvions faire quelquefois
que cinq ou six postes. A Pont-sur-Seine, où dès le premier
jour nous fûmes obligés de coucher dans une détestable auberge, nous trouvâmes le matin un pied de neige à la porte
intérieure de notre chambre ; chaque jour nous rencontrions
des voitures brisées, des rouliers arrêtés, etc. ; je n'ai jamais fait de voyage aussi pénible par sa longueur, par la
crainte des accidents et la responsabilité qui pesait sur moi,
ayant quatre femmes et un enfant à conduire. Il en fut ainsi
jusqu'à Montélimart ; puis tout à coup, en descendant la petite côte qui domine Donzère, la neige disparaît, le temps
devient clair, un beau soleil nous réchauffe, si bien que
nous ne savons que faire des duvets et couvertures jusque-
là si nécessaires ! La verdure de l'olivier, qu'on méprise
en été, nous donnait une idée du printemps. Jamais je n'ai
senti aussi vivement la limite brusque et presque sans transition qui sépare la région du nord de celle du midi. De là
jusqu'à Montpellier la route fut délicieuse, et notre nouvelle demeure se présenta à nous et à nos parents de la
manière la plus agréable.

[1] On verra comment il l'a réparé plus tard, en nommant mon père l'un
des huit associés étrangers, titre bien supérieur à celui de membre ou de
correspondant.   (Alph. de C.)

L'hiver se passa très-vite et sans événements. Je fis tous mes efforts (et la suite a prouvé que j'avais raison) pour lier ma femme avec les dames de la société protestante. On nous reçut de la réunion du Salon, qui avait lieu toutes les semaines et qui se composait d'une des meilleures sociétés de la ville. Je passais d'ailleurs tout mon temps occupé de mes nouveaux devoirs ; je soignais le Jardin, je fis faire des examens de médecine qui, vu mon peu de connaissance du sujet, me donnaient beaucoup de peine [1] ; je préparais mon cours et je soignais ceux des élèves qui mettaient de l'intérêt à la botanique. Au 1er avril, je commençai mon cours qui, comme le précédent, ayant lieu tous les jours, fut terminé à la fin de mai. M. Torras vint nous faire une visite ; il reconduisit toute la famille à Genève, et moi je partis le 1er juin, avec Dufresne, élève de l'École et natif de la partie de la Savoie qui avoisine Genève, pour aller faire mon quatrième voyage, dont Genève devait être le centre.

§ 5. QUATRIÈME VOYAGE BOTANIQUE EN PIÉMONT, ETC. (1809).

Ce paragraphe n'a pas été rédigé par l'auteur [2].

§ 6. RETOUR A MONTPELLIER. HIVER DE 1809 A 1810.

Au retour de ce voyage (1809), je restai quelques semaines à Genève auprès de mes parents. Vers l'automne, je m'acheminai à Montpellier avec ma femme et mon fils. Cet hiver se passa comme le précédent, mais d'une manière

---

[1] Le professeur de botanique était obligé d'interroger sur des sujets de médecine, et, en général, chaque professeur sur les branches enseignées par les autres. (Alph. de C.)

[2] Voyez le rapport sur le voyage de l'est, soit quatrième rapport, imprimé dans les *Mémoires de la Société d'agriculture*, v. XIII, et à part avec le précédent. (Alph. de C.)

plus agréable : mes relations s'accroissaient chaque jour dans le pays, et je jouissais d'une position dont j'appréciais les avantages. Comme elle a présenté peu de variété, je remets à la décrire plus tard, afin d'éviter trop de répétitions.

Je rédigeai le rapport de mon voyage pour le ministre, et, tout occupé des idées de distribution des végétaux, je fis pour le sixième volume du *Dictionnaire d'agriculture*, publié par le libraire Deterville, l'article Géographie botanique et agriculture. Cet article, noyé dans un dictionnaire, y a passé presque inaperçu, mais j'ose croire qu'il méritait plus d'attention.

Ce fut cette année que j'obtins la réunion d'un terrain considérable au Jardin et que je commençai à m'occuper de son arrangement, quoique j'en aie été nommé directeur l'année suivante seulement. Du reste, cet hiver paisible m'a laissé peu de souvenirs spéciaux qui méritent d'être notés. Au printemps je fis mon cours comme les années précédentes, en avril et mai, et le 1er juin 1810 je partis avec ma famille pour Paris, où je la laissai chez M. Torras, pendant que j'allai moi-même faire mon cinquième voyage en Alsace et en Belgique. Je ne pris pour cette tournée aucun compagnon, car je devais me trouver toujours dans des pays de plaine où je n'aurais presque rien à faire pour la botanique et où les observations agronomiques, qui devaient seules fixer mon attention, n'exigeaient pas d'aide matériel.

§ 7. VOYAGE D'ALSACE ET DE BELGIQUE (1810) ET INCIDENTS DIVERS.

Le récit du voyage n'a pas été rédigé par l'auteur [1].

[1] Voyez le rapport au ministre inséré dans les *Mémoires de la Société d'agriculture*, v. XIV, et publié à part en 1813.   (Alph. de C.)

Pendant ce voyage de 1810, je reçus, sans aucune démarche de ma part et même en ignorant qu'il en fût question, deux témoignages d'estime qui me furent agréables.
L'Université organisa la Faculté des sciences de Montpellier, et mon ami Cuvier m'y fit donner la chaire de botanique, avec la clause que le cours de la Faculté de médecine
serait commun aux deux Facultés, et que seulement, comme
je n'aurais aucune peine de plus, mon nouveau traitement
serait réduit à moitié. C'était un cadeau de 1500 francs de
revenu qui ne me donnait aucun travail. Peu après, le gouvernement alloua 4000 fr. de frais d'établissement pour le
nouveau terrain à ajouter au Jardin et 3000 fr. de revenu
annuel pour son entretien ; il l'annexa à l'ancien Jardin sous
le nom de Jardin académique et m'en nomma directeur, avec
l'injonction de le consacrer à l'amélioration de l'agriculture
du midi de la France. Je partis de Paris vers la fin de
l'année avec ma famille, et j'arrivai à Montpellier avec l'espoir d'y être utile à la science et au pays par cette nouvelle institution.

Aussitôt je m'occupai avec activité de son organisation.
Je fis faire de grands travaux pour planter et employer
convenablement le terrain. Tout cela marchait concurrem-
ment avec les autres devoirs de ma place, avec des travaux particuliers de botanique, avec des encouragements
soutenus donnés aux élèves qui témoignaient du zèle, et
avec une vie assez mondaine. Au printemps, je donnai
encore mon cours de bonne heure, et le 1er juin 1811 je
conduisis ma femme à Genève et je partis avec mon élève
Dunal, devenu mon ami et mon compagnon d'étude malgré
la différence d'âge, pour faire mon dernier voyage dans la
partie centrale de la France.

§ 8. VOYAGE AU CENTRE DE LA FRANCE (1811).

Ce paragraphe n'a pas été rédigé par l'auteur[1].

§ 9. RÉSULTAT DE MES VOYAGES. PROJET D'UNE STATIS-TIQUE VÉGÉTALE DE LA FRANCE.

Après avoir achevé ma tournée dans le centre de la France, je revins à Paris un peu malade. Cette circonstance, aussi bien qu'un certain nombre d'affaires à terminer, soit pour le Jardin de Montpellier, soit pour moi-même, me retinrent six semaines dans la capitale. J'y trouvai d'ailleurs beaucoup d'intérêt, à me mettre au courant des études et à revoir mes anciens amis. Je rédigeai le rapport de mon voyage pour le présenter au ministre de l'Intérieur. Je vins de là à Genève prendre ma femme et mon fils, et à l'entrée de l'hiver, je rentrai dans mes pénates languedociennes, pour m'y établir d'une manière plus fixe que je ne l'avais fait jusqu'alors. C'est réellement de cette époque (novembre 1811) que je pus me regarder comme définitivement établi à Montpellier, et c'est aussi pour elle que j'ai réservé le récit des impressions que ce séjour a laissées dans mon esprit. Je le ferai sans suivre un ordre chronologique, et en passant en revue d'une manière collective mes souvenirs relativement à mes travaux particuliers, à ma vie de famille et de société, et aux fonctions dont j'étais chargé. Voyons d'abord ce qui concerne mes travaux.

Je ne puis savoir ce que j'aurais fait pour la botanique si j'étais resté habitant de Paris, mais il me semble que la vie à laquelle je fus entraîné par suite de mes voyages et de mon séjour à Montpellier est loin d'avoir eu des conséquences fâcheuses pour mon développement intellectuel. On

---

[1] Voyez le sixième rapport au ministre dans les *Mémoires de la Société d'agriculture*, v. XV, et à part à la suite du précédent.   (Alph. de C.)

ne peut nier que la vie de Paris n'offre une foule d'occasions d'instruction et d'encouragements à l'étude; mais, sans parler des distractions qui y sont nombreuses et séduisantes, il y a pour un jeune savant quelques inconvénients que je connais par expérience. On est trop facilement entraîné à s'occuper d'objets divers, à l'occasion des travaux des autres, pour pouvoir suivre sa propre impulsion, du moins pour la suivre complétement; on y est trop excité à lire des mémoires dans les sociétés savantes ou à les publier dans les journaux pour se donner toujours le temps de les bien achever; on y est trop entouré de gens qui sollicitent ou obtiennent des récompenses pour ne pas se laisser aller à la fièvre des places, or cette fièvre détourne des travaux de longue haleine, et comme elle ne peut s'apaiser que par la faveur des hommes puissants, on se laisse entraîner à faire des ouvrages qui ne blessent pas leurs opinions plutôt que ceux qui tendraient à modifier profondément l'état de la science. On y vise plus à faire des travaux qui ne prêtent pas le flanc à la critique, que des travaux qui embrassent les questions vraiment ardues de la science. Sans m'être rendu compte de ces impressions, j'éprouvai, au bout de peu de temps, que je me sentais plus libre, plus moi-même quand j'eus quitté Paris et changé totalement de vie. Mes voyages me servirent en particulier à étendre mes idées sur la botanique géographique, l'agriculture générale et même sur plusieurs points de la statistique et de l'art d'observer. Quelque soin que je misse à voir avec attention tout ce qui se présentait à moi, il me restait encore bien des heures d'oisiveté, et je pris l'habitude de les employer à méditer sur toutes les théories de la philosophie générale de la botanique. Mes travaux prirent dès lors une direction plus élevée, et l'obligation de faire des cours publics tendit encore à développer mes réflexions sur ce genre de questions.

Pendant mes six années de voyage, et surtout dans les deux dernières, j'avais beaucoup pensé à la manière la plus avantageuse de lier les faits nombreux que j'avais recueillis sur l'histoire des plantes de France et d'en rendre compte au public. J'étais arrivé à un plan vaste et nouveau qui, je le crois, aurait produit un ouvrage assez important. Je me mis à l'œuvre avec ardeur ; mais l'immensité du travail, l'attrait que m'inspirait la botanique proprement dite et le découragement que m'inspira, en 1814, le changement des limites de la France , sous ce point de vue qu'il entraînait un remaniement complet de mon travail, ces diverses causes réunies ont fait que je n'ai pas achevé mon entreprise : j'en ai des fragments considérables terminés, mais il est plus que probable que je ne donnerai jamais suite à ce travail. Je pourrai tout au plus en extraire quelques morceaux pour les publier à part ou les enchâsser dans quelques autres écrits. Je crois que cet ouvrage aurait eu de l'intérêt et aurait créé un nouveau genre de livres, intermédiaire entre les *Flores* et les *Statistiques*. Je me proposais de le nommer *Statistique végétale de la France*. Peut-être me sera-t-il permis d'en tracer ici le plan, afin que si ces feuilles sont jamais lues, un autre plus heureux que moi puisse exécuter et améliorer ce que je n'ai fait qu'esquisser.

La *Statistique végétale* devait laisser de côté les descriptions des espèces, les classifications purement botaniques, la synonymie didactique et la désignation des localités spéciales des plantes. Tout cela fait partie de la Flore proprement dite ; mais en considérant le règne végétal sous un rapport plus étendu, elle devait présenter : 1° la distribution générale des végétaux sauvages ou la géographie botanique de la France, et 2° les rapports des plantes de la France avec les besoins divers des hommes.

Dans la première partie, après une exposition abrégée de la géographie botanique (telle à peu près que je l'ai exposée dans le *Dictionnaire des sciences naturelles* en 1820) je divisais la France en un certain nombre de régions physiques ; je peignais pour chacune d'elles sa végétation et j'exposais les circonstances du climat qui pouvaient avoir influé sur elle : ainsi je présentais le tableau de la nature physique et de la végétation du nord-est, des côtes de l'ouest, de la région des oliviers et des diverses chaînes de montagnes. Puis, reprenant les mêmes objets d'une manière plus détaillée, je donnais la théorie des *stations* proprement dites, et je faisais l'histoire des plantes de France marines, maritimes, aquatiques, des marais, des prés, des guérets, des sables, des rochers, etc. Dans ce double cadre rentraient tous les faits généraux relatifs à la distribution des plantes sur la surface du sol.

Dans la seconde partie, consacrée aux rapports des plantes avec l'homme, j'exposais d'abord les lois de la géographie botanique agricole, et je montrais les grandes différences de la distribution des plantes cultivées et des plantes sauvages. Puis, passant en revue les divers besoins de l'espèce humaine, je montrais jusqu'à quel degré le règne végétal y pourvoit. Ainsi je divisais les plantes en alimentaires, médicales, vestimentaires, tinctoriales, etc., et dans chacune de ces classes et de leurs sous-divisions, j'exposais : 1° ce que la nature sauvage produit d'elle-même pour remplir cette destination ; 2° ce que l'agriculture y a ajouté, et 3° ce que le commerce y joint comme complément. Ainsi, je suppose, s'il s'agissait de l'huile, je donnais : 1° l'énumération des végétaux oléifères spontanés et l'appréciation de leur mince produit ; 2° l'histoire de la distribution de la culture et du produit des plantes oléifères qui font partie de l'agriculture ; 3° l'appréciation des huiles importées pour combler le déficit soit des huiles en général, soit de certaines huiles en particulier.

A cet ouvrage devait être joint un atlas que j'avais combiné de manière à en faire par lui-même une publication de quelque importance : je voulais y représenter les régions botaniques et agricoles, les divisions physiques qui influent sur la végétation, telles que la nature minéralogique de la sur-

face du sol, les hauteurs au-dessus du niveau de la mer, etc.;
puis une carte spéciale de chaque classe de culture devait
indiquer les diverses provinces où elle est établie et souvent
le mode même de culture. Ainsi, pour suivre à l'exemple cité
tout à l'heure, une carte des huiles aurait indiqué la région
des oliviers, celle des noyers et celle des herbes oléagi-
neuses ; une carte des boissons fermentées aurait montré la
région des pommiers à cidre, celle du houblon pour fabriquer la bière, et celle de la vigne, sous-divisée d'après les
modes divers de culture.

Pour rendre toutes ces cartes parfaitement comparables
et diminuer la cherté de l'entreprise, j'avais conçu un système d'atlas, je crois assez nouveau, et applicable à d'autres buts. Toutes les cartes étaient sur le même format ;
chacune d'elles devait être réduite à ce qui est rigoureusement relatif à l'objet auquel elle serait consacrée et imprimée sur un papier fin et transparent. Une seule carte mobile, imprimée sur un carton ou papier très-ferme, portait l'indication des rivières, villes et démarcations générales. Au moyen de repères fixes, on pouvait placer cette
carte, base de tout le système, sous chacune des cartes
transparentes et on traçait, pour ainsi dire, sur elle à volonté toutes les divisions physiques, botaniques et agricoles,
dont les cartes transparentes portaient la trace. J'avais
commencé l'exécution de ces diverses cartes au moyen d'un
dessinateur intelligent et docile (M. Node Véran) que j'avais
formé dans le but de dessiner les plantes du Jardin, et qui,
par son exactitude habituelle, était très-propre à dessiner
des cartes de géographie.

Ce système d'atlas aurait, ce me semble, des applications
heureuses dans l'enseignement si utile et si négligé de la géographie. Il servirait, en particulier, à faire comprendre avec
une extrême facilité la géographie historique : ainsi, par
exemple, sur la carte de l'Europe actuelle, on appliquerait
le transparent qui représenterait ou l'empire romain ou les

diverses phases du moyen âge, et à l'instant même on ferait
sentir les circonscriptions ou les positions relatives des villes
et des provinces. Sur la carte de la France, divisée en provinces, on appliquerait le transparent de la division départementale ou l'inverse, et un seul coup d'œil servirait
ainsi à faire voir les changements successifs de la surface
du pays.

Tel était le plan qui s'était graduellement élaboré et mûri
dans ma tête pendant les six années de mes voyages d'observation et dont j'ai poursuivi l'exécution pendant trois ans
avec ardeur. J'en étais alors très-enthousiasmé, et aujour-
d'hui encore (1834) je suis persuadé qu'il était de nature
à produire un livre qui aurait marqué dans l'histoire des
sciences d'application. Il n'en est resté que des fragments,
lesquels, bien que nombreux, ne constituent pas un ensemble, et dont la vue m'inspire toujours des regrets, soit
à cause du temps que j'y ai consacré sans achever, soit à
cause de l'interruption même d'un travail qui me plaisait.
Ce n'est pas par paresse ni par découragement non motivé
que j'ai abandonné cette entreprise. J'ai déjà indiqué un
des motifs, le changement de circonscription en 1815. Il
m'arriva aussi ce qui arrive je crois à tous les voyageurs,
c'est qu'en me mettant à l'ouvrage je m'apercevais sans
cesse que j'avais négligé de recueillir certains documents
dont je sentais l'utilité. Je faisais en sorte, il est vrai, d'y
suppléer ou par la correspondance, ou par l'étude des écrits
locaux ; mais tout cela ne répondait qu'imparfaitement à
mon but, et il aurait fallu, pour ainsi dire, recommencer
mes voyages une fois mon plan arrêté.

§ 10. SUPPLÉMENT A LA FLORE FRANÇAISE.

Une autre difficulté m'obligea à rentrer dans le domaine
de la botanique pratique. La base de tout mon travail devait être une énumération soignée des végétaux dont je

voulais faire l'histoire. Je dus donc m'occuper de l'étude détaillée des plantes que j'avais recueillies dans mes voyages, afin de compléter la *Flore française*, ce qui a donné lieu au supplément, soit sixième volume de cet ouvrage. Ce travail n'a pu paraître qu'en 1815, quoiqu'il eût été préparé plus tôt ; c'est au moment des désordres qui ont accompagné à Montpellier la seconde restauration que j'y ai mis la dernière main. La préface a été achevée le 2 juillet 1815, au milieu des coups de fusil et des obus, et je me suis permis d'y inscrire cette date comme une sorte de preuve que, même dans ces jours orageux, je n'abandonnais pas l'étude.

Ce volume, tout de détails, contient la description d'un assez grand nombre de plantes nouvelles, et la rectification des erreurs faites par moi-même dans l'ouvrage, ou ailleurs par d'autres botanistes. J'étais en particulier obligé de citer les noms erronés ou abandonnés que les plantes de France avaient reçus des botanistes, et un de ceux qui avaient le plus commis de ce genre d'erreurs était M. Picot-La Peyrouse, qui, dans son Histoire des plantes des Pyrénées, avait montré l'ignorance et la partialité les plus grossières. Je me bornai à citer ceux des noms qu'il avait admis dont j'avais des preuves authentiques, et quoique ce ne fût qu'une très-petite partie de ses bévues, il se trouvait fréquemment dans la synonymie. Ce procédé est d'usage dans tous les livres de botanique ; il s'emploie entre les meilleurs amis et ne passe point pour offensant ; néanmoins M. La Peyrouse entra dans une fureur prodigieuse contre moi et publia un supplément à son livre qui n'est, à vrai dire, en ce qui me concerne, qu'un recueil d'injures et de calomnies. J'aurais pu sans peine relever ses réponses, mais je restai fidèle à mon principe d'éviter toute querelle de plume et ne répliquai rien. Lui-même mourut peu de temps après, emportant son fiel, et assez promptement le public botanique reconnut l'injustice de ses attaques. Toutes mes critiques ont été confirmées, je crois, sans exception.

Un jeune botaniste anglais, M. Bentham (devenu dès lors
un des plus distingués), ayant, à la suite d'un voyage aux
Pyrénées, obtenu la vue de l'herbier de La Peyrouse, que
celui-ci m'avait refusée, y a vérifié mes assertions et découvert un nombre de bévues si énorme que l'on a peine
à comprendre aujourd'hui qu'un pareil homme ait eu la
moindre célébrité. C'est ainsi qu'il avait pris une feuille
de fève tombée dans un étang pour une nouvelle espèce
de potamogeton, un mille-pertuis pour une gentiane, etc.
Il a de plus été avéré qu'un grand nombre des plantes qu'il
dit avoir trouvées dans les Pyrénées n'y croissent point,
et que les localités de celles qu'on y trouve sont très-
fréquemment indiquées par lui d'une manière fausse. J'ai
donc été pleinement vengé de ses injures, sans m'en donner
aucun souci, et par le mépris seul où ses ouvrages sont
tombés [1].

[1] L'éditeur supprime ici des imputations graves de M. Chaptal, ministre
de l'intérieur, sur M. Picot-La Peyrouse, considéré comme maire de la
ville de Toulouse. Elles seraient de nature à blesser ses descendants, s'il en
existe, et il vaut mieux éviter des discussions maintenant inutiles. La colère
de M. La Peyrouse contre l'auteur de la *Flore française* remonte, à ce qu'il
paraît, à une lettre confidentielle et peu convenable de M. Gouan, lettre qui
est en mains de M. Moquin-Tandon et dont il a bien voulu me donner copie.
Cette lettre était de nature à inspirer des préventions, et Gouan lui-même
pouvait en avoir contre un jeune homme qui préférait la méthode naturelle à
celle de son illustre correspondant Linné. « Nous avons ici,» disait-il le 1er juin
(sans doute 1807), « nous avons ici M. de Candolle, qui a pris et vu dans nos
« herbiers toutes les notes qu'il a voulu. Il n'a pas fait deux lieues dans nos
« environs, et comme je suis franc, je lui ai dit qu'il m'avait l'air de faire la
« *Flore française* dans le cabinet et sur les herbiers qu'on lui ferait voir. Et
« je crains qu'aux Pyrénées, il n'envoie des émissaires pour ramasser, et
« ensuite en parler comme s'il avait herborisé, lui, en personne. Tous ces
« Messieurs de Paris n'ont pas le *pied-marin;* ils craignent de trouver du
« gravier sous les pieds. » Dans ce temps un herbier était un trésor, en
quelque sorte personnel. On le montrait, mais il paraît qu'on n'entendait
pas que les visiteurs pussent en profiter librement. Mon père a beaucoup
contribué à l'usage actuel d'ouvrir libéralement les herbiers, à condition,
pour chaque visiteur, de citer la collection dans laquelle il a puisé un document. La *Flore française* n'a pas si mal réussi pour avoir été faite en
grande partie au moyen des herbiers. Par parenthèse, le jeune voyageur,

§ 11. TRAVAUX BOTANIQUES DIVERS.

Le travail qu'exigeait le supplément de la *Flore française*
m'entraîna dans quelques travaux monographiques. Je rédigeai alors et publiai dans les *Mémoires du Muséum* une
série de mémoires sur quelques genres de champignons parasites : *Sclerotium*, *Xyloma*, etc. J'en avais préparé un
sur les sphéries parasites des feuilles et j'avais fait faire
une jolie planche coloriée ; le dessin en fut perdu chez M.
Deleuze, ce qui m'a empêché de le publier. Dans le même
temps j'eus occasion de découvrir aux environs de Montpellier le champignon qui produit la maladie connue des
agriculteurs sous le nom de *Luzerne couronnée* ; je le nom-
mai *Rhizoctonia*, et je donnai sur le genre un mémoire spé-

censé de Paris, et qui n'avait pas le *pied-marin*, avait fait déjà des centaines de lieues en herborisant lorsqu'il passa à Montpellier, de sorte que
l'assertion ne fait pas honneur à la perspicacité de Gouan. Quant à M.
Picot-La Peyrouse, la simple citation, sous la forme usitée de synonymes,
des erreurs qu'il avait faites, le mit dans une colère extrême. Elle augmenta ensuite au point de le faire imprimer en tête de son *Supplément à l'histoire abrégée des Pyrénées*, en 1818, un article fort ridicule d'un journal de
Toulouse, dans lequel on disait que la publication du *Systema* de mon père
avait été « annoncée dans les rues et les places de Genève au milieu des
« fanfares, au bruit des trompettes, des clairons et des cymbales. » Assurément, si les compatriotes de M. La Peyrouse ont imaginé de lui faire croire
une chose semblable, ils avaient une bien petite idée de son esprit, ou peut-
être on a voulu mystifier un homme que la passion aveuglait. Quoi qu'il en
soit, et au point de vue botanique, le seul qui mérite de nous occuper, les
erreurs de M. Picot-La Peyrouse ont été surabondamment démontrées par
les botanistes modernes au moyen de son herbier et des plantes qu'il avait
nommées dans les herbiers de Xatard et de Marchand. On peut consulter
là-dessus : Bentham, *Catalogue des plantes des Pyrénées*; Paris, 1826 ; Arnott, dans Jameson, *Philos. Journal*, décembre 1827 ; Clos, *Révision comparative de l'herbier et de l'histoire abrégée des Pyrénées de La Peyrouse*,
dans les *Mémoires de l'Académie des sciences de Toulouse*, 1857 ; enfin
Timbal-Lagrave et H. Loret, *Bulletin de la Société botanique de France*,
1860, p. 16. Ces derniers auteurs disent (p. 18) : « Nous nous bornons à
exposer des faits, persuadés que le lecteur saura en déduire, comme nous,
la triste conclusion qui en découle naturellement. »   (Alph. de C.)

cial. Ç'a été mon dernier écrit sur la cryptogamie, mais j'ai
toujours continué à m'intéresser à l'étude au moins des
champignons. Dans le but de les observer, j'engageai le
maire de Montpellier à donner ordre aux paysans qui apportaient des champignons au marché de me les montrer
pour vérifier s'il n'y en avait pas de vénéneux. J'eus ainsi
une occasion facile de voir tous les champignons du pays
qui passent pour comestibles. Je recueillis les renseignements des paysans, je les vérifiai et je mangeai moi-même
de toutes les espèces qu'on disait salubres; après cette expérience prolongée, je fus frappé de la vérité des assertions
des paysans. Ce fut une occasion de voir un grand nombre
d'espèces nouvelles; je les décrivis dans le supplément de
la *Flore*, et j'en fis faire par Node Véran de belles figures
coloriées, qui sont restées inédites avec beaucoup d'autres
exécutées avant ou après cette époque.

J'avais alors trop d'occasions d'étudier les plantes phanérogames, et les environs de Montpellier fournissaient trop
peu de cryptogames, pour m'engager à poursuivre ce genre
de recherches que j'avais tant aimé dans ma jeunesse. Je
donnai du soin à l'étude de la flore de Montpellier, soit
dans ses rapports avec celle de la France, soit pour la direction du Jardin et l'enseignement. Outre un grand nombre d'herborisations dans les environs de la ville, je fis en
1812 une course aux Cévennes avec mes élèves Dunal et
Colladon, et plus tard une autre aux Capouladoux et cantons voisins. Ces courses étendirent mes connaissances sur
le midi de la France; elles me firent voir quelques objets
nouveaux et débrouiller les ouvrages des anciens botanistes de Montpellier qui étaient fort supérieurs aux modernes. Magnol, en particulier, est un botaniste très-recom-
mandable par sa précision, tandis que Sauvages et Gouan
n'ont fait autre chose que répandre des confusions ou des
erreurs sur les plantes du Languedoc. Les résultats de ces
recherches ont été consignés soit dans le supplément de

la *Flore française*, soit dans le *Catalogue du Jardin de Montpellier*.

Plusieurs des faits généraux relatifs à la végétation de la France ont trouvé place dans quelques écrits que j'ai publiés à peu près à cette époque, par exemple dans mon *Mémoire sur les hauteurs auxquelles croissent les plantes de France*, inséré parmi ceux de la Société d'Arcueil, et plus tard dans mon *Essai élémentaire sur la géographie botanique*, sur lequel, je pense, j'aurai occasion de revenir.

Le *Catalogue du Jardin de Montpellier* fut commencé pour le service de l'établissement et par imitation de ce que font la plupart des directeurs de Jardin. Il me donna beaucoup de peine à cause du nombre des objets que je fus appelé à déterminer avec soin; je n'ai point trouvé que son utilité répondît à ce travail; il n'a servi qu'à donner à d'autres la facilité de demander ce que nous avions et nullement à nous faire arriver de nouvelles plantes. Mais pour tirer quelque parti de ce travail fastidieux, je pris note des objets nouveaux ou peu connus que j'y insérai, et je rédigeai une série d'articles descriptifs qui, placés à la fin de l'ouvrage, lui ont donné quelque valeur.

J'arrive enfin à la partie capitale de mes travaux de Montpellier, ou plutôt de ma vie tout entière, je veux parler de la *Théorie élémentaire de la botanique*, dont la première édition a paru au mois de février 1813.

Depuis longtemps, je dirai presque depuis le commencement de ma carrière, j'avais conçu les traits généraux de cette théorie, et les idées de soudure, d'avortement et de dégénérescence des organes considérés comme moyen d'expliquer les aberrations d'une symétrie normale, me semblaient les bases de la philosophie botanique; mais plus je sentais l'importance de ces idées, moins je voulais m'aventurer à les publier avant de les avoir bien méditées et avant d'être assez connu pour les présenter avec un certain poids et une certaine confiance. Étant placé à la tête d'une grande école, et ayant par la *Flore française* acquis un peu d'autorité dans la science, je crus le moment favorable pour la manifestation de mes principes, et je me décidai à les publier rapidement, parce que j'eus lieu de craindre que des élèves, profitant de ce que je disais dans mes cours, ne les publiassent tronqués et incohérents. J'avais, dans ce but, écrit différents chapitres spéciaux, mais ce fut dans l'hiver et au printemps de 1812 que je me mis à l'œuvre sérieusement[1]. Quoique j'eusse depuis longtemps médité ce sujet, je fus surpris du nombre des idées nouvelles qui se présentèrent à moi au moment où je me mis à coordonner mes pensées et à rédiger. C'est un service que la rédaction rend assez généralement, et c'est ce qui explique pourquoi les amateurs, qui ne sont jamais appelés à ranger leurs idées, font si rarement des découvertes, quoique plusieurs d'entre eux soient très-capables d'en faire.

L'ordre général du livre appelait pour ainsi dire mon esprit à passer en revue tous les faits que j'avais observés et à les classer sous un point de vue nouveau. Aussi il y avait des moments où, effrayé moi-même du développement que prenait mon travail et du nombre d'idées nouvelles qui découlaient de mes principes, effrayé, dis-je, de la multitude de ces aperçus, je m'imaginais que j'étais peut-être tombé sur ce point dans une espèce de démence. De temps en temps je quittais mon travail pour aller confier mes inquiétudes à ma femme et la prier de m'observer avec soin pour démêler si, dans ma conversation, je ne donnais pas quelque indice de folie. Elle m'assurait aussitôt que non, et cependant j'étais toujours dans l'inquiétude, sinon d'être vraiment fou, du moins que quelque erreur grave de logique ne se fût glissée à mon insu parmi les bases de mon travail.

---

[1] Déjà dans plusieurs voyages j'avais eu l'habitude de rédiger de tête mes observations pendant l'oisiveté du transport en voiture, et de les mettre par écrit en arrivant dans les auberges. Ma mémoire était assez bonne pour ne pas perdre un mot de ces rédactions qui m'ont fait gagner beaucoup de temps.

En conséquence, je me décidai à aller immédiatement après la fin de mon cours faire un voyage à Paris, dans le but d'y consulter le seul homme qui m'inspirât une pleine confiance sur un pareil sujet, mon ami M. Correa. J'étais sûr, en effet, de son amitié, de sa discrétion, de ses connaissances botaniques et de la haute portée de son esprit. J'arrivai chez lui en tremblant, pour lui demander d'entendre la lecture des parties capitales de mon travail et le prier de m'en dire franchement son avis. Il y consentit et écouta ma lecture pendant quelques matinées. Son opinion fut formulée par ce seul mot : *Imprimez*, et quand je lui demandais quelques détails, que je sollicitais les objections, que j'exprimais des craintes sur le succès, il me répétait : *Imprimez*. Ce ne fut qu'à force de causeries que j'obtins de lui, non des objections, mais quelques observations, spirituelles à son ordinaire, et que j'ai quelquefois insérées dans mon ouvrage.

Fort de l'approbation et des encouragements de l'homme que je regardais comme le plus *idoine* à ce genre d'examen, je revins à Montpellier, et après quelques travaux ultérieurs je me décidai, à la fin de 1812, à faire imprimer sous mes yeux cette *Théorie élémentaire* qui m'avait tant occupé.

Le succès justifia les prévisions de Correa et mes propres espérances. Divers journaux, notamment celui des *Débats*, en rendirent un compte très-brillant. Elle a été dès lors traduite en allemand, d'abord par M. Rœmer, de Zurich, qui y joignit des observations propres à démontrer qu'il ne l'avait pas comprise, et, plus tard, par M. Sprengel, qui, unissant dans l'ouvrage ses idées aux miennes, et dans le titre son nom au mien, en fit un livre vraiment absurde, où la fin de chaque chapitre est en opposition avec le commencement, et qui, malheureusement pour moi, a été traduit en anglais par M. Jameson. MM. Savi, de Pise, et Lagasca, de Madrid, m'ont écrit qu'ils avaient, pour leurs leçons, traduit la *Théorie* en italien et en espagnol; mais ces traductions n'ont pas été publiées. D'ailleurs le succès de l'ouvrage a été constaté, soit par la manière dont il a été fréquemment cité par mes contemporains, soit parce que j'ai dû, assez promptement, en faire une seconde édition, qui est épuisée [1].

Indépendamment de ces ouvrages de longue haleine, je fus entraîné à m'occuper encore de quelques objets spéciaux. L'analyse de certaines caryophyllées me fit découvrir les filets qui vont de la base du style joindre, au travers de l'ovaire, le sommet du placenta, et qui sont évidemment les conducteurs de la fécondation. Je rédigeai un Mémoire à ce sujet, et dans l'un de mes voyages à Paris, je le portai avec moi pour le lire à l'Institut. Je ne voulus pas prendre la parole à la première séance où j'assistais ; à la suivante, lorsque je la demandai au président : « Ah ! me dit-il, nous aurons de la botanique aujourd'hui, car M. de Saint-Hilaire vient de me demander aussi la parole. » En effet, Saint-Hilaire lut un Mémoire qui présentait tous les mêmes faits que le mien. Lorsqu'il eut achevé, je déclarai que ce que je voulais lire était si parfaitement identique avec ce qu'on venait d'entendre, qu'il me paraissait superflu de donner lecture de mon Mémoire. Celui de M. de Saint-Hilaire n'avait point de planche ; je lui donnai la mienne, dont quelques figures ont été adoptées pour son travail. Ainsi cette petite découverte se trouva comme mort-née, ou du moins ne porta pas mon nom.

A peu près à la même époque je m'occupai de diverses monographies. Mon herbier renfermait plusieurs espèces du genre *Ochna*; en les étudiant, je compris la nécessité d'établir une nouvelle famille de plantes, et après avoir recherché dans les herbiers de Paris toutes les espèces qui s'y rapportent, je présentai à l'Institut et publiai, en 1811, une monographie de cette famille, qui en a fixé l'existence et en a fait connaître beaucoup d'espèces.

[1] A la demande des libraires j'ai fait paraître, en 1844, une troisième édition qui n'est à peu près qu'une réimpression.   (Alph. de C.)

Je fus de même conduit à faire la monographie des biscutelles par la facilité que je trouvai à en étudier vivantes plusieurs espèces aux environs de Montpellier. Ce
travail a paru dans les *Annales du Muséum*, et ensuite
dans le recueil de mes *Mémoires;* un travail analogue sur
les-*asperula*, fait à la même époque, ne fut pas imprimé, et
a servi plus tard dans le quatrième volume du *Prodromus*.
Déjà, dans les derniers temps de mon séjour à Paris, j'avais
commencé à m'occuper de la famille des Composées. Un
travail descriptif assez considérable sur le genre *conyza*,
fait dans ma première jeunesse, m'avait montré à quel point
les genres de cette famille étaient mal établis; d'autres
recherches analogues m'avaient fait entrevoir que les coupes principales elles-mêmes avaient été fondées sans aucune logique, et déjà dans la *Flore française* j'étais revenu
à l'idée d'Adanson de considérer les Composées comme une
famille unique. Je repris ce travail vers 1807, et je donnai
deux mémoires sur les cynarocéphales, qui ont été publiés
dans les *Mémoires du Muséum d'histoire naturelle*, et que
l'Académie avait jugés dignes de paraître parmi ceux des
Savants étrangers. Un troisième mémoire, plus important
que les deux précédents, fut présenté à l'Institut en 1808.
J'y établissais une nouvelle tribu dans la famille, sous le
nom de tribu des Labiatiflores. Je venais de lire ce travail,
qui fut approuvé comme les précédents, lorsque j'appris que
mon ami M. Lagasca s'était occupé, à Madrid, du même
sujet, et comme c'était lui qui, sans me faire part de ses
idées, m'avait communiqué la plupart des plantes de ce
groupe que j'avais observées, je ne voulus pas publier mon
travail avant de connaître ce qu'il avait fait. M. Bonpland
me communiqua un mémoire manuscrit de M. Lagasca,
qui me prouva qu'avec certaines différences dans les termes
et des matériaux plus abondants que les miens, M. Lagasca
était arrivé aux mêmes résultats. A cette époque, la guerre
entre la France et l'Espagne, et les désordres de ce mal-

heureux pays, rompirent toute communication entre Lagasca et moi. Après quelques années d'attente, je me décidai cependant, en 1812, à publier mon Mémoire, en y
joignant les genres établis dans le manuscrit de Lagasca, et
en lui demandant, dans la préface, d'agréer cette sorte de
communauté. J'ignorais alors qu'en 1811 Lagasca avait
publié, dans la petite ville d'Orizuela, son mémoire primitif. Malheureusement la haine des Espagnols contre les
Français l'avait engagé à changer les noms des genres qu'il
avait lui-même établis, lorsque ces noms étaient dédiés à des
Français. Je les avais admis par respect pour son droit,
et il est résulté de là que, lorsque les deux mémoires ont
été publiés, il y a eu une sorte de confusion, déterminée
par cette double publication. J'ai cru devoir conserver les
noms primitifs de Lagasca, car la science ne doit rien avoir
à démêler avec les animosités nationales, et dans le septième
volume du *Prodromus*, j'ai tâché de rétablir avec soin ce
qui, dans ce travail, était dû à M. Lagasca et ce que je
pouvais moi-même réclamer.

§ 12. FLORE DU MEXIQUE.

Si les troubles de l'Espagne m'ont dérangé dans ce travail sur les labiatiflores, ils m'ont procuré une source de documents qui n'a pas laissé que d'avoir de l'intérêt pour moi.
Parmi les réfugiés que les désastres du roi Joseph forcèrent
à quitter la péninsule, se trouvait Joseph Mocino, vieillard
mexicain, qui avait été jadis chargé par le roi Charles VI
de faire, avec Sessé, la flore du Mexique, comme Ruiz et
Pavon l'avaient été de faire celle du Pérou. Mocino arriva à Montpellier avec une collection de treize à quatorze
cents dessins coloriés (au moins en partie), et représentant
des végétaux du Mexique, alors très-peu connus, car les
Nova genera de Kunth et Humboldt n'avaient pas encore
commencé à paraître. Je fus frappé, en voyant cette collec-

tion, de la beauté de quelques dessins (ceux faits par Echeveria, peintre mexicain), de l'intérêt de tous, du nombre
considérable d'espèces qui me paraissaient nouvelles, mais
aussi des erreurs sans nombre quant aux noms botaniques
qu'on leur avait annexés ; je fis comprendre à Mocino qu'il
était nécessaire de revoir ce travail, et me chargeai de l'entamer avec lui. Après les premiers essais, je vis que le bon
vieillard n'avait que des idées très-vagues sur la science,
et je me mis à travailler seul pour débrouiller ce chaos. Je
n'avais que les desseins, car le texte même de l'ouvrage
s'était égaré dans la déroute d'Espagne. A force de petits
renseignements, je parvins à savoir que ces manuscrits,
comme tous les objets rapportés d'Espagne par le roi
Joseph, étaient emmagasinés dans les caves des Tuileries.
Je me servis de l'activité de M. Zea, Espagnol de Santa-
Fe-de-Bogota, disciple de Mutis, que j'avais connu jadis
à Paris, et qui était arrivé d'Espagne avec Mocino, je
me servis, dis-je, de Zea, qui était en 1814 à Paris, pour
retirer ces manuscrits des caves royales. On m'en envoya
trois ou quatre cahiers à moitié détruits par l'humidité ;
mais je ne tardai pas à reconnaître qu'à l'exception de
quelques désignations populaires et de localités, il n'y avait
aucune instruction à en tirer. Je poursuivis donc mon entreprise, et je parvins à décrire et à classer [1], d'après les
seuls dessins, les treize ou quatorze cents espèces de cette
collection, et cela avec assez de soin pour que, lorsque le
hasard m'a fait depuis retrouver les mêmes espèces, ou
dans les herbiers, ou dans les livres, j'aie eu peu de changements à faire dans mon travail. Je sentais bien qu'il était
impossible de publier un si grand nombre de planches, et
je décidai Mocino à me permettre de faire un extrait des
genres nouveaux, dans le genre du *Prodromus* de la flore
du Pérou, et de tenter de le publier d'abord. Le dessinateur, Node Véran, exécuta des esquisses avec beaucoup de

[1] Dunal aida beaucoup mon père dans ce travail.   (Alph. de C.)

talent, mais dès lors la publication de l'ouvrage de Humboldt, mes propres travaux et ma séparation d'avec Mocino, m'ont empêché de suivre à ce projet. Je restai cependant dépositaire des descriptions dont je comptais me servir dans le grand ouvrage que je méditais et des dessins originaux. Lorsque je quittai Montpellier, le bon Mocino, qui était devenu vieux et presque aveugle, me confia tous les dessins en me disant : « Allez, je vous confie le soin de ma gloire! » Nous verrons plus tard ce que devint cette collection.

§ 13. ENTREPRISE DU SYSTEMA.

Cependant le zèle même que je mettais à débrouiller la flore du Mexique se liait dans mon esprit à une immense entreprise que je méditais alors. Frappé du décousu de tous les ouvrages généraux de botanique et de la nécessité d'en avoir enfin un rédigé d'après les principes de la méthode naturelle, non-seulement pour l'ensemble, mais dans les détails, je formai le projet de me dévouer pour faire une énumération générale des végétaux du monde, et ma Théorie élémentaire en était pour ainsi dire la préface. Une fois décidé sur l'idée mère, il fallait arrêter la forme du travail, et c'est dans ce but, comme essai, que je fis les monographies dont j'ai parlé tout à l'heure. Outre ces essais, je me mis à l'œuvre, et je travaillai avec zèle à la famille des Renonculacées, qui devait être la première dans l'ordre adopté. Je fis cet essai sous la forme la plus complète qu'il me fut possible, c'est-à-dire en donnant pour chaque espèce la synonymie et la description complètes. Lorsque j'eus ainsi fait plusieurs exemples de monographies (Renonculacées, Ochnacées, Biscutelles, Cynarocéphales, Aspérules), je portai tous ces travaux à Paris, et je les soumis à l'examen de mon ancien mentor Desfontaines. Celui-ci s'enchanta du plan le plus long et le plus complet; ma confiance en lui

était trop grande pour ne pas céder à son opinion, et je
revins à Montpellier plein d'ardeur pour cette entreprise,
dont j'étais loin de calculer alors l'immensité. Je préparai
de cette manière, avec les matériaux dont je pouvais disposer, les Dilléniacées, les Berbéridées, les Magnoliacées,
les Ménispermées. Quant aux Anonacées, je les confiai à
mon ami et élève Dunal, qui fit sur cette famille difficile.un
ouvrage très-remarquable. Tel était le point où mon travail était arrivé lorsque je quittai Montpellier, et pour ne
pas m'écarter trop de l'ordre des temps, je remettrai à traiter plus tard la suite de ce sujet, qui est devenu la base de
toute la partie la plus importante de ma vie.

Outre ces travaux, j'ai encore publié, pendant mon séjour à Montpellier, quelques opuscules de moindre importance, tels que le Mémoire sur les fleurs doubles, qui fait
partie de ceux de la Société d'Arcueil; celui sur les dahlias,
qui a été imprimé dans les Annales du Muséum d'histoire
naturelle de Paris et dans les Bulletins de la Société d'agriculture de Montpellier, etc.; mais ces objets, quoiqu'ils
eussent leur utilité, ne méritent guère d'être mentionnés en
détail[1].

---

[1] Le ministre de l'intérieur Cretet aurait voulu tirer un coup de canon
sur l'Institut pour en disperser les membres dans tous les départements
(voyez page 191); on était arrivé à peu près au même résultat, sans coup de
canon, en ce qui concerne la botanique. Pendant qu'un seul homme, éloigné
de Paris par des échecs successifs dans les élections académiques, rédigeait
à Montpellier, puis à Genève, de 1809 à 1824, des ouvrages aussi importants que les *Rapports sur les voyages botaniques en France*, le *Supplément
de la Flore française*, la *Théorie élémentaire*, les deux volumes du *Systema*
et les premiers du *Prodromus*, la botanique dormait à Paris d'un sommeil
très-profond. Claude Richard avait déjà publié son *Analyse du fruit* (1808);
Antoine-Laurent de Jussieu avançait en âge et ne publiait que de rares mémoires, fort inférieurs à son immortel *Genera* (1789); Mirbel n'était pas encore parvenu à ce que j'appelle sa seconde manière, qui a été la bonne; du
Petit-Thouars jetait quelquefois dans le public des idées originales, j'en
conviens, mais mal exposées et souvent fausses ou contestables; enfin, à
moins de compter le botaniste allemand Kunth comme Parisien, parce qu'il
résidait à Paris en 1815, on peut dire que la botanique ne s'est relevée,

§ 14. SOCIÉTÉ DE MONTPELLIER.

Je puis croire, d'après tout ce que je viens de rappeler,
que le séjour de Montpellier n'avait pas attiédi mon goût
pour le travail, et que mon temps y a été utilement employé
pour la science. Ce n'est pas cependant qu'elle m'absorbât
exclusivement. J'ai toujours senti le goût, je dirai presque
le besoin de me distraire de mes travaux de cabinet, et, si
j'ose parler ainsi, de retremper mon esprit par la société.
Je cherchai donc, dès mon arrivée, à faire des relations propres à remplir ce but. La Société protestante de Montpellier m'offrit à cet égard tout ce que je pouvais désirer, et
pour moi, et pour donner à ma femme des relations agréables et honorables. La plupart des familles dont elle se
composait me connaissaient d'avance par leurs rapports
avec Genève, et les parents de M. Chaptal, qui, quoique
catholiques, en faisaient partie, contribuèrent aussi à nous
y introduire. Elle se réunissait deux fois par semaine, en
hiver, dans une sorte de Casino, nommé Salon, où nous
fûmes promptement admis, et dès lors nous en fîmes partie
intégrante.

La vie sociale de Montpellier offrait alors cette particu-
larité qu'elle se fractionnait entre une multitude de petits
groupes composés de cinq ou six familles qui se voyaient
habituellement à part, et ne se réunissaient en grand cercle
que chez les fonctionnaires publics (ou, comme on disait, les
autorités) chargés de représenter, tel que le préfet (M. Nogaret et, plus tard, M. Aubernon), le général de division
(M. Chabot), et le premier président de la Cour impériale
(M. Duveyrier). Entre les petites réunions de famille ou

dans cette capitale, que vers 1824 et dans les années suivantes, par les travaux variés et importants de M. Adolphe Brongniart, par les monographies
très-parfaites de M. Adrien de Jussieu et le retour en Europe de M. Auguste
de Saint-Hilaire.   (Alph. de C.)

d'amitié intimes et les grandes réceptions des autorités, chez lesquelles je trouvais aussi l'accueil le plus aimable, il y avait un cercle, composé principalement de quelques familles nobles et de celles qui voulaient faire croire qu'elles l'étaient, et le salon formé en majeure partie par la haute société protestante. Dans cette dernière réunion nous nous liâmes assez intimement avec une petite fraction qui nous admit dans son sein avec une bonté parfaite, nous traita bien vite comme d'anciens amis, et nous fit oublier que nous étions étrangers dans le pays. Les familles Isnard, Blouquier, Pommier, Tandon, Vialars, Levat, Veret, Basile, Lajard, Lichtenstein, etc., se composaient de personnes qui ont été pour nous des amis sûrs et aimables. Elles ont beaucoup contribué à rendre notre séjour agréable, et nous avons conservé pour elles une amitié profonde qui ne s'éteindra qu'avec nous. A peu près toutes nos soirées se passaient dans ce petit cercle de confiance et d'intimité, sauf les jours de gala où nous nous retrouvions, soit dans les réunions du salon, soit dans celles des fonctionnaires. Notre société se rapprochait à beaucoup d'égards des formes et des habitudes de la société de Genève, mais elle était animée par la gaîté languedocienne et par cette espèce de familiarité qui résultait de ce que tous ceux qui la composaient étaient (sauf nous) de proches parents ou des amis d'enfance. On nous fit bien vite oublier cet état exceptionnel, et nous avons vécu neuf ans dans ce cercle intime, entourés d'excellents amis, qui nous traitaient presque comme de proches parents. Ce serait abuser du temps de ceux qui pourront me lire un jour (s'il en est) que de retracer en détail cette vie d'intimité ; mais je ne saurais assez répéter, pour ma propre satisfaction, combien une telle réunion était précieuse à rencontrer dans un pays où j'aurais pu craindre d'être isolé.

Les soirées étaient, selon l'usage du pays, la plupart consacrées au whist et au boston, mais de temps en temps

nous nous permettions d'autres délassements : au printemps, des courses à la campagne ; en hiver, des bals, des
soupers, des pique-niques aux jours gras, etc. J'ai souvent
été appelé à faire de petits vers de société pour ces occasions ou pour d'autres de pareille importance. Peut-être
en conserverai-je quelques-uns dans les pièces qui seront
jointes à mon récit.

Dans l'année qui suivit la Restauration, nous nous mîmes
en tête de jouer la comédie. Mmes V***, L. B*** et C***
étaient nos actrices ; Tandon et moi étions les acteurs.
Notre troupe, à vrai dire, était assez médiocre, mais comme
nous y mettions fort peu de prétentions, nous nous amu-
sions fort de cet exercice, et les spectateurs eux-mêmes
avaient l'air d'y prendre goût. Ce qui m'est le plus resté
dans le souvenir, c'est que nous étions occupés à représenter, chez moi, la pièce des *Suites d'un bal masqué*, lorsque
nous reçûmes la nouvelle du débarquement de Napoléon à
Cannes, nouvelle qui, comme on le pense, désorganisa nos
comédies. Ce fut pour moi le dernier jour tranquille que je
passai à Montpellier.

Dans le cours de ces réunions purement mondaines, il
se présenta un incident que je dois rappeler, parce qu'il
eut dans la suite de l'influence sur mon sort. Pendant mes
voyages j'avais reçu une hospitalité très-bienveillante de
M. Trouvé, alors préfet de l'Aude. Mme Trouvé vint à
Montpellier passer quelques semaines d'hiver. Comme j'a-
vais des politesses à lui faire, soit pour rendre celles que
j'avais reçues, soit parce qu'elle était nièce de mon ami
M. Thouin, je cherchai le moyen de lui être agréable. Elle
avait avec elle sa fille, jeune et jolie personne, et j'eus
l'idée de lui offrir un bal; elle en fixa le jour à un certain jeudi.
Ni elle, ni moi, ni la plupart des invités ne firent attention
que c'était le 21 janvier. J'en fus averti l'avant-veille par le
refus très-sec que me fit un certain M. ***, que j'avais invité parce que j'avais plusieurs de ses connaissances, mais

qui m'avait toujours parfaitement déplu. Il était impossible de changer le jour, et je n'y pensai plus, de même que les personnes qui vinrent chez moi ; mais après la Restauration, M. *** ne manqua pas de rappeler cette date et de m'en faire un crime parmi les royalistes intolérants. Ce fut un des arguments dont on se servit pour me noircir et pour diriger contre moi les petites tracasseries qui me décidèrent à quitter Montpellier.

Outre les sociétés mêlées des deux sexes, j'avais été affilié à la plupart des réunions d'hommes, où, je l'avoue, je ne trouvais pas un grand intérêt. Ainsi j'allais de temps en temps à la *Loge*, espèce de cercle dans lequel on lisait les journaux politiques, à l'Académie des sciences et belles-lettres et à la Société d'agriculture ; mais il y avait là trop peu de vie pour que j'en tirasse quelque profit. Je sentais le besoin d'avoir des journaux scientifiques, et pour y parvenir, j'organisai, sous le nom de Société de lecture, une petite réunion d'une douzaine de personnes qui se réunissaient tous les quinze jours, et à laquelle chacun apportait les journaux et livres nouveaux qu'il avait reçus. MM. Nogaret, Encontre, Lichtenstein, Dunal, etc., firent partie de cette réunion modeste, qui me donna beaucoup de jouissances intellectuelles. J'ai eu le plaisir de la retrouver encore existante en 1836, lorsque je retournai à Montpellier.

§ 15. VISITE D'ÉTRANGERS.

La ville de Montpellier, du temps qu'elle était le point de réunion des états du Languedoc et que son école de médecine avait une haute réputation, recevait un grand nombre d'étrangers, malgré sa position peu centrale ; mais cet abord avait disparu, par l'effet des événements, et, lorsque j'y étais, par suite de la guerre. Aussi, pendant tout mon séjour, je n'y ai vu arriver qu'un bien petit nombre de personnes marquantes.

Quelques botanistes vinrent m'y faire visite, tels sont M. Requien, d'Avignon, homme actif, qui a contribué à faire connaître les plantes du midi de la France, et avec lequel je suis resté en relation d'amitié ; M. de Suffren, ancien militaire, neveu du fameux amiral, qui se trouvait de loin allié à ma famille, et qui travaillait à une description des figues cultivées, mais que la mort a surpris avant d'avoir achevé, et surtout M. Hooker [1], botaniste anglais, qui vint passer trois jours avec moi, que je menai herboriser dans ce pays tout neuf pour lui, et avec lequel j'ai toujours conservé des rapports d'amitié ; tel est même le chimiste Tennant, qui passa quelques jours à Montpellier, occupé à observer les productions avec une sorte d'originalité, et qui fut tué par accident très-peu de temps après nous avoir quittés.

Mais la visite la plus remarquable fut celle du fameux sir Humphry Davy et de sa femme. Il avait obtenu de l'empereur la permission de venir en France, à cette époque où aucun Anglais n'y était admis. J'eus un grand plaisir à le voir. Il était alors au point le plus brillant de sa carrière. Comme il ne connaissait personne à Montpellier, il s'attacha à moi comme à une sorte de collègue, et pendant son séjour nous l'avons vu très-fréquemment. Ce séjour fut prolongé, parce qu'à la fin de 1813 et au commencement de 1814 les routes d'Italie étaient interceptées par les armées. Je reçus Davy comme je devais recevoir un homme d'une si haute et si juste réputation, mais je ne puis dire que j'éprouvasse de la sympathie pour lui. Il me parut capricieux, hautain, bizarre dans ses assertions et plein de lui-même. Il aimait les paradoxes sur tous les sujets, et les soutenait avec vivacité, mais avec bizarrerie. A sa réputation de savant il voulait joindre celle de seigneur et d'homme du monde, affectant des goûts de chasse, de pêche, de gastronomie, etc., qui contrastaient avec son origine

[1] Maintenant sir William-J. Hooker.   (Alph. de C.)

et son état. Lady Davy, au contraire, était une personne
spirituelle, animée, qui causait bien et paraissait bonne et
obligeante. Elle était veuve de lord Aprees quand elle
épousa Davy par entraînement de sa réputation; elle lui
avait apporté une belle fortune, et fut loin de trouver l'attachement et à peine les égards qu'elle avait droit d'attendre.
Je goûtai fort l'esprit de lady Davy (qui n'était ni jeune ni
jolie), et je formai avec elle une liaison d'amitié qui a été
dès lors cimentée par des circonstances dont j'aurai plus
tard à rendre compte.

§ 16. DIRECTION DU JARDIN BOTANIQUE.

Les fonctions que j'avais à remplir à Montpellier étaient
parfaitement conformes à mes goûts et à mes habitudes.
Elles me fournissaient l'occasion d'employer utilement les
connaissances que j'avais pu acquérir et, ce qui est au moins
aussi précieux, elles me donnaient souvent des moyens d'instruction.

L'occupation qui me prenait le plus de temps était celle
de directeur du Jardin. La surveillance d'un établissement de ce genre est un travail de tous les jours, pour en
diriger les travaux, pour régler la comptabilité, déterminer
la nomenclature des plantes, présider à la distribution des
graines aux autres jardins, tenir le catalogue en ordre, entretenir la correspondance, etc. Sous quelques-uns de ces
rapports, je trouvai l'établissement bien organisé; ainsi ce
qui tenait à la récolte et à la distribution des graines était
mieux combiné qu'à Paris. La culture, dirigée par un jardinier nommé Michel, très-actif et intelligent, ne laissait pas
beaucoup à désirer; le soin des collections et des catalogues
était confié à un abbé, ancien ami de M. Broussonet, qui au
commencement m'aida en beaucoup de choses, mais ensuite
ne voulut plus rien faire que me contrecarrer, et un beau
jour décampa sans rien dire. Je fus blessé de ce procédé et

enchanté d'être débarrassé de lui. Je fis remplir ces fonctions par un brave pharmacien de la ville, nommé Pouzin, qui m'aidait fort activement, surtout dans les herborisations, et m'était très-dévoué. J'étais ainsi délivré des soins qu'exige la distribution des graines et des menus détails d'administration; mais j'eus beaucoup à faire pour le matériel du Jardin, pour la connaissance exacte des espèces et pour l'introduction de quelques parties de botanique agricole.

Le Jardin de Montpellier, le plus ancien de France, a été fondé sous Henri IV, grâce au zèle de Richer de Belleval. Dévasté sous Louis XIII, lors du siége de la ville, il fut rétabli une seconde fois par son fondateur. Celui-ci, qui ne songeait qu'à cultiver des plantes de montagnes, et à lutter contre la chaleur du climat plutôt que d'en profiter, avait placé le Jardin à l'endroit le plus septentrional et le plus froid de la ville, circonstance qui, pendant longtemps, a tendu à diminuer sensiblement son importance. Depuis sa fondation jusqu'à l'époque de l'empire, ce Jardin, construit sur un plan gothique et bizarre, dirigé par les chanceliers de l'Université, qui n'étaient presque jamais botanistes, était resté tout à fait dans un rang secondaire. Lorsque M. Chaptal arriva au ministère de l'intérieur, il y fit faire des serres assez belles; il fit restaurer la maison d'habitation et confia la direction à M. Broussonet, homme capable et instruit. De cette époque, mais de cette époque seulement, le Jardin a pu commencer à remplir le but de sa destination.

Dès mon arrivée, je cherchai à continuer la restauration heureusement commencée par Broussonet; je fus secondé dans ce dessein, soit par M. Chaptal, qui abandonna au Jardin son traitement de professeur honoraire, montant à 6,000 francs, soit par la ville de Montpellier, qui, à ma sollicitation, consacra une somme de 60,000 francs à acquérir un terrain voisin (le jardin Itier) qui doubla l'étén-

due, soit par le gouvernement, duquel j'obtins d'ajouter
une somme annuelle de 3,000 francs à celle que je recevais
de l'École de médecine. Au moyen de ces secours, l'établissement se trouva doté de 13,000 francs, outre le gage
des principaux employés, montant à 5,000 francs. Jamais
il n'avait été dans une situation aussi prospère, et je donnai
tous mes soins à employer ces ressources avec une véritable utilité.

Sous le rapport matériel, j'ai profité des allocations dont
je viens d'indiquer l'origine pour les objets suivants : 1° j'ai
fait abattre une foule de mauvaises baraques et de murailles inutiles qui encombraient le voisinage de l'École
botanique ; 2° j'ai fait redresser le mur de clôture du côté
du chemin de Ganges, et obtenu la restauration de ce chemin, où la voiture de roulage qui apportait mon bagage de
Paris avait versé à son arrivée ; 3° j'ai construit une serre
chaude, dont la place était indiquée par les travaux antérieurs, et réédifié l'ancienne ; 4° j'ai construit deux terrasses
demi-circulaires qui ceignent l'École, établissent une sorte
de régularité et ouvrent un passage pour aller au bosquet
dans lequel la tradition place le tombeau de la fille de
Young ; 5° j'ai fait faire une plaque de marbre avec l'inscription *Placandis Narcissæ manibus*, pour cet endroit (elle n'a
été placée qu'après mon départ, par Dunal) ; 6° j'ai fait faire
un grand bassin, au point le plus élevé du Jardin, pour servir à la distribution des eaux ; j'avais préparé au-dessous la
place d'un second bassin et d'une rocaille destinée à trans-
mettre l'eau, mais je n'ai pas eu le temps de l'achever, et
le tout est encore aujourd'hui (1839) dans l'état où je l'ai
laissé ; 7° j'ai fait construire sur le chemin de Ganges une
grille en fer, soit portail à voiture, dont le Jardin était
privé ; 8° j'ai rangé le Jardin de la Reine de manière à l'employer, non au service du professeur, mais comme pépi-
nière de multiplication, de greffe et d'essai ; 9° après l'achat
du jardin Itier, j'ai ouvert une entrée sur le boulevard et

obtenu la cession au Jardin de la petite rue qui séparait les deux jardins ; 10° j'ai replanté l'École botanique dans l'ordre des familles naturelles et planté dans le même ordre l'École des arbres du nouveau terrain ; 11° j'ai institué une sorte d'École agronomique, qui se composait d'une collection d'oliviers, d'une de vignes et de quelques enclos destinés aux essais de naturalisation ; 12° j'ai transporté les collections dans un nouveau local où elles étaient plus à l'aise, et j'ai fait loger convenablement le conservateur, le jardinier et le peintre attaché à l'établissement ; 13° j'ai fait planter la rangée de peupliers qui masque le mur du chemin de Ganges, l'allée d'azédarachs, qui longe l'école, la rangée de julibrissins de la terrasse inférieure, celle de néfliers du Japon de la terrasse supérieure, etc. ; 14° j'ai continué le plan d'ornement de M. Broussonet en faisant établir son propre buste et celui de Cusson ; 15° enfin j'avais commencé à faire faire les étiquettes destinées à montrer aux élèves les noms des familles, genres et espèces de plantes cultivées, mais le temps m'a manqué pour achever.

J'avais espéré compléter mes plans en obtenant la réunion de deux morceaux de terrain latéraux au jardin Itier, qui nous auraient rendus possesseurs de l'île entière. Déjà j'avais obtenu du préfet (M. Aubernon) l'autorisation de traiter de ces achats, auxquels il avait destiné, en 1814, le reliquat des fonds de guerre qu'on croyait alors devenus inutiles, mais pendant cette négociation, l'arrivée de Bonaparte à Cannes et les événements qui en furent la suite firent appliquer ces fonds à des objets militaires, et le Jardin est resté jusqu'à présent, et sera peut-être toujours, privé de ses compléments naturels[1].

Sous le rapport scientifique, j'ai fait en sorte de tirer du

[1] On a fini pourtant par obtenir cette acquisition, et le directeur actuel, M. Charles Martins, s'occupe dans ce moment des travaux qui en sont la conséquence.   (Alph. de C.)

Jardin, soit par mes propres travaux, soit en encourageant ceux des autres, tout le parti qu'il me paraissait possible d'en tirer. Pendant plusieurs années j'ai donné un temps considérable à déterminer exactement les espèces cultivées. Ce travail est, on le comprend sans peine, la base de toute l'administration d'un Jardin botanique, car le classement des espèces, la cueillette des semences, et en un mot l'observation entière des plantes, lui sont subordonnés. Outre les résultats pratiques, je tirai de ce travail toutes les notes consignées à la suite du *Catalogue* imprimé en 1813. Je fis de plus un grand nombre de descriptions plus ou moins complètes des plantes rares ou nouvelles que je cultivais. Mon but était de publier un jour un ouvrage descriptif sur le Jardin de Montpellier, dans le genre de ceux qui ont été consacrés aux jardins de la Malmaison et de Navarre. Il était nécessaire pour cet objet et pour une foule d'autres d'avoir un peintre capable de représenter les objets d'histoire naturelle. Aucun n'existait alors à Montpellier. On me parla d'un maître d'écriture, nommé Node Véran, qui avait quelque goût pour ce genre de dessin ; je le fis travailler, et je vis qu'il serait possible d'en tirer parti. Je lui montrai et lui fis copier quelques dessins de Redouté et de Turpin, puis je le mis aux prises avec la nature, en le surveillant quant à la partie botanique. En peu de temps il se forma au point de remplir mon but. Je le fis d'abord travailler à mes frais, puis je lui donnai un logement, et je trouvai moyen, sur les fonds du Jardin, de lui faire faire une série de dessins ; mais comme il était lent, et surtout insouciant, au lieu de faire créer une place fixe, je lui payai les dessins à mesure qu'il les faisait, en fixant le maximum dans l'année. J'obtins de la sorte un certain nombre de dessins qui ont commencé, au Jardin de Montpellier, une collection analogue à celle que Gaston d'Orléans a jadis instituée et qui se poursuit au Jardin de Paris. J'espérais m'en servir pour la publication d'un ouvrage de luxe propre à honorer l'établissement, mais les circonstances ne permirent pas l'exécution de ce projet.

Je profitai du dessinateur que je m'étais ainsi créé pour faire faire des dessins d'objets relatifs à mes propres travaux. Je commençai surtout, et j'ai continué depuis à Genève, une série de dessins destinés à représenter la germination des genres de plantes; j'en ai recueilli un assez grand nombre, et ceux que j'ai publiés dans mes mémoires sur la famille des légumineuses donnent une idée de l'intérêt de ces recherches qui ne peuvent s'exécuter que dans un Jardin botanique bien organisé.

§ 17. ENSEIGNEMENT. ÉLÈVES.

Les fonctions que j'avais à remplir à la Faculté de médecine étaient de deux sortes. Les unes, relatives à la botanique, se confondaient souvent avec la place de directeur du Jardin; les autres, relatives à la médecine, en étaient totalement distinctes.

Sous le premier rapport, j'eus surtout à organiser mes cours, ce dont j'ai déjà rendu compte; de plus, j'établis, selon l'usage, des herborisations à la campagne, méthode précieuse d'enseignement, parce qu'elle habitue les élèves à l'art d'observer, les met en rapport avec leur professeur et donne à celui-ci l'occasion de les connaître. Les environs de Montpellier sont très-favorables à ce genre d'exercices, parce qu'ils sont de nature très-variée et contiennent un nombre considérable de végétaux différents. J'avais l'habitude de faire chaque semaine, pendant la durée de mon cours, une herborisation qui durait tout le jour. Deux à trois cents élèves m'accompagnaient, soit pour herboriser, soit pour se promener. J'emmenais avec moi un jardinier pour recueillir les plantes ou les graines utiles au Jardin, et un amateur, du pays, qui me servait de truchement avec les paysans, dont je n'entendais guère le patois, et qui

m'aidait à répondre aux mille et une questions des élèves.
Nous partions à cinq heures du matin; nous herborisions
toute la matinée, et pendant ce temps je répondais aux
questions, puis je réunissais les élèves autour de moi et
leur expliquais collectivement les caractères des plantes
que nous avions recueillies; nous dînions ensuite en commun, très-frugalement, et nous revenions encore en herborisant. Il était rare que nous fussions rentrés avant six
ou sept heures du soir. Je n'ai jamais connu de fatigue com-
parable à celle de ces journées où, indépendamment de la
marche pendant douze ou quinze heures, sous le soleil ardent
du Languedoc, il fallait répondre pendant toute la journée à
des questions cent fois répétées, donner sans cesse des explications sur les points difficiles de la science, et exercer sur
cette masse de jeunes gens la surveillance nécessaire pour
être certain qu'il ne se passât aucun désordre; aussi, en
arrivant chez moi, je n'avais plus guère d'autre idée que
celle de me jeter dans mon lit[1].

Parmi la foule des jeunes gens j'en distinguais d'ordinaire
quelques-uns à raison de leur intelligence. Je me décidai
à les réunir chaque dimanche en une sorte de conférence
et à leur faire faire, sous ma direction, quelques travaux
d'histoire naturelle à leur goût et d'après la tournure de
leur esprit. J'avais fixé à douze le nombre de ces élèves de
choix et d'affection. Il est sorti de ce petit corps d'élite
quelques hommes qui ont plus ou moins marqué dans la botanique. Je dois mettre au premier rang Félix Dunal, alors
mon élève, aujord'hui mon ami. Il était fils d'un banquier
qui passait pour riche, et semblait disposé à suivre la même
carrière, mais l'amour de l'étude l'entraîna: il entra à l'école
et s'attacha surtout à la botanique et à moi. Ses succès furent aussi précoces que remarquables, et bientôt il devint

---

[1] A la suite d'une de ces journées excessivement fatigantes, mon père
prit une attaque de choléra-morbus sporadique assez grave.

                                        (Alph. de C.)

mon aide de camp dans toutes les herborisations. Il entreprit une monographie des Anonacées dont j'ai parlé, une du genre Solanum, qui· eut un brillant succès et qui l'a fait nommer, encore jeune, correspondant de l'Institut. Dès lors il a fait celle des Cistinées pour le *Prodromus*, et plusieurs bons mémoires de botanique descriptive, philosophique et agricole. C'était un jeune homme de talents distingués, d'un caractère ardent, d'un cœur chaud, pour lequel je conçus très-vite une sincère amitié, laquelle dure encore et ne s'éteindra, je pense, qu'avec nous [1].

Parmi les autres botanistes formés dans ces réunions, je puis citer : 1° Biria, Gênois, doué de quelques talents, qui a fait pour sa thèse doctorale une monographie des Renonculacées assez médiocre, mais qui annonçait plus qu'il n'a tenu ; 2° Dufresne [2], qui fit aussi pour sa thèse une monographie des Valérianes, ouvrage qui est classé parmi les opuscules utiles à la science ; 3° Elmiger [3], de Lucerne, qui a fait une monographie des Digitales ; 4° Viguier, de Montpellier, qui a fait un bon travail sur les Papavéracées; et 5° Colladon [4], de Genève, qui a fait une monographie des Casses.

A ces élèves plus particulièrement voués à la botanique, je puis ajouter, avec satisfaction, Flourens, de Béziers, qui nous présenta quelques notes de physiologie végétale où il était aisé de reconnaître les indices d'un talent de penseur et d'écrivain. Je l'engageai, après ses examens, à se rendre à Paris et le recommandai à mon ami Cuvier. Il s'est assez distingué pour avoir été, encore jeune, nommé membre de l'Académie des sciences, et même secrétaire perpétuel en remplacement de Cuvier; ses succès ont été un vrai sujet

[1] Félix Dunal, dont il sera souvent question dans la suite, a survécu à son maître. Il est mort le 29 juillet 1856. Sa vie a été honorable et utile, mais troublée par bien des injustices et des chagrins.   (Alph. de C.)

[2] Depuis médecin aux environs de Genève.   (*Id.*)

[3] A été depuis landamman du canton de Lucerne.   (*Id.*)

[4] Docteur Frédéric Colladon.   (*Id.*)

de joie pour moi, et je dirais presque d'orgueil si j'y avais eu d'autre part que celle d'encouragements donnés à temps. J'ai toujours dès lors conservé des relations amicales avec lui.

Ce fut parmi ces élèves intimes que je choisis les compagnons de mes voyages et courses botaniques ; ainsi, comme je l'ai déjà dit, Dufresne m'accompagna dans mon voyage aux Alpes du Dauphiné, et Dunal dans celui des montagnes d'Auvergne. Plus tard, je pris aussi parmi eux les compagnons de courses plus rapprochées. J'allai avec Dunal et Colladon faire une course à Agde, dans le but spécial de m'assurer si les plantes des terrains volcaniques diffèrent le moins du monde de celles des terrains calcaires, et nous nous assurâmes de leur identité. Nous allâmes aussi faire une excursion à la petite chaîne des Capouladoux, au Larsac et à Roquefort, pour y voir l'exploitation des fameux fromages. Nous en fîmes une plus considérable dans les Cévennes, les montagnes de la Lozère, de l'Aubrac et du Rouergue.

Dans cette course, je fis connaissance avec M. Prost, botaniste de Mende, qui m'a communiqué divers objets utiles au supplément de la *Flore française*. Après être partis le matin de Marvejols, nous nous perdîmes si bien que nous errâmes dans les montagnes sans trouver une habitation de toute la journée. Nous arrivâmes dans la ferme des Aldune, où nous demandâmes l'hospitalité. Elle appartenait à Bastide, celui qui depuis a été condamné à mort comme assassin de Fualdès. Ses fermiers, sûrement plus honnêtes que lui, ne nous reçurent pas d'une manière brillante. Ils n'avaient que du pain si dur que nous n'eûmes jamais la patience de le laisser infuser dans l'eau assez longtemps pour que nos dents et même nos couteaux pussent l'entamer. À ce régal paraissait aussi un vieux coq tué à l'instant et si dur qu'à peine nous pouvions le sucer. Nous fûmes obligés, malgré nos douze heures d'abstinence, de nous coucher sans

souper, et nous ne trouvâmes de nourriture que le lendemain à Espalion. Qu'on juge à quel point le dîner nous y
parut exquis après trente-six heures de diète forcée ! Nous
le prîmes dans une auberge dont l'hôte était avocat, usage
assez commun dans l'Aveyron, et qui explique en partie la
multitude de procès dont ce département est le théâtre. La
cour royale de Montpellier, qui comprend quatre départements, est plus occupée par le seul département de l'Aveyron
que par les trois autres réunis.

Les cours de botanique, l'administration et les herborisations n'étaient qu'une partie des devoirs que j'avais à remplir. Je devais, comme professeur, assister à mon tour aux
examens et aux thèses des élèves. Ce devoir, qui m'enle-
vait une heure ou deux de la matinée plusieurs fois la semaine, était pour moi un des plus fatigants ; j'y sentais
combien la médecine pratique était en dehors de mes études,
et cependant je mettais du prix à remplir ma tâche d'examinateur avec conscience. Je cherchais à diriger par mes
questions l'attention des élèves sur les parties des sciences
physiques et naturelles qui se lient avec la médecine, et à
combattre les doctrines, à mes yeux absurdes, que Barthez
et son école avaient introduites à Montpellier. Sous ce dernier rapport, et quoique je ne fusse pas appelé à enseigner
la physiologie animale, mon action a été de quelque poids.
En général, il régnait alors à l'école une sorte d'indifférence dans l'esprit des professeurs. Aussi, quoique je fusse
le moins médecin et le plus sévère de tous les examinateurs, j'avais le bonheur de voir que les élèves me savaient gré de l'intérêt que je prenais à leur instruction
et me témoignaient en général beaucoup d'amitié et de
considération. J'en eus souvent des preuves très-aimables.
Un jour il y eut au spectacle un petit tumulte à la suite
duquel trois étudiants furent arrêtés : leurs camarades prétendirent que cette arrestation était injuste ; le soir ils vinrent, fort animés, entourer la préfecture où il y avait un

grand bal et ils ne laissaient plus entrer ni sortir personne.
Le préfet vint me confier son embarras et sa crainte de
faire quelque esclandre. Je sortis de suite et je parlai aux
jeunes gens assemblés autour de l'hôtel ; j'obtins d'eux de
se disperser, ce qu'ils firent à l'instant en criant des *vivat*
en mon honneur. Je remontai vers le préfet qui pouvait à
peine croire à un succès si rapide : « Maintenant, lui dis-je,
vous voyez que mon crédit sur les élèves est bon à quelque
chose ; tâchez de me le conserver ; je n'ai rien promis, mais
veuillez me rendre les coupables ! » Il m'octroya ma demande et les étudiants redoublèrent de confiance en moi.
J'aurai plus tard occasion de revenir sur mes relations avec
eux.

Celles que je soutenais avec mes collègues étaient en général douces et faciles. Un seul, M. Baumes, était brouillé
avec tous les autres et surtout avec M. Chaptal, mon protecteur et mon ami. J'évitais de le voir, ce qui n'était pas
difficile, car il ne paraissait à aucune de nos réunions officielles et n'était jamais admis à nos dîners de corps. Ceux-ci,
selon l'usage du pays, revenaient assez souvent et étaient
animés par une gaîté vraiment languedocienne. Il était rare
qu'au second service on ne se mît à parler patois. Je l'entendais un peu, sans le parler, et mes confrères me savaient
une sorte de gré de ne pas me gendarmer contre leur langue maternelle. Ces repas étaient très-remarquables sous
le rapport gastronomique. Je parle ici du défaut mignon
de Montpellier, et certes les professeurs de l'École n'en
étaient pas exempts. Tous les traiteurs de la ville sollici-
taient la pratique d'un tel jury dégustateur, dont l'approbation faisait leur réputation. Le secrétaire de l'École
(Piron) soignait ces dîners comme une partie essentielle de
sa tâche ; il nous valait beaucoup notre réputation de gour-
mands et de gourmets. L'École se réunissait chaque premier
du mois pour régler ses comptes, et chacun recevait la part
qui lui revenait sur les droits d'inscription et d'examen.

Lorsque cette part était un peu au-dessus de la moyenne, il y avait toujours quelqu'un qui disait : « Mais le *prima mensis* est bon! il faut dîner ensemble. » Chacun applaudissait, et l'École, dans ces jours-là, montrait qu'elle était digne d'avoir compté Rabelais parmi ses professeurs. Son portrait était suspendu dans notre salle; sa robe, c'est-à-dire une robe faite à l'imitation de la sienne, décorait nos étudiants à leur dernier examen [1]; son esprit trouvait beaucoup d'enthousiastes et quelques imitateurs dans nos rangs, et en vérité on sentait dans une foule d'occasions qu'on était dans la ville où il avait longtemps habité.

§ 18. NAISSANCE D'UN SECOND FILS.

Au milieu de cette vie active, occupée, mon bonheur sembla s'accroître par la naissance d'un second fils qui eut lieu le 26 novembre 1812. Nous donnâmes à cet enfant les noms de *Benjamin-Charles-François*; les deux derniers étaient ceux de ses parrain et marraine, le premier pouvait passer pour un nom de fantaisie et était en réalité un hommage à mon excellent ami Benjamin Delessert. Je n'avais pas osé lui demander d'être parrain, parce que nous pensions devoir cet égard à nos grands parents; mais le nom de Benjamin m'avait séduit, comme celui qui se rattache le plus aux sentiments et aux idées auxquels j'attache du prix : le Benjamin biblique est le type de l'amour filial, Benjamin Franklin, Benjamin Rumford et Benjamin Delessert, représentent l'union des sciences et de la philanthropie. Il me semblait qu'en donnant ce nom à mon fils je le plaçais sous les meilleurs patronages. Ç'a été pour nous un plaisir bien vif que la naissance de cet enfant qui, tant qu'il a vécu, a annoncé les dispositions les plus brillantes, mais ce bonheur a été ensuite changé

[1] Je fus plus tard appelé à faire faire une robe de Rabelais, ce qui arrivait tous les dix à douze ans.

en un deuil profond et qui durera autant que nous ! Hélas, jouissons encore par le souvenir de ce temps heureux; les jours mauvais ne viendront que trop tôt dans mon récit.

§ 19. DEMANDE DU RECTORAT.

J'ai tâché, dans ce qui précède, de peindre ma vie de Montpellier d'une manière générale, telle qu'elle se présente à mon souvenir jusqu'à l'année 1813. L'histoire des individus est comme celle des peuples : quand elle est heureuse, il y a peu d'événements. Reprenons maintenant l'ordre un peu plus chronologique, afin de raconter les incidents de mes dernières années de séjour à Montpellier et les causes qui m'ont amené à quitter cette ville.

Lorsque j'y arrivai, l'Université impériale n'existait pas encore, l'École de médecine dépendait du ministère de l'intérieur et Dumas était doyen de l'École. Peu après l'Université fut installée, Dumas fut nommé recteur de l'Académie de Montpellier, et je devins membre du Conseil académique. Dumas était un homme agréable, facile à vivre, assez bon physiologiste, mais très-médiocre administrateur. Quoiqu'il approchât de la cinquantaine, le goût des plaisirs le dominait, et cette circonstance, jointe à la pratique médicale et au peu d'ordre qu'il mettait dans son travail, le détournait de l'administration de la Faculté. Il laissait faire à chacun et à moi en particulier tout ce qu'il voulait, et pour ma part je m'en trouvais bien, parce que rien ne dérangeait mes plans d'amélioration du Jardin. Au printemps de 1813, il fut atteint d'une maladie inflammatoire qui l'emporta en peu de jours. Il fut enseveli, à sa demande, dans le Jardin botanique, avec une sorte de pompe inusitée. Sa mort laissait trois places vacantes. Comme professeur de physiologie, la Faculté appela sans concours M. Lordat à le remplacer, c'est-à-dire qu'elle réinstallait les doctrines de Barthez qui commençaient à s'user. Je le dis avec regret, mais sans animosité, car je n'ai jamais eu qu'à me louer de mes rapports avec ce nouveau collègue. Comme doyen, le grand maître appela M. Victor Broussonet, l'un des plus anciens professeurs ; mais le difficile était de remplacer Dumas comme recteur.

De tout temps le chancelier de l'Université avait été en même temps chef de l'École de médecine et directeur du Jardin botanique, et quoique les fonctions de recteur ne répondissent pas exactement à celles de l'ancien chancelier, il semblait assez juste de se conformer autant qu'on pourrait à cet usage. La Faculté de médecine, qu'elle le considérât comme un droit ou comme un avantage, tenait beaucoup à ce que le recteur fût pris dans son sein, et croyant que plus connu à Paris je serais nommé plus facilement, mes collègues m'engagèrent à me mettre sur les rangs. D'un autre côté, M. de Fontanes, grand maître de l'Université, avait nommé inspecteur de l'Académie le fils de son ami de Bonald, et immédiatement après la mort de Dumas il le chargea, par intérim, de remplir les fonctions de recteur. Ce choix choqua beaucoup les Facultés de médecine et des sciences, et les engagea à me seconder de tout leur pouvoir. Le préfet, le général, le premier président me portaient avec chaleur. L'évêque, M. Fournier, ne s'y opposait pas, au moins ouvertement, parce que, étant originaire de Gex, il me traitait toujours de compatriote. L'évêque de Carcassone paraissait, sur ma réputation et malgré mon protestantisme, disposé à me soutenir. Les chances semblaient donc favorables, et quoique toute fonction administrative fût peu de mon goût, je crus devoir me mettre sur les rangs, soit par intérêt pour l'École de médecine, soit pour éviter d'être sous les ordres d'un cagot, soit pour arriver ainsi à la place d'inspecteur général qui pouvait me ramener à Paris. Je fis donc ma demande. Elle fut appuyée par mes amis de Paris avec chaleur. Le grand

maître qui, quinze ans auparavant, me disait qu'il voulait
rendre la France protestante, objecta la religion; mais connaissant l'incapacité de Bonald il n'osait le nommer et pro-
longeait l'interrègne. De temps en temps, quand il ne savait
que dire à certains amis, il leur promettait la place pour
moi; c'est ce qu'il fit parlant à Mme de Rumford qui, d'elle-
même, avait été le solliciter en ma faveur, et qui en sortant m'écrivit la lettre la plus aimable pour m'annoncer mon
élection.

Cependant, ne la voyant pas arriver, je pris le parti, sur
un avis de M. Lajard, député, d'aller à Paris après la clôture de mon cours. Le grand maître me reçut avec une politesse froide et un embarras marqué; tantôt il objectait ma
religion, tantôt il semblait m'offrir vaguement de me faire
inspecteur général; enfin, quand il ne sut que me dire, il me
donna clairement à entendre que l'archichancelier ne me
voulait pas comme recteur. J'étais sûr du contraire par les
paroles mêmes de Cambacérès, dont je connaissais la véracité, et qui m'avait dit qu'il désirait ma nomination, mais
qu'il ne croyait pas convenable dans sa position de solli-ci-
ter son inférieur; je vis donc très-clairement la fausseté du
grand maître. Je me décidai alors à abandonner tout espoir
d'être nommé, mais à prouver au moins à M. de Fontanes
que je n'étais pas sa dupe. J'allai chez l'archichancelier, je
lui demandai par quel méfait j'avais perdu sa confiance, et
lui témoignai combien j'avais de regret de ce qu'après ce
qu'il m'avait dit il avait ensuite parlé au grand maître contre
mon élection. Cambacérès, qui tenait beaucoup à sa réputation de véracité et qui m'avait toujours traité avec bonté,
entra dans une grande colère contre Fontanes, et la première fois qu'il le rencontra il lui lava vertement la tête en
public. Je me trouvai ainsi, par mon propre fait, frustré
de la place et brouillé avec mon chef, mais j'étais vengé
d'un fourbe, et je n'ai pas eu le moindre regret de ce coup
de tête.

§ 20. DÉSASTRES MILITAIRES DE L'EMPIRE.

Je quittai Paris vers la fin de 1813 et je vins à Genève prendre ma femme et mes enfants que j'y avais laissés en attendant. C'était le moment où commençait la débâcle de l'empire, où les armées vaincues se repliaient sur la France, où Genève reprenait quelque espoir de recouvrer sa liberté. Je pensai que dans de pareilles circonstances, lorsque tant de désordres pouvaient avoir lieu, mon devoir m'appelait à mon poste. Je me rendis donc à Montpellier vers la fin de l'automne, et j'y passai un hiver inquiet et malheureux.

Peu après mon arrivée, mon oncle et ma tante de Candolle-Boissier vinrent m'y demander l'hospitalité. Ayant affiché à Genève des sentiments favorables à l'empereur et à la domination française, ils craignaient les événements et s'étaient décidés à quitter la ville. Je les reçus aussi bien qu'il m'était possible; je leur cédai la partie de ma maison que j'habitais et me réfugiai avec ma femme et mes enfants dans un étage supérieur assez mal meublé, enfin je fis ce que je pus pour les bien recevoir. Nous étions d'ailleurs, malgré la similitude de nos positions, dans des sentiments fort opposés. Fatigués des secousses de la révolution et n'aimant que le repos, ils s'étaient complétement ralliés à l'empereur comme un garant de tranquillité. J'étais, au contraire, parfaitement dégoûté du régime impérial, en raison des vexations qu'entraînaient à l'intérieur un grand nombre de mesures tyranniques et à l'extérieur la manie d'une guerre interminable. Je servais cependant le gouvernement avec loyauté et dans la crainte de ce que sa chute pouvait amener.

Cependant l'arrière-pensée du rétablissement de la république de Genève préoccupait souvent mon esprit, et le hasard du fait que le jour même de la restauration de la république, le 31 décembre 1813, je portais, dans un dîner

composé de protestants de Montpellier, la santé de cette
restauration que j'ignorais encore, ce petit fait peut montrer combien à cette époque il y avait dans le Midi peu de
sympathie pour la guerre que l'empereur soutenait, et combien les protestants se sentaient liés de cœur avec la ville
de Genève, qui est ou du moins a été leur centre.

Cependant les progrès des armées coalisées devenaient
imminents : l'armée française était refoulée en deçà du
Rhin ; Genève avait ouvert ses portes aux alliés ; la France
entière s'armait. Quoiqu'il y eût peu d'élan à Montpellier,
l'École de médecine vota l'armement à ses frais de quelques
troupes, et de plus les habitants étaient assujettis à diverses
charges. J'eus à loger un sous-officier chez moi, et pendant
plusieurs jours à recevoir à dîner quinze ou vingt hommes
des troupes qu'on faisait passer de l'armée d'Espagne à
celle de Lyon. Ces soldats disaient qu'ils allaient reprendre Genève. A toute fin je leur donnais un bon dîner et leur
faisais promettre que, s'ils entraient à Genève, ils ména-
geraient la ville et protégeraient ma famille, ce qu'ils pro-
mettaient avec l'entrain et le bon cœur qui caractérisent
le soldat français. De temps en temps le bruit de la prise de
Genève se répandait et me donnait de l'inquiétude. J'en
étais délivré par celui même auquel il semblait que je dusse
le moins en parler, M. Pelet de la Lozère, conseiller d'État
(ou sénateur), que j'avais beaucoup connu dans la maison
Delessert. Il était à Montpellier comme commissaire extraordinaire de l'empereur ; la ville a dû beaucoup à sa sagesse
et à sa modération pendant ces temps de crise. Je le voyais
souvent ; il me donnait les nouvelles vraies de Genève, et
me rassurait sur mes craintes avec une bonté dont je lui ai
toujours su beaucoup de gré.

Cependant le gouvernement prit ce moment pour accepter la démission que le préfet, M. Nogaret, avait offerte un
an plus tôt. Il crut qu'un nouvel administrateur saurait
mieux échauffer le zèle de la population, et envoya pour

préfet M. Aubernon, auditeur au conseil d'État. M. Nogaret avait été préfet de l'Hérault depuis l'origine des préfec-
tures. Il connaissait bien le pays, en était universellement
aimé et estimé, et fut regretté de tous les partis : son départ, dans un temps de crise, fut un véritable malheur. Pour
moi, je l'aimais et je le regrettai bien sincèrement. Grâce
à sa recommandation, je n'eus qu'à me louer de son successeur avec lequel je soutins même des rapports assez intimes.

Peu à peu les événements militaires interrompirent une
grande partie des communications entre Montpellier et le
reste de la France : l'armée de Catalogne se replia sur le
Roussillon, celle de Navarre sur Toulouse, celle de Lyon
sur Valence, et le Languedoc se trouva comme isolé du
reste de l'empire, car les communications par l'Auvergne
étaient et sont encore très-peu organisées. Vers le milieu
de mars, nous ne reçûmes ni journaux, ni lettres de Paris.
Nos traitements et les fonds destinés à l'entretien du Jardin manquèrent, de sorte qu'au moment même où je ne recevais plus rien pour moi, je voyais le Jardin prêt à manquer du nécessaire. Je pris immédiatement le parti de le
soutenir avec ce qui me restait de ressources personnelles.
Je fus secondé dans ce plan par le hasard que mon frère,
craignant que ses débiteurs du Languedoc ne prissent occasion de l'état des choses pour ne pas payer à sa maison ce
qu'ils lui devaient, leur donna ordre de solder entre mes
mains ; ils le firent, et je me trouvai, sans m'être donné la
moindre peine, recevoir quelques mille francs qui me procu-
rèrent un peu de sécurité et pour le Jardin et pour l'approvisionnement de ma propre maison, car on commençait à
avoir de l'inquiétude à cet égard. L'alarme était telle dans
le pays qu'on ne pouvait emprunter qu'à un taux extrêmement élevé.

Ce fut dans ce moment de crise que nous vîmes arriver
à Montpellier Mme Bacciochi, ou, pour parler plus officiel-

lement, la princesse Élisa, sœur de l'empereur, et grande-duchesse de Toscane. Elle avait pour dame d'honneur Mᵐᵉ Finguerlin, qui se trouvait parente de ma tante logée chez moi. Je ne sais si ce fut à cette occasion, ou par simple curiosité, mais la princesse me fit dire qu'elle viendrait voir le Jardin à une heure qu'elle fixa. Je dus la recevoir, et, connaissant les dispositions hostiles du bas peuple, je fis, sous prétexte de lui faire honneur, fermer le Jardin pour le public. Elle fut très-aimable dans sa visite, et un incident curieux me donna une idée de son caractère. Pendant qu'elle était dans la serre, on lui apporta une lettre arrivée par estafette (car depuis dix à douze jours nous n'avions plus de nouvelles par la poste) ; elle la lut devant nous, se retourna d'un air très-calme en nous disant : « Messieurs, l'empereur se porte très-bien. » C'était la nouvelle de la prise de Paris qu'elle venait de recevoir avec ce sang-froid. Elle continua sa visite en détail, me consulta longuement sur la manière d'inspirer le goût de la botanique à sa fille, me promit à son retour en Toscane (ce sur quoi je ne comptais guère) de m'envoyer des plantes, puis rentra chez elle et partit dans la nuit. Cette visite de la princesse Élisa, que certes je n'avais pas provoquée, et que je ne pouvais éviter, contribua plus tard à me donner dans le peuple de Montpellier la réputation de bonapartiste lorsqu'on eut envie de me noircir comme homme de parti.

Bien peu de jours après, nous apprîmes à Montpellier les événements de Paris et de Fontainebleau. Le courrier arriva avec la cocarde blanche. Il est difficile de se faire une idée de la joie publique. Tout le monde fut obligé de prendre la cocarde des Bourbons, et bientôt des désordres menaçants signalèrent ce changement de gouvernement. Quelques mauvais sujets, excités par les Dax, les Montcalm, etc., se portèrent chez le commissaire impérial pour l'insulter, quoique sa sagesse et sa modération eussent épargné bien du mal à la ville. On renversa une colonne à

l'Esplanade où était un buste de l'empereur ; on traîna dans
la rue le buste de M. Chaptal, qui avait rendu une foule
de services à Montpellier. Tout faisait présumer des désordres plus graves encore. Le nouveau préfet, M. Aubernon,
qui ne connaissait pas le pays, s'alarmait de cet état de
choses, et me demanda conseil. Je lui représentai que la
garde nationale de la ville (seule force disponible) n'était
pas assez forte, et je lui conseillai de la doubler, afin de
classer parmi les soutiens de l'ordre tous ceux qui s'y intéressaient et même une partie de ceux qui le troublaient. Il
m'objecta la crainte de ne pas trouver de volontaires :
« Eh bien ! lui dis-je, je suis exempt par la loi ; je vais à
l'École de médecine annoncer publiquement la volonté d'offrir mes services, et vous verrez que je vous amènerai du
monde. » C'est ce que je fis ; plusieurs élèves m'imitèrent ;
la ville suivit l'impulsion, et en peu de jours la garde fut
doublée et l'ordre rétabli. Je parus en uniforme de soldat
(car je n'avais voulu aucun grade) à quelques revues, à
quelques gardes, dont il est juste de dire qu'on m'exemptait
souvent. Je continuai ce service jusqu'au retour de Bonaparte, l'année suivante ; alors je fis valoir mon droit
d'exemption, comme professeur, ne voulant pas être obligé
de soutenir, comme volontaire, une cause que j'aimais médiocrement. En qualité de garde national, je reçus la décoration du lis, joujou bientôt avili par son abondance ; je la
reçus, en effet, comme professeur, comme correspondant
de l'Institut, etc., etc., et au bout de quelques mois, elle
tomba en désuétude.

Après que l'ordre eut été rétabli, la population de Montpellier chercha à témoigner sa joie de la Restauration par
des fêtes populaires. Dans ce but, chaque rue donnait un
bal dans la cour de la plus grande maison. Ces bals se
composaient des gens de tous les états du quartier, et
on y invitait quelques personnes des autres rues. J'ai
été à plusieurs, et ai fort joui de cette gaîté languedo-

cienne. Cependant l'esprit politique de la ville ne répondait qu'imparfaitement à mes sentiments. On y voulait,
comme en Espagne, *il re netto,* et une contre-révolution.
Chacun reprenait ses titres, et plusieurs s'en forgeaient.
Lorsque l'annonce de la charte fut connue, on la reçut avec
peine, et je fus quasi taxé de républicain, parce que j'en
témoignai du plaisir. Le commissaire du roi, à cette époque, fut le comte de Bausset. Il se trouvait allié de ma famille de Provence, et m'accueillit avec beaucoup de bonté.
Dans le courant de l'année, le comte d'Artois passa à
Montpellier; il reçut l'École de médecine avec hauteur, et,
par compensation, il combla d'égards un coquin qui sortait
des galères, où il était pour vol, et qui sut lui persuader
qu'il y avait été mis pour son attachement aux Bourbons.
Ces inepties, qui se répétaient sous diverses formes parmi
les zélés bourboniens, ne tardèrent pas à leur aliéner une
partie des gens susceptibles de réflexion. Pour ma part, je
me réjouissais de la Restauration, parce que Genève lui
devait le retour de son indépendance, et que j'avais une
sorte d'horreur du régime militaire de l'empire; mais je
m'inquiétais en voyant le retour du crédit exagéré des nobles et des prêtres.

§ 21. COURSE A GENÈVE APRÈS SA RESTAURATION.

Les circonstances où je me trouvais par suite de la séparation de Genève d'avec la France, me firent penser que,
quel que fût mon sort personnel, il était avantageux à mon
fils Alphonse de faire son éducation à Genève. Je l'avais
fait entrer depuis un an, comme externe, au lycée de Montpellier, où il faisait peu de progrès; au mois de septembre 1814, je me décidai à le mener à Genève, que j'étais
d'ailleurs bien aise de revoir sous son nouvel état politique.
Je fis le voyage avec M. Adolphe Butini, qui venait d'être
reçu docteur à Montpellier.

Genève avait, depuis quelques mois, repris son indépendance. Ceux des membres de l'ancien Conseil d'État[1] qui
vivaient encore s'étaient constitués en gouvernement provisoire et complétés par l'adjonction de quelques personnes.
Mon père avait refusé d'en faire partie, soit à cause de
son âge, soit parce qu'il avait craint, en acceptant cette
fonction avant la reconnaissance de la république par la
France, de compromettre ma position ; mais il fut mis
par l'opinion publique à la tête d'une réunion de citoyens
qui vinrent faire acte d'adhésion à l'établissement du gouvernement provisoire[2]. Celui-ci fit rédiger une constitution par une commission qui, avec un certain nombre de
bonnes idées sur la tolérance religieuse et la séparation
des pouvoirs, en fit une espèce de farrago inintelligible.
On crut bien faire de se hâter, dans la crainte (vraie ou
supposée) que la diète helvétique ne voulut pas nous admettre comme canton avant qu'elle fût acceptée. Quelques citoyens notables réclamèrent contre cette précipita-
tion ; on passa outre. J'arrivai le lendemain de l'acceptation
par le peuple.

Sismondi venait de publier une brochure assez âcre, où
il tournait la constitution en ridicule. Ayant lu le soir même
la constitution et la brochure, voyant l'exaspération de bien
des gens contre Sismondi, j'allai le voir le lendemain de
grand matin. Je lui représentai les inconvénients de sa brochure pour la cause publique et pour lui-même. Il me comprit, et me demanda mon avis. Je lui proposai de la retirer ;
à l'instant il vint avec moi chez le libraire, reprit tous les
exemplaires invendus et me les remit pour les porter de sa

---

[1] Antérieur à 1790.   (Alph. de C.)

[2] L'adresse des Genevois au gouvernement provisoire, pour reprendre
ses fonctions momentanément interrompues, fut signée par 6500 citoyens,
nombre considérable, puisque le territoire n'avait pas encore été agrandi.
Elle fut remise par mon grand-père, accompagné d'une députation des citoyens, le 18 mars 1814. Je possède les lettres et discours qui se rapportent à cet événement important de l'histoire de Genève.   (Alph. de C.)

part au gouvernement. Pénétré d'estime pour un procédé si loyal, je me chargeai volontiers de cette commission; j'allai à l'hôtel de ville, où je trouvai le second des syndics provisoires, M. Des Arts. Au lieu des remerciements que j'attendais de lui, je fus reçu comme un chien; il ne voulait pas seulement agréer le dépôt de l'édition entière que je lui apportais. Je fus blessé de sa manière, et m'affligeai de voir mon pays entre les mains d'un homme si aveuglé par l'esprit de parti [1]. Combien je plaçais plus haut dans mon estime son collègue le syndic Lullin, dont je fis aussi connaissance à cette époque! Il était voisin de campagne de mon père et j'allais le voir de temps en temps. C'était un homme énergique, dévoué, qui me semblait un ancien Romain. Il comprenait tout et entendait la vérité comme un homme qui l'aime; mais étant doué d'une imagination vive, il subissait l'influence de son collègue, qui finissait toujours par lui faire faire ce qu'il voulait. Je m'attachai à lui sincèrement, et quelques années après j'ai pleuré sa mort.

Ce fut pendant ce court séjour à Genève que la république fut annexée, comme vingt-deuxième canton, à la Confédération helvétique. J'en ressentis une vive joie, et je l'exprimai par un hymne. Connaissant l'ancien état de la Suisse, je croyais que Genève trouverait dans cette adjonction une garantie contre les troubles intérieurs, et j'étais loin de me douter que quelques années plus tard ce serait

---

[1] Je vois dans un manuscrit de mon grand-père que M. Des Arts eut du regret de cette scène et lui fit des remercîments de l'intervention toute pacifique et modérée de son fils. Il vint même faire une visite à celui-ci sans le rencontrer. D'après cette circonstance, j'ai hésité à publier ce paragraphe, mais il m'a semblé qu'il renfermait une instruction sur l'état des partis à Genève en 1814. D'ailleurs il est possible que, sans cette vivacité qui entraînait quelques écarts, la république n'eût pas repris son ancienne indépendance : les grands changements n'arrivent que par l'effet des passions. Ce qu'on doit désirer, ce n'est pas l'apathie, c'est que les passions servent de bonnes causes.   (Alph. de C.)

notre canton qui serait le plus calme de tous et qui aurait
à redouter l'exemple des autres [1].

Ce fut encore pendant mon séjour à Genève qu'on fit la
première élection du corps législatif à laquelle on m'engagea, peut-être d'une manière peu régulière, à prendre part
comme électeur. Mon père fut nommé le premier, et jouissait vivement, ainsi que moi, du nouveau sort qui se préparait pour la patrie. Je témoignai dès lors le désir de pouvoir y revenir un jour, mais l'exiguïté de ma fortune me
faisait encore une loi de conserver ma place de Montpellier,
où d'ailleurs je me trouvais heureux.

§ 22. ÉVÉNEMENTS DES CENT JOURS.

Je revins à Montpellier dans les premiers jours d'octobre. Je trouvai la ville encore sous l'impression de sa joie ;
le retour de la paix favorisait le commerce et faisait croire
aux commerçants et aux agriculteurs qu eleurs vins allaient
se vendre au poids de l'or ; les nobles et les prêtres rê-
vaient le retour de leur prédominance, et en goûtaient déjà
quelques prémices. On ne pensait qu'à se réjouir. Notre société protestante, quoiqu'elle pût avoir de l'inquiétude, se
mêlait à la joie publique. Nous vivions en fêtes perpétuelles;
nous jouions la comédie, etc. Tout à coup, dans les premiers jours de mars, au milieu d'une comédie qui avait lieu
chez moi, nous apprenons la descente de l'empereur à Cannes. L'inquiétude et l'effroi se répandirent dans la ville.
Dans les premiers moments, on ne savait quelle direction
suivre, mais bientôt on apprit l'envoi du duc d'Angoulême

[1] Ceci doit avoir été rédigé en 1884 ou à peu près. La république de
Genève en est à sa troisième période d'agitations et de révolutions : celle du
seizième siècle lui a donné l'indépendance; celle du dix-septième la lui a fait
perdre, et celle qui a commencé en 1884, par l'échauffourée dite des Polonais, n'a pas encore une fin et un résultat qu'on puisse connaître.

(Alph. de C.)

dans le Midi pour y organiser une résistance et les levées
d'hommes qui se préparaient à Nîmes et ailleurs. On s'occupa donc à lever des volontaires.

En voyant ces préparatifs, je profitai du peu de temps
qui restait, et je fis partir pour Genève ma femme et mes
enfants, sous la garde de Fréd. Colladon, qui venait d'être
nommé docteur et se disposait à retourner chez lui. Je restai à mon poste, par devoir et par intérêt pour le Jardin.
A peine apprit-on l'arrivée de l'empereur à Paris, que la
ville de Montpellier arbora de nouveau la cocarde tricolore.
M. Aubernon fut remplacé, comme préfet, par M. Cochon
de Lapparent, qui fut reçu plus que froidement par la ville.
La plupart des royalistes se retirèrent dans leurs terres, et
nous restâmes quelques semaines dans un état de stag-
nation.

Ma position était singulière. J'avais demandé au gouvernement du roi d'être nommé recteur, et je n'avais eu aucune réponse. La place était toujours vacante, parce que
M. Fontanes n'osait pas nommer publiquement M. de Bonald
fils. Celui-ci quitta son poste comme tous les purs bourboniens, M. Fontanes fut remplacé, comme grand maître,
par M. Lebrun, l'ancien architrésorier, qui me nomma
recteur de l'Académie de Montpellier. Je fus embarrassé
au moment de me décider; d'un côté je n'aimais guère Bonaparte, ni son régime militaire; de l'autre, je n'aimais
guère plus les Bourbons, escortés de leurs prêtres et de
leurs nobles, hostiles aux protestants et aux sciences. Je
me décidai à céder aux vœux de mes collègues, et j'acceptai, d'abord par l'idée qu'une place de recteur n'était point
politique et ne devait pas exciter beaucoup de haine, puis
par l'exemple de mes amis les plus sages, tels que Cuvier,
Delessert, etc., que je voyais conserver ou acquérir des positions publiques, et enfin d'après le raisonnement suivant:
Si l'empereur s'établit, il reprendra Genève, je n'aurai
d'autre existence que la France, et alors je me trouverai

bien d'avoir accepté; si les Bourbons l'emportent, Genève gardera son indépendance, et alors j'irai m'y réfugier dans le cas où je serais mal en France; si, enfin, un tiers parti vient à surgir, il est probable qu'il respectera les positions acquises, et je resterai libre de demeurer en France ou d'aller à Genève. J'acceptai donc, sans me dissimuler cependant les désagréments que je risquais d'éprouver, mais me flattant, avec mon inexpérience des affaires de ce genre, que je pourrais remplir la place de manière à calmer les haines. J'entrepris ma tâche avec zèle et avec l'intention de l'isoler le plus possible de la politique.

Je savais que l'École de médecine avait vu de mauvais œil que Dumas se fût emparé d'une partie de son bâtiment pour le secrétariat de l'Académie. Je le transportai dans la partie du Jardin botanique qui portait le titre de Jardin académique, et j'y logeai le secrétaire, brave homme dont j'eus beaucoup à me louer.

Je donnai l'exemple de l'assiduité en continuant, quoique le recteur en fût dispensé, à donner mes leçons et à faire les examens à mon tour. Il résulta de l'exemple et de mes exhortations que tous les professeurs remplirent leur tâche avec une exactitude parfaite, à ce point qu'il n'y eut pas *une* leçon manquée pendant ces trois mois de troubles. Je pensais bien que les dévots catholiques me verraient de mauvais œil. En conformité des instructions du grand maître, j'allai chez l'évêque de Montpellier l'assurer qu'en ce qui concernait la religion, je me conformerais à ses avis, et lui demandai immédiatement de me désigner un aumônier pour le lycée, qui avait perdu le sien. Je fis parvenir l'expression des mêmes sentiments aux évêques des trois autres départements de l'Académie (l'Aveyron, l'Aude et les Pyrénées-Orientales); je n'ai eu à me plaindre d'aucun et j'ai pu, au contraire, me louer d'une partie d'entre eux.

Au moyen de ce système de conduite, l'Académie cheminait aussi bien qu'on pouvait l'espérer. Je reçus la visite des inspecteurs généraux de l'Université, qui me donnèrent approbation et encouragement. L'un d'eux, auquel je parlai de mes inquiétudes politiques, me dit en confidence que les meneurs de Paris ne croyaient pas que l'empereur pût se soutenir, mais que leur but était de proclamer le duc d'Orléans. Je pense bien qu'on répandait ce bruit dans l'espoir de diviser les deux partis dominants, mais j'avoue que je me laissai prendre à ce leurre, car ç'avait été mon rêve. Je voyais que l'Angleterre n'avait retrouvé le repos que par l'accession de Guillaume, et je pensais que la France avait un élément semblable de paix dans la personne du duc d'Orléans. Je ne me trompais que sur l'époque.

Cependant la guerre devenait imminente, et on s'y préparait ouvertement, Ce fut dans ce moment que le grand maître me donna l'ordre de faire prêter serment à l'empereur par tous les fonctionnaires de l'instruction publique. Je sentis vivement les difficultés de cette tâche, et je cherchai les moyens de les éluder. J'allai chez l'évêque, M. Fournier; je lui communiquai mon ordre, et lui dis qu'après y avoir réfléchi, et pour le bien de la paix, je prenais sur moi de ne pas communiquer cet ordre aux ecclésiastiques jusqu'à nouvelle sommation du grand maître. L'évêque me témoigna une vive approbation, et me dit, entre autres, cette phrase assez piquante dans la bouche d'un évêque parlant à un protestant : « Oui, M. le recteur, vous avez raison..., quelques victoires mettraient les consciences bien à l'aise. » J'adressai de suite au grand maître l'exposé de ma conduite, et comme je n'eus aucune réitération, je pus croire qu'il m'approuvait.

Quant aux laïques, je donnai cours à l'ordre que j'avais reçu, et presque tous m'envoyèrent leur serment. Un seul, parmi les professeurs de la Faculté, manquait à l'appel : c'était un malheureux professeur de physique, très-incapable, et par son ignorance, et parce qu'il était perclus de la moitié du corps, mais très-brave homme et très-pauvre,

nommé Larcher-d'Aubancour. J'allai le voir amicalement ;
je lui représentai le danger qu'il courait d'être destitué, et le
peu d'importance qu'aurait ce serment prêté en commun
avec tous ses collègues. Sa femme se joignit à moi pour
l'encourager, car elle savait bien qu'elle n'avait pour nourrir ses enfants que le traitement de son mari : d'Aubancour
tint bon ; j'admirai sa conscience, et fis de suite mon plan
pour éviter de le compromettre, et peut-être, selon la tournure des choses, toute l'Académie. Je gardai sans rien dire
tous les serments, au lieu de les envoyer à Paris, et je les
avais encore au retour du roi. Je dirai tout à l'heure le résultat de ma bonne intention.

Cependant, à mesure que les chances de guerre augmen-
taient, à mesure aussi les royalistes du Midi, comptant sur
les revers de l'empereur, commençaient à s'agiter. Des
bandes de paysans, excités surtout par M. de Montcalm,
vinrent occuper la ville qui, en majorité, était pour eux. Je
me rappelle que le 1er juillet j'allai faire ma leçon en passant au milieu d'une tourbe indisciplinée de paysans armés, étendus par terre, plusieurs ivres et menaçants. Les
élèves n'osèrent pas manquer quand ils me virent dans ce
moment de désordre. Le lendemain, 2 juillet, les troupes du
général Gilly, qui tenaient pour l'empereur, vinrent par la
route de Nîmes soutenir celles qui occupaient la citadelle.
Elles montèrent l'arme au bras et sans tirer jusqu'à la place
de Peyrou. Les paysans, en les voyant arriver, fuyaient à
toutes jambes et jetaient leurs armes et leurs gibernes pour
courir plus vite. J'ai vu, de mes yeux, cette terreur panique,
chose dont je ne m'étais jamais fait d'idée. Pendant ce temps
la citadelle, pour seconder l'action des troupes de Gilly,
tirait sur la ville ou par-dessus la ville des boulets et des
obus. Il en tomba autour du Jardin, mais sans rien endom-
mager. Je postai les jardiniers dans les divers enclos pour
obvier aux dommages s'il s'en présentait, et je me rendis
au Lycée.

Celui-ci, placé en face de la citadelle, pouvait courir des dangers, et je frémissais des résultats pour les élèves qui y étaient renfermés. Il n'était pas facile d'arriver, car j'avais la ville entière à traverser : les paysans de Montcalm tiraient sur ceux qui portaient la cocarde tricolore et les soldats de Gilly sur ceux qui avaient la cocarde blanche. Je me mis en route, sans cocarde, pour arriver à bon port. Je rencontrai en chemin plusieurs traces de sang versé, mais j'arrivai sans accident. Après m'être concerté avec le proviseur, je haranguai les enfants sur un ton moitié sérieux, moitié plaisant, et après les avoir fait mettre en ordre de bataille, je les fis conduire dans des souterrains vastes et clairs où ils étaient à l'abri des obus et des bombes, et où je leur fis donner un dîner aussi bon que la règle pouvait le permettre. Quand toute cette famille, confiée à ma surveillance, fut en sûreté, je me sentis tellement soulagé de ma responsabilité que je passai une partie de la journée à aller, malgré les dangers évidents qu'on courait, voir quelques dames de mes amies pour savoir des nouvelles d'elles et de leur famille. C'étaient des étonnements extraordinaires de me voir arriver dans ce jour de crise, mais étant seul chez moi, je sentais le besoin de voir quelqu'un dans un semblable moment où il est impossible de rien faire. Le matin, avant la crise, j'avais bien achevé la préface du supplément de la *Flore française*, mais je n'aurais pu le faire après les émotions de la journée.

Dès le lendemain on eut connaissance de la défaite de Waterloo, et la ville devint le siége d'une agitation continuelle. Déjà le 26 juin il y avait eu des scènes de violents désordres et même de massacres. Les fédérés, appelés par le général Gilly, et les paysans soulevés par M. de Montcalm, s'emparèrent alternativement du pouvoir. Presque chaque jour on voyait à la mairie un drapeau différent. J'étais obligé, comme fonctionnaire et pour la sûreté du Jardin, de suivre cette impulsion. J'avais aussi les deux drapeaux, et je plaçais chaque jour celui qui était à la mairie. Enfin on apprit le retour du roi et le drapeau blanc flotta seul.

§ 23. RESTAURATION DES BOURBONS.

Dès que j'appris cet état de choses, je pensai à préserver les membres de l'Académie des persécutions qu'ils pourraient encourir pour avoir prêté serment à l'empereur. J'avais conservé tous ces serments; j'aurais pu ou les détruire en secret ou les garder par devers moi; je trouvai plus noble de convoquer le conseil académique et de les brûler en sa présence, afin que tous ses membres sussent qu'ils n'avaient plus rien à craindre même de moi. Le bon Lafabrie, l'un des plus anciens professeurs de l'École de médecine, auquel je communiquai ce plan le désapprouva hautement : « Vous êtes trop honnête homme, me disait-il, vous ne connaissez pas ces gens-là; gardez tous ces serments. Faites-leur savoir que vous les avez, et ils seront tous dévoués à vos intérêts, sachant que leur sort est entre vos mains. » Je trouvai cette conduite machiavélique; je brûlai les serments. Dès le lendemain bon nombre de ceux qui les avaient prêtés se tournèrent contre moi et prétendirent n'en avoir prêté aucun. Lafabrie avait raison. Je l'ai su plus tard, j'en ai pâti; mais je n'ai jamais eu de regret de ma conduite.

Pendant le peu de temps que M. de Montcalm commandait la ville, et que j'exerçais les fonctions de recteur, je fus occupé à défendre ceux des membres de l'instruction publique qui s'étaient compromis par leur bonapartisme. Ainsi j'avertis M. de Montcalm que la populace se portait sur la maison de M. Virenque pour la brûler, et, sur mon avis, il envoya une garde de sûreté. Dans ces semaines de désordre, où les deux partis alternativement vainqueurs ou vaincus cherchaient à s'opprimer, j'eus un rôle singulier à remplir. Il y avait des bonapartistes et des

royalistes parmi les employés et les voisins du Jardin : dès
que l'un d'eux était menacé, je le faisais venir et je le ca-
chais dans un petit appartement de ma maison. Aucun n'a
été insulté ni attaqué, et mon impartialité a servi alternativement aux gens des deux opinions. Aussi je disais en riant
à ceux qui demandaient de quel bord j'étais : « Mettez-vous
dans la tête que je suis toujours du parti des battus. »

Le commissaire du roi, ou plutôt du duc d'Angoulême,
M. de Montcalm, rendit une ordonnance pour que tous les
fonctionnaires nommés dans les Cent jours eussent à cesser
leurs fonctions ; je ne pensai pas à les retenir, car j'en étais
bien las, et j'annonçai la décision de les quitter ; mais peu
après je reçus de l'évêque Villaret, grand maître de l'Université depuis le retour du roi, une lettre en réponse à celle
que j'avais écrite le 3 juillet au grand maître de l'Université impériale pour lui rendre compte de l'affaire du 2. Cette
lettre disait : « J'ai lu avec de vives craintes les détails con-
« tenus dans votre lettre du 3 juillet courant. Les mesures
« de précaution que vous avez prises pour mettre le Lycée
« de Montpellier à l'abri de tout danger dans les circon-
« stances malheureuses dont vous me rendez compte, sont
« une nouvelle preuve de votre sagesse et ne peuvent que
« mériter mon approbation. Continuez, je vous prie, de
« veiller avec le même zèle et la même sollicitude à la sû-
« reté de nos établissements dépendant de votre adminis-
« tration. Je sens comme vous la difficulté de votre posi-
« tion, et je m'en rapporte entièrement à votre prudence
« pour les mesures particulières que vous jugerez conve-
« nable d'ordonner. Je vous donne à cet égard toute la
« latitude dont vous pouvez avoir besoin. »

Je trouvai piquant d'avoir été nommé recteur par l'Université impériale sur une demande faite au gouvernement
du roi, et d'être maintenant comme investi de pleins pouvoirs par un évêque, grand maître de l'Université royale,
sur le compte rendu adressé au gouvernement impérial. Je

me rendis auprès de M. de Montcalm, que j'avais souvent
rencontré en société, et je lui dis que, quoique la veille je
lui eusse annoncé l'intention de me conformer à son ordonnance, j'étais maintenant fort embarrassé, car je ne voulais
pas avoir l'air de déserter mon poste après avoir reçu une
telle lettre, qu'en conséquence je l'avertissais que, quoique
je n'y tinsse pas le moins du monde, je ne quitterais les
fonctions de recteur que sur son ordre. Il me pressa beaucoup de me retirer de moi-même pour lui éviter l'embarras
de décider; je tins bon, et il m'écrivit le lendemain une
lettre très-polie où, après m'avoir dit que le grand maître
dans l'approbation de ma conduite était d'accord avec tous
les bons citoyens, il me déclarait que je devais remettre les
fonctions à M. de Bonald. Le grand maître, auquel je rendis compte, m'écrivit une lettre dans laquelle, après m'avoir
approuvé d'avoir cédé la place, il ajoutait : « Je vous re-
« nouvelle au surplus mes félicitations sur la manière dis-
« tinguée avec laquelle vous avez administré l'Académie
« de Montpellier pendant le peu de temps que ses intérêts
« vous ont été confiés, et je vois avec plaisir que M. le
« marquis de Montcalm vous a rendu la même justice. »

Je ne voulus pas quitter immédiatement Montpellier après
cette démission, dans la crainte de paraître redouter quelque chose. Je restai donc encore quinze jours en butte aux
brocards des petits journaux du pays, aux menaces indirectes qui m'arrivaient et qui en atteignaient d'autres. La
rage du bas peuple, excitée par quelques royalistes, connaissait peu de bornes. J'ai entendu à cette époque, d'une
maison qui donnait sur la rue des Étuves, les coups par
lesquels on fouettait de malheureuses femmes considérées
comme bonapartistes, et beaucoup de désordres plus graves
se commettaient dans les campagnes.

Après être resté le temps nécessaire pour faire apurer
mes comptes et pour prouver aux tapageurs que je ne les
craignais pas, je profitai du départ pour Genève de M. et

Mme Levat pour me joindre à eux. En passant à Nîmes, nous vîmes les traces horribles des désordres qui avaient eu lieu contre les protestants, et nous n'étions guère rassurés par la vue d'une bande d'atroces sacripans qui montaient la garde devant nos fenêtres. Ce ne fut que lorsque nous eûmes passé le pont Saint-Esprit que nous nous crûmes hors des insultes de ces bandits. Nous sortions en effet du royaume du duc d'Angoulême où les ardents portaient une cocarde blanche bordée de vert, et nous entrions dans le royaume de Louis XVIII où dominait la cocarde blanche.

§ 24. VOYAGE A PARIS.

Je ne restai à Genève que le temps nécessaire pour embrasser mes parents, les rassurer sur mon sort, et peu de jours après je partis pour Paris avec ma femme. Nous savions le bon M. Varnier (second mari de la grand'mère de ma femme) malade, et nous espérions arriver à temps pour le voir. Dans le voyage, nous trouvâmes toutes les villes occupées par les troupes étrangères ; mon passe-port était visé par les délégués de cinq ou six nations différentes.

Nous arrivâmes à Paris le 16 août. M. Varnier était mort la veille et je ne pus que lui rendre les derniers devoirs. Je le fis avec une bien sincère affliction, car je lui étais fort attaché et il m'avait toujours témoigné de l'amitié. Il m'en donna une dernière preuve en me laissant un legs de douze mille francs. Je lus l'année suivante une courte notice sur cet homme de bien à la séance publique de la Société philomathique [1].

---

[1] Le docteur Charles-Louis Varnier, né à Paris en 1739, avait publié quelques mémoires estimés sur des questions d'anatomie. Il s'était retiré de bonne heure de la pratique médicale, soit parce que sa fortune le lui permettait, soit à cause de désagréments que ses confrères lui avaient suscités pour ses opinions sur le magnétisme animal. Les quarante dernières années de sa vie furent consacrées à de bonnes œuvres, comme de donner des soins gratuits aux malades pauvres, de distribuer les secours accordés par la Société philanthropique, etc.   (Alph. de C.)

A peine eus-je achevé de remplir mes devoirs de famille
que j'allai faire visite aux fonctionnaires de l'Université, afin
de contre-balancer les impressions que les exaltés du Midi
avaient pu faire sur leur esprit. Il en était temps ; il pleuvait à
l'Université sur moi, comme sur une foule d'autres, des dénonciations politiques. La manière dont j'avais exercé le
rectorat donnant peu de prise, on reprenait toutes les
moindres circonstances de ma vie privée : le bal donné à
Mᵐᵉ Trouvé fut représenté comme un délit jacobin ; une
course botanique faite aux Capouladoux, dans la première
semaine des Cent jours, avec quelques élèves, avait pour
but de m'entendre avec le général Gilly (que je n'ai jamais
vu) pour le faire arriver à Montpellier, tandis que je n'a-
vais voulu qu'échapper aux bavardages de la ville ; ma naissance dans une république, mon protestantisme, etc., tout
devint le sujet de calomnies. Heureusement ces dénonciations arrivaient à mon ami Cuvier, lequel, comme conseiller
de l'Université, était chargé des facultés. Il me les lisait, en
me cachant seulement le nom du dénonciateur ; je lui expliquais les faits et tout en restait là.

J'eus un entretien avec M. Royer-Collard qui, comme président de la commission d'instruction publique, exerçait la
plupart des fonctions de grand maître. Après avoir entendu
l'exposé détaillé de ma conduite, il me dit que, s'il agissait
d'après son sentiment, il me rendrait le rectorat, mais qu'il
ne l'osait pas. Je lui dis que je n'en voulais à aucun prix,
mais que je serais bien aise d'avoir une faveur quelconque
de l'autorité, afin de constater l'approbation de ma conduite ; il m'offrit de suite les décanats des facultés de médecine et des sciences. En lui témoignant ma reconnaissance,
je refusai le premier, vu que j'étais trop peu médecin pour
pouvoir me présenter à ce titre, et j'acceptai celui des
sciences auquel je fus nommé immédiatement. Il me parla
alors de son plan d'appeler M. Du Chayla au rectorat de
Montpellier, ce dont je lui témoignai ma satisfaction. Quel-

ques jours après, dans sa réception du soir, il me présenta
Du Chayla comme recteur, en lui disant devant cinquante
personnes, qu'il n'avait qu'une instruction à lui donner, savoir : « De prendre mes avis sur tous les points et de les
suivre avec confiance. » Je n'ai eu, en effet, qu'à me louer
de M. Du Chayla pendant tout le temps que je suis resté
depuis à Montpellier. On voit qu'il était difficile d'être destitué plus poliment que je ne l'avais été, aussi je croyais
ma position bien assurée, et je ne m'occupais plus que de
botanique.

J'avais préparé à Montpellier le premier volume du *Sys-*
tema; je me mis à étudier les herbiers de Paris pour le
perfectionner et j'oubliai presque la politique. J'allai de
de loin en loin voir M. de Montcalm, avec lequel j'étais
resté dans de bons termes. Ce fut à peu près à cette époque,
qu'à l'occasion d'un discours de M. d'Argenson sur les persécutions des protestants à Nîmes, M. de Montcalm fit une
violente sortie à la Chambre des députés. Le lendemain
j'étais chez lui, avec une dizaine de royalistes renforcés; on
parlait de cette scène, et lui-même s'exprimait comme si
M. d'Argenson l'avait personnellement insulté : « Mais, lui
dis-je, M. le marquis, pourquoi avez-vous pris pour vous
ce qu'on a dit des persécutions des protestants ? Je suis
protestant et je suis prêt à déclarer qu'à Montpellier vous
n'avez rien fait contre eux. » Il réfléchit une minute, puis
il repartit : « Ma foi, c'est vrai! au fond j'ai été bien bête
de prendre tout ça pour moi; je n'ai rien contre les protestants, ma grand'mère était de la *vache à Colas !* » On peut
juger par ces expressions, que je rapporte textuellement,
quelle sorte d'homme était Montcalm et combien peu il était
capable de gouverner dans un temps de crise. Aussi, quoiqu'il fût beau-frère de M. de Richelieu, premier ministre,
n'a-t-il jamais pu, après ce premier essai, parvenir à aucune place.

§ 25. DÉTERMINATION DE QUITTER MONTPELLIER.

J'étais paisiblement occupé de ma botanique, et je me préparais à partir pour Montpellier vers la fin de décembre, lorsque je reçus une lettre de M. Lichtenstein, qui me donnait avis que la *Loge* avait décidé d'éliminer de son sein tous ceux qui avaient accepté une place pendant les Cent jours, et qu'à ce titre j'en avais été exclu. Cette insulte, arrivant au milieu des témoignages d'estime que me donnaient mes supérieurs immédiats, me causa une vraie peine ; la moutarde, comme on dit, me monta au nez, et je me décidai sur-le-champ à quitter une ville où l'on pouvait être traité de la sorte. J'étais déjà, depuis un an, dans une espèce d'hésitation entre Montpellier et Genève, et cette dernière goutte d'eau fit verser le vase. Je savais bien qu'en quittant Montpellier je perdais douze mille francs de rente, et que je ne devais guère en espérer que douze cents à Genève, mais, malgré ma pauvreté d'alors, je me décidai à ce sacrifice presque sans hésiter.

Cependant, tout décidé que j'étais, je sentis le besoin de mettre une certaine lenteur dans l'exécution de mon plan. D'un côté, je ne voulais pas retourner à Genève avant d'être nommé à la place de professeur d'histoire naturelle, qu'on m'avait souvent offerte ; de l'autre, je ne voulais pas quitter Montpellier avant d'être payé d'environ quinze mille francs qu'on me restait devoir, tant pour traitements arriérés que pour avances faites au Jardin pendant la crise. Enfin je ne voulais pas me donner l'air d'être destitué, ou même disgracié, au moment où je venais de recevoir des politesses nombreuses du gouvernement.

D'après ces motifs, je tins secrète, en France, ma résolution. J'écrivis à mon père et à mon ami le professeur Girod pour qu'on organisât la chaire qu'on m'avait offerte à Genève, en gardant le secret autant que nos formes pou-

vaient le comporter, et comme il restait trois mois avant
l'ouverture de mon cours à Montpellier, je me décidai à en
profiter pour faire un voyage à Londres à l'effet d'y consulter les collections et d'y connaître les naturalistes.

§ 26. VOYAGE EN ANGLETERRE.

Avant de continuer le récit de mes affaires de Montpellier, je dois maintenant raconter ce voyage en Angleterre,
qui me fut très-agréable, et agit comme une espèce de cal-
mant pour les agitations de l'année, comme un baume sur
les blessures que j'avais reçues. Pour m'indemniser de la
dépense qu'il devait me causer, je publiai une seconde édition de mon *Essai sur les propriétés des plantes,* et je préparai mon départ pour le mois de janvier 1816. Sachant
peu ou point d'anglais, je fus charmé de m'associer pour
ce voyage avec M. Coquebert de Montbret, qui avait passé
dix ans en Angleterre comme consul. Je savais que son âge
et ses infirmités le rendaient pesant à la marche, mais je ne
connaissais pas sa bizarrerie, et je comptais qu'en retour
des courses que je ferais pour lui, il parlerait pour moi.
Mon attente fut déçue : à peine arrivé en Angleterre, il ne
voulut plus dire un mot d'anglais, et c'était moi, qui ne savais pas la langue, qui étais obligé de parler avec les domestiques par signes ou en quelques mots incohérents.

Nous partîmes en messagerie. A Calais nous nous em-
barquâmes sur un paquebot anglais. Le temps, assez tolérable au départ, devint bientôt contraire. M. de Montbret
fut saisi du mal de mer en entrant dans le bâtiment, et
resta couché tout le temps, avec des douleurs atroces.
A mon ordinaire, je n'éprouvai aucune atteinte de ce mal.
Vers huit heures du soir, nous arrivâmes en vue du port
de Douvres, mais le vent était si violent que jusqu'au
jour nous ne pûmes pas y entrer. Nous étions affreuse-
ment ballottés ; autour de nous, deux bâtiments de trans-

port, qui ramenaient en Angleterre les troupes sortant de France, furent jetés à la côte. Notre capitaine perdit la tête, et, dans ce moment critique, alla se coucher à fond de cale. Je crus dans cette circonstance, que tout le monde disait périlleuse, devoir avertir mon compagnon de notre position. Je le trouvai dans un état affreux, et lorsque je l'engageai à venir sur le pont, parce qu'on disait que nous allions périr, et qu'il serait mieux placé pour échapper, je ne reçus d'autre réponse sinon : « Tant mieux, je ne souffrirai plus, » mot qui donne une idée de ce que peut être pour quelques-uns ce mal si léger pour d'autres. Cependant un officier de la marine anglaise, embarqué par hasard sur notre bord, prit le commandement, et à la pointe du jour nous débarquâmes. Après quelques heures de repos, nous prîmes une voiture de poste qui nous mena coucher à Cantorbery, et le lendemain, dans le milieu du jour, nous entrâmes dans l'immense métropole de l'Angleterre.

Nous descendîmes à un petit logement que mon ami Marcet [1] m'avait retenu près de chez lui (Store Street, n° 4), et où nous nous trouvâmes fort bien. A peine arrivé, j'allai voir cet excellent ami. Lui et sa femme [2] m'accueillirent avec une bonté parfaite, et ils n'ont cessé pendant tout mon séjour de me le rendre agréable et utile. Aussi d'une connaissance un peu vague notre liaison passa bien vite à une amitié qui a duré autant que la vie du Dr Marcet, et que je conserve pour sa veuve et sa famille. Grâce à eux, je fis promptement connaissance avec un grand nombre de personnes distinguées, parmi lesquelles je citerai le marquis de Landsdowne, sir John Sebright, M. Malthus, le célé-

[1] Le docteur Alexandre Marcet, membre de la Société royale de Londres, né à Genève, auteur d'ouvrages estimés de chimie. (Alph. de C.)

[2] Mme Jeanne Marcet, née Haldimand, auteur d'ouvrages élémentaires sur l'économie politique, la physique et autres sciences, qui ont eu un grand succès en Angleterre. (Alph. de C.)

bre économiste, sir Samuel Romilly, le jurisconsulte, Blake et Wollaston, chimistes, etc., etc. Marcet me conduisit le matin chez sir Joseph Banks : c'était le but de mon voyage, et sa maison a été celle où j'ai passé presque tout mon temps. Ce respectable vieillard, alors perclus par les suites de la goutte, se faisait rouler chaque jour dans son fauteuil jusqu'à l'une des salles de son herbier, où les habitués venaient causer avec lui. J'étais malheureusement mal placé sous ce rapport par mon ignorance de l'anglais. M. Banks ne parlait pas français, de sorte que nous étions réduits à nous dire quelques mots isolés, ou à nous servir d'interprètes. Malgré cette contrariété, je puis dire que j'étais assez bien avec lui. Il m'invita à sa jolie campagne de Spring-Grove et à ses soirées du dimanche, où il recevait tous les savants connus. Il mit son herbier et sa bibliothèque à ma disposition, et j'en profitai pour voir toutes les parties qui se rapportaient aux familles destinées au premier volume du *Systema*. Je venais chaque matin travailler de dix à quatre heures, et outre les ressources immenses que me présentait ce musée botanique, j'en profitai beaucoup pour connaître les botanistes anglais qui s'y rencontraient fréquemment.

J'avais aperçu à Paris sir Charles Blagden, secrétaire de la Société royale, et j'avais des lettres pour lui de plusieurs de ses meilleurs amis. Je le trouvai chez sir J. Banks, et lui demandai la permission de les lui porter : « Non, non, me dit-il, je ne reçois personne chez moi (j'ai su que ses plus intimes ne savaient pas où il demeurait), et quand vous voudrez me voir, vous me trouverez tous les jours ici de deux à quatre heures; mais si je ne puis vous recevoir, je vous serai utile d'une autre manière en vous faisant connaître le terrain sur lequel vous vous trouvez. » Alors il passa avec moi en revue tous les botanistes anglais; me peignit le caractère de chacun d'eux avec une exactitude que j'ai eu occasion de reconnaître; il m'indiqua la manière

d'être bien avec chacun, et de n'en choquer aucun. Après
cette exposition, il finit en me disant : « Eh bien ! ce que je
viens de vous dire ne vaut-il pas mieux qu'une invitation à
dîner ? » J'en convins sans peine, tout en trouvant la méthode originale.

Parmi les habitués de la bibliothèque de sir J. Banks,
je dois, à tous égards, placer au premier rang M. Robert
Brown ; il venait de publier son *Prodromus de la Nouvelle-
Hollande*, et m'en avait envoyé un exemplaire, ainsi qu'un
certain nombre d'échantillons desséchés. Nous nous trouvâmes donc à peu près comme d'anciennes connaissances ; il
me reçut fort bien, me fit des politesses spéciales, me donna
à dîner, me conduisit au Jardin de Kew, etc. ; je n'eus
qu'à me louer de lui. Nous causions beaucoup botanique,
et, malgré sa réserve extraordinaire, il m'apprit beaucoup
de choses. Quoique nous fussions sur un fort bon pied, je
dois avouer que sa manière d'être sympathisait peu avec
mes goûts. Froid, ironique, réservé sur tous les sujets
qu'il n'avait pas déjà publiés, il ne m'inspirait d'autres
sentiments que l'estime de son talent, qui est très-remarquable. Comme nous sommes, de l'aveu de nos contemporains, les deux rivaux qui peuvent prétendre au sceptre
de la botanique, j'ai fait tous mes efforts pour rendre
cette rivalité honorable : j'ai toujours pensé, écrit et parlé
de Brown avec l'expression de l'approbation la plus complète ; je l'ai reçu à loger chez moi quand il est venu plus
tard à Genève, et si je n'ose me flatter d'avoir conquis son
amitié, je me suis placé avec lui sur un pied qui en approche [1].

---

[1] Ayant eu l'occasion de voir souvent M. Robert Brown, qui avait beaucoup de bontés pour moi, je suis certain qu'il était attaché à mon père autant
que mon père à lui ; mais il faut convenir que les disparates de leurs caractères et de leurs manières étaient parfois risibles. Un jour, en particulier,
Brown arriva, sans s'être annoncé, à Genève, dans le cabinet de mon père.
Celui-ci fut tellement surpris et ravi que, cédant aux impulsions démonstra-
tives de son origine méridionale, retrempées à Montpellier, il sauta au cou

Un autre habitué de l'herbier de Banks, était M. Salisbury. Il était brouillé avec Brown, et présentait le contraste
le plus formel avec lui. C'était un homme d'esprit, vif et
d'une pétulance extraordinaire, qui, par le physique et le
moral, ressemblait plus à un Languedocien qu'à un Anglais.
Il me prit vite en amitié, et me fit mille politesses, comme
le font tous ceux qui n'aiment pas Brown et me font l'honneur de me regarder comme celui qui peut lui disputer le premier rang (et je pense bien que ceux qui ne m'aiment pas en
font autant à mon égard avec lui). Salisbury m'amusait beaucoup par son esprit, m'instruisait quelquefois par ses communications, mais je ne pouvais me défendre d'une certaine défiance quant à la justesse de ses observations botaniques et
quant à son caractère. Il était brouillé avec Smith, comme
avec Brown, et tout annonçait alors un homme difficile à
vivre. Ma position entre lui et Brown était souvent délicate,
surtout vis-à-vis du dernier, qui ne rendait pas à l'autre
une entière justice. Salisbury avait acquis une jolie fortune
en acceptant l'héritage d'un ami, à condition de prendre
son nom. Comme lui-même n'avait pas d'enfant ni même
de parent proche, il ne cessait de me dire qu'il comptait
laisser sa fortune à quelque botaniste. La différence de
nos âges, la conformité de nos opinions botaniques, et l'insistance qu'il mettait à parler de cet objet, me firent souvent
croire que c'était une offre. Je ne fis pas semblant de m'en
apercevoir, pensant qu'elle n'avait rien de sérieux, et lors
même qu'elle eût eu quelque base, ne voulant pas l'acquérir
par le même moyen que lui, en reniant mon nom. Le fait a
prouvé qu'il parlait sérieusement, car il a laissé sa fortune
entière au botaniste Burchell, qui n'avait aucune parenté
avec lui.

J'eus encore occasion de voir chez M. Banks le Dr Sims,

_____

de Brown. Jamais Anglais ne fit une figure plus piteuse dans une semblable
occurrence. Pour moi, seul témoin, qui connaissais les idées britanniques, je
restai d'abord stupéfait, ensuite je m'en amusai infiniment. (Alph. de C.)

alors rédacteur du *Botanical magazine*, excellent homme,
plus occupé de médecine que de botanique, et qui m'a reçu
dans sa famille d'une manière fort aimable ; et M. Ker,
homme bizarre, espèce de triple Hécate, qui jadis s'appelait
Gawler, puis s'est appelé Bellenden, puis Ker, et a publié,
sous trois noms, des opuscules botaniques. Il rédigeait alors,
avec un certain talent, le *Botanical register.*

Après l'herbier de Banks, celui de Lambert tenait alors
le premier rang : j'y fus admis avec beaucoup d'urbanité.
M. Lambert était un homme de cinquante à soixante ans,
qui paraissait très-bizarre, et devait une sorte de réputation plus aux dépenses qu'il faisait pour la botanique qu'à
de véritables talents. J'ai trouvé bien des choses intéressantes dans son herbier, soigné alors par une vieille émigrée
française. Lambert, qui parlait peu notre langue, venait
se mettre à côté de moi quand je travaillais, et dès qu'il me
voyait donner quelque attention à une plante, il me deman-
dait d'un air jubilant : « *New?* » Il m'envoyait de temps
en temps de petits paquets de plantes sèches, assez rares,
et je lui ai dû, en particulier, quelques doubles de l'herbier
de Chine de sir George Staunton.

J'ai dû aussi à M. Lambert la connaissance de M. Staunton, fils du voyageur, celui qui est cité dans le voyage de
Macartney comme ayant, encore enfant, complimenté en
chinois l'empereur de la Chine. C'était un homme obligeant, instruit et agréable ; par suite de sa connaissance,
j'ai eu l'idée de consacrer à son père, sous le nom de *Stauntonia*, un genre de Chine, ce dont il parut touché. Il me
proposa de me présenter au roi George IV, mais quand je
vis ce que cela me coûterait, je déclinai ce stérile honneur.
Staunton me donna un dîner assez curieux. Nous étions
une vingtaine. Tous, excepté moi, avaient été, une fois au
moins, et plusieurs deux ou trois fois en Chine, et parlaient
de Canton et même de Pékin comme nous parlerions de
Paris ou de Londres.

Je fis encore connaissance chez Lambert avec le vieux Dickson, qui s'était jadis un peu occupé des cryptogames anglaises avec Menzies, celui qui avait visité la côte ouest de l'Amérique méridionale avec Herbert.

Outre les collections particulières, je cherchai aussi à voir les collections publiques en rapport avec mon but. Le Musée britannique me frappa par la richesse de quelques-unes de ses parties, comme par le manque d'ordre et de suite dans l'ensemble. Les herbiers y étaient relégués dans des pièces où le public n'entrait pas, mais où je fus admis par l'obligeance de M. Kœnig, ancien rédacteur des *Annales botaniques*, que j'avais vu chez Salisbury. J'y parcourus les familles que j'étudiais alors, dans les herbiers de Plukenet et de quelques autres botanistes anglais; mais ce travail ne me fut pas d'une grande utilité. M. Brown me conduisit au Jardin de Kew, que j'admirai pour la richesse de ses collections. Le jardinier en chef, M. Aiton, me donna un grand nombre d'échantillons des espèces qui se trouvaient en fleurs. Je vis aussi plusieurs jardins particuliers, tels, par exemple, que ceux de Lee et de Loddigess. Ce dernier me frappa beaucoup par l'emploi de la vapeur dans le chauffage des serres, que je voyais pour la première fois.

Les sociétés savantes qui se rapportaient à mes études, et auxquelles j'appartenais déjà comme associé, étaient la Société d'horticulture et la Société linnéenne. J'assistai à l'une et à l'autre avec intérêt, et malgré mon ignorance de la langue, je comprenais une bonne partie de ce qu'on y disait, parce qu'il s'agissait d'objets qui m'étaient familiers.

La Société d'horticulture, récemment fondée, était loin à cette époque du développement qu'elle a acquis depuis. Elle n'avait encore ni jardin ni collection, mais elle publiait des mémoires dignes d'attention. Ses séances avaient de l'intérêt, parce que l'on y apportait des échantillons de fleurs et de fruits rares.

La Société linnéenne offrait moins d'exhibitions, mais des mémoires plus importants. Ces mémoires, lus le plus souvent par les secrétaires, et qui n'étaient que rarement suivis de discussions, n'avaient pas cependant l'intérêt qu'on aurait pu en attendre. Vers la fin de mon séjour à Londres, j'assistai à la réunion annuelle pour le jour de naissance de Linné. C'était un grand dîner dans une taverne ; après le dîner on porta des *toasts*, et on fit des *speeches*, selon l'usage. Je fus un de ceux dont on porta la santé au dessert, et je devais répondre par un discours. Je ne pouvais le faire en anglais, mais je pris le parti de m'exprimer en français, en m'adressant au président (sir James Smith), pour le prier de témoigner de ma part à l'assemblée ma reconnaissance d'avoir été appelé à faire partie de leur corps et en général de la bonne réception qu'on me faisait en Angleterre. Je pris occasion pour dire que cette réception tenait à ce que les théories des rapports naturels avaient pénétré dans la Grande-Bretagne, et je les développai en abrégé. Le président, en me répondant, traduisit presque tout ce que j'avais dit en anglais. Je fus fort applaudi, c'est-à-dire on frappa fort sur la table d'acajou.

Enfin, je fus conduit deux ou trois fois par Marcet aux séances de la Société royale. Elles ont lieu dans la soirée, et sont disposées de manière à ôter tout intérêt. Les mémoires sont lus par les secrétaires avec la voix monotone de gens qui ne s'en inquiètent guère ; aucune discussion n'est ouverte sur aucun d'eux ; la présentation d'aucun objet matériel ne réveille l'attention. Les membres sont assis, comme des écoliers, sur des bancs qui regardent le président. Celui-ci a un grand chapeau tricorne sur la tête, et salue de temps en temps d'un air solennel, lorsqu'il arrive à proclamer un nouveau membre ou à remercier d'un hommage de livre fait à la Société. Pendant les lectures, les huissiers circulent dans les bancs pour offrir aux membres l'urne secrète où l'on vote pour ou contre les candidats

destinés à devenir membres, et qui ont été exposés (ou,
comme on dit, *pendus*) pendant le temps exigé par les règlements. Rien de plus monotone et dépourvu de vie que
ces séances, mais elles attiraient vivement mon attention,
à raison des nombreuses célébrités qui s'y trouvaient réunies, de la brillante suite des travaux dont la Société peut
se glorifier, et du rôle qu'elle joue dans le monde scientifique.

A l'entrée du printemps, je me décidai à aller faire une
petite course dans la province pour voir M. Hooker[1] et
l'herbier de Linné. Cette excursion, quoique très-rapide,
eut pour moi beaucoup d'intérêt. J'allai par les voitures
publiques d'abord à Halesworth, où demeurait M. Hooker.
Il me reçut avec beaucoup d'amitié, et je logeai quelques
jours chez lui. Sa femme, qui était aussi distinguée par la
figure que par l'esprit, me reçut également d'une manière
très-amicale. Nous passions nos journées ensemble à causer, surtout de botanique, à voir son herbier et les plantes
qu'il cultivait dans son petit jardin. J'y fis connaissance
avec Lindley, alors jeune élève de Hooker, et qui depuis
est devenu l'un des premiers botanistes de l'Angleterre.
Mme Hooker est fille de M. Dawson Turner, botaniste,
connu par un bel ouvrage sur les Fucus. Elle m'engagea à
aller à Yarmouth voir son père, et je fus, en effet, reçu
avec la plus franche hospitalité. M. Turner était un négociant qui faisait de la botanique son délassement favori,
et s'occupait aussi de plusieurs autres objets, entre autres
de l'architecture gothique. Son caractère était vif, et sa
conversation, pleine de faits, m'intéressait beaucoup. Madame Turner était une mère de famille très-distinguée :
elle joignait à ses hautes qualités morales le goût des arts ;
elle dessinait assez bien et gravait à l'eau-forte. Mon portrait a été gravé par elle, mais, je dois l'avouer, elle a

---

[1] Maintenant sir William Jackson Hooker, directeur du Jardin royal de
Kew, déjà mentionné page 227.　　　　　　　(Alph. de C.)

mieux réussi en gravant celui de ses enfants. Sa seconde
fille, miss Turner, était alors dans la fraîcheur de la jeunesse, et me plaisait fort par sa vivacité. Je passai deux
jours dans cette aimable et excellente famille, et m'acheminai vers Norwich.

Quoiqu'il eût été facile d'y aller par terre, et que le
temps fût très-mauvais pour un voyage par eau, je préférai
ce dernier moyen, parce qu'il s'agissait de le faire dans un
bateau à vapeur, genre de véhicule alors nouveau pour
moi.

A peine arrivé dans la vieille ville de Norwich, je courus
chez sir James Smith, propriétaire de l'herbier de Linné. Il
me reçut à merveille et ne permit pas que je mangeasse ailleurs que chez lui. Smith était alors un homme de soixante-
cinq ans environ, d'une bonne physionomie, et qui parlait
bien le français. Il me montra l'herbier et la bibliothèque de
Linné, que je ne pus voir sans une sorte d'émotion et de
respect. Il me dit que toute l'histoire, contenue dans plusieurs livres, que le roi de Suède avait armé une frégate pour
courir sur le vaisseau qui emportait l'herbier, est un conte
absurde (bien qu'on ait représenté cette anecdote au bas du
portrait de Smith dans le *Journal botanique* de Schrader).
Voici, selon le récit de Smith, ce qui se passa. Linné mourut, laissant à son fils toutes ses collections. Celui-ci était
d'une santé chancelante et ne survécut que de deux ans à son
père. Dans cet intervalle, Smith, de son côté, et Banks, du
sien, prenaient des renseignements sur la possibilité d'acquérir l'herbier. On commença des négociations avec la
veuve de Linné, du vivant du fils. Smith, jeune alors et peu
riche, témoigna, dans un repas, avec une vivacité extraordinaire, le prix qu'il attacherait à avoir cet herbier. Banks
fut touché de ce zèle, fit appeler Smith et lui offrit, par un
rare effet d'abnégation, de se désister de ses prétentions et
de lui prêter l'argent nécessaire pour cette emplette : elle
eut lieu pour la modique somme de mille livres sterling.

L'herbier vint en Angleterre sans contestation. On a bien
dit que le gouvernement suédois en eut du regret, et ce fut
pour éviter son intervention qu'on avait traité secrètement
du vivant de Linné fils, et qu'on expédia l'herbier immédiatement après sa mort; mais il n'y eut aucune tentative pour
le reprendre. L'herbier arriva à Londres, et Dryander, alors
bibliothécaire de Banks, en compara toutes les espèces
avec les échantillons de l'herbier de Banks, de sorte que ce
dernier est presque aussi authentique que l'original[1].

Le mérite de l'herbier de Linné est d'être la base de la
nomenclature botanique. Il ne contient guère que six mille
espèces; les échantillons sont, en général, uniques, pas
très-grands et collés sur des feuilles de format in-4º allongé; presque tous sont dépourvus de fruits; tous portent
le nom que Linné leur a imposé dans son *Species*, mais il
il a de loin en loin quelques traces de transpositions. Au
moyen de certains signes on reconnaît assez bien l'opinion
réelle de Linné, mais on ne peut pas, sans un examen at-
tentif, éviter toute erreur. Ainsi le *Thlaspi peregrinum*,
quoique nommé par Linné, ne correspond point à sa description, et paraît le *Lepidium chalepense*, etc. On reconnaît à merveille que Linné a fait son ouvrage d'après ses
échantillons, et l'on y retrouve l'origine de quelques erreurs
qui sont dans ses livres. Ainsi, lorsqu'il dit que son *Rubus
japonicus* a la fleur blanche, c'est que dans l'herbier les pétales sont décolorés. Ainsi la description du *Clematis si-
birica*, donnée par Linné, est inexacte, quant à la fleur,
parce que la fleur conservée dans l'herbier est celle de la
variété à fleur double de l'Ancolie. De pareilles erreurs ne
peuvent se reconnaître que par la vue de l'herbier. Je profitai de l'accueil de M. Smith pour examiner les espèces qui
se rapportaient aux familles traitées dans le premier volume
du *Systema*.

[1] On sait que l'herbier de Linné ppartient maintenant à la Société linnéenne de ondres.   (Alph. de C.)

J'étais alors occupé de mon observation que l'arbuste connu dans les jardins sous le nom de *Corchorus japonicus* ne pouvait rester dans ce genre, puisque ses pétales sont insérés sur le calice. Comme on n'avait cet arbrisseau qu'à fleurs doubles, je ne pouvais déterminer sa place, qui me paraissait être dans les rosacées. Je trouvai dans l'herbier de Linné la plante à fleur simple : elle confirma mon soupçon, et me prouva que cette plante devait former un genre nouveau, voisin des *Spiræa*. Smith approuva tellement cette idée, qu'il me pria de lui donner son nom, attendu que le *Smithia*, selon lui, était un mauvais genre, et surtout qu'il avait été fait par Salisbury, avec lequel il s'était brouillé depuis cette dédicace. Je lui représentai que le *Smithia* me paraissait digne d'être conservé, mais que je l'examinerais de nouveau, et que si je pouvais le détruire j'entrerais volontiers dans son désir. A l'examen, le *Smithia* me parut excellent, et je conservai son nom. Ce qu'il y a de plaisant, c'est qu'à mon retour à Londres, Salisbury, poussé par son antipathie contre Smith, me pressa vivement de conserver le nom de *Gincko* et non celui de *Salisburya*, que Smith lui avait substitué. Je pus satisfaire le désir de Salisbury, parce que le nom de Gincko était le plus ancien et devait être conservé légitimement. Cette double demande de deux amis, devenus ennemis, me parut un épisode piquant de mes relations avec eux.

Smith, soit dans sa conversation, soit dans ses lettres, m'a souvent reproché de donner trop de poids aux droits de priorité, et professait qu'on peut changer les noms qui vous paraissent désagréables. Je restai dans l'opinion que j'ai toujours soutenue sur le respect dû à la priorité. C'était là notre seul débat, car, quoiqu'il ait toujours soutenu et adopté la méthode artificielle, il ne cessait de me dire que c'était par défiance des erreurs qu'il pourrait faire en parlant des rapports naturels, mais que dans le fond il était de mon avis.

La ville de Norwich est une de celles où les sectes dissidentes ont le plus d'importance. Smith appartenait à celle des unitairiens et mettait beaucoup de chaleur dans ses opinions. Cette circonstance l'empêcha d'être nommé à la place de professeur de botanique à Cambridge, je crois en remplacement de Martyn. Il en témoignait beaucoup de ressentiment, et parut heureux d'apprendre que les opinions du clergé de Genève penchaient plus vers l'unitairianisme que vers la Trinité. Il me fit faire connaissance avec Mme Reeves, qui était très-zélée dans la secte, et qui se décida à envoyer son fils à Genève en raison de cette conformité [1]. Smith me mit aussi en rapport avec un *quaker* nommé Hitchen, qui cultivait un petit jardin presque tout consacré aux plantes grasses. Quoiqu'il ne parlât pas français nous nous entendions un peu, et j'eus du plaisir à voir l'intérieur de sa famille. C'était au moment du mariage d'une des demoiselles Hitchen avec un jeune homme qui n'était pas de la communauté, et, selon la règle, elle devait cesser immédiatement après son mariage d'en faire partie. Les regrets du père et de la mère de se séparer spirituellement de leur fille avaient quelque chose de touchant dans leur simplicité. Cet aperçu de la vie intime d'une famille des Amis m'attacha à leur secte qui, à l'exception de cinq ou six niaiseries indifférentes au fond de leur croyance, me paraît la meilleure de toutes les sectes.

Vers la fin de mon court séjour à Norwich, le docteur Marcet vint m'y joindre et nous partîmes ensemble pour Cambridge. L'aspect magnifique et moitié monacal de cette ville me frappa beaucoup, et l'organisation de l'Université me frappa encore davantage. Elle a conservé, ainsi qu'Oxford, les institutions du moyen âge comme pétrifiées ; on y

---

[1] M. Reeves, actuellement directeur de l'*Edinburgh Review*, s'est montré un excellent ami de Genève et de ses anciens condisciples genevois. J'aime à penser qu'une partie de ses succès tient à la bonne éducation qu'il a reçue dans notre ville.   (Alph. de C.)

retrouve une foule de détails qui tiennent au temps de la
catholicité. Un certain nombre de colléges, richement dotés
et ayant chacun une organisation spéciale, composent cette
grande institution : c'est dans ces colléges que se donne
l'instruction, et c'est dans les bâtiments universitaires que
se confèrent les degrés, après des examens de pure forme
faits par les professeurs royaux. Chaque collége dote un
certain nombre de *fellows*, qui reçoivent une rente annuelle
(dont la valeur varie d'un collége à l'autre), sous la seule
condition de prouver un certain degré de pénurie au moment
où on les élit et de ne pas se marier : ils ne sont astreints à
aucun travail, mais plusieurs prennent des fonctions d'enseignement dans le collége et sont alors doublement rétribués;
quelques autres voyagent aux frais du collége. Plusieurs
profitent de cette aisance et de leur indépendance pour se
livrer aux études. C'est ainsi que Wollaston vivait aux dépens de son *fellowship*. Les fellows et les étudiants portent
un costume noir assez clérical, et comme leur nombre est
immense, l'aspect de la ville en reçoit une apparence très-
extraordinaire.

Après avoir vu les principaux établissements, nous fûmes
invités à dîner au *Trinity College*, le plus grand et le plus
riche de ces bizarres colléges. Notre dîner eut lieu dans une
immense salle où l'on nous fit asseoir à une table située sur
une estrade un peu élevée et réservée aux fellows. Le reste
de la salle était occupé par les tables des étudiants. Le dîner
fut court et médiocre. A peine l'eûmes-nous fini qu'on fit
passer les fellows et les étrangers invités dans une salle supérieure où les étudiants ne sont pas admis, et où se trouvait, sous forme de dessert, une collation qui valait mieux
que le dîner. Cette salle offre un grand nombre de petites
tables rangées en demi-cercle autour de la cheminée, et à
chacune de ces tables se mettent deux personnes. Les
places d'honneur sont celles des deux côtés de la cheminée ; celle de droite avait été ce jour-là décernée au gé-

néral Sébastiani et je fus mis à celle de gauche. La conversation s'établit entièrement en français et le général en fit les frais d'une manière fort intéressante. Ceux des fellows qui ne savaient pas le français, ou que cette séance n'amusait pas, se retiraient graduellement, et à chaque retraite les domestiques enlevaient les tables devenues inutiles et le cercle se rétrécissait d'autant. Nous prolongeâmes cette séance jusque près de minuit. C'était l'heure du départ du *stage-coach;* nous y montâmes, et de grand matin nous nous trouvâmes de retour à Londres.

J'employai quelque temps à voir divers objets. Ainsi mon ami Marcet me conduisit dans un club politique qu'on appelait *King of the clubs,* où j'eus occasion de voir plusieurs personnages célèbres, tels que Brougham, qui depuis est devenu lord chancelier, sir Samuel Romilly, le marquis de Lansdowne et plusieurs autres qui m'intéressèrent fort. Il me conduisit aussi au *Chemical club,* où je vis la plupart des chimistes. M. Blake, médecin et chimiste, excellent homme qui me fit beaucoup de politesse, m'invita un jour chez lui et me fit goûter un grand nombre de préparations faites avec divers fruits et par lesquelles il croyait imiter le vin. A chaque nouvel essai, je lui disais toujours : « Ce n'est pas du vin. » Enfin, après m'avoir pour ainsi dire frelaté le gosier avec ces liqueurs, il m'en présenta une et je lui dis, à sa grande joie : « Ceci est du vin, mais je ne le connais pas du tout. » C'était du vin fait avec de l'eau-de-vie et des feuilles de vigne.

M. Wollaston, le membre le plus éminent du *Chemical club,* est un des hommes qui m'ont le plus intéressé en Angleterre. C'était un savant profond et doué d'une rare sagacité. Ses amis disaient qu'il ne s'était jamais trompé, et l'appelaient, en riant, *le pape,* à raison de cette infaillibilité. Il avait de la grâce, de la finesse, de la douceur dans la conversation, et se faisait remarquer par une grande variété de connaissances. Il a fait quelques beaux travaux

sur la chimie, mais malheureusement il se laissait entraîner à une foule de recherches inutiles pour lesquelles il
gaspillait son temps et la sagacité de son esprit. J'ai passé
une matinée avec lui à examiner au microscope la neige
rouge du pôle que le capitaine Ross venait de rapporter de
son voyage, et j'ai trouvé de l'intérêt à voir travailler un
homme aussi connu par son exactitude. Dans la suite, j'ai
consacré mon souvenir en lui dédiant un genre de plantes.

Enfin, pour achever mon énumération déjà bien longue
des personnes que j'ai connues à Londres, je dois ajouter
que j'y trouvai la famille Lecointe, proche parente de ma
femme et qui me reçut avec beaucoup d'amitié. J'y fis connaissance de Mlle Jane qui, peu après, devint ma belle-
sœur. Je retrouvai encore à Londres un de mes plus anciens camarades, J.-L. Mallet, fils du fameux Mallet-Du Pan,
qui s'était fait Anglais et qu'il me fut très-doux de revoir.
Je vis aussi un autre camarade de collége, Ch. Lullin, et
Al. Prevost, fils de mon collègue le professeur Prevost, qui
était alors consul de Suisse et chef d'une grande maison
de commerce. Il me rendit plusieurs services, et ce fut lui
qui me fit voir le grand établissement des Docks qui m'intéressa vivement. Si j'écrivais une description de Londres,
je pourrais parler de plusieurs autres institutions que j'ai
été visiter, mais ces pages ne doivent contenir que mes
propres mémoires, et je me hâte de revenir à leur véritable
but.

Après deux mois de séjour, que la variété des objets et
des hommes a rendus prodigieusement intéressants et que
l'amitié de mes amis Marcet a sans cesse embellis, je me
décidai à rentrer en France, et je vais raconter la suite de
ma carrière.

§ 27. RETOUR A PARIS ET A MONTPELLIER.

Je revins à Paris vers la fin de mars, chargé de livres et de collections botaniques. A Calais on voulait ouvrir mes caisses, mais à quelque chose la censure me fut bonne. Comme il y avait des livres, la douane décida d'envoyer mes effets sous plombs à Paris. Là, je me présentai au bureau ; un administrateur général m'avait recommandé au chef ; je lui déclarai qu'outre les livres et les plantes sèches il y avait dans mes caisses quelques objets qui étaient de contrebande et que j'avais apportés pour cadeaux, « Monsieur, me dit-il, nous ferons notre devoir. » Il entra dans le magasin, fit ouvrir mon bagage d'un air bien rébarbatif, ordonna au commis de soulever un ou deux livres, les fit replacer d'un air despotique, fit refermer la caisse, et se tournant vers moi : *Soixante-quinze centimes de droits*. Je vis alors clairement la valeur des recommandations.

Je restai quelques jours à Paris, et je passai avec MM. Treuttel et Wurtz le marché pour l'impression du *Systema vegetabilium*. Dès que cette affaire fut terminée, je revins en hâte à Genève ; j'y appris que ma demande était agréée, et que j'étais nommé professeur d'histoire naturelle pour entrer en fonction à l'époque qui me conviendrait. Je fis de suite toutes mes combinaisons pour loger ma famille et, ce qui était le plus difficile, mes collections, dans un petit appartement de la maison de mon père qui était vacant. Je fis construire même les cases qui devaient recevoir mes herbiers. Je laissai ma femme aux soins de mes parents et j'allai seul à Montpellier pour y faire mes cours, m'installer en qualité de doyen de la Faculté des sciences et régler mes affaires personnelles.

Je trouvai la ville dans un état de stupeur et d'irritation, résultat naturel des troubles de l'année précédente. Peu de jours après mon arrivée, on exécuta cinq individus condamnés à mort pour les affaires politiques de la seconde restauration ; une espèce de terreur planait sur le pays. J'y reçus cependant un accueil amical de mes relations intimes, de mes collègues et surtout des élèves de l'école. Ceux-ci m'envoyèrent une députation pour me témoigner la crainte qu'ils avaient de me perdre et le plaisir de me revoir à mon poste. Je fus très-sensible à cette démarche, et ce sentiment alla encore en augmentant lorsque, le lendemain, je vis arriver une seconde députation au nom des élèves qui avaient suivi l'armée du duc d'Angoulême. Les autres, qui étaient de beaucoup les plus nombreux, n'avaient pas voulu leur permettre de se joindre à eux, et ils venaient séparément me témoigner leurs sentiments. Ainsi j'avais le bonheur de me voir complimenté par les deux partis, et cette double démarche était certes bien spontanée de leur part. Je commençai de suite mon cours. Les voûtes de l'amphithéâtre retentirent à ma première leçon d'applaudissements unanimes qui m'allaient au cœur.

Cependant, lorsque je fus à la moitié des leçons, j'adressai au Conseil d'instruction publique, sans en mot dire à Montpellier, ma démission de mes diverses places et la demande d'être payé de tout ce que j'avais avancé pour le service de l'établissement. Dans le milieu d'août je reçus la réponse qu'on m'accordait l'une et l'autre demande en termes polis. Je fis de suite mes préparatifs de départ. J'emballai mes collections et mon mobilier dans une cour intérieure qui me permettait de faire faire ces arrangements sans être trop remarqué : lorsque le travail fut près d'être achevé, j'adressai ma démission au recteur et à l'École de médecine. Mes collègues me témoignèrent des sentiments fort amicaux, et demandèrent pour moi au gouvernement le titre de professeur honoraire, mais ils ne reçurent aucune réponse. Les élèves, à la dernière leçon, me montrèrent beaucoup d'affection ; j'avais eu soin de la donner avant que ma démission fût connue. Mes amis me témoignèrent aussi des regrets qui étaient, je crois, sincères de leur part et bien partagés de la mienne. Enfin, les employés du Jardin et mes domestiques prirent congé de moi avec des larmes qui me prouvaient leur affection. J'avais fait installer mon ami Dunal comme directeur provisoire du Jardin[1]. Je lui laissai le soin de régler mes propres affaires et de m'expédier mon bagage. Enfin je partis, vers la fin d'août óu les premiers jours de septembre, par la diligence, avec M. Prunelle, et me dirigeai directement sur Genève.

[1] Dunal ne parvint pas à se faire nommer sous le régime qui suivit 1815. Sa capacité bien reconnue et des services rendus gratuitement ne purent compenser le double tort d'être protestant et libéral. Mon père, qui n'avait épargné aucune démarche en sa faveur, ressentit vivement cette injustice. Il eut enfin, en 1829, la satisfaction incomplète de voir appeler Dunal à l'une des deux chaires qu'il avait occupées, celle de professeur à la Faculté des sciences; l'autre, à la Faculté de médecine, et la direction du Jardin, restant toujours occupées par un homme qui n'avait pas des titres aussi réels.

(Alph. de C.)

LIVRE QUATRIÈME

Age mûr. — Séjour à Genève, depuis mon arrivée jusqu'à ma démission
des fonctions de professeur. — 1816 à 1834.

---

§ 1. INTRODUCTION. ÉTABLISSEMENT A GENÈVE.

En commençant cette quatrième partie de mes mémoires,
je rencontre une difficulté. Les séjours que j'ai faits à Paris
et à Montpellier sont des événements terminés, des cercles
clos, et j'ai pu les raconter en groupant les événements
analogues, de manière à éviter le décousu de récits purement chronologiques ; il n'en est pas de même pour ma vie
de Genève. Elle dure encore, et plusieurs des objets dont
je me suis occupé m'occupent toujours. Cependant, pour
régulariser mon récit, je puis couper cette période en deux,
dont la première est comme achevée, et la seconde seule
aura besoin de l'ordre chronologique ; c'est dans ce but que
j'arrête le livre actuel à l'époque où j'ai abandonné les
fonctions actives de l'enseignement, époque grave dans ma
vie, et qui divise mon séjour à Genève en deux périodes
bien tranchées.

Mon arrivée eut lieu dans les premiers jours de septembre 1816. Ce fut un moment solennel pour moi. Je retrouvais ma patrie, mes parents, mes amis d'enfance, ces mille
liens graves ou futiles qui nous rattachent aux lieux où l'on
a passé son enfance. Les petites tracasseries que j'avais
éprouvées récemment à Montpellier, la persuasion où j'é-
tais qu'un régime réactionnaire allait peser sur la France,

et en rendrait le séjour désagréable à un protestant, ami
d'une liberté sage, affaiblissaient momentanément en moi
l'affection que j'avais toujours eue pour ce pays. Je ne connaissais Genève que par les souvenirs d'un âge où tout paraît couleur de rose, et je me la figurais comme une sorte
d'Eldorado, où la vertu, la fraternité, l'enthousiasme, la
concorde, devaient toujours exister. De toutes ces impressions, les unes vraies, les autres exagérées ou fausses, je
me faisais un idéal délicieux; je me masquais à moi-même
les difficultés pratiques de ma position, et je m'étourdissais
sur la pénurie à laquelle je me réduisais volontairement.

Je fus accueilli à Genève avec beaucoup d'amitié, et par
ma famille, et par mes amis, et par le public. Dès le lendemain de mon arrivée on me donna connaissance des arrangements pris pour la chaire d'histoire naturelle que je devais remplir, et le recteur me conduisit, selon l'usage, au
Conseil d'État pour y prêter serment. Ce Corps me fit immédiatement la politesse de me faire compter le traitement
de ma place depuis le 1er janvier, pour m'indemniser des
frais de transport de mes collections.

Le lendemain même du jour où je venais de contracter
ces nouveaux liens, je reçus de mon ami Cuvier une lettre
assez bizarre, dans laquelle il me disait qu'il y avait eu erreur dans les bureaux de l'Université, et qu'il était chargé
de m'informer qu'au lieu de m'accorder ma démission, le
Conseil royal me l'avait refusée! Le nœud de cette contradiction était que, dans l'intervalle, le 5 septembre avait eu
lieu et le gouvernement, abandonnant les royalistes exagérés,
revenait à un système plus modéré. Je répondis par l'exposé des faits et montrai qu'il ne m'était plus possible de
revenir en arrière; mais j'ajoutai que l'engagement des
professeurs attachés à l'Université pouvant durer dix-huit
mois après leur démission donnée, je ne voulais point
abuser de l'acceptation de la mienne, et que si l'Université
le désirait, j'irais au printemps faire encore le cours de

botanique à Montpellier. J'avais divers motifs en faisant cette offre. D'abord je voulais être agréable à mes collègues, qui me le demandaient ; je n'étais pas fâché de montrer aux exaltés de Montpellier à quel point ma démission était spontanée, puisque j'étais obligé de lutter pour l'obtenir ; enfin j'avais encore une raison plus décisive. Mon ami Dunal, qui avait été chargé par intérim de la direction du Jardin, n'avait pas trente ans, âge nécessaire pour être nommé professeur. En prolongeant d'un an, je lui donnais le temps d'atteindre ce terme, et je croyais assurer sa nomination. Mon offre fut acceptée en termes honorables ; je dirai tout à l'heure comment elle fut exécutée.

Mes premiers soins à Genève durent être relatifs à l'organisation de ma maison, et certes ce n'était pas une tâche facile que de placer dans un très-petit appartement les collections, déjà considérables, que je rapportais de Montpellier. Vers la fin de septembre quarante petites voitures de roulage de montagne arrivèrent un beau jour, toutes à la fois, dans la place de Saint-Pierre. Mes voisins croyaient que j'avais perdu la tête de prétendre qu'un pareil bagage pourrait entrer dans mon exigu domicile ; mais tout était calculé. Des cases étaient préparées et numérotées pour l'herbier, des rayons pour la bibliothèque ; à mesure qu'un chariot était déballé, les paquets d'herbier étaient mis à leur place selon leurs numéros inscrits à Montpellier ; les livres et les meubles, à la leur, et tout cela, grâce à l'ordre que j'y avais mis, fut rangé avec une telle précision que dans la journée tout fut casé. Le lendemain matin, à la grande stupéfaction de plusieurs personnes, je pouvais déjà travailler comme si j'étais établi depuis longtemps.

Ce résultat de l'esprit d'ordre m'en fit plus encore apprécier la valeur et ne fut pas sans influence sur des travaux plus sérieux. Ce fut alors que je commençai un premier essai du *Dictionnaire de nomenclature botanique*, que j'ai depuis beaucoup étendu et perfectionné ; il me servait à me reconnaître dans des collections réparties entre plusieurs chambres mal éclairées, et depuis qu'elles se trouvent dans des locaux plus convenables, il me sert comme de repère universel pour éviter les confusions et les doubles emplois de noms génériques [1].

Peu de temps après mon arrivée il y eut, par extraordinaire, une élection assez nombreuse pour compléter le Conseil représentatif, formé depuis trois ans. Je fus appelé à ce corps le second en rang d'élection, et, depuis ce moment, je pris une part assez active aux affaires publiques.

L'hiver de 1816 à 1817 fut malheureux par l'effet d'une cherté de vivres qui pouvait presque s'appeler une disette. On montra un zèle et une générosité remarquables pour faciliter la nourriture des classes pauvres, soit en donnant des vivres à bon marché, soit en fournissant du travail. Cette circonstance accélera la fondation du Jardin botanique, qui avait été comme une condition tacite de mon retour à Genève. Aucun acte officiel ne l'avait encore institué, mais j'avais été admis à proposer un plan pour l'établir dans l'ancienne promenade des Bastions, et, avant même que ce plan fût bien mûri, le Conseil arrêta qu'une partie notable des sommes votées pour faire travailler les pauvres serait employée à défoncer le terrain destiné au futur Jardin. On suivit mes idées dans ce travail, et comme on abattit les arbres de la promenade, on décida de fait l'établissement du Jardin. La valeur même des arbres abattus fut sa première dotation, et pour profiter immédiatement du labour, on planta le Jardin en pommes de terre. Laissons-lés croître paisiblement jusqu'à l'automne, et reprenons la suite des événements qui me sont plus personnels.

[1] Ce dictionnaire des noms de classes, familles, genres et sections, toujours continué par nos soins, est plus complet qu'aucun des ouvrages publiés jusqu'à présent. Mon père en avait légué une copie au Muséum d'histoire naturelle de Paris. Je l'ai fait faire et j'ai envoyé régulièrement les notes qui permettraient de la tenir au complet si on le voulait.   (Alph. de C.)

Dès le 1er novembre 1816, je commençai les leçons que comportait ma nouvelle position. J'avais le titre de professeur d'histoire naturelle, ce qui supposait l'enseignement des trois règnes ; mais il y avait un professeur titulaire de minéralogie, M. Théodore de Saussure, et quoique en réalité il ne fît point de leçons, ce fut un excellent prétexte pour ne pas me mêler d'une étude que je savais mal. D'un autre côté, les étudiants ne restant que deux ans dans l'auditoire de philosophie, je devais faire mon cours en deux années. Je me décidai en conséquence à n'embrasser dans mon enseignement que les deux règnes organiques, et je commençai par le règne végétal. Mon cours, adressé à des élèves de plusieurs années plus jeunes qu'à Montpellier et beaucoup moins nombreux, me semblait une conversation après ceux que je venais de donner ; mais il eut quelque succès parmi les étudiants.

La nécessité où j'étais de suppléer à la modicité de mes appointements me décida à adopter une méthode déjà établie à Genève, celle de donner un cours payé, de botanique, destiné à des personnes de tout âge et des deux sexes. Il fut suivi avec une sorte de passion, soit par pure curiosité, soit parce que le public voulait m'indemniser du sacrifice pécuniaire que j'avais fait en rentrant dans mon pays. Une somme de quatre mille francs que j'en retirai fut un utile supplément aux maigres quinze cents francs de ma place ; mais ce ne fut pas le seul avantage que j'en retirai. Fréquenté par toute la première société de la ville, et goûté par elle, ce cours me fit faire une foule de relations agréables et mit la botanique un peu à la mode. Dans ce cercle, plus encore qu'à l'auditoire, ma manière d'enseigner, en improvisant, eut un succès réel, attendu que l'improvisation est un art peu cultivé à Genève, qui ne l'était point du tout à cette époque.

§ 2. COPIE DE LA FLORE DU MEXIQUE.

Pendant la durée de ce cours, j'eus quelquefois l'occasion de montrer, entre autres planches de botanique, les dessins du Mexique que Mocino m'avait confiés. Ils avaient été admirés, et deux dames (Mme Tollot et Mlle Sales), qui, l'une et l'autre, avaient un vrai talent de dessin, avaient choisi une des planches pour la copier, comme par une sorte de défi : cet incident de société porta l'attention sur la collection. A la fin du cours, je reçus une lettre de Mocino qui me disait qu'il avait la permission de rentrer en Espagne, mais qu'il n'oserait pas s'y présenter sans ses dessins, qui, dans le fait, appartenaient au roi, et qu'il me priait de les lui renvoyer. Quoiqu'il m'eût dit, à plusieurs reprises, me les donner, on comprend qu'il n'y avait pas à hésiter et qu'il fallait les rendre. Le bonheur voulut qu'au moment où je reçus cette lettre, Mme Lavit, femme d'un de mes anciens amis, se trouvait chez moi. Elle avait un vrai talent pour l'aquarelle; elle savait le prix que j'attachais à cette collection, et, poussée par ses souvenirs d'amitié, elle me dit sur-le-champ : « Mais avant de renvoyer ces dessins, nous vous les copierons. — Vous voyez, lui dis-je, que d'après la lettre de Mocino et l'époque de son départ, il nous resterait à peine dix jours. Comment voulez-vous copier quinze cents dessins en dix jours! — Nous les copierons, répétait-elle avec enthousiasme. — Tout au moins, lui dis-je, en voyant cette ardeur, je serais heureux d'avoir la copie des plus remarquables. — Non, reprit-elle, nous les copierons tous. » A l'instant elle sort; elle court chez les personnes qui pouvaient aider au travail, comme artistes ou amateurs; elle excite leur zèle, et dès le lendemain plusieurs vinrent m'offrir leurs services de la manière la plus aimable.

Lorsque je vis cet entrain, je m'occupai immédiatement

de l'utiliser ; je fis la revue des dessins de Mocino, et je mis à part tous ceux qui représentaient des plantes bien connues, ce qui en réduisit le nombre à environ douze cents. Je fis placer chez tous les marchands de papier des modèles du format qui devait être adopté; je fis faire par les élèves de l'école de dessin, et sous la direction de leur maître, M. Reverdin, des calques du contour des figures, puis à tous ceux qui venaient offrir leurs services, ma femme distribuait ou des dessins ou, s'ils le désiraient, des calques qui abrégeaient la besogne. Près de cent vingt personnes vinrent bénévolement offrir leur temps et leur pinceau ; la plupart étaient des dames de la société, mais il s'y trouvait aussi des artistes et bon nombre de personnes que je ne connaissais pas [1]. Les jeunes demoiselles se réunissaient pour travailler en commun. Je passais successivement ces ateliers en revue pour avertir les dessinateurs de ce qu'il y avait à faire dans le but d'abréger ou de reproduire bien fidèlement la partie botanique. La ville entière fut occupée de ce travail pendant une dizaine de jours, et le zèle qu'y apportaient toutes les personnes qui savaient manier un crayon ou un pinceau, était réellement touchant; quelques-unes ont copié jusqu'à quarante dessins et y ont même consacré une partie de leurs nuits. Un exemple donnera une idée de l'intérêt que le public prenait à cette entre-prise. Dans les transports de feuilles qu'elle exigeait, un des modèles tombe, égaré, dans une promenade: une dame anglaise que je ne connaissais point, Mme Mostyn, le ra-masse, présume que c'est un de ces dessins dont tout le monde parlait, le copie et me le renvoie avec la copie, en

---

[1] Parmi ces inconnus se trouvait Heyland. Ses essais d'amateur fixèrent l'attention de mon père, qui l'encouragea par de bonnes paroles, en lui prê-tant des dessins à copier et en lui commandant quelques ouvrages à faire d'après nature. C'est ainsi que notre spirituel compatriote devint, de coif-feur, dessinateur, et l'un des plus distingués en Europe pour les analyses botaniques.   (Alph. de C.)

me disant que si je suis content de son talent elle est prête à en faire d'autres. Son ouvrage était très-beau : je me hâte de choisir six dessins et de les lui envoyer, mais dans la presse où j'étais alors je me trompe de nom, et j'adresse à une autre personne, Mme Musketier. Celle-ci n'hésite point, reçoit les dessins et les copie. Quand j'eus connaissance de cet incident, j'en renvoyai six autres à Mme Mostyn, et j'eus douze dessins pour un qui s'était égaré.

Grâce à ce zèle, la collection de Mocino se trouva presque complétement copiée dans le terme prescrit. Les dessins dont je restais en possession ne valaient sans doute pas les originaux, mais ils avaient pour moi un prix tout particulier, comme preuve de l'intérêt de mes compatriotes. J'ai fait relier avec soin cette collection, j'ai rédigé une préface qui raconte en détail les preuves de son authenticité et la manière dont elle a été exécutée, avec les noms des personnes qui ont concouru au travail. J'espère que cet ouvrage restera toujours dans ma famille comme témoignage de ma reconnaissance. J'écris ces lignes au pied de la tablette qui porte les treize gros volumes rouges où sont renfermés les douze cents dessins que je dois à la bienveillance de mes concitoyens. J'ai souvent été dans le cas de les montrer aux étrangers qui sont venus voir ma bibliothèque, et toujours ils ont excité en eux des sentiments favorables à une ville dans laquelle on peut trouver un si grand nombre de personnes capables d'exécuter un pareil travail, et surtout d'y mettre un zèle aussi bienveillant. Lorsque je montrai cette collection à miss Edgeworth, elle fit une réflexion bien digne de la grâce et de la bonté qui la distinguent. Par un mouvement assez naturel, je cherchais à lui montrer surtout les dessins les mieux exécutés : « Non, me disait-elle, montrez-moi les moins bons, ce sont ceux qui prouvent que ces résultats sont dus à l'esprit public et non à l'amour-propre *

§ 3. RETOUR MOMENTANÉ A MONTPELLIER.

Peu de jours après l'achèvement de la copie des plantes mexicaines je partis pour Montpellier afin de remplir ma promesse d'y faire encore un cours de botanique, et dès mon arrivée je remis les dessins au bon Mocino, qui partit pour l'Espagne. Il était vieux, infirme, presque aveugle. Je vis son départ avec peine, mais la misère et le mal du pays le dévoraient. J'ai appris depuis qu'il était mort dans un petit village, et que sa collection avait été dilapidée[1]. Il ne reste donc plus de toute la grande expédition commandée par le roi d'Espagne que la copie qui est entre mes mains et les quelques notes que j'ai pu extraire du manuscrit retiré des caves des Tuileries. J'ai fait usage de ces matériaux dans le *Systema,* le *Prodromus* et dans quelques mémoires spéciaux; j'y ai trouvé des détails utiles comme complément des ouvrages publiés sur la botanique mexicaine, ou pour aider à décrire les échantillons de plantes sèches de ce pays, que j'ai reçus dès lors en assez grand nombre.

J'arrivai à Montpellier le 1er mai; j'y fus reçu d'une manière fort aimable par mes collègues et mes amis. Le calme était un peu rétabli, mais les haines de partis étaient loin d'être éteintes, et de temps en temps le tonnerre grondait derrière les nuages. Je me mis immédiatement à l'œuvre. Dunal m'avait meublé une partie de mon ancien appartement, m'avait prêté mon ancien domestique, qu'il avait pris à son service, et je me trouvai bien établi, mais comme passager et solitaire, dans cet appartement où j'avais passé en famille plusieurs années, et où j'avais cru longtemps que je devais finir mes jours.

---

[1] Si je ne me trompe, elle a plutôt passé de mains en mains chez des parents de Mocino qui n'en font aucun usage. La valeur scientifique de ces dessins a du reste beaucoup diminué depuis quarante ans. (Alph. de C.)

Je commençai mon cours aussitôt qu'il me fut possible, et mes collègues, malgré ma démission donnée et acceptée, voulurent que je participasse aux examens et aux fonctions de professeur, comme si je l'étais encore. C'était une situation tout à fait illégale et exceptionnelle, mais que la bienveillance de mes confrères m'avait faite, et qui m'était douce par ce motif. Si je n'avais pas déjà pris tant de chaînes et reçu tant de témoignages d'attachement à Genève, il est probable que cette réception m'aurait entraîné à renouer les fils de ma vie languedocienne; un incident qui est resté dans la mémoire de mon cœur tendit encore à rendre ce séjour agréable.

J'avais l'habitude d'aller tous les soirs finir la journée dans les maisons de mes anciens amis et d'y jouir de leur bonne société. Un soir je revenais, à onze heures, dans la rue solitaire et bordée de murs qui descend de la Brèche au Jardin, je vis plusieurs individus qui se rapprochaient de moi, me regardaient fixement, puis descendaient la rue; je ne savais ce que signifiait cet espionnage, et je commençais à craindre quelque mauvais coup; j'hésitai un instant avant de m'enfiler dans une route étroite, mais je pensai que si c'était un guet-apens, on saurait bien me retrouver, et j'avançai sans crainte, mais non sans inquiétude. Au moment où je mets la clef dans la serrure de la porte extérieure du Jardin, huit ou dix individus, cachés derrière moi, se précipitent et forcent l'entrée. Je me récriai et voulus résister à cette invasion, comme à une violation de domicile; l'un d'eux se pencha à mon oreille, en me disant : « Monsieur, ne vous inquiétez pas, c'est une sérénade que nous voulons vous donner ! — Ah ! parbleu, leur répondis-je, vous auriez bien dû parler un peu plus tôt. » En effet, à peine entré chez moi, je vis briller de tous côtés une foule de petits lampions qui éclairaient des lutrins, et une centaine de jeunes gens de l'École de médecine, armés de violons et d'autres instruments, me donnèrent une sérénade. Je descendis

me mêler avec eux et les remercier de cette marque d'amitié à laquelle j'étais très-sensible.

En dehors de mes devoirs de professeur et de directeur
du Jardin, j'employais mon temps à travailler à la rédaction de la *Statistique végétale de la France*, dont j'ai déjà
parlé, mais que je n'ai jamais achevée. Je finis mon cours
assez brusquement pour éviter les explosions trop vives
de l'attachement des élèves, et, dès le lendemain, je partis,
avec le fidèle Dunal, pour faire une course à Aigues-Mor-
tes. Notre but essentiel était d'y étudier la végétation de
l'*Aldrovanda*. Ce que j'en observai alors confirma le soupçon que j'ai exposé dans le *Supplément de la Flore française*
(p. 599).

Je restai quelques jours encore à Montpellier, occupé à
y revoir les amis que je devais quitter pour toujours. Ce
dernier voyage avait mis du baume sur mon cœur; j'avais
vu que les désagréments de l'an dernier n'avaient laissé aucune trace parmi ceux dont l'opinion m'était précieuse. Je
croyais avoir assuré l'élection de Dunal! Je revins donc
fort heureux de mon excursion. Je fis route jusqu'à Lyon,
comme la précédente fois, avec mon collègue Prunelle.
Nous trouvâmes à Avignon, dans la messagerie, un petit
homme fort enveloppé dans son manteau et avec lequel
nous liâmes conversation. C'était l'amiral Gantheaume, qui
nous fit passer notre temps agréablement en nous racontant
ses campagnes et en nous donnant le récit détaillé de la
bataille d'Aboukir.

§ 4. PREMIERS TEMPS A GENÈVE.

Peu après mon arrivée à Genève, je dus commencer mes
leçons, car alors les cours s'ouvraient le 1er août. Ce cours
était le quatrième de l'année (deux à Genève en hiver, un à
Montpellier au printemps), et ce qui m'était plus pénible,
il devait rouler sur la zoologie, science que j'avais beaucoup

moins étudiée que la botanique. Je suivis pour les généralités les *Leçons d'anatomie comparée* de Cuvier, et pour la
classification, son *Règne animal;* mais malgré ces guides,
j'avais besoin de travail préparatoire : il me fallait à chaque
leçon lire avec soin les écrits que je devais commenter, et
je n'en serais jamais venu à bout sans les souvenirs qui
m'étaient restés des cours que j'avais suivis dans ma jeunesse et des conversations que j'avais écoutées, dans nos
réunions du Bulletin, entre les deux Cuvier, Duméril,
Brongniart et Geoffroi. Aucune occasion de ma vie ne m'a
fait comprendre aussi bien le mérite des conversations pour
l'instruction : à chaque chapitre elles se représentaient à
moi avec vivacité, et ces souvenirs me rendaient la tâche
plus facile.

Dans les premiers jours d'octobre j'allai, avec mes collègues les professeurs Vaucher, Pictet et Duby, et M. Colladon, pharmacien, faire une course à Zurich, pour assister à la réunion de la Société helvétique des sciences naturelles[1]. Le temps était sombre, la session fut terne ; je n'é-
tais pas habitué à la froideur des mœurs zurichoises ;
aucune fête ne les anima, et nous aperçûmes à peine une
dame, tant la séparation des sexes est d'usage dans cette
ville. Je fis connaissance avec MM. Usteri et Rœmer, anciens rédacteurs des *Annales botaniques.* Le premier était
un homme de talent, qui avait alors abandonné la botanique
pour la politique. Il était membre du Conseil d'État de
Zurich et l'un des coryphées du parti radical de la Suisse :
c'était un homme froid et réservé, qui me témoignait beaucoup d'égards et nous fit assez de politesses. Son ancien

---

[1] Cette Société, fondée en 1815, à Genève, ou plutôt près de Genève,
dans l'ermitage de M. Gosse, au-dessus de Mornex, a été la première Société savante nomade, c'est-à-dire siégeant successivement dans une ville et
dans une autre. L'Allemagne a imité ce système, puis la Grande-Bretagne,
puis la plupart des autres pays, tant il est vrai que la civilisation avance
quelquefois par idées qui germent dans de très-petits États.

(Alph. de C.)

collaborateur Rœmer était resté attaché à la botanique, mais n'en était guère plus intéressant pour moi, vu la manière étroite dont il l'entendait.

Cette session, où l'on ne parla guère qu'allemand, ne me donna pas beaucoup d'entrain pour la Société, mais les suivantes, et celle même qui eut lieu à Zurich en 1827, présentèrent beaucoup plus d'agrément et d'intérêt. Au retour, nous passâmes par Schaffhouse, où je vis pour la première fois la chute du Rhin, avec l'admiration qu'elle a coutume d'inspirer. Nous vînmes, par le grand-duché de Bade, à Bâle, où j'aperçus l'herbier de Bauhin, ce qui me décida plus tard à l'étudier en détail. Ce petit voyage, fait en bonne compagnie, me fit passer quelques jours agréables et connaître un peu cette Suisse dont j'étais redevenu citoyen.

En arrivant à Genève, nous apprîmes qu'une émeute assez grave, mais promptement arrêtée, avait porté le trouble dans la ville. Elle avait été déterminée par le haut prix des pommes de terre, et par les fausses idées d'économie politique répandues dans le bas peuple et qu'une proclamation maladroite du lieutenant de police avait encouragées. Après en avoir causé avec M. de la Rive-Boissier [1], premier syndic, je fis, à sa demande, une brochure pour redresser les erreurs populaires. Elle parut le lendemain sous le titre : *Un Genevois à ses concitoyens*, et fut bien accueillie; on m'assura qu'elle avait contribué à calmer l'effervescence des esprits.

On avait arraché les pommes de terre qui occupaient le Jardin, et je commençai à le diviser en plates-bandes. Le 19 novembre, j'engageai le premier syndic, M. de la Rive, à venir, avec les membres de la commission du Jardin, assister à la plantation de la première plante de l'École botanique.

[1] Guillaume de la Rive, père de notre collègue le célèbre physicien.

(Alph. de C.)

Un chagrin profond m'attendait à la fin de l'année. Le 26 novembre 1817, ma bonne mère, dont la santé était depuis longtemps altérée, succomba, sans trop souffrir dans les derniers moments. Les maux cruels qu'elle avait éprouvés furent une triste consolation à sa perte, mais mon chagrin fut très-vif, et il a été très-durable. J'ai dû beaucoup à ma mère pour mon développement intellectuel, et elle a été la personne que j'ai le plus profondément aimée. Vingt ans après cette perte, je ne puis écrire ces lignes sans verser des larmes à son souvenir et sans rendre un hommage de cœur à sa mémoire! Nos sentiments, nos esprits sympathisaient jusque dans les moindres détails, et j'ai la consolation de penser que mon retour à Genève a jeté de la douceur sur ses dernières années. J'ai ouï dire à M. Dupont de Nemours que tous les hommes distingués qu'il avait connus avaient eu des mères de mérite et d'esprit [1]. Je n'ose guère me mettre dans ce rang, mais je puis bien dire que les aimables encouragements de ma mère ont eu une grande part aux développements de mon enfance et de mon adolescence.

Pendant le cours de cette année 1817, j'avais été reçu de la Société des Arts et de la Société médico-chirurgicale. Pour remplir mon devoir dans celle-ci, je rédigeai un morceau sur la *Pelagra,* maladie très-singulière qui exerce ses ravages dans le Milanais. Un M. Sette, que je ne connaissais pas, m'avait envoyé un mémoire sur ce sujet et des échantillons de maïs attaqué par une moisissure qu'il regardait comme la cause de la maladie. J'étudiai les divers écrits relatifs à la pélagra, et j'en fis un article détaillé, auquel je joignis l'extrait des lettres de M. Sette; mais il me restait des doutes sur l'exactitude des faits; aussi, après avoir lu mon travail à la Société, je le remis dans un tiroir d'ou-

[1] Buffon pensait de même. Voir sa *Correspondance,* publiée en 1860, vol. I, p. 196.   (Alph. de C.)

bliettes, et je ne l'ai jamais publié. D'autres ouvrages plus
importants réclamaient mes soins.

Dès la fin de 1816 j'avais achevé la rédaction du premier
volume du *Systema regni vegetabilis*. Son impression fut lente,
et l'ouvrage ne parut qu'à la fin de 1817. Il fut même,
selon l'usage des libraires, daté de 1818. La préface, qui
rend compte du plan de l'ouvrage et des moyens que j'avais
eus pour l'exécuter, fut soumise, quant à sa latinité, à la
révision obligeante de mon ancien maître, M. Humbert,
que je perdis peu de temps après. La famille des Anonacées
avait été en entier rédigée par mon ami Dunal. Le reste
était le produit de mes propres travaux. Ce volume eut,
j'ose le dire, un assez grand succès, mais dès lors je commençai à comprendre que l'ouvrage était conçu sur un plan
trop vaste, et que je ne pourrais pas l'achever. Je me laissai
cependant entraîner à continuer, soit par déférence pour les
conseils de M. Desfontaines, soit à cause des éloges qu'on
me donna, soit enfin, je dois l'avouer, parce que j'étais encore sous un certain charme qui me faisait espérer de finir.
J'avais quarante ans, et à cet âge on croit encore que la
vieillesse n'est pas si proche qu'elle l'est réellement. Je me
mis donc à travailler au second volume avec une nouvelle
ardeur.

Pendant cet hiver (1817-1818), je donnai deux cours,
l'un à l'Académie, pour les élèves, l'autre dans la salle de la
Société des Arts, pour les gens du monde. Ce dernier roulait sur la physiologie végétale. Il reste dans mon souvenir,
parce qu'il y avait parmi mes auditeurs Mme la comtesse
de ***, femme assez extraordinaire, qui avait, dit-on, été
belle et galante, mais qui restait fort originale. Elle suivait
mes leçons avec zèle et en faisait de soi-disant extraits où
elle mettait bien moins ce qu'elle avait entendu que ce
qu'elle avait pensé, et comme ses pensées étaient fort ex-
centriques, j'avais toujours peur qu'à son retour en Allemagne elle ne montrât ses cahiers comme venant de moi. Son

mari, qui vint la rejoindre plus tard, était un homme très-spirituel et très-causeur, qui animait assez nos réunions. Il avait joué un rôle important, et avait une foule d'anecdotes curieuses à conter, car il était de la classe des diplomates babillards qui causent sans cesse pour qu'on ne puisse pas les interroger. Sa femme, qui s'ennuyait de ce qu'on ne lui faisait plus la cour, prétendait que l'air de Genève l'avait rendue amoureuse de son mari, et nous amusait fort par les expressions de cette résipiscence d'amour suranné.

§ 5. FONDATION DU JARDIN BOTANIQUE.

Ce fut pendant le même hiver que commença véritablement l'établissement du Jardin botanique. Le terrain avait été, pendant le cours de 1817, défoncé, divisé en plates-bandes et allées, enclos d'une lourde palissade en bois, et il fallait maintenant construire les serres et autres bâtiments. Une souscription fut ouverte dans ce but; en peu de jours elle fut assez bien accueillie pour prouver que le sort futur du Jardin était assuré. Quatre des particuliers les plus riches du pays [1] donnèrent chacun cinquante louis; je donnai pour ma part cinq cents francs, ne voulant pas, malgré ma gêne d'alors, ne pas coopérer à l'entreprise. Presque tous les citoyens, même les plus pauvres, donnèrent, soit par intérêt pour l'instruction publique, soit pour aider à dénaturer une promenade qui avait été le théâtre des exécutions révolutionnaires de 1794, et qui était restée comme un lieu pestiféré où personne n'osait mettre les pieds. Je fus aidé dans cette création du Jardin par plusieurs magistrats, en particulier par le syndic Saladin et par mon ancien ami Fatio. L'un et l'autre y apportèrent un zèle dont je leur ai gardé de la reconnaissance. Fatio a continué de donner des marques d'intérêt à cet éta-

---

[1] MM. de la Rive-Boissier, Saladin-de Budé, Favre et Eynard.

blissement par amitié pour moi. N'osant lui dédier un genre
de plantes, vu qu'il n'était point botaniste, j'ai voulu plus
tard consacrer au moins son nom dans les fastes de la
science en nommant un genre d'après un de ses ancêtres,
Fatio de Duilliers, physicien un peu excentrique, qui avait
écrit quelque chose sur l'horticulture. La dédicace porte ce
nom, mais mon cœur dédiait le genre à mon excellent ami
Guillaume Fatio.

Je trouvai aussi beaucoup d'encouragements dans les
dispositions du public, et je citerai ici, pour n'y pas revenir,
quelques-uns des secours individuels qui m'ont rendu la
fondation et l'administration du Jardin douces et agréables. Dans le premier établissement on avait, par économie, entouré le terrain d'une palissade en pieux, fort laide,
qui masquait la vue. M. Eynard, peu d'années après, nous
offrit de faire faire, à ses frais, une grille en fer, qui fut un
utile embellissement. On avait construit une loge de portier
très-mesquine, et on manquait de place pour former aucune
collection ; deux particuliers, qui ont voulu obstinément
garder l'anonyme [1], m'ayant entendu dire combien un Con-
servatoire manquait au Jardin, me firent demander (1824)
le plan d'un établissement de ce genre. Je me hâtai d'en
faire faire un par M. le colonel Dufour : ils l'approuvèrent
et m'envoyèrent environ vingt-cinq mille francs pour la
construction. J'engageai la commission administrative du
Jardin à y joindre une partie de ce qui restait de la souscription générale, et la Classe d'agriculture à y consacrer
une somme pour avoir dans le bâtiment une salle destinée
à une collection d'instruments aratoires. Grâce à ces addi-

---

[1] M. Viollier fut leur intermédiaire ou peut-être (quoiqu'il l'ait nié) il
était lui-même un des deux donateurs. M. Viollier est mort, et il est probable qu'on ne saura jamais exactement de qui est venu ce don si généreux.
Mon père aurait voulu appliquer la somme à un emploi plus important,
étranger au Jardin botanique, mais M. Viollier insista, disant que les donateurs voulaient un objet secondaire, attendu que la ville et l'État devaient
faire les dépenses véritablement nécessaires.   (Alph. de C.)

tions, nous pûmes donner assez d'extension au bâtiment pour y loger le portier et les jardiniers, outre les collections futures de l'établissement. Celles-ci, qui n'existaient point alors, furent promptement commencées par le zèle des particuliers, MM. Necker-de Saussure, Choisy, Roux, Colladon-Martin, etc., faisant cadeau de leurs herbiers. Plusieurs autres donnèrent des échantillons de bois, de fruits, d'écorces, de produits médicinaux, et en peu de mois, le Jardin se trouva possesseur d'une collection de quelque importance. Peu d'années après, M. de Haller, fils du grand Haller, légua à l'établissement son herbier de Suisse, qui a une importance réelle, comme étant la représentation la plus exacte de la flore de Suisse de son illustre père.

Ayant vu, comme je l'ai conté plus haut, le zèle avec lequel les dames de Genève s'étaient employées à copier les dessins de la flore du Mexique, je voulus les engager à dessiner des plantes qui fleurissaient au Jardin. J'en obtins quelques dessins, mais le zèle se ralentit assez vite. J'ai toujours éprouvé que les travaux de longue haleine, quoique d'un genre modéré, sont plus difficiles à obtenir que les coups de collier vifs, mais de courte durée.

Parmi les effets divers de la bonne volonté du public pour le Jardin, je pourrais citer plusieurs cadeaux d'objets matériels ou d'argent et une souscription, qui fut promptement remplie, pour faire faire les bustes de six botanistes genevois que j'avais proposé de placer devant l'orangerie.

Les hommes que j'avais choisis pour représenter notre ville, sous le rapport botanique, étaient Chabrey, Trembley, Ch. Bonnet, J.-J. Rousseau, H.-B. de Saussure et Senebier. Mon premier projet avait été de faire des bustes en terre cuite, comme ceux de Montpellier, mais nos artistes s'indignèrent de cette idée, et M. Reverdin, alors directeur de l'École de dessin, mit beaucoup de zèle à organiser une souscription pour les faire en marbre. Le difficile était d'avoir des portraits et de les faire traduire en bustes. Quelques détails sur cette affaire intéresseront peut-être les Genevois qui pourront lire ces pages.

Dominique Chabrey était élève, ami et continuateur de Jean Bauhin. Il n'a écrit que des ouvrages assez médiocres, mais comme il a été le seul botaniste que Genève ait produit dans les temps un peu éloignés de nous, j'ai cru qu'il convenait de placer son buste pour montrer que dès longtemps les sciences étaient cultivées dans notre ville. Comme il n'était pas fort célèbre, et que sa famille est éteinte, je trouvai beaucoup de difficultés à obtenir son image. Enfin, M. le syndic Schmidt m'avertit qu'il avait vu, dans sa jeunesse, dans un cercle qu'il me désigna, une visagère en plâtre de Chabrey, qu'on y conservait, parce qu'il avait pris part au combat de l'Escalade en 1602. Après bien des recherches, on parvint à retrouver cette visagère, qui était tombée dans la boutique d'un brocanteur. Elle a servi de modèle à un buste en marbre qu'on a fait faire à Carrare; ce buste ne représente pas trop mal les traits du visage, mais au lieu d'une barbe pointue à la Henri IV, l'artiste a imaginé de faire une barbe touffue et crépue comme pour un Caracalla, de sorte que le buste n'a point le caractère du temps.

Abraham Trembley a été aussi médiocrement sculpté, à Carrare, d'après un portrait de lui, qui a été fourni par son fils, le syndic Trembley. J'en dirai autant du buste exécuté à Carrare de Jean Senebier, d'après un portrait qui avait été fait dans sa jeunesse, et qui n'en donne à peu près aucune idée.

On avait de bons portraits de H.-B. de Saussure, de sorte qu'on pouvait espérer en avoir un bon buste. Sa fille, Mme Necker, partait pour l'Italie; je crus ne pouvoir mieux faire que de la prier de faire faire elle-même le buste. Elle s'en chargea avec empressement, mais on exécuta un buste absolument idéal, qui ne rappelle en aucune manière de Saussure. Il avait la tête trop petite pour sa grande taille, on fit une tête énorme; il avait les cheveux plats, on fit une chevelure bouclée, etc.

Les deux seuls bustes qui soient dignes d'être exposés en public, sont ceux de J.-J. Rousseau et de Ch. Bonnet, exécutés par Pradier. L'un et l'autre sont en marbre de Paros, et faits d'après des moules pris sur nature. Ils sont d'une ressemblance complète et d'une finesse d'exécution qui font le plus grand honneur à l'artiste.

Avant de reprendre le récit chronologique des choses qui me sont personnelles, je crois devoir dire ici quelques mots des institutions publiques que j'ai ou fondées ou contribué à fonder.

§ 6. AUTRES INSTITUTIONS QUE J'AI CONTRIBUÉ A FONDER A GENÈVE.

Le premier essai que je fis dans ce genre, après le Jardin, fut de proposer l'établissement de la Société de lecture. Frappé de la pauvreté de la Bibliothèque publique et du peu de ressources que je trouvais dans les collections particulières [1], je parlai en 1818, d'abord en petit comité, chez le professeur Pictet, de créer un établissement nouveau, et je parvins à en prouver l'utilité. Quelques amis des études se joignirent à nous, et enfin douze personnes se mirent en avant pour fonder l'institution. Les unes, choisies parmi les plus riches de la ville, s'engagèrent à supporter les premiers frais, les autres contribuèrent au succès par leur réputation scientifique ou littéraire. Le projet fut arrêté dans une réunion chez le professeur Boissier. A peine fut-il publié qu'en-

---

[1] Quoique Genève soit depuis longtemps l'une des villes où le goût des études a été le plus répandu, il en est peu où les bibliothèques et les collections soient aussi rares : la cause en est 1° dans l'exiguïté des logements, déterminée par le fait que la ville est resserrée dans des fortifications depuis une époque où sa population était de moitié moins grande qu'aujourd'hui, et 2° dans la prééminence obtenue, lors de la Réformation, par les études théologiques, qui ont le moins besoin de collections.

viron deux cents souscripteurs nous donnèrent les moyens de l'exécuter. Nous louâmes l'étage supérieur de l'ancienne préfecture : M. Boissier fut nommé président ; je fus un des membres du comité d'administration, et la seconde année je devins président. Dès le premier moment nous reçûmes de beaux cadeaux de livres, et le nombre des souscripteurs, qui a dépassé quatre cents (payant chacun deux louis, plus douze francs d'entrée), nous a permis d'avoir presque tous les bons journaux littéraires, scientifiques et politiques, et d'acquérir les livres nouveaux. En peu d'années notre bibliothèque dépassa vingt mille volumes, et elle en a, je crois, à présent environ trente mille. J'ai fait six ans partie du comité ; j'ai été deux fois président ; je puis croire avoir beaucoup contribué à la prospérité de cette institution, car, outre que je l'ai conçue et proposée et que j'ai rédigé la plupart de ses règlements, j'ai fait adopter des méthodes d'ordre pour les catalogues, la comptabilité et la distribution des livres, qui ont contribué au succès [1]. La Société de lecture donne à tous ceux qui veulent travailler ou s'instruire des moyens abondants de connaître les livres; elle a établi des relations entre des personnes de vocations très-différentes et a contribué à rompre les habitudes de coterie que nos anciens cercles favorisaient ; elle a contribué aussi à rendre le séjour de Genève agréable à une foule d'étrangers, les règlements permettant leur introduction avec une grande libéralité. Cette institution si prospère a été imitée dans plusieurs villes.

Le succès du Jardin botanique et la faveur dont il jouissait dans le public firent naître chez mon collègue M. Boissier l'idée de proposer la fondation du Musée académique,

[1] M. Bellot a été, si je ne me trompe, celui des anciens membres du Comité qui a le plus aidé mon père, dans l'organisation vraiment excellente des registres et catalogues. La Société a été si bien organisée que depuis quarante-trois ans qu'elle existe, aucun changement important n'a été fait, ni même demandé par une fraction des sociétaires.

(Alph. de C.)

destiné aux collections de physique, de chimie, de minéralogie et de zoologie. Tout en approuvant fort ce projet et
en cherchant le plus possible à le favoriser, je ne crus pas
convenable de me mettre en avant bien ouvertement. Je
venais d'obtenir pour le Jardin tant de dons et de marques
de confiance du public et du gouvernement, que je craignais
d'en abuser. Mais, à peine l'institution décidée, je mis beaucoup de zèle à la développer. Je fus nommé membre de
l'administration : les choses dont je m'occupai le plus étaient
d'introduire des méthodes d'ordre dans les collections,
d'exciter les particuliers à faire des dons et surtout d'établir
des relations avec les musées étrangers. Sous ce dernier
rapport, mes liaisons avec les professeurs du Muséum
d'histoire naturelle de Paris, en particulier avec Cuvier,
ont valu à notre Musée de notables accroissements. J'ai
donné moi-même une collection de végétaux fossiles des
houillères d'Alais, une collection des matières volcaniques
d'Auvergne et plusieurs objets de zoologie.

Parmi les moyens d'accélérer la fondation du Musée, je
dois citer une idée que je proposai à mes collègues et à
l'exécution de laquelle je concourus avec zèle. Nous donnâmes, en 1822, un cours de zoologie dont le produit, af-
fecté en entier au Musée, lui fournit les moyens d'acquérir
un grand nombre d'objets. MM. Mayor, De Luc, L. Necker
se joignirent à moi pour l'exécution de ce plan, mais m'en
laissèrent la part principale. Un pareil moyen fut dès lors
pratiqué par MM. de la Rive et Marcet, et plus tard par
leurs fils, pour subvenir à la pénurie des cabinets de physique et de chimie.

De toutes les affaires dont mon activité d'alors me
poussa à m'occuper, celle qui était le plus loin de mes études
habituelles était l'établissement de ponts de fil de fer.
Nous entendîmes parler, en 1822, de ces constructions qui
avaient été inventées récemment en Amérique, et qu'on disait imitées avec succès par M. Seguin, d'Annonay. Frappés

des avantages qui pourraient en résulter dans un pays aussi
coupé de ravins que la Suisse, nous nous décidâmes, M.
Pictet [1] et moi, à faire une course à Annonay pour en juger
par nous-mêmes. Ce voyage, fait en bonne société, fut très-
agréable et l'aurait été bien plus sans l'impatience exces-
sive et presque maladive de mon excellent collègue, qui nous
permettait à peine de nous arrêter pour rien voir attentivement. Dès notre arrivée à Lyon, nous entrâmes dans la
voiture de Saint-Étienne et pûmes à peine jeter un coup
d'œil sur la bourgade cyclopéenne de Rive-de-Gier que j'aurais voulu visiter en détail.

Saint-Étienne me frappa beaucoup : j'y avais été onze
ans auparavant ; c'était alors une ville laide, mal bâtie, très-
enfumée par le charbon de terre, où l'on comptait quinze à
seize mille âmes ; je la retrouvai agrandie, embellie au
point d'être méconnaissable, bâtie dans le genre de l'architecture lyonnaise, et peuplée de plus de quarante mille
âmes. Le mélange de deux industries très-disparates, celle
des armes et d'autres objets en fer avec celle des rubans
les plus frais, est quelque chose de bizarre. Nous trouvâmes à Saint-Étienne le bon M. Élie Montgolfier qui, sachant notre projet, avait eu l'extrême obligeance (aucune
route à voiture n'allant alors directement de Saint-Étienne
à Annonay) de venir nous chercher pour nous conduire chez
lui. Nous fîmes la route à cheval, presque à travers des
landes stériles, guidés par lui et profitant de sa conversation pour connaître le pays. Nous logeâmes chez lui et pro-
fitâmes de la société de son intéressante famille. M. Seguin,
que nous venions chercher, était absent et ne devait revenir
que le soir : M. Pictet, dans son impatience, me proposait
de partir dès le lendemain matin, de sorte que nous aurions
fait cinquante lieues pour ne pas voir ce qui était le but de

---

[1] Marc-Auguste Pictet, professeur de physique, dont il a été question
plusieurs fois dans les pages précédentes.   (Alph. de C.)

notre voyage ; je refusai formellement, et j'obtins de lui de rester un jour à Annonay.

Cette journée fut employée avec un vif intérêt à voir la ville et ses environs montueux, à causer avec toutes les personnes de l'aimable famille Montgolfier, et à voir divers objets d'art. La ville d'Annonay est, par son caractère moral, une sorte de petite république ou d'oasis enclavée dans la France. Elle m'a présenté un aspect très-différent de ce que j'avais vu ailleurs. Les manufactures de papeterie forment la richesse du pays, et comme chacune d'elles a plus spécialement un genre de fabrication, il en résulte que les chefs ne sont pas jaloux les uns des autres et maintiennent des relations amicales qui rendent leur vie heureuse. Cette concorde, utile à tous, contrastait dans mon souvenir avec ce que j'avais vu quelques années auparavant dans le hameau de Roquefort, où les trois fabricants de fromages, seuls habitants de ce désert, passaient leur temps à se faire toutes les méchancetés possibles. Je vis avec intérêt le beau bélier hydraulique au moyen duquel M. Canson exhausse l'eau à cent quatre-vingts pieds (si ma mémoire est fidèle), et fertilise ainsi un plateau naguère condamné à la stérilité. Je visitai plusieurs papeteries et, indépendamment de ce qui tient à la fabrication, j'y vis un fait de botanique assez curieux : les cuves immenses, où l'on faisait alors macérer les chiffons, étaient couvertes de diverses espèces d'agarics, modifiés dans leur forme par leur croissance à l'obscurité ; je ne tardai pas à reconnaître, et les fabricants me le confirmèrent, que certaines espèces de champignons croissaient régulièrement sur certaines espèces de chiffons ; de sorte qu'après un peu d'études, je reconnaissais par la vue du champignon si le chiffon de telle cuve provenait de Bourgogne, de Provence, etc. Ce fait me parut curieux : tient-il à la nature diverse des chiffons, considérés comme formant le sol ? ou peut-être à la diversité des germes renfermés dans les chiffons de diverses provinces ? Je n'ai pu

résoudre ces questions n'ayant avec moi aucun moyen de
déterminer ou de dessiner les espèces avec exactitude. Je
projetai alors de revenir une fois avec un peintre et un microscope pour étudier ce phénomène. Je n'ai pas eu l'occasion de faire cette course, et je crois que le changement
apporté dans l'art de la papeterie a dès lors empêché la
naissance des champignons, à en juger du moins par ce que
j'ai vu à la fabrique de La Sarraz établie d'après les nouvelles méthodes.

Enfin, la chose à laquelle nous donnâmes notre principale attention, fut la construction des ponts suspendus.
M. Seguin aîné, neveu par sa mère du célèbre Montgolfier,
et qui a avec lui des rapports assez frappants, avait en
quelque sorte deviné cette construction d'après quelques
mots qu'il avait entendu dire sur les essais faits en Amérique. Il nous montra un modèle, fort en petit, qu'il avait
exécuté dans son jardin, mais surtout il nous communiqua, avec une complaisance parfaite, les dessins et les calculs qu'il avait faits pour construire un de ces ponts sur
le Rhône. Les plans nous frappèrent par leur simplicité. Il
nous conta que depuis plus d'un an il était en instance auprès de la direction des ponts et chaussées pour obtenir la
concession du pont de Tain à Tournon, mais qu'on éludait
ou refusait sa demande sous prétexte que la solidité des
ponts de fil de fer était trop douteuse. Enchantés de ce que
nous avions vu des études de M. Seguin, nous lui demandâmes s'il consentirait à nous les communiquer et à nous
permettre de construire un pont suspendu à Genève, ne fût-
ce que pour constater par un exemple leur solidité : il y
consentit avec empressement.

A notre retour, nous organisâmes une souscription pour
faire un pont de piétons sur les fossés des fortifications, de
la promenade de Saint-Antoine à celle des Tranchées. Cette
souscription fut remplie dans la journée même où nous l'ou-
vrîmes, et comme nous voulions constater que nous ne fai-

sions pas une spéculation, nous ne permîmes à personne
(pas même à nous) de prendre plus d'une des actions de
250 francs. Le colonel Dufour[1] se chargea de la construction ; il imagina plusieurs perfectionnements qui ont servi à
populariser ce système nouveau. Les ouvriers, désireux d'y
contribuer, se distinguèrent par la modération de leurs
prix et la plupart ne demandèrent que leurs déboursés.

Quand tout fut bien préparé, M. Seguin vint à Genève
nous aider de ses conseils. Le 1er août 1823 le pont fut ouvert avec un succès complet, et nous eûmes plus tard le
plaisir de voir que ce succès décida la direction des ponts
et chaussées de France à accorder à M. Seguin la concession qu'on lui avait refusée jusque-là ! Ce système de ponts
s'est répandu en France et dans toute l'Europe. On en a
construit de très-grands et dans des localités (Fribourg,
La Caille, etc.) où toute autre construction était impossible.
Ce développement remarquable a été dû à notre exemple
et à notre modeste construction. Ç'a été une véritable satisfaction pour moi d'avoir, par cette excursion hors de mes
études ordinaires, contribué à une importante amélioration
industrielle. La part que j'y ai prise a été consacrée dans un
portrait que Mlle Rath a fait graver de moi, où le pont des
Tranchées est figuré dans le lointain.

Quelques années plus tard (1826), j'organisai une petite société anonyme pour faire un second pont de fil de fer
sur les fossés d'une autre partie de la ville (de Saint-Gervais aux Pâquis), mais cette entreprise a bien moins réussi
que la première. Ce n'était plus une nouveauté et la curiosité publique n'était plus excitée. L'ingénieur et les ouvriers
furent payés assez largement, comme pour les indemniser
de leur coopération gratuite au pont des Tranchées. L'autorité militaire, qui voyait de mauvais œil ces constructions,
nous força de prendre une direction oblique qui rendait la
construction chère et disgracieuse. Le pont a réussi comme

[1] Maintenant général.   (Alph. de C.)

objet d'utilité, mais il a été le dernier que la jalousie des militaires ait permis de construire.

Je ne me suis dès lors occupé de ponts de fil de fer qu'à l'occasion de celui de Fribourg, en 1834. J'allai faire une course avec ma belle-sœur, ma nièce Rilliet, M. et Mme Van Berchem, pour voir cet ouvrage gigantesque. En arrivant, je cherchais partout quelqu'un qui pût me mettre en relation avec M. Challey, l'ingénieur français qui le construisait. Ayant appris mon arrivée il me cherchait de son côté, car il avait été au nombre de mes élèves à Montpellier, et avait conservé quelque souvenir de moi. Grâce à lui, je vis le pont dans tous les détails possibles, et, pour répondre à sa politesse, je lui offris de mettre sur cette construction gigantesque une notice dans la *Bibliothèque universelle*. Il s'y prêta avec empressement et me communiqua ses plans, ses notes, etc.; j'en fis l'extrait; j'obtins de la complaisance de ma nièce de copier pendant la nuit une partie des plans, et je rédigeai au retour une notice sur ce pont qui a peut-être un peu contribué à sa célébrité. Ce petit voyage fut d'ailleurs fort agréable par la bonne société avec laquelle je le faisais. Au retour, sur le bateau à vapeur, nous trouvâmes lord Mahon et sa charmante femme, qui rendirent par leur entretien cette partie du trajet fort intéressante.

Puisque je suis en train de raconter des épisodes de ma vie étrangers à mes travaux et à mes fonctions, et que je me suis écarté de l'ordre rigoureux des dates, je mentionnerai encore quelques objets analogues.

Je pourrais citer ici la création de la Classe d'agriculture (1820) que j'ai proposée, mais ce sera mieux à sa place lorsque je m'occuperai de la Société des Arts. A l'occasion de cette association agricole, je fus frappé de l'irrégularité et de la difficulté des correspondances entre la ville et les campagnes dans notre territoire si exigu, et je fis au Conseil Représentatif (1823) la proposition d'établir une petite poste dans le canton. Cet objet fut d'abord reçu avec froideur;

quelques années plus tard l'administration reprit l'idée et la mit à exécution. A peu près à la même époque, pour rendre service au docteur Morin, je proposai d'organiser un enseignement public et régulier de sages-femmes ; cette proposition fut accueillie et le docteur Morin en fut chargé. Enfin je raconterai plus tard la proposition que je fis en faveur des sourds-muets et l'institution à laquelle elle donna lieu, mais il convient auparavant de jeter un coup d'œil sur ce que je puis appeler ma vie politique.

§ 7. DÉTAILS SUR MA CARRIÈRE POLITIQUE.

Dès mon arrivée j'ai fait partie du Conseil Représentatif et j'en ai été réélu deux fois après ma première nomination. En 1816, je fus élu le second ; M. Naville, qui avait rendu beaucoup de services dans l'administration à l'époque de la Restauration, était le premier. En 1829, je fus élu le premier, ayant obtenu 877 suffrages sur 934 votants ; M. Rigaud-Constant était le second. En 1839, j'ai été nommé le troisième, ayant obtenu 1333 voix sur 1423 votants. Chacune de ces réélections fut précédée, d'après la constitution, d'une année pendant laquelle je ne pouvais faire partie du Conseil.

Pendant ce temps, ou, pour parler plus exactement, de 1819 jusqu'en 1835, époque à laquelle ma santé me libéra de tout travail, j'ai fait partie d'un grand nombre de commissions et en général des plus importantes ; en les énumérant rapidement, je ferai connaître le genre d'action que j'ai pu exercer.

La première et la plus laborieuse de toutes a été connue sous le nom de *Commission des subsistances*. Sous l'ancien gouvernement de Genève, on avait organisé à grands frais des magasins de blé pour pourvoir à la nourriture du pays qui ne pouvait y suffire par lui-même, à cause de son exiguïté. Quoique sa surface eût été accrue par suite du traité de

Vienne, on sentait encore la crainte de manquer de blé, et la disette assez grave et très-coûteuse de l'hiver 1817-1818 avait réveillé dans plusieurs esprits l'idée que le rétablissement de l'ancienne chambre des blés serait convenable. La commission dont je fis partie se livra à un travail très-étendu et très-consciencieux, sur cette question délicate. Les uns voulaient l'ancienne chambre des blés, avec toutes les dépenses et les gênes qu'elle entraînait; les autres préféraient se confier en entier aux efforts du commerce et de l'agriculture pour l'approvisionnement du pays; tous pensaient qu'il fallait donner des encouragements à la culture, et cette idée donna naissance à la Classe d'agriculture dont je parlerai plus tard. Quelques-uns, considérant les perfectionnements agricoles comme ne pouvant agir dans un temps rapproché, voulaient établir quelques mesures de précaution pour nous mettre à l'abri d'une disette telle que celle dont on sortait. Ces mesures étaient: 1° une provision de blé, pour deux mois seulement, dans le but de nous donner le temps de tirer des blés de Crimée, par Marseille, en cas de besoin; 2° des dépôts ou magasins gratuits, où les cultivateurs pourraient déposer leurs produits et où les commerçants pourraient les placer lorsqu'ils voudraient en tirer de l'étranger; 3° des approvisionnements de farine ou fécule de pommes de terre, etc. Je partageais l'opinion de la convenance de ces précautions, principalement par le motif que je trouvais impossible de rétablir les anciens approvisionnements, et imprudent de se confier au hasard complet des événements au début d'un nouvel ordre politique dont les chances étaient peu calculables. Après de longs débats, cette opinion fut adoptée par la majorité de la commission, et je fus chargé du rapport au Conseil Représentatif.

Je le rédigeai avec soin et j'en fis une sorte de traité sur la matière. Ce rapport eut du succès, et (ce qui n'avait pas eu lieu jusqu'alors) le Conseil en ordonna l'impres-

sion [1]. Quant au projet de loi, il fut beaucoup moins bien
reçu : la plupart des précautions que nous avions préparées
furent ou refusées, ou amoindries : le Conseil se prononça
pour une liberté illimitée, presque sans mesure de précaution; jusqu'à ce jour (1840) on n'a pas eu lieu de s'en
repentir, et il faut espérer qu'il en sera toujours ainsi. Je
n'ai cependant pas eu de regret de l'avis que j'avais soutenu : il est clair que si quelque disette grave était surve-
nue, le Conseil, par le nombre de ses membres, aurait pu
soutenir le choc de l'opinion populaire, tandis que les membres d'une commission peu nombreuse auraient encouru une
trop grande responsabilité.

En 1821, je fus appelé à deux commissions, l'une, peu
importante, pour concilier une difficulté à l'occasion des
élections ; l'autre, sur un objet qui excita fort mon intérêt.
Celle-ci fut nommée au scrutin secret par le Conseil Représentatif; elle avait pour mission de prendre connaissance
des négociations faites au nom du canton par M. de Niebuhr,
chargé d'affaires de Prusse à Rome, dans le but d'obtenir
du pape la translation du pays, en ce qui concerne les catholiques, de l'évêché d'Annecy à celui de Fribourg. Ces
négociations traînaient depuis trois ans sans aucune issue,
malgré le zèle que M. de Niebuhr mettait à soutenir nos
intérêts. Tout d'un coup il profita adroitement d'une occasion où la cour de Rome avait besoin de lui; il lui rappela
sa demande, et obtint de suite la translation demandée. Il
était très-important pour nous de ne plus dépendre d'un
évêque étranger, mais de ressortir à un évêque suisse; aussi
ce changement fut-il reçu avec joie. La lecture de toutes les
pièces de cette négociation excita fort ma curiosité en me

---

[1] J'ai réuni un grand nombre de documents qui avaient servi au travail
de cette commission et au rapport de mon père, et j'en ai fait cadeau à la
Classe d'agriculture. Toute personne qui voudra étudier l'histoire de la législation et du commerce des blés à Genève, du milieu du siècle dernier
jusqu'en 1820, fera bien de les consulter.   (Alph. de C.)

faisant comprendre la manière dont les choses se traitent dans cette cour papale si célèbre par ses réticences et son adresse. La commission fut très-frappée du service rendu à Genève par M. de Niebuhr, et sur sa proposition le Conseil décida de lui donner la bourgeoisie du canton et de lui offrir un bijou représentant la vue de la ville : il accepta la bourgeoisie en termes très-polis et refusa le bijou. Oserai-je ajouter qu'à la suite de cette affaire je lui fis aussi une politesse à ma façon : je donnai le nom de *Niebuhria* à un beau genre d'arbustes d'Arabie, en l'honneur du père de notre nouveau concitoyen, compagnon de voyage de Forskal, et qui a, comme on sait, écrit un voyage rempli de détails précis.

L'année suivante (1822) je fus nommé membre et même rapporteur d'une commission sur le concordat de représailles, proposé par plusieurs cantons suisses, pour s'opposer aux douanes françaises. J'ai toujours professé une grande antipathie contre les lois de douane, et j'aurais pu me laisser entraîner, par ce motif, à des représailles, mais je pensai d'un côté qu'adopter des mesures de ce genre c'était en légitimer le principe et perdre le droit de se plaindre, que de l'autre l'organisation fédérale et morcelée de la Suisse rendait tout système impossible à bien exécuter. Je fis valoir ces raisons dans la commission, et à la suite d'un rapport assez soigné, j'eus le plaisir de voir que dans le Conseil dix-sept voix seulement se levèrent pour le concordat, en sorte qu'il fut rejeté par une immense majorité.

L'année 1823 est l'une de celles où je fus le plus occupé de travaux de ce genre. En avril, le Conseil Représentatif nomma au scrutin une commission de quinze membres pour donner, sans compte rendu, des pouvoirs extraordinaires au Conseil d'État, à l'occasion de demandes assez impérieuses faites par les puissances au sujet de l'appui, au moins inconsidéré, que la Suisse donnait aux réfugiés politiques. J'en fus nommé à une grande majorité. La discussion dans la commission fut vive et délicate, et l'on décida, à l'unanimité, d'accorder les pleins pouvoirs demandés. Peu après, et par suite de cette affaire, je fis partie et même je fus rapporteur de la commission destinée à préparer les instructions des députés du canton à la Diète helvétique, commission dont je fus encore en 1825 et 1826, mais aucun de ces débats sur les instructions ne m'a présenté grand intérêt, sinon de me faire connaître la marche lente et méthodique d'après laquelle la Confédération traite ses affaires. Je trouvai, au contraire, beaucoup d'intérêt dans une autre commission dont je fus (quoique bien étranger à la matière) nommé au scrutin par le Conseil. Elle était relative aux modifications à faire dans nos lois sur le mariage, par suite des demandes diplomatiques de la cour de Turin. Celle-ci soutenait que l'article du traité qui établit le maintien des lois religieuses dans les communes cédées au canton, impliquait l'adoption du mariage religieux et la suppression du mariage civil. Le débat, mi-partie de droit canon et de droit civil et politique, fut très-curieux, surtout en ceci que certains catholiques fervents (tels que M. Christiné) soutenaient que le mariage est purement civil, et que certains protestants zélés (tels que M. le syndic Trembley) soutenaient qu'il est exclusivement religieux. La pluralité se rangea à l'avis de conserver les deux célébrations, civile et religieuse, et entra dans des dispositions un peu minutieuses, nécessitées par la position où nous nous trouvions. Ces matières m'étaient peu familières et j'acquis à les débattre plus d'instruction que je ne pouvais certes en apporter.

Je revins en 1824 à des objets plus analogues à mes occupations, et je fus nommé membre et rapporteur d'une commission relative à la fondation du Musée Rath. Je parlerai plus tard de cet objet.

En 1826, je fus de même membre et rapporteur d'une commission conforme à mes goûts, mais qui me donna du

désagrément. Elle était relative à l'établissement d'un pont
de fil de fer sur le Rhône, entre Saint-Jean et la Coulou-
vrenière.

Vers la fin de l'année je fus de nouveau entraîné dans la
politique en étant nommé d'une commission relative aux
demandes des puissances sur les restrictions à apporter au
droit d'asile et à la liberté de la presse. Quant au premier
point, nous n'eûmes rien autre à faire que de confirmer les
pouvoirs donnés par nos lois au Conseil d'État, mais la
question de la presse était plus difficile. Nous n'avions depuis la Restauration aucune loi sur ce sujet; nous sentîmes
la nécessité d'en faire une, au moins pour empêcher qu'il ne
sortît de chez nous des écrits insultants contre les gouvernements étrangers et pour prévenir quelques-uns des abus
les plus criants des pamphlets anonymes et des journaux.
Je fis partie, avec MM. Bellot, Rossi, etc., d'une sous-com-
mission chargée de rédiger ce projet de loi. Notre projet
était le plus doux, le plus insignifiant possible, mais enfin
il donnait à l'autorité judiciaire le droit d'intervenir dans
les cas trop scandaleux. Cependant il fut attaqué avec violence par les radicaux du Conseil, qui savaient aussi bien
que nous qu'il était nécessaire de faire quelque chose, mais
qui voulaient profiter de l'occasion pour faire parade de
leurs opinions. Malgré leurs attaques, le projet passa à la
presque unanimité, n'ayant que treize voix contre lui, et il
fut de même adopté de nouveau, en 1834, à la suite d'une
commission dont je fis aussi partie. Je profitai de ma présence dans ces comités législatifs pour faire insérer un article qui oblige tous les éditeurs à déposer deux exemplaires
de leurs publications à la chancellerie, pour être de là
transmis à la bibliothèque publique.

Ayant été réélu membre du Conseil en 1829, je fus, dès
la session d'hiver, nommé de la commission des budgets
cantonaux et municipaux, qui n'avait plus pour moi un grand
intérêt, puisque j'en avais fait partie deux fois. Après les évé-

nements de juillet 1830, je fus appelé à une commission de simple forme sur la reconnaissance par le canton du roi Louis-Philippe. Je fis le rapport, et on comprend que je n'eus pas grand'peine à obtenir l'unanimité. Je trouvais piquant de penser que si j'étais resté Français je n'aurais eu aucune occasion de dire si j'agréais ou non ce nouveau roi, et que comme Genevois j'étais appelé à proposer et à voter sa reconnaissance. Je le faisais du reste de grand cœur. On peut se rappeler que c'était mon vœu dès 1815. J'étais, en 1830, du nombre des membres du Conseil qui osaient le dire tout haut, tandis que plusieurs de ceux qui depuis ont été les plus radicaux se défiaient alors et vendaient leurs rentes.

Le premier résultat de la révolution de juillet fut de décider le Conseil d'État à proposer une loi pour modifier le mode d'élection au Conseil Représentatif. Ce mode, dans l'origine très-absurde, avait déjà été modifié en 1819 ou 1820, mais on crut populaire de le modifier encore sur divers points. Je n'y vis, pour ma part, aucun inconvénient, et je contribuai à faire adopter le projet. Comme dans nos lois les ecclésiastiques ne sont éligibles à aucune place politique, j'aurais voulu leur conserver le petit privilége d'être électeurs, lors même qu'ils ne paieraient pas le cens voulu ; mais malgré l'insignifiance de cette politesse, j'échouai dans ma proposition. Un an plus tard, le Conseil d'État, poursuivant la marche démocratique qu'il venait d'adopter, proposa une loi sur l'amovibilité de ses membres : je fus aussi de la commission, et quoique cette mesure ne me parût pas bien bonne, je ne m'y opposai pas, dans l'espoir (justifié jusqu'à ce jour) que le bon sens du Conseil Représentatif en atténuerait l'effet ; puis, en 1832, le Conseil d'État proposa d'abaisser le cens électoral jusqu'à quinze florins (sept francs). Je regardai cette mesure comme une concession inutile à la popularité et comme une pierre d'attente dangereuse dans les temps de trouble ; cependant une fois qu'elle était proposée publiquement par l'autorité, je ne crus pas qu'on pût s'y opposer sans inconvénient.

Pour revenir à l'ordre chronologique, je dirai qu'en 1830 je fus appelé à une commission sur un sujet assez bizarre, et dont le sort fut décidé par mon vote. Un industriel de notre ville avait trouvé le moyen de fabriquer des estampilles fausses, au moyen desquelles on faisait la contrebande, en Savoie, des objets fabriqués. Le Conseil d'État, sur la demande du roi de Sardaigne, proposait une loi pour poursuivre cette fabrication dans le canton, comme frauduleuse. La commission de treize membres se partagea d'abord en deux groupes égaux : les uns trouvaient la loi proposée juste, puisqu'il s'agissait d'atteindre la fraude, et convenable, pour assurer les rapports de bon voisinage; les autres pensaient que ce n'était pas à nous de nous faire les agents des douanes sardes contre nos propres concitoyens. Les premiers acceptaient, les seconds refusaient purement et simplement. Je me trouvai le dernier à opiner. Je déclarai que je trouvais les arguments pour et contre la loi également forts, et qu'à mes yeux le seul moyen de nous tirer d'embarras était de ne point faire de rapport, d'autant qu'on savait la fabrication des fausses estampilles suspendue depuis la menace d'une loi : si le roi de Sardaigne renouvelait ses plaintes, le Conseil d'État dirait qu'il a proposé une loi au Conseil Représentatif, et qu'il en attend la votation. Chacun se récria contre mon idée, et quelques-uns même très-vivement. Je laissai dire; comme il n'y avait point de majorité, on ne pouvait proposer une loi. L'événement s'est chargé de prouver que j'avais eu raison.

Je fus encore nommé, en 1832, d'une commission assez insignifiante sur le mode de discussion des lois constitutionnelles; mais surtout je fus entraîné de nouveau à m'occuper des affaires fédérales de la Suisse. Je dois avouer que depuis la révolution elles prenaient une direction si déplaisante pour les amis de l'ordre, qu'elles me devenaient pénibles à traiter. Je fus membre en 1833 d'une commission sur les affaires de Bâle. Je parlai fortement contre le projet d'une Université fédérale que l'on mettait imprudemment en avant. Je fis partie d'une commission relative à une proposition de conciliation faite, en 1833, par le canton des Grisons; surtout, enfin, je fus appelé, par la votation du Conseil Représentatif, à faire partie d'une commission pour examiner le projet de nouveau pacte fédéral proposé par la Diète, ou plutôt par M. Rossi.

Celui-ci était né dans les États du pape; il s'était joint à Murat quand il avait fait mine de vouloir s'emparer de l'Italie; obligé de fuir, il s'était réfugié à Genève, où on l'avait reçu citoyen, nommé professeur de droit et même membre du Conseil, il était enfin parvenu à se faire nommer député à la Diète helvétique. Arrivé dans ce corps avec les idées d'unité que les Italiens nourrissent depuis Machiavel, et ne faisant aucune attention aux différences extrêmes des pays, il voulait établir en Suisse le principe unitaire dont une expérience récente avait montré l'impossibilité. Il parvint à faire adopter par la commission de la Diète un projet de pacte qui semblait maintenir l'existence des cantons, mais qui, en réalité, la détruisait. Ce projet fut envoyé aux cantons pour l'étudier et pour préparer leurs votes. Notre Grand Conseil surpris, au premier moment, par cette proposition très-complexe, et entraîné par les discours de M. Rossi et les opinions de quelques membres influents, nomma pour l'examen du projet une commission presque toute composée de ses partisans. J'y fus cependant élu, quoique opposant. A la première séance je vis que la commission comptait huit adhérents et seulement trois membres d'une opinion contraire. Cette position était difficile, mais je ne me décourageai point. Aidé des deux collègues qui partageaient ma manière de voir, je fis sentir la portée de chaque article, de telle façon qu'à la fin nous avions la majorité et nous étions même environ huit contre trois. Pour arriver à ce résultat, nous ne proposions pas le refus des articles, mais nous les amendions de manière à en changer entièrement le sens. Les amendements de la commission furent adoptés par le Conseil, qui avait eu le temps de réfléchir, et qui même alla plus loin que nous contre le projet, tout en ayant l'air d'en admettre l'ensemble. Une autre commission sur le mode de votation du pacte fut nommée, et j'y fus appelé par le Conseil le second d'après le nombre des voix, ce qui prouve que ma résistance ne m'avait pas ôté l'adhésion de mes collègues. En arrivant à la Diète, M. Rossi trouva que la plupart des cantons avaient refusé son projet.

Cette discussion sur le pacte me donna de l'inquiétude. J'ai toujours désiré de voir Genève suisse, mais en supposant que la Suisse resterait une confédération où chaque canton garderait ses lois et ses mœurs. L'idée de voir Genève soumise à des pays parlant allemand et différant d'elle par les mœurs, les lois, les habitudes, etc., m'a paru une monstruosité. Toute tendance de ce genre m'a été odieuse et m'a éloigné de ceux qui pouvaient s'y porter.

En 1830 ou 1831, le Conseil d'État, se rappelant que j'avais été professeur d'une école de médecine, me nomma de deux commissions médicales : l'une sur les précautions à prendre contre l'invasion du choléra, qui heureusement fut inutile; l'autre sur l'organisation médicale à adopter dans le canton. Celle-ci donna naissance à un projet de loi, et je fus appelé, en 1832, à faire partie de la commission du Conseil Représentatif, qui devait l'examiner. Le travail fut assez désagréable : il s'agissait de concilier les prétentions contradictoires des médecins, des chirurgiens et des pharmaciens, des amateurs pratiquant l'homœopathie et des véritables gens de l'art; il fallait régler les examens d'une manière rationnelle, etc. Toutes ces questions étaient délicates à traiter devant des personnes ou intéressées ou étrangères aux premières notions de l'art médical. Comme je connaissais le sujet, et que cependant j'étais désintéressé, je crus de mon devoir de suivre la discussion avec soin, et je crois y avoir au moins servi à empêcher l'introduction de dispositions absurdes que proposaient des gens paradoxaux.

En 1834, le Conseil Représentatif me nomma d'une commission chargée d'examiner s'il convenait de donner un bill d'indemnité au Conseil d'État, qui, à l'occasion de l'attaque des Polonais contre la Savoie, avait, par urgence, outrepassé ses pouvoirs. Ce bill fut accordé à l'unanimité. Je fis encore partie, en 1835, d'une commission sur l'organisation municipale de la ville de Genève. Elle n'eut guère d'autre résultat que de séparer la Chambre municipale et la Chambre des comptes, qui ne formaient qu'un seul corps.

Pour achever ce qui est relatif à mes fonctions de député, je devrais citer plusieurs commissions relatives à l'organisation de l'Académie, mais je préfère les mentionner dans l'un des articles suivants, qui sera consacré à mes fonctions académiques, et je terminerai celui-ci par quelques considérations sur l'esprit et les opinions qui m'ont dirigé dans ce que je puis appeler ma carrière politique pendant la période à laquelle ce livre est consacré (1816-1834).

Lorsque j'arrivai à Genève, c'était sous l'impression d'une affection sincère et profonde pour la patrie, d'un dévouement complet à son bonheur et d'un désir ardent de lui être utile, surtout dans les objets relatifs à mes occupations ordinaires. On a pu voir par ce qui précède une partie des effets résultant de ces dispositions ; mais à peine nommé membre du Conseil, je sentis le besoin de me faire une règle de conduite dans une carrière si nouvelle pour moi. J'avais quitté la France sous l'impression de deux sentiments très-prononcés. D'un côté, le despotisme du gouvernement impérial et les petites persécutions qui, dans le Midi surtout, signalèrent les commencements des Bourbons, me disposaient à adopter les principes libéraux ; mais en même temps les souvenirs de la Terreur et de la vue des

différences immenses qui séparent un grand pays comme la
France d'un atome comme Genève, me tenaient en garde
contre l'admission précipitée dans l'un des deux pays de ce
qui peut convenir à l'autre. Mes souvenirs d'enfance et mes
amitiés actuelles me disposaient à soutenir le gouvernement
dans les actes de son administration civile, tout en désirant améliorer plusieurs points de la législation qui me
paraissaient défectueux.

Un second sentiment m'était resté de ma vie antérieure,
c'était l'horreur de la guerre et l'antipathie de la vie militaire. Je ne me dissimulais pas que les grands États ne
peuvent se dispenser de quelque appareil militaire, mais
lorsque je vis un petit pays comme le nôtre se jeter à corps
perdu dans des dispositions de ce genre, détourner ses citoyens du travail, nourrir en eux des idées d'emploi de
la force, qui ne peut que tourner contre eux, dépenser,
non-seulement en pure perte, mais pour nuire à l'État, une
partie des revenus publics plus grande à proportion que
dans les grands pays, j'avoue que je conçus un vrai dégoût
pour ces enfantillages coûteux et dangereux, et je cherchai
toutes les occasions de m'y opposer par mes votes et par
mes paroles. Dans les premières années de la Restauration,
le parti libéral du Conseil adoptait aussi cette opinion, et
je votais avec lui.

Je me trouvais donc dans cette position un peu bizarre
d'être partisan du gouvernement dans la plupart des affaires civiles et de l'opposition dans ce qui tenait au militaire, mais surtout, étranger à tous les partis, je me déci-
dais dans chaque cas par ma propre impulsion. J'ai été
fidèle à ces opinions dans toute ma carrière ; cependant les
hommes et les choses ont changé autour de moi, et on n'a
pas manqué de dire que j'avais changé.

Dans la période de 1816 à 1830, le Conseil d'État,
débarrassé graduellement par la mort ou les démissions de
quelques vieillards obstinément attachés à l'ancien régime,

s'était rapproché de mes idées de réforme modérée : il avait coopéré à la modification de la loi électorale ; il avait sur plusieurs points travaillé à d'utiles modifications aux lois civiles ; il avait consenti à un grand nombre d'institutions utiles au développement de l'intelligence ; il avait cessé de s'opposer à la publication des journaux, etc., etc. J'étais content et de ce qu'on avait fait et de la certitude qu'on ferait facilement et sans secousse les changements peu nombreux qui étaient encore désirables selon mon opinion.

Les journées de 1830 arrivèrent. Je m'en réjouis sous plusieurs rapports : 1° je redoutais la puissance toujours croissante du clergé catholique, et je sentais qu'elle serait enrayée ; 2° je craignais que les idées les plus modérées de liberté ne fussent peu à peu étouffées en France et chez les voisins de la France par les Bourbons de la branche aînée, et plus encore par leurs adhérents ; 3° surtout, persuadé qu'une révolution était, par suite de leurs fautes, devenue inévitable, je jouissais de penser qu'elle s'était opérée avec si peu de secousse, en évitant le régime républicain, peu fait pour la France, et en appelant au trône un prince qui devait être et a été ennemi de toute réaction et ami de la paix de l'Europe.

Mais il faut avouer que, par une suite bizarre des événements et des fautes de quelques personnes estimables, cette révolution a eu de tristes conséquences pour certains pays, en particulier pour la Suisse. Celle-ci s'est trouvée peu après bouleversée, sous des formes et par des raisons très-diverses, dans la plupart des cantons. Celui de Genève est resté l'un des plus calmes. Je concevais très-bien que dans ces moments critiques il fallait faire quelques concessions aux idées populaires, et je m'y suis moi-même prêté sans regrets dans plusieurs votations, mais j'ai trouvé que le parti dominant allait trop vite et trop loin ; j'ai pensé que dans plusieurs cas il tendait à compromettre la prospérité future de la République, et j'ai craint l'exagération toujours croissante de cette tendance. Satisfait des améliorations apportées à notre constitution, je me suis uni avec ceux qui désiraient enrayer cette fureur d'innovations et remettre au moins à des temps plus calmes les quelques améliorations qu'on pouvait désirer. Je consentais encore sans peine aux innovations purement cantonales, parce que je pensais que si elles ne réussissaient pas on serait à temps d'y apporter un remède qui dépendrait de nous; mais notre parti radical s'étant jeté, avec une imprudence que rien ne peut expliquer, dans les idées d'unité helvétique contraires à tous nos intérêts, je me suis opposé, avec toute l'énergie dont j'étais capable, à leurs projets inconsidérés, et j'ai défendu la souveraineté cantonale chaque fois que je l'ai vue attaquée, car une fois compromise, il n'y avait plus de ressource. Je me suis donc trouvé en butte aux tracasseries du parti novateur, et le gouvernement, plus ou moins dominé par ce parti, m'a inspiré moins de sympathie, quoique j'aie, par sentiment de devoir, continué à le défendre lorsqu'il était injustement attaqué, et tâché de lui conserver quelque autorité. Cette position fausse, où mes devoirs et mes opinions étaient sans cesse en collision, a contribué à m'éloigner de la politique. J'ai beau sonder ma conscience, je ne trouve en moi aucun changement dans mes principes, mais j'ai changé d'opinion sur quelques hommes [1].

---

[1] Ce paragraphe a été écrit dans la période de 1834 à 1840, mais il m'est impossible d'en fixer plus exactement la date d'après le contenu et l'apparence des feuillets du manuscrit. J'ai retranché quelques phrases concernant des personnes, quoique les divisions survenues entre les hommes les plus marquants de Genève, qui s'étaient entendus pendant vingt ans, aient un intérêt historique, indépendamment de considérations purement individuelles. En compensation, et pour faire comprendre mieux la ligne suivie par mon père, je dirai que celui de ses amis politiques avec lequel il s'est le mieux entendu jusqu'à la fin a été M. de Sismondi.　(Alph. de C.)

§ 8. ACADÉMIE. ENSEIGNEMENT. ÉLÈVES.

J'ai dû, par égard pour la hiérarchie, parler d'abord de mes fonctions législatives, mais je dois avouer que je mettais bien plus d'intérêt à mes fonctions comme professeur à l'Académie. C'était là ma véritable carrière ; je l'avais ambitionnée dès mon enfance, et depuis que ma santé m'a forcé de la quitter, je sens toujours que, hors de ma famille, c'est ma première affection. J'ai toujours trouvé tant d'amitié chez mes collègues et mes élèves, que je serais bien ingrat s'il en était autrement ; d'ailleurs j'ai toujours été persuadé que dans un pays aussi petit et aussi actif que le nôtre les études étaient ce qui pouvait lui faire le plus d'honneur.

Les choses que j'ai à dire sur mes fonctions académiques peuvent se ranger sous deux chefs : l'enseignement, dont je vais m'occuper ici, et la direction des études, que je développerai plus tard.

J'ai déjà dit comment, chargé de l'enseignement de l'histoire naturelle élémentaire, à faire en deux années, et voyant dans l'Académie un professeur de minéralogie [1], j'avais dû, conformément à mes goûts, réduire mon cours à l'histoire naturelle organique et enseigner alternativement la botanique et la zoologie. De 1816 à 1835, j'ai fait dans l'auditoire de philosophie dix-neuf cours, dont dix de botanique et neuf de zoologie. Ces cours étaient fort longs, car ils comprenaient cent six leçons par année. Je dus me soumettre à cette marche, et je le fis sans peine, quoique ma conviction n'ait pas changé, que des cours aussi longs ne sont bien favorables ni au professeur, dont ils amortissent le zèle, ni aux étudiants, qu'ils chargent de détails et qu'ils habituent à se dispenser de recherches en

---

[1] Et plus tard un professeur de géologie, M. L. Necker.

dehors des leçons [1]. A l'époque où je commençai ces cours,
je me vis en présence d'une trentaine d'étudiants, et j'avoue
qu'en sortant de l'École de Montpellier, où j'en avais quatre
à cinq cents, je me croyais dans mon cabinet. Si j'avais eu
moins de zèle, j'aurais pu me laisser décourager, mais le
nombre des élèves alla en augmentant graduellement par
suite des facilités qu'on donna aux externes, et lorsque je
quittai, en 1835, je comptais quatre-vingt-quinze élèves à
mon cours.

J'ai eu, outre les étudiants réguliers, un assez grand
nombre d'externes, quelques-uns remarquables par leur
rang social, tels que le prince Frédéric de Danemark, le
prince de Linange, frère de la reine Victoria, le prince
Paul, aujourd'hui grand-duc de Mecklembourg, et d'autres,
remarquables par leur rang dans la science, tels que MM.
Dumas, Coulter, Seringe, Daubeny, etc. Ces auditeurs
bénévoles servent particulièrement à imprimer aux jeunes
étudiants, qui font la masse de l'auditoire, une certaine
retenue et à leur donner une opinion plus relevée des leçons qu'ils écoutent. Au reste, malgré l'âge très-jeune,
peut-être trop jeune, des élèves auxquels je devais parler, je n'ai jamais eu qu'à me louer de leur conduite, soit
à Montpellier, soit à Genève : je n'ai jamais eu besoin
de gronder ni même d'élever la voix. Ma plus grande méthode de discipline était, lorsque j'entendais ou apercevais
quelque marque d'inattention dans l'auditoire, de me tourner de ce côté, tout en continuant de parler, et de regarder
fixement ceux qui me paraissaient disposés à l'étourderie.
Mon regard faisait sur eux l'effet qu'on dit exercé par les
boas sur les oiseaux; ils se taisaient, et je n'ai jamais eu
besoin d'autre chose.

C'est là un des avantages de l'improvisation, car le pro-

---

[1] Que dirait l'auteur aujourd'hui que sa chaire a été divisée d'abord en
deux, puis l'une de ces divisions en deux et presque en trois !

(Alph. de C.)

fesseur qui lit ne peut pas surveiller son auditoire quand il a les yeux sur son papier. Cet avantage est lié à plusieurs autres : la possibilité de répéter et de varier les explications dès qu'on sent qu'on n'est pas bien compris ; la variété des tons, des tournures, des inflexions qu'on adopte sans s'en douter, et qui relèvent l'attention des auditeurs ; la facilité de varier les cours et de les tenir au courant de la science, au lieu de les relire éternellement, comme le font les professeurs à cahiers ; la probabilité qu'on n'entrera pas dans des détails trop minutieux pour la mémoire des élèves, puisque l'on ne dit que ce dont on se souvient soi-même ; la certitude qu'aucun homme trop ignorant n'osera se présenter pour remplir des fonctions dans lesquelles l'improvisation est exigée, etc. Ces avantages m'ont tellement frappé, que si j'avais eu à régler l'organisation d'une école quelconque, je n'aurais établi pour tout concours que l'obligation de donner des leçons forcément improvisées sur des sujets indiqués une heure à l'avance, et l'obligation de faire à l'ordinaire les leçons également improvisées [1].

Je trouvai, établi d'ancienne date dans l'Académie, l'usage d'interroger chaque jour quelques élèves sur la leçon de la veille. Cette méthode remplace avec avantage la récapitulation qu'on fait dans la plupart des écoles, et elle entretient l'activité des élèves ; elle les force à faire les extraits des leçons ; elle apprend au professeur s'il a été compris la veille ; elle habitue les élèves à répondre aux examens. J'eus soin de noter chaque jour, en chiffres convenus, la valeur des réponses que chaque élève me faisait, de sorte que je pouvais m'assurer d'interroger tous les élèves à peu près également et reconnaître si la valeur de leurs réponses allait en augmentant ou en diminuant. J'en tenais compte à l'examen final de l'année et cela me permettait de corri-

---

[1] L'usage d'improviser, introduit par mon père, s'est promptement généralisé dans la Faculté des sciences.   (Alph. de C.)

ger ce qu'il y a souvent d'inexact à juger un jeune homme
sur une question posée au hasard. Cette méthode a été
goûtée par mes collègues; elle est devenue d'un usage général dans la Faculté des sciences.

A l'époque où j'ai commencé à professer dans l'Académie
de Genève il n'existait aucune collection publique d'histoire
naturelle, et la plus grande partie des leçons se donnaient
en hiver, ce qui, pour la botanique au moins, rendait toute
démonstration impossible. Cela semble un grand obstacle
à l'enseignement, mais je n'y ai jamais attaché une importance réelle. A Montpellier, j'avais le moyen de montrer
beaucoup d'objets et je m'en servais, par égard pour l'opinion, mais je suis resté convaincu que les démonstrations
d'histoire naturelle, pendant les leçons, nuisent plus à
l'enseignement qu'elles ne lui sont utiles. Les élèves font
de ces objets des sujets de plaisanterie et de désordre.
Les êtres organisés sont complexes, et les jeunes gens sont
toujours tentés de regarder les organes dont on ne leur
parle pas. Montre-t-on les choses de loin, à peine ils les
voient! les fait-on circuler, elles arrivent à la plupart au
moment où le professeur parle d'autre chose, et ne servent
qu'à détourner l'attention. Je me suis trouvé mieux, en
général, de représenter rapidement sur la planche noire
les organes dont j'avais à parler, parce que la figure s'y
présente au moment utile et dégagée de tous les objets voisins. J'avais quelque facilité à tracer ces dessins lorsqu'il
s'agissait de botanique, parce que les formes des plantes
m'étaient familières, mais j'osais rarement me risquer à ces
essais pour les animaux, que je connaissais moins bien, et
je suppléais à ce vide en montrant plus de planches, ou,
lorsque je l'ai pu (après la fondation du Musée), plus d'animaux empaillés ou conservés.

De ce que je viens de dire, il ne faudrait pas conclure
que je regarde les musées et les jardins comme inutiles à
l'enseignement: je les crois au contraire éminemment utiles,

mais sous un autre point de vue. On ne saurait trop encourager les jeunes gens à aller, après leurs leçons, voir les objets dont on a parlé, étudier par eux-mêmes les caractères des êtres naturels, se familiariser avec leurs formes et essayer de faire des descriptions techniques de leur structure. Ce dernier exercice est un de ceux sur lesquels j'ai le plus insisté, au moins auprès des élèves qui me semblaient avoir du goût pour l'histoire naturelle, ou qui en avaient le plus besoin pour leur vocation future.

Les deux circonstances qui me paraissaient le plus contraires au développement des élèves dans plusieurs écoles, et surtout dans la nôtre, malgré leur petit nombre, c'est le manque de rapports habituels entre le maître et les étudiants, et le peu d'habitude de ceux-ci de travailler par eux-mêmes. J'ai tâché d'obvier à ces deux inconvénients en encourageant les élèves à fréquenter le Jardin botanique et en les recevant dans mon propre herbier, où je trouvais l'occasion de causer avec eux et de leur faire faire quelques travaux. Je tentai d'introduire l'usage des herborisations, mais je ne pus donner suite à ce projet, à cause du grand nombre d'objets que la règle de l'Académie obligeait de suivre à la fois et de l'époque hibernale où j'étais forcé de donner mes cours. Je me suis mieux trouvé d'inviter quelques-uns des élèves les plus zélés, ou de ceux que je désirais pousser vers la botanique, à faire avec moi de petits voyages dans les parties montagneuses du pays.

Le premier essai de ce genre eut lieu, en 1823, avec dix étudiants de choix et deux naturalistes propres à me seconder, savoir : mon collègue, M. Louis Necker, professeur de minéralogie, et M. le docteur Coulter, Irlandais, fort instruit, qui suivait mon cours. Cette excursion fut dirigée sur le Chablais, partie de nos environs que je ne connaissais pas. Nous passâmes derrière le Môle, pour aller à la vallée d'Abondance, que nous parcourûmes jusqu'à son point culminant; de là nous visitâmes celle de Mor-

sine, et nous revînmes par Taninge. Cette petite course fut
agréable par la gaîté et le zèle de mes compagnons, par la
beauté du pays et le bon accueil des habitants. A Morsine,
la joie de voir arriver des naturalistes alla jusqu'à me faire
donner une sérénade, et aux étudiants un bal en plein air.
La course, qui dura dix jours, ne fut pas fructueuse pour
moi, quant à la botanique, mais elle l'était pour M. Coulter,
qui ne connaissait pas le pays, et pour les élèves, qui étaient
des commençants.

Une seconde expédition du même genre fut dirigée sur
Bex et ses environs, en 1825. J'avais avec moi une douzaine
d'élèves; je trouvai sur place l'excellent M. de Charpentier
et le brave Thomas, qui se joignirent à nous dans la plupart
de nos courses, et qui, par leurs connaissances locales et leur
aimable société, contribuèrent beaucoup à accroître l'utilité
et l'agrément de nos excursions. Indépendamment des environs immédiats de Bex et des montagnes qui le couronnent,
nous allâmes visiter la curieuse vallée des Ormonds, dont
l'aspect tout particulier nous intéressa vivement. Dans cette
région alpine, toute de pâturages, chaque propriétaire, au
lieu d'avoir une maison centrale pour ses troupeaux, et pour
y transporter le foin des diverses pièces de terre qu'il possède, a l'usage d'avoir une métairie dans chaque parcelle
de terre et de se transporter successivement de l'une à
l'autre avec sa famille et ses troupeaux. Cette vie nomade
a été probablement déterminée par la difficulté des transports, qui se concilie mal avec le morcellement des propriétés, due à la division des héritages. On nous a cité un
paysan riche qui avait quarante pièces de terre, et par conséquent quarante maisons, qu'il habitait toutes successivement chaque année. Il résulte de cet usage original que
lorsqu'on entre dans la vallée, elle paraît prodigieusement
plus peuplée qu'elle ne l'est réellement.

Ces deux excursions ne furent suivies d'aucune autre; la
goutte vint peu à peu me saisir et m'empêcha de conti-

nuer un genre d'exercice qui est assez pénible, vu qu'à la
fatigue naturelle de la marche s'ajoutent des soins conti-
nuels de surveillance et d'enseignement. Je ne trouvai
pas d'ailleurs que les résultats répondissent à la peine que
je me donnais. A Montpellier j'avais obtenu quelques succès, parce que les élèves étaient très-nombreux et tous
voués à la même étude; à Genève ils étaient peu nombreux,
plus jeunes et destinés à des vocations très-diverses; à
Montpellier, mon désir était de les encourager tous à une
étude qui se liait à leur vocation et dans laquelle ils pouvaient espérer de trouver un sort et des récompenses; à
Genève je n'osais, à moins de talents transcendants, encourager à la botanique que des jeunes gens de fortune aisée,
car on ne peut guère trouver de rémunération dans cette
science.

Indépendamment des nombreuses leçons que j'avais à
donner aux élèves de l'Académie, je continuai, pendant huit
années (de 1817 à 1828), des cours extra-académiques pour
les amateurs des deux sexes. Ces cours roulaient sur la
botanique et la zoologie élémentaires, ou sur la botanique
agricole. Ils formaient un supplément à mon minime traitement, qui ne laissait pas d'avoir de l'intérêt pour moi
avant que l'héritage de mes parents eût amélioré ma position. L'un de ces cours, en 1821, a été donné, avec quelques-uns de mes collègues (MM. Necker, Mayor, Deluc),
au profit du Musée naissant, et a contribué à ses progrès,
non-seulement par l'argent dont il le dota, mais encore par
l'intérêt qu'il inspira en sa faveur aux gens du monde. Ces
cours me causaient bien quelque fatigue, mais me délassaient,
pour ainsi dire, des cours plus techniques de l'Auditoire.
Ils me mirent en relation avec une foule de personnes dont
la connaissance m'a été agréable. Je terminai l'un d'eux par
une herborisation à Salève : il s'y trouva une quarantaine
de jeunes dames et demoiselles, qui jouissaient avec gaîté
de la beauté du paysage et de la nouveauté de cette course

insolite. Le coup d'œil en était gracieux et pittoresque. Ces cours me conservaient un peu de l'entrain et de la vivacité de l'improvisation que la froideur de ceux de l'Auditoire éteignait en moi.

Si je résume ici les résultats de ma carrière d'enseignement, je dirai que j'ai donné, en trente-deux ans de professorat, quarante cours, qui ont fait entre eux près de trois mille leçons [1]. Sur ce nombre j'ai, par cause d'indisposition, manqué quelques leçons, mais je ne me rappelle que d'une seule manquée sans motif. C'était à Genève : je travaillais avec ardeur et je laissai passer l'heure où je devais donner ma leçon ; à l'ouïe de l'heure suivante je reconnus ma faute. Le lendemain j'en rendis compte à mon auditoire, en disant que si cet exemple pouvait donner une idée de l'intérêt qu'inspire l'étude de la botanique, cette leçon manquée serait peut-être plus utile que si je l'avais donnée. Quant aux élèves, j'ai compté que j'avais, tant à Montpellier qu'à Genève, donné des instructions à environ six mille six cents élèves. Sur ce grand nombre, je puis sans doute espérer que plusieurs, peut-être la plupart, y auront acquis quelques connaissances générales, mais quoique j'aie été peut-être l'un des professeurs qui ont mis le plus de zèle à former des naturalistes, je dois avouer que le nombre de ceux amenés par moi à mériter ce titre est bien borné. J'ai déjà mentionné ceux que j'ai formés pendant mon séjour à Montpellier ; les élèves dignes d'être comptés parmi ceux que j'ai eus à Genève sont MM. Choisy [2], Duby, Edmond Boissier, Fr.-Jules Pictet et mon fils, pour indiquer d'abord les Genevois. Plusieurs étrangers sont venus suivre mes leçons et travailler dans mes collections : je citerai MM. Coulter, Mercier, Daubeny, Rœper [3], Ed. Chavannes,

---

[1] Voir aux *Pièces justificatives*, n° VI.

[2] Voir ma notice biographique sur Choisy, publiée en 1860.

(Alph. de C.)

[3] Maintenant recteur de l'Université de Rostock. (*Id.*)

de Gingins, Otth, Meissner[1], Wydler, Berlandier, Dumas, Guillemin, Margot, Charles Martins[2], etc.

M. le docteur Coulter, Irlandais, travaille avec intelligence et a fait chez moi une monographie des Dipsacées qui a du mérite. Il avait pris une sorte de passion pour l'examen des mœurs des reptiles et vivait entouré de serpénts et de lézards. Presque toujours il en avait quelques-uns vivants dans ses poches : il les plaçait sur sa main et les faisait rester immobiles en leur sifflant des airs. Il se lamentait de ce qu'il n'y a pas de serpents en Irlande, et à son départ il a cru faire un acte patriotique en y expédiant une caisse de serpents vivants. Il n'a cependant pas poussé ce genre de patriotisme erpétologique au point d'envoyer des vipères ! Peu après il est allé passer quelques années au Mexique, d'où il a adressé au Jardin de Genève une belle collection de Cactus. J'en ai donné dans le temps l'énumération méthodique, et j'ai dès lors continué à faire dessiner et à publier les espèces à mesure de leur floraison. Je ne doute pas qu'il n'ait recueilli en Amérique des herbiers précieux. C'est un homme instruit, d'un commerce sûr et agréable, pour lequel j'ai conservé de l'amitié[3].

Un autre Anglais, M. Daubeny, est venu suivre mes cours et a travaillé chez moi. Il était bon chimiste, mais désirant obtenir la place de professeur de botanique à l'Université d'Oxford, il vint passer l'été de 1830 à Genève pour se mettre au courant de la botanique. Il a obtenu la chaire qu'il désirait, et a publié quelques bons mémoires qui touchent de près ou de loin à la physiologie végétale[4].

---

[1] Maintenant recteur de l'Université de Bâle et mon collaborateur zélé pour l'achèvement du *Prodromus*.   (Alph. de C.)

[2] Maintenant professeur à Montpellier.   (*Id.*)

[3] Le docteur Coulter est mort au Mexique; ses collections sont à Dublin.
                    (Alph. de C.)

[4] M. le professeur Daubeny a présidé à Oxford l'Association britannique pour l'avancement des sciences. La notice qu'il a publiée en 1843 sur son ancien maître en botanique, dans l'*Edinburgh Philos. Journal,* est une de

M. Mercier était un Français, d'âge mûr, qui, après avoir été militaire, puis commissaire général de police dans le royaume de Westphalie, avait longtemps voyagé en Amérique pour faire le commerce, et qui, à son retour, ayant perdu une partie de sa fortune et n'aimant guère les Bourbons, était venu se retirer à Genève pour y soigner une santé délabrée. Il y prit le goût de la botanique. A peu près tous les jours il venait travailler dans mon herbier, où il rangeait mes plantes avec soin et se familiarisait avec la méthode. Il connaissait bien les deux Amériques et a contribué à m'y donner des relations utiles, telles que MM. Vargas, Lallave, etc. Lui et sa femme étaient des personnes d'une aimable société, et j'avais pour eux un véritable attachement. Il avait entrepris avec zèle une monographie des *Phlox*, mais la maladie et la mort sont venues le surprendre dans ce travail inachevé. Je l'ai regretté comme un ami: Mon fils a consacré sa mémoire en donnant son nom à un genre très-singulier de Campanulacées du Cap.

Deux jeunes Français, qui étaient venus à Genève pour étudier la pharmacie, sont au nombre de ceux dont je m'honore d'avoir dirigé les premiers pas dans la carrière scientifique : je veux parler de MM. Dumas et Guillemin.

Le premier conquit bien vite, par son caractère, sa bonne conduite et ses talents, l'estime de tous ceux qui s'occupaient de sciences. Il s'occupait surtout de chimie, mais en suivant mes cours il prit aussi quelque goût à la botanique. J'ai cité de lui, dans l'*Organographie*, une observation sur une monstruosité de campanule qui montre son aptitude dans cette science, mais quelque estime que j'eusse de ses talents,

celles où les principes théoriques de mon père sont le mieux exposés. — L'importance d'une école doit se mesurer à la nature plus qu'au nombre des élèves. A ce point de vue le fait d'un savant, déjà docteur et professeur à Oxford, venant séjourner un an à Genève pour apprendre une science voisine de celle qu'il cultivait, ce seul fait constate un des points culminants de l'histoire littéraire de Genève.   (Alph. de C.)

je ne cherchai point à l'entraîner dans ce sens, persuadé que la chimie était sa vraie carrière. Il s'est chargé de le démontrer par les succès qu'il y a obtenus, puisqu'il compte aujourd'hui parmi les premiers chimistes de l'Europe. Lorsqu'il partit pour Paris, je lui donnai des recommandations qui lui ont été utiles, et j'ai surtout influé sur son sort en ce que, sur mon témoignage consciencieux, mon ami Brongniart se décida à lui donner sa fille aînée en mariage. J'ai joui de son bonheur et de ses succès et m'applaudis d'y avoir un peu contribué.

Guillemin est originaire de la partie de la Bourgogne voisine de la terre de Saint-Seine que j'ai possédée. Il a pris le goût de la botanique en suivant mes cours et en travaillant dans mes collections. Après quelque séjour à Genève, je l'ai placé à Paris, chez mon ami Delessert, comme conservateur de ses herbiers. C'est un homme bon, serviable, actif, et qui, sans être dans les premiers rangs de la science, a fait cependant quelques utiles travaux, entre autres la Flore de Sénégambie, à laquelle il a pris une part importante, des Mémoires sur les gentianes hybrides, sur l'amertume des végétaux, etc., les Archives de botanique, etc. Pendant son séjour à Paris il m'a rendu beaucoup de services. Il avait consenti à être, pour ainsi dire, mon chargé d'affaires botaniques. Il corrigeait les épreuves de mes ouvrages, recevait et expédiait les articles nombreux de ma correspondance scientifique, engageait les voyageurs à m'envoyer une part de leurs récoltes, etc., et tout cela avec une complaisance qui ne s'est jamais démentie un instant. Je le regarde comme un des hommes sur l'amitié desquels je puis le plus complétement compter, et je conserve une vraie reconnaissance de ses procédés à mon égard [1].

M. de Gingins-La Sarraz m'a donné des espérances bril-

---

[1] Guillemin est mort peu de temps après mon père, le 15 janvier 1842. M. Lasègue a publié une notice sur lui dans les *Annales des sciences naturelles*, vol. XVII.   (Alph. de C.)

lantes, qui n'ont pas été réalisées, sans que je puisse le lui reprocher. C'est un homme d'une naissance distinguée, de beaucoup d'esprit, d'un caractère gai, et qui était remarquable par la manière habile avec laquelle il a su éluder les effets d'une triste infirmité. Dès l'âge de quinze ans il avait l'ouïe un peu dure, à vingt et un ans il s'est trouvé sourd au point de ne pas entendre le canon. Guidé par les conseils d'un oncle atteint du même malheur, il s'est étudié à reconnaître les modifications que les lèvres prennent pour la prononciation de chaque syllabe, et il y est parvenu au point de pouvoir lire sur les lèvres des personnes qui lui parlaient tout ce qu'elles disaient, et cela avec la rapidité de la parole. Pourvu que ses interlocuteurs eussent une diction pure, il ne les faisait jamais répéter. Il reconnaissait même les accents, comme on le fait avec l'oreille. Il pouvait lire ainsi la parole dans toutes les langues qu'il savait, le français, l'allemand, le latin et l'anglais. Cette dernière langue lui donnait plus de peine, parce qu'on la parle la bouche plus fermée. Il comprenait très-bien les mots qui lui étaient le plus inconnus, ainsi à l'époque où il savait très-peu de botanique, il suivait avec moi des conversations où je lui citais une foule de noms nouveaux pour lui. Doué dans ce temps d'une vue perçante, il lisait sur les lèvres des acteurs au théâtre ou des professeurs dans une leçon : on raconte même des choses plaisantes sur la manière dont il voyait du bout à l'autre d'un salon ce qu'on disait de lui. M. de Gingins avait pris à Berne quelques notions de botanique élémentaire en suivant les herborisations de M. Seringe. Dès qu'il vint à Genève, il m'intéressa par son infirmité et me frappa par son esprit et son ardeur pour la botanique théorique. Je passai à peu près trois jours entiers à en causer avec lui, et après ces séances je puis dire qu'il savait réellement la théorie au point de s'en servir avec intelligence. Une pareille facilité m'intéressa vivement, et je fis tous mes ef-

forts pour que la science en profitât. Après quelques travaux préparatoires et élémentaires, je le mis à l'œuvre. Il
s'attacha à la famille des Violariées, et fit un mémoire
qui fut inséré parmi ceux de la Société d'histoire naturelle
de Genève, puis rédigea l'article correspondant pour le
Prodromus. Ces deux morceaux contiennent de bonnes observations. Plus tard M. de Gingins a entrepris une monographie des Labiées et a commencé par publier le genre
des Lavandes, d'une manière qui montrait les progrès qu'il
avait faits. Il continuait ses travaux sur les Labiées avec
zèle et sagacité, lorsqu'il fut découragé par l'apparition
du bel ouvrage de Bentham sur cette famille, et bientôt
il fut lui-même détourné de tout travail de ce genre par
l'affaiblissement de ses yeux. Cet organe est pour lui plus
qu'il n'est pour personne, car il lui sert à la fois pour la
vue et pour l'ouïe. Dès lors, souvent malade, il a renoncé
à la botanique : je l'ai regretté, mais n'ai pu que l'approu-
ver [1].

Berlandier était un jeune homme né en France, près du
Fort-de-l'Écluse, d'une famille fort pauvre. Il avait commencé par être commis dans une maison de droguerie. Il
montrait de l'activité, de l'ardeur pour l'histoire naturelle,
et s'était fait à lui-même une sorte d'éducation classique.
Touché de ses efforts, je le fis recevoir parmi les étudiants
et je l'admis à travailler dans mes collections. Il fit alors
un travail sur la famille des Grossulariées, qui a été inséré
dans les *Mémoires de la Société d'histoire naturelle de Genève*,
et dont il a depuis tiré l'article du *Prodromus*. Ce travail,
sans être distingué, n'était pas sans quelque mérite pour un
commençant. Je fis choisir l'auteur par le Musée pour aller
à Marseille recevoir une autruche vivante qu'on nous avait

---

[1] M. de Gingins, dont l'activité d'esprit ne s'est point ralentie, n'a abandonné la botanique, dont les détails lui fatiguaient les yeux, que pour se
livrer à des recherches très-profondes sur l'histoire de Suisse. Ses travaux,
dans cette branche d'études, sont appréciés de tous les hommes compétents.
(Alph. de C.)

envoyée. Je l'admis aussi à mes herborisations avec les
élèves. Nous eûmes alors l'idée, sans nous laisser décourager par l'insuccès de Wydler [1], d'envoyer un collecteur botaniste au Mexique, et nous choisîmes Berlandier, mais son
caractère sottement ambitieux, remuant, vaniteux et indépendant, ne s'arrangea pas de quelques taquineries de celui
d'entre nous qui était chargé des détails du voyage et il partit
déjà mal disposé. Nous avions pensé au Mexique à cause de
ses richesses naturelles alors peu connues, et parce que j'étais
lié avec M. Alaman, ministre de l'intérieur, qui me promettait sa protection pour mon employé. En effet, elle ne lui
manqua point, et entre autres faveurs il le fit adjoindre à
une grande expédition du gouvernement mexicain pour la
délimitation des frontières du nord; mais Berlandier profita
mal de ces avantages. Il envoya des plantes sèches en petit
nombre, mal choisies et mal préparées ; il négligea complétement les envois d'animaux, de graines, et la communication de notes sur le pays. Au bout de quelque temps il négligea même de nous écrire, à tel point que nous avons
douté longtemps s'il était mort ou vivant. Nous nous sommes
donc trouvés avoir dépensé environ 16,000 francs pour
avoir des plantes sèches qui en valaient à peine le quart !
Ce résultat, joint au précédent, nous dégoûta tout à fait des
expéditions de ce genre [2].

[1] M. Wydler était allé à Porto-Rico aux frais d'une Société composée de
MM. Philippe Dunant, Moricand, Mercier et mon père. Il y prit la fièvre
jaune presque au moment de son arrivée, et ne put expédier que des collections bien inférieures à ce qu'il aurait fait sans cet accident. Ce fut la même
association qui envoya Berlandier au Mexique.   (Alph. de C.)

[2] Berlandier, honteux de sa conduite, fit semblant d'être mort. Je découvris, à Paris, qu'il avait écrit une lettre au Muséum pour offrir ses services, en date du 20 décembre 1838, douze ans après son départ. J'ai su
ensuite qu'il s'était fait docteur en médecine de sa propre autorité, qu'il
avait été employé par un général mexicain pour une affaire de délimitations,
s'était fixé à Matamoros, y avait pratiqué la médecine d'une manière assez
honorable et désintéressée, avait été envoyé par Arista au-devant du général
Taylor pour lui demander de ne pas franchir le Rio-Colorado, enfin avait

J'oserai peut-être compter parmi les personnes auxquelles j'ai inspiré le goût de la botanique Mme Marcet, veuve de mon ami, qui est elle-même pour moi une excellente amie. Elle est fort connue, surtout en Angleterre, par le talent qu'elle possède d'écrire des livres élémentaires sous forme de dialogues, destinés aux jeunes demoiselles. Après avoir publié des traités d'économie politique et de physique, elle prit, en suivant mes cours, l'idée d'écrire sous cette forme une physiologie végétale. Je fus très-frappé de l'habileté avec laquelle elle était parvenue à exposer cette science d'après de simples notes. Son ouvrage, intitulé *Conversations on vegetable physiology* (2 vol. in-12; London, 1829), a été traduit en français par M. Macaire (2 vol. in-8°; Genève, 1830).

Je pourrais allonger cette liste de mes élèves qui ont eu quelque succès, mais je me borne à mentionner ceux sur lesquels je crois avoir exercé une certaine influence. Ce genre d'action privée des professeurs sur les commençants m'a paru un de leurs devoirs les plus doux et les plus utiles. Le souvenir des bontés de M. Desfontaines me l'a toujours rendu sacré. L'enseignement public des cours sert en répandant une instruction vague dans les masses, et en donnant occasion de reconnaître les jeunes gens qui, par leur zèle ou leur talent, méritent d'être distingués ; mais ce n'est guère que par les communications familières qu'on forme vraiment des élèves. Cela est surtout vrai dans les sciences physiques et naturelles, où il est nécessaire, pour s'instruire, de pouvoir expérimenter ou observer soi-même et dans des collections considérables. L'action du maître sur

péri (véritablement) en traversant la rivière San-Fernandez, dans l'été de 1851. Il a laissé des manuscrits de géographie et d'histoire naturelle concernant le pays qui ont été achetés à Matamoros par un officier des États-Unis, le lieutenant Couch, lequel en a fait cadeau à l'Institution Smithsonnienne, et a même eu la générosité de m'envoyer quelques plantes sèches eu égard aux frais que nous avions faits pour envoyer Berlandier en Amérique. (Alph. de C.)

les disciples tient moins à la supériorité de l'intelligence qu'à l'amitié, à l'intérêt qu'il leur porte, et c'est pourquoi on rencontre souvent des hommes médiocres qui ont réellement formé des élèves distingués. Pour moi, j'y étais porté sans efforts. J'ai toujours aimé la jeunesse et joui de ses succès. L'affection de mes élèves m'en a récompensé, et sous ce rapport ma carrière professorale a été vraiment douce et heureuse[1].

Je reviendrai plus tard sur les fonctions administratives qui se trouvent liées avec celles de l'enseignement dans l'Académie de Genève.

§ 9. SOCIÉTÉ DES ARTS.

Dès mon arrivée à Genève je fus nommé adjoint, puis membre de la Société pour l'avancement des arts. Cette institution, créée en 1768[2], était l'une des plus anciennes du pays, et avait rendu des services à l'industrie et aux arts du dessin, mais elle était peu à peu tombée dans un état de

---

[1] En comparant cet article avec celui qui concerne l'enseignement à Montpellier (page 233), et si l'on tient compte des élèves qui ont continué à travailler en botanique après leurs études ordinaires, on verra que mon père a formé plus d'élèves à Genève qu'à Montpellier, surtout si l'on tient compte du nombre relatif des jeunes gens dans les deux écoles. Il se donnait cependant plus de peine à Montpellier, car il était plus jeune et moins souvent détourné par des devoirs de politique, de société et de famille. Peut-être les efforts extrêmes qu'il faisait à cette époque, dans le but de plaire aux jeunes gens, avaient-ils l'effet d'en attirer qui recherchaient le professeur plus que la science ? Du reste, pour chaque élève formé par l'influence personnelle de mon père, je pourrais en citer huit ou dix, et des plus forts, qui ont pris goût à la botanique par ses ouvrages, sans l'avoir connu. J'en suis certain, grâce au témoignage même de plusieurs botanistes. La *Flore française* en a créé un très-grand nombre dans les pays de langue française ; les *Propriétés médicales des plantes*, la *Théorie élémentaire*, la *Physiologie* et l'*Organographie*, dans tous les pays. L'action de l'enseignement du professeur, quelque remarquable qu'il ait été, disparaît en comparaison de celle-ci.   (Alph. de C.)

[2] La Société a existé d'abord sous une forme un peu vague, et elle s'est constituée régulièrement en 1776.   (Alph. de C.)

véritable torpeur, malgré le zèle du président, M. le professeur Pictet. Elle était dépourvue de moyens pécuniaires, sans lesquels il est bien difficile de servir les arts : elle se divisait en comités qui ne se rassemblaient presque plus, et les séances générales se composaient de gens qui n'avaient guère de lien commun.

Lorsque, en 1820, la commission dite des subsistances sentit le besoin d'encourager l'agriculture du canton, ses meneurs voulaient faire créer une Société d'agriculture. Je parvins à leur persuader que les arts agricoles faisaient déjà partie des objets dont s'occupait la Société des Arts, et qu'il valait mieux perfectionner cette branche d'une institution ancienne que d'en créer une nouvelle. J'eus quelque peine, soit auprès des novateurs de la commission, soit auprès des conservateurs de la Société, mais enfin je parvins à mon but en proposant une organisation propre à calmer leurs craintes contradictoires. La *Classe d'agriculture* fut fondée, et j'en fus le premier président. Les fonds assez abondants qu'elle obtint du public et ses débuts heureux frappèrent M. Pictet qui, peu après, proposa d'organiser le reste de la Société sur le même type. Elle se trouva donc formée de trois Classes dites des Beaux-Arts, d'Industrie et d'Agriculture. Cette organisation eut un grand succès, attira des souscripteurs et des collaborateurs, et rajeunit une institution qui périssait de vieillesse.

A la mort de M. Pictet, en 1825, je fus nommé pour le remplacer comme président général de la Société. Cette petite charge, peu signifiante par elle-même, prenait quelque lustre de ce qu'elle avait été remplie avant moi par MM. de Saussure et Pictet. Jusqu'alors elle avait été à vie, mais on décida fort sagement, à la mort de M. Pictet, de nommer pour cinq ans, avec faculté de réélection. Depuis ma première nomination j'ai déjà été réélu trois fois, en 1830, 1835 et 1840, et je n'ai eu qu'à me louer de mes rapports soit avec mes collègues, soit avec les trois Classes

dont j'avais à régulariser l'action quand cela était nécessaire.

Mon élection aux fonctions de président coïncida avec un
incident qui donna beaucoup de relief à la Société. M. Rath,
ancien lieutenant général au service de Russie, vint à mourir et laissa à ses sœurs une fortune assez considérable, en
les priant à son lit de mort d'en faire après elles un emploi
qui honorât sa mémoire. Ses sœurs voulurent exécuter immédiatement cette clause, et l'une d'elles, Mlle Henriette,
peintre distingué de miniature, et ancienne amie de la famille Torras [1], vint me consulter sur le choix de l'établissement qu'il serait utile de créer. Je conseillai un Musée de
Beaux-Arts, soit parce que cette fondation se rattachait à
ses goûts, soit parce que la Société des Arts était fort mal
logée. Mlles Rath entrèrent vivement dans cette vue. Elles
réunirent sur-le-champ quelques personnes propres à organiser ce genre d'institution (MM. Rigaud, syndic, L. Duval,
Dufour, colonel, Vaucher, architecte, et moi). Nous en posâmes les bases, et après examen d'un plan proposé par
M. Vaucher, nous le présentâmes au gouvernement. Le
Musée devait être, suivant l'offre patriotique des dames
Rath, payé moitié par elle, moitié par l'État; cette proposition fut agréée par l'administration et portée à la sanction
du Conseil Représentatif. Je fus nommé de la commission
chargée de l'examiner; sur mon rapport les fonds furent
votés en 1824. Le Musée fut achevé en 1825, comme je
venais d'être nommé président, de sorte que son inauguration et l'expression de notre reconnaissance pour les généreuses fondatrices fut mon premier acte dans mes nouvelles
fonctions.

Du reste, celles-ci n'exigeaient pas grand travail; elles se
réduisaient à la surveillance générale des intérêts de la Société et des Classes. Une fois par année, dans une séance
publique, le président doit faire un discours; mais comme

[1] Voyez ci-dessus, pages 72, 77, 134..

il était convenu qu'il devait laisser au président de chaque
Classe ce qui la concerne, il ne restait pas grand'chose
au président général. J'avais coutume de dire que je devais
faire un discours sur les arts à condition de ne parler ni de
beaux-arts, ni des arts industriels, ni des arts agricoles. Il
me restait les éloges des membres de la Société morts pendant l'année, ce qui ne laissait pas d'avoir aussi ses difficultés, vu que plusieurs étaient des hommes assez obscurs.
Je m'en suis tiré cependant avec une certaine approbation,
en me bornant à raconter ce que chacun avait fait; sous
cette forme j'ai pu, dans les quinze années qui viennent de
s'écouler, rédiger, sans trop de monotonie, les éloges succincts de quarante-deux artistes, industriels ou agriculteurs.

   La présidence de la Société m'entraîna, en 1828, à un
travail bien étranger à mes études ordinaires. La Classe
d'industrie s'était décidée, après mainte hésitation, à faire
une exposition des produits de l'industrie genevoise, et je
fus nommé président de la commission qui devait s'en occuper. J'eus pour collègues quelques personnes qui mirent
du zèle aux arrangements de détail, mais je dus m'occuper
de la direction générale et du rapport. Ce travail me donna
assez de peine, soit pour le disposer convenablement, soit
pour vaincre les préventions des principaux horlogers et
bijoutiers contre cette méthode de publicité, car une exposition à Genève était manquée si l'horlogerie n'y avait pas
la grosse part. Le public parut y mettre de l'intérêt. Je
rédigeai, en m'aidant beaucoup des notes de mes collègues,
un rapport assez développé, qui présente une espèce de tableau statistique de notre industrie et un aperçu des moyens
de l'améliorer. Ce rapport eut un certain succès comme
œuvre littéraire, mais n'a paru avoir aucune action comme
encouragement à l'industrie.

   Des trois divisions de la Société, celle qui se rapprochait
le plus de mes études était la Classe d'agriculture, et, sur-

tout dans les premières années de sa formation, j'ai fait beaucoup d'efforts pour lui donner une bonne impulsion.

J'avais réuni dans le Jardin botanique un grand nombre de variétés de légumes, afin de les répandre dans le pays ; mais je dois avouer que, malgré la peine que je me suis donnée à cet égard, je n'ai eu que des résultats faibles ou tout à fait nuls. J'ai échoué contre l'inertie du public. Voyant l'inutilité de ce but pratique, j'ai tiré parti de la collection que j'avais formée pour étudier les variétés de choux, cette catégorie de végétaux appartenant à la famille des crucifères, dont je préparais alors l'article pour le *Prodromus*. Je fis sur les choux cultivés un mémoire que Mlle Maunoir, fille de mon collègue et ami le professeur Maunoir, voulut bien traduire en anglais et que j'adressai à la Société d'horticulture de Londres, comme remerciement de ce qu'elle m'avait nommé un de ses associés étrangers. Ce travail eut plus de succès que je n'espérais, et la Société non-seulement l'inséra dans ses *Transactions*, mais me décerna sa grande médaille d'argent.

Un peu après cette époque (1823) je donnai un cours de *Botanique agricole*, auquel j'invitai les principaux membres du comité d'agriculture. Ce cours eut du succès et j'étais disposé à le faire imprimer. Dans ce but j'engageai mon élève, M. Duby, à l'écrire pendant que je l'improviserais; toutefois, après réflexion, j'en ai tiré parti sous une autre forme : j'ai inséré ce qui m'en a paru le plus digne dans le troisième volume de ma *Physiologie végétale*[1].

Pour en venir aux travaux que j'ai le plus spécialement faits pour la Classe d'agriculture, je mentionnerai les suivants : 1º Je lui proposai de donner un prix un peu considérable pour encourager l'industrie des pépiniéristes. Je fis, avec MM. Théodore de Saussure et Micheli, la visite des pépinières du canton et je rédigeai un rapport détaillé sur

---

[1] La séance de clôture de ce cours a été publiée dans les *Bulletins de la Classe d'agriculture*, nᵒˢ 8 et 9.　　　　　　(Alph. de C.)

ces établissements et sur les principes d'ordre et de méthode qui leur sont nécessaires, mais j'ai lieu de croire que nos pépiniéristes n'y ont pas donné grande attention. 2º Je fis venir de Normandie des greffes des bonnes variétés de pommiers à cidre, et je tâchai de les répandre dans le pays à la place des mauvais pommiers et poiriers avec lesquels on fait un vin de fruits détestable ; mais j'échouai encore contre l'inertie et l'ignorance. 3º Je fis une tentative analogue sur les variétés de pommes de terre : après avoir réuni la presque totalité des variétés connues, je les cultivai toutes dans le même enclos pour connaître leur produit comparatif, et j'ai rédigé sur ce sujet un rapport circonstancié qui m'a coûté beaucoup de travail. Après ce premier essai, je voulais faire la contre-partie en faisant cultiver les tubercules dans des terrains très-différents : je les confiai à deux des membres du comité qui habitaient aux deux extrémités du canton, et qui paraissaient bien choisis parce qu'ils avaient quelque connaissance en botanique. L'un et l'autre ont exécuté si mal ce travail que leurs expériences eurent pour seul résultat de laisser perdre tous les tubercules types. 4º Ayant visité la Suisse allemande et vu les procédés par lesquels on y tire un si grand produit des engrais liquides, je rédigeai, à l'invitation du comité, une instruction sur cet objet. J'ose croire qu'elle était faite avec soin, à en juger non-seulement par les éloges qu'on lui donna, mais par le nombre des journaux d'agriculture qui l'ont reproduite. J'ignore si elle a eu ailleurs quelque utilité, mais je sais bien que personne autour de Genève n'y a donné une attention suffisante. Ce n'était cependant pas de la théorie, mais de la vraie pratique.

J'avoue que ces preuves multipliées de la puissance de la routine me dégoûtèrent beaucoup. J'ai réussi sur deux points dans lesquels il s'agissait non de faire, mais d'empêcher, et où j'avais par conséquent l'inertie en faveur de ma cause.

Il y eut un moment dans le pays un engouement pour les *paragrêles* métalliques, qui n'étaient que des espèces de paratonnerres grossiers, lesquels placés dans les vignes empêchaient, disait-on, la chute de la grêle. Les vignobles du canton de Vaud se couvraient de ces longues perches. Je fis tous mes efforts pour prouver à la Classe que ce procédé était une déception et que ces mesquines perches ne pouvaient empêcher la chute de la grêle. Les mêmes hommes, si froids pour les applications rationnelles de la science à l'agriculture, étaient tout feu pour celle-ci, parce que les savants n'y croyaient pas. J'obtins cependant l'ajournement de la proposition, et j'eus le bonheur que dans l'année une forte grêle tomba sur les vignobles du canton de Vaud hérissés de paragrêles, ce qui mit fin à la discussion et aux dépenses de nos voisins.

Dans une autre occasion on voulait, à l'exemple de plusieurs pays, faire creuser des puits artésiens. Je fis remarquer que nous étions placés au revers abrupte du Jura, et que par conséquent il n'y avait, d'après toutes les expériences connues, aucune probabilité qu'on pût trouver chez nous des eaux jaillissantes. J'insistai sur le danger qu'un corps dont l'action doit être d'éclairer l'opinion se discréditât lui-même en conseillant des choses hasardées. J'obtins le renvoi de la décision. En attendant, une réunion de souscripteurs bénévoles a fait creuser un (ou deux ?) puits artésiens dont aucun n'a fourni un seul pouce d'eau. Celui de Pregny a donné, par les soins de MM. de la Rive et Marcet, quelques résultats utiles à la physique, sans aucune application à l'agriculture. Mon avis a donc arrêté la Classe dans une dépense folle ; mais, comme cela arrive souvent, bien des gens m'en ont voulu de les avoir empêchés de faire une sottise.

Les parties véritablement utiles des travaux de la Classe ont été l'introduction d'une charrue belge modifiée, la généralisation de la culture du colza, et quelques améliorations dans la culture des champs et dans le soin des bestiaux, déterminés par les prix distribués annuellement.

J'ai été président de la Classe en 1820, 1822 et je crois en 1824; cette fonction s'est trouvée ensuite incompatible avec celle de président de la Société des Arts[1].

Parmi les objets qui se rattachent à la Classe d'agriculture, je dois citer les expositions de fleurs. M. de Constant en proposa l'établissement, et quoique je ne fusse pas fort assuré qu'il pût réussir chez nous, je ne crus pas devoir refuser mon concours. Cette petite institution a réussi mieux que je ne l'espérais. J'ai fait pendant quelques années partie des jurys, et j'ai tâché de les diriger vers une marche un peu exacte et propre à favoriser l'horticulture. Lorsque mon fils m'a succédé comme professeur cette charge lui a été dévolue.

§ 10. COMITÉ D'UTILITÉ PUBLIQUE.

Je fus appelé, en 1827, à faire partie d'un comité auquel j'ai mis un intérêt réel parce qu'on sentait qu'on y agissait. M. Henri Boissier, mon parent éloigné, après avoir consacré sa vie à des actes d'une charité bien entendue, vint à mourir, il laissa par son testament une somme de 250,000

---

[1] L'auteur me paraît avoir exagéré les difficultés contre lesquelles il a échoué dans ses tentatives en faveur de l'agriculture du pays. Les faits qu'il cite sont exacts, mais il y en a d'autres dont il aurait pu parler. Pendant les premières années de l'existence de la Classe d'agriculture, on avait à lutter contre des obstacles qui ont disparu ou qui ont diminué, grâce à l'influence prolongée de quelques hommes, en particulier du professeur président de la Société des Arts. Ainsi, quand la Classe a été formée, il y avait très-peu d'agriculteurs ayant reçu une éducation scientifique, sachant, par conséquent, faire exactement certaines expériences ; on lisait peu de livres d'agriculture ; on n'avait pas de cours de botanique ou de sciences analogues, etc. Depuis cette époque le public agricole, notamment celui qui fréquente les séances de la Classe, a bien changé : il comprend, discute et applique beaucoup mieux les idées nouvelles. Au besoin, le *Bulletin* que publie la Classe et le journal du *Cultivateur*, qu'elle a fondé, en fourniraient la preuve.

(Alph. de C.)

francs pour être employée à des objets d'utilité publique,
par un comité de dix personnes qu'il nomma pour la première fois et qui furent chargées de nommer leurs successeurs à mesure des vacances. Le généreux testateur me désigna avec plusieurs personnes des plus recommandables du
pays. Ce comité, entrant dans les vues de son fondateur,
a créé plusieurs institutions utiles, mais comme c'est ma
propre histoire que je raconte ici, je parlerai seulement
de celles auxquelles j'ai pris une part plus spéciale. J'ai été
généralement chargé de la rédaction des comptes rendus
que le comité a fait publier, et j'ai donné une attention particulière aux deux objets suivants :

1° Sur ma proposition, le comité a encouragé les sociétés
de secours mutuels entre ouvriers. D'après le procédé que
j'avais vu réussir à Paris, il a donné à chacune des sociétés
qui se sont formées une somme égale à celle que les sociétaires s'imposaient eux-mêmes. Quoique ces associations
aient réussi, le grand développement de la caisse d'épargne [1]
a dû limiter leur nombre et leur importance.

2° Le comité, entrant dans les vues que je lui développai, consacra une forte somme à l'amélioration du sort des
sourds-muets. Je donnerai quelques détails sur ce point.

Il existait depuis plusieurs années un petit établissement
en faveur des sourds-muets, ou plutôt en faveur d'un sourd-
muet sorti de l'école de Paris, et auquel on avait fait un
petit sort en le nommant directeur de l'école. Dans l'été de
1830, je reçus la visite de mon excellent ami de Gérando, qui
s'est occupé avec tant de zèle de tout ce qui tient à la bienfaisance publique et surtout à l'éducation des sourds-muets :
il me demanda de voir notre institut. Je ne le connaissais

---

[1] Fondée en 1816, sur une proposition faite deux ans auparavant au Conseil Représentatif par mon oncle, M. de Candolle-Boissier. (*Note de l'auteur.*)
— J'ai fait réimprimer le texte de cette proposition, intéressante par sa
date, puisque la caisse d'épargne de Londres est de 1816 et celle de Paris
de 1818.   (Alph. de C.)

pas moi-même, mais j'y allai avec lui. Je trouvai un horrible appartement, dans le plus triste quartier de la ville,
où vivaient entassés quinze à dix-huit enfants des deux
sexes. Un sourd-muet leur enseignait tant bien que mal
le langage des signes, d'après la méthode de Sicard. Je sortis indigné de cette institution et honteux d'y avoir conduit
M. de Gérando. Dès le lendemain de son départ j'écrivis au
Conseil d'État (ou au Conseil municipal ?) une lettre dans
laquelle je signalais avec chaleur le mal existant et je demandais qu'on s'occupât de le réparer. J'obtins immédiatement
le transfert de l'institut dans un autre local, plus aéré, plus
clair et plus grand. Quelque temps après je retournai le
voir, et je n'eus pas de peine à reconnaître combien, malgré cette mutation, l'établissement péchait encore sous une
foule de rapports. Je m'adressai alors au comité d'utilité
cantonale, et lui peignis avec énergie ce qu'il y avait de
fâcheux et d'humiliant dans cet état de choses. Le comité,
sur ma demande, offrit au Conseil d'État d'acquérir un terrain hors de la ville, de contribuer pour une forte proportion à y bâtir une maison convenable, de payer les frais nécessaires pour envoyer un second maître étudier à Zurich
la méthode d'articulation, afin de l'enseigner aux sourds-
muets à son retour. La proposition fut agréée et le Conseil
Représentatif vota les fonds nécessaires pour la mettre à
exécution. Toute la partie matérielle en a bien réussi. Un
petit terrain fut acquis à Plainpalais : une maison commode
et bien placée, au milieu d'un petit jardin, fut bâtie : l'ancien
mobilier sordide fut remplacé par un mobilier neuf, etc. ;
mais lorsqu'on en vint à la partie intellectuelle on réussit
moins bien. Les sourds-muets ont gagné à mes efforts d'être
mieux logés et de vivre plus confortablement, mais je crains
qu'ils n'aient rien acquis sous le rapport de l'instruction. Il
est plus difficile qu'on ne croit de faire tout le bien qu'on
projette, surtout dans une démocratie où il faut agir sur
une multitude de volontés contradictoires, et où chacun n'a

qu'une action très-bornée. J'ai fait un peu de bien aux sourds-muets : espérons que dans l'avenir quelque autre plus heureux achèvera mon œuvre !

§ 11. BIBLIOTHÈQUE PUBLIQUE.

Voici encore un de ces établissements auxquels j'aurais désiré d'être beaucoup plus utile que je ne l'ai été. Nommé membre de la direction en 1818, j'y suis resté jusqu'en 1838 que j'ai été remplacé par mon fils. En y entrant, je fus péniblement frappé de la torpeur de l'administration, de la pauvreté de l'établissement, de la difficulté que le public trouvait à en faire usage, etc., et je me mis à l'œuvre avec l'ardeur dont j'étais doué. A force de sollicitations, j'obtins quelque légère augmentation de fonds; je fis ouvrir la bibliothèque pendant quelques heures de plus; je commençai, par moi-même et par quelques-uns de mes collègues, la rédaction d'un catalogue, qui depuis a été achevé et imprimé par M. L. Vaucher. J'appelai l'attention des Conseils sur les graves inconvénients du local, et il en est résulté une demi-promesse de le changer. Les dames Rath, déjà fondatrices du Musée, donnèrent une forte somme pour bâtir une bibliothèque [1] : on a reçu l'ar-

---

[1] Elles avaient abandonné à la ville une somme de 74,000 francs, valeur d'un terrain dont on voulait leur faire cadeau et qui fut acheté, en 1827, par un propriétaire voisin. Mon père, agissant au nom des dames Rath, était convenu verbalement, avec les membres de l'administration, que cette somme servirait à la construction d'une nouvelle bibliothèque, mais on croyait que cela se ferait immédiatement, et il ne fut pas fait de convention écrite ou officielle. L'administration n'y pensa plus, son personnel changea, et quand, plusieurs années après, je voulus réclamer, on me répondit qu'on ne savait ce que je voulais dire. Si Mlles Rath et mon père avaient eu l'idée de placer la somme à intérêts, au lieu de la verser dans la caisse municipale, on aurait pu offrir au bout de vingt ans une somme bien suffisante pour construire une bibliothèque. Cette expérience et une autre (dans laquelle il y avait une convention écrite, passée avec d'autres administrateurs) m'ont fait adopter le système de n'avoir confiance dans aucune administration publique, radicale

gent, et depuis dix ans on ne s'est pas occupé de l'employer ; à peine quelques légers efforts ont-ils été faits par les bibliothécaires, à force de persécution, pour rendre l'établissement utile. J'avoue qu'au bout de quelques années j'ai perdu courage et me suis laissé aller à la torpeur qui m'entourait ; je me suis persuadé que peut-être à l'époque où l'on obtiendrait un nouveau local (si jamais on l'obtient?), on serait mieux placé pour obtenir aussi une meilleure organisation et un accroissement de revenus. Quelquefois je me suis demandé si ce raisonnement n'était point un leurre que je me faisais à moi-même pour excuser, à mes yeux, le découragement dans lequel j'étais tombé en voyant l'inutilité de mes efforts. Rien ne m'a jamais paru aussi difficile que d'améliorer une vieille institution : c'est tenter de rendre la vie à un corps mort. J'ai dans ma carrière créé de toutes pièces et avec facilité bien des institutions nouvelles ; j'ai perdu souvent mon temps à en corriger quelques-unes d'anciennes.

§ 12. SOCIÉTÉ DE PHYSIQUE ET D'HISTOIRE NATURELLE, ET AUTRES SOCIÉTÉS DE GENÈVE.

La Société de physique a été fondée, vers la fin du siècle dernier, à l'occasion d'un legs fait dans ce but par Ch. Bonnet. J'y fus admis dès 1798. Lorsque je revins m'établir à Genève, en 1817, je fus frappé de sa torpeur. Elle s'assemblait une fois par mois chez l'un de ses membres, qui lisait ou était censé lire un mémoire, mais qui surtout donnait une collation abondante et délicate. On ne publiait rien, et c'était, à vrai dire, une simple réunion d'amateurs. Peu

---

ou conservatrice. Du reste, quant à la bibliothèque, elle a subi, à la longue, une partie des améliorations que mon père sollicitait, et après examen je suis arrivé à la persuasion qu'on pourrait encore l'agrandir dans le local actuel, l'enrichir et la rendre plus utile sans beaucoup de dépense.

(Alph. de C.)

après mon arrivée je fis sentir les inconvénients de cette
forme, et j'obtins que la Société se réunirait régulièrement
deux fois par mois dans la salle de la Société des Arts (plus
tard dans celle de l'Académie) et se contenterait d'un thé
fort modeste. Un peu plus tard, mon ami Marcet proposa
la publication d'un recueil de mémoires ; je l'appuyai vivement, et ce ne fut pas sans peine que nous l'emportâmes. Il
fallait des fonds pour cette publication ; nous obtînmes du
gouvernement de nous donner une petite somme chaque
année, sous la condition que la Société céderait à la bibliothèque publique tous les livres qu'elle recevrait en don ou
en échange de ses mémoires. Au bout de peu de temps le
marché s'est trouvé avantageux pour l'État, car il reçoit
chaque année une valeur en livres supérieure à son allo-
cation ; il a été aussi favorable à la Société et au développement des sciences, en donnant aux naturalistes le moyen
de publier leurs observations [1]. Une commission nommée
chaque année par la Société fait le choix des mémoires dignes d'être imprimés ; je l'ai présidée depuis sa création
jusqu'à ce jour.

Cette Société, fort modeste, m'a toujours été utile, soit
en me donnant un moyen commode de publier quelques-uns
de mes travaux, soit en me fournissant l'occasion d'être
agréable à quelques savants étrangers et de conserver des
relations amicales avec ceux du pays, soit surtout en me
tenant au courant des progrès des sciences collatérales à la
botanique. Ce genre d'utilité des Sociétés savantes n'est pas
assez apprécié : ce n'est pas dans leurs séances que j'ai appris
grand'chose sur la botanique, mais j'y ai appris beaucoup
sur la zoologie, la minéralogie, la physique ou la chimie,
et j'en ai mieux conservé ce que j'avais jadis appris sur ces
diverses sciences. Notre Société est bien adaptée à ce but,

---

[1] L'arrangement a continué sous une forme différente : la Bibliothèque
achète à la Société, à un prix réduit, les ouvrages que celle-ci reçoit.
(Alph. de C.)

parce que chacun rapporte, à chaque séance, ce qu'il a pu
apprendre de nouveau sur la branche d'étude à laquelle il
est voué.

Au même point de vue j'ai trouvé quelque utilité à suivre
les séances de la Société médico-chirurgicale, celles des diverses fractions de la Société des Arts et de quelques autres
sociétés analogues. Elles me fournissaient d'ailleurs l'occasion de connaître ceux de mes compatriotes qui s'occupaient de choses utiles.

§ 13. SOCIÉTÉ HELVÉTIQUE DES SCIENCES NATURELLES.
VOYAGE EN SUISSE.

La Société helvétique des sciences naturelles, dont j'ai
déjà dit quelques mots à l'occasion de la première réunion à
Zurich [1], a pris naissance à Genève, par les soins de M. Gosse,
en 1815. Elle a dès lors eu lieu régulièrement chaque année dans l'un des cantons. Cette réunion excite un peu à
l'étude des sciences en fournissant à quelques amateurs
l'occasion d'écrire des mémoires et en encourageant les
gouvernements cantonaux à faire des efforts en faveur des
travaux scientifiques, mais son principal résultat est de
donner à tous les Suisses qui s'occupent de sciences une
occasion de se connaître et de visiter les divers cantons.
Son organisation, très-simple, a été imitée en Allemagne,
en Angleterre, en France et en Italie ; elle est spécialement adaptée aux États fédératifs, tels que la Suisse et
l'Allemagne, ou *polycéphales*, comme l'Italie et, à quelques égards, l'Angleterre, tandis qu'elle a peu d'importance dans les pays vraiment unitaires, comme la France.
J'ai assisté aux sessions helvétiques chaque fois que mes
affaires et ma santé me l'ont permis, et j'y ai appris à
connaître assez bien la Suisse, soit par les conversations
avec les membres qui s'y rendent des divers cantons, soit

[1] Voyez page 294.

par la vue des pays que j'avais à parcourir, soit par le bon usage qu'on y a adopté de loger chez les notables de la ville, usage qui donne l'occasion de voir de près les individus et les familles. '

Dans les seize ans que comprend l'époque de ma vie dont je m'occupe ici, j'ai assisté neuf fois à la réunion annuelle de la Société, et je dirai quelques mots de ce qui m'y a plus particulièrement concerné.

La réunion de 1817 à Zurich, que j'ai déjà mentionnée plus haut, et sur laquelle je ne reviendrai pas, se ressentait de l'enfance de la Société. En 1820, la réunion eut lieu à Genève, sous la présidence du professeur Pictet. Je fis partie d'un petit comité bénévole chargé, sous sa direction, d'organiser ce qui était relatif à la réception. J'eus à loger chez moi M. de Haller, fils du grand Haller, qui s'occupait un peu de la botanique suisse et avait désiré être à portée de voir mon herbier. C'était un homme froid, sec et assez bizarre dans ses manières ; ainsi, par exemple, ni en arrivant ni en partant il n'a pris la peine de nous dire bonjour ni bonsoir. Je l'ai cependant reçu avec égards, et suis resté convaincu qu'il y avait dans sa manière plus d'ignorance des usages de la vie que de mauvais procédé [1]. Peu après son départ il envoya au Musée une petite pierre de serpent à laquelle il paraissait mettre un grand prix, et à sa mort il a légué à notre Jardin des plantes son herbier de Suisse, qu'il avait fait d'après les débris de celui de son père et avec les documents qu'il avait recueillis lui-même. Cet herbier est le type le plus authentique de la Flore suisse, et par ce motif les botanistes genevois doivent de la reconnaissance à M. de Haller. La réunion de Genève me donna assez de besogne, même hors des séances : mon herbier et ma bibliothèque étaient ouverts dès le grand matin pour les

---

[1] Il écrivit à son retour une lettre extrêmement polie, soit pour son hôte, soit pour la ville de Genève. (Alph. de C.)

amateurs ; j'avais à surveiller leur réception dans les établissements qui dépendaient de moi en tout ou en partie,
tels que le Jardin, la Société de lecture, etc. Je me chargeai
de donner aux membres une soirée très-nombreuse, ce qui
était une espèce de tour de force, vu la petitesse de mon
appartement ; en un mot, je fis tous mes efforts pour con-
courir au succès de la réception.

La troisième réunion à laquelle j'ai assisté était à Arau,
en 1823. J'étais logé chez M. Herzog, grand manufacturier
de toiles peintes et landamman du canton. Nous passions,
comme à l'ordinaire, nos journées dans les séances de la
Société ou dans les repas de corps. Je fis dans cette session
une proposition pour engager la Société à s'informer de
l'état administratif et statistique des forêts de la Suisse :
la proposition fut assez bien reçue, mais n'eut aucune suite.
A cette occasion je fis connaissance avec le grand forestier du canton, M. Zschokke, plus connu par ses romans.
Je vis aussi M. Rengger, qui revenait du Paraguay, où il
avait vu de près le fameux docteur Francia. Il avait rapporté une collection de crânes humains, destinés à faire
connaître les diverses races de l'Amérique méridionale, et
me la montrait avec complaisance ; en causant avec lui, je
lui demandai quelles précautions il avait prises pour s'assurer de la race à laquelle appartenait réellement chaque
individu. « Parbleu, me dit-il, j'en suis bien sûr ; c'est moi
qui les ai tués ! » Je ne pus retenir un geste d'indignation,
et il ajouta : « C'était à la guerre ! Chaque fois que le docteur Francia avait une affaire avec une peuplade, je demandais à servir comme volontaire, et je complétais ma collection. » Je n'ai jamais ouï parler d'un zèle de naturaliste
aussi sauvage.

Chaque soir nous soupions chez notre hôte. Après que
les dames s'étaient retirées, nous restions à converser sur
les divers cantons que nous connaissions. Cette petite causerie avait lieu entre MM. Herzog, landamman d'Argovie,

Müller de Friedberg, landamman du canton de Saint-Gall, Merian, professeur à Bâle, et moi. Le premier était un homme d'affaire et de pratique; le second, un vieillard de beaucoup d'esprit, qui, depuis trente ans, gouvernait son canton; le troisième, un homme instruit, calme et malin, qui contrastait avec la verve de M. Müller. Nous représentions ainsi quatre points assez différents de la Suisse, et chacun de nous connaissait bien son propre canton et souvent les cantons voisins. Nous passions en revue tous les points principaux de l'organisation politique et sociale, et j'ai plus appris sur la Suisse dans ces veillées chez M. Herzog que dans le reste de ma vie. J'eus le tort de ne pas noter ce que j'entendais ; je l'ai regretté, car, malgré ma mémoire, je n'ai pu conserver que quelques généralités.

En 1825, la session était à Soleure, sous la présidence de M. Pfluger. J'y allai avec mon fils, qui avait environ vingt ans, et qui fut reçu membre de la Société. Je passai par Neuchâtel, pour revoir mon ancienne amie, Mme de Luze [1], qui me donna à cette occasion la copie du manuscrit du chancelier de Montmolin sur l'histoire de Neuchâtel [2]. A Soleure je fus logé chez Mme Grimm, veuve d'un conseiller d'État. Elle et sa fille nous reçurent de la manière la

---

[1] Mon père fut reçu à Corcelette comme un ancien ami, de la manière la plus aimable. Ses relations littéraires et épistolaires avec Mme de Luze avaient fini dès 1797, lorsqu'il avait cessé d'être, pour ainsi dire, un écolier. Une fois revenu dans le pays et établi à Genève, Mme de Luze, âgée de plus de cinquante ans, reprit la correspondance avec la même spontanéité qu'elle avait mise autrefois à l'abandonner. La société de Neuchâtel était remarquable alors, comme elle l'a toujours été, par beaucoup d'instruction, de moralité, d'esprit, et par d'excellentes manières combinées avec une certaine simplicité. Mon père s'y plaisait beaucoup et était touché de l'accueil qu'on lui faisait. Après avoir revu d'anciens amis, en particulier M. de Chaillet, il écrivait à ma mère, le 27 juillet 1825 : « Je ne sais comment il se fait que Neuchâtel est la ville du monde où j'ai toujours trouvé le plus d'amitié sans avoir jamais rien fait que d'en être très-reconnaissant dans le fond de mon âme.»   (Alph. de C.)

[2] Il a été imprimé depuis cette époque.   (Id.)

plus aimable. La ville donna à la Société une jolie fête dans
les jardins de M. de Roll : je fus chargé d'aller en remercier le landamman. Nous vîmes la belle collection de fossiles
formée par M. Hugi, les carrières et, en général, les environs de Soleure. Tout notre séjour fut très-agréable ; je lus
à la Société des extraits de mon travail sur la cause qui,
l'hiver précédent, avait rougi les eaux du lac de Morat, et
un autre sur les lenticelles des arbres.

Après cette session, qui m'a laissé de bons souvenirs,
j'allai jusqu'à Lucerne, où siégeait la Diète. Mme Marcet
nous rejoignit à Zofingue, et nous trouvâmes nos amis Fatio [1] établis à Lucerne. Nous fîmes une excursion à Schwytz
et à Zug, puis nous revînmes, M. Guillaume Prevost, mon
fils et moi, en traversant le canton d'Unterwald, le Brun-
nig, les lacs de Brienz et de Thoun et la vallée de Ges-
senai. Cette petite course fut très-intéressante, mais elle a
eu lieu dans des pays trop connus pour qu'il vaille la peine
d'en parler. Le souvenir le plus spécial qui m'en reste, est
que je fus chargé, par nos députés à la Diète, de remettre,
de la part du canton, au landamman d'Obwald, qui avait
signé la réunion de Genève à la Suisse, une médaille relative à cet événement. Ce landamman se trouvait cousin
de l'hôte chez lequel nous étions descendus. Après avoir
rempli notre commission, et tout en nous promenant avec les
deux cousins dans le bourg de Saarnen, nous remarquions
les grandes figures de saints peintes sur toutes les maisons. « Ce sont elles, me disait l'aubergiste, qui protégent
nos maisons et qui font que nous n'avons jamais eu d'incendie à Saarnen. — Oui, me disait à voix basse le landamman, témoin deux maisons qui ont brûlé cet hiver et
l'obligation où nous avons été d'augmenter le nombre de nos
pompes. »

La session de 1827 eut lieu à Zurich. Je fus logé chez

[1] M. le syndic Fatio était premier député du canton de Genève.

(Alph. de C.)

M. Finsler, conseiller .d'État. Mme Finsler, qui est une
femme d'esprit et qui est liée avec plusieurs de mes amis,
me reçut d'une manière fort aimable. Comme j'avais beaucoup plaisanté de ce que dans la réunion de 1817 je n'avais
pas aperçu une seule femme à Zurich, elle eut soin d'inviter chaque soir une petite réunion de dames, ce qui me fit
connaître la ville sous un rapport nouveau. J'étais allé à
Zurich au retour d'un voyage à Paris, et au lieu de revenir directement, je partis après la session, avec mon fils,
pour aller à Munich et à Vienne. Je parlerai plus tard de
ce voyage, et je continue à raconter mes apparitions à la
Société helvétique.

Elle se réunit l'année suivante (1828) à Lausanne, sous
la présidence de M. Alexis Chavannes. J'y présentai une
notice sur les *Cactus* du Mexique, dont le Jardin de Genève
venait de recevoir une collection envoyée par le docteur
Coulter. J'étais logé chez M. le landamman Secretan, avec
lequel j'avais déjà eu quelques relations botaniques, et qui
depuis a publié la *Mycographie suisse*. En admirant le zèle
de ce vieillard pour une étude si éloignée de ses travaux
judiciaires et législatifs, je crus de mon devoir de l'avertir
des chances d'erreur auxquelles il s'exposait par la marche
qu'il suivait, mais je ne pus le convaincre. Son siége était
fait.

Deux ans plus tard (1830), la réunion eut lieu à Saint-
Gall, à la fin de juillet, sous la présidence du docteur Zol-
likoffer. Cette réunion présenta, en ce qui me concerne,
quelques circonstances que je crois devoir mentionner. Je
partis de Genève, seul, dans une petite calèche, manière
de voyager qui me plaît beaucoup, parce que le mouvement
de la voiture et l'aspect d'un pays peu connu favorisent la
pensée, tandis que l'isolement absolu permet de la diriger
avec suite sur des objets quelconques. Aussi ce fut alors
que, reportant mon souvenir sur l'un de mes anciens voyages, je composai une fable intitulée : *Le Genêt des Landes*,

qui fera, je pense, partie des pièces annexées à mon récit. Elle marque dans mon esprit le premier symptôme d'une sorte de désappointement moral [1].

En passant à Berne, je dînai avec les membres de la Diète, et je vis M. de Gabriac, ambassadeur de France : c'était le 23 ou 24 juillet 1830. Aucun ne se doutait des événements qui allaient si prochainement changer les positions. Je continuai paisiblement ma route jusqu'à Arau, où j'assistai avec le célèbre Zschokke, à la fête des enfants, qui me donna une idée des mœurs du pays ; puis à Schinznach, où je trouvai avec plaisir M. et Mme Favre ; puis à Zurich, où je trouvai mon collègue et ami de la Rive, qui allait, avec sa charmante femme, à la réunion de Saint-Gall. Nous fîmes route ensemble. En passant à Winterthur je vis les établissements industriels de M. Ziegler, qui sont remarquables. J'allai voir aussi le vieux M. de Clairville, Français, établi en Suisse depuis longtemps, et qui a fait une petite flore du Valais. Il était retiré dans une jolie campagne, avec une jeune et jolie Anglaise, laquelle, malgré son grand âge, l'avait épousé, ce dont il semblait très-fier et très-heureux.

A Saint-Gall, je fus logé chez M. Émile Scherer, que j'avais jadis connu à Montpellier, et qui me reçut d'une manière très-amicale. Son aimable femme, née Rauch, de Schaffhouse, et toute sa famille, proche parente de Mme de Candolle-Boissier, ma tante, m'accueillirent aussi avec beaucoup de bonté. J'appris par la conversation de M. Scherer beaucoup de choses sur les usages de Saint-Gall et des environs ; j'ai consigné les souvenirs de cette course dans un article de la *Bibliothèque universelle*. Notre séjour à Saint-Gall fut agréable. Vers la fin de la session j'allai visiter quelques districts du canton d'Appenzell, notamment Trogen, que le séjour de l'excellent M. Zellweger rendait inté-

---

[1] Voir aux *Pièces justificatives*, n° XIII. L'auteur avait atteint l'âge de cinquante-deux ans. (Alph. de C.)

ressant; Gais, célèbre par ses bains de lait de chèvre, et enfin le bourg de Teuffen.

Celui-ci est situé à une forte lieue de Saint-Gall. Une société de simples paysans appenzellois, musiciens par nature, comme cela est fréquent en Allemagne, se réunit chaque année dans l'un des bourgs du canton pour un grand concert. Elle en donna un à Teuffen en l'honneur de la Société helvétique. Je m'y rendis avec quelques autres membres. On nous reçut avec beaucoup de politesse, et on demanda quel était le président de la Société : je l'étais depuis la veille; alors ces braves paysans me déclarèrent que j'étais le président de leur fête. Personne, hors les musiciens, n'entra, sans ma permission, dans l'église où elle avait lieu : on comprend que j'étais bon prince, vu que je ne connaissais ni la langue ni à peu près personne. — Je trouvai assez piquant de faire entrer au concert d'Appenzell plusieurs Saint-Gallois que j'avais vu la veille chez eux, et entre autres M. et Mme Müller de Friedberg, dont j'avais connu le père à Arau. Les artistes d'Appenzell chantent en chœur nombreux sans aucun accompagnement et avec une précision d'ensemble qui étonne les oreilles les plus exercées. Ces braves gens me firent beaucoup d'amitiés lorsqu'ils me surent Genevois; ils avaient la plupart fait partie du contingent qui était venu à Genève en 1816, et se louaient de l'accueil qu'ils y avaient reçu. Cette petite fête, si originale et si inattendue, termina d'une manière agréable notre séjour à Saint-Gall.

Pendant que nous étions dans cette ville, nous y vîmes arriver l'excellente lady Raffles [1], qui avait passé une année à Genève, que M. et Mme de la Rive et moi connaissions et aimions, et qui, ayant su notre plan de course, venait se joindre à notre caravane pour voir une partie de la Suisse. Elle avait avec elle sa jeune et jolie fille Ella,

[1] Veuve de sir Stamford Raffles, ancien gouverneur de Java.

(Alph. de C.)

échappée miraculeusement au naufrage que ses parents es-
suyèrent en quittant Sumatra, et qui joignait à une santé
fort délicate une figure intéressante. Hélas ! au moment où
j'écris ces lignes (1840) je viens d'apprendre que, devenue
une jeune fille belle et accomplie, elle est morte au moment
où elle allait se marier avec le fils de l'évêque de Win-
chester, le petit-fils de mon collègue Maunoir ! Triste rapprochement avec le temps heureux dont je retrace le souvenir !

Nous partîmes de Saint-Gall avec nos trois voitures, suivant gaîment notre route et nous faisant de temps en temps
des visites d'une station à l'autre. A Uznach nous visitâmes
de curieuses mines d'un lignite, exploité comme combusti-
ble, pour la consommation de Zurich. Ce lignite est si peu
décomposé, qu'on le coupe à la hache et qu'on y reconnaît
tous les bois des arbres encore vivants dans les environs.
D'Uznach nous vînmes coucher près de Rapperschwyl, à
l'hôtel du Paon, situé dans une position agréable. Après
avoir parcouru cette ville originale, nous trouvâmes dans
l'hôtel des personnes qui nous parlèrent des événements des
28 et 29 juillet, à Paris, mais c'étaient des gens qui ne
connaissaient point la France et ne savaient guère autre
chose sinon qu'il y avait eu des militaires suisses blessés ou
tués. Ces renseignements vagues excitèrent notre curiosité;
nous étions cependant loin de nous douter de la gravité des
faits.

De Rapperschwyl nous traversâmes le lac de Zurich sur
le pont de bois, si remarquable par sa longueur, que la piété
des pèlerins allemands a jadis établi pour aller à Einsiedeln; nous gravîmes le matin la délicieuse route qui, à travers de riches hameaux et des forêts pittoresques, conduit
au célèbre monastère. Nous vîmes celui-ci avec beaucoup de
facilité, grâce à la politesse d'un bon moine qui se fit notre
cicerone sachant que j'étais naturaliste. Il m'assura que le
couvent possédait un cabinet d'histoire naturelle *complet !*

Nous entrâmes dans l'espèce de conclave situé derrière
l'orgue où les pères assistent ou sont censés assister aux
offices sans être vus ; lady Raffles se mit à l'orgue et joua
un cantique ; le peuple, qui remplissait l'église, se mit en
prière sans se douter que le cantique et l'organiste étaient
protestants. Cette magnifique église d'Einsiedeln frappe
beaucoup, située comme elle l'est dans une plaine aride,
entourée de montagnes assez sauvages.

D'Einsiedeln nous allâmes visiter Schwytz, puis Altorf,
et, revenant sur nos pas, Zug et Lucerne. Là nous trouvâmes, pour la première fois depuis notre départ de Saint-
Gall, des journaux français, et nous connûmes toute l'importance des journées de juillet. Nous nous hâtâmes de revenir à Berne par la jolie route de Langnau. Toute la ville
était occupée des événements. J'allai, comme à mon premier
passage, dîner avec les membres de la Diète, mais plusieurs
étaient absents, et les autres étaient tristes ou inquiets. Je
compris, en les voyant, qu'ils regardaient la position comme
dangereuse, et l'attitude goguenarde des gens de moyenne
classe dans les cafés me le confirma pleinement. Nous nous
hâtâmes de regagner Genève, achevant ainsi, avec inquiétude, un voyage qui, jusqu'à Lucerne, avait été une distraction agréable et intéressante.

Par suite des événements politiques, la Suisse se trouva,
dès la fin de 1830 et pendant l'année suivante, dans un
état d'agitation qui engagea à ne pas réunir la Société en
1831. L'année suivante, la réunion se tint à Genève, et
j'en avais été nommé président. Nous avions du plaisir
à montrer à nos confédérés le développement qu'avaient
pris depuis dix ans tous nos établissements, mais nous
n'étions pas sans inquiétude sur l'esprit dans lequel quelques-uns des membres qui appartenaient aux cantons ré-
volutionnés pouvaient venir chez nous. Cette circonstance
me fit redoubler de soins pour que la politique fût tout à
fait exclue de nos réunions. Jamais présidence ne m'a donné

autant de peine que celle-là ; depuis cinq heures du matin
les botanistes venaient visiter mes collections, et j'en gardais quelques-uns à déjeuner avec M. Hegetschweiler de
Zurich, qui logeait chez moi , et qui, au lieu de parler de
politique, fut tout entier consacré à la science. Heureux
s'il avait continué à s'en occuper exclusivement ! car quelques années plus tard (1839), cet homme de mérite, devenu
conseiller d'État, a été victime de son zèle pour maintenir
l'ordre ; il a été tué dans l'insurrection qui a modifié le gouvernement zurichois. Après les réunions du matin, nous
nous rendions au local des séances, où nous restions jusqu'à trois heures. Nous allions dîner à l'hôtel de la Naviga-
tion, aux Pâquis, et après nous avions chaque jour quelque
course à faire ou quelque réunion préparée en l'honneur de
la Société. Le premier jour nous reçûmes au Jardin botanique, puis Mme de la Rive reçut à Hermance, et j'en fis
autant à La Perrière. Nous menâmes aussi, ce jour-là, les
membres de la Société à Pregny voir le puits artésien dont
on s'occupait chez M. Giroud, et les serres de MM. Saladin et de Saussure. Notre réception réussit bien, mais
je n'ai jamais éprouvé une fatigue pareille. Après ces trois
jours de présidence, je restai trois autres journées dans un
état d'affaissement complet au physique et au moral.

La Société avait, sur ma proposition, décidé de se réunir
l'année suivante (1833) à Lugano, et cette décision ayant
été agréée par le canton du Tessin, je me trouvai comme
engagé à m'y rendre. J'étais d'ailleurs curieux de connaître
la partie italienne de la Suisse. Je fis le voyage avec M. de
Constant, dont la gaîté anima toute notre route, et avec
mes collègues les professeurs Choisy et Munier ; leur société le rendit tout à fait agréable, et je n'eus à regretter
rien autre que sa brièveté, déterminée par les occupations
de mes deux collègues.

Nous partîmes le 15 juillet par le bateau à vapeur.
A Ouchy nous entrâmes dans une voiture de Lausanne,

arrêtée d'avance, et allâmes coucher à Moudon, puis, sans incident, à Berne, Lucerne et Schwytz. Là nous aperçûmes en passant les membres de la petite Diète Sarnienne sortant de leur séance ; puis nous allâmes à Altorf, et en montant le Saint-Gothard, nous admirâmes la route carrossable faite tout récemment par le canton du Tessin et le petit canton d'Uri. J'en fus si frappé que je publiai, à mon retour, un article sur cette construction dans la *Bibliothèque universelle*. Le pont du Diable, refait à neuf et mieux calculé que l'ancien quant à l'utilité, a perdu de son aspect pittoresque. La voûte, connue sous le nom de Trou d'Uri, a aussi perdu de son intérêt depuis qu'on en a fait, et de bien plus longues, dans diverses montagnes, mais l'aspect de la vallée d'Urseren frappe encore d'étonnement par sa beauté et la nature de sa population, lorsqu'on y arrive par cette espèce de souterrain. On y parle une sorte de baragouin composé de mots de toutes les langues voisines. La descente du côté d'Italie est une route en zigzag, très-habilement construite, dans une localité dangereuse ; à peine l'a-t-on franchie, qu'on commence à entendre de l'italien. Nous couchâmes au village de Faido, et le lendemain, après avoir dîné à Bellinzone, nous arrivâmes à Lugano.

Nous fûmes logés chez M. Rivaz, qui nous abandonna un étage de sa maison, mais que nous vîmes à peine. La session fut présidée par M. Alberti, conseiller d'État, homme instruit et poli, qui a eu longtemps de l'influence dans son canton et qui, vieux abbé lui-même, m'a rappelé, dans sa manière d'être, plusieurs des abbés italiens que j'avais connus. Il fut très-aimable pour nous, et nous n'eûmes qu'à nous louer de lui. La session ne fut pas remarquable sous le rapport scientifique, mais l'aspect du pays, si différent du reste de la Suisse, nous intéressa.

L'un des incidents les plus piquants de notre séjour à Lugano fut une partie préparée par nos hôtes pour aller

voir les grottes, moitié naturelles, moitié artificielles, connues sous le nom de Caves de Lugano. Ces grottes, décrites
par de Saussure, sont situées sur le flanc de la montagne,
en face de la ville, sur le bord du lac; elles sont ouvertes
du côté du nord, paraissent creusées dans un sol percé
de fentes et de cavités, qui permettent à l'air d'y jouer et
déterminent une température toujours fraîche. On y conserve avec avantage les vins des environs, et cette propriété en fait un entrepôt considérable. Tous les marchands', avec leurs familles, s'étaient rendus dans leurs
caves et nous offraient leurs vins à goûter avec une gaîté et
une hospitalité amusantes; nous avions peine à nous défendre de leurs politesses. Au retour nous fûmes rejoints par
une foule de bateaux portant toutes les dames de Lugano,
et notre rentrée dans la ville, à la tombée de la nuit, avait
un aspect de fête très-original.

Nous vîmes à Lugano plusieurs savants italiens qui avaient
voulu profiter du rapprochement pour nous faire visite; tel
furent M. Gené, de Turin, et surtout mon ancien ami Bertoloni, de Bologne. Je vis aussi le docteur Frank, qui me
dit être venu pour moi. Il nous pressa obligeamment de passer par Come à notre retour. Son invitation nous décida à
revenir par le Splügen. Nous allâmes donc chez M. Frank, qui
habite une charmante petite villa, nommée la Jolietta (si ma
mémoire est fidèle), à la porte de Come. Lui, sa femme et
une dame polonaise, qui logeait avec eux, nous reçurent de
la manière la plus aimable. Je vis chez lui M. Comolli, auteur de la Flore de Come, qui me donna quelques détails
sur le pays. Après avoir fait un dîner très-agréable (et par
parenthèse très-exquis), nous partîmes en bateau pour aller
coucher à la Canebiana, bonne petite auberge située au
bord du lac. En chemin, nous aperçûmes la Pliniana et
cette foule de jolies maisons de campagne qui ornent les
bords du lac enchanteur de Come. Près de notre auberge
se trouvait la belle villa où M. Sommarina avait réuni une

foule d'objets d'art. Nous la visitâmes le lendemain, toujours avec M. Frank, qui avait poussé l'obligeance jusqu'à nous accompagner.. Nous allâmes encore avec lui à
Bellaggio, village curieux, sur la côte opposée ; nous y
visitâmes la villa Ludovisi, située admirablement à la pointe
qui sépare les deux bras du lac connus sous les noms de
lac de Como et lac de Lecco. Peu s'en est fallu que, pour
rendre hommage à Manzoni, nous n'ayons poussé jusqu'à
Lecco.

Cette course à la villa Ludovisi m'a fait voir un fait que
M. de Buch m'avait déjà appris. J'ai trouvé sur la colline
le *Rhododendron ferrugineum*, croissant sous les oliviers. Le
lac de Come est à six cent quarante-deux pieds au-dessus
de la mer, et en faisant une allouance approximative pour
la hauteur de la colline, on peut estimer que le rhododendron croît à une hauteur d'au plus cent vingt toises au-
dessus de la mer ! On pourrait croire, malgré l'aspect sauvage du lieu, qu'il y a été planté, mais comme MM. de
Buch et Comolli l'ont déjà signalé dans des localités analogues, il faut admettre cette singulière exception aux lois
ordinaires [1].

Après la promenade dont je viens de rendre compte,
nous prîmes congé de l'excellent M. Frank, et nous montâmes dans le bateau à vapeur qui venait de Come, portant
notre voiture. Nous allâmes ainsi jusqu'à Domaso et de
là, sur un autre bateau, à Riva. Cette partie supérieure du
lac est aussi laide que la partie inférieure est admirable ;
les bords en sont plats et marécageux. Riva est un village
tellement malsain, que les gens de l'auberge nous assuraient
que nous ne pourrions pas, en notre qualité de nouveaux
venus, y coucher sans prendre la fièvre. Nous partîmes de
suite et, par une route charmante, nous vînmes à Chia-
venna, vieille et pittoresque ville située dans le fond d'une

---

[1] J'ai expliqué ce fait dans ma *Géographie botanique raisonnée*, vol. I,
p. 317 et 323.   (Alph. de C.)

vallée et entourée de murs crénelés beaucoup plus bas que les collines qui les entourent.

Après y avoir passé une bonne nuit, nous avons commencé à gravir la montée du Splügen. Dans la partie inférieure, la route traverse de magnifiques forêts de châtaigniers; leur coup d'œil, déjà très-remarquable en lui-même, se trouvait encore embelli, par une fête religieuse. De longues files de pèlerins et de pèlerines montaient au travers des arbres en marmottant leurs litanies et l'on entendait de tous côtés les chants de ceux qui marchaient en procession. Cette foule se rendait à une petite chapelle située dans un bois romantique; là, après avoir entendu la messe, les pèlerins se réunissaient sur le gazon et faisaient un joyeux déjeuner, qui contrastait avec l'air contrit des arrivants : l'élégance et la diversité des costumes embellissaient tous ces groupes. J'ai rarement vu un aspect plus vivant et plus original.

Au-dessus de Campo-Dolcino, nous gravîmes la partie dépourvue d'arbres de la montagne. Une longue galerie couverte y protége la route contre les avalanches. Ayant franchi le sommet, nous vînmes coucher à Splügen, premier village du canton des Grisons, dans la vallée du Rhin. Là, nous nous rappelions à l'envi tout le charme de la contrée que nous venions de parcourir, et pendant la nuit je m'amusai à exprimer en quelques stances mes adieux à la belle Italie. Ayant égaré ces vers, je ne puis les joindre à mon récit [1].

Le lendemain nous descendîmes la vallée du Rhin en suivant la portion abrupte et sauvage qu'on nomme le chemin du Diable ou la *Via mala*. En comparant cette

[1] Je les ai retrouvés, écrits au crayon, dans un carnet de voyage. C'est une ballade, la seule peut-être qu'un botaniste ait jamais faite. Quelques-uns des vers sont heureux, mais l'auteur ne les aurait pas tous publiés sans modifications, et par ce motif je m'abstiens de les citer.

(Alph. de C.)

route avec nos souvenirs récents de l'Italie, nous trouvions un curieux contraste, et l'austère Helvétie nous apparaissait sous des couleurs bien sombres. En passant à Reichenau notre attention se porta tantôt sur la réunion pittoresque des deux bras du Rhin, tantôt sur les souvenirs qu'y a laissés Louis-Philippe, lorsque, dans sa jeunesse, il y a exercé le métier de maître de mathématiques. Nous arrivâmes à Coire assez tôt pour parcourir la ville, qui n'a rien de remarquable. Le vieux palais de l'évêque présente sur l'une des faces un lierre d'une grandeur extraordinaire.

Le jour suivant nous allâmes visiter les bains de Pfeffers, dont la position, quoique souvent décrite, ne laisse pas d'inspirer un véritable étonnement. Après cette course nous passâmes le lac de Wallenstadt pour aller à Wesen. Nous fûmes admis, sans la moindre difficulté, dans le couvent des femmes qui s'y trouve, et, en général, ces couvents sont très-accessibles en Suisse. De Wesen, le lendemain, nous allâmes visiter le joli bourg de Glaris. J'y vis faire le fromage dit *Schabzieger*, qui doit sa saveur et sa couleur verte au suc du mélilot bleu, cultivé dans ce but aux environs. Nous revînmes de là à Rapperschwyl, puis à Zug, où nous passâmes le jour même de l'échauffourée de Küssnacht; enfin à Lucerne, d'où nous revînmes en droiture à Genève.

Dans tous ces récits de mes apparitions à la Société helvétique, j'ai peu parlé des séances elles-mêmes, considérées sous le rapport scientifique, soit parce que leurs résultats sont consignés dans les comptes rendus de la Société, soit, je dois l'avouer, parce qu'ils me paraissent peu importants. Ce que j'ai tiré de vraiment intéressant de ces réunions, c'est de mieux connaître la Suisse elle-même. J'ai commencé un opuscule destiné à faire comprendre la partie morale de ce pays; on a beaucoup décrit son aspect physique, on a quelques exposés de ses institutions politiques, mais je ne connais absolument rien sur le caractère des cantons, et cependant leur diversité m'a paru un sujet curieux à exposer. J'ignore si le temps me permettra d'achever ce travail. En attendant, ce qui en est rédigé dort, avec bien d'autres essais inédits, dans les tiroirs secrets de mon bureau [1].

§ 14. ACADÉMIES OU SOCIÉTÉS SAVANTES ÉTRANGÈRES.

L'usage qu'ont adopté les Académies de nommer des correspondants, hors du lieu de leur résidence, a eu pour but primitif d'obtenir des renseignements ou des communications sur les progrès des sciences; mais quoique ce genre d'utilité des Sociétés savantes ne soit pas absolument nul, il a maintenant perdu de son importance depuis que la communication des livres est plus facile et que les journaux scientifiques se sont multipliés. À l'époque actuelle, les titres d'associé ou de correspondant, décernés de loin, sont des hommages rendus aux savants. Ils servent d'encouragements, d'autant plus flatteurs que les Académies sont plus célèbres et que la forme de leurs élections garantit mieux leur justice. Ce genre d'encouragement ou d'approbation m'a été libéralement accordé, quoique je me sois interdit [2] rigoureusement de le demander. La première politesse de ce genre que j'ai reçue, est d'avoir été nommé, à l'âge de vingt ans, correspondant de la Société philomathique de Paris et membre de la Société de physique et d'histoire naturelle de Genève; dès lors il est peu d'années que je n'aie été affilié à quelque société : aujourd'hui (1840)

---

[1] Ce travail a été à peine ébauché. Je le regrette d'autant plus que la Suisse a beaucoup changé depuis cette époque.   (Alph. de C.)

[2] Les seuls cas où j'ai manqué à cette règle ne m'ont pas réussi. J'ai demandé deux fois, parce que c'est l'usage et presque la règle, d'être membre de l'Académie des sciences de Paris, et je n'ai pas été élu. Au contraire, j'ai été nommé associé étranger de la même Académie sans l'avoir demandé et même sans avoir su qu'il y avait une place vacante.

je me trouve attaché, sous des titres divers, à quatre-vingt-treize Académies ou Sociétés savantes [1] : je mentionne-rai rapidement celles dont la nomination m'a été le plus agréable.

En 1814, j'ai été nommé, avec M. Thouin, membre étranger de la Société d'horticulture de Londres, qui venait de se fonder, et, en 1818, de la Société Linnéenne de cette ville. En 1819, l'Académie Césarienne Léopoldino-Caroline des Curieux de la nature, dont le centre était alors à Bonn, m'admit au nombre de ses membres et me donna, d'après son ancien usage, un surnom. Elle me décerna celui de *Lin-næus*, qui, comme on le pense, me rendit la nomination très-précieuse. Plus tard, en admettant mon fils, elle lui donna pour nom de guerre *Candollii filius*.

Dès 1822, les Académies de Munich, d'Edimbourg, de Stockholm, de Copenhague, escomptant pour ainsi dire d'avance l'utilité du *Systema vegetabilium*, qui venait de paraître, m'admirent parmi leurs membres, et la même année, la Société royale de Londres me reçut au nombre de ses quarante membres étrangers ; j'y fus véritablement sensible, à cause du rang élevé de cette Société dans l'opinion de l'Europe.

En 1826, je fus nommé *associé étranger* de l'Académie des sciences de l'Institut de France. Ce titre est le plus beau qu'un savant puisse obtenir, car il n'y a que huit places de ce genre pour représenter les pays autres que la France et toutes les sciences physiques, naturelles et mathématiques. Je fus nommé en remplacement de l'astronome Piazzi, et, en concurrence avec l'astronome Olbers et avec Robert Brown, qui l'un et l'autre ont été nommés depuis. J'étais à Genève; j'ignorais qu'il y eût une place vacante, ce qui augmenta le plaisir que me fit éprouver cette marque d'ap-

[1] A sa mort, en 1841, l'auteur était membre d'une centaine de Sociétés ou Académies. Voir les *Pièces justificatives*, n° VIII.   (Alph. de C.)

probation. Je suis le quatrième Genevois qui l'ait obtenue :
Tronchin, Bonnet et de Saussure l'avaient eüe avant moi[1].

§ 15. VOYAGES DIVERS.

Outre les courses dont j'ai déjà rendu compte, j'ai été
entraîné à en faire d'autres, tantôt pour revoir d'anciens
amis, tantôt pour quelques affaires d'intérêt, ou pour visiter
des collections, ou enfin tout simplement pour me distraire
de mes travaux, et pour satisfaire à un certain besoin de
mouvement que la nature a mis en moi et que l'habitude
m'a rendu nécessaire. En 1818, au printemps, j'allai faire
une course rapide à Paris. Je fis la route avec M. Saladin
de Crans, bon compagnon de voyage, qui m'entretint surtout des idées de son grand-père sur l'art de gouverner
sa fortune, chose à laquelle je n'avais jusqu'alors jamais
pensé. A Paris, j'examinai les herbiers pour l'étude des familles qui devaient entrer dans le second volume du *Systema*.
Je revins avec mon ami Benjamin Delessert, et j'eus un
grand plaisir à me trouver ainsi quelques jours en tête à tête
avec lui.

Vers la fin de l'été la fièvre scarlatine se développa dans
ma maison. Ma femme et mon fils Benjamin en furent atteints. Je désirais soustraire Alphonse à cette maladie, et je
me décidai à exécuter une course à Bâle que je projetais
depuis quelque temps. Mon but était de visiter l'herbier de
Gaspard Bauhin, déposé dans la bibliothèque du Jardin, et
de pouvoir citer dans le *Systema* les synonymes du *Pinax*
d'après la vue des échantillons authentiques. J'avais entrevu
cet herbier l'année précédente et je connaissais sa valeur
sous ce rapport. L'université de Bâle et surtout M. Burk-
hardt, professeur de botanique, me donnèrent toutes les facilités désirables pour mon travail. J'en ai précisé les résul-

---

[1] Voyez *Pièces justificatives*, n° VIII, ma note sur les *associés étrangers*.
(Alph. de C.)

tats dans un exemplaire du *Pinax* où j'ai noté la nomenclature moderne des espèces que j'ai vues à côté des phrases
spécifiques de l'auteur. Malheureusement je m'étais imaginé
(erreur fréquente en voyage) qu'il fallait me hâter de retourner chez moi, et j'ai laissé le travail incomplet. Je
croyais le reprendre une autre année, ce que je n'ai jamais
fait. Au retour, je passai par Neuchâtel pour voir mon vieux
ami Chaillet, par Corcelette pour faire une visite à Mme de
Luze, puis de là, traversant le lac, je passai à Estavayer,
et j'allai à Fribourg voir le Père Girard et ses beaux établissements d'instruction primaire.

L'année suivante je fis mon second voyage en Angleterre.
Confondant un peu mes souvenirs avec ceux du premier,
j'en ai déjà dit quelque chose dans le livre précédent. Mon
ami Dunal était venu me prendre à Genève et fit le voyage
avec moi. Mon but était de voir les herbiers pour les familles
à traiter dans le second volume du *Systema*. En partant de
Genève, ma malle, mal attachée sur ma chaise de poste,
tomba entre Lavatay et les Rousses, et quand j'arrivai à
ce relai, je m'aperçus de son absence : je me désolais, comme
on peut croire, de la perte de mon manuscrit, dont je
n'avais point de copie, et de plusieurs papiers précieux, et
je me disposais à expédier sur les routes voisines des cour-
riers à cheval pour tâcher de retrouver cette malle, quand
un brave homme arriva dans une petite carriole me la
rapportant intacte, comme il l'avait trouvée sur la route.
Ma joie fut extrême, car j'hésitais à rebrousser chemin, ne
voyant plus rien à faire à Londres si j'avais perdu mon manuscrit.

Dans l'année 1820 et quelques-unes des suivantes je fis
plusieurs courses à Lyon. Le désir de voir mon ancien ami
Balbis y était pour beaucoup, mais j'avais un autre motif
qui pourra sembler étrange.

Ma vie de Genève était tellement chargée de petits devoirs publics et particuliers, de visites à recevoir ou à ren-

dre, de comités, de commissions, etc., que je trouvais avec
une extrême difficulté le temps de faire certains travaux de
réflexion ou de rédaction. Je sentais le besoin d'en sortir :
la campagne ne me séduisait pas, parce que j'y aurais manqué de certains secours en livres ou collections, et que l'isolement absolu énerve la trempe de mon esprit. J'allais donc
m'établir dans une auberge à Lyon : j'y travaillais toute la
journée, en paix, et le soir j'avais quelques rares distractions
de société ou le spectacle, pour me délasser. J'ai fait ainsi,
à l'*Hôtel du Nord*, plusieurs articles de mes ouvrages, les
plans de plusieurs cours, et quand j'avais besoin de quelques livres je les trouvais chez l'excellent Balbis.

Ce brave homme avait quitté le Piémont par suite de
persécutions politiques dues à des imprudences de sa première jeunesse. Il avait accepté la place de directeur du
Jardin de Lyon et y a passé bien des années à s'occuper
de botanique. C'était un cœur chaud et susceptible d'une
amitié vive; il m'en a toujours témoigné beaucoup. Lorsque
j'arrivais chez lui, il commençait par ôter sa perruque et la
jetait trois ou quatre fois en l'air comme les ouvriers jettent
leur bonnet : puis il venait m'embrasser. Sa maison était la
mienne si je voulais, mais il respectait mes goûts de retraite.
J'ai vu chez lui les magnifiques collections que son élève
Bertero lui envoyait des Antilles; il m'en faisait part, tant
en son nom qu'en celui du collecteur, avec une libéralité
parfaite. Je me suis efforcé d'entrer dans ses vues en citant
fréquemment Bertero dans mes ouvrages et en lui dédiant
un genre. Le bon Balbis était plus sensible aux égards que
je témoignais à son élève que si c'eût été à lui-même. Quelques années plus tard Bertero alla au Chili, un peu sur
mon indication; il s'embarqua pour O-Taïti, et un naufrage,
dont les détails n'ont jamais été connus, a enlevé cet excellent voyageur à ses amis et à la science. Balbis était déjà
mort; il a échappé au malheur de le pleurer.

Dans l'été de 1821, j'allai avec ma femme, son père et

Mme Pictet-Menet[1] passer quelques semaines à Paris. Nous nous arrêtâmes à la terre de Saint-Seine, dont je venais d'acquérir une portion et dont je n'aurai que trop à parler dans la suite. Mon principal soin à Paris fut d'acheter des animaux pour le Musée : plusieurs personnes m'avaient remis des fonds dans ce but ; j'encourageai les Genevois établis à Paris à suivre cet exemple, et je revins apportant au Musée plusieurs caisses d'animaux assez précieux. Je rapportai aussi plusieurs plantes vivantes, pour le Jardin, de la part du Muséum d'histoire naturelle et de quelques amis. J'obtins pour moi, du Muséum, d'assez belles collections de plantes sèches exotiques, en échange d'un herbier de France, type de la *Flore française*, que j'avais apporté dans ce but. Je fis alors connaissance avec le bon Perrottet (jardinier-botaniste, originaire du canton de Vaud), qui revenait de la Guyane et qui me donna des plantes de son voyage.

Presque toutes les années suivantes je suis allé faire une course à Paris (1823, 1824, 1825, 1826, 1827, 1828, 1829, 1833). Ces courses avaient pour objet de surveiller la publication de mes ouvrages, d'entretenir mes relations avec mes amis, avec les parents de ma femme, et, à la mort de son père, de sa mère et de sa grand'mère, de soigner nos intérêts. Sans entendre beaucoup aux affaires d'argent, j'ai le sentiment d'avoir été utile à ma famille.

Le voyage de 1823 fut marqué par un mauvais incident : étant en diligence, entre Saint-Seine et Paris, j'eus froid, et arrivé à Paris je pris une attaque de goutte, assez légère, il est vrai, mais qui me parut un avertissement désagréable. Ma mère y avait été sujette et j'étais à l'âge de recueillir cette part de son héritage. Dès lors, jusqu'à ma grande maladie de 1836, j'ai eu chaque année une et quelquefois deux attaques de goutte. Sans être jamais très-violentes, elles m'ont fait souffrir et m'ont beaucoup dérangé. Je me consolais en pensant que c'est la maladie des auteurs de

[1] Parente et amie intime de ma mère.　　　　(Alph. de C.)

Species, ainsi Linné, Vahl, Rœmer en ont été atteints : en d'autres termes, c'est plutôt la maladie de ceux qui, ayant fait beaucoup d'exercice dans leur jeunesse, commencent à quarante-cinq ans à en faire peu.

En 1827, après avoir été à Paris, je revins avec Alphonse en passant par Nancy, Strasbourg et Bâle, d'où j'allai assister à la Société helvétique à Zurich. Après la session, je me décidai, comme je l'ai dit, à aller à Munich, assister à la réunion des savants allemands, et à Vienne. Outre l'intérêt que je me promettais de la vue de ces deux villes, je désirais montrer à mon fils (qui était à l'âge de commencer ses voyages) comment on s'y prend pour les faire avec quelque profit. C'était pour ainsi dire un cours pratique de l'art de voyager que je me proposais de lui donner, et c'est dans ce but que je choisissais un pays nouveau pour moi.

Munich m'a beaucoup intéressé. C'est une ville agréable, bien bâtie, mais sous un climat froid et dans une localité sévère. Le roi Louis y a fait faire de grands embellissements : la Glyptothèque était alors sur le point d'être achevée et la Pinacothèque commençait à peine à s'élever, sous l'habile direction de M. Klenze, qui m'en montra les plans. Un grand nombre de rues nouvelles se construisaient par les soins de cet habile architecte. L'aspect des parties plus anciennes de la ville excitait aussi mon intérêt : l'ancienne galerie de tableaux est au nombre des plus belles de l'Europe ; les promenades et surtout le Jardin anglais sont très-agréables ; la salle de spectacle est belle ; le palais du roi, dans sa vétusté, ne manquait pas de quelque intérêt. L'aspect général de Munich me surprit donc agréablement. J'y fus reçu avec une extrême obligeance par M. de Martius, qui était revenu depuis peu de son voyage au Brésil et avait déjà publié quelques-uns des beaux ouvrages qu'il a consacrés à ce pays, et par M. Zuccarini, qui s'occupait avec habileté de botanique, et qui fut très-complaisant pour me faire voir une foule d'objets. Je retrouvai aussi à Munich le comte de Montgelas, qui m'accueillit avec beaucoup de politesse. Parmi les étrangers que la réunion germanique des sciences avait attirés, je rencontrai M. de Buch, que je connaissais depuis longtemps et dont l'esprit original et malin, comme celui de tous les Berlinois que j'ai vus, me divertissait fort, surtout en me faisant connaître les nombreux personnages de la réunion qui se présentaient à moi pour la première fois.

Je fis connaissance avec deux naturalistes distingués par leur zèle et leur position sociale : l'un était le comte de Bray, ambassadeur de Bavière en Autriche ; l'autre, qui m'a beaucoup intéressé, était le comte de Sternberg. Il avait été coadjuteur de l'archevêque de Ratisbonne, et lui aurait succédé sans les secousses politiques qui avaient fait supprimer cette grande fonction. Il s'était noblement consolé en se vouant à la pratique et à l'encouragement des sciences. On lui doit de beaux ouvrages de botanique et il a doté la ville de Prague d'un Musée d'histoire naturelle. C'était un homme d'une belle prestance, d'un caractère doux et digne, d'une conversation intéressante : j'ai eu un vif plaisir à faire sa connaissance personnelle, et je le mets à un rang honorable dans la collection de portraits que j'aime à retrouver dans mes souvenirs.

Je pourrais allonger fort cette énumération en citant tous les naturalistes distingués que je vis dans cette réunion : le vieux jésuite Paula de Schrank, le vénérable Frœlich, le paradoxal Oken, l'exact Tiedemann, le vieux collecteur Hoppe, le baron de Welden, qui avait franchi par ruse les frontières de l'Autriche pour venir à la réunion, Schultz, qui me montra sa découverte de nouveaux vaisseaux dans les plantes, qui plus tard lui a valu un prix de l'Institut, etc., etc.

La réunion elle-même avait pour moi quelque chose d'insolite. On a droit d'y assister pourvu qu'on ait publié sur les sciences naturelles quelque chose (bon ou mauvais) qui

ne soit pas une thèse doctorale. Il n'y a, par conséquent,
point de membre élu et reconnu, partant point de discussion. On élit le président pour l'année suivante, et celui-ci
distribue les lectures à sa volonté. Il résulte de cette organisation que l'opinion sur les mémoires présentés se manifeste hors des séances. A Munich (j'ignore ce qui s'est passé
ailleurs), les membres de la réunion dînaient ensemble : au
dessert on portait des toasts, et c'était par la faveur plus
ou moins grande qui les accueillait qu'on pouvait juger de
l'opinion de l'assemblée. Au premier dîner, il y eut un
tonnerre d'applaudissements en faveur d'Oken, fondateur
de la société et chef des philosophes de la nature (*Natur-
Philosophen*) ; au second, les *vivat* furent partagés entre lui
et son antagoniste Tiedemann ; au troisième, Oken resta en
arrière et Tiedemann l'emporta. Je m'amusai fort de cette
manière de juger, en trinquant, les doctrines les plus élevées de la science. Au milieu de ce conflit d'opinions, je
me trouvais dans une situation singulière : j'avais émis dans
la Théorie élémentaire plusieurs assertions que les *Natur-
Philosophen* prenaient pour favorables à leur opinion, et
ils s'efforçaient de me regarder comme un des leurs ; mais,
d'un autre côté, je disais à eux comme à leurs rivaux, que
j'étais arrivé à ces conclusions tout simplement par la vue
des faits, *a posteriori* et non *a priori*, ce qui me rendait le
parti opposé favorable et avec pleine raison. Cette ambiguïté,
jointe à ma position d'étranger, faisait qu'on m'accordait
dans les dîners des vivat superbes. Le soir, les membres de
la société se réunissaient dans une vaste tabagie où l'on bu-
vait et on fumait au point d'obscurcir tout à fait la salle.
Vers le milieu se trouvait une table autour de laquelle
étaient assises quinze ou vingt dames, femmes ou filles des
savants ; elles tricotaient paisiblement au milieu de cette
fumée et de deux ou trois cents hommes. Ce coup d'œil me
parut tout à fait digne de l'ancienne Allemagne.

Nous vîmes encore un tableau assez curieux dans un

grand souper que le premier médecin du roi donna aux membres de la société. Les convives étaient dans plusieurs salons, assis autour de petites tables rondes de cinq à six couverts. La femme du maître de la maison et ses deux nièces, toutes trois fraîches et élégantes, allaient de table en table, servant à manger et à boire, d'une manière fort gracieuse, mais fort embarrassante pour ceux qui n'ont pas l'habitude d'avoir de telles camérières.

Cet usage, conservé dans une grande ville, m'en rappela un dont j'avais été jadis témoin dans les montagnes de Neuchâtel. En compagnie de quelques camarades, j'étais allé passer la journée dans une maison respectable de Saint-Sulpice où se trouvaient trois jeunes demoiselles de notre âge : tout le jour, de l'aveu des parents, nous allions avec elles courir les bois et les montagnes sans surveillance et sans qu'on eût l'idée de se défier de nous ; puis au dîner, les trois demoiselles, debout contre la muraille, nous regardaient manger assis à table avec leurs parents et leur frère. Nous en étions fort mal à notre aise, et quand nous disions quelques mots à ce sujet, les parents, de la vieille roche, nous disaient que de jeunes filles devaient savoir la distance qui les sépare du sexe masculin.

Revenons à Munich, non pour en faire la description, ce qui est hors de mon plan, mais pour continuer mon récit. Pendant les quelques jours que j'y ai passés, j'avais vu les portions de l'herbier de Martius relatives aux familles dont je m'occupais pour le troisième volume du *Prodromus*. Ce que j'aperçus d'un genre alors très-peu connu, le *Diplusodon*, et la certitude que l'herbier de Pohl en contenait plusieurs espèces, fut la cause qui, toute légère qu'elle était, me détermina à aller à Vienne, ce dont j'avais d'ailleurs une grande envie. Dès que la société de Munich tira à sa fin, je partis donc pour Vienne, et je m'en suis dès lors applaudi à cause des souvenirs intéressants que cette excursion m'a laissés.

On m'avait fait peur de l'inquisition que les douanes au-
trichiennes exerçaient, disait-on, sur les livres ; au premier
bureau on nous demanda si nous avions du tabac, et sur
notre réponse négative, nous avons passé sans qu'on ait rien
visité. De même à notre arrivée, l'un de nous alla porter
nos passe-ports à la police : il fut reçu dans le cabinet de
l'un des chefs. La seule question fut : qui nous connaissions
à Vienne? et au nom du baron de Jacquin[1] toute recherche
ultérieure cessa. Ainsi ces terribles Autrichiens sont au moins
assez habiles pour ne pas inquiéter les gens inoffensifs. En
passant à Molk, après avoir admiré la magnifique vue du
Danube qu'on a du couvent, nous apprîmes que l'archiduc
Jean était arrivé en petit cabriolet et était descendu à la
même auberge que nous. Les habitants de l'hôtel et quelques
voisins témoignaient une joie naïve de voir le frère de leur
souverain, et l'archiduc les saluait de la manière la plus
affectueuse. Je déjeunais dans une chambre contiguë à la
sienne : j'aurais voulu oser l'aborder, car il est botaniste et
il a fondé le bel établissement connu sous le nom de *Johan-
neum*. Je n'osai cependant pas me présenter moi-même, et
quand j'ai dit cela à mes amis de Vienne ils se sont moqués
de moi et m'ont assuré que l'archiduc m'aurait bien accueilli
sur mon nom. Je rappelle ces faits comme preuve de la
popularité des princes de la maison d'Autriche : il est vrai
qu'ils ont affaire avec une nation qui leur est dévouée et
qui ne tend point à abuser de la familiarité.

A mesure que nous approchions de Vienne, nous trouvions les routes toujours plus couvertes d'une masse effroyable de poussière : dans aucun pays je n'en ai tant vu,
et il faut que le sol soit d'une nature bien friable, car le
nombre des voitures n'était pas immense. Celles qu'on rencontre le plus souvent sont de longs chariots de la forme
de nos chars à foin de Genève, recouverts d'une tente,
et où gisent de gros paysans, étendus tout de leur long

---

[1] Alors directeur du Jardin impérial de botanique.　　(Alph. de C.)

sur de la paille, à peu près comme les veaux dans d'autres pays.

A mon arrivée à Vienne je courus chez le baron de Jacquin. Il était sorti. Je fus reçu par sa femme, qui m'accueillit fort bien, et j'y fus sensible, car il était clair que mon nom avait été prononcé par son mari devant elle avec amitié. Lorsque je le trouvai, il me fit l'accueil le plus amical et n'a cessé pendant mon séjour de me combler de bontés. J'ai eu beaucoup à me louer aussi de la réception de M. Host, premier médecin de l'empereur, chez lequel Jacquin me conduisit; de l'excellent M. Pohl, directeur du Musée brésilien, qui m'a montré cet établissement avec beaucoup de complaisance; du vieux Trattinick, qui m'a montré les herbiers impériaux dont il était le gardien; de M. Heyne, qui m'a accompagné dans ma petite course en Hongrie. Hélas, bien peu d'années se sont écoulées et tous ces savants sont morts (1840). Je les ai regrettés à raison de leur bon accueil, mais j'ai pleuré Jacquin comme un véritable ami.

Tous les établissements de Vienne m'ont été ouverts avec libéralité, et j'ai pu travailler dans les herbiers, tant publics que particuliers, avec autant de facilité que si j'eusse été dans le mien; j'ai en particulier admiré l'herbier du Brésil, le plus riche de ceux de ce pays que j'ai examinés.

Les Jardins botaniques de Vienne, dont Jacquin était inspecteur, sont nombreux et variés. Celui de Schœnbrunn, le plus grand de tous, est surtout remarquable par son immense orangerie. J'ai vu M. Bredemeyer, qui le dirige, et M. Schott, qui a accompagné Pohl au Brésil et a publié depuis plusieurs mémoires. Le Jardin dit de la Raffinerie ou du Faubourg est un établissement privé de l'empereur, où j'ai admiré des serres chaudes hautes de quarante pieds et tenues avec la propreté d'un boudoir. Dans le palais même que l'empereur habite se trouvent encore de jolies serres, établies à plusieurs étages, dans d'anciennes fortifi-

cations; on m'y a montré un pavillon dans lequel François II
a l'habitude de venir travailler entouré de fleurs. Le Jardin
plus spécialement destiné à l'instruction est celui de l'Académie, où le professeur de botanique loge pendant l'été. Ce
qui m'y a le plus frappé c'est l'*arboretum*, récemment planté
par Jacquin; il présentait déjà une belle collection d'arbres
de pleine terre, dont le directeur se proposait de publier
la description. A côté du Jardin de l'Académie se trouve le
Jardin de la flore d'Autriche, dirigé par M. Host. Il est
peuplé des plantes de l'Autriche et présente cet intérêt
qu'on y voit les types des variétés que Host a si souvent
élevées au rang d'espèces dans son ouvrage.

Le jour où j'ai été le visiter, j'y ai trouvé la comtesse
d'Harrach, tante de la seconde femme du roi de Prusse,
qui s'intéresse à la botanique et possède elle-même un beau
jardin. Elle parut prendre plaisir à causer avec moi, et me
retint longtemps au serein : j'y gagnai une complète extinc-
tion de voix, ce qui me dérangea assez. Dès que cette petite
indisposition fut diminuée, nous allâmes, avec le bon
M. Heyne, faire une course dans le district de la Hongrie
le plus voisin de Vienne.

Nous passâmes à Laxembourg, château impérial assez
beau, mais situé dans un pays plat. De là, nous vînmes à
Eysenstadt, près du lac appelé en allemand Neusiedel. La
vue de ce bourg hongrois eut pour moi beaucoup d'intérêt.
On distinguait au premier coup d'œil qu'il était (comme
cela est fréquent dans ce pays) peuplé de quatre ou cinq
races différentes, demeurées d'autant plus distinctes, qu'elles
se détestent ou se méprisent : Slaves, Madgyars, Allemands,
Juifs, Bohémiens ou Gitanos. Je ne pouvais me lasser de
voir passer devant moi des échantillons de races si diverses,
conservant toutes leur empreinte primitive. Je n'ai vu aucune partie de la population parlant latin comme on prétendait que cela se rencontre dans quelques parties du pays,
mais le latin en est la langue officielle, et mon passe-port

avait été visé en latin à la chancellerie hongroise qui siége à Vienne.

La construction des villages que j'ai traversés est assez caractéristique. Les maisons ne donnent sur la rue que par une face étroite et sans fenêtre ; à côté d'elle est la porte cochère d'une cour longue et étroite, le long de laquelle se trouvent non-seulement la maison d'habitation, mais plusieurs petits bâtiments de dépendance en un seul rez-de-chaussée, tous placés à la file les uns des autres. L'intérieur même des maisons dans les bourgs, bâtis selon la méthode ordinaire, est assez malpropre, et la cuisine slave est une des plus détestables que j'aie jamais rencontrées.

La chose la plus curieuse à Eysenstadt est le palais du prince d'Esterhazy. Son entrée a quelque chose de grandiose, à raison de la garde noble hongroise, que, par une faveur spéciale et comme récompense de services rendus par ses ancêtres, le prince a le droit d'avoir à sa porte. La face du palais, du côté du bourg, est d'une vieille architecture assez simple, mais elle est ornée des bustes en terre cuite des anciens rois Huns. En tête se trouve Attila, dont jusqu'ici je n'avais vu personne se vanter. On traverse les cours du château et on trouve, accolé à l'ancienne architecture, un bâtiment sur le modèle du palais Barberini de Rome, contraste curieux, qui fait de ces édifices un ensemble des plus singuliers. Les jardins sont beaux et les serres, quoique mal entretenues, sont encore assez remarquables.

Nous allâmes visiter les environs du lac de Neusiedel, près duquel le bourg est bâti. J'eus le plaisir d'y trouver quelques plantes hongroises, que je conserve dans mon herbier en souvenir de ma course.

D'Eysenstadt nous nous dirigeâmes sur Bruck. En route, nous rencontrions de grands chariots revenant du marché de Vienne, la plupart tirés par quatre chevaux de front. Autour d'eux se voyaient des cochons à duvet laineux et épais, des vaches à formes insolites, etc. Tout nous indiquait que nous approchions des limites de pays fort différents des nôtres.

Bruck est un gros bourg où le comte d'Harrach possède un vieux château; il y a construit, sur la face exposée au midi, des serres à plusieurs étages, d'une construction originale, et remplies de belles plantes. Son goût pour la botanique a engagé Jacquin à établir un genre d'Acanthacées, sous le nom d'*Harrachia*. Le parc de Bruck a près d'une lieue de longueur; il a été distribué avec art; son principal ornement vient de la rivière de Leitha, qui servait de limite entre l'Autriche et la Hongrie, et que le comte a eu la permission de détourner pour la faire passer dans son parc.

J'ai été du reste très-bien reçu par le jardinier en chef, qui paraissait me connaître de réputation. J'avais, je l'avoue, la vanité de croire qu'il connaissait la *Flore française*, la *Théorie* ou le *Prodromus*, mais je me suis aperçu que ce qu'il savait de moi, c'est que j'avais envoyé à Vienne des boutures d'un arbre rare[1]! Quelle bonne leçon de modestie! Le comte d'Harrach m'en a fait entrevoir une autre. Il m'a parlé de son indignation de ce que sa nièce avait dérogé au point d'avoir épousé le roi de Prusse sans avoir le titre de reine. Son frère a une passion décidée pour la pratique de la médecine; pour éviter de déroger, on l'a créé chevalier de Malte, et il fait ses caravanes en soignant les malades de l'hôpital de Vienne. Tout cela n'empêche pas le comte d'être un excellent homme, aussi instruit que poli, et qui m'a fort bien reçu.

Après avoir pris congé de mes relations viennoises, j'ai songé au retour, et, pour varier la route, nous sommes revenus par Salzbourg, ville remarquable, dont l'aspect est déjà italien; et qui est située dans une des contrées les plus pittoresques qu'on puisse imaginer. De là nous sommes allés

[1] Le *Gincko* femelle.

à Munich, Augsbourg et Ulm. J'ai vu, en passant, le ruis-
seau qui porte déjà le grand nom de Danube; enfin nous
sommes rentrés en Suisse par Schaffhouse.

L'année suivante (1828), je me trouvais à Paris avec
mon fils, qui revenait de Londres; pour varier notre route,
nous revînmes par l'Auvergne. Nous passâmes quelques
jours à Clermont, où je revis beaucoup des mêmes lieux
que j'avais visités dans mon ancien voyage. J'y fis connaissance avec M. Lecoq, professeur d'histoire naturelle,
homme instruit, qui fut très-obligeant pour nous. J'allai
faire une course à Randanne, chez M. de Montlosier, lequel alors attirait beaucoup l'attention par sa résistance aux
jésuites. Il s'était créé dans un lieu stérile une sorte de
ferme, qui lui coûtait plus probablement qu'elle ne valait,
mais qu'on pouvait admirer comme un témoignage de l'activité d'un vieillard. D'ailleurs il ne me reste que peu de
souvenirs de cette excursion.

J'en conserve davantage d'une course analogue que je fis,
en 1839, aussi avec mon fils. Après mon séjour ordinaire à
Paris, je voulus également varier la route, et je me décidai à
traverser la Belgique. Nous vînmes passer quelques jours à
Bruxelles qui était encore sous la puissance du roi des Pays-
Bas, Guillaume, et où je fus très-frappé des dispositions
hostiles que le peuple nourrissait contre lui. Je vis beaucoup
le général de Constant, frère de mon ami et collègue au Conseil Représentatif, aussi bien que son oncle et un de ses cousins, tous très-dévoués au roi; ils m'étonnaient par les illusions qu'ils me paraissaient nourrir. Tous, comme c'était
naturel chez des gens dévoués à cette cause, étaient fort
opposés à la révolution; mais en même temps ils aimaient à
tirer vanité des talents de leur cousin Benjamin Constant,
dont ils ne parlaient qu'avec une grande considération. J'eus
un vrai plaisir à voir M. Blume, qui était revenu depuis peu
de Java, et qui mit avec beaucoup d'obligeance son herbier
à ma disposition pour les familles dont je m'occupais alors.

De Bruxelles j'allai à Dyck, dans la Prusse rhénane, faire visite au prince et à la princesse de Salm, et je trouvai chez eux la même bonne réception qu'à mon précédent voyage en 1810. Le château était fort embelli par des plantations qui l'entourent, et les serres étaient devenues très-remarquables, à cause des belles collections de plantes grasses que le prince y a réunies, surtout depuis la paix. Je retrouvai à Dyck le vieux Van Marum que j'avais aperçu jadis à Harlem, et qui venait comme moi admirer ces collections. Le prince faisait faire les dessins destinés à l'ouvrage qu'il a depuis commencé de publier. La princesse travaillait à une nouvelle édition de ses œuvres : elle sortait alors d'une épreuve bien douloureuse [1].

De Dyck, le prince nous prêta ses chevaux pour aller à Bonn prendre la poste. Au moment où nous y arrivâmes, nous vîmes passer la princesse de Bavière qui se rendait au Brésil pour y devenir impératrice : elle me frappa par sa beauté. Nous vîmes le Jardin botanique et son directeur Nees (le cadet), qui fut enlevé aux sciences bien peu d'années après. De Bonn nous revînmes en droiture par Trèves, Metz, Nancy, Epinal, Vesoul, Besançon. Notre arrivée à Genève fut fort triste : nous trouvâmes ma nièce mourante [2]. Nous la perdîmes peu de jours après et donnâmes de sincères regrets à cette excellente jeune femme.

§ 16. TRAVAUX SCIENTIFIQUES.

Si l'on calcule tout le temps que je donnais aux diverses fonctions dont j'étais chargé, aux voyages que je faisais chaque année, à la vie mondaine que je n'ai jamais dédaignée, aux devoirs de chef de famille, il semblera, je pense,

---

[1] Allusion à l'assassinat de sa fille par un officier prussien qui la recherchait en mariage. Le meurtrier se tua lui-même d'un second coup de pistolet.
(Alph. de C.)

[2] Mme Pictet de Sergy.

à tous comme il me semble à moi-même, que je ne devais
avoir aucun moment de libre pour la botanique : il n'en
était rien, et jamais je n'ai autant travaillé que dans ces années de dissipation [1] et d'excitation.

J'ai dit dès les premières pages de ce livre la publication du *Systema* et les voyages qu'il avait exigés. Dès que
le second volume fut achevé, voyant qu'il m'avait pris plus de
temps que le premier, je restai convaincu de l'impossibilité
d'achever l'ouvrage sur un plan aussi vaste, et je me décidai
à le reprendre sous une forme abrégée. Je m'arrangeai avec
les mêmes libraires pour la publication, et je fis venir de
Berne M. Seringe [2] pour soigner mon herbier et faire sous
ma direction quelques fragments du nouvel ouvrage. Je donnai à celui-ci le titre de *Prodromus systematis*, etc., pour faire
comprendre qu'il n'était que l'esquisse du grand ouvrage
dont j'avais déjà publié deux volumes et que je croyais
pouvoir reprendre une fois. Il faut cependant expliquer
les illusions que je me faisais sur la grandeur de ces entreprises.

A l'époque de 1816, quand je les ai commencées, on ne
calculait guère que le nombre des végétaux connus passât
vingt ou vingt-cinq mille, et les collections d'alors s'élevaient à peine à ce nombre. C'était sur ces chiffres erronés
que j'avais fait mes plans ; mais à peine le monde entier
fut-il, par la paix générale, ouvert aux recherches des voya-

---

[1] La vie de Genève était *dissipée* dans ce sens que les réunions du soir
avaient lieu tous les jours et toute l'année, mais elle était favorable aux
études en ce que les heures n'étaient pas trop tardives. Les réunions ordinaires finissaient à onze heures et les bals entre minuit et une heure. Par
un reste des anciens règlements calvinistes un bal, après une heure du
matin, était considéré comme tapage nocturne et la police devait le faire
cesser. On comprend que les voisins ne demandaient pas mieux, et que les
élèves comme les professeurs pouvaient se retrouver aisément le lendemain
à huit heures dans les salles de cours.   (Alph. de C.)

[2] Depuis le moment où l'état de sa fortune le lui a permis, mon père a
eu un conservateur de ses collections, servant quelquefois de secrétaire.
                                      (Alph. de C.)

geurs, que chaque année on vit arriver de tous côtés des masses de végétaux inconnus. L'énumération de Steudel, publiée en 1821 et 1824, donnait déjà la liste de 50,649 espèces ! Dès lors les voyages se sont multipliés, l'art de récolter s'est perfectionné, et, en 1840 que j'écris ces lignes, le nombre des plantes connues dépasse 80,000 ! Grâce à ces augmentations extraordinaires, il est clair que l'entreprise d'une énumération raisonnée des végétaux est devenue une œuvre immense, qui excède les bornes de la vie d'un seul homme. Si j'avais su, en 1821, le point réel où en était la science, je n'aurais probablement pas entrepris le *Prodromus*, mais tout en sachant qu'il y avait eu de grandes additions au nombre des espèces, j'étais loin de me douter de leur immensité. Je me mis donc à l'ouvrage avec ardeur [1].

Dans le premier volume (1824) je fis extraire par Seringe les familles énumérées dans le *Systema;* je lui confiai aussi la famille des Caryophyllées qu'il fit tout entière de son chef, sauf le genre *Silene*, qu'il confia à un jeune Bernois, Adolphe Otth. Je fis travailler les Violariées par M. de Gingins, en partie d'après les notes que j'avais recueillies moi-même. Les Hypéricinées et les Guttifères furent faites par M. Choisy; le reste du travail fut fait par moi, et je pris en outre le soin de développer dans des mémoires spéciaux quelques-unes des familles qui m'avaient offert des difficultés à débrouiller : ainsi, en 1821, je publiai une notice sur les Nymphæacées, qui rappelait tous les travaux pour ou contre mon observation de 1802, et qui a, ce me semble, terminé les débats et prouvé que cette famille appartient aux Dicotylédones. Je donnai la même année un

---

[1] Mon père ne parle pas d'un principe qu'il soutenait quelquefois, qu'il a pratiqué souvent et qui a bien ses avantages. Ce principe est celui-ci : *Il faut entreprendre quatre fois plus qu'on ne peut faire.* La règle est excellente pour un jeune homme (je me défie des jeunes gens qui mesurent leurs forces); mais, en 1821, mon père avait quarante-trois ans, et le principe devenait alors contestable.　　　　(Alph. de C.)

grand mémoire sur les Crucifères, où je faisais connaître la manière dont je considérais la structure générale de cette famille. J'insérai dans les Mémoires de la Société de Genève une dissertation sur les Ternstrœmiacées, et dans ceux du Muséum de Paris une autre sur les Büttnériacées. Ce premier volume du *Prodromus* est celui où il y a le plus de lacunes, soit parce qu'il s'est écoulé plus de temps depuis sa publication pour découvrir les plantes qui y manquent, soit parce que les botanistes et les voyageurs n'avaient pas encore pris l'usage de m'envoyer leurs nouveautés. Cependant, et sans compter trois cent cinquante-cinq espèces et trente-deux genres nouveaux qui étaient décrits dans le *Systema* et rappelés ici, on comptait dans ce premier volume trois cent cinquante-trois espèces et vingt et un genres nouveaux établis par moi[1].

Un an après je fus à même de publier le second volume qui commençait la longue série des Calyciflores. Je n'eus ici que de faibles secours des personnes qui voulaient bien coopérer à mon entreprise. M. Seringe fit les articles *Vicia, Faba, Ervum, Pisum, Lathyrus, Orobus* parmi les Légumineuses; *Amygdalus, Persica, Armeniaca, Prunus, Cerasus, Spirœa, Geum, Rubus, Rosa, Potentilla* parmi les Rosacées. Je me chargeai du reste et je décrivis trente-six genres nouveaux et quatre cent dix-sept espèces inédites. Les points spéciaux que j'étudiai donnèrent naissance à plusieurs mémoires, savoir une note sur le feuillage des *Cliffortia*, une dissertation sur le nouveau genre *Pictetia*, dédié à Marc-Auguste Pictet, qui n'a paru qu'après la mort de cet ami, un mémoire sur les *Connaracées*, une note pour prouver que le *Trifolium Magellanicum* est une *Oxalis;* mais ce qui fut plus important, c'est un recueil de dix mémoires réunis en un volume in-4°, avec soixante-dix planches, sur les *Légumineuses*, que je publiai en même temps

---

[1] Sans compter les genres et espèces qui se trouvaient dans les articles non rédigés par moi.

que le second volume du *Prodromus* et qui lui sert de commentaire.

L'objet principal de ce travail fut la description des germinations de Légumineuses, faite dans le but de corroborer leurs caractères génériques. Ces observations avaient été commencées à Montpellier et continuées à Genève, d'après l'étude des diverses germinations faites sur les semis de jardins. Je n'ai employé jusqu'ici que pour les Légumineuses les nombreuses notes et les dessins que j'ai recueillis dans ce genre. C'est un travail à mon sens assez curieux, que je laisserai, avec plusieurs autres, inédit et incomplet. Le second volume du *Prodromus* eut plus de succès que le premier, soit parce que le volume sur les Légumineuses montra aux botanistes qu'il était travaillé avec un soin spécial, soit parce que d'après le conseil de mes amis je me gênai moins pour courir après la brièveté et me permis de donner un peu plus de détails.

Le troisième volume parut en 1828. Il contenait l'établissement de cinquante genres nouveaux et de deux cent quatre-vingt-neuf espèces inédites. Je n'y reçus d'aide que pour les genres *OEnothera* et *Epilobium*, et pour la famille des Cucurbitacées, qui furent faits par M. Seringe, et pour celle des Grossulariées, qui fut rédigée par Berlandier. Les familles auxquelles je mis le plus de soin furent les Mélastomacées et les Myrtacées. Pour l'une et l'autre je reçus des communications précieuses de M. de Martius, qui m'envoya toutes les plantes de ces deux groupes qu'il avait trouvées au Brésil. Mon travail sur les Mélastomacées fut fait à la campagne, et en suivant une marche que je crois devoir signaler. Je m'aperçus promptement que cette famille, où alors on ne comptait guère que deux genres, les *Melastoma* et les *Rhexia,* en recélait en réalité un grand nombre; je distribuai, au coup d'œil et d'après le port seulement, les nombreuses espèces que j'en possédais; puis je les décrivis en cherchant essentiellement les caractères génériques des groupes formés par le port. Je les trouvai presque toujours, et je crois avoir obtenu des genres très-naturels par ce procédé, qui, à dire vrai, est applicable seulement aux groupes dans lesquels la classification n'existe pas encore. Cette famille fut une de celles auxquelles je donnai le plus de soin. A son occasion je commençai un ouvrage in-4° intitulé : *Collection de Mémoires.* Le mémoire sur les Mélastomacées fut le premier, et au sujet des familles du troisième volume, j'en donnai d'autres sur les Crassulacées, les Onagraires, les Paronychiées ; enfin je publiai un mémoire sur les Combrétacées dans les volumes de la Société de physique de Genève. En entreprenant ma *Collection* j'espérais pourvoir à l'inconvénient que mes écrits servant de commentaire au Prodromus se trouvaient épars dans plusieurs ouvrages ; mais de petites difficultés de librairie m'ont empêché de continuer ce recueil comme je l'avais désiré. J'en suis resté à dix mémoires, formant un gros volume orné de planches.

La famille des Myrtacées est aussi une de celles que j'ai le plus soignées, et je crois que par l'établissement des genres *Myrcia* et *Jambosa*, j'y ai mis plus de clarté qu'il n'était possible d'en avoir quand toutes les espèces étaient partagées entre les *Myrtus* et les *Eugenia*. Une note sur les Myrtacées, insérée dans le onzième volume du *Dictionnaire classique d'histoire naturelle*, en 1826, a été la seule publication faite à l'occasion de ce travail, mais j'ai en portefeuille un grand mémoire, accompagné d'une vingtaine de planches, que je n'ai pas encore publié[1].

Ce fut en 1830 que je donnai le quatrième volume du *Prodromus*. Je n'y insérai qu'un petit nombre d'articles faits par d'autres (quelques genres de Saxifragacées, par Seringe, et un extrait des Dipsacées, de Coulter). J'avais été peu

---

[1] Il a été publié par mes soins, après la mort de l'auteur, dans les *Mémoires de la Société de physique et d'histoire naturelle de Genève.*

(Alph. de C.)

satisfait des essais de ce genre, et me décidai à n'admettre
à l'avenir que des travaux faits avec plus de soin. Les parties du volume que je fis moi-même contiennent soixante
genres nouveaux et quatre cent deux espèces inédites. Je
commençai dès lors à insérer quelques espèces établies par
mon fils, à l'occasion des recherches qu'il avait faites pour
son travail sur les Campanulées dont je parlerai plus tard.
La famille des Ombellifères fut singulièrement facilitée par
la monographie de M. Koch, que j'ai citée à toutes les
pages, et dont j'ai adopté presque toutes les opinions; j'ai
développé mon travail sur cette famille dans un mémoire
(le cinquième de ma collection), accompagné de dix-neuf
planches, et j'ai plus tard publié une notice sur l'*Arracacha*,
ombellifère comestible dont M. Vargas m'avait envoyé des
tubercules vivants. J'avais espéré doter l'Europe d'un nouveau légume, mais, malgré des soins assidus, je n'ai pu
parvenir à naturaliser cette plante rivale de la pomme de
terre! Je commençai alors, à cause de la difficulté de
la famille des Ombellifères, à citer après chaque genre les
espèces qui en étaient exclues. Cette méthode, commode
pour les botanistes, a été suivie dans les volumes subséquents.

La famille des Loranthacées me donna beaucoup de
peine en raison de l'état imparfait des matériaux dont je
disposais; j'y ai fait beaucoup moins de genres que ceux
qui m'ont suivi, et ne suis pas encore convaincu d'avoir
eu tort, mais je dois avouer que j'ai mal décrit le *Misoden-
dron*, genre très-singulier qui en fait partie. Je rédigeai
aussi un mémoire (le sixième de ma collection) sur cette
famille, et je mis dans la *Bibliothèque universelle* un article
dans le but d'exciter les voyageurs à l'étude physiologique
de ces plantes parasites. La famille des Rubiacées, l'une de
celles que j'avais étudiées dans ma jeunesse avec un soin
particulier, fut reprise avec intérêt dans ce quatrième volume, et me présenta encore assez de nouveautés, quoique

M. Ach. Richard et M. Bartling en eussent récemment publié des monographies soignées. J'ai donné, à l'occasion des Rubiacées, quelque soin à débrouiller l'histoire botanique des Quinquinas, et j'ai publié à ce sujet un mémoire dans la *Bibliothèque universelle*. J'en ai fait autant sur la racine de Caïnca, que j'avais reçue du Brésil, et qui appartient au genre *Chiococca*. Enfin, plus tard, j'ai établi un genre nouveau, sous le nom de *Baumannia*, dans un des rapports du Jardin de Genève, mais je me suis référé, le plus souvent, à mon ancien mémoire sur les Rubiacées. Pour achever ce qui est relatif à ce quatrième volume, je dirai encore que la famille des Valérianées, établie jadis par moi, m'a fourni le sujet du septième mémoire de ma collection. J'y ai établi un genre en l'honneur de mon ancien élève Dufresne, qui avait fait sur cette famille une assez bonne dissertation.

Mes travaux sur l'immense famille des Composées pourraient en partie trouver place ici, car je les ai commencés en 1830, mais comme ils n'ont été publiés que plusieurs années après, je les mentionnerai dans le livre suivant, ainsi que divers petits travaux qui s'y rattachent.

Depuis l'époque où j'ai commencé la botanique, j'avais conçu le projet de faire un traité général de cette science, mais j'en avais été détourné par mes nombreuses occupations. Lorsqu'en 1806 je fis le cours de physiologie végétale au Collége de France, je le rédigeai tout entier, et l'extrait en a paru, sous le nom de *Principes élémentaires*, en tête de la *Flore française*. Dès lors, appelé à professer, j'ai, chaque année, soit par l'expérience résultant de l'enseignement, soit par mes propres réflexions, j'ai, dis-je, modifié et amélioré mon plan sur les notes destinées à mes leçons, sans aller jusqu'à rédiger.

En 1824 je me mis à ce travail, en commençant par l'*Organographie*. Je profitai pour cela d'un séjour que nous fîmes en automne à Sécheron, chez Mme Pictet-Menet. Cette

rédaction ayant besoin de peu de livres, je la continuai
pendant mes séjours à Saint-Seine et à La Perrière. Dans
l'hiver de 1826, à l'occasion de mon cours, je repris et je
terminai cet ouvrage. Il parut en 1827, à Paris, en deux
volumes in-8°, avec soixante planches destinées à représenter les organes des plantes et leurs déviations. L'*Orga*
nographie a été traduite en allemand par M. Meissner, et
en anglais, par M. Broughton-Kingdon [1]. Elle a dès lors
servi de base à mes leçons et, d'après ce qu'on m'a assuré,
à celles de plusieurs autres professeurs. Si je ne me fais pas
illusion, elle a confirmé et popularisé les doctrines que
j'avais exposées dans la Théorie élémentaire. Ce fut à l'occasion de ce travail que je m'occupai des lenticeles des arbres, organe très-négligé jusqu'alors, sur lequel je publiai
un premier mémoire, en 1826, dans les *Annales des sciences*
naturelles.

Quelques années plus tard, en 1832, je publiai la seconde partie de mon cours de botanique, sous le nom de
Physiologie végétale, en trois volumes in-8°. Cet ouvrage,
résumé de mes cours comme le précédent, était calqué sur
lui, de manière que chaque livre de la Physiologie était
comme le complément du livre correspondant de l'Organographie; mais de plus j'y avais joint une partie assez nouvelle par son développement, savoir : l'épirréologie, ou
l'étude de l'action des éléments extérieurs sur les plantes.
Dans cette partie se trouvait l'étude des maladies des plantes, sous un cadre assez nouveau. La Physiologie eut un succès plus étendu que l'Organographie, parce qu'elle s'adressait non-seulement aux botanistes, mais aussi aux physiciens
et aux agriculteurs. M. Rœper en commença une traduction en allemand, qu'il n'a pas achevée; MM. Vaucher,
Soulange-Bodin, Guillemin, Henslow, Mme Marcet, etc., en
firent des extraits raisonnés dans divers journaux scienti-

---

[1] Je ne connais pas cette traduction, mais je la vois citée dans les catalogues.

fiques; enfin, ce qui constata son succès, c'est que la Société royale de Londres voulut bien, à cette occasion, me
décerner la grande médaille d'or qu'elle venait d'instituer.
Le duc de Sussex, président, le proclama par un discours
des plus obligeants, et je conserve avec un soin particulier,
et comme un titre d'honneur qui m'a été cher, les belles
médailles, l'une en or, l'autre en argent, qui me furent
adressées.

A l'occasion des recherches que la Physiologie avait exi-
gées de moi, je me livrai à quelques travaux spéciaux, qui
furent publiés à peu près à la même époque, et que j'indiquerai succinctement. En 1831, je publiai une notice sur
la longévité des arbres ; ce n'était guère qu'un extrait de
mon chapitre sur ce sujet, mais je crus utile de le faire imprimer à part, afin de le distribuer aux voyageurs et d'obtenir
par eux des renseignements. Il m'en est effectivement arrivé,
aussi mon attention a-t-elle été souvent appelée sur ce sujet
curieux et paradoxal. Ce fut l'origine des notes que j'ai pré-
sentées à la Société de physique sur l'ormeau de Morges, sur
l'arbre de Plainpalais, dit arbre Colladon, etc. En 1832,
je publiai, à part de la Physiologie, ma théorie des assolements. Elle a été souvent critiquée dans les ouvrages qui
ont paru depuis, mais ces critiques, faites ordinairement par
des personnes étrangères à la botanique, n'ont point ébranlé
mon opinion et ont plus attaqué les expériences par lesquelles M. Macaire a essayé de la corroborer que ma propre théorie. Je publiai encore, en 1831, dans la *Bibliothèque
universelle*, un mémoire sur l'influence de la température
sur le développement des bourgeons des arbres. Ce mémoire avait exigé un travail considérable et, quoique je
puisse dire sans vanité qu'il contient des faits et des données nouvelles, il n'a pas eu des résultats proportionnés à
la peine qu'il m'a donnée.

L'Organographie et la Physiologie, que j'avais réunies
sous le titre commun de *Cours de botanique*, devaient être

suivies de plusieurs autres ouvrages, d'après le plan indiqué dans l'introduction de la Physiologie, mais l'âge et les
infirmités sont venus ralentir mon zèle, et la plupart de
mes projets ont dû être ajournés ou abandonnés. Je dirai
quelques mots de ceux qui ont reçu un commencement
d'exécution.

1° Je comptais donner une troisième édition de la Théorie
élémentaire, en la modifiant de manière qu'elle pût faire
partie du Cours de botanique, où elle aurait formé un traité
de la Taxonomie. Ce travail, fait et repris à bâtons rompus,
sera peut-être encore publié [1].

2° J'espérais donner un traité de géographie botanique,
qui aurait fait la quatrième partie du Cours. Je me suis occupé toute ma vie, et avec intérêt, de ce beau sujet: j'avais
indiqué quelques idées en tête du second volume de la *Flore
française;* j'y suis revenu à plusieurs reprises dans mes rapports sur mes voyages ; j'ai traité un point spécial (l'influence de la hauteur absolue) dans un mémoire qui fait
partie de ceux de la Société d'Arcueil ; j'ai inséré dans le
Dictionnaire d'agriculture, dans le Dictionnaire classique,
et surtout dans le Dictionnaire des sciences naturelles, des
articles où j'ai développé mes opinions sur la distribution
des plantes à la surface de la terre; j'ai repris ce sujet,
sous forme d'exemples, en exposant, dans le dixième mémoire de ma Collection, la distribution géographique des
Composées; et enfin je conserve en portefeuille plusieurs
morceaux inédits sur ces questions, mais j'ai dès lors senti
qu'il me deviendrait impossible d'achever le travail sur le
plan que je m'étais fait. Mon fils ayant mis un intérêt
spécial à cette branche de la botanique, la plus rappro-
chée de la physique, de la géographie et de la statistique,

---

[1] J'ai publié une troisième édition après la mort de mon père, mais les
notes qu'il avait préparées étaient si incomplètes, et il y avait tant de motifs pour conserver le texte primitif, que j'ai fait de cette édition plutôt une
réimpression.   (Alph. de C.)

dont il a le goût, j'ai abandonné un travail pour lequel le
temps et la force me manquaient, et j'ai lieu d'espérer qu'il
le mènera à bien [1].

3º La botanique historique a toujours eu pour moi quelque intérêt. J'ai publié un aperçu général de cette branche
de la science, en 1828, dans le Dictionnaire classique ; j'en
ai traité un point spécial, en 1830, dans mon discours sur
l'histoire de la *Botanique genevoise*, et j'avais fait jadis un
travail analogue en écrivant l'histoire du Jardin botanique
de Montpellier. Ce morceau devait servir d'introduction à
la description des plantes rares du Jardin, que j'avais l'intention de publier, mais ceci n'ayant pu avoir lieu, l'histoire
du Jardin est restée ensevelie dans mon bureau. Enfin j'ai
recueilli, pendant bien des années, des notes sur les botanistes. Je pensais que si ma vue, par suite de l'âge, venait à baisser au point de ne plus me permettre des observations, je pourrais trouver encore un emploi de mon temps
en écrivant une histoire de la botanique. Sans renoncer entièrement à ce projet, je commence à comprendre que sa
réalisation est bien douteuse.

4º La botanique médicale, que j'avais étudiée dans ma
jeunesse et pendant que j'étais professeur dans une école
de médecine, a depuis été assez négligée par moi. J'ai cependant, en 1816, publié une seconde édition de mon essai
sur les propriétés des plantes, et dès lors, à l'occasion de
certaines familles, j'ai tâché d'éclairer quelques points de
cette étude. Ainsi j'ai décrit le Nard Indique dans mon mémoire sur les Valérianées, le Caïnca et les espèces de Quinquina dans des travaux faits à l'occasion des Rubiacées, la
plante qui fournit l'huile de Ramtilla à l'occasion des Composées, etc.

---

[1] J'ai effectivement publié en 1855 une *Géographie botanique raisonnée*,
2 vol. in-8º, avec cartes, ouvrage du reste complétement différent de celui
auquel mon père pensait, car les documents étaient devenus plus nombreux,
et mes idées s'étaient singulièrement éloignées de celles qui régnaient dans
la science depuis vingt ans.   (Alph. de C.)

En 1825, à l'époque de la mort de M. Pictet, la gestion et la propriété de la *Bibliothèque universelle* passèrent entre les mains de MM. Pictet de Rochemont et Georges Maurice, fils des anciens propriétaires; mais au bout de peu de temps ils trouvèrent le fardeau trop lourd et proposèrent de le partager en formant une société par actions. Quelques amis des sciences et des lettres entrèrent dans leurs vues, afin de ne pas laisser tomber un recueil qui a fait quelque honneur à Genève, et qui est commode aux hommes d'étude pour publier certains travaux. J'ai fait partie de cette association; j'y ai mis assez de zèle. Sous le rapport pécuniaire, nous avons fait une mauvaise affaire, mais nous en avons retiré quelques avantages d'une autre nature. Notre association a commencé le 1er janvier 1829 et a duré jusqu'à la fin de 1835, que M. Auguste de la Rive s'est chargé seul du journal et l'a continué sous le titre de *Bibliothèque universelle de Genève*.

Pendant les six années que j'ai été l'un des rédacteurs, j'ai inséré divers morceaux. Sans parler de ceux qui se rattachaient à mes principaux ouvrages et que j'ai déjà mentionnés, je dirai quelques mots d'articles un peu étrangers à mes propres travaux, et qui ne sont pas simplement des extraits ou des annonces d'ouvrages imprimés.

En 1829, je donnai une notice sur la botanique de l'Inde orientale. Mon but était de rendre hommage aux travaux de Wallich et à la libéralité avec laquelle la Compagnie des Indes avait distribué ses richesses végétales entre les botanistes. La même année, à l'occasion de la publication du livre de M. Edwards sur les caractères physiologiques des races humaines, je publiai un article, court pour cette vaste matière, mais dans lequel on trouve cependant plusieurs observations nouvelles, la plupart faites pendant mes voyages. Ce sujet, l'histoire des races, que j'avais déjà traité dans un discours inédit prononcé aux Promotions de 1817, a toujours excité mon intérêt, et si je n'avais pas été trop engagé dans la botanique, il aurait bien pu devenir un des objets principaux de mes études.

En 1830, à l'occasion du prix proposé par M. Bossange sur la culture du maïs, je fis un article sur cette utile et curieuse graminée, qui résume, ce me semble, assez bien ce qu'on savait alors. La même année, peu après mon retour des Pays-Bas, je donnai un article sur la statistique du royaume, résumé des écrits publiés et de mes propres observations.

En 1832, je rédigai plusieurs notices sur les amis que j'ai eu le malheur de perdre dans cette redoutable année, où tant d'hommes distingués sont morts. L'une était une simple note sur mon ancien ami J.-B. Say, et une autre analogue était sur G. Cuvier. Ces notes n'étaient en quelque sorte que l'expression de mes sentiments pour eux. Je donnai aussi, sous la forme d'extrait d'un ouvrage de M. Fée, un article sur la vie de Linné, dans lequel j'ai inséré plusieurs faits peu connus relatifs à ce grand naturaliste.

Mais l'éloge auquel j'ai donné le plus de soin est celui d'Huber. Cet aveugle, devenu si célèbre dans l'art d'observer, était un peu mon parent, et j'avais toujours conservé des relations amicales avec lui et avec son fils Pierre, camarade de mon enfance, depuis auteur de l'*Histoire des fourmis*. L'éloge d'Huber a été écrit de verve; c'est peut-être ce que j'ai fait de moins mal dans ce genre. Une petite anecdote pourra donner une idée de l'attention nécessaire pour ne publier que des faits exacts lorsqu'on est obligé de recueillir des témoignages verbaux. Je demandai à l'un des proches parents d'Huber s'il n'avait pas quelque anecdote à me raconter sur lui. « Oui, me dit-il, en ayant l'air de penser sérieusement, j'en ai une fort curieuse. Vous connaissez son intimité avec Mlle Girod, de l'Ain, aveugle comme lui? Eh bien, elle est morte à Paris le même jour et à la même heure que M. Huber à Lausanne! » J'ai failli mettre une phrase

sur cette singulière coïncidence ; je m'en suis abstenu, et
heureusement, car la prétendue morte se portait fort bien
et m'écrivit une lettre très-aimable sur l'éloge que j'avais fait
de son ami.

Les rédacteurs de la *Bibliothèque* avaient décidé, sur ma
proposition, de mettre dans chaque cahier un article ré-
trospectif qui donnerait la revue des travaux faits dans une
science pendant le cours de l'année écoulée. Je commençai
et j'insérai, dans le cahier de janvier 1833, le tableau de
ce qui s'était fait en botanique depuis un an, mais les autres
rédacteurs n'ayant pas continué, cette tentative n'a pas eu
de suite.

A la même époque, j'ai inséré dans la *Bibliothèque* une
note sur l'huile de *Ramtilla* et sur la plante qui la produit ;
j'ai exposé les caractères de ce genre de Composées sous
le nom qu'il porte dans l'Inde ; j'ignorais alors que Cassini
l'avait décrit sous le nom de *Guizotia*, et certes l'erreur
était excusable, car sa description était bien incomplète !
Dès que je l'ai su, j'ai inséré, dans les *Rapports sur les
plantes du Jardin de Genève,* la figure et la description complète de cette plante, d'après des individus qui avaient fleuri
dans le Jardin. Je n'aurais pas, je l'avoue, donné à un genre
le nom d'un homme étranger à la botanique, quelque honorable et célèbre que ce nom puisse être, mais puisqu'un
autre avait commis ce petit passe-droit, j'ai été charmé
d'avoir une occasion de témoigner de mes sentiments pour
M. Guizot.

J'ai encore, à la même époque (1833), publié, dans la
Bibliothèque universelle, un petit mémoire qui a passé presque inaperçu et qui, ce me semble, méritait plus d'attention : c'est là division du règne végétal en quatre embranchements parallèles à ceux que Cuvier a établis dans le
règne animal. Ce mémoire est une pierre d'attente, soit
pour le *Prodromus*, si je puis l'achever, soit pour la troisième édition de la *Théorie élémentaire*, que je projette.

A la suite du voyage de Lugano, je rédigeai une notice sur la route du Saint-Gothard (1833), dans le but de faire connaître comment les plus petits États savent exécuter des travaux considérables, et pour encourager, s'il est possible, le canton d'Uri à continuer sa route par terre jusqu'au canton de Schwytz. L'année suivante (1834), toujours dans ce même but, de montrer les travaux des petits États, j'ai publié une description du grand pont suspendu de Fribourg, dont j'ai parlé plus haut.

A la même époque, j'observai les graines mûres de l'ananas dans les serres de M. Saladin, à Pregny, et comme en général les graines avortent, ce fait me parut mériter d'être conservé. Je mis dans les mémoires de la Société de physique et d'histoire naturelle une notice à ce sujet et j'en insérai l'extrait dans la *Bibliothèque universelle*.

Enfin, un agronome anglais, M. Stephens, m'écrivit, en 1833, pour me donner connaissance d'une maladie singulière qui atteint et détruit les mélèzes plantés en forêt dans la Grande-Bretagne. Je consultai à ce sujet MM. Thomas et de Charpentier, et, après m'être éclairé de l'expérience de ces deux observateurs, qui se trouva confirmer mes propres opinions, j'adressai à M. Stephens une réponse qui fut insérée dans la *Bibliothèque universelle* et dans le *Journal d'agriculture* d'Edimbourg. Le remède que je conseillais était l'espacement des pieds de mélèze beaucoup au delà de l'usage écossais. Je n'ai jamais su si mon conseil avait été suivi, et s'il a réussi.

§ 17. RELATIONS SOCIALES [1].

On a pu voir par ce qui précède que depuis mon séjour à Genève j'étais loin d'avoir négligé mes travaux botaniques, et que même j'y avais joint bon nombre d'autres occupations : cependant je n'avais point vécu en ermite ! Au con-

[1] Cet article doit avoir été écrit en 1840. (Alph. de C.)

traire, j'ai mené alors une vie très-mondaine, soit par l'effet
de mes relations multipliées avec les habitants de la ville,
soit à cause des visites d'un grand nombre d'étrangers.

Un des traits distinctifs de la vie de Genève est l'habitude contractée par ses habitants de jouir, autant que dans
les grandes villes, des plaisirs de la conversation. Comme
l'éducation et l'aisance y sont très-répandues, il se trouve
qu'on y voit en proportion de la population un nombre considérable de personnes composant la bonne société. Il y a
sans doute, comme partout, et surtout dans les pays où il
n'existe pas de noblesse légale, il y a, dis-je, des rangs distincts dans l'opinion : ces rangs sont fondés sur l'ancienneté
des familles dans le pays, sur le rôle politique qu'elles y ont
joué, sur la fortune, et plus encore sur la fortune héritée
que sur celle qu'on a gagnée soi-même, sur la bonne éducation et l'usage du monde, sur les alliances, etc. Ces diverses causes agissant ensemble ou séparément font que les
rangs des familles sont sans cesse mêlés, et qu'il est très-
difficile, quoi qu'on en dise, de reconnaître celles qui se
classent dans le premier, le second, le troisième, etc. Toutes
celles qui n'exercent pas le commerce de détail ou les arts
mécaniques sont réellement égales, sauf les différences individuelles qui résultent de la fortune ou de l'éducation. Il en
doit être ainsi dans tout pays où il n'y a pas de noblesse
régulière; mais précisément parce que la loi ne protége le
rang de personne chacun est obligé de le garder soi-même,
ce qui explique pourquoi, dans les pays démocratiques, il y a
plus de crainte de se mésallier ou de se mélanger que dans
les monarchies. Je ne parle pas des aristocraties, car il n'y
a plus d'aristocratie légale, quoiqu'il en reste encore quelques traces dans les mœurs [1].

---

[1] Le mot avait disparu du langage. La première fois que je l'ai entendu
proférer c'était dans l'Assemblée constituante de 1842. Il fit rire ceux à qui
on l'adressait, à peu près comme si on parlait aujourd'hui en France, dans
une assemblée sérieuse, de droits féodaux ou de baillis.   (Alph. de C.).

Le grand nombre des personnes qui ont des droits presque égaux à se dire de la première société, combiné avec
leur rapprochement dans une seule ville, resserrée dans une
étroite enceinte, explique le nombre considérable d'individus qu'on est appelé à y connaître et la nécessité de vivre
beaucoup dans le monde pour entretenir quelques relations
avec chacun; aussi nul part on ne voit tant de réunions.
Celles-ci sont en général assez simples, sauf dans les
grandes occasions ou chez les familles très-riches.

Dès mon arrivée à Genève je me trouvai très-répandu
et je ne demandais pas mieux, soit par goût, soit parce
que j'étais bien aise de voir toutes les coteries dans lesquelles la société se fractionne, afin d'y faire des relations
et de choisir celles qui me plairaient le mieux pour la suite.
Une fois ce choix fait et lorsque l'âge a émoussé mon activité, je me suis graduellement limité. J'étais membre de
la plupart des sociétés d'hommes, telles que les cercles et
les associations ayant un but spécial. J'avais aussi plusieurs
soirées périodiques de personnes des deux sexes, et j'en
fis même organiser une pour réunir une fois par semaine
mes anciens camarades d'enfance et leurs femmes, afin
d'éviter l'isolement qui résulte quelquefois des diverses
alliances.

Les mœurs ont imprimé à toutes ces réunions genevoises
une teinte si uniforme qu'il faudrait, pour apercevoir leurs
différences, prendre en quelque sorte une loupe. Aussi,
quoique pendant l'hiver il soit fréquent pour un homme
d'aller le même jour dans trois ou quatre sociétés, il lui semble avoir à peine changé de salon, tant il retrouve partout
les mêmes opinions, le même ton et la même manière d'être.
Cela s'explique par les relations multiples de la plupart des
individus avec des personnes de diverses réunions. Comme
le jeu (de whist) est un élément essentiel de la plupart d'entre
elles, et qu'il ne m'a jamais beaucoup séduit, j'ai recherché
de préférence les sociétés dans lesquelles on pouvait s'en dis-

penser. La conversation en prenait la place avec avantage, surtout dans les premières années où nous possédions plusieurs hommes qui exerçaient avec succès l'art de la causerie, et où la société genevoise avait en général un entrain et un charme qu'elle a perdus, en grande partie, depuis que les opinions méthodistes et les idées radicales de 1830 ont commencé à l'atteindre et à la diviser. Je citerai quelques-uns de ceux avec lesquels j'ai eu des relations plus intimes.

Au premier rang se présente M. Dumont, l'un des hommes de meilleure compagnie que j'aie jamais connus. Il avait commencé sa carrière par l'état ecclésiastique et avait été assez ardent *représentant* lors des troubles de 1781. Obligé de quitter le pays, il avait passé quelques années à Paris, où il s'était lié avec Mirabeau, puis s'était fixé en Angleterre, où il s'était lié avec lord Landsdowne, avec Bentham, dont il a publié les principaux ouvrages, avec sir Samuel Romilly et l'élite de la société anglaise. Il revint, en 1815, dans sa patrie et lui rapporta le fruit de son expérience. C'était un homme instruit dans les sciences politiques, parlant bien, soit en public, soit en particulier, d'un commerce sûr et agréable. Il mettait beaucoup d'intérêt et de grâce dans sa conversation : sa bonté, principalement vis-à-vis des jeunes gens, le rendait intéressant. Il a fortement contribué à introduire chez nous des idées saines sur la législation. J'ai joui extrêmement de sa société et du charme de sa conversation. Lorsque, en 1829, nous perdîmes cet excellent homme, notre société intime fut fort décolorée. J'exprimai mes regrets dans une notice qui fut insérée dans la *Bibliothèque universelle*. Dumont m'a laissé une marque de son amitié en me léguant une montre décorée de ses initiales, mais je n'avais pas besoin de ce signe matériel pour me rappeler cet aimable homme.

Dans le cercle des personnes que je voyais le plus, je dois citer, à l'un des premiers rangs, un homme que son âge m'oblige à appeler vieillard, mais que son caractère aurait plutôt fait prendre pour un jeune homme : je veux parler de M. Victor de Bonstetten. C'était un ancien noble bernois qui, ayant beaucoup voyagé et ayant vécu à Genève dans sa jeunesse, avait pris le goût des idées libérales ; un ancien magistrat, qui semblait avoir oublié toute idée politique ; un littérateur et presque un poëte qui, entraîné par son premier maître Charles Bonnet, s'était jeté dans la métaphysique, quoiqu'elle ne cadrât point avec son naturel. Né dans une ville où les langues allemande et française sont employées indifféremment, il les avait adoptées l'une et l'autre dans ses écrits, avec cette singularité que, à peu d'exceptions près, ses ouvrages allemands semblent faits avec des idées françaises et ses livres français avec des idées allemandes. Il était venu après la tourmente révolutionnaire s'établir à Genève : il mettait de l'agrément dans la société par sa grâce et son originalité ; sa conversation avait ceci de particulier qu'il y suivait toujours sa propre idée, sans se mouler sur celle des autres. Son salon était agréable, parce qu'il y accueillait les étrangers de passage avec un mélange d'intérêt et de curiosité, et je lui ai dû plusieurs relations qui m'ont fait plaisir. Si nos caractères et nos études étaient fort dissemblables, nous nous rapprochions par nos goûts de société, et je puis dire que malgré la distance de nos âges, nous avons vécu plusieurs années dans des relations d'amitié et de confiance dont il m'a donné des preuves particulières. Sa mort a été déterminée par une apoplexie à marche lente, qui l'a laissé huit jours plein de vie, mais complétement privé de la parole. Il a supporté cet état avec une courageuse sérénité. Pendant cette sorte d'agonie j'ai été du petit nombre de ceux qu'il admettait auprès de lui. Après sa mort je lui ai rendu unh ommage, bien concis eu égard à mes sentiments, dans le discours que je fis comme recteur à la cérémonie des promotions de 1832. J'aurais désiré faire l'éloge détaillé et raisonné de cet homme d'esprit, d'une physionomie originale, mais je n'ai pu suivre à ce désir, soit parce que n'entendant pas l'allemand je ne connaissais que par ouï-dire la moitié de ses ouvrages, soit parce qu'il m'a paru que ses enfants préféraient qu'on ne publiât rien sur leur père. Bien des années après sa mort, j'ai remis à notre amie commune, Mme de C***, qui annonçait vouloir faire son éloge, j'ai remis, dis-je, une note de mes souvenirs les plus intimes sur cet aimable vieillard, qu'on a quelquefois surnommé l'Anacréon de la Suisse [1].

Parmi les personnes que je voyais souvent et avec plaisir, je dois citer M. de Châteauvieux : il était fils du maréchal de camp propriétaire du régiment suisse de son nom, et avait suivi dans sa jeunesse la carrière militaire. Le licenciement des régiments suisses lui rendit sa liberté. Il se consacra alors à l'agriculture : on le vit diriger son domaine, devenir inspecteur des haras de France, et visiter l'Italie sous le rapport agricole ; son voyage, écrit à ce point de vue spécial, est un livre plein d'intérêt. M. de Châteauvieux est un homme agréable en société par ses récits piquants, par son obligeance, sa gaîté douce, sa parfaite politesse et, je dirai, sa modestie. Après avoir été fort vif dans sa jeunesse, il avait pris, à l'âge mûr, un caractère calme et même, pour ainsi dire, impassible. J'ai toujours goûté sa conversation ; sa femme, sa fille et son gendre, M. Naville, faisaient de sa maison un centre de société fort agréable, que j'ai toujours apprécié et recherché [2].

M. Charles de Constant était un des hommes qui mettaient le plus de vie dans nos réunions. Il avait beaucoup voyagé et fait plusieurs séjours en Chine, de sorte que sa mémoire était fournie d'une foule de faits peu connus, qu'il

---

[1] Une biographie, faite sous un point de vue différent, a été publiée, en 1860, par M. Steinlen.   (Alph. de C.)

[2] M. Lullin de Châteauvieux a survécu de quelques mois seulement à mon père. M. le duc de Broglie a publié sur lui une notice intéressante.
     (Alph. de C.)

racontait d'une manière originale. Sa verve et sa gaîté étaient remarquables pour un homme de son âge; il nous a été enlevé encore tout en vie, et sa mort a fait un vide dans nos réunions familières.

M. Simonde de Sismondi, le célèbre historien des républiques italiennes et des Français, était à cette époque l'un des hommes que je voyais et que je vois encore avec le plus de plaisir. Indépendamment de ses talents historiques, il est fort digne d'être recherché pour son caractère moral. C'est un homme de bien, dans toute l'étendue du mot, remarquable par sa parfaite bonté et par l'élévation de ses idées. Il a beaucoup, ainsi que M. de Bonstetten et M. de Château-vieux, vécu dans l'intimité de Mme de Staël, et leurs récits du temps où elle résidait à Coppet avaient, sous divers rapports, un grand charme. Sismondi a épousé une Anglaise (Miss Allen, belle-sœur de Mackintosch), qui, par sa grâce et sa bonté, était digne d'être sa compagne. Leur maison est devenue un centre pour les étrangers qui abondent à Genève pendant l'été. Je suis resté attaché aux maîtres de cette maison hospitalière, comme à des amis sûrs et aimables.

Parmi mes autres collègues à l'Académie (car Sismondi en fait partie, au moins nominalement), j'ai trouvé plusieurs hommes dont l'intimité et l'amitié me sont chères.

Et d'abord, dans le rang de mes anciens maîtres, je dois compter MM. Pictet et Prevost, que j'ai déjà souvent mentionnés, auxquels j'ai eu des obligations réelles, et qui, considérés comme hommes de société, étaient des relations agréables, soit par eux-mêmes, soit par leurs familles, où je comptais plusieurs amis.

M. Boissier, allié de ma famille, homme d'un commerce facile, plus agréable par sa conversation qu'il n'était remarquable comme littérateur [1].

---

[1] Lorsque mon père écrivait, à la fin de sa vie, ces quelques mots sur

M. Vaucher, qui m'avait le premier parlé de botanique, et m'a toujours témoigné une amitié réelle. J'ai conservé pour lui des sentiments sincères d'attachement.

Parmi mes contemporains, je citerai au premier rang mes anciens camarades d'étude, Girod, Picot et Pictet[1], qui sont toujours restés mes amis les plus intimes, et dont les familles font comme partie de la mienne.

Bellot, qui a été mon camarade de classe et que je distinguai dès lors pour son talent solide. Il s'est livré avec distinction à l'étude du droit, a été l'instigateur de presque toutes les améliorations faites dans nos lois et le rédacteur de la plupart d'entre elles[2]. Je le voyais beaucoup comme homme public ; mais il allait peu dans le monde, de sorte que je n'avais pas avec lui des relations aussi suivies que je l'aurais voulu. Notre amitié commune pour M. Dumont nous rapprochait souvent, mais la diversité de nos travaux tendait à nous séparer. Bellot est mort d'une hernie étranglée au moment où, en 1836, j'étais moi-même presque moribond : je lui ai donné des regrets bien sincères.

Parmi ceux de mes collègues qui étaient plus jeunes que moi, et qui, la plupart, avaient été mes élèves, je noterai Auguste de la Rive (fils de mon ancien collègue M. de la Rive-Boissier), qui s'est, très-jeune, distingué dans la physique. Son esprit est remarquablement actif et inventif. Je l'ai toujours trouvé bon et obligeant ; aussi j'ai conçu pour lui un attachement sincère, malgré la diversité de nos âges.

plusieurs de ses amis de Genève, M. Boissier était très-âgé et depuis long-temps sa carrière active était finie. Si l'on se reporte à une autre époque, on se rappellera deux faits très-honorables pour le professeur Boissier : il a proposé la fondation du Musée académique, en 1818, et surtout il a maintenu, comme recteur, pendant l'occupation française, les traditions littéraires et scientifiques genevoises, dont la durée a contribué puissamment à la restauration de 1815. (Alph. de C.)

[1] Voir ci-dessus, pages 33, 34, etc.

[2] La loi sur la procédure civile, qui a traversé intacte toutes nos révolutions modernes, suffit seule à son illustration. (Alph. de C.)

Choisy avait été mon élève particulier, et a fait quelques travaux botaniques assez distingués. Il est remarquable par la variété de ses connaissances. Je professe pour lui de l'estime et un véritable attachement.

Fr. Marcet et F.-J. Pictet-de la Rive, l'un et l'autre fils de mes plus intimes amis, doivent aussi être mentionnés dans le nombre de mes jeunes collègues pour lesquels j'ai de l'amitié.

Je pourrais allonger cette liste de ceux de mes confrères avec lesquels j'ai eu des relations agréables, et, à vrai dire, je devrais les nommer presque tous si je voulais énumérer ceux qui m'ont inspiré de l'attachement. Ces sentiments m'ont rendu les fonctions académiques précieuses, même pour le cœur.

Dans mes relations de société; plus ou moins intimes, il me sera permis de déposer ici un souvenir pour plusieurs personnes qui m'ont rendu la vie douce depuis mon retour à Genève, et que je puis compter comme de vrais amis, tels sont M. le syndic Fatio et Mme Fatio, M. et Mme Favre, M. et M^mé Prevost-Pictet, Mme Pictet-Menet, les femmes des amis d'enfance que j'ai cités plus haut, etc., etc.; mais je dois mentionner très-particulièrement M. et Mme Marcet, dont je parlerai bientôt, d'une manière plus spéciale, à l'occasion de l'association que nous fîmes pour l'achat du domaine de Saint-Seine.

Enfin, pour clore cette liste de mes relations sociales, je devrais mentionner plusieurs dames pour lesquelles j'ai une vraie amitié, et qui, j'espère, m'en accordent. L'austérité des mœurs de Genève et l'âge que j'avais atteint ne permettent pas d'attacher à ces relations d'autre idée que celle d'une simple amitié, de sorte que je pourrais citer les noms sans aucune espèce de scrupule, mais ces relations, quoique très-précieuses, offrent trop peu d'événements pour que je croie devoir en parler autrement d'une manière plus précise. Je me bornerai à raconter quelques incidents de cette vie de société, parce qu'ils se lièrent avec de petits travaux littéraires.

Dans l'été de 1823, nous allâmes, avec M. et Mme Fatio, M. et Mme Prevost-Pictet, Mme Boissier, etc., passer quelques jours à la Tour, près Vevey, chez M. Martin de la Tour. Cette excursion dans un beau pays, en agréable compagnie, et chez un hôte fort obligeant, fut une fête presque continue. Elle me donna l'occasion de reprendre mes anciens goûts de poésie ; je fis, presque impromptu, une chanson en l'honneur des cinq dames de notre réunion, que j'intitulai : les *Cinq Roses* ; elle eut un certain succès par un mélange de petites malices et d'amitié. En partant, sur l'invitation des dames, je fis encore une autre chanson pour remercier le maître du château de sa bonne réception. Elle était grave, imitant un peu l'ancien style français ; elle eut beaucoup moins de succès que la première.

L'hiver suivant on eut l'idée d'organiser un bal où les dames devaient être toutes entre trente et quarante ans. Je fis pour le souper une chanson sur l'air du *Ventru*, de Béranger, qui fut accueillie avec beaucoup de faveur. Des copies s'en répandirent de tous côtés avec profusion, et lorsque, quinze ans plus tard, on voulut répéter un bal analogue, mon ancienne chanson fut exhumée de sa poussière et rechantée avec un nouveau succès. Elle en eut un auquel j'étais loin de m'attendre, c'est qu'ayant été envoyée à Stuttgard, elle y fut traduite en allemand.

Quelques autres pièces de vers furent encore faites par moi à l'occasion de divers petits incidents de société, mais elles ne valent pas trop la peine d'être mentionnées ; peut-être en joindrai-je quelques échantillons à la fin de mes récits [1].

---

[1] Voir aux *Pièces justificatives*, n° XIII.

§ 18. VISITES D'ÉTRANGERS.

Genève, par sa position au centre des parties les plus civilisées de l'Europe, est une des villes qui offrent le plus d'occasions de voir des étrangers. Sa petitesse fait que les habitants, pour peu qu'ils soient connus et bien placés dans le monde, peuvent les voir avec facilité et être même recherchés par ceux des rangs les plus élevés. Sur le grand nomble des voyageurs qui nous visitent, il y en a, à proportion, très-peu qui viennent guidés par des idées mercantiles; la plupart sont attirés par la beauté du pays et par la curiosité qu'inspire la vue d'une petite république; ils viennent, en un mot, attirés par des idées morales et non par des motifs pécuniaires, d'où il résulte qu'une plus grande proportion parmi eux offrent un intérêt intellectuel ou moral. La société des étrangers a de grands avantages pour nous. Les fréquentes réunions de Conseils, de Comités administratifs, de Sociétés de bien public ou de sciences, les Cercles, les soirées, font que tout le monde se connaît. Dès que l'un d'entre nous ouvre la bouche, on sait presque d'avance comment il va parler, car s'il s'agit d'objets importants, on sait sa manière de penser, et s'il s'agit de simple conversation, on connaît assez sa tournure d'esprit pour deviner ce qu'il va dire. Chacun sent cela instinctivement, et il en résulte qu'on fait peu d'efforts pour parler de choses intéressantes ou nouvelles. La participation des étrangers à la conversation lui redonne de l'activité; on jouit de ce qu'ils y apportent de nouveau; on jouit aussi quelquefois de ce qu'ils font jaillir d'imprévu de compatriotes qu'on connaît depuis longtemps sans se douter de ce qu'ils savent.

Sous ce double rapport, la conversation des étrangers m'a beaucoup plu, lorsqu'ils se sont trouvés en état ou de bien raconter leur pays, ou de bien observer le nôtre.

Mon intention n'est pas, on le comprend, d'énumérer tous les voyageurs que j'ai vus depuis mon séjour à Genève, mais de dire quelques mots des plus remarquables et de ceux avec lesquels j'ai formé des relations d'intimité. Je négligerai dans ce tableau ceux dont j'ai déjà eu, ou dont j'aurai plus tard l'occasion de parler, et ceux que j'ai vus trop en passant. Les voyageurs que je mentionnerai sont de deux sortes : des botanistes, que je puis, sans trop de présomption, croire être venus en grande partie pour moi, et des personnes étrangères à la botanique, avec lesquelles j'ai fait occasionnellement connaissance.

Parmi les botanistes, je citerai les suivants, à peu près selon l'ordre des dates de leur visite[1] :

Schouw, de Copenhague, a passé à Genève en allant et en revenant de son voyage en Italie, qui fait époque dans la géographie botanique.

Steven, directeur du Jardin de Nikita, a passé un mois à Genève pour visiter mon herbier. Il m'a donné beaucoup de plantes de Crimée et du Caucase. Il avait fort étudié les peuplades de ces pays et m'a raconté sur elles des détails curieux.

Reynier, de Lausanne, est venu plusieurs fois visiter mon herbier. C'était un homme instruit sur diverses sciences, mais en botanique il adoptait les moindres variétés comme espèces. Seringe, qui avait la tendance opposée, se disputait sans cesse avec lui à ce sujet. J'avais l'habitude de leur dire en riant : « Disputez-vous bien ! quand vous aurez fini, je prendrai la moyenne entre vos deux opinions, et je parie que je tomberai sur la vérité. »

Perrottet est venu plusieurs fois me voir, soit avant ses voyages, soit pendant ses séjours à Paris. C'est un homme de mérite, qui s'est formé lui-même, car il était simple jardinier chez M. d'Hauteville. Ses voyages à la Guyane, au

---

[1] Deux botanistes étrangers, Coulter et Daubeny, sont déjà mentionnés ci-dessus, page 332.   (Alph. de C.)

Sénégal et aux Indes, ont enrichi la science de beaucoup
d'objets nouveaux. Je l'ai souvent cité dans mes ouvrages,
et j'ai conservé de l'attachement pour lui.

Bridel, originaire également du canton de Vaud, établi à
Gotha, a passé à Genève, ce me semble, en 1821. Il avait
vécu dans sa jeunesse avec les princes de Saxe-Gotha,
dont il était gouverneur. Il a visité les mousses de mon
herbier, et y a mis souvent sa propre nomenclature.

Brown (Robert) est venu deux ou trois fois à Genève ;
lors l'un de ses séjours il a demeuré chez moi. J'ai été fort
sensible à ses visites, et j'ai cherché à lui témoigner toute
l'estime que je fais de ses travaux et de son caractère [1].

Gaudin, pasteur à Nyon, est venu très-souvent consulter
mon herbier pour la rédaction de sa flore de Suisse.

Gay, de Prangins, établi à Paris, élève de Gaudin, est
aussi venu chaque fois qu'il faisait une visite à sa famille.

Bonjean, de Chambéry, et Thomas, de Bex, collecteurs
de plantes, sont venus quelquefois consulter mon herbier.

Arnott (Walker) était à Genève, en 1825, dans un moment où, accablé par la douleur de la perte de mon fils cadet,
je n'ai pu lui faire aucun accueil. Il a visité mon herbier.

Saint-Hilaire (Auguste de) a passé plusieurs mois à Genève, en 1828, pour consulter mes collections. Il m'a, je
crois, accordé quelque amitié, mais n'a guère manqué l'occasion de me critiquer sur des minuties [2].

Young (Thomas) a passé un été (1820), logé à Pregny,
près de chez moi. C'est un homme très-remarquable par la

---

[1] Déjà mentionné, page 267.   (Alph. de C.)

[2] Il a aussi oublié de mentionner mon père, dans la préface de sa *Morphologie*, parmi ceux qui ont influé *peu ou prou* sur la marche générale de
la botanique. L'oubli est singulier chez un homme qui s'était si résolûment
placé dans le courant de méthodes et d'idées que la *Flore française* et la
Théorie élémentaire avaient imprimé depuis vingt ans à la science. Il est vrai
qu'en adressant à mon père un exemplaire de la *Morphologie*, il a mis sur
la première page une dédicace tellement respectueuse que le contraste rend
ce volume une véritable curiosité bibliographique.   (Alph. de C.)

variété de ses travaux. Je le connaissais comme un profond
physicien, puis j'ai appris qu'il rivalisait avec Champollion
sur le déchiffrement des hiéroglyphes, et enfin qu'il avait
fait quelques mémoires botaniques, un entre autres sur les
Opercularia. Il est mort peu d'années après son séjour dans
ce pays.

Bentham, neveu du célèbre Jérémie, est venu plusieurs
fois à Genève. C'est un botaniste distingué, exact et laborieux, et de plus un homme excellent, sur l'amitié duquel
je compte et pour lequel j'ai un véritable attachement. Il
m'a rendu beaucoup de petits services relatifs à la science;
il a été aussi fort agréable à mon fils dans ses voyages en
Angleterre. Une partie de sa jeunesse s'étant passée à
Montpellier depuis que je l'avais quitté; il y avait si souvent
entendu parler de moi, que nous nous trouvions, pour ainsi
dire, liés ensemble avant de nous être vus [1].

Blume, que j'avais vu en 1829 à Bruxelles, vint, avec
sa jeune femme, me rendre visite en 1830. Il se trouvait
chez moi juste au moment où éclata la révolution de
Bruxelles, et j'admirais son sang-froid sur les collections
précieuses qu'il y avait laissées. Il m'a beaucoup intéressé
par les détails qu'il donnait sur son séjour dans les îles de
la Sonde.

Gussone, directeur du Jardin de Bocca di Falco, près
de Palerme, est venu la même année visiter avec soin mes
collections. C'est un homme simple, bon et obligeant, dont
j'ai mieux apprécié le talent en le voyant travailler. Je lui
suis resté sincèrement attaché.

Macreight, botaniste anglais, a travaillé, à peu près à la
même époque, dans mon herbier.

[1] M. George Bentham m'a dit et écrit bien des fois qu'il se regardait
comme un des élèves de mon père. Il a pris goût à la botanique par la
Flore française. Les disciples de mon père, formés par ses ouvrages, sont
plus nombreux et ont été peut-être en moyenne plus actifs, plus spécialement botanistes, que ceux formés par ses cours.   (Alph. de C.)

Collegno est un noble piémontais, cadet de famille, d'une
société agréable, qui avait suivi la carrière militaire. Il
était aide de camp du prince de Carignan, Charles-Albert,
à l'époque de la tentative de révolution de 1821. On dit
qu'il a blessé personnellement le roi par quelques propos ;
il fut obligé de quitter son pays, et vint passer environ
deux ans à Genève. Il suivait mes cours et travaillait chez
moi ; il avait même entrepris une monographie, celle des
Aristoloches, mais le goût de la géologie l'emporta dans son
esprit. Il est allé ensuite à Paris et il a accepté une place de
professeur à Bordeaux [1].

Bonafous est un agronome piémontais, distingué, que sa
monographie du maïs m'autorise à classer parmi les botanistes.

Colla est aussi Piémontais. Sa vocation est la jurisprudence, mais le goût de la culture des fleurs l'a conduit à la
botanique. Il possède un jardin remarquable à Rivoli, et il
en a publié la description, accompagnée de planches dessinées par sa fille, Mme Billiotti, jeune et belle femme, qui
est venue, avec son père, passer quelques jours à Genève.

Webb est un Anglais qui a de la fortune et qui l'a employée à voyager pour l'étude de la nature. Il a fait un premier voyage sur les côtes de la Méditerranée, puis il est
allé visiter en détail l'archipel des îles Canaries ; il y a
trouvé Berthelot, ancien marin français, originaire de Marseille, qui était établi à Ténériffe, en partie pour le même
but. Ils ont associé leurs travaux et leurs collections. L'un
et l'autre ont passé quelques mois à Genève par le motif
que mon herbier contenant les collections de Broussonet,
de Courant et celles de Christian Smith, décrites par Link,
aucun autre ne pouvait leur procurer autant de facilité pour
la détermination de leurs plantes. Ils ont eux-mêmes ajouté

---

[1] Il est rentré en Piémont lorsque la tendance politique a été totalement
changée, et après avoir joué un rôle important comme officier supérieur, il
est mort dans un âge peu avancé.   (Alph. de C.)

à mes richesses canariennes. Tous les deux sont des gens
instruits, obligeants et de bonne société. Il n'y avait pas
besoin de les nommer pour qu'à leur figure on reconnût
vite l'Anglais et le Provençal. J'ai dès lors eu occasion de
les voir plusieurs fois à Paris, où ils publient leur grande et
belle histoire naturelle des Canaries.[1].

Burchell, que j'avais connu à Londres en 1819, est venu
me faire une visite avec sa sœur, à Genève, en 1832. Dans
l'intervalle, il avait fait un voyage au Brésil. Son caractère
indécis avait continué à lui faire perdre une partie du fruit
de ses grands voyages. Il est probable qu'il ne publiera jamais rien de ses immenses collections[2]. On croit généralement que le talent est le seul élément de succès, mais on ne
pense point assez que le caractère influe autant que lui.
Ainsi le caractère vétilleux de Saint-Hilaire a fort amoin-
dri ce qu'on devait attendre de ses travaux ; la timidité
d'esprit de Desfontaines l'a empêché de suivre aux conséquences de sa grande découverte sur les monocotylédones ;
la paresse insouciante de Correa a paralysé ses brillantes
facultés, etc., etc.

Castagne, qui est venu me voir en 1833, pourrait bien
fournir un autre exemple du même fait. Il a passé vingt ans
à Constantinople, occupé de commerce, il est vrai, mais

[1] Le savant et excellent P. Barker Webb est mort après avoir achevé son
grand ouvrage sur les îles Canaries. Il a laissé sa bibliothèque et ses riches
collections au grand-duc de Toscane. M. Berthelot est consul de France aux
Canaries.   (Alph. de C.)
[2] L'auteur ne parle ici que des plantes et collections ; il connaissait très-
bien et appréciait hautement les deux volumes in-4° de M. Burchell sur son
voyage dans l'Afrique australe extratropicale. M. Burchell est un voyageur
éminent et son ouvrage conservera une place honorable dans les bibliothèques géographiques. En botanique, son nom est cité mainte et mainte fois
dans le *Prodromus* à l'occasion des Composées du Cap qu'il avait bien voulu
communiquer à mon père. Il aurait pu être cité plus souvent et par tous les
botanistes, mais, de même que beaucoup d'illustres voyageurs, il n'a pas
compris que le principe de la division du travail est bon dans les sciences
comme dans l'industrie.   (Alph. de C.)

ayant bien étudié la nature physique et morale du pays. Il
m'a communiqué des documents intéressants sur ce sujet.
Il est venu visiter mon herbier pour déterminer ses plantes;
dès lors, retiré dans sa campagne de Montaud, près Salon,
il semble s'y vouer au *dolce far niente*, et n'a publié presque
rien sur ses travaux.

Moritzi, originaire des Grisons, est venu passer quelques
années à Genève. Je l'ai souvent employé pour traduire de
l'allemand en français, pour ranger quelques parties de mes
collections, et surtout pour faire un dictionnaire des noms
vulgaires des plantes dans toutes les langues, d'après un
plan que j'avais tracé. La place de professeur d'histoire naturelle, à Soleure, étant devenue vacante, j'ai pu contribuer
à l'obtenir pour lui. C'est un homme inhabile à se faire valoir, probe, obligeant, modeste et patient[1].

Salzmann, Allemand, que j'avais déjà connu à Montpellier, où il est établi, a fait des voyages botaniques à Tanger
et à Bahia. Il est venu à Genève consulter mon herbier.
C'est un homme fort original, qui vaut mieux que son apparence[2].

Moretti, professeur de botanique à Pavie, est venu, en
1833, me voir à la suite d'une herborisation dans les Alpes,
et je l'ai depuis retrouvé à Paris. C'est un homme calme,
instruit sur diverses sciences, qui s'est occupé de physiologie et d'agronomie plus que de botanique descriptive.
J'ai eu quelques relations avec lui, et m'en suis toujours
bien trouvé[3].

Moris, professeur à Turin[4], est venu deux fois à Genève, en 1834 et 1838, avec sa femme. Il a voyagé en

---

[1] Il est mort en 1850. Voir la notice que j'ai publiée sur lui, la même
année, dans la *Bibliothèque universelle*.   (Alph. de C.)

[2] Mort en 1851. Voyez *Botanische Zeitung*, 1833, page 4.
                                          (Alph. de C.)

[3] Mort en 1853.   (*Id.*)

[4] Sénateur du royaume.   (*Id.*)

Sardaigne, île dont il publie la flore. C'est pour cet ouvrage qu'il est venu consulter mon herbier. Je m'en suis applaudi, car j'ai singulièrement goûté son excellent caractère et l'exactitude de son travail.

Enfin, dans ces mêmes années, j'ai vu en passant quelques autres botanistes. Les uns étaient d'anciens amis, et le plaisir de les revoir comme tels l'emportait sur celui de les recevoir comme botanistes, tels sont Dunal, Balbis, Adr. de Jussieu, Cambessedes, Ach. Richard, les deux Brongniart, etc.; les autres étaient de nouvelles relations, tels que MM. Blytt, Olfers, de Girard, Green, Mustel, Kunze, Schykowski, etc., qui sont restés trop peu de temps pour que je puisse dire autre chose sinon que j'ai eu le plaisir de les voir : cela même est du reste quelque chose. J'ai en effet toujours remarqué combien il est utile de connaître personnellement ceux dont on est dans le cas d'employer les ouvrages. On apprend ainsi le degré de confiance qu'ils méritent sous divers rapports. Je pourrai sembler présomptueux, mais je puis dire avec vérité que toutes les fois qu'il m'est arrivé de rencontrer un botaniste dont je connaissais les livres, ce que j'ai vu de son caractère moral était d'accord avec l'idée que ses ouvrages, même descriptifs et techniques, m'avaient inspirée. Je ne sais vraiment si cette révélation de l'homme par son livre n'est pas tout aussi bien donnée par un ouvrage didactique (pourvu qu'on l'ait bien étudié) que par un livre de morale ou de littérature. Le naturaliste qui décrit techniquement les êtres ne se doute point qu'on le devinera par ses descriptions et laisse souvent percer son caractère par quelques mots, par la forme ou le style de son livre, par le plan qu'il adopte, etc., tandis que le littérateur ou le moraliste sait qu'on peut le juger et se tient sur ses gardes pour ne pas trop se dévoiler lui-même. Ainsi se vérifie, même pour les livres techniques, l'adage de Buffon : *Le style est tout l'homme.*

Jusqu'ici j'ai mentionné les visites de botanistes, maintenant il me reste à parler d'étrangers appelés à Genève par de tout autres motifs. Ce second tableau sera plus varié, car il comprend des personnes des deux sexes et de toutes les positions sociales les plus diverses, de simples voyageurs en passage et des étrangers plus ou moins fixés dans le pays.

D'après le proverbe : *A tout seigneur tout honneur*, je parlerai d'abord des princes ou souverains qui sont venus à Genève pendant la période qui m'occupe. L'agitation imprimée à l'Europe lors de la chute de l'empire de Napoléon s'est fait sentir pendant quelques années, et a décidé plusieurs personnages de maisons souveraines à voyager hors de leur pays. Ainsi, dans l'automne de 1821, nous avons eu la visite de plusieurs princes allemands ou du nord. J'ai eu l'occasion de les voir de près et d'apprécier la politesse et la simplicité qui les caractérisent.

Le roi actuel (1840) de Danemark, alors prince Christian, se présente le premier à mon souvenir. C'est un homme d'esprit, d'instruction et de savoir, qui a, dit-on, la tête un peu ardente, comme on l'a vu quand il s'est fait déclarer roi de Norwége pour éviter de livrer ce pays à la Suède. Il aime la minéralogie et a consenti à devenir membre honoraire de notre Société d'histoire naturelle ; il a voulu que je lui donnasse une lettre de recommandation pour mon ami Brongniart, malgré mes assurances qu'il n'en était pas besoin quand on se présentait comme héritier du trône de Danemark. Sa femme, née princesse d'Augustenbourg, était alors une très-belle personne, qui paraît très-bonne.

Le grand-duc actuel (1840) de Toscane, alors prince héréditaire, excitait mon intérêt par sa bonté, son instruction et ses excellentes intentions. Je puis citer une preuve personnelle de sa bonhomie : c'est qu'il m'a adressé une lettre de sa main pour me recommander le jeune Savi, fils du

27

professeur de Pise. Il a étudié avec soin tout ce qui tenait
à notre organisation et surtout à notre instruction publique. La grande-duchesse, née princesse de Saxe, était une
personne aimable, distinguée par son caractère moral et
son esprit; elle m'avait accueilli avec bonté, et longtemps
après son séjour chez nous, elle ne manquait guère les
occasions de me faire parvenir ses compliments; elle est
morte quelques années après. Je l'ai regrettée comme si elle
n'était pas d'un rang qui semblait m'interdire toute relation
avec elle.

Nous avions encore le duc et la duchesse de Hesse-Phi-
lippstadt, citoyens de Genève d'ancienne date, gens très-
bons et très-polis, mais qui parlaient peu, et que j'ai peu
recherchés.

Dans le même temps se trouvaient aussi à Genève le
prince et la princesse Guillaume de Wurtemberg. Ils ont
séjourné un ou deux ans dans notre ville, et je les ai vus
beaucoup. Le prince était passionné de médecine. Je
n'ai pu lui faire une meilleure politesse que de l'inviter
chez moi à la réunion de la Société médico-chirurgicale.
Il avait la rage de causer médecine et même de la pratiquer, ce qui était dangereux par les doses qu'il ordon-
nait. Sa femme était une personne d'esprit et de goût, d'un
naturel très-gai, et que j'aimais beaucoup à rencontrer.
Elle venait quelquefois me voir dans la matinée, et je me
rappelle qu'elle arriva le jour où je venais de recevoir la
magnifique collection de plantes du Népaul, que l'excellent
Wallich m'avait expédiée; j'étais fou de joie, et la princesse l'était presque autant que moi de voir ces formes si
variées et si extraordinaires des plantes des montagnes de
l'Inde. Elle était arrivée chez moi dans un état d'hilarité
singulière; elle sortait de chez le bon M. de Bonstetten,
qui, dans sa distraction de vieillard, l'avait reçue avec une
absence de costume impossible à décrire. Bien des femmes,
même sans être princesses, se seraient scandalisées : elle

n'avait vu que le côté bouffon de la position. Pourquoi
faut-il que ces souvenirs de gaîté se lient à celui de la
mort de cette charmante femme, qui eut lieu bien peu de
temps après?

Ces quatre couples princiers se voyaient souvent le soir,
et m'admettaient dans leurs réunions avec un petit nombre
d'autres personnes, telles que MM. de Bonstetten et Pictet.
Ils faisaient souvent de la musique. Je m'amusais des compliments à toute outrance qu'ils s'adressaient entre eux;
accoutumés sans doute à en recevoir, ils croyaient ne pouvoir assez en faire !

Peu de temps après cette époque, nous avons vu passer
à Genève les jeunes princes de Saxe, qui allaient voir leur
sœur à Florence, le prince de Linange, frère de la mère de
la reine Victoria, les princes d'Augustenbourg, frères de la
reine actuelle de Danemark, le prince héréditaire de
Mecklenbourg, père de la princesse Hélène, et dont le fils
a fait ses études à Genève, enfin le duc de Saxe-Weimar.
Quoique je les aie vus assez souvent, il ne me reste de souvenirs un peu vifs que du duc de Saxe-Weimar, homme qui,
comme on sait, a marqué par son caractère élevé et son
amour pour les sciences. Il venait souvent le matin me demander à voir des plantes *qu'il n'eût jamais vues*, et, malgré
son grand âge, il pouvait rester plusieurs heures debout à
regarder les échantillons de mon herbier. Je me rappelle
qu'il vint un soir, avec son gendre de Mecklenbourg, nous
demander une tasse de thé et passer la soirée avec nous,
à la mode familière de Genève. Je n'étais pas embarrassé
de la conversation, car nous avions par hasard M. et
Mme Eynard, gens d'aimable société, et qu'il connaissait;
mais je voulus lui présenter quelque chose qui frappât son
attention. J'imaginai de lui faire goûter plusieurs sortes de
thés extraordinaires que j'avais dans ma collection, tels que
le thé de Santa-Fé de Bogota, le maté, le thé des Cal-
moucks, etc. Il me disait, avec son air franc et observateur :

« C'est bien mauvais,.... mais donnez-m'en encore un peu,
pour en conserver mieux le souvenir ! »

Puisque je parle des princes qui sont venus à Genève, je
ne dois pas passer sous silence ceux de la famille de Napoléon. Nous avons eu pendant un hiver (1834-1835) l'ancienne reine de Hollande, Hortense, et son fils, Louis Bonaparte, que j'ai vus très-souvent. La reine était une personne
d'esprit et de goût, fort remarquable par ses talents pour
le dessin et la musique. Je me trouvais avoir des relations
communes à Paris, et j'avais souvent causé avec sa mère,
l'impératrice Joséphine. Elle-même était si bonne, si sensée,
qu'on ne pouvait la voir sans éprouver un sentiment très-
vif d'intérêt, d'autant plus qu'elle venait d'être blessée dans
ses affections les plus chères par la mort de son fils aîné.

C'est, je crois, en 1819 que nous vîmes arriver une colonie de princes grecs, Fanariotes, et que nous pûmes observer cette singulière classe d'hommes, moitié princes, moitié
particuliers, moitié asiatiques, moitié européens, moitié
civilisés, moitié barbares. Cette colonie avait pour chef le
prince Karadja, hospodar de Valachie, qui, soupçonnant le
Grand Seigneur de pouvoir bien lui envoyer le fatal cordon,
avait un beau jour décampé de sa capitale, en emmenant
avec lui sa famille entière et tout ce qu'il avait pu réunir
de ses trésors. Après avoir séjourné quelque temps en Autriche, il était venu à Genève, où il a passé plus d'un an,
et où je l'ai vu souvent. Je consignerai ici quelques-uns de
mes souvenirs.

Le prince Karadja était un vieillard encore assez bel
homme ; il avait conservé le costume oriental et, en particulier, le poignard à la ceinture. Il parlait passablement
le français, mais était moins que diverses personnes de sa
famille au courant des mœurs européennes. Il était arrivé
avec de grandes valeurs métalliques, sans avoir aucune idée
des placements de fonds à intérêt ; il a vécu pendant quelques mois en vendant les plaques d'argent des harnais de

ses chevaux, et ne voulait pas entendre parler de se ménager des ressources par une administration de ses biens
propre à conserver les capitaux. Sa femme, que les mauvais plaisants appelaient la princesse *Rotunda*, méritait ce
nom par sa rotondité; elle paraissait une bonne femme,
mais ne parlait point français. Le fils était un homme d'une
figure agréable, qui annonçait peu de capacité et peu de
goût pour les mœurs des peuples civilisés. Deux des filles
de l'hospodar, Mmes Vlaoutski et Argyropoulo complétaient,
avec leurs maris, cette curieuse famille : elles étaient encore
belles et parlaient assez bien notre langue. Leur passion était
la toilette, surtout les costumes français; d'ailleurs elles ne
disaient pas grand'chose. Le prince Argyropoulo avait
voyagé en Angleterre, mais ne paraissait pas trop comprendre les gouvernements européens, et faisait à ce sujet les
réflexions les plus curieuses. Je crois que c'est lui qui deman-
dait si notre syndic de la garde (chef de nos milices) *était
bien sanguinaire*, et qui hésitait à traverser avec quelques-
uns de nous un passage un peu obscur, comme s'il y craignait une embuscade. Vlaoutski était un boyard valaque, qui
ne parlait guère, mais avait un naturel charitable; il assista
à notre bal national du 31 décembre, et dès le lendemain
il adressa cent sequins aux pauvres de l'hôpital, avec une
lettre disant à peu près : « J'ai assisté hier à votre grand
« bal; je m'y suis fort amusé; j'ai pensé que mes voisins,
« les pauvres de l'hôpital, ne s'étaient pas autant divertis
« que moi, et j'envoie ces cent sequins aux directeurs pour
« qu'ils fassent une fête à leurs pauvres pour le jour de
« l'an. »

Mais de toute cette colonie fanariote, celui qui me paraissait le plus remarquable était le prince Maurocordato, ancien ministre de l'hospodar. C'était un homme remarquablement instruit et spirituel, plus gai, plus vif et moins solennel
que tous les autres; il parlait onze langues orientales ou
européennes, et passait son temps à apprendre le latin pour

faire la douzaine. Maurocordato provenait de la grande
famille vénitienne, et se regardait comme plus noble que
son maître. Un jour je me faisais expliquer par lui le système de la noblesse grecque sous les Turcs, et je lui demandais de me citer les grandes familles. « Oh ! je vais
vous dire, me répondit-il devant le prince Karadja, il y a
d'abord la mienne! c'est la première; puis viennent les Ypsi-
lanti, les Soutzo, etc., et puis les Karadja, etc. » On trouverait difficilement en Europe un ministre qui osât parler
de la sorte devant son souverain, même quand celui-ci serait
électif et destitué. Maurocordato venait souvent et familièrement causer avec moi. J'ai un exemplaire du Prodrome
de la flore grecque de Smith, où l'orthographe des noms
grecs est corrigée sous sa dictée. Dès lors il est retourné en
Grèce, et même il a été quelque temps président, avant l'arrivée de Capodistrias.

Peu après le départ de la famille Karadja, nous vîmes
arriver le prince Soutzo, ancien hospodar de Moldavie et
gendre de celui de Valachie. A son arrivée il portait le
brillant costume des Fanariotes, et tant qu'il l'a conservé,
il m'a semblé l'homme le plus beau que j'eusse jamais rencontré; je me rappelle encore sa première visite et l'admiration que j'éprouvai en le voyant entrer à l'improviste dans
ma bibliothèque. Dès lors il a pris les vêtements européens
et a perdu presque tout son prestige. C'est un homme gracieux, aimable, obligeant, qui a très-bien vu la cour otto-
mane, où il a rempli l'office de drogman. Il nous en faisait
des récits curieux, mais il paraissait avoir moins de capacité et d'instruction que Maurocordato. J'ai revu cette excellente famille à Paris, où le prince a été assez longtemps
envoyé de la Grèce.

On ne peut pas séparer de ces souvenirs de princes grecs
ceux de l'excellent Capodistrias. En quittant la Russie il
vint passer quelques années à Genève, attiré soit par la
circonstance qu'il était encore nominalement ministre de

Russie en Suisse, soit par sa qualité de bourgeois honoraire
de Genève [1]. J'ai conservé de lui le souvenir le plus agréable et le plus sensible, et tous ceux qui l'ont connu en diront autant. Sa physionomie respirait la douceur, la finesse
et l'intelligence. Sa conversation avait un charme particulier. Lorsqu'il parlait de la Grèce, c'était le ton, ou d'un
amant qui parle de sa maîtresse, ou d'un politique profond
qui comprenait bien les difficultés du présent et les chances
de l'avenir. Après l'avoir vu très-souvent, je lui ai fait ma
dernière visite la veille du jour où il partait pour Ancône
et la Grèce. Je comptais aller seulement lui souhaiter un
bon voyage; mais, ayant dit un mot, je ne sais lequel, sur
l'avenir de son pays, sur-le-champ il me prit la main, en
me disant : « Vous m'avez compris, asseyez-vous là! » et
pendant une heure il m'expliqua, avec son éloquence gracieuse tous les plans qu'il formait dans son esprit. Je l'écoutais avec une sorte d'émotion; il ne se dissimulait point,
même alors, que l'assassinat était une des chances qu'il cour-
rait lorsqu'il voudrait arrêter les désordres des chefs, mais
il envisageait cette chance avec une sérénité admirable.
Hélas! elle ne s'est que trop tôt vérifiée. Sa mort a été pleurée à Genève comme elle a pu l'être dans la Grèce même.

Après avoir eu, pendant une année, l'occasion d'étudier
les mœurs des Fanariotes, grâce à la présence au milieu
de nous de la famille Karadja, nous avons pu nous former
une idée de la haute société de Saint-Pétersbourg. Dans l'au-

---

[1] Il avait rendu de grands services à Genève et à toute la Suisse, en 1815,
comme ministre de Russie au congrès de Vienne. M. de Talleyrand, impa-
tienté des demandes de nos députés, avait répété ironiquement ce mot qu'il
avait déjà dit en 1798 (j'en ai la preuve dans une lettre de mon père, de
cette époque) : « Il y a cinq parties du monde, l'Europe, l'Asie, l'Afrique,
l'Amérique et Genève. » Capodistrias reprit, avec émotion, par un autre
mot qui allait droit au cœur des Genevois d'alors, plus ambitieux d'appartenir à une ville célèbre qu'à une ville de quarante mille âmes, voire même
de cinquante mille : « Non, Genève n'est pas la cinquième partie du monde;
mais c'est un grain de musc dont le parfum se répand dans toute l'Europe.»

(Alph. de C.)

tomne de 1831, nous vîmes arriver à Genève une espèce de
colonie russe; plusieurs seigneurs et dames des familles
Narischkin, Gallitzin, Wolkonsky, Gourief, Medem, etc.,
la composaient. Ils passaient leur temps ou à jouer la comédie ou à faire des parties de whist, et les dames, de ma-
cao. C'étaient en général des personnes d'esprit, de très-bon
ton, et qui, ainsi réunies entre elles, représentaient assez
bien la société de la cour de Russie, Je les voyais souvent, et je prétendais que c'était une manière commode de
faire un voyage à Pétersbourg. Comme je l'ai remarqué
toutes les fois que j'ai vu des personnes venant de pays
dans lesquels l'esclavage ou le servage existent, les femmes
m'ont paru supérieures aux hommes; ceux-ci en effet sont
plus gâtés qu'elles par les plaisirs faciles et par les habitudes
de commandement despotique. Les personnes qui m'ont le
plus frappé dans cette réunion étaient : 1° Mme Narischkin
(Marie-Antone), connue aussi par le surnom d'Étoile du
Nord, l'ancienne maîtresse de l'empereur Alexandre. Elle
avait alors passé l'âge de la beauté, mais on voyait qu'elle
avait dû briller surtout par la fraîcheur et la grâce; elle
avait une conversation agréable, une manière de recevoir
qui annonçait du calme, de la bonté et le désir de plaire. Elle
était à Genève avec le général B***, qui n'avait de remarquable que sa passion aveugle pour le magnétisme animal.

2° Mme Olga Narischkin, femme du général Narischkin,
et, par là, nièce de la précédente. Elle était fille de la
fameuse Sophie Potoçka, esclave grecque épousée par le
comte Potoçki, si célèbre par sa beauté, et à laquelle son
mari avait dédié la fameuse terre de Sophiouska. Mme Olga
était elle-même une beauté remarquable; sa belle figure
inspirait de l'intérêt par une mélancolie douce qui tenait
(elle le laissait entendre) à quelque passion contrariée.
« L'amour use l'âme, » me disait-elle nonchalamment. Madame Olga parlait peu, mais avec des yeux comme les siens
la parole est une affaire de luxe.

3º Mme Y***, Polonaise des provinces réunies à la Russie. Elle se trouvait en dehors de la colonie de Pétersbourg. C'était une petite femme vive, jolie et aimable comme le sont les Polonaises, remarquable par sa belle voix et fort divertissante par une sorte de déraison gracieuse. Je l'ai vue assez souvent et je l'ai observée comme un type à part. Un jour je la trouvai écrivant sur une table chargée de bougies et pleurant comme une Madeleine. Je lui témoignai mon étonnement de ce spectacle. « C'est, me dit-elle, que je fais mon testament, et je vous ai fait prier de venir, parce que je veux avoir vos conseils. » Elle m'entretint en effet de ses plans, qui me parurent assez bizarres, et que je lui fis changer, au moins pour le moment.

4º M. et Mme de Medem, des environs de Mittau, se trouvèrent aussi à Genève en même temps que la colonie russe, dont ils étaient un peu à l'écart. Ce sont des personnes de sens, d'instruction, de très-bon ton, avec lesquelles il m'a été fort agréable d'avoir quelques relations. J'aurai occasion d'y revenir dans la suite.

5º La princesse Sophie Volkonski est venue plusieurs fois à Genève, et j'ai eu toujours un vif plaisir à voir cette bonne et excellente femme. Elle est première dame de l'impératrice, et son mari premier aide de camp de l'empereur Nicolas. Par sa naissance et sa position, c'est une très-grande dame de l'empire russe; elle n'en a pas moins conservé toute la simplicité et la bonhomie compatibles avec sa position. Elle emploie son crédit à rendre des services et met en pratique toutes les idées libérales les plus sages. A sa demande, je lui ai remis une note sur un sujet dont j'avais causé beaucoup avec elle, savoir la manière d'abolir le servage en faisant passer les serfs au rang de métayers, comme cela a eu lieu en Italie et dans une grande partie de l'Europe occidentale. Cette femme, si haut placée, était tout occupée de cette idée; elle venait en hiver de la campagne à la ville, à pied, s'asseoir au coin de mon feu, pour causer de ce plan, qui, malgré son zèle, n'a eu aucune suite, comme beaucoup d'autres [1].

Mais, puisque je raconte mes rapports avec des Russes, je ne puis tarder davantage de parler de ceux auxquels je mets le plus de prix et qui sont devenus de vraies et solides amitiés.

Dans l'été de 1828, j'appris qu'il était arrivé à Genève deux dames russes qui témoignaient le désir de me connaître ; toutefois, vu le nombre immense des voyageurs, je ne m'en inquiétais point. Je rencontrai une dame de mes compatriotes qui m'aborda en m'assurant que je devais aller voir ces étrangères, qu'elles avaient grande envie de me connaître, mais que n'ayant pas trouvé ici une lettre d'introduction que mon ami Fischer [2] leur avait promise, elles n'osaient se présenter elles-mêmes. Vaincu par cette insistance, j'allai à l'hôtel où elles demeuraient, et bien m'en a pris. En entrant chez Mme et Mlle de Klustine, je trouvai un accueil si amical et si naturel, qu'il ne se passa pas un quart d'heure avant que, grâce à notre ami absent, nous ne fussions ensemble comme d'anciens amis. Je leur proposai de venir le soir même à La Perrière [3] pour leur faire faire la connaissance de ma femme, et dans la journée nous étions déjà en relation étroite. Mme de Klustine, d'une physionomie douce, timide, n'avait, pour ainsi dire, des yeux que pour sa fille. Celle-ci venait d'être fort ma-

---

[1] J'ai retrouvé la copie du Mémoire que mon père lui remit sur cette question. Il n'a plus d'importance puisque le mode d'émancipation adopté repose sur des bases tout à fait différentes. Le système de céder une partie des récoltes, au lieu de terrain, aurait eu avantage de lier les intérêts du maître et des cultivateurs, car il excite ceux-ci à bien cultiver et à cultiver la plus grande étendue possible, ce dont le maître profite pour sa part.
(Alph. de C.)

[2] Directeur du Jardin impérial de Saint-Pétersbourg, un des correspondants les plus obligeants et agréables de mon père. Nous lui devons la communication d'un grand nombre de plantes sèches recueillies dans de lointains pays par des voyageurs russes.   (Alph. de C.)

[3] Maison de campagne, au bord du lac, où habitait alors mon père.
(Alph. de C.)

lade. On l'avait transportée mourante à Montpellier, où l'air du Midi et les soins du docteur Chrétien l'avaient rétablie. C'était une personne vive, spirituelle, en tout point l'opposé de sa mère, si ce n'est que l'une et l'autre avaient en commun une parfaite bonté. Peu de jours après cette première entrevue, je retrouvai ces dames à Lausanne chez la marquise de La Tour-du-Pin. Je les vis souvent pendant les trois jours que dura la Société helvétique des sciences, et nous nous trouvâmes de suite intimes amis. Il faut dire que la conversation de mon ami Fischer, à Moscou, et ce qu'elles avaient entendu dire de moi à mes amis de Montpellier, les y avait disposées. Elles vinrent en automne à Genève, où je les vis tous les jours, et où je nouai avec elles une amitié véritable; ensuite elles allèrent passer l'hiver en Italie, et j'entretins avec Anastasie une correspondance qui me fut très-agréable et me donna une haute idée de son intelligence. Dès lors ces aimables amies (car je pouvais leur donner ce titre) sont venues séjourner quelque temps à Genève.

Je puis, par un fait, donner une idée de la prodigieuse facilité de M\ulle de Klustine. Je lui demandai un jour si elle ne pourrait pas me donner pour la *Bibliothèque universelle* un morceau sur l'état de la littérature russe. Trente-six heures après elle m'en apporta le manuscrit. Elle donnait dans cet article une appréciation des principaux littérateurs de la Russie et un échantillon de chacun d'eux, traduit d'après ses souvenirs : le tout écrit avec grâce et en très-bon français; elle avait alors dix-neuf ans! Je doute qu'on puisse trouver un second exemple d'une facilité pareille. Le fragment sur la littérature russe fut recopié dans plusieurs journaux et fort apprécié. Quelques années plus tard, ayant été faire avec son mari une course à l'île de Caprée, elle adressa à sa mère et à moi deux relations de cette excursion. La mienne était travaillée et destinée à l'impression; je l'en trouvai très-digne, mais quand j'eus entendu celle adressée à M\ume de

Klustine et écrite d'inspiration au retour de la course, sa mère et moi nous la trouvâmes tellement supérieure, que, d'un commun accord, ce fut elle que nous insérâmes dans la *Bibliothèque*. Cette supériorité du premier jet est assez fréquente chez les femmes et se lie avec le talent qu'elles ont naturellement pour le style épistolaire.

A la suite des événements de juillet 1830, le comte de Circourt, homme remarquable par son instruction dans les sciences historiques, géographiques et philologiques, quitta la France, vint à Genève et ne tarda pas à épouser Mlle de Klustine, dont il avait apprécié le mérite pendant un court séjour qu'elle avait fait à Paris. Le mariage eut lieu à Berne, dans la chapelle de l'ambassade russe et à l'église catholique. Anastasie me donna dans cette occasion une vraie preuve d'amitié en m'écrivant un billet au sortir même de la cérémonie.

Depuis son mariage, j'ai continué avec Mme de Circourt les mêmes relations si douces pour le cœur et pour l'esprit. Elle avait pour moi et a j'espère encore une amitié telle qu'on peut l'avoir, je n'ose dire pour un père, mais certainement pour un oncle. Toute sa conduite à mon égard y a été conforme. Elle est revenue souvent à Genève, et je l'ai vue dans tous mes voyages à Paris où elle est fixée. Les circonstances l'ont conduite à ne pas cultiver spécialement son talent littéraire : il lui en est resté d'être une femme de société remarquablement aimable.

Mme de Klustine, que je connaissais à peine quand elle était avec sa fille, parce qu'elle parlait peu, sembla avoir la langue déliée quand elle fut seule au milieu de nous : je conçus alors une sincère amitié pour elle, j'appréciai sa grâce et sa bonté, et dès lors je lui ai voué des sentiments tout aussi amicaux qu'à sa fille, mais son extrême modestie fait qu'elle se tient toujours en arrière et à l'écart.

Mes relations d'amitié avec les dames russes ne se sont pas bornées à celles que je viens de mentionner, et il me reste à en signaler une à laquelle j'ai attaché bien du prix. Dans l'automne de 1833, M. et Mme de Hahn[1], revenant de Constantinople, arrivèrent à Genève. Un de leurs compagnons de voyage me mit en relation avec eux : je m'arrangeai fort de la conversation du baron, mais dès la première visite j'éprouvai pour sa femme une sorte de sympathie, car il existe en amitié de ces sentiments instinctifs. Mme de Hahn est née Française (de Champagne) ; son père, ayant émigré, se maria dans le pays de Bade avec une dame d'honneur de la grande-duchesse, aussi remarque-t-on chez elle un mélange de l'esprit français et du caractère allemand. Elle habite en Courlande, et c'est le plus grand hasard, comme on vient de le voir, qui m'a donné l'occasion de faire sa connaissance.

Mme de Hahn était alors une personne d'une trentaine d'années, d'une physionomie gracieuse. Sa conversation avait un intérêt infini, sa gaîté était douce, la sensibilité de son âme perçait à chaque phrase : elle avait de l'instruction sans en faire parade, de l'énergie sans la montrer hors de propos. Elle a plu à tous dans notre société intime où j'introduisis aussitôt ces aimables voyageurs. Ils sont restés six mois à Genève et y ont laissé de longs souvenirs. Je reviendrai plus tard sur mes relations avec Madame de Hahn, parce qu'elles se rattachent plus encore aux années de ma vie qui feront l'objet du livre suivant. Je me suis, pour ainsi dire, plus lié avec elle en son absence et par correspondance que je ne l'avais fait pendant son séjour.

Après avoir parlé de deux amies aussi aimables, me serait-il possible de continuer une froide énumération de simples relations de société plus ou moins agréables ? Non, il faut continuer à m'occuper de personnes pour lesquelles j'ai aussi quelque amitié. Le mérite de ce sentiment est de

---

[1] De Hahn-Asüppen, d'après le nom de leur résidence en Courlande. M. le baron de Hahn a occupé avec distinction plusieurs places importantes dans la haute administration russe. (Alph. de C.)

n'être pas exclusif comme l'amour, et de permettre des partages sans limite, de telle sorte cependant que chaque ami ou amie semble avoir la part tout entière.

Une Anglaise, Mme Prinsep, réclame ici une mention très-spéciale pour l'affection et quelquefois l'admiration que je lui ai vouée. En 1829, elle arrivait des Indes. Femme d'un riche banquier, elle avait été obligée de venir en Europe à cause du climat meurtrier de Calcutta, qui ne pouvait convenir ni à sa santé ni à celle de son enfant. Je fis sa connaissance peu après son arrivée : sa figure, sa gaîté, son esprit original m'attirèrent, et à peine l'eus-je un peu connue que j'admirai son caractère. J'espère avoir contribué à lui rendre le séjour de Genève agréable en la faisant apprécier à sa valeur, et en retour elle m'a accordé plus de bienveillance que je n'eusse osé l'espérer. Des événements frappants sont venus prouver ce que j'avais deviné, que cette jeune femme si vive, si rieuse, si étourdie en apparence, était en réalité une personne attachée à ses devoirs, et douée d'une force et d'une raison parfaites. Elle apprit la ruine totale de sa fortune et supporta la pauvreté avec résignation. Plus tard, des pertes plus cruelles, celles de son mari et d'un fils, ont montré à la fois sa sensibilité et son courage. Ayant vécu très-jeune dans l'Inde, elle m'a fait connaître ce pays d'une manière intéressante. Je l'ai encouragée à écrire une notice sur les Parsis, qui a été insérée dans la *Bibliothèque universelle*. Elle m'a donné des preuves d'une véritable amitié, et j'en ai pour elle une bien sincère, aujourd'hui déjà ancienne.

Parmi les dames qui ont passé à Genève dans la période dont je m'occupe, et qui ont laissé des traces dans mes souvenirs, je dois citer :

La célèbre miss Edgeworth, auteur des romans moraux et livres d'éducation si intéressants. Elle était simple et bonne comme ses ouvrages; sans avoir été fort lié avec elle je lui conserve un souvenir affectueux.

Lady Morgan a passé à Genève dans le moment le plus actif de la réaction contre les idées libérales. Elle paraissait enchantée de notre ville, comme type d'une république démocratique, et allait en Italie évidemment pour y recueillir des notes contre les puissances. Elle nous conta que son projet était d'écrire son voyage et de mettre sur chaque point en parallèle le bonheur de notre état démocratique et le malheur des pays soumis à l'absolutisme. Quelques-uns des meneurs du parti raisonnablement libéral s'inquiétèrent de ce que les éloges exagérés de lady Morgan risqueraient de compromettre Genève aux yeux de la Sainte-Alliance, dont elle avait alors beaucoup à craindre; nous voulûmes conjurer ce danger éventuel, et je fus chargé de porter la parole. Je le fis, à son départ, en lui disant à peu près : « Milady, vous avez un rôle dans le monde à soutenir : « vous êtes (en faisant allusion à ses livres sur l'Irlande), « vous êtes l'avocat des peuples malheureux ! Eh bien, « nous, nous sommes un peuple heureux ! nous ne sommes « pas dignes de votre attention.» Elle saisit cette idée avec son imagination d'artiste, me répondit la lettre la plus originale possible en deux ou trois langues, et ne parla pas de Genève.

Lady Raffles, veuve de sir Stamford Raffles, a déjà été mentionnée à l'occasion d'un voyage en Suisse [1], mais je ne saurais assez louer sa grâce et sa bonté : j'ai reçu d'elle l'ouvrage qu'elle a publié sur la vie de son illustre époux.

Enfin, Mme Boni de Castellane est venue deux fois passer quelque temps à Genève. La seconde fois, en 1832, elle se trouvait ici avec son ami, M. le comte Molé, qui venait de perdre sa fille et avait besoin de ses consolations. Mes relations avec la famille de Castellane datent de mon voyage aux Pyrénées, où je trouvai le vieux marquis qui voulait bien me rappeler que nos deux familles ont été jadis alliées. Celui-ci est aussi venu dans sa vieillesse à Genève,

[1] Voyez page 359.

avec sa femme (née Rohan et veuve du duc de La Rochefoucauld, qui fut assassiné sous ses yeux). Mme Boni (par
abréviation de Boniface, nom de son mari [1]) est une des
femmes les plus spirituelles que j'aie jamais rencontrées :
j'ai eu le bonheur de la voir presque tous les jours pendant
son séjour à Genève et souvent dès lors à Paris ; je lui ai
voué un sincère attachement et j'ai la confiance qu'elle m'en
a aussi accordé quelque peu. J'en dirai autant, et dans ce
double sens, de son compagnon de voyage, M. Molé ; j'ai
beaucoup joui de sa conversation fine, élégante et profonde,
et j'ai toujours trouvé chez lui les procédés les plus aimables. J'y reviendrai dans la suite en parlant de mon séjour
à Paris en 1837.

Est-ce parmi les Genevois ou les étrangers que je dois
placer Mme de Staël et sa famille ? Je voudrais bien par
orgueil national les compter comme des citoyens de la ville
de Calvin, mais en vérité je ne puis le faire. Dans les premiers temps après mon retour à Genève, Mme de Staël habitait Coppet ; j'y allais quelquefois et toujours avec plaisir.
On a si souvent parlé de cette femme distinguée que j'ose
à peine dire quelques mots de son esprit prodigieux de conversation et de sa bonté de cœur, qui éloignait de cet esprit si brillant toute tendance à l'épigramme. Elle savait
apprécier ceux même qui choquaient souvent ses opinions,
et avait un talent particulier pour exciter l'intelligence de
ceux qui conversaient avec elle. J'ai vécu familièrement avec
plusieurs des personnes qui l'avaient connue depuis longtemps, et je conserve dans ma mémoire une foule d'anecdotes qui la concernent; mais si je me permets de mentionner souvent les particularités dont j'ai été témoin, je me
suis interdit, même dans ces pages confidentielles, de raconter ce que j'ai appris seulement par le témoignage d'autrui.

Son fils, Auguste de Staël, et sa fille, Mme la duchesse de
Broglie, que j'ai vus assez souvent à Coppet, étaient tous

---

[1] M. le maréchal de Castellane.   (Alph. de C.)

deux des personnes fort intéressantes dont je recherchais
la conversation. Auguste de Staël, avait des connaissances
variées et s'était occupé un peu de botanique. Un jour il
me demanda de lui donner une idée de ma manière de considérer la théorie de cette science. Étant à Coppet, nous
nous réunîmes après le déjeuner, M. et Mme de Broglie,
Mme Rilliet-Huber, et en général les habitants du château.
Je fis une espèce de leçon familière et improvisée sur ce
vaste sujet. Elle parut frapper mes auditeurs en leur ouvrant
un champ nouveau de méditations, et Staël en ayant parlé
à M. Guizot, celui-ci me demanda de rédiger ce que j'avais
dit, pour l'insérer dans la *Revue française*, dont il était alors
(1829) le directeur. Telle est l'origine du morceau qui a pour
titre *De l'état actuel de la botanique générale*. J'ignore jusqu'à
quel point ce résumé de ma doctrine a pu contribuer à la
faire comprendre, mais je me rappelle avec plaisir le moment
où je l'ai ainsi exposée à des personnes d'élite, et l'espèce
de liaison que j'ai contractée alors avec un homme aussi
éminent que M. Guizot lui donnera toujours du prix à mes
yeux. Cette relation m'entraîna quelque temps après à insérer, dans le même recueil, des *Observations sur la législation
forestière de la France*, où se trouvent des idées que je crois
utiles et dont il me semble qu'on tend à se rapprocher. Ce
n'est pas que j'attribue aucune action à ce petit écrit ; il fut
peu remarqué dans le temps, quoique peut-être (on me permettra comme auteur de le croire) il méritait un peu plus
d'attention.

Vers la même époque je fus appelé à m'occuper d'un savant dont j'ai déjà parlé à l'occasion d'une visite qu'il me fit
à Montpellier. Un jour, avant le lever du soleil, je fus réveillé par l'arrivée d'un billet de lady Davy qui me contait
en peu de mots, qu'elle était arrivée la veille avec son mari,
et que celui-ci était *mort* dans la nuit. Elle me priait d'aller
la voir : je la trouvai, comme on le comprend, fort émue de
cet événement inattendu. C'était le produit d'une apoplexie,

produite elle-même, à ce qu'il paraît, par la voracité avec laquelle Davy avait mangé de l'ombre-chevalier à son souper. Je cherchai à calmer l'émotion de sa femme et je donnai des regrets à l'illustre chimiste. Je m'occupai immédiatement de lui faire rendre les honneurs funéraires, tels que je pensais qu'une ville comme la nôtre les devait à un savant d'un rang aussi élevé. Je m'entendis soit avec le Conseil d'État, soit avec l'Académie, et je fis décider par l'un et l'autre corps qu'on ferait pour Davy le même ensevelissement que pour un membre de notre Académie. Celle-ci, en conséquence, députa trois de ses membres pour complimenter lady Davy, le Conseil d'État et le corps académique marchèrent à pied, processionnellement, jusqu'au cimetière, accompagnés de toutes les corporations tenant aux sciences et d'une foule d'assistants. Ce témoignage d'égards pour un homme aussi distingué fut très-bien vu par ses compatriotes, et sa famille y fut sensible. Peu de temps après lady Davy envoya cent livres sterling à l'Académie pour en faire l'usage qu'elle estimerait le plus utile aux sciences. Sur ma proposition, on décida d'employer les revenus de cette somme à donner de temps en temps un prix à l'étudiant qui, dans les six années après sa sortie des études, aurait fait l'ouvrage le meilleur sur l'une des sciences physiques ou naturelles. Ce prix a été accordé à M. Jules Pictet pour son ouvrage sur les Phryganes, et je dois avouer que dès lors il n'a paru aucun ouvrage qui l'ait mérité. Peut-être la condition de n'être sorti des écoles que depuis six ans est-elle trop sévère et devra-t-elle être modifiée.

En terminant par ce lugubre épisode la liste des étrangers que j'ai connus à Genève de 1816 à 1835, je suis loin d'avoir épuisé l'énumération de ceux que j'ai vus et qui m'ont inspiré de l'intérêt [1]. Un grand nombre d'autres noms

---

[1] L'auteur avait noté sur une petite liste, jointe à ses Mémoires, avec l'époque de leur visite : MM. Fulchiron, Ampère, de Buch, duc Pasquier, général Sébastiani, duc de San Carlos et Mme de Transtamare, Mme de

illustres se pressent dans mon souvenir, mais je ne veux
pas abuser de la patience de ceux entre les mains desquels
ces pages pourront tomber. Je terminerai cependant ce
chapitre, comme l'ordre des dates me le suggère, en disant
quelques mots de la fête du jubilé de la Réformation, qui,
dans l'été de 1835, attira à Genève un grand nombre de
théologiens protestants de tous les pays du monde.

L'époque de ce jubilé (le troisième depuis la Réformation) se trouva coïncider avec l'inauguration de la statue de
Cuvier à Montbéliard, où j'étais invité à me rendre avec une
députation de l'Académie des sciences de l'Institut. Je me
trouvai dans une grande incertitude sur le choix entre les
deux cérémonies. Mon amitié pour Cuvier me faisait pen-
cher pour Montbéliard, mais la goutte en décida autrement.
Le jour où j'aurais dû partir je fus pris d'une attaque qui
annonçait devoir être violente et me retint à Genève; elle
se calma cependant assez vite, de manière que j'ai pu voir,
tellement quellement, la célébration du jubilé, à laquelle
j'étais invité comme doyen de la Faculté des sciences.

Cette cérémonie fut entièrement ecclésiastique, attendu
que le gouvernement, représentant un canton mixte, ne
crut pas devoir y prendre part. Elle commença par des
sermons analogues à la circonstance; les jours suivants tous
les députés des églises étrangères, joints à notre clergé
et à ceux qui étaient invités, se réunirent dans le temple
de l'Auditoire, et là chaque député rendit compte de l'état
de la religion dans son pays. Cette espèce de concile sans
autorité, composé d'ecclésiastiques de tous les pays protestants de l'Europe et même des États-Unis, était un spectacle fort intéressant et vraiment original; j'y ai assisté
assez régulièrement, et j'y ai fait connaissance avec plu-

Sèze, M. le comte de Pons, M. Seguin, Mme Patterson, miss Elton, M. le
baron d'Haussez, M. Fischer, ancien avoyer, MM. Villermé, Becquerel,
Breschet, sir Ch. Lyell, sir John Boileau, MM. Lacoste, Pelet de la Lozère,
de Salvandy, le baron de Krudener. (Alph. de C.)

sieurs ecclésiastiques instruits. Dans la soirée une illumi-
nation générale et spontanée témoigna de la part que la
population prenait à la fête. Une chose montrait le progrès
du bon sens et de la tolérance, c'est qu'on n'eut pas à se
plaindre d'une seule insulte contre les maisons ni des catholiques, ni de quelques protestants qui n'avaient pas illuminé.
Je pris à cette fête un intérêt véritable, car je suis bon
protestant, pourvu qu'on entende le protestantisme comme
il l'est depuis un siècle dans notre Eglise : l'adhésion aux
préceptes de l'Évangile entendus par chacun d'après les lumières de sa raison.

Après la célébration du jubilé, l'émotion donnée à la population se continua sous une forme assez curieuse. On
voulut rappeler les *Agapes* des églises primitives, et les habitants de chaque village ou, dans la ville, de chaque quartier se mirent à dîner ensemble. Ces repas se passaient
avec ordre et sobriété ; leur aspect était fort original.

§ 19. VIE DE FAMILLE.

Jusqu'ici j'ai parlé seulement de ma vie extérieure ; je
dois maintenant rentrer dans mon intérieur et exposer en
peu de mots ce qui tient à ma famille, ma fortune, mes
habitudes, etc. Je le ferai succinctement, car si je puis
croire que les détails contenus dans les chapitres précédents
n'ont qu'un intérêt faible pour les autres, ceux-ci n'en peuvent avoir que pour moi et pour ceux qui me touchent de
bien près.

En revenant à Genève, en 1816, j'eus le bonheur d'y retrouver mon père et ma mère, mais ce bonheur fut de
courte durée. Ma mère me fut enlevée bien peu de temps
après (19 novembre 1817), ainsi que je l'ai déjà dit, et ce
fut le 31 mai 1820 que mon père paya le tribut fatal. Il
était encore assez robuste, malgré son grand âge de quatre-
vingt-quatre ans, et quoiqu'il annonçât depuis vingt ans sa

mort comme prochaine. J'avais passé la soirée avec lui, et, selon notre usage, nous avions fait ensemble la liste des candidats que nous voulions élire au Conseil Représentatif. Dans la nuit il fut saisi par une attaque d'apoplexie; lorsqu'on entra chez lui il respirait encore, mais s'éteignit promptement sans douleur. Je le pleurai comme un père dévoué à ses enfants, comme l'être qui m'avait le plus aimé.

Peu d'années après les parents de ma femme, quoique beaucoup moins âgés, lui furent successivement enlevés. Je leur donnai des regrets sincères, car depuis mon mariage je n'avais trouvé chez eux que des procédés obligeants et délicats. Dans cette même période je perdis presque tous mes oncles et tantes des deux côtés.

En compensation, je retrouvai à Genève mon frère, sa femme et leurs deux filles; il me restait surtout ma femme et deux fils de belle espérance !

Les commencements de mon séjour à Genève furent difficiles à raison de la pénurie où je me trouvais. Cependant, je puis le dire avec sincérité, jamais un seul instant de découragement ni de regret n'est entré dans mon âme, et je me suis occupé activement de chercher quelques moyens de gagner sans sortir de ma carrière. J'ai obtenu ce que je voulais, soit en donnant des cours surnuméraires, dont j'ai retiré jusqu'à 4000 francs par an, soit en publiant une nouvelle édition de mon ouvrage sur les *Propriétés des plantes*, qui me produisit 1500 francs, soit en accélérant la publication du *Systema* et ensuite du *Prodromus*, dont chaque volume me rapportait 5 à 6000 francs. Au moyen de ces ressources dues à mon travail je soutenais ma famille, sinon brillamment, au moins honorablement ; j'achetais des livres botaniques, j'accroissais mon herbier, je faisais des voyages, et, fidèle au rôle que j'avais pris vis-à-vis de mon père lors de mon mariage, je lui soutenais que j'étais à mon aise, et je l'empêchais de me faire des cadeaux ou des faveurs testamentaires qui ne pouvaient avoir lieu qu'aux dépens de mon frère.

Peu à peu les héritages de mes parents et de ceux de ma femme changèrent ma situation. Si je ne devins pas très-riche, je gagnai une aisance suffisante pour vivre agréablement. Je n'abandonnai que plusieurs années après les travaux lucratifs qui m'avaient soutenu dans ma pauvreté, et une fois que je me trouvai à la tête d'un capital suffisant, j'essayai, entraîné par l'exemple, de l'accroître par des placements bien choisis en fonds publics. J'y ai assez réussi, de même que dans l'achat et la vente du domaine de Saint-Seine.

Le produit de mes ouvrages botaniques, joint à ce que je retirais des fonctions publiques, a été le fonds sur lequel j'ai acquis mes collections. J'avais toujours pensé que je n'avais pas le droit de subvenir à mes goûts personnels aux dépens de la fortune héritée de mes parents, qui me semblait hypothéquée d'avance à mes enfants, aussi ai-je tenu un compte assez complet de ce que les sciences me rapportaient et de ce que je dépensais pour elles, afin que cette dernière somme fût en définitive payée par la première. Dans le commencement de ma carrière, ce que j'ai gagné par mes livres m'a été très-utile pour vivre; plus tard ce gain m'a été agréable pour me permettre de suivre plus largement mes goûts botaniques. Je l'avouerai sans le moindre scrupule, je ne connais pas d'argent gagné, je ne dis pas seulement plus légitimement, mais plus honorablement que celui qui provient de son propre travail intellectuel. Il a même ceci de spécialement flatteur qu'en ajoutant à l'aisance et aux moyens de travail, il produit ce résultat grâce aux succès des travaux précédents. On peut se faire toutes sortes d'illusions sur le mérite des livres qu'on ne met pas en vente, mais lorsqu'un libraire vous achète votre manuscrit, on est bien certain qu'il s'attend à y gagner, et, s'il continue, qu'il y a gagné, et que par conséquent le livre s'est bien vendu. Au reste, tout en faisant grand cas de cette industrie, je n'ai jamais voulu, même lorsque j'étais

dans la gêne, faire aucun livre dans le but unique de gagner de l'argent, ni me mêler d'aucun détail de fabrication
ou de vente, soit parce qu'ils me répugnaient, soit parce que
je m'y sentais fort inhabile.

Peu de temps après la mort de mon père, mon ami
Marcet me proposa d'entrer avec lui dans une emplette
qu'il projetait. Voulant mettre une partie de sa fortune en
fonds de terre, il avait jeté les yeux sur le domaine de Saint-
Seine-en-Bâche, village situé en Bourgogne, près des bords
de la Saône, entre Auxonne et Saint-Jean-de-Losne ; mais,
destiné à vivre à Londres, il désirait avoir un associé qui
fût plus rapproché que lui pour surveiller cette propriété.
Il m'offrit d'être intéressé dans l'affaire. Sur le peu qu'il
m'en dit, je la trouvai excellente, et sur-le-champ j'acceptai
l'association pour une part inférieure à la sienne. Outre
l'utilité que j'y voyais comme placement, je jouissais de cette
communauté d'intérêts avec un homme pour lequel j'avais
une sincère amitié. Notre marché fut conclu en moins d'un
quart d'heure, et, au mois de décembre 1820, je me trouvai
copropriétaire de Saint-Seine.

Au mois de juin suivant, je fus dans le cas d'aller à Paris avec M. Torras, ma femme et son amie, Mme Pictet-
Menet. Nous nous arrêtâmes quelques jours à Saint-Seine,
et nous fûmes enchantés de notre emplette. Dans un lieu
éloigné de toute grande route, nous trouvâmes un beau et
riche village : le *château* était une bonne maison, entourée
de jardins et d'une belle cour, placée sur une légère émi-
nence qui dominait la vallée de la Saône. Nous y séjournâ-
mes un peu pour prendre connaissance de notre nouvelle
propriété. Celle-ci se composait d'environ quatre cents hec-
tares de terrain, partie en forêts, partie en champs, partie
en un vaste étang qui était deux ans en eau et sept ans
en culture, avec cette condition que la première, la quatrième et la septième année après le desséchement, la jouissance du terrain appartenait aux habitants du village.

Comme cette servitude était contre le seigneur, elle n'avait point été abolie par la révolution. Tel était l'état, un peu gênant, dans lequel nous avions acquis la terre, et auquel peut-être nous devions de l'avoir payée moins cher que son étendue ne le comportait.

. Depuis ce premier aperçu, je suis retourné à peu près chaque année à Saint-Seine, tantôt pour affaires, tantôt parce qu'un séjour dans cet endroit nouveau pour moi et éloigné des villes, me procurait une distraction précieuse. Je m'y rendais quelquefois seul, en allant ou en revenant de Paris; une fois, j'y allai avec la famille Marcet, puis avec ma famille et Mme Pictet-Menet. Ces petits séjours me plaisaient singulièrement. Celui d'octobre 1821 eut lieu avec mes excellents amis et associés Marcet; leur gaieté et leur bonté faisaient de cette station une véritable partie de plaisir, et le contraste d'une vie de village avec celle à laquelle nous étions accoutumés, y ajoutait un certain charme [1].

Dans d'autres séjours, surtout avec Mme Pictet, nous étant arrangés à avoir des chevaux, nous allions faire de grandes courses, tantôt sur les vastes pelouses du bord de la Saône, tantôt dans des forêts percées de routes ombragées mais détestables, tantôt dans les grands jardins maraîchers des environs d'Auxonne, etc. Tout était pour nous découverte, dans ce pays que nous connaissions à peine, et nous y jouissions d'une vie douce et presque patriarcale.

Nous n'avions pas, à la vérité, de voisins de notre sorte, mais nous avions mieux que cela. D'abord le bon, l'excellent curé (M. Latour) nous avait pris en amitié, tout pro-

---

[1] A cette époque il n'y avait pas une seule bonne route communale ou départementale dans cette partie de la France. On arrivait chez soi en patache, la boue parfois jusqu'aux moyeux et au risque de n'en pas sortir. C'était un sujet continuel d'étonnement et de plaisanteries pour des dames habituées à l'Angleterre. Vingt ans après j'ai revu le même pays : une excellente route de poste passait devant le château, la prospérité matérielle avait augmenté, mais la vie simple et honnête, dont le tableau est tracé dans les pages suivantes, offrait déjà de nombreuses exceptions. (Alph. de C.)

testants que nous sommes, et il venait nous voir souvent.
Son bon sens pratique, sa parfaite tolérance, son zèle pour
ses paroissiens nous touchaient, et sa douce gaîté nous ré-
jouissait. Le régisseur de notre terre, qui demeurait à Saint-
Jean-de-Losne, avait une conversation pratique et positive.
Il m'endoctrinait à plaisir, sans se douter que j'en savais
autant que lui sur l'art forestier ou l'agriculture, car j'avais
eu soin de ne pas lui dire quelle avait été ma carrière : je
jouissais de cette sorte d'incognito. Ce fut un jour très-
plaisant que celui où il vint, par quelque article de journal,
à découvrir qui j'étais, et, comme je l'avais pensé, il n'osa
plus dès ce moment, me donner ses avis avec la même liberté.

Mais ce qui faisait le véritable charme de ce séjour, c'é-
tait le caractère des paysans dont nous étions entourés.
Saint-Seine est un véritable oasis dans cette province, qui
est elle-même une des plus avancées de la France. Qu'on
se figure un village tout couvert de chaume, où les paysans
sont bien paysans par leur costume et leurs travaux, mais
où l'on ne trouve pas un seul pauvre, où l'on n'entend
parler d'aucun délit, d'aucun ivrogne, d'aucune galanterie illicite, où il n'y a de cabaret qu'un mauvais pied à
terre pour les gens qui passent! Le jour de mon arrivée, je
pris un paysan pour me conduire dans mes forêts ; chemin
faisant, il chantait de grands airs, tous sur le malheur d'un
amant abandonné de sa maîtresse : « mais, lui dis-je, par
quel hasard affectionnez-vous tant ce sujet? — Ah ! Monsieur, me dit-il, c'est que c'est mon cas! ma maîtresse en a
préféré un autre! » J'entrai en conversation, et je fus très-
étonné de la littérature de mon guide. Dans ce bon village
se trouvait alors une jeune fille, nommée Benoîte, qui avec
une charmante figure avait le malheur d'être estropiée d'une
jambe; elle avait été un peu protégée dans son enfance par
les propriétaires du château, et en avait gardé du goût
pour la lecture. Chaque soir, après leurs travaux rustiques,

une partie des paysans venaient chez elle écouter des lectures, et que lisait-on ? là Henriade, Boileau, Racine ! « Quoi, disais-je, toujours des poëtes ? — Oh ! Monsieur, me répondaient-ils, nous ne sommes pas assez riches pour lire de la prose ! avec la prose, il faut trop souvent changer de livre, mais des vers, nous pouvons les entendre toujours avec plaisir ! » On devine avec quel empressement je leur apportais à chaque voyage de nouveaux livres pour leur petite bibliothèque ; je me rappelle la joie de ces braves gens quand je leur donnai Molière. « Oh ! me disaient-ils, il y avait si longtemps que nous avions envie de lire Monsieur Molière ! » Il m'était doux de faire des politesses de ce genre à des paysans si aimables et auxquels je ne pouvais offrir aucun secours. Avec les livres, les seules gracieusetés que j'ai pu leur faire, étaient de donner de l'eau filtrée, car la leur était saumâtre, de fournir un peu de bouillon aux malades, et des pilules de quinine aux fiévreux. Chaque matin, dans la saison des fièvres, j'allais faire la tournée des malades et je distribuais cette bienfaisante quinine ; je recevais des bénédictions, et je ne faisais cependant que réparer bien imparfaitement le mal que mon étang entretenait autour de leurs demeures deux ans sur neuf ! réflexion qui redoublait mon zèle médical [1].

A la suite de l'un de nos séjours (en 1822), je revins à Genève et j'eus le chagrin d'apprendre que mon excellent ami Marcet était mort, à Londres, d'une attaque de goutte remontée. Je lui donnai des regrets bien sincères. Sans parler de ses talents comme chimiste, et de l'agrément de son esprit, c'était un des hommes les plus obligeants, les plus francs, les plus dignes d'attachement que j'aie jamais connus. Sa mort remettait en question la propriété de Saint-

---

[1] Du reste, les habitants du village, ayant la jouissance de l'étang à certaines époques, n'auraient pas consenti à le laisser en culture. Il aurait fallu pour cela des tractations délicates qu'on ne savait comment aborder et qui auraient probablement amené des procès.　　　　(Alph. de C.)

Seine. Un article de notre convention portait que, dans ce cas, le survivant avait droit de garder la terre à des conditions déterminées. C'est ce qui arriva, après quelques négociations amicales avec les héritiers de mon ancien associé. Je me trouvai donc chargé de cette terre, et je continuai à y aller chaque année avec d'autant plus de zèle qu'elle était devenue plus importante pour moi. Chaque été, je m'y rendais avec ma famille, et souvent avec Mme Pictet-Menet ; nous y avons aussi reçu mon frère et sa famille. Ces séjours étaient un repos et une diversion à mes occupations ordinaires ; j'étudiais ce beau et grand domaine pour chercher à l'améliorer ; je jouissais d'une position toute nouvelle pour moi, et je compte ces moments au nombre des plus heureux de ma vie; mais que le malheur est souvent à côté du plus grand bonheur !

Au mois de septembre 1825, ayant quelques affaires à Paris, pour la publication du *Prodromus*, je laissai à Saint-Seine ma femme, Mme Pictet, mes deux fils, et M. Charles Martins [1], jeune étudiant, qui surveillait momentanément l'éducation du cadet, tous en parfaite santé, et je courus passer quelques semaines à Paris. A peine arrivé, je reçus une lettre de Mme Pictet, dans laquelle, en termes ambigus et inquiétants, on me disait que mon fils cadet, Benjamin, était malade : je me jetai dans la première voiture que je trouvai, et arrivé à Saint-Seine... c'était trop tard ! Ce malheureux enfant de treize ans, que j'avais laissé brillant de santé, avait pris une dyssenterie et y avait succombé ! On juge du désespoir où je trouvai sa mère, et du mien ! Jamais ne s'effaceront de mon esprit les horribles inquiétudes de ce voyage et les déchirements de l'arrivée. Cet enfant an-

---

[1] Maintenant directeur du Jardin botanique de Montpellier et professeur à la Faculté de médecine, alors mon camarade d'études. Il avait bien voulu accepter la charge gratuite de donner quelques soins au fils de son professeur pour être rapproché de lui pendant un mois ou deux.

(Alph. de C.)

nonçait toutes les dispositions les plus distinguées! En quelques heures tout s'était anéanti ! Le cimetière de Saint-Seine l'a reçu, et j'ai eu à remercier notre bon curé, non-seulement de ce que, profitant de l'absence de première communion, il l'avait admis dans une enceinte où ses restes reposeront en paix, mais de tous les soins qu'il avait donnés dans ce moment fatal à ma femme et à mon fils.

. . . .

. . . .

Nous repartîmes pour Genève, quittant avec désespoir cette demeure où nous avions été si heureux, et où nous nous promettions tant de bonheur. Notre passage au milieu de ce village où tout le monde prenait part à notre peine, avait encore une certaine douceur dans une affliction si profonde. Le voyage et l'arrivée à Genève furent, comme on comprend, bien pénibles.

Je sentis bientôt à quel point il serait difficile pour moi, et surtout pour ma femme, de retourner dans un lieu qui nous rappelait ce malheur, et je me décidai à mettre ma terre en vente. Sur cet avis, il m'arriva d'abord un de ces faiseurs d'affaires, agents de bande noire, qui m'offrait cent mille francs de plus que je ne demandais, mais qui ne donnait aucune garantie. Je refusai, et bientôt un notaire de Besançon vint m'offrir le prix que j'avais indiqué, de la part de M. de Magnoncour. Le marché fut conclu en un instant, et il fut convenu que j'irais passer l'acte et toucher la moitié du prix à Besançon.

J'y allai en effet avec mon frère, dont les connaissances commerciales m'étaient précieuses pour une affaire de cette nature. Le marché fut passé très-vite, M. de Magnoncour étant parfaitement facile et délicat à mon égard. Je lui dis qu'il me restait dus environ quinze mille francs de fermages arriérés : sur-le-champ il m'offrit de les payer sans vouloir entendre à aucun rabais pour l'escompte. Quand vint le moment du payement principal, il nous fit apporter la somme de 160,000 francs qu'il me devait au moment de la passation de l'acte, non-seulement tout en or [1], mais il l'offrait en monnaies différentes, à notre choix ! Il avait, disait-il, toujours quelques centaines de mille francs en or chez lui, parce que, sans cela, « on n'a point d'indépendance.» Cette méthode, qui n'est pas à la portée de beaucoup de gens, était un reste de la crainte qu'il avait eue de manquer d'argent pendant la Terreur. Il mit la terre de Saint-Seine sous le nom de son fils, M. Flavien de Magnoncour, depuis député [2], homme aimable, instruit, bienveillant, avec lequel je suis resté lié, et que j'ai revu souvent, soit à Genève, soit à Paris.

A mon retour, je cherchai à acquérir une petite campagne que ma femme pût habiter sans souvenir direct, et arranger à sa guise. Je trouvai à La Perrière [3] une modeste habitation qui répondait à mon but. L'espace était assez petit pour que les frais d'arrangements ne m'entraînassent pas trop loin, et la position était superbe, quant à la vue des Alpes et du lac qui baignait les murs.

Dès ce moment, je partageai mon temps entre La Perrière, où je passais l'été, et la ville, où j'étais en hiver. Tant qu'il y eut quelque chose à faire à la campagne, je m'y amusai assez bien. Dès que tout fut achevé, je commençai à sentir l'ennui. Je ne pouvais y travailler que fort à bâtons rompus, faute de livres et de collections; je venais donc chaque matin à la ville dans mon appartement solitaire. Ce mouvement perpétuel m'ennuyait aussi. J'avais rempli le but pour lequel j'avais acquis cette demeure, et je commençai à désirer de m'en débarrasser.

---

[1] On en serait moins étonné à présent, mais il faut se reporter aux usages de 1826. (Alph. de C.)

[2] Et ensuite pair de France. (*Id.*)

[3] A une demi-lieue de Genève, au bord du lac, sur la route de Lausanne. (Alph. de C.)

§ 20. DÉVELOPPEMENTS D'ALPHONSE [1].

. . . .

Beaucoup de gens croient inspirer aux jeunes gens le goût de l'histoire naturelle en leur en parlant dès l'enfance: je pense que si on prend cette route, il faut le faire avec beaucoup de modération. Quand on veut parler d'histoire naturelle à un enfant, on est toujours entraîné à lui faire connaître les faits les plus piquants et les plus propres à exciter sa curiosité. On les leur présente avant l'époque à laquelle on doit leur en montrer le véritable intérêt et leur en donner l'explication. Quand l'enfant arrive à l'âge où il pourrait comprendre cette explication, il se trouve que sa curiosité est blasée, et qu'on est privé de l'appât avec lequel on peut l'exciter à surmonter les difficultés. On l'accoutume donc à voir les faits les plus curieux et à se contenter d'explications incomplètes. Il croit savoir, et il n'est pas excité à recommencer son étude à l'âge où elle pourrait lui être utile. Si, au contraire, les faits piquants de l'organisation des êtres ne lui arrivent que plus tard, il est encouragé par leur nouveauté, et peut saisir leurs rapports avec l'ensemble des lois de la nature. Je pense, en général (car ce raisonnement est applicable à plusieurs autres études) qu'il faut réserver pour la fin la science à laquelle on désire qu'un jeune homme se voue, et ne la lui laisser entreprendre que lorsqu'il a exercé déjà sa mémoire et son intelligence sur les autres objets.

Cette méthode m'a bien réussi. J'ai fait suivre à mon fils

---

[1] J'ai supprimé la presque totalité de cet article du manuscrit, comme ailleurs certaines choses trop exclusivement relatives à d'autres personnes que l'auteur, ou entrant dans des détails trop intimes de famille ; cependant j'ai cru devoir conserver le paragraphe suivant qui est l'énoncé d'un système en éducation, et qui peut intéresser, par ce motif, les pères de famille et les instituteurs.   (Alph. de C.)

les études publiques avec toutes leurs lenteurs et en ne
l'entretenant d'histoire naturelle que le moins possible [1].

. . . .

. . . .

La nomination de mon fils au rang de professeur honoraire [2] me ramène à l'Académie.

§ 21. ORGANISATION ACADÉMIQUE.

J'ai parlé plus haut de mes fonctions de professeur sous
le rapport de l'enseignement, j'ai maintenant à reprendre
le même sujet au point de vue administratif.

De tout temps l'Académie de Genève avait eu, sous l'autorité du Conseil d'État, la direction de son propre corps
et celle du collége, qui comprenait alors les enseignements
primaire et secondaire; mais elle n'avait usé de sa position

---

[1] Je ne sais si je dois à cette méthode de mon père d'être devenu botaniste, ou si l'exemple, l'intérêt de ses cours, la facilité de lui demander
conseil et l'usage de ses livres botaniques et de ses collections n'ont pas été
les causes principales de la direction de mes travaux. Mon père me fit
suivre régulièrement les études de droit, par un effet de sa méthode, et
afin que j'eusse un état positif à exercer si cela devenait nécessaire. Après
cette longue série d'études diverses, je suis resté convaincu qu'il est bon de
ne pas enseigner l'histoire naturelle dans les colléges à des jeunes gens au-
dessous de dix-sept ou dix-huit ans, mais je me suis aperçu d'un autre côté
que le système ordinaire des études diminue singulièrement l'esprit d'observation des faits extérieurs, qui est si vif dans l'enfance. L'étude des langues, de l'histoire, de la religion, des mathématiques n'apprend pas à regarder. Elle en détourne plutôt, en développant des idées abstraites. Cependant, savoir observer et comparer les objets matériels est indispensable au
médecin, au naturaliste, à l'agriculteur, à l'artiste, à l'industriel, au militaire, en un mot à des hommes de professions extrêmement nombreuses et
importantes. Dans un bon système d'éducation, on devrait développer l'esprit d'observation comme les autres facultés, et sous ce point de vue, je
recommanderai toujours l'étude du dessin, celle des pratiques agricoles ou
horticoles, de la géographie accompagnée de cartes à tracer, et tous les
exercices qui donnent à l'œil de la justesse et aux mains de l'adresse, choses
nécessaires même dans beaucoup de professions libérales. (Alph. de C.)

[2] Sur la proposition de M. Vaucher, en 1831.

que comme simple administration, sans beaucoup chercher à
améliorer. De loin en loin on avait ajouté quelques chaires.
Lorsque Genève fut réunie à la France, on imagina d'adjoindre, sous le nom de professeurs honoraires, plusieurs
membres sans fonctions ; c'est de cette manière que j'avais
été nommé professeur de zoologie sans être obligé de faire
des leçons. Devenu professeur ordinaire, je ne tardai pas à
voir combien il y avait de lacunes dans l'enseignement, et
combien les vieilles règles de l'Académie étaient difficiles à
concilier avec les besoins. Je tâchai de les faire modifier
et j'y réussis quelquefois, mais c'était toujours partiellement
que je proposais ces changements. Il est inutile de les mentionner aujourd'hui qu'une nouvelle organisation en a effacé
les traces. Mon but était d'engager les corps académiques [1]
à faire eux-mêmes les améliorations nécessaires afin d'éviter
l'intervention d'autres corps où l'on comprend mal ce qui
tient à l'instruction publique. On commença cependant à
sentir combien il était difficile de corriger une organisation
déjà vieille.

En 1830, je fus nommé recteur, place que j'avais jusqu'a-
lors éludée et que je fus forcé d'accepter. Cette fonction
me donna beaucoup de travail et me prit en détails minutieux un temps considérable. La surveillance de tout l'enseignement, la présidence de toutes les assemblées, l'administration des propriétés de l'Académie, etc., incombaient
au recteur à peu près seul, aussi les deux années de mon
rectorat enlevèrent beaucoup de temps à mes travaux et
achevèrent de me dégoûter des fonctions administratives.
Cependant les marques d'attachement que je reçus de mes
collègues redoublèrent celui que j'avais déjà pour l'Académie. L'une des occupations du recteur était de rendre
compte des travaux de l'Académie, du Collège et du mouve-

---

[1] C'est-à-dire le Sénat académique, composé des professeurs seulement,
et la Compagnie académique, composée des professeurs, des pasteurs et de
deux conseillers d'État, dont un présidait.   (Alph. de C.).

ment littéraire et scientifique du pays. Ces rapports, lus aux Promotions, n'avaient jamais été imprimés. Ce fut à l'occasion du mien, en 1831, que le sénat académique décida qu'ils seraient publiés à l'avenir. Mon discours de 1831 fut prononcé en présence de M. de Châteaubriand. J'y avais inséré une phrase de politesse en son honneur et il y parut fort sensible.

Vers la fin de l'année le Conseil d'État nomma une commission chargée d'examiner ce qu'il y avait à faire pour régler, d'une manière générale, l'organisation de l'instruction publique. La proposition en avait été faite par mon collègue M. Boissier; j'eus le tort de l'appuyer, ne me doutant pas des conséquences qu'elle aurait. Dans les premières séances je parvins à faire adopter un plan qui conservait à l'Académie sa position et lui aurait permis de faire graduellement toutes les améliorations, mais au second tour mon plan fut écarté. On lui substitua une organisation qui mettait l'Académie sous un Conseil d'instruction publique et lui ôtait presque toute action sur les études inférieures. Je compris vite le danger d'une pareille institution [1] . . . .

---

[1] Le Conseil d'instruction publique n'ayant existé que pendant un petit nombre d'années, il est difficile de savoir s'il était bon ou mauvais. En tout cas, les réflexions qu'on pouvait faire au moment de sa création me semblent fort inutiles à publier maintenant et je les supprime. Nos révolutions ont introduit un système bien plus opposé aux idées de mon père, car on a mis l'instruction publique dans la main d'un membre du gouvernement, tandis que mon père aurait voulu la séparer le plus possible de toute influence gouvernementale et politique, en la mettant sous la direction d'un corps nombreux composé d'hommes instruits, professeurs ou autres. Si jamais on incline vers l'idée de placer l'instruction publique genevoise dans une position indépendante, comme le culte, on cherchera une organisation absolument différente de toutes celles qui ont existé jusqu'à présent. Le plan de mon père pourrait alors être repris, mais il conviendrait, je crois, d'aller très-loin dans ce sens. Je doute d'avoir jamais le bonheur d'assister à une réforme de nos institutions faite par des gens éclairés et désintéressés; si cela arrivait, je me ferais un devoir d'exposer un système nouveau auquel j'ai souvent réfléchi.   (Alph. de C.)

Je fis mes efforts pour empêcher cette organisation ; je fus battu, et à peine pus-je obtenir quelques légers correctifs au mal que je prévoyais. Cependant l'Académie, ou du moins sa majorité, aveuglée par le sentiment de la nécessité d'un changement, adopta le projet de la commission. Je ne voulus pas, dans la discussion de la loi au Conseil Représentatif, avoir l'air de me mettre en opposition avec le corps dont je faisais partie, et au lieu de m'opposer au principe je me réduisis à en combattre les conséquences les plus dangereuses. C'est un tort que j'ai eu et que j'ai souvent regretté depuis. Cependant, lorsqu'en 1834 on organisa le Conseil d'instruction, je me trouvai, comme vice-recteur, appelé à y entrer. Je ne crus pas devoir refuser d'en faire partie. J'y ai siégé deux ans, et ce que j'ai vu de sa marche m'a confirmé dans l'idée de son inutilité ou de son danger. Ce fut un jour heureux pour moi que celui où, par la rotation des fonctions, je pus le quitter sans avoir l'air d'être découragé.

§ 22. DÉMISSION.

La perspective des désagréments que je craignais dans la nouvelle organisation de l'Académie coïncida avec plusieurs autres circonstances. Je m'étais toujours dit à moi-même que je conserverais des fonctions dans l'enseignement jusqu'au quarantième cours seulement ; ce terme venait d'échoir ! La direction des affaires publiques m'ôtait une grande partie de mon zèle. Je voyais l'âge avancer à grands pas, et je sentais la nécessité de consacrer plus de temps au *Prodromus* si je voulais avoir quelque probabilité de le terminer. Enfin, et par-dessus tout, ma santé s'affaiblissait et la fatigue des cours me devenait vraiment intolérable. Après chaque leçon j'étais obligé de rester une heure ou deux dans un repos absolu, pouvant à peine respirer. Je n'aurai que trop à parler de ma mauvaise santé, car l'évé-

nement a prouvé à quel point le repos m'était devenu nécessaire. Je me décidai en conséquence à abandonner les
fonctions de professeur actif.

Dès le lendemain de la cérémonie des promotions de
1835, jour où l'Académie avait l'habitude de régler les
cours de l'année scolaire suivante, je lui adressai ma démission, motivée sur la longueur de mes services, l'affaissement de ma santé et le désir de me consacrer tout entier à
mon ouvrage. J'offris cependant de continuer quelque surveillance sur le Jardin, et de recevoir dans mes salles de
collections les jeunes gens qui, après avoir suivi les cours
ordinaires, voudraient travailler à la botanique. J'adressai
cette demande et ces offres à l'Académie et au Conseil
d'État.

L'Académie chargea, selon l'usage, trois de ses membres
de venir me voir pour me faire changer de résolution : je
tins bon sur le fond, et tout ce qui résulta de leurs démarches fut de me faire consentir à prendre le titre de professeur honoraire plutôt que celui d'émérite, et de renforcer
un peu l'offre de diriger les travaux des jeunes gens. Le
Conseil d'instruction publique chargea son président (M. Girod, syndic, mon ami intime) de m'exprimer ses regrets et
m'adressa un extrait de registres honorable. Enfin le Conseil
d'État, en m'accordant ma demande et en acceptant mon
offre, m'adressa, le 1er juillet, une pièce officielle à laquelle
je fus très-sensible et dont je ne puis résister à citer quelques phrases.

« Le Conseil d'État..... appréciant toute l'étendue des
« services qu'a rendus à la science M. le professeur de
« Candolle, etc.... A l'époque de la Restauration de la ré-
« publique, n'écoutant que la voix du patriotisme dont il
« était animé, et lui subordonnant la perspective de succès
« et de gloire que lui promettait sur un plus grand théâtre
« une renommée justement acquise, M. de Candolle voulut
« faire jouir sa patrie rendue à la liberté et à l'indépendance

« du fruit de ses talents et de ses travaux..... Par l'intérêt
« qu'il a su répandre sur l'enseignement, par le charme atta-
« ché à ses leçons, par cet heureux privilége dont il est émi-
« nemment doué d'exciter en faveur des créations utiles ou
« des perfectionnements une impulsion et une émulation
« salutaires, M. le professeur de Candolle a puissamment
« contribué aux progrès des études et à l'amélioration de nos
« établissements scientifiques, en même temps que l'illus-
« tration d'un savant aussi distingué et aussi universelle-
« ment connu a jeté le plus grand éclat sur le pays qui
« s'honore de le compter au nombre de ses citoyens........
« Pénétré des regrets les plus vifs pour la détermination
« que M. le professeur de Candolle s'est vu dans le cas de
« prendre et dans laquelle il persiste malgré de pressantes
« sollicitations, mais respectant toutefois les motifs qui
« l'ont dictée, arrête, etc..... »

Outre ces termes obligeants, les corps que je viens de
nommer me donnèrent une nouvelle preuve de leurs sentiments en nommant mon fils à la place de professeur ordinaire de botanique, qui venait d'être créée ou plutôt sépa-
rée de celle de zoologie par la nouvelle loi. C'était une
chose agréable pour moi de me sentir remplacé par mon
fils, de le voir attaché à des fonctions paisibles et de continuer avec lui la direction du Jardin botanique.

LIVRE CINQUIÈME

Depuis ma démission 1835 à ... . — Vieillesse. — Genève.

————

En commençant cette dernière partie de mes mémoires, j'ignore jusqu'où elle se prolongera, car son terme tient à celui de ma propre vie. Je ne puis donc y suivre aucune idée d'ensemble, et je dois la raconter à peu près au jour le jour.

A peine déchargé du soin de donner des leçons, je repris mon travail botanique avec une nouvelle ardeur. Depuis plus de cinq ans je m'occupais de l'immense famille des *Composées*, et j'entrevoyais le moment d'en pouvoir bientôt livrer un volume à l'impression. De précieux secours m'avaient été envoyés de toute part pour ce travail, dont les botanistes sentaient le besoin et la difficulté. MM. Drège et Ecklon m'envoyèrent toutes leurs *Composées* du Cap, sous la seule condition de leur en donner les noms; M. Bojer, celles de Madagascar et des îles voisines; M. Aucher, celles d'Orient; MM. Fischer et Turczaninow, celles de l'Asie russe; M. le comte de Sternberg m'adressa, en prêt, toutes celles de l'herbier de Hænke; M. Lindley, plusieurs des espèces rares de son herbier, et M. de Martius, celles de son voyage au Brésil. Le Musée de Paris me confia celles de Dombay et d'autres de ses herbiers, etc., etc. En un mot, je me trouvai avoir, en prêt ou en don, presque toutes les *Composées* des herbiers d'Europe. Ces richesses m'encoura-

geaient au travail, mais on comprend qu'elles en accroissaient la difficulté et la durée, et c'était surtout en vue de
cette œuvre gigantesque que j'avais cherché à me libérer de
tous devoirs publics.

Je reçus dans l'été de 1835 plusieurs visites qui me furent très-agréables : Dunal vint passer un mois chez moi
pour travailler aux *Solanums,* et c'était toujours un grand
plaisir de me retrouver avec cet ancien et fidèle ami. J'eus
encore une nouvelle visite de l'illustre Robert Brown ; je vis
arriver M. Léopold de Buch, dont la société piquante et
originale a tant d'intérêt, MM. Becquerel et Breschet, qui
venaient faire des recherches expérimentales sur l'influence
des hauteurs sur les animaux, M. Basil Hall, M. Morier, et
plusieurs autres personnes de quelque célébrité.

Depuis plusieurs années, j'étais tourmenté de la goutte,
puis des maux de dents assez prolongés vinrent me saisir.
Des catarrhes réitérés m'atteignaient chaque hiver, en un
mot, ma santé s'altérait, et je sentais la vieillesse arriver.
Comme le mouvement des voyages m'avait toujours fait du
bien, au mois d'octobre 1835, je me décidai à aller avec
mon fils jusqu'à Besançon, où j'avais à régler quelques reli-
quats d'affaires relatives à Saint-Seine. Nous fîmes le voyage
en voiture lente, mais nous y trouvâmes peu d'agrément ;
le temps fut presque continuellement pluvieux, et il ne me
reste qu'un souvenir désagréable de cette traversée de la
plus aride partie du Jura. Au retour, nous couchâmes à
Pontarlier, où un horrible souper me donna une indigestion
fort pénible, accompagnée de circonstances désagréables.
Je souffrais déjà d'une difficulté de respirer que j'éprouvais
depuis plusieurs mois, et que j'attribuais à un goître qui
commençait à grandir. Je revins donc malade de cette course
à laquelle je m'étais en partie décidé par l'espoir de me rétablir.

Je consultai le docteur C** sur mon état. Il fit constater par le docteur M** la présence du goître, et me soumit

à un traitement par l'éponge brûlée [1]..... Le premier effet
que je ressentis fut une excitation d'appétit, mais au bout
de douze à quinze jours j'éprouvai, au contraire, une diminution graduée d'appétit. Au bout de cinq semaines, je ne
pouvais plus rien digérer, et je souffrais habituellement de
l'estomac. Tel était mon état le 1er janvier 1836. J'ai l'habitude de recevoir ce jour-là ma famille à dîner, et je pus
encore assister au repas, mais sans rien prendre. Dès le
lendemain je commençai à ne supporter aucune nourriture. Bientôt je tombai dans un état de faiblesse et d'irritation nerveuse : j'avais peine à marcher; je maigrissais à
vue d'œil; je ne pouvais ni manger, ni dormir, ni même
fermer les yeux! Mes paupières restaient ouvertes, comme
par une force supérieure, pendant le peu de moments que je
m'assoupissais. Dans cette sorte de sommeil, j'avais des rê-
veries effroyables et tellement intenses, que plusieurs sont
restées dans mon souvenir comme des réalités. Ma peau
avait perdu toute espèce d'action; je sentais comme si elle
ne faisait plus partie de mon corps, et que j'eusse été enveloppé dans un sac étranger à ma personne.

Le docteur C** me proposa d'appeler le docteur Prevost,
ce dont je me suis applaudi, car, outre qu'il est un des
plus habiles médecins et physiologistes de l'Europe, j'ai

---

[1] J'ai supprimé ici quelques détails, qui ne sont pas assez exacts, sur les
doses prescrites par le docteur et prises réellement par le malade. M. le
docteur Rilliet, dans le dernier et remarquable ouvrage sorti de sa plume
(*Mémoire sur l'iodisme constitutionnel*, 1 vol. in-8°; Paris, 1860, page 73),
indique les faits avec une complète exactitude, car je sais qu'il les a rele-
vés sur les registres du pharmacien. La prescription était : extrait de sapo-
naire, 8 grammes; extrait de ciguë, 4 grammes; éponge torréfiée, 4 grammes; pour 88 pilules. Le malade devait prendre chaque jour quinze de ces
pilules. Trompé par le peu d'effet au commencement, et entraîné par une
certaine ardeur qu'il mettait à toute chose, il prit jusqu'à soixante pilules
dans un jour ! Du 22 octobre au 6 décembre, il consomma 1584 pilules,
ou 68 grammes 80 centigr. d'éponge torréfiée. Les fâcheux résultats de
cette médication imprudente et exagérée sont donnés par le docteur Rilliet,
d'après les Mémoires de mon père, et ils ne sont que trop exacts.

(Alph. de C.)

trouvé en lui un excellent ami, un homme bon, instruit sur tous les sujets, et dévoué à ses malades.

Pendant les deux mois de souffrances que je viens de décrire succinctement, j'avais conservé ma tête. Je tins à recevoir toutes les personnes qui voulaient bien me voir. Je ne voulus pas non plus rester alité un seul jour. A l'époque où je pouvais à peine me soutenir sur mes jambes, je me faisais porter sur un canapé, près d'une fenêtre, pour avoir un peu d'air et de distraction. Le docteur Prevost me disait quelquefois, avec une franchise dont je lui savais gré : « Un autre en mourrait, mais vous vous en tirerez, vous êtes trop décidé à vivre. »

J'étais dans ce triste état, lorsque j'éprouvai une secousse morale qui me fit du bien. On vint me dire, au milieu de la nuit (le 20 février), que ma belle-fille venait d'accoucher d'un fils, et peu d'heures après on m'apporta cet enfant que j'avais vivement désiré ; on le plaça un instant sur mon lit. Je lui donnai ma bénédiction de grand-père et de parrain, car il reçut les noms de Anne-Casimir-*Pyramus*. Le plaisir que je ressentis fut très-vif, et je puis presque dater ma convalescence de ce jour.

Cependant je pouvais à peine manger quelque chose. J'eus l'idée de prendre du lait à la glace, et ce régime me réussit fort bien. Au mois de mars la maladie entra dans une autre phase. Je pouvais boire du lait ordinaire et prendre un peu de repos, mais je fus atteint d'une enflure générale qui me gênait beaucoup et me rappelait l'état où j'avais été dans mon enfance, pendant mon hydrocéphale. Il y avait juste cinquante ans de cela ; dans l'intervalle je n'avais jamais été alité un seul jour, et pendant la maladie que je décris, je citais ce fait comme un motif de consolation [1].

---

[1] Une autre circonstance matérielle rapprochait les deux époques : mon père habitait la même maison et le même appartement que celui où il avait vécu dans son enfance. Après tant de séjours à l'étranger et dans un siècle si agité, ce point de détail peut bien être noté.   (Alph. de C.)

L'isolement et l'oisiveté me laissaient trop le temps de
penser à mes maux, et d'un autre côté l'état de ma poitrine
me rendait la parole difficile et dangereuse, puisque j'avais
eu des crachements de sang et qu'on avait dû me saigner
plusieurs fois. J'essayai alors de faire venir chaque soir
une des personnes de ma connaissance qui cultivaient la
musique et de demander qu'on m'en fît. J'en éprouvai du
calme et plus de sommeil dans la nuit. Dès que le fait fut
connu, il me vint beaucoup d'amateurs obligeants. M. de
Walsch improvisait sur le piano des heures entières avec
une complaisance parfaite. Mme Prinsep chantait des airs
en quatre ou cinq langues différentes, y compris l'hindous-
tani, et m'a depuis avoué qu'elle chantait souvent les larmes
aux yeux en voyant l'état où j'étais. Une foule d'autres
personnes, surtout de dames, se joignirent à eux, de sorte
qu'après avoir, au commencement de mon séjour à Genève,
mis à contribution l'obligeance des amateurs de peinture,
j'avais à me louer maintenant de celle des amateurs de
musique.

Cependant le printemps commençait et je désirais essayer l'effet du grand air par des promenades en voiture.
En général il me fit quelque bien, mais lorsque j'étais trop
vivement secoué, il arrivait de temps en temps que l'enflure reprenait, et une fois même il se développa un point
au côté qui exigea de nouvelles saignées. Peu à peu le
calme se rétablit et je repris un peu de force, mais j'étais
resté très-nerveux. Pendant plusieurs mois, dès que je parlais de quoi que ce fût qui touchât au sentiment, je ne pouvais m'empêcher de pleurer. J'ai eu en pleine santé un peu
de cette disposition, et dans mes leçons, dans mes discours
au Conseil, dès que j'abordais un sujet qui tenait le moins
du monde à des idées morales ou à des affections, ma voix
s'altérait et j'étais souvent obligé de m'arrêter dans la
crainte de pleurer. Cette disposition donnait quelquefois,
m'a-t-on dit, de l'intérêt à ma parole, mais elle me déran-

geait beaucoup. Devenu plus faible à la fin de ma maladie,
l'entraînement aux larmes était devenu fréquent, quoique
(j'ose le dire parce que tous ceux qui m'ont approché en
étaient frappés) j'eusse conservé du sang-froid, du courage
et souvent de la gaîté.

J'ai été dans toute cette pénible maladie admirablement
soigné par les personnes qui m'entouraient. Ma femme, quoique sa santé ne soit pas très-forte, n'a pas manqué un jour
de me donner les soins les plus assidus et les plus délicats.
Mon fils, mes parents, mes amis ont beaucoup contribué à
me distraire et à soutenir mon courage; mes domestiques
anciens et actuels ne se sont jamais lassés de me donner des
soins zélés et affectueux. Mon fils m'a mis l'esprit en repos
en se chargeant de la surveillance de mes affaires botaniques et en corrigeant les épreuves du cinquième volume du
Prodromus, qui a été imprimé presque en entier pendant ce
temps.

J'eus au mois de mai une distraction fort agréable par
l'arrivée de mon beau-frère Auguste Torras, qui vint passer un mois auprès de nous avec ses deux filles aînées. Je
les avais laissées encore enfants et ce fut un grand plaisir
pour moi de recevoir leurs aimables soins; elles m'égayaient
par leur jeune conversation et m'accompagnaient dans mes
promenades en voiture. Je sentais vivement le bénéfice du
grand air, et pour le mieux éprouver, j'allai à la fin de
mai passer huit jours chez mon frère, à Villars, où je
jouis beaucoup de sa bonne réception et des soins amicaux
de son excellente femme. J'arrivai ainsi, lors des premiers
jours de juin, à une convalescence décidée. Le 14 je voulus
donner à mes collègues de l'Académie une marque de mon
attachement. Ils avaient ce jour-là un repas à l'occasion
de la fin de l'année scolaire, je me fis porter dans une salle
contiguë à la leur, et après le dîner je reçus leurs félicitations.

Dès le lendemain je partis avec ma femme pour Évian,

où Torras et ses filles vinrent nous rejoindre et passèrent quelques jours avec nous. Le besoin que j'avais du grand air et le dégoût que j'avais pris de ma chambre, après six mois de souffrances, avaient décidé ce voyage. J'étais logé dans un appartement qui avait vue sur le lac, et chaque jour je faisais deux promenades en voiture pour reprendre des forces : c'est ainsi que j'ai été souvent à Meillerie, à Ripaille, à Amphion, etc., mais la position d'Évian, au pied d'un coteau escarpé, ne permet d'autres promenoirs en voiture que la grande route, qui finissait par m'ennuyer, et de plus l'air se trouvait encore trop vif, de sorte que, mon pouls devenant trop fréquent, je fus obligé de quitter.

D'Évian nous allâmes passer quelques semaines à Bex, où Mme Pictet-Menet, parente et amie intime de ma femme, vint avec nous. Nous étions logés à l'hôtel des Bains, qui, par sa position presque hors du village et près d'une belle prairie plantée d'arbres, me permettait d'être tout le jour à l'air. Nous faisions des courses en voiture dans toutes les directions, tantôt pour voir les salines et M. de Charpentier, leur directeur, tantôt pour visiter la colline de Saint-Triphon et y voir l'exploitation des marbres noirs. Quelquefois nous allions sur les bords du Rhône voir l'établissement tout récent des eaux de Lavey, ou bien à Aigle visiter l'ancien château dans lequel a vécu le grand Haller, et où son nom est aujourd'hui complétement inconnu ! Ces courses variées mettaient de l'intérêt dans notre vie et me redonnaient quelque force. Nous reçûmes aussi plusieurs visites de nos parents et amis de Genève, qui nous apportaient d'agréables distractions.

Ce séjour à Bex me fit un bien merveilleux et je quittai avec regret. En revenant, nous fîmes un détour pour montrer à mes compagnes de voyage le fameux pont de Fribourg et la ville de Berne. Je revins à Genève beaucoup mieux portant et ne gardant réellement de ma maladie que de la faiblesse et de la difficulté à dormir. Je trouvai à mon arrivée un bel envoi de plantes d'Orient, recueillies par M. Aucher-Eloy, dont la vue me ramena un peu à la botanique. J'allai passer quelques jours à la campagne chez Mᵐᵉ Marcet, ce qui continua le bénéfice du grand air, et dans le même but, je me décidai à aller, avec mon fils, faire une visite à mes anciens amis de Montpellier.

Ce petit voyage fut une heureuse inspiration. J'ai rarement passé un mois qui m'ait été plus agréable. Le mouvement de la voiture et le changement d'air me firent déjà du bien, mais surtout la bonne réception de mes amis, et je dirai de la ville, me fit un bien moral qui réagit sur le physique, et dont je conserverai toujours de la reconnaissance. Nos anciens amis et amies des familles Blouquier, Pommier, Levat, Veret, Lichtenstein, Tandon, Vialars, Basile, Farel, etc., nous accueillirent avec une grâce et une affection parfaites; mes collègues furent aussi très-bons et très-aimables; l'École de médecine me donna un grand dîner, où j'eus la douleur de ne plus retrouver que deux de mes anciens confrères, MM. Broussonet et Lordat, que j'eus d'autant plus de plaisir à revoir. La Faculté renouvela auprès du ministre de l'instruction publique, M. Guizot, la demande faite vingt ans auparavant de me conférer le titre de professeur honoraire, et cette fois il me fut accordé sans difficulté. Mon ami Dunal me reçut avec son ancienne chaleur et me rendit tous les services qui dépendaient de lui. Je fus accueilli par la Société de lecture, que j'avais fondée, comme si j'en étais encore membre. Mais si je fus sensible à cette réception de mes amis et de mes collègues, je le fus aussi beaucoup, parce que je m'y attendais moins, à celle des classes inférieures de la population. Il m'arrivait souvent, en traversant les rues, de voir les marchands, les ouvriers sortir des boutiques pour me dire des choses amicales. Les employés du Jardin me reçurent avec une affection extraordinaire, comme si j'étais encore leur chef,

Toutes ces marques de souvenir, exprimées avec la vivacité
languedocienne, qui en relevait le prix, me furent extrêmement douces et redoublèrent dans mon cœur les sentiments d'affection que j'avais déjà pour Montpellier.

Au retour, je voulus faire voir à Alphonse une partie de
la Provence et lui faire faire la connaissance des parents
que nous y conservons. Nous allâmes donc à Arles, où je
trouvai l'amphithéâtre dégagé des masures qui l'obstruaient.
Nous côtoyâmes la plaine de la Crau, où je vis de fréquentes
traces de défrichements et de cultures qui y avaient été
faits récemment. Dans toute la route je fus très-frappé de
la disparition des oliviers et de l'invasion des mûriers, et
près d'Avignon, de celle des garances. Marseille ne fut pas
pour moi un moindre sujet d'étonnement. J'y avais été à
l'époque du blocus continental : le port était désert, et dans
les principales auberges on était sans difficulté logé au premier étage. Actuellement le port était tellement plein de
bâtiments, qu'il fallait attendre la sortie de l'un d'eux pour
en introduire un autre, et nous ne pûmes être logés que,
grâce faisant, au quatrième étage d'un hôtel.

Nos parents nous accueillirent avec amitié ; je retrouvai
la marquise que j'avais vue à mon précédent voyage ; mais
son mari, son beau-père et sa belle-mère, sa fille et son
gendre étaient morts. Je retrouvai encore le chevalier, qui
vivait retiré à la campagne depuis l'escapade de la duchesse
de Berri, à laquelle il avait pris part[1], mais peu de temps
après notre visite, il a lui-même été emporté par une maladie subite. Je fis connaissance avec le jeune marquis et sa
femme, originaire de Belgique et née de Drack. Leur excellente et aimable réception nous toucha beaucoup.

---

[1] Après cette aventure, le chevalier fut mis en prison et transféré à
Montbrison où on devait le juger. J'avais de vraies inquiétudes pour lui :
elles étaient partagées par son ami le baron de Montmorency ; nous fîmes
le plan de partir de Genève dès que nous apprendrions sa condamnation et
d'aller à Paris demander sa grâce ; mais le jury déclara qu'il n'y avait pas
eu de délit, et heureusement notre bonne volonté fut inutile.

De Marseille nous revînmes directement dans nos foyers. Ce petit voyage m'avait presque complétement rétabli, sauf pour les forces que je n'ai jamais retrouvées tout entières. Je témoignai ma reconnaissance aux personnes qui m'avaient si bien soigné et distrait pendant ma maladie en leur apportant quelques produits de l'industrie de Montpellier, et je me trouvai en état de reprendre quelque travail.

Je me remis à la monographie des Composées, qui avait été forcément interrompue pendant une année entière. J'y consacrai tout l'hiver, mais, je dois l'avouer, mon ancienne ardeur ne m'était pas revenue. Je reçus un bel envoi de plantes sèches de la Nouvelle-Hollande de la part de M. Allan Cunningham, voyageur infatigable, qui, peu après, a été enlevé à la science. Je ne l'avais jamais vu, mais je l'ai regretté pour les services qu'il rendait à la botanique et à moi-même.

Cet hiver n'est guère marqué d'une manière agréable dans mon souvenir que par le retour à Genève de mon excellente et respectable amie Mme de Klustine, que j'ai toujours tant de bonheur à revoir, et par le séjour de Miss Caroline Elton, amie de Mme Marcet, jeune et aimable personne, remarquable par sa grâce et son intelligence. Elle a eu la bonté de recueillir plus tard des notes sur la longévité de quelques arbres d'Angleterre, et m'a envoyé des mesures et des dessins qui pourront devenir utiles si jamais je reprends ce sujet.

L'entrée du printemps fut signalée par une perte qui, quoique bien prévue, ne laissa pas de m'affliger beaucoup. Ma tante, Mme Bouer, paya, à l'âge de quatre-vingts ans, son tribut à la nature. Cette sœur de ma mère, n'ayant jamais eu d'enfants, avait concentré ses affections sur ses neveux, et j'ai la vanité de croire qu'elle avait pour moi des sentiments quasi maternels. C'était une femme de caractère, de goût et d'esprit; la vieillesse n'avait point altéré ses heureuses facultés. A la fin d'une longue maladie et quelques jours avant sa mort j'étais auprès de son lit, et elle me récita tout d'une haleine une pièce de vers de Voltaire. Sa perte me fut très-sensible : c'était le dernier parent de mon sang qui me restait; il me semblait perdre encore une fois ma bonne mère. Les premières pertes que l'on fait causent une douleur qui se mêle d'étonnement, les dernières en causent une qui tient de l'abattement, car on se sent pour ainsi dire isolé dans le monde quand on voit disparaître les parents âgés qu'on s'était habitué à considérer comme des points d'appui, au moins pour le cœur.

Dans les premiers jours de mai 1837, je partis pour Paris; j'étais dans ma petite calèche et je voyageais de conserve avec Mme de Klustine. La pesanteur de sa voiture retarda ma marche ordinaire, mais j'en fus bien dédommagé par le plaisir de cette aimable société. Je retrouvai mes parents et amis que je n'avais pas revus depuis la grande maladie qui avait failli me séparer d'eux pour toujours. Leur amicale réception me fut, comme à l'ordinaire, très-douce.

Le but de ce voyage était la revue des herbiers pour achever la famille des Composées, ce qui me mit à même de publier mon sixième volume à la fin de l'année. Quelques circonstances heureuses facilitèrent mon travail. Indépendamment des richesses déjà accumulées dans les herbiers, M. Ramon de la Sagra, directeur du Jardin de la Havane, et mon ancien correspondant, mit à ma disposition les plantes qu'il avait rapportées de l'île de Cuba. J'eus surtout un grand plaisir à faire sa connaissance.

En dehors de mes affaires botaniques, il me fallut faire beaucoup de courses pour la Société des Arts. Cette Société se trouvait nommée légataire universelle d'un peintre nommé Édouard Blanc, qui était né à Genève, avait gagné quelque fortune à Moscou, et était mort à Paris. Ses exécuteurs testamentaires, MM. Paccard et B***, étaient, le premier favorable, et le second contraire à nos intérêts : la difficulté résultait de ce que le testament, rédigé par un homme étranger à la jurisprudence, donnait prise à une foule d'équivoques ; de plus, le notaire paraissait disposé à tout traîner en longueur. Dans un but peu bienveillant, il conseilla, pour allonger, de consulter M. de Vatismesnil, ancien garde des sceaux, qui, à la première vue, déclara notre demande mal fondée. J'eus le bonheur de le faire revenir de cette idée et de le convertir à nos intérêts. Mais ce qui contribua le plus au gain de notre affaire fut un incident de hasard. Pendant ma discussion avec celui des exécuteurs testamentaires qui nous était opposé survint le bal donné par la ville pour le mariage du duc d'Orléans. J'y allai, et pendant que je parlais avec M. B*** passa M. Molé, alors président du Conseil des ministres. Celui-ci m'aborda avec sa bonté et son amitié ordinaires. M. B***, qui avait cru sans doute pouvoir éluder ou traîner en longueur avec un inconnu, fut tout changé, et dès le lendemain j'obtins pour la société l'héritage contesté, sauf une somme de mille écus, accrochée en Russie, et que M. Fr. Duval est parvenu deux ans après à nous faire remettre.

Outre mes anciens amis, que je revois toujours avec joie, je fis dans ce voyage quelques connaissances intéressantes. Mme de Circourt me mit en relation avec son amie Mme Rogniat et son mari, général habile et pair de France. Par ceux-ci j'entrai en rapport avec le général Baudrand et Madame, qui, ainsi que la famille Rogniat, sont restés au nombre de mes relations agréables. La Sagra, dont j'ai parlé plus haut, me conduisit chez Mme Mojon, que j'avais jadis rencontrée chez Sismondi, sous le nom de Mlle Milesi. C'est une femme remarquable par son esprit et ses connaissances ; je dînai chez elle avec deux dames, bas bleus distingués, Mme *** et Mlle ***, sortes de célébrités qu'il est bon d'avoir aperçues.

Mais de toutes les relations que je cultivai dans ce voyage, les plus agréables furent Mme de Castellane et son

ami M. le comte Molé, que j'avais vus en 1832 à Genève.
M. Molé voulut profiter de sa position de premier ministre
pour demander au roi de me nommer commandeur de l'ordre
de la Légion d'honneur. La chose décidée, il me l'annonça
par un billet très-aimable, m'en remit lui-même les insignes,
de la façon la plus obligeante, dans un dîner chez Mᵐᵉ de
Castellane, et m'offrit de me conduire chez le roi pour le
remercier. Comme il ne m'arrive pas souvent d'avoir des
audiences de ce genre, je me permettrai d'en raconter ici
quelques détails.

Nous allâmes à huit heures dans les petits appartements.
Le roi se promenait dans la salle de billard et reçut avec
bonté mes remerciements. M. Molé lui dit que j'avais été
enchanté des grandes serres du Jardin des plantes, ce qui
me donna l'occasion d'exprimer un désir des botanistes du
Jardin qui était de conserver les petites serres, indépendamment des grandes, vu que les petites plantes ne peuvent
vivre dans les grandes serres. « Mais, me dit le roi, très-
judicieusement, elles viennent bien en plein air! » Je lui
expliquai le mieux que je pus la différence, et me rabat-
tis sur le fait enseigné par la pratique. « C'est singulier,
me dit-il, je ne l'oublierai pas, M. de Candolle, je ne l'oublierai pas. » Après quelques propos de ce genre, il se tourna
vers M. Molé en lui disant : « M. Molé, il faut que nous
parlions des qualifications qu'il convient de donner à ma
belle-fille. » Lorsque j'entendis cette phrase, je fis mine
de me retirer, mais le roi se rapprocha de moi, comme pour
me dire que je pouvais rester, et commença à exposer,
avec beaucoup de suite, tous les titres qu'on avait donnés
aux princesses qui avaient épousé les fils de France. M. Molé
lui dit en riant : « Je ne savais pas que Votre Majesté fût
si forte sur l'étiquette ! — Ah! vous ne saviez donc pas que
je discutais souvent là-dessus avec Louis XVIII, et que je
le battais quelquefois. » Je trouvais assez plaisant d'assister
en tiers à cette conversation du roi avec son premier mi-

nistre. Le roi la termina en disant : « Pensez à tout cela,
M. Molé, c'est plus important qu'il ne semble ; nous en par-
lerons. Mais n'allez-vous pas présenter M. de Candolle à la
reine ? » Celle-ci se trouvait dans un salon voisin et me reçut
avec une bonté parfaite, qui donnait une idée du charme de
son caractère.

M. Molé me présenta ensuite à Mme Adélaïde, dont la
manière vive contrastait avec celle de la reine. Après les
premiers mots, elle me dit : « M. de Candolle, que pensez-
vous de ces fameux choux gigantesques dont on parle ? J'en
ai chez moi ; savez-vous qu'on m'en a fait payer les graines
vingt sous le grain ? — Eh bien ! lui dis-je, Votre Altesse
Royale peut se vanter d'avoir été bien attrapée. » Cette
réponse la fit beaucoup rire. Je tâchai de réparer mon in-
cartade en lui expliquant que ce chou n'était autre que le
chou cavalier de Poitou. Je craignais qu'elle ne m'eût trouvé
un peu impertinent, mais je fus rassuré, lorsque quelques
jours après, à la grande fête de Versailles, me reconnaissant dans le public, elle se détacha du cortége royal,
vint droit à moi au travers de la foule et m'adressa la parole
en me disant : « M. de Candolle, comment trouvez-vous que
mon frère ait arrangé son château de Versailles ? »

Au moment où je prenais congé de Mme Adélaïde, la duchesse douairière de Mecklenbourg, qui était à côté d'elle,
me dit d'un air ému : « M. de Candolle, votre nom, que je
viens d'entendre, m'a donné bien de l'émotion ; je l'ai souvent entendu de la bouche de mon mari, que vous avez
connu à Genève. » Je lui parlai alors de l'époque où j'avais
connu le grand-duc, et où je l'avais reçu chez moi avec le
grand-duc de Weimar.

Peu de jours après, je fus invité à la grande fête du 10 juin
pour l'inauguration du Musée de Versailles. Comme on n'y
était admis qu'en costume, je commandai un habit d'Institut[1],

---

[1] Les huit associés étrangers ont le droit de porter le costume, mais non
les membres correspondants.   (Alph. de C.)

et malgré tous mes soins, je ne pus l'avoir que dans la nuit
du 9 au 10. J'allai à Versailles avec mes amis MM. Delessert et Eynard. Nous entrâmes dans le château à dix heures
du matin, et nous employâmes notre temps à visiter le Musée, qui est réellement quelque chose d'immense. A chaque
pas nous rencontrions des gens célèbres ou d'anciennes connaissances. A trois heures le roi arriva avec sa famille et sa
cour. Ce fut pour moi un spectacle curieux de me trouver
dans la salle de l'*OEil-de-Bœuf*, qui rappelle tant de souvenirs, de voir tous ces habits chamarrés et brodés, etc. A
quatre heures on se mit à table : les convives, au nombre
d'environ douze cents, étaient divisés en plusieurs tables,
présidées par le roi et les princes. Après le dîner, on fit le
tour d'une partie des salles du Musée; puis nous eûmes le
spectacle dans la salle de Louis XIV, où nous vîmes jouer
le *Misanthrope* et un ballet destiné à représenter le contraste des cours de Louis XIV et de Louis-Philippe. Au milieu de toutes ces magnificences, bien des réflexions philo-
sophiques se pressaient dans nos esprits. Après le spectacle,
la foule, accrue de tout le corps diplomatique, fit aux flam-
beaux le tour des grandes salles du Musée : c'était un effet
bizarre et comme magique. Enfin, à deux heures, nous
pûmes sortir. Mes forces avaient tenu tant que la curiosité
les soutenait, mais quand il n'y eut plus rien à voir, je crus
que je ne pourrais pas même traverser la cour pour arriver
à l'hôtel où je devais coucher.

A peine au lit, je fus réveillé par les préparatifs de la
revue qui devait avoir lieu à dix heures. Ce fut encore un
spectacle, car elle était passée par le roi et les princes. La
reine et les princesses suivaient en calèche. J'allai de là
voir l'ouverture publique du Musée, autre spectacle intéressant par l'ordre et la décence avec lesquels la foule
s'y conduisait; puis j'allai dîner chez M. Edwards, où je
fis la connaissance de M. Michelet, l'historien. Je revins
à Paris, avec Auguste de la Rive, au milieu de la nuit,

enchanté de mes deux journées, mais abîmé de fatigue.

Dès le lendemain plusieurs des dames de ma connaissance, qui n'étaient pas de la fête, me firent demander d'aller la leur raconter, et ce qui me divertissait c'est que celles qui tenaient au parti carliste y mettaient encore plus de curiosité que les autres.

Le reste de mon séjour fut assez dérangé par la goutte. Sans être violente, elle me gêna beaucoup pour les visites que j'aurais voulu faire. Dans les premiers jours de juillet je revins à Genève.

Après quelque repos, je fis encore une course pour aller, avec mon fils, assister à la session de la Société helvétique des sciences à Neuchâtel. Nous logeâmes chez mon ancien camarade Coulon. J'eus grand plaisir à revoir celles de mes anciennes connaissances neuchâteloises que la mort avait épargnées, et surtout mon vieux ami Chaillet, que je trouvai dans un état bien affligeant, auquel il succomba peu de temps après.

Pendant l'été de 1837 mes collections furent visitées avec utilité par divers botanistes. M. Bélanger apporta à Genève, pour les comparer avec mon herbier, les plantes qu'il avait recueillies dans l'Orient, mais il n'acheva pas cette revue.

M. Moquin-Tandon se rencontra avec Bélanger dans mon herbier ; il est actif, laborieux, et a le travail facile. Son but était d'étudier les Chénopodées et les familles voisines, dont il a publié d'excellentes monographies dans le *Prodromus*. Doué d'une vivacité toute languedocienne, il nous amusa beaucoup en nous lisant un petit ouvrage de sa composition, dans la langue des troubadours, supposé trouvé à Maguelonne, et assez bien fait dans son genre pour avoir pu tromper M. Raynouard [1].

Nous eûmes aussi une petite visite du bon Dunal, et une

---

[1] Il est intitulé *Carya Magalonensis*. Une seconde édition en a été publiée en 1844, à Montpellier.   (Alph. de C.)

plus longue de M. et Mme de Circourt, tous gens que j'ai eu
un plaisir bien vif à revoir. Deux de mes élèves revinrent
de voyage et se mirent à travailler dans mon herbier à la
description de leurs plantes. M. Margot, après avoir passé
quelques années à Zanthe, s'associa avec M. Reuter pour
rédiger une flore de cette île, qui me parut bonne et que
j'ai (non, je dois l'avouer, sans rencontrer quelque difficulté)
fait insérer dans les Mémoires de la Société de physique et
d'histoire naturelle de Genève. M. Edmond Boissier, qui
avait été parcourir le midi de l'Espagne, et en avait rapporté de belles collections, les a étudiées d'après mon herbier, et a publié un ouvrage élégant sur la flore des royaumes
de Valence et de Grenade [1].

Depuis le moment où le rétablissement de ma santé m'a-
vait permis de travailler, je m'étais remis aux Composées.
Vers la fin de 1837, je pus faire paraître le sixième volume du *Prodromus*. J'avais espéré pouvoir y faire entrer
la fin de cette immense famille, mais la masse des matériaux
qui m'étaient arrivés était si grande que je fus obligé de
rejeter les deux derniers ordres (les Labiatiflores et les Chi-
choracées) à l'entrée du septième volume, dont ils forment
la première partie. J'avais recueilli pendant cet immense
travail beaucoup de planches et de notes sur les Composées, et j'en fis les neuvième et dixième mémoires de ma
Collection.

Ainsi, à la fin de l'hiver de 1838, je me trouvai avoir
entièrement achevé ce travail, qui m'avait pris huit ans de
ma vie (ou plutôt sept, vu l'année de maladie pendant laquelle je n'ai pu rien faire). J'ai présenté dans le dixième

---

[1] Cette partie des *Mémoires* se ressent beaucoup de l'état de santé de
l'auteur. Il avait noté plusieurs choses et plusieurs personnes dont il se
proposait de parler, mais le défaut de subdivisions régulières et les nombreuses interruptions de la rédaction lui ont fait oublier les notes. Il comptait parler, par exemple, de M. le baron d'Haussez et de M. l'avoyer Fischer, de Berne, qui ont été pendant quelques années au nombre de ceux
des habitués de son salon qu'il aimait et estimait le plus. (Alph. de C.)

mémoire un tableau statistique des Composées, qui résume assez bien les résultats généraux de mon travail. En y renvoyant, je me dispenserai d'en parler ici. Je dirai seulement que ces huit années, exclusivement consacrées au même labeur, m'ont extraordinairement fatigué. J'avais fini par ne plus connaître que les Composées, et le reste du règne végétal m'a paru quasi nouveau quand j'ai dû m'y remettre. Une véritable fatigue intellectuelle est résultée, soit de ce travail acharné, soit de ma longue maladie de 1836, soit des progrès naturels de l'âge, soit enfin de la preuve, démontrée par les circonstances, qu'il me serait impossible d'achever mon entreprise.

C'est une grande et solennelle époque dans la vie que celle où l'on est arrivé à la persuasion d'avoir mal calculé ses plans et où l'on est forcé de renoncer à celui auquel on attachait le plus de prix! Il faut pourtant tenir compte de l'accroissement subit du nombre des plantes connues, par l'effet de nouveaux moyens d'explorations et de transports. Ce que j'ai exécuté jusqu'en 1838 est à peu près ce à quoi j'avais, en commençant, estimé l'étendue totale du travail; mais, dans l'intervalle qui s'est écoulé depuis le commencement de l'ouvrage, le nombre des végétaux connus a plus que doublé. Je puis me flatter d'y avoir contribué pour une part de quelque importance. En effet, au moment où j'ai achevé les Composées, ce qui correspond presque exactement à celui où j'ai eu soixante ans accomplis, je trouve que j'ai établi six mille deux espèces nouvelles, quatre cent soixante-dix genres nouveaux et publié neuf cent quarante planches botaniques [1], soit environ un quatorzième des espèces connues, un seizième des genres admis et un quarantième des planches publiées. Je n'ai pas fait un calcul exact de comparaison, et j'ignore si je me fais illusion, mais il me semble

---

[1] Voir les *Pièces justificatives*, n° IV, où ces divers calculs sont complétés par quelques travaux de mon père après celui des Composées.

(Alph. de C.)

qu'aucun botaniste n'a jusqu'à présent atteint des chiffres
aussi élevés. Je le dis comme preuve que ma carrière n'a
pas été sans utilité, mais je le dis sans y attacher trop de
vanité, car ce résultat tient beaucoup aux circonstances du
temps où j'ai vécu. Peut-être ajouterai-je encore quelque
chose à ces chiffres dans ce qui me reste à vivre, mais ce
ne sera sûrement pas en proportion de ce que j'ai fait jusqu'ici, car je sens mes forces diminuer et mon ardeur se
ralentir.

Dans le courant de 1838, j'ai travaillé aux dernières
familles des Calyciflores, formant la fin du septième volume
du *Prodromus*. Ce travail n'a pas été long, vu que mon fils,
mes amis Dunal et surtout Bentham, l'ont bien abrégé en
faisant, le premier les familles des Campanulacés, Cyphia-
cées et Lobéliacées; le second la famille des Vacciniées, et
le troisième la vaste tribu des Ericacées. Ces trois morceaux, exécutés avec soin et talent, sont des ornements
précieux pour mon ouvrage. La seconde partie du septième
volume, achevée en 1838, n'a paru que l'année suivante.
J'ai employé ce temps à préparer quelques familles de Co-
rolliflores, telles que les Borraginées et surtout les Bignoniacées. Celles-ci m'ont particulièrement intéressé, vu leur
beauté et le nombre considérable d'objets inédits que j'y ai
trouvés. J'ai publié en 1839 une petite notice sur les genres
de cette famille, afin de prendre date [1].

L'hiver de 1837 à 1838 fut marqué par une attaque de
goutte, qui dura plus de deux mois, mais ne fut pas violente,
et me permit de suivre à quelques travaux.

Au printemps, mon fils devint père d'un second fils qui
reçut les noms de Henri-François-Lucien. Cet événement,
en assurant davantage l'avenir de ma famille, me fut extrêmement doux.

[1] L'article lui-même a paru après la mort de mon père, avec de nombreuses additions de moi, dans le volume ix du *Prodromus*.

(Alph. de C.)

Mon beau-frère Auguste Torras vint, avec toute sa famille, passer l'été à Genève, ce qui nous fut très-agréable.
Ma femme dut, à cause de l'état de sa santé, aller passer
un mois aux eaux de Saint-Gervais : je l'y accompagnai,
et je retournai la reprendre, mais dans l'intervalle je continuai mes travaux à la ville. Ce fut alors que j'eus à recevoir l'excellent M. Moris, professeur à Turin, et sa femme,
qui me firent une agréable diversion dans ma solitude. Je
m'occupai aussi à faire arranger une nouvelle salle pour mon
herbier, dont les accroissements continus exigeaient cette
addition. Tout récemment il venait de m'arriver un bel envoi de plantes de Géorgie et du Caucase, recueillies par
MM. Hohenacker et Wilmsen, et que je devais à l'obligeance
de mon aimable amie Mme de Hahn, alors à Tiflis [1].

J'eus encore pendant cet été quelques autres visites de
savants : l'une fut celle de M. Oscar Leclerc, neveu de
M. Thouin, qui vint prendre des renseignements sur l'agriculture du pays. Plus tard, M. Preisswerk, de Bâle, sé-
journa quelque temps pour étudier les Lichens de mon herbier, et eut la complaisance de les arranger. Mon excellent ami Dunal vint encore passer un mois chez moi pour
achever les Vacciniées que j'ai mentionnées plus haut. M.
Splitgerber, Hollandais, arrivant de Surinam, vint comparer les plantes de son voyage avec celles de mon herbier. Enfin je reçus la visite de mon ancien ami Frédéric
Cuvier, qui, allant de Lyon à Strasbourg, comme inspecteur
de l'Université, eut l'aimable idée de passer par Genève
pour me voir. Je le gardai une journée, dont j'appréciai
tout le prix. Hélas ! je ne croyais pas qu'il dût être sitôt
enlevé à ses amis. Cet excellent homme fut saisi, à son arrivée à Strasbourg, par une attaque d'apoplexie, assez semblable à celle qui avait enlevé son frère, et y succomba en
bien peu de temps ; je le pleurai d'autant plus sincèrement,

[1] M. le baron de Hahn était gouverneur général des provinces russes au
delà du Caucase. (Alph. de C.)

que sa visite récente avait pour ainsi dire ravivé notre ancienne amitié.

L'année 1838 fut marquée par quelques événements politiques qui me furent pénibles. Les querelles des cantons
de Lucerne et de Schwytz agitèrent la Suisse, et notre Conseil Représentatif en ressentit la secousse. Je m'affligeai de
voir que les meneurs de notre canton s'engageaient toujours
davantage dans leurs liaisons avec les radicaux suisses,
liaisons que je crois dangereuses pour la Confédération et
surtout pour Genève. Aussi je fus enchanté que, peu après
cette discussion, le terme de mes fonctions m'appelât à
sortir du Conseil Représentatif.

A l'automne, un événement qui aurait pu être très-
grave excita beaucoup le pays. Louis-Napoléon [1] . . . . . .
. . . .

Sismondi, qui était du même avis que moi, prononça un
excellent discours dans le Conseil et perdit une partie de
sa popularité. Je m'applaudissais de ne plus être membre
de ce corps, mais comme il n'est point dans ma manière
d'être de cacher mon opinion, je pris ma part de l'impo-
pularité, heureux de partager le sort de mon ami. Tout
cela ne m'a pas fait grand mal, néanmoins l'incident a contribué à me dégoûter des fonctions politiques. J'étais alors
très-décidé à ne plus me présenter pour le Conseil Représentatif, et j'ai persévéré longtemps; mais la veille même
du jour où l'inscription devait être close, le 1er juillet 1839,
M. Le Fort, conseiller et secrétaire d'État, vint me pres-
ser de m'inscrire; il le fit avec tant d'instances que je ne
pus résister. Je fus réélu, pour la quatrième fois, le troisième en rang, avec 1333 voix sur 1423 votants, c'est-à-
dire presque exactement avec un nombre proportionnelle-

[1] Suit un article tout politique, dont l'intérêt serait bien faible aujourd'hui,
car il a pour but de prouver que Louis-Napoléon était plus Français que
Suisse, et qu'il était bien un prétendant au trône de France.

(Alph. de C.)

ment semblable[1] à celui que j'avais obtenu en 1829, lorsque je me trouvai au premier rang. Je n'avais donc pas
déchu dans l'opinion, mais deux autres avaient monté. En
rentrant ainsi dans le Conseil je me décidai, vu l'état de
ma santé, à n'y jouer aucun rôle actif, et à me contenter
de voter silencieusement. Aussi puis-je croire que le rôle,
déjà peu important que j'ai joué en politique, est tout à
fait achevé.

L'année 1839 s'est présentée pour moi sous de mauvais
auspices. Les mois de janvier et de février ont été signalés
par un état de malaise presque continu. J'ai conservé cependant assez de force pour travailler, et cet hiver a été
spécialement consacré à l'étude des Borraginées. Je sentais
le besoin d'aller à Paris, soit pour visiter les herbiers, soit
pour régler mes comptes avec mes libraires. Un événement
de famille hâta mon départ. On nous annonça que la nièce
de ma femme, qui, comme elle, s'appelait Fanny Torras,
allait épouser M. Paul de Gasparin, fils du pair de France,
alors ministre de l'intérieur, et on me pressa d'aller à Paris
pour cette époque. Je m'y décidai sans peine, car ce mariage
me faisait grand plaisir, et j'étais bien aise de le témoigner.
Je partis donc avec Alphonse, le 22 avril, encore mal remis
de la goutte et d'un long catarrhe. Je fus arrêté un jour
en route par l'état de ma santé et n'arrivai que la veille du
mariage, tout juste pour assister à un grand dîner chez le
ministre en l'honneur de la noce. Je jouis vivement du bonheur qu'on pouvait présager pour ma nièce dans cette excellente famille.

Mon séjour à Paris fut, comme à l'ordinaire, consacré à
étudier les herbiers et à revoir mes parents et amis. De
nombreuses réunions de famille me fatiguèrent, aussi je
repris la goutte et le catarrhe qui me laissèrent peu de
jours libres. Obligé de garder la chambre, je fus habituelle-

---

[1] 934 : 877 = 1423 : 1340.

ment entouré de personnes de ma connaissance, de manière
à ne point sentir l'isolement. Le 12 de mai, j'eus occasion (pour la première fois de ma vie, après quarante ans
de séjours plus ou moins prolongés à Paris) de voir quelques légers épisodes d'une émeute qui heureusement n'eut
aucune suite.

Je vis quelquefois mon vieux ami Gaudy qui était tombé
dans un état de demi-paralysie. Sa décadence physique et
intellectuelle me causa une vive peine, et en le quittant je
pensai bien ne plus le revoir. En effet, peu de mois après
mon départ, je perdis cet ancien ami de mon enfance [1]
pour lequel j'avais toujours conservé des sentiments d'affection.

Je revins avec mon fils, au mois de juin, passer l'été à
Genève. Vers la fin de cette saison, je fus encore appelé à
faire une course aux bains de Baden-Baden, pour y revoir
mon aimable et excellente amie Mme de Hahn, qui, après
avoir quitté Tiflis, résidait à Saint-Pétersbourg (où son
mari est sénateur), et de là, par raison de santé, était venue à Baden. Je partis le 25 août et arrivai à Baden sans
incident. Ç'a été un plaisir très-vif pour moi de retrouver
Mme de Hahn, toujours bonne, aimable, et on peut dire
plus amicale encore qu'à son départ de Genève. Notre
correspondance avait consolidé et éprouvé notre amitié;
d'ailleurs si l'absence efface les souvenirs des relations légères, elle grave d'autant plus les traits des amitiés profondes. Je passai trois jours dans cette charmante ville
de Baden-Baden, jouissant du matin au soir de la conversation de Mme de Hahn. Elle me lisait son journal de voyage
à Tiflis et à l'Ararat, qui me fit connaître ce pays remarquable. Nous avons visité ensemble les vieux châteaux des
environs de Baden et les souterrains du fameux tribunal
secret, du moyen âge, qui existent encore dans le château

[1] Voyez ci-dessus, pages 12 et 13.　　　(Alph. de C.)

du grand-duc. Les portes en blocs de pierres, roulant silencieusement sur leurs gonds, donnent l'idée du silence de l'enfer.

J'ai vu souvent, pendant ces trois jours, la famille de Mme de Nesselrode avec laquelle Mme de Hahn est fort liée, et j'ai retrouvé M. et Mme de Medem, Courlandais, que j'avais connus à Genève. Mme de Hahn est partie pour Saint-Pétersbourg ; je l'ai quittée avec un vif regret, mais avec l'espérance de la revoir un jour à Genève. C'est un bonheur rare qu'une pareille amitié, seulement il est pénible de n'en jouir que de loin en loin et d'être séparé par de si grandes distances.

En revenant je me suis arrêté quelques heures à Bâle, où j'ai vu avec plaisir M. Meissner, puis à Neuchâtel, où j'ai retrouvé avec intérêt Coulon et d'autres anciens amis. J'y ai pris l'engagement de faire l'éloge de M. Chaillet, dont je me suis occupé dès mon retour.

A vrai dire je ne fis guère autre chose. Je trouvai la force de rédiger un article sur l'excellent ouvrage de mon ancien ami de Gérando, relatif à la bienfaisance publique, puis je m'amusai de loin en loin à écrire quelques portions de mes mémoires biographiques. D'ailleurs je n'ai su jusqu'à présent (1er juillet 1840) me remettre à aucun travail. Un découragement profond m'a atteint par suite de l'affaissement de ma santé ; une suite de légères attaques de goutte, des lumbagos, des maux d'estomac, etc., m'ôtent l'entrain nécessaire pour le travail ; je me sens atteint par un découragement qui semble maladif et que je ne puis vaincre : je vois qu'il me sera impossible d'achever le *Prodromus*, et que je laisserai ainsi incomplet l'ouvrage auquel j'avais attaché mes espérances d'avenir. Sortirai-je de cet état de torpeur ? Reprendrai-je un nouvel entrain ? Cela me paraît douteux.

NOVEMBRE 1840.—Comme je le prévoyais, l'état incertain de ma santé depuis un an m'a empêché de me livrer à aucun travail régulier. Une succession de catarrhes plus ou moins accompagnés d'oppression ou de goutte remontée a amorti mon activité. Je n'ai guère fait pendant l'hiver dernier que les Oléinées et les Jasminées pour le *Prodromus*, et un mémoire sur un figuier que les jardiniers prenaient pour un *Galactodendron* et que j'ai décrit sous le nom de *Ficus Saussureana*, pour l'avoir observé dans les serres de M. Théodore de Saussure.

A l'entrée du mois de juillet j'ai essayé, soit comme moyen curatif, soit comme distraction, d'aller passer trois semaines aux bains de Saint-Gervais. Ce séjour m'a été agréable, mais n'a rien changé à mon état de santé. J'y ai joui du plein air et d'une société agréable, composée de quelques Genevois de mes amis, de quelques nobles piémontais, MM. de Cavour [1], de Rora, de Revel, de Viani, de Mme de Briançon et son beau-frère, etc., et de plusieurs carlistes français des départements qui nous avoisinent, parmi lesquels je noterai M. le comte de Brissac (qui m'intéressa en me racontant plusieurs anecdotes de l'expédition de la duchesse de Berri dont il a fait partie), M. Clouet, M. le comte d'Aulnai, président de l'Institut historique, M. et Mme de Montessui, de Bourg, Mme de Reculot, sœur de Magnoncour, et sa fille, Mme de Valdahon, etc., etc. La chute d'un âne sur lequel j'étais monté me dégoûta dès le premier jour de ce genre de promenade, et je me bornai à parcourir la vallée à pied ou en voiture. C'est ainsi que j'allai voir l'ancien lac de Chède, aujourd'hui comblé par une avalanche, l'église de Passi, où se trouvent plusieurs inscriptions romaines, et surtout les débris de la malheureuse ville de Sallenches qui, peu de mois auparavant, avait été consumée tout entière par un incendie. Je vis à cette occasion M. le comte de Sales, qui était commissaire du roi pour la distribution des secours et la reconstruction de la

---

[1] Le père du ministre.   (Alph. de C.)

ville. Je l'avais jadis un peu connu à Paris où il a été ambassadeur, et j'ai beaucoup admiré le zèle calme et paternel
qu'il apportait dans sa nouvelle fonction. J'ai recueilli avec
plaisir les témoignages de sa reconnaissance pour les secours que Genève avait envoyés aux habitants de Sallenches [1]. M. de Sales est le dernier de la famille de saint
François de Sales ; aussi, en voyant tous les soins qu'il
donnait aux malheureux incendiés, je lui disais en riant :
« On voit bien, Monsieur le comte, que vous avez du sang
de saint dans les veines. »

Je revins à Genève dans les premiers jours d'août, pour
assister à la cérémonie des promotions. Je tenais à faire
acte de présence à cette cérémonie solennelle de l'Académie,
afin de protester, pour ainsi dire, contre les brochures qui,
depuis un an, avaient été imprimées sur ce corps. Quoique
formellement excepté des attaques, j'ai tenu, par cela même,
à me rattacher à mes collègues.

Peu de jours après il me fallut présider la séance publique de la Société des Arts, dont je venais pour la quatrième
fois d'être élu président pour cinq ans. J'y ai fait l'éloge
d'un peintre, M. Ferrière, du professeur Lhuillier, et de
mon vieux ami Redouté, qui venait de mourir à Paris et
qui était membre honoraire de la Société. C'est un homme
que j'ai regretté pour sa bonhomie, et dont je n'avais eu
qu'à me louer depuis quarante ans que je le connaissais.

Dans la fin du mois d'août, j'allai avec mon fils, mon
collègue Auguste de la Rive et le jeune Alphonse Favre [2]
faire une petite course à Fribourg pour assister à la réunion
de la Société helvétique. Cette session avait quelque intérêt
parce qu'elle était présidée par le Père Girard, homme dont
j'apprécie beaucoup le caractère et que je regardais comme
un devoir d'appuyer à raison des persécutions que les cagots

---

[1] Environ 35,000 francs en argent et une valeur à peu près égale en effets de vêtements et en vivres.

[2] Nommé peu de temps après professeur de géologie.   (Alph. de C.)

lui ont fait éprouver. Ceux-ci témoignèrent en effet leur mauvaise humeur par le fait qu'aucun prêtre ne parut dans les
assemblées de la Société. Elles furent assez insignifiantes à
cause de la division par sections. Ma santé ne me permit pas
d'aller voir une émanation de gaz hydrogène, accidentelle-
ment enflammé, qui s'était développée à trois ou quatre lieues
de Fribourg. L'excursion pour voir ce phénomène fut un des
épisodes intéressants de la session. J'étais logé, ainsi que
mon fils, chez un des MM. de Fægueli, et je vis beaucoup
d'autres membres de cette excellente famille avec laquelle
j'avais des relations depuis environ quarante-cinq ans ! M.
Xavier, connu sous le titre de syndic de la ville, est un
vieillard de quatre-vingt-huit ans, encore vert et actif. C'est
avec lui et son frère, âgé de quatre-vingt-trois ans, tous
deux instruits et sagement libéraux, que je passai une bonne
partie de mon temps.

Le voyage, pour aller et revenir de Fribourg, présenta
quelques légers incidents dignes d'être notés. Au moment
de partir, je vis arriver à Genève Adrien de Jussieu, Adolphe Brongniart et sa femme : affligé de manquer leur visite,
et ne pouvant retarder mon départ à cause du jour fixe de
la Société, je les engageai à venir avec nous sur le bateau à
vapeur jusqu'à Vevey, et j'eus au moins le plaisir de jouir de
leur conversation.

Au retour de Fribourg, je trouvai sur le bateau à vapeur
deux sociétés dont le contraste me divertit. D'un côté une
petite réunion de méthodistes genevois, de l'autre une société d'acteurs et auteurs de vaudevilles de Paris, entre
autres M. Duveyrier, fils du premier président de la cour
royale, que j'avais connu à Montpellier et qui se fait appeler
Melesville, et une petite actrice, Eugénie Salvage, qui s'est
acquise quelque célébrité dans le rôle du *Gamin de Paris*.
Je m'amusai fort pendant la route du contraste de ces deux
groupes.

Après avoir passé une quinzaine de jours chez moi, je

me décidai à aller encore, avec mon collègue et ami Auguste de la Rive, faire une course à Turin, pour assister à la réunion annuelle des savants italiens. J'espérais qu'un climat plus chaud, la distraction et le mouvement me feraient du bien. C'était d'ailleurs une occasion de voir une réunion scientifique italienne, et j'y avais été vivement invité. Nous sommes partis le 12 septembre. Dès notre entrée sur le territoire sarde, nous eûmes un indice de la bonne réception du gouvernement, car à peine on sut que nous allions à la réunion qu'on ne voulut point visiter notre voiture. Nous nous arrêtâmes deux heures à Aix pour y voir notre ami M. Dumas, de l'Institut, et son aimable femme, fille de mon ami Brongniart, avec lesquels j'ai toujours du plaisir à me trouver. Après cette petite station consacrée à l'amitié, nous sommes venus coucher à Chambéry. Le lendemain nous avons été par une pluie continue jusqu'à Modane : le pays n'est pas beau, et nous pouvions à peine, vu le mauvais temps, profiter des aperçus qu'il présente. Notre journée s'est donc passée en causerie, agréable il est vrai, mais calfeutrés dans notre voiture et pestant souvent contre le mauvais temps. Il nous a suivi le lendemain jusqu'au sommet du mont Cenis, mais à peine avons-nous atteint le point culminant que les nuages ont disparu, et un brillant soleil nous a annoncé notre entrée dans la belle Italie. J'ai vu plusieurs fois ce changement de décoration, sans m'être jamais lassé de l'admirer.

Du mont Cenis nous descendîmes assez rapidement à Turin, en admirant ces belles plaines bien cultivées et quelques figures italiennes dignes du pinceau de Raphaël. Je connaissais la route, mais j'avais un singulier plaisir à la revoir après trente ans. A huit heures du soir, nous entrâmes sous le portique de l'hôtel Feder où notre domicile avait été fixé; il faisait nuit : je descendais assez fatigué de ma voiture, tout à coup je me trouve dans les bras du bon Moris et de dix autres botanistes dont les figures m'étaient la plupart inconnues. Je me sens embrasser avec effusion, et dans le pays même que j'ai le plus habité jamais je n'avais été accueilli d'une manière aussi chaleureuse. A peine installé dans mon appartement, j'ai vu arriver la plupart des personnes de Turin que je connaissais, telles que l'avocat Colla, le comte Petiti, etc. Tous les Genevois, venus pour la réunion, MM. Pictet-de la Rive, Choisy, Maunoir, Plantamour, Alphonse Favre, étaient logés dans l'hôtel, par les soins du bon et aimable marquis de Cavour, qui n'a cessé de nous combler de bontés pendant la durée de notre séjour.

La Société étant le but de notre voyage, c'est par ce qui la concerne que je dois commencer mon récit. Dès le lendemain de notre arrivée, nous avons été nous inscrire, et on nous a remis une description de Turin, accompagnée d'un plan panoptique de la Superga, que le Conseil municipal donnait à tous les *scienziati*. En sortant de l'hôtel de l'Université, où se faisait l'inscription, nous allâmes assister à une grand'messe en musique, par laquelle la session commençait. Elle fut exécutée dans l'église Saint-Philippe, et le prêtre qui officiait était membre de la réunion. Le pape avait témoigné contre la Société assez de mauvaise humeur pour défendre à ses sujets de s'y rendre, mais un grand nombre de prêtres, et même quelques évêques, ont assisté, soit aux réunions générales, soit aux assemblées de sections: contraste curieux avec la Société helvétique de Fribourg, où aucun prêtre n'est venu, quoiqu'elle n'eût point été proscrite par le pape et qu'elle fût présidée par le prieur des cordeliers.

En sortant de la messe, nous avons été dans la grande salle de l'Université, où nous étions déjà environ quatre cents (le nombre total à la fin a été cinq cent cinquante). Nous nous sommes divisés en sections; chacune d'elles a nommé ses présidents et secrétaires, qui tous étaient pris parmi les membres italiens de la réunion. Moris a été nommé

31

président de la section de botanique. Elle se composait de
vingt-cinq à trente personnes, parmi lesquelles je citerai
MM. Colla, Moretti, de Visiani, Risso, Trinchinetti, de
Notaris, Masi, Bertola, Casaretto, Biasoletto, Belli, etc.
Les autres sections étaient beaucoup plus nombreuses : celle
de médecine comptait cent trente membres, celle de physique et chimie cent cinquante, celle d'agriculture et tech-
nologie à peu près autant. La première séance a surtout
été employée à s'organiser et à se faire nommer les personnes qu'on ne connaissait pas encore. J'ai eu pour ma
part le plaisir de retrouver quelques anciennes connaissances, telles que le prince de Musignano (Charles Bonaparte), aujourd'hui prince de Canino, Risso, de Nice, Moris,
Colla et Bonafous, de Turin, Moretti, de Pavie, Casaretto,
de Gênes, qui a fait le voyage au Brésil avec le prince de
Carignan, etc. J'ai vu pour la première fois MM. le comte
de Saluces, président de la Société, de Visiani et Parolini,
de Padoue, Confiliacchi, physicien de Côme, Planta, l'astronome, Gazzera, etc. Nous avons consolidé ces relations
en dînant tous ensemble dans une salle prise sur l'ancien
manége du roi. Ces dîners, qui se sont répétés chaque jour,
n'étaient animés ni par des santés ni par des discours. A
l'entrée et à la sortie, nous avions à fendre une foule de
curieux qui se pressaient à la porte pour voir les savants
et leur témoignaient beaucoup d'égards. La même presse
avait eu lieu le matin à l'entrée et à la sortie de l'église de
Saint-Philippe.

Le second jour, la Société étant constituée, il y a eu encore séance publique, où le président, M. de Saluces, a lu
à voix basse un discours auquel MM. Gené et Confiliacchi
ont répondu. Le tout a été court et froid, mais un grand
concours de membres et un vaste gradin occupé par des
dames y donnaient quelque intérêt de curiosité. Les jours
suivants il n'y a plus eu que des réunions de sections. Celle
de botanique, composée d'un petit nombre de membres, ne

m'a pas offert beaucoup d'intérêt. On n'y a présenté de mémoires que sur des points assez minutieux de la botanique locale ou sur quelques plantes de jardin. L'insouciance des botanistes italiens les empêche d'étudier les questions plus générales et retarde leurs progrès. Parmi les lecteurs qui tenaient à des recherches d'un ordre un peu relevé, je citerai M. Risso, qui présenta le tableau d'une monographie des figuiers de Nice, ouvrage qui m'a paru peu profond, et M. Casaretto, qui a lu quelques fragments sur la géographie botanique du Brésil. Pour payer mon écot, j'ai lu une note sur les monstruosités par rupture des péricarpes charnus, une autre sur les Euphorbes à feuilles tachées, et un mémoire sur la famille des Myrtacées. A la fin de la session, et après mon départ, il y a eu encore une séance générale où l'on a décidé de réunir la Société à Padoue, en 1842, car l'usage de cette Société est de fixer les sessions deux ans à l'avance. C'était moi qui, dans la conversation, avait indiqué cette ville, et les Italiens prétendent qu'ils l'ont adoptée pour me décider à y venir. Il n'y a d'ailleurs sorte de politesses qu'ils ne m'aient faites, quoique j'aie souvent critiqué devant eux leur trop grand attachement à la botanique locale et aux formes linnéennes ; la bonté de leur caractère se fait par là remarquer d'une manière bien attachante.

Au milieu des égards et des politesses dont les habitants de Turin m'entouraient, j'avais peine à me défendre d'un souvenir pénible. Tous ceux que j'y avais connus dans mes précédents voyages, il y a trente et quarante ans, avaient payé leur tribut à la mort. Je ne retrouvais plus cet excellent Balbis, qui m'avait reçu comme un frère, ni son élève Bertero, ni son collègue Bellardi, ni le marquis de Spini, le comte Balbi, Piotti, Molineri, Julio ; tous avaient disparu, et je ne jouissais plus que des souvenirs de ces anciennes relations, des connaissances que j'avais faites postérieurement, ou de celles que je devais à mes ouvrages. Les deux botanistes de Turin m'ont comblé de

prévenances : le bon Moris m'a rendu tous les petits services qui pouvaient rendre mon séjour agréable, et j'ai
eu aussi du plaisir à revoir sa femme, que j'avais aperçue
à Genève. Colla m'a reçu avec beaucoup de cordialité, et
sa famille entière m'a accueilli comme un ancien ami ; j'ai
eu surtout un plaisir parfait à revoir sa fille Tecophila, qui
portait alors le nom de Mme Billiotti, et qui peu de jours
après mon départ a épousé M. Blachier, de Bologne. Elle
m'a témoigné une amitié simple et vraie, et m'a accompagné
pour toutes les petites emplettes que je voulais faire et au
Jardin de Burnier. J'ai passé surtout, grâce à elle, une
journée agréable à Rivoli, où Colla s'est créé un Jardin
botanique. Je l'ai vu malheureusement par un jour de pluie,
et j'en ai rapporté un rhume de mauvais caractère, qui a
duré plusieurs mois.

Je reçus encore l'accueil le plus aimable de plusieurs
personnes étrangères aux sciences, parmi lesquelles je dois
compter au premier rang le bon et obligeant marquis de
Cavour, et sa famille, à moitié genevoise, sa femme et ses
deux belles-sœurs (la duchesse de Tonnerre et Mme d'Au-
zers) étant nées de Sellon, parentes de mon compagnon
de voyage de la Rive. M. de Cavour a consacré une matinée
à nous montrer l'organisation des marchés et des hôpitaux
de la ville de Turin, dont je fus singulièrement satisfait,
aussi bien que des embellissements de la ville depuis que le
Piémont a retrouvé son indépendance. Nous avons passé
une journée dans sa belle terre de Centena, où j'ai fait connaissance avec la marquise douairière, âgée de quatre-vingt-
trois ans, encore remarquable par la grâce et la vivacité de
son esprit.

Parmi les personnes qui m'ont accueilli avec une politesse et une bonté parfaites, je dois mentionner la comtesse
et le président de Briançon, la famille de Rora, que j'a-
vais rencontrée à Saint-Gervais, le respectable comte de
Saluces, président de notre réunion, sa femme et sa belle-

fille la marquise de Cortanz, la marquise de Saint-Germain, les chevaliers de Ravel et de Viani, le comte Petiti, que j'avais un peu connu à Genève, etc., etc. Ces personnes, toutes de la première société, étaient pour moi des relations agréables. J'allais faire des visites aux dames, soit chez elles, de sept à neuf heures du soir, soit dans leur loge au théâtre. Enfin, pour clore dignement la liste des politesses reçues dans ce court séjour, je dois mentionner celles dont le roi lui-même nous a honorés, de la Rive et moi. M. de Cavour lui ayant témoigné le désir que nous avions de lui être présentés, il nous donna une audience particulière, dans laquelle il nous reçut avec beaucoup de bonté, nous fit asseoir à côté de lui (politesse insolite chez les rois, mais qui tient au mauvais état de sa santé), nous témoigna sa reconnaissance de ce que Genève avait fait pour Sallenches, nous parla avec amitié de son ancien maître, M. Vaucher, nous assura que si la guerre éclatait, il garderait la neutralité, et exprima le désir de s'allier sous ce rapport avec la Suisse. Le roi manifesta l'intention de nous revoir, et, en effet, trois jours après, nous reçûmes une invitation pour dîner au château.

Par un hasard qui donna plus de relief à ce repas, la princesse Hélène, femme du grand-duc Michel de Russie, passa à Turin, et le roi l'engagea à dîner. C'est une princesse aimable et instruite; elle était venue à Genève il y a dix à douze ans, et avait demandé à me voir, mais j'étais alors absent. Quand elle entendit prononcer mon nom dans le salon du roi Charles-Albert, elle vint à moi, en me disant: « M. de Candolle, il y a dix ans que je vous cherche! » Elle fut très-obligeante à mon égard. Avec elle, se trouvaient ses trois filles. La famille royale de Piémont était réunie tout entière. Ce fut donc un dîner de grande cérémonie. Je me trouvai à côté du maréchal de Latour, qui passe pour l'homme de crédit par excellence. Après le dîner on reste debout; le roi et la reine vont parler à chacun : tout cela ne forme pas un ensemble amusant, mais cette forme cérémonielle était curieuse. Le roi est venu deux fois me parler, et quand il eut reconduit la princesse Hélène, il rentra dans le salon pour me dire que si jamais je repassais à Turin il me priait d'aller le voir. Je n'ai donc eu qu'à me louer de sa politesse, et il m'en a donné encore une preuve en m'envoyant une médaille qui le représente d'un côté, avec le monument de la place Saint-Charles de l'autre.

Peu après cette journée de gala royal, nous nous décidâmes à reprendre la route de Genève. La veille du départ, nous allâmes à la Société philharmonique, où la Société entière avait été invitée. Je comptais y prendre congé de mes connaissances, mais les botanistes que j'y trouvai ne voulurent point recevoir mes adieux, et sachant l'heure de mon départ, me dirent qu'ils viendraient me voir le lendemain matin. En effet, avant sept heures je vis arriver toute la section de botanique pour me souhaiter bon voyage. Nous montâmes en voiture, et en arrivant à Rivoli, premier relai de la poste, nous retrouvâmes tous nos botanistes, auxquels s'était ajoutée la famille Colla. On recommença à me faire des adieux ; le jeune Berardi, petit-fils de Colla, me débita un compliment; M. Masi m'adressa une pièce de vers français des plus aimables; on remplit ma voiture de fruits du midi et de bouquets de fleurs, et chacun recommença à m'embrasser à la ronde. J'étais vivement ému de ces témoignages d'amitié, et je ne savais y répondre que par des larmes. La *Gazette piémontaise*, rédigée par M. Masi, a rendu compte de cette fête simple et touchante.

Je quittai Rivoli le cœur encore ému de témoignages aussi flatteurs et amicaux, et il me serait difficile de ne pas conserver toute ma vie un souvenir reconnaissant de l'obligeance des habitants de Turin. Le temps était superbe; jusqu'au mont Cenis nous jouîmes de cette belle journée. Le soir, en descendant à Lans-le-bourg, où nous devions coucher, nous fûmes pris par un froid assez vif qui ranima mon rhume. Le second jour, dans le but de varier la route, nous passâmes par Albertville, d'où j'écrivis à Moris et à Mme Billiotti pour exprimer mes sincères remerciements. Enfin, le 28 septembre, nous arrivâmes à Genève, après dix-sept jours d'une des excursions les plus agréables et les plus intéressantes que j'aie faites.

Peu après j'eus le plaisir de voir arriver à Genève MM. Moretti et de Visiani, que je tâchai d'accueillir de mon mieux en souvenir de la bonne réception des Italiens. Je vis aussi M. Eandi, Piémontais, qui revenait d'un voyage pour l'étude des prisons, et plus tard, Moquin-Tandon et Adrien de Jussieu vinrent aussi me faire d'aimables visites.

Ma course à Turin, qui avait été si agréable, me fatigua beaucoup. Je voulus à mon retour continuer un genre de vie actif, mais au bout de peu de temps je fus arrêté. Un violent catarrhe de poitrine me força à rester chez moi, et peu après il s'y joignit l'enflure des jambes [1]. On la combattit par la digitale, mais voilà plus de quatre mois que je suis prisonnier dans ma chambre (5 mars 1841), et j'attends avec impatience l'arrivée de la chaleur qui doit, dit-on, me guérir.

Cet hiver, passé dans la reclusion, a été adouci par les visites fréquentes de mes amis et des dames de ma connaissance, mais il a été bien pénible, soit à cause de l'inertie et de la paresse profonde qui résultent de mon état maladif, soit par les pertes sensibles que j'ai éprouvées coup sur coup.

Dès la fin de l'automne, je vis mourir mon ami le syndic Fatio, à la suite d'une attaque d'apoplexie. Sa mort, quoique prévue depuis plusieurs mois, me fut très-pénible. C'était un homme bon, modeste, obligeant et d'une grande capacité, qui m'avait puissamment aidé dans la fondation du Jardin botanique, et auquel j'étais tendrement attaché.

---

[1] Mon père était atteint d'une hypertrophie du cœur. (Alph. de C.)

Peu après, je perdis aussi mon ancien ami le professeur Vaucher. Il m'avait le premier donné quelques leçons de botanique, et j'étais toujours resté avec lui dans les termes d'une véritable amitié, quoique la différence de nos âges et de nos manières de voir la botanique eussent paru s'y opposer. C'était un homme franc, loyal et obligeant, que j'ai sincèrement regretté.

Peu de jours après, je perdis encore mon ancien camarade d'enfance Pierre Huber. Il habitait Yverdon, patrie de sa femme; peu de jours auparavant il était venu me voir à Genève. C'était un homme d'une modestie parfaite et d'un caractère précieux. Ses travaux, comme naturaliste, s'étaient essentiellement dirigés sur les mœurs des insectes. Il en a étudié plusieurs genres avec un vrai talent d'observation; mais s'il rivalisait sous ce rapport avec Réaumur, Bonnet et son père, il avait aussi hérité de cette école l'ignorance et le mépris des classifications, de l'anatomie et de la nomenclature, de sorte que ses travaux sont restés fort inférieurs à ce qu'ils auraient pu être.

Parmi les pertes de cet hiver, je puis compter encore celle de Mme Prevost-Pictet, une des plus intimes amies de ma femme, et l'une des personnes dont j'appréciais le plus l'esprit, la grâce et le caractère. Son souvenir se liait pour moi à mes relations avec son père, le professeur Pictet; son fils Édouard, qu'elle a eu le malheur de perdre, était intime du mien, comme je le suis resté de son mari.

Mais de toutes les pertes de cet hiver, la plus sensible fut celle de mon pauvre frère, qui succomba, le 26 janvier 1841, à une longue suite de maux. Cette perte m'a beaucoup frappé, car, nés à dix mois de distance, nous étions presque des jumeaux, et j'étais moi-même atteint de maladies qui, sans être aussi graves, avaient bien des rapports avec les siennes. Je l'ai peu vu pendant ses dernières semaines, étant moi-même retenu à la maison. Je l'ai pleuré sincèrement, et en perdant ce compagnon de mon enfance,

j'ai, malgré d'extrêmes différences de goûts, de carrière et
de caractère, senti que j'étais beaucoup plus isolé dans le
monde.............. Je jugeai convenable de refaire pour la
cinquième ou sixième fois mon testament, et j'ajoutai à cela
un travail long et, pour mes goûts, très-fastidieux, celui de
ranger mes affaires pécuniaires dans un ordre complet.
D'ailleurs cet hiver 1840-1841 a été, par suite de ma mauvaise santé, entièrement perdu pour toute espèce de travail botanique[1].

[1] Cette phrase est la dernière écrite par l'auteur. Le testament dont il
parle est du 20 février, et il est mort le 25 septembre 1841, à la suite
d'une hydropisie générale. Dans les notes qu'il prenait de loin en loin
avec l'idée de continuer sa biographie, une des dernières, de juin 1841, est
ainsi conçue : « Je reçois tous les soirs quelques amis. Ma femme me tient
fidèle compagnie et allége autant qu'elle peut mon état d'abattement. » —
Il devait y avoir, selon le plan primitif des *Mémoires*, un *Livre sixième*,
qui aurait été intitulé : *Mon portrait, soit jugement sur moi-même. Conclusions. Généralités.* L'auteur ne l'avait pas même commencé. Est-ce une chose
regrettable ? Je ne sais. Il est toujours difficile de se juger soi-même, et
pour un savant, dont les travaux ont été nombreux et variés, la difficulté
est immense. Il faudrait qu'il pût envisager de sang-froid la marche de la
science pendant un demi-siècle, et reconnaître la part qui lui revient dans
le mouvement général d'une époque, mais ceci n'est guère possible avant
qu'il se soit écoulé un temps plus ou moins considérable. Quant au caractère individuel, un des éléments du succès dans les sciences, on trouvera
sans doute qu'il est dépeint à peu près complétement par les *Mémoires*,
et la lecture de quelques-unes des *Pièces justificatives* complétera ce qui
peut manquer sous ce rapport.   (Alph. de C.)

PIÈCES JUSTIFICATIVES

ET

NOTES ADDITIONNELLES

PIÈCES JUSTIFICATIVES

ET

NOTES ADDITIONNELLES

I

Emploi du temps. — Procédés d'ordre.

Dans les années 1820 à 1824 mon père avait ouvert un cahier qui devait contenir des réflexions diverses, des anecdotes, etc. Je trouve, à la date de janvier 1822, l'article suivant, qui explique assez bien sa manière de comprendre et de régler l'emploi du temps.

« La vie de chaque individu se compose de trois parts : une consacrée à un travail utile à soi ou à la société ; la seconde, au délassement ou au plaisir ; la troisième n'est consacrée ni au travail ni au plaisir, mais à une foule de petites occupations subalternes qui n'ont pour résultat ni utilité ni agrément. Tout l'art de gouverner sa vie consiste à diminuer cette dernière portion pour en accroître d'autant les deux premières. Toute la différence d'homme à homme consiste essentiellement dans la proportion plus ou moins habile que chacun d'eux sait établir entre ces trois portions que, pour abréger, j'appellerai part *laborieuse*, part *agréable* et part *indifférente* de la vie. Ainsi lorsque, croyant gagner pour la partie consacrée au travail, on retranche trop de la partie consacrée au plaisir, l'attention s'use à la suite d'un travail trop prolongé, on finit par ceci : qu'une partie du temps qu'on croyait donner à la vie laborieuse se trouve tomber dans la vie indifférente ; on ne fait pas plus de besogne, quelquefois moins, et cette habitude nonchalante énerve tout talent. C'est ce qui explique pourquoi la plupart des hommes qui ont le plus étonné le monde par l'immensité de leurs travaux ont été en même temps des hommes de plaisir et de société. Prenons l'extrême opposé. Il est des individus qui veulent donner trop de temps à la partie agréable de la vie ; qu'en arrive-t-il ? Leur faculté de jouir s'éteint par l'habitude, et une bonne portion du temps qu'ils croient donner au plaisir tombe en réalité dans la part de l'indifférence. Ils perdent les profits du travail et n'accroissent pas la masse de leur bonheur réel. Ce n'est pas aux dépens de l'une des deux premières classes que la troisième doit s'accroître, mais toutes deux peuvent faire de vraies conquêtes aux dépens de la troisième. — Retrancher autant que possible sur les devoirs oiseux d'une politesse sans but et sans résultats ; s'accoutumer à ne muser ni dans le travail ni dans le plaisir ; abréger autant que possible le temps qu'on est forcé de consacrer aux opérations matérielles de la vie, qui ne donnent pas plus de résultats utiles en les faisant longuement et qui ne peuvent devenir des plaisirs que de loin en loin ; régler, en un mot, sa vie de manière à en retrancher les moments perdus : telle est, à mes yeux, la tactique la plus favorable au bonheur et au talent.

« Deux moyens principaux facilitent la diminution du temps consacré à la vie indifférente : l'*ordre,* qui fait que chaque opération de ce genre s'exécute plus facilement, et l'*habitude,* qui économise le temps qu'on emploierait pour délibérer à chaque fois sur ce que l'on doit faire. Chacun devrait appliquer ces principes pour son propre compte, et il est peu de personnes qui ne trouvassent avoir bien plus qu'elles ne le pensent de temps disponible pour le travail ou le plaisir.»

L'auteur de cet article n'a fait, on le comprend, que réduire en formule sa manière de vivre. Personne n'a poussé plus loin l'économie du temps dans les affaires insignifiantes.

Il réfléchissait souvent aux procédés d'ordre, et il a pu en indiquer à quelques amis qui l'en ont plus tard remercié sincèrement. Le procédé auquel mon père attachait le plus d'importance était relatif à la manière de prendre des notes qu'on pourrait appeler *notes mobiles.* Voici en quoi cela consiste. Lorsqu'il avait le projet, ou vague ou arrêté, d'écrire une fois sur une question, il notait sur de petits carrés de papier tous les renseignements et toutes les idées qui se présentaient à lui sur le sujet, en ayant soin que chaque morceau de papier ne contînt qu'une note et ne fût écrit que d'un côté. Ces notes étaient jetées d'abord dans un tiroir, puis une ou deux fois par an elles étaient classées selon leur nature : celles de physiologie dans un carton, celles concernant une espèce de plante dans la famille de cette plante, etc., etc. Lorsque venait ensuite le moment d'étudier une question, tous les documents se trouvaient prêts, et il ne restait qu'à classer les notes mobiles, tantôt d'une manière, tantôt d'une autre, suivant l'ordre qu'on voulait adopter en définitive dans le travail. Ce système, dont Le Sage avait donné l'idée à mon père [1], permet de ne jamais recopier des notes. Il dispense de chercher les documents de livre en livre, avec un grand effort de mémoire et non sans oublier des sources impor-

[1] Voyez ci-dessus, page 35.

tantes. Le classement des notes facilite le classement des idées, et la mobilité des pièces fait qu'on ne recule pas devant un changement d'ordre
quand il paraît désirable. J'ai continué ce mode précieux qui a économisé
à mon père, à moi et à plusieurs de nos amis bien des années de travail.
Il équivaut à une prolongation de vie. Il donne aux travaux un degré de
fini et de complet qui ne pourrait guère être obtenu sans cela. Mon père a
commencé ce système en 1820 ou à peu près. Je l'ai continué régulièrement. Aucun livre, aucun journal n'est entré dans notre bibliothèque depuis quarante ans sans avoir été analysé sous cette forme. Nous en avons
retiré de si grands avantages que je ne saurais trop le recommander aux
personnes qui s'occupent de quelque branche d'études.   (Alph. de C.)

II

Liste complète des ouvrages ou mémoires de Aug.-Pyr. de Candolle, publiés ou inédits, et indication d'ouvrages qui lui ont été faussement attribués [1].

§ 1. Sur la Botanique, l'Agriculture ou l'Horticulture. Biographies de botanistes.

1° *Ouvrages et Mémoires publiés par l'auteur.*

1   Notice sur le *Reticularia rosea*. Extrait dans le Bulletin de la Société philom. ; floréal an VI (1798), vol. II, p. 105, avec 1 pl.
2   Observations sur une espèce de Gomme qui sort des bûches du
hêtre. Extrait dans le Bulletin de la Société philom. ; an VI,
vol. II, p. 105. Publié dans le Journal de physique, 1799 ;
vol. XLVIII, p. 447.
3   Premier essai sur la nutrition des Lichens. Lu à la Société d'histoire
naturelle de Genève, en 1797 ; imprimé dans le Journal de physique (1798), vol. XLVII, p. 107, et à part, in-4°. Paris.

[1] Les ouvrages sont en petites capitales, les publications moins importantes,
en caractères courants. Les mémoires ou articles publiés dans certaines collections, comme les *Mémoires de la Société de physique et d'histoire naturelle de
Genève* et *de la Société Suisse des sciences naturelles*, les *Annales des sciences
naturelles*, la *Bibliothèque universelle*, ont généralement été tirés à part et
distribués par l'auteur.

4   Observations sur les Plantes marines. Imprimées par extraits dans le
    Bulletin de la Société philom. ; nivôse an VII (1799), avec 1 pl.

5   Notice sur quelques genres de Siliculeuses, et en particulier sur le
    nouveau genre *Senebiera.* Dans les Mémoires de la Société
    d'histoire natur. de Paris (1799), vol. I, p. 140, avec 2 pl., et
    par extrait dans le Bulletin de la Société philom., nivôse an VII.

6   PLANTARUM HISTORIA SUCCULENTARUM. HISTOIRE DES PLANTES
    GRASSES, avec leurs figures en couleurs dessinées par Redouté,
    en latin et en français, in-folio et in-4°; vol. I, livraisons 1 à
    20, contenant 120 pl. avec titre et table. Paris, an VII-X (1799
    à 1802), livraisons 21 à 28, pl. 121 à 159 (1803).

7   Note sur la Monographie des Légumineuses biloculaires. Bulletin
    de la Société phil. ; messidor an VIII (1800).

8   Expériences relatives à l'influence de la lumière sur quelques vé-
    gétaux. Imprimé par extrait dans le Bulletin de la Société philo-
    mathique, fructidor an VIII (1800), Journal de phys., an VIII,
    vol. LII, et en totalité dans les Mémoires des Savants étrangers
    de l'Institut, vol. I, 1805, p. 370.

9   Mémoire sur les Pores de l'écorce des feuilles. Imprimé par ex-
    trait dans le Bulletin de la Société philom., brumaire an IX
    (1801), et dans le Journal de physique, an IX (1801); en tota-
    lité dans le volume I des Mémoires des Savants étrangers de
    l'Institut (1805).

10 Mémoire sur la Végétation du Gui. Imprimé par extrait dans le
    Bulletin de la Société philom., frimaire an IX (1801), et en en-
    tier dans le volume I des Mémoires des Savants étrangers de
    l'Institut.

11 Mémoire sur la Famille des Joubarbes. Imprimé par extrait dans le
    Bulletin de la Société philom., germinal an IX (1801).

12 Rapport sur les Conferves, fait à la Société philomathique. Imprimé
    par extrait dans le Bulletin de la Société philom., prairial an IX
    (1801), avec 1 pl., et en entier dans le Journal de physique,
    an X, vol. LIV, p. 121, et à part, in-4°. Paris.

13 Note sur le Réséda-gaude et le Carthame des teinturiers. Dans les
    Annales des Arts, sciences et littérature, in-8°, nivôse et plu-
    viôse an IX (1801), avec 2 pl.

14 Note sur la graine des Nymphæa. Dans le Bulletin de la Société
    philom., frimaire an X (1802), avec figure.

15 Description d'un nouveau genre de plantes nommé *Strophanthus.*
    Imprimé par extrait dans le Bulletin de la Société philom., mes-
    sidor an X (1802), et dans les Annales du Muséum d'histoire na-
    turelle, vol. I, p. 408, extrait par M. Desfontaines, avec 1 pl.;

imprimé en totalité dans le vol. i des Mémoires des Savants
étrangers de l'Institut.

16 LES LILIACÉES. (Le texte des quatre premiers volumes.) Paris,
in-folio; 1er vol., 1802; 2me, 1805; 3me, 1807; 4mé, 1808;
avec 240 pl. en couleur, par Redouté.

17 Mémoire sur les genres *Astragalus, Phaca, Oxytropis, Colutea* et
Lessertia. Bulletin de la Société philom., thermidor an x (1802).

18 Recherches botanico-médicales sur les différentes espèces d'Ipéca-
cuanha. Imprimées, par extraits, dans le Bulletin de la Société
philomathique, messidor an x (1802), et en entier dans le vol. i
(resté inédit) des Mémoires de la Société des professeurs de
l'École de Médecine de Paris.

19 ASTRAGALOGIA. 1 vol. grand et petit in-fº. Paris, 1802, avec 50 pl.

20 Mémoire sur la fertilisation des dunes. Annales de l'Agric. franç.,
vol. XIII, an XI (1803). et à part, in-8º.

21 Note sur le genre *Rhizomorpha*. Bulletin de la Société phil., floréal an XI (1803), avec figure.

22 Mémoire sur le *Vieusseuxia*, genre de la famille des Iridées, imprimé par extraits dans le Bulletin de la Société phil., floréal
an XI (1803), et en entier dans les Annales du Muséum d'histoire
naturelle de Paris, vol. II, p. 136, avec 1 pl.

23 Note sur deux genres nouveaux de la famille des Iridées, le *Diasia*
et le *Montbretia*. Bulletin de la Société philom., 2 p. 151 bis,
brumaire an XII (1804).

24 Examen d'un sel recueilli sur le *Reaumuria,* avec M. Frédéric
Cuvier, *ibid.*

25 Paquerette, Parisette, Parnassie, Paronyque, Parthène, Passerage,
Pezize, articles remis à M. de Lamarck, en 1798, et imprimés
sans la participation de l'auteur, en 1804, dans le vol. v de la
partie botanique de l'Encyclopédie méthodique.

26 ESSAI SUR LES PROPRIÉTÉS MÉDICALES DES PLANTES, COMPARÉES
AVEC LEURS FORMES EXTÉRIEURES ET LEUR CLASSIFICATION
NATURELLE. 1 vol. Paris, 1re édition, in-4º, 1804; 2me édit.,
in-8º, 1816. Traduit en allemand, par K.-J. Perleb; Aarau,
1 vol. in-8º, 1818.

27 FLORE FRANÇAISE de J.-B. de Lamarck, 3me édit., par A.-P. de
Candolle. 5 vol. in-8º; Paris, 1805; — tome VI; Paris, 1815 [1].

28 PRINCIPES ÉLÉMENTAIRES DE BOTANIQUE. Extrait du premier volume de l'ouvrage précédent, 1805.

[1] Le libraire, sans consulter l'auteur, a vendu des exemplaires avec un titre
portant pour tous les volumes la date du dernier.

29   Note sur la Mousse de Corse. Extrait du Bulletin de la Société phil.;
     nivôse an XIII (1805).

30   SYNOPSIS PLANTARUM IN FLORA GALLICA DESCRIPTARUM, 1 vol.
     in-8°; *Parisiis*, 1806. — *Edit.* 2ª, sous le titre de *Aug. Py-
     rami de Candolle*, *Botanicon gallicum seu Synopsis*, etc.;
     2 vol. in-8°. Paris, 1828 et 1830, *auctore* J.-E. DUBY.

31   Mémoire sur les Champignons parasites. Annales du Muséum d'his-
     toire naturelle de Paris; vol. IX, 1807, p. 56.

32   Mémoire sur le *Cuviera*, genre nouveau de la famille des Rubia-
     cées. Annales du Muséum d'histoire naturelle de Paris, vol. IX,
     1807, p. 216, avec 1 pl.

33   ICONES PLANTARUM GALLIÆ RARIORUM. 1 *fasc.* in-4°; *Parisiis*,
     1808, *cum. tab. aen.* 50.

34   Mémoire sur le *Drusa*, nouveau genre de la Famille des Ombelli-
     fères, imprimé par extrait dans le Bulletin de la Société phil.,
     février 1808, et en entier dans les Annales du Muséum d'histoire
     naturelle, vol. X, p. 466, avec 1 pl.

35   Note de quelques plantes nouvelles trouvées en France. Bulletin de
     la Société phil., avril 1808.

36   RAPPORTS SUR LES VOYAGES BOTANIQUES ET AGRONOMIQUES, FAITS
     DANS LES DÉPARTEMENTS DE L'EMPIRE D'APRÈS LES ORDRES DE
     SON EXC. LE MINISTRE DE L'INTÉRIEUR. Mémoires de la So-
     ciété d'agriculture de Paris; 1 et 2, 1808; 3 et 4, 1810; 5 et 6,
     1813; réunis en 1 vol. in-8°, 1813.

37   Géographie agricole et botanique : article dans le Dictionnaire rai-
     sonné d'Agriculture, vol. VI, 1809, p. 355.

38   Note sur la cause de la direction des tiges vers la lumière. Mé-
     moires de la Société d'Arcueil, 1809; vol. II, p. 104.

39   Éloge historique de M. Aug. Broussonet; in-4°. Montpellier, 1809.

40   Note sur le *Georgina* (*Dahlia* Cav. et hort. par.). Bulletin de la
     Société libre des Sciences et Belles-Lettres de Montpellier, 1809;
     in-8°, vol. VI, n° 48, et au vol. XV, p. 307, des Annales du
     Muséum d'histoire naturelle de Paris, 1810.

41   OBSERVATIONS SUR LES PLANTES COMPOSÉES OU SYNGENÈSES.
     Annales du Muséum d'histoire natur. de Paris, vol. XVI (1810);
     1er Mémoire, sur les Composées et les Cinarocéphales en gé-
     néral, p. 135, avec 1 pl.; 2me Mémoire, Monogr. de quelques
     genres de Cinarocéphales, *ibid.*, p. 181, avec 10 pl.

42   Mémoire sur le genre *Chailletia*. Annales du Muséum d'histoire
     naturelle de Paris, vol. XVI (1811), p. 153, avec 1 pl.

43   Mémoire sur les Ochnacées et les Simaroubées. Annales du Muséum
     d'histoire natur. de Paris, vol. XVII (1811), p. 398, avec 21 pl.

44 Monographie des Biscutelles ou Lunetières. Annales du Muséum d'histoire natur., vol. XVIII (1811), p. 292, avec 10 pl. Recueil de Mémoires, et à part, in-4°.

45 Mémoire sur les Composées à corolles labiées ou Labiatiflores. Annales du Muséum d'histoire natur., vol. XIX (1812), p. 59, avec 5 pl.

46 RECUEIL DE MÉMOIRES SUR LA BOTANIQUE (contenant les cinq articles précédents) ; 1 vol. in-4°. Paris, 1813, avec 48 pl.

47 CATALOGUS PLANTARUM HORTI BOTANICI MONSPELIENSIS, *addito observationum circà species novas aut non satis notas fasciculo;* 1 vol. in-8°. *Monspelii,* 1813.

48 THÉORIE ÉLÉMENTAIRE DE LA BOTANIQUE ; 1 vol. in-8° : 1ᵣₒ édition ; Montpellier, 1813. 2ᵐᵉ édition ; Paris, 1819. 3ᵐᵉ édition (par Alph. de C.); Paris, 1844.—Traduite en allemand par J.-J. Rœmer, avec des additions ; 2 vol. in-8° ; Zurich, 1814-1815.

49 Mémoire sur les Rhizoctones, nouveau genre de champignons qui attaquent les racines des plantes, et en particulier celles de la luzerne cultivée. Mémoires du Muséum d'histoire natur., vol. II (1815), p. 209-216, avec 1 pl.

50 Mémoire sur le genre *Sclerotium,* et en particulier sur l'Ergot des Céréales. Mémoires du Muséum d'histoire natur., vol. II (1815), p. 401 à 405, avec 1 pl.

51 Avis aux propriétaires de vignobles. 2 pages, format in-8°, signées et datées du 24 octobre 1816 ; distribuées par ordre du gouvernement de Genève.

52 Mémoire sur la géographie des plantes de France, considérée dans ses rapports avec la hauteur absolue. Mémoires de la Société d'Arcueil, vol. III (1817), p. 262-322.

53 Considérations générales sur les fleurs doubles, et en particulier sur celles de la famille des Renonculacées. *Ibid.,* p. 385-404.

54 Troisième mémoire sur les champignons parasites. Mémoire sur le genre *Xyloma.* Mémoires du Muséum d'histoire natur., vol. III (1817), p. 312-337, avec 1 pl.

55 Quatrième mémoire sur les champignons parasites. Mémoire sur les genres *Asteroma, Polystigma* et *Stilbospora.* Mémoires du Muséum d'histoire natur., vol. III (1817), p.328-340, avec 1 pl.

56 Conjectures sur le nombre total des végétaux du globe. Bibliothèque universelle, in-8°, 1817, tome VI, p. 119.

57 REGNI VEGETABILIS SYSTEMA NATURALE ; 2 vol. in-8°. *Parisiis,* vol. I, 1817 ; vol. II, 1821.

58 *Remarks on two genera of plants to be referred to the family of the Rosaceæ (Kerria and Purshia). Trans. of the Linn. Society*

in-4°. Londres, vol. XII, partie II (1818), p. 152-159. En français, avec le titre seul en anglais.

59 Sur le *Gingko biloba*. Bibliothèque univ., 1818, vol. VII, p. 130.

60 Note sur la Monographie des Céréales et l'*Herbarium cereale* de la Suisse, par Seringe. Bibliothèque univ., 1818.

61 Catalogue raisonné des espèces et variétés d'Aloes, etc. Bibliothèque universelle, 1818 ; vol. IX, p. 305.

62 Rapport sur la fondation du Jardin botanique de Genève ; in-8°. Genève, br. in-8°, 1819. — Second rapport sur la fondation et l'état du Jardin botanique ; br. in-8°, 1821.

63 Catalogue des arbres fruitiers et des vignes du Jardin botanique de Genève ; in-8°, 1820.

64 Essai élémentaire de géographie botanique. Dans le Dictionnaire des Sciences naturelles, vol. XVIII (1820), p. 359-422, et à part, 1 vol. in-8°.

65 DELESSERT, ICONES SELECTÆ, etc., in-folio, vol. I-V. Paris, 1820-1846. (Le texte à peu près en entier, la surveillance d'une partie des planches et la communication de plusieurs relatives aux Composées.)

66 Mémoire sur les affinités naturelles de la famille des Nymphæacées. Mémoires de la Société de physique et d'histoire naturelle de Genève ; in-8°, vol. I (1821), p. 209, avec 2 pl.

67 Projet d'une Flore physico-géographique de la vallée du Léman ; br. in-8°. Genève, 1821.

68 Rapports faits comme Président de la Classe d'agriculture en 1821 et 1823, insérés dans le Bulletin de cette Classe et dans les Procès-verbaux des séances publiques de la Société des Arts, vol. I, in-4°. Genève, 1820-1831. — Divers programmes ou avis publiés comme Président de la Classe.

69 Programmes et rapports sur les pépinières du canton de Genève. Bulletin de la Classe d'agric. de Genève ; in-8°, 1821 et 1828.

70 Instruction pratique sur les collections botaniques à l'usage des voyageurs qui, sans avoir étudié l'histoire naturelle des plantes, désirent être utiles à cette science ; in-8°. Genève, 1821. — Ed. 2. Bibliothèque univ., 1834, Sciences, vol. I, p. 169.

71 Mémoire sur la famille des Crucifères. Mémoires du Muséum d'histoire natur. de Paris, vol. VII (1821), p. 169-252, avec 2 pl.

72 Notice abrégée sur l'histoire et l'administration des Jardins botaniques. Dictionnaire des Sciences naturelles, vol. XXIV (1822), p. 165-181, et à part, in-8°.

73 Mémoire sur la tribu des Cuspariées. Mémoires du Muséum d'histoire naturelle de Paris, vol. IX (1822), p. 139-154, avec 3 pl.

74 Premier rapport sur les Pommes de terre. Étude comparative du produit des variétés ; in-8°. Genève, 1822. Bibliothèque univ. Agriculture, vol. VII, p. 275.

75 *Memoir on the different species, races and varieties of the genus Brassica, and of the genera allied to it, which are cultivated in Europa. Trans. Hortic. Society of London*, vol. v (1822), p. 1-43, *with pl.* 1. En français, dans Annales d'agriculture française, 1822, et Bibliothèque univ., Agriculture, vol. VIII, p. 191. En allemand, trad. par Berg ; in-8°; Leipzig, 1824.

76 Mémoire sur la famille des Ternstrœmiacées, et en particulier sur le genre *Saurauja.* Mém. de la Soc. de phys. et d'hist. natur. de Genève, in-4°, 1822 ; vol. I, partie II, p. 393-430, avec 8 pl.

77 Rapports (ou Notices) sur les plantes rares ou nouvelles qui ont fleuri dans le Jardin botanique de Genève. Mémoires de la Société de physique et d'histoire naturelle ; in-4°, 1er rapport, vol. I (1822), partie II ; 2me rapport, vol. II partie II (1824), p. 125; 3me notice, vol. IV (1830), p. 487; 4me notice (1831), vol. V, p. 139, avec 5 pl. ; 5me notice (1833), avec Alph. DC., vol. VI, p. 208, contenant 5 pl. ; 6me notice (1834), *idem,* vol. VI, p. 584, avec 3 pl. ; 7me notice (1836), *idem,* vol. VII, p. 265, avec 8 pl. ; 8me notice (1840), *idem,* vol. IX, p. 76, avec 3 pl. — Une 9me et une 10me notice, par Alph. DC. seul, lequel a réuni les dix rapports et notices tirés à part en un volume in-4°, avec titre et tables. Genève, 1823-47.

78 Mémoire sur quelques genres nouveaux de la famille des Buttnériacées. Mémoires du Muséum d'histoire natur. , vol. x (1824), p. 97-115, avec 5 pl.

79 Extrait de la séance de clôture d'un cours de Botanique agricole ; in-8°; Genève, 1823. Bulletin de la Classe d'agriculture, avril 1823, nos 8 et 9; Bibl. univ. Agriculture, vol. VIII, p. 119.

80 PRODROMUS SYSTEMATIS NATURALIS REGNI VEGETABILIS ; in-8° ; I, 1824 ; II, 1825 ; III, 1828 ; IV, 1830 ; v, 1836; vi, 1837; VII, partie I, 1838; VII, partie II, 1839 ; à l'exclusion de quelques articles faits par divers collaborateurs, indiqués au bas des pages et récapitulés en tête du volume x, et en ajoutant d'autres articles publiés dans les vol. VIII à XI; après la mort de l'auteur[1].

81 Note sur le feuillage des Cliffortia. Annales des Sciences natur., vol. I (1824), p. 447.

---

[1] Le dernier volume du *Prodromus,* publié par mes soins avec le concours de plusieurs collaborateurs, est le quatorzième. Les volumes xv et xvi sont en partie sous presse, et termineront l'ouvrage, avec l'énumération des Dicotylédones. (Alph. de C.)

82 Note sur la place de la famille des Cucurbitacées dans la série des familles naturelles. Mémoires de la Société de physique et d'histoire natur. de Genève, vol. III (1825), p. 33–37.

83 Notice sur quelques genres et espèces nouvelles de Légumineuses. Annales des Sciences naturelles, vol. IV (1825), p. 90.

84 MÉMOIRES SUR LA FAMILLE DES LÉGUMINEUSES; 1 vol. in–4°. Paris, 1825, avec 70 pl.

85 PLANTES RARES DU JARDIN DE GENÈVE; in–4°. Genève, fascic. I et II, 1825; III et IV, 1826; réunies en un volume, 1829, avec 24 pl. coloriées.

86 Extrait d'un Mémoire sur le nouveau genre nommé *Pictetia*, et sur ceux qui, comme celui-ci, avaient été confondus dans le *Robinia*. Bibliothèque universelle, mai 1825.

87 Note sur le *Trifolium Magellanicum*. Annales des Sciences natur., janvier 1825.

88 Instruction sur l'emploi des engrais liquides. Bulletin de la Classe d'agriculture, 1825, n° 28, vol. II, p. 50, et dans le Journal d'agriculture du département de l'Ain, octobre 1831.

89 Notice sur la culture de l'Olivier. Bibliothèque univ. (Agriculture), 1825, vol. X, p. 3.

90 Note sur les Myrtacées. Dictionnaire classique d'histoire naturelle; vol. XI, et à part, in–8°. Paris, 1826.

91 Premier mémoire sur les Lenticelles des arbres et le développement des racines qui en sortent. Annales des Sciences natur., 1826, p. 1, avec 2 pl. en couleur.

92 Mémoire sur les genres *Connarus* et *Omphalobium* ou sur les Connaracées Sarcolobées. Mémoires de la Société d'histoire natur. de Paris, vol. II, et à part, in–4°. Paris, 1826, avec 3 pl.

93 Notice sur la matière organique qui a coloré en rouge les eaux du lac de Morat. Première partie : Sur la matière rouge considérée sous le rapport de l'histoire naturelle, 1826. Mémoires de la Société de physique et d'histoire naturelle de Genève, vol. III, partie II, p. 29, avec 1 pl. coloriée.

94 Revue de la famille des Lythraires, 1826. Mémoires de la Société de physique et d'histoire natur. de Genève, vol. III, partie II, p. 65–96, avec 3 pl.

95 Cours de Botanique; première partie : ORGANOGRAPHIE VÉGÉTALE; 2 vol. in–8°. Paris, 1827, avec 60 pl. Traduite en allemand par M. Meissner, 2 vol. in–8°; Tubingue. Traduite en anglais par M. Broughton Kingdon, 2 vol. Londres, 1839. *Idem*, édit. 2. New–York, 1840 (d'après Pritzel thes.).

96 Notice sur la botanique du Brésil. Bibl. univ., novembre 1827.

97 Revue de la famille des Portulacées. Mémoires de la Société d'histoire natur. de Paris, vol. IV (1828), p. 174-194, et à part, in-4°. Paris, 1827, avec 2 pl.

98 Mémoire sur le Fatioa, genre nouveau de la famille des Lythraires. Mémoires de la Société helvétique des Sciences natur., vol. I, et à part, in-4°. Zurich, 1828, avec 1 pl.

99 Programme et rapport sur les pépinières du canton de Genève. Bulletin de la Classe d'agric. de Genève; in-8°, 1822 et 1828.

100 Considérations sur la Phytologie, ou Botanique générale. Dictionnaire classique d'histoire natur., article Phytologie, vol. XIII, et à part, in-8°. Paris, 1828.

101 Mémoire sur la famille des Combrétacées. Mémoires de la Société de physique et d'histoire naturelle de Genève, vol. IV, p. 1-46, avec 5 pl., et à part, in-4°. Genève, 1828.

102 Notes sur quelques plantes observées en fleurs dans la serre de M. Saladin, à Pregny. Mémoires de la Soc. de phys. et d'hist. natur. de Genève; vol. IV, p. 85-90, et à part, in-4°, 1828.

103 COLLECTION DE MÉMOIRES POUR SERVIR A L'HISTOIRE DU RÈGNE VÉGÉTAL; 1 vol. in-4°. Paris. — I. Mélastomacées, 1828, avec 10 pl. — II. Crassulacées, 1828, 13 pl. — III. Onagraires, 1829, 3 pl.— IV. Paronychiées, 1829, 6 pl.— V. Ombellifères, 1829, 19 pl. — VI. Loranthacées, 1830, 12 pl. — VII. Valérianées, 1830, 5 pl. — VIII. Sur quelques espèces de Cactées, 1834, 12 pl. — IX. Sur la structure et la classification des Composées, 1838, 19 pl. — X. Statistique des Composées, 1838.

104 De l'état actuel de la Botanique générale. Revue franç., avril 1829.

105 Bibliothèque universelle de Genève (journal mensuel, in-8°). — Dans la période de 1829 à 1835, principalement, divers articles sur des ouvrages nouveaux. Ils sont ordinairement signés DC. [1]

[1] La signature DC., qui est l'abréviation la plus employée pour notre nom dans les ouvrages de botanique, provient d'un usage spécial à Genève, celui d'écrire avec un grand D et une seconde grande lettre les noms qui commencent par la particule de. On écrivait souvent autrefois et on continue à écrire dans beaucoup d'actes officiels De Saussure, De la Rive, De Candolle. Par suite des mêmes habitudes, on ne supprime pas le de quand les Français le suppriment. Ainsi on parle à Genève de l'hygromètre de De Saussure, au lieu de dire l'hygromètre de Saussure, et j'ai des amis qui ne reculent pas devant la redondance : la méthode de De Candolle. Ces fautes locales d'orthographe ou de langage disparaissent à mesure que la langue française est mieux connue. L'abréviation DC. a fait prévaloir dans les livres de botanique la forme genevoise de notre nom, tandis que la forme française et ancienne, sous laquelle nous signons ordinairement, est la seule qui ait jamais été employée par nos parents demeurés en France.

(Alph. de C.)

Les plus importants ont été tirés à part et sont indiqués ici sous leur titre spécial.

106 Notice sur l'Arracacha et quelques autres racines légumières de la famille des Ombellifères. Bibl. univ., janvier 1829, p. 73. (Voyez n° 126.)

107 Notice sur les différents genres et espèces dont les écorces ont été confondues sous le nom de *Quinquina*. Bibliothèque univ., juin 1829, p. 144.

108 Notice sur la racine de Caïnca, nouveau médicament du Brésil. Bibliothèque univ., décembre 1829.

109 Notice sur la botanique de l'Inde orientale et les encouragements que la Compagnie anglaise lui a accordés. Bibliothèque univ., décembre 1829.

110 Revue de la famille des Cactées, avec des observations sur leur végétation et leur culture, ainsi que sur celles des autres plantes grasses. Mémoires du Muséum d'histoire naturelle; vol. xvii, p. 1-119, avec 21 pl., et à part, in-4°. Paris, 1829.

111 Résumé de quelques travaux récents sur le maïs. Bibliothèque universelle, janvier 1830.

112 Notice sur la végétation des plantes parasites et en particulier des Loranthacées. Bibl. univ., mars 1830.

113 De quelques ouvrages récemment publiés sur la Botanique de la Lorraine. Bibl. univ., 1830, vol. ii, p. 260.

114 Considérations sur les forêts de la France. Revue franç., 1830.

115 Note nécrologique sur Jos. Raddi. Bibliothèque univ., février 1830.

116 Histoire de la Botanique genevoise. Discours prononcé à la cérémonie académique des promotions, le 14 juin 1830; imprimé dans le 5me volume des Mémoires de la Société de physique et d'histoire natur. de Genève, et à part, in-4°.

117 Notice nécrologique sur J.-B. Balbis. Bibl. univ., février 1831.

118 Notice sur la longévité des arbres et les moyens de la constater. Bibliothèque univ., Sciences et Arts, mai 1831.

119 De l'influence de la température atmosphérique sur le développement des arbres au printemps. Bibl. univ., décembre 1831.

120 Rapport fait à la Classe d'agriculture sur le concours relatif à la culture des fleurs. Bulletin de la Classe d'agriculture, 1831. — *Idem* sur le concours d'exposition des fleurs de 1832. Bulletin de la Classe d'agriculture.

121 Essai sur la théorie des assolements. Bulletin de la Classe d'agric. de Genève, février 1831. Tiré à part, br. in-8°, Genève, 1832, et reproduit dans la *Physiologie*.

122 PHYSIOLOGIE VÉGÉTALE, ou seconde partie du Cours de botanique;

3 vol. in–8°. Paris, 1832. Les deux premiers volumes ont été traduits en allemand par M. Rœper, 1833.

123 Revue de quelques ouvrages récemment publiés sur le genre des Saules. Bibl. univ., Sciences et Arts, 1832, vol. i, p. 15.

124 Vie de Linné. Extrait de l'ouvrage de M. Fée, avec des notes, inséré dans la Bibliothèque universelle, 1832. Trad. en anglais dans le Journal de Jameson d'Edinburgh, 1833.

125 Genres nouveaux de la famille des Composées ou Synanthérées, dans les Archives de Botanique de Guillemin, 1re décade, 1833; 2mo décade, vol. ii, p. 514.

126 Note sur l'Arracacha. Bibliothèque univ., 1833. vol. iii, p. 27. (Voyez ci–dessus, n° 106.)

127 Note sur la division du règne végétal en quatre embranchements, lue à la Société de physique et d'histoire naturelle en novembre 1833, insérée dans la Bibliothèque universelle, 1833, vol. iii, p. 259. Traduite en allemand dans le *Linnœa*, 1835.

128 Notice sur les progrès de la botanique pendant l'année 1832. Bibliothèque univ., 1833, vol. lii, p. 142. Archives de botanique, vol. ii.

129 Botanique de la Chine septentrionale. Bibliothèque univ.; janvier 1834, p. 107.

130 Notice historique sur la vie et les travaux de R.-L. Desfontaines. Bibl. univ., février 1834. Annales des Sciences natur., mars.

131 *Compositæ Wightianæ*, inséré dans l'ouvrage intitulé *Contributions to the Botany of India by R. Wight*. London, 1834.

132 Réponse à une lettre de M. H. Stephens sur les maladies des Mélèzes dans la Grande-Bretagne. Bibl. univ., février 1834.

133 Notice sur les graines de l'Ananas, lue à la Société de physique et d'histoire naturelle, en janvier 1834. Mémoires de la Société, vol. vii, art. 1, 1836.

134 Botanique. Encyclopédie des gens du monde ; vol. iii, p. 737, et à part, in-8°, 1834.

135 Note sur l'huile de Ramtilla et la plante qui la produit, lue à la Société de physique et d'histoire naturelle et à la Société médico-chirurgicale de Genève, en décembre 1833, imprimée dans le n° 77, notice 7. 1836.

136 Revue sommaire de la famille des Bignoniacées. Bibliothèque univ., septembre 1838 ; réimprimée avec quelques changements dans les Annales des Sciences natur. de mai 1839 (publ. en septembre).

137 Notice sur M. Jean-Frédéric de Chaillet, 1839, insérée dans le premier volume des Mém. de la Société des sciences de Neuchâtel.

138 Description d'une nouvelle espèce de figuier (*Ficus Saussureana*).

Mémoires de la Société de physique et d'histoire natur., vol. IX (1840), avec 1 pl.

139 Aug.-Pyr. et Alph. de Candolle, Monstruosités végétales; 1er *fasc.*, 23 pages, 7 pl., in-4°. Neuchâtel, 1841. Mémoires de la Société helvétique des Sciences natur., vol. V.

2° *Publiés après la mort de l'auteur.*

140 Divers fragments du PRODROMUS, vol. VIII-XI, déjà mentionnés (n° 80).

141 Mémoire sur la famille des Myrtacées. Genève, 1842, in-4°. Mémoires de la Société de physique et d'histoire natur. de Genève, vol. IX, 61 pages et 22 pl., et à part, 1 vol.

142 Mémoires et souvenirs d'Aug.-Pyr. de Candolle, écrits par lui-même. Un vol. in-8°. Genève, 1862.

3° *Manuscrits.*

143 Journaux de ma vie, 1798, 1799. Non continués. (Voyez *Pièces justificatives*, n° XII.)

144 Notice historique sur Ernest Coquebert de Montbret, lue à la Société philomathique, le 16 brumaire an XII.

145 Sur les rapports naturels des Dipsacées avec les Nyctaginées. Ce mémoire est faux; l'observation inexacte. Il ne doit pas être imprimé.

146 Observations sur la structure et la végétation des Algues marines, 1806. — Ce mémoire a été présenté à l'Institut, avec les planches. Il a été jugé digne d'entrer dans la collection des Savants étrangers, mais n'a pas été imprimé. J'en ai tiré quelques faits pour l'Organographie et la Physiologie.

147 Notice historique sur le Jardin de Montpellier. 1813. Ce morceau devait servir de préface à l'ouvrage projeté du *Jardin de Montpellier*. Le prospectus in-4° a été imprimé à Paris, chez Schœll, sans date.

148 JOURNAUX DE MES VOYAGES BOTANIQUES ET AGRONOMIQUES DANS L'EMPIRE FRANÇAIS. 8 vol. in-4° et quelques cahiers in-8°.

149 Galliæ plantarum nomina trivialia ordine alphabetico digesta. 1 vol. in-4° (reproduit en grande partie dans l'ouvrage suivant).

150 DICTIONNAIRE DES NOMS VULGAIRES DES PLANTES, dans soixante-sept langues ou dialectes, fait sous ma direction par Alex. Moritzi. 4 vol. in-folio.

151 STATISTIQUE VÉGÉTALE DE LA FRANCE. Un carton comprenant le plan de l'ouvrage, plusieurs fragments et des notes.

152   Dictionnaire étymologique des noms de genres. 1 vol. in-4°. (In-
        complet.)
153   DICTIONNAIRE DE LA NOMENCLATURE BOTANIQUE. 2 vol. in-folio [1].
154   Observations sur la partie botanique du Dictionnaire de l'Académie,
        communiquées à M. Raynouard, secrétaire perpétuel de l'Aca-
        démie française, le 14 septembre 1832.
155   De Candolle et Raynouard, Flore de Troubadours.
156   Un très-grand nombre de notes botaniques, fragments de mémoires,
        descriptions de plantes, extraits d'anciens cours, extraits d'ou-
        vrages, etc., qu'il est inutile d'énumérer.

§ 2. Sur des sujets étrangers à la botanique ou à l'agriculture, tels que Biographies [2], Économie politique, Statistique, Administration, etc.

1° *Publiés.*

157   Notice sur H.-B. de Saussure. Décade philosophique, 1799.
158   Notice sur la vie et les écrits du comte de Rumford. Décade philo-
        sophique, avec son portrait, dessiné par Mlle Henriette Rath.
        (Voir ci-dessus, p. 114.)

[1] Comprenant tous les noms de classes, familles, tribus, genres ou sections
proposés ou admis par les auteurs, avec leur date, le nom des auteurs et la place
dans l'ordre botanique. J'ai tenu ce dictionnaire au complet, soit pour mon
propre usage, soit avec l'idée de le publier quand le *Prodromus* sera fini.
                                                        (Alph. de C.)

[2] Celles de botanistes sont déjà indiquées dans ce qui précède. Mon père ayant
publié un grand nombre d'éloges ou articles biographiques, dont plusieurs sont
disséminés dans des discours, articles de journaux, etc., indépendamment de
ceux qui forment des opuscules distincts énumérés ici, je vais les indiquer par
ordre alphabétique, en renvoyant à l'ouvrage dans lequel ils se trouvent, c'est-
à-dire à l'un des numéros de la présente liste ou aux Procès-verbaux de la Société des Arts (S. A.), en indiquant l'année.

Arlaud (Jérémie), peintre. S. A. 1827.
Arlaud (L.-A.), peintre. S. A. 1830.
Audéoud, agriculteur. S. A. 1837.
Auriol, peintre. S. A. 1834.
Balbis, botaniste. 117, 177.
Bellamy (P.), agriculteur. S. A. 1832.
Bertero, botaniste. 128.
Boissier, de Ruth (H.), agriculteur. S. A. 1826.
Bonelli. 177.

Bonnet (Ch.). 116.
Bonstetten (Victor de). 176, ann. 1832.
Brière (R.-L.), amateur de peinture. S. A. 1826.
Broussonet (Aug.), botaniste. 39.
Bouvier (P.), peintre. S. A. 1837.
Butini (P.), docteur. S. A. 1839.
Candolle (Pyramus de, fils de Cosme). 116, p. 38.
Cassini, botaniste, 128.

159 Notice sur les soupes à la Rumford, par J.-P.-Benj. Delessert et A.-P. de Candolle; in-8°. Paris, 1799.

160 Réponse du Bureau de Bienfaisance de la division du Mail aux objections contre l'emploi des soupes économiques; in-8°. Paris, 1799.

161 Rapports sur les travaux de la Société philanthropique, faits comme secrétaire au nom ou de la Société, ou du Comité des soupes économiques ; in-8°. Paris, 1799, 1800, 1801, 1802.

162 Discours prononcé à Montpellier, à la séance de mon installation comme professeur ; mentionné dans le Moniteur universel du 9 juin 1808.

Castiglione (comte Louis), présid. de la Société des Arts de Milan. S. A. 1832.

Chabrey (Dominique), botan. 116.

Chaillet (de), botaniste. 137.

Chaix, peintre. S. A. 1835.

Chaptal, ministre, 128.

Colladon (J.-A.), pharmac. S. A. 1830.

Collart (Joseph), graveur. S. A. 1831.

Coquebert de Montbret (E.), botan. 144.

Cuvier (G.). 179, 142, p. 98.

Darier (J.-P.-L.), mécanic. S. A. 1825.

Darier (D.), mécanicien. S. A. 1829.

Desfontaines, botaniste. 130.

Duméril. 142, p. 97.

Dumont (Étienne), publiciste. 172.

Du Pan (J.), amat. de beaux-arts. S. A. 1838.

Ferrière, peintre. S. A. 1840.

Houriet (J.-F), horloger. S A. 1830.

Huber (Fr.), naturaliste. 178.

Jaquet (J.), sculpteur. S. A. 1839.

Le Fort (Jacques), juge. S. A. 1826.

Léri (Jean de), voyageur botan. 116.

Leschot (J.-Fr.), mécanic. S. A. 1825.

Lethière, peintre. S. A. 1832.

Lévesque, peintre. S. A. 1832.

Lhuillier, prof. de mathém. S. A. 1840.

Linné. 124.

Lullin-Joly, agriculteur. S. A. 1833.

Maurice (Fréd.-Guill.), physicien. S. A. 1827.

Maurice (George), physic. S. A. 1839.

Mercier (Ph.), botaniste. 126.

Micheli-de Châteauvieux, horticulteur. S. A. 1831.

Necker-de Saussure, syndic, amateur des arts mécaniques. S. A. 1826.

Nestler, botaniste. 128.

Paul, mécanicien. 3. A. 1837.

Peschier, professeur de mathém. 170, année 1832.

Peschier, pharmacien. S. A. 1832.

Petit-Pierre (A.-H.), mécanicien. S. A. 1826.

Pictet (Ch.), agronome. S. A. 1825.

Pictet (M.A.), physicien. S. A. 1825.

Pictet-Diodati (J.-M.-J.), agronome. S. A. 1828.

Prevost (P.), prof. de philosophie. S. A. 1839, et n° 183.

Raddi, botaniste. 115.

Redouté, peintre de fleurs. S. A. 1840.

Reverdin, prof. de dessin. S. A. 1829.

Rive (G. de la), syndic et prof. de chimie S. A. 1834.

Rumford (comte de), physicien. 158.

Sarasin (J.-L.), propriétaire. S. A. 1834.

Saussure (Hor.-Bén. de). 157.

Say (Jean-Baptiste). 180.

Schaub, prof. de mathém. S. A. 1825.

Senebier. 116.

Simond, auteur de voyages. 170, année 1832.

Tavan, horloger. S. A. 1837.

Tronchin (J.-L.-R.), amateur de peinture. S. A. 1838.

Vanière, prof. de dessin. S. A. 1835.

Varnier (Ch.-L.), docteur. 163.

Wiellandy, agriculteur. S. A. 1837.

163 Notice sur Ch.-L. Varnier, lue dans l'assemblée générale de la Société philanthropique le 6 avril 1816 ; br. in-8°.

164 Un Genevois à ses concitoyens ; in-8°. Genève, 1819.

165 Rapport fait à la Société de lecture comme président, le 20 avril 1820.

166 Rapport de la commission des subsistances au Conseil Représentatif ; in-8°. Genève, 1819.

167 Discours prononcés comme président de la Société des Arts, dans les séances publiques annuelles, en 1825, 1826, 1827, 1828, 1829, 1830, 1831, insérés dans les procès-verbaux de ce corps, vol. 1er, in-4°, Genève, et dans les vol. II à IV, in-8°, pour les années 1832 à 1840.

168 Proposition faite au Conseil Représentatif de consacrer un nouveau don de Mlles Rath à la construction d'une bibliothèque publique. Archives genevoises, 1827, p. 19.

169 Note sur une liste de poissons du lac Léman, faite en 1581, par Jean Duvillard. Archives genevoises, 1827, p. 321.

170 Rapports au nom du Comité d'utilité cantonale ; in-8°. Genève, 1828, 1829, 1830.

171 Rapport à la Classe d'industrie sur l'exposition des produits de l'industrie genevoise ; in-8°. Genève, 1828.

172 Notice sur la vie et les écrits de M. Dumont. Bibliothèque univ., novembre 1829, et à part, in-8°, Genève, 1829.

173 Sur la statistique du royaume des Pays-Bas. Bibliothèque univ., janvier 1830.

174 De l'histoire éclairée par la physiologie des races humaines, ou des caractères physiologiques des races humaines, considérées dans leurs rapports avec l'histoire, par W.-T. Edwards. Bibl. univ., Littérature, juillet 1829.

175 Notice sur quelques usages de la ville de Saint-Gall. Bibl. univ., février 1830.

176 Discours sur l'état de l'instruction publique de Genève, prononcés comme recteur de l'Académie aux promotions de 1831 et de 1832. Brochures in-8°.

177 Discours prononcé à l'ouverture de la session de la Société helvétique des Sciences naturelles à Genève, en 1832.

178 Notice sur la vie et les écrits de Fr. Huber. Bibliothèque univ., février 1832 ; reproduit dans la Revue encyclop., mars 1832; traduit dans Silliman, *American Journal,* 1833.

179 Mort de G. Cuvier. Bibliothèque univ., mai 1832; trad. dans le Journal des Sciences d'Édimbourg.

180 Mort de J.-B. Say. Bibliothèque univ., octobre 1832.

181 Notice sur la route du Saint-Gothard. Bibl. univ., décembre 1833.
182 Notice sur le pont suspendu de Fribourg en Suisse. Bibl. univ. (Littérature), septembre 1834.
183 Notice sur P. Prevost. Bibliothèque univ., avril 1839.
184 [1] Note sur l'ouvrage de la Bienfaisance publique, par de Gérando. Bibliothèque univ., décembre 1839 ; réimprimée à Paris, par le libraire, in-8°, et in-24, à la suite de l'écrit intitulé : *Du Paupérisme*, 1840.

2° Manuscrits [2].

185 Notice sur la vie des *Teignes à falbalas*, faite à Champagne, en 1797, après de nombreuses expériences. C'est le premier travail contenant des observations nouvelles. J'en ai publié quelques faits dans mon Essai sur les propriétés médicales des plantes.
186 Notice sur la chenille des pins. 1798.
187 Lettres sur la Hollande. 1799.
188 Description des hospices et hôpitaux de Paris, 1801. (Voyez ci-dessus, p. 122.) J'en ai remis une copie à M. Delessert quand il fut nommé membre du Conseil général des hospices. Ce manuscrit conserve quelque valeur comme description exacte de l'état où étaient les hôpitaux avant la création du Conseil.
189 Essai sur la bienfaisance publique, 1802, non achevé. Il ne m'en reste que des fragments. L'ouvrage aurait eu quelques rapports avec celui que de Gérando a publié en 1839 ; mais je manquais de documents et je l'ai abandonné pour la botanique.
190 Réflexions sur le sort futur de la vallée du Léman, 1814. Cet écrit, rédigé à Montpellier, fut envoyé au Conseil provisoire de Genève. Il s'est retrouvé dans les papiers du syndic Des Arts.
191 Mémoire sur la maladie la Pellagra. (Voyez ci-dessus, p. 266.)
192 Discours sur l'influence comparative des causes externes et de l'hérédité sur les races des êtres organisés, prononcé aux Promotions de 1818. — Ce discours ne contient rien de bien nouveau, aussi je n'ai pas voulu le publier.
193 Esquisses de géographie morale. Tableaux de Genève, Montpellier,

---

[1] La totalité des ouvrages ou opuscules de mon père qui ont été publiés forme dans ma bibliothèque 9 volumes in-folio, 11 volumes in-4° et 37 volumes in-8° (les mémoires ou articles de peu d'étendue étant réunis en volumes selon leur nature). Linné, dont l'activité était bien soutenue et qui a vécu huit ans de plus, n'a pas autant écrit. Il est vrai que les moyens de publication étaient plus rares à son époque et dans son pays. (Alph. de C.)

[2] La liste dressée par l'auteur contient l'indication de quarante articles manuscrits non botaniques. Je n'en cite qu'une partie. (Alph. de C.)

Saint-Seine, la Suisse, etc., 1812-1836. Ouvrage souvent interrompu.

194 Lettre à Mme la princesse W. sur les moyens les plus convenables de supprimer le servage parmi les nations d'origine slave. 1832. (Voyez p. 426)

195 Souvenirs et réflexions sur divers sujets. (Voyez *Pièces justificatives*, n° I.)

196 Recueil de vers. (Voyez *Pièces justificatives*, n° XIII.)

Sont désavoués comme m'ayant été attribués faussement ou inexactement [1].

Recherches sur la Botanique des anciens, par de Candolle et Encontre. Bull. de la Société des sciences, Lettres et Arts de Montpellier, et à part, in-8°, entièrement rédigé par M. Encontre, qui a cru devoir y mettre mon nom, parce que je lui avais fourni quelques notes verbales.

A.-P. De Candolle's und K. Sprengel's Grundzüge der wissenschaftlichen Pflanzenkunde zu Vorlesungen ; 1 vol. in-8°. Leipzig, 1820. Ouvrage entièrement rédigé par M. Sprengel, d'après ses propres idées, et auquel je suis étranger.

Elements of the philosophy of Plants, by A.-P. De Candolle and K. Sprengel, translated from the German (by Jameson). Traduction de l'ouvrage précédent.

Glossaire de Botanique, ou étymologie de tous les noms de classes, de genres et espèces ; in-8°. Paris, avec deux pl. Je ne reconnais pas cet ouvrage, mis à tort sous mon nom dans la Bibliothèque de Milltitz. Serait-ce le Glossaire de M. Al. de Theis, faussement désigné ?

Tous les articles signés de mon nom dans le Dictionnaire d'agriculture de Déterville, excepté celui de Géographie botanique et agricole ; les autres ont été extraits par Bosc de mes ouvrages, et sous ce prétexte il y a mis la signature DC.

Recueil sur les soupes à la Rumford, par MM. Parmentier, Cadet de Vaux, Delessert, de Candolle, etc. ; 1 vol. in-8°. Paris. C'est un recueil de divers écrits (dont un ou deux de moi) fait par un libraire, sans mon aveu.

Une expérience agricole d'un M. Parkinson est mentionnée dans le premier volume du *Cultivateur,* et dans le *Journal de l'Iudustrie et de l'Agriculture,* 6me cahier de décembre, p. 293, sous ma signature. Cet article est un acte de faux. Je n'ai rien dit ni écrit de semblable.

[1] L'opuscule, sous le n° 2299, attribué à mon père par M. Pritzel, Thes. lit. bot., est de moi. (Alph. de C.)

III

Planches botaniques.

Histoire des plantes grasses......	168 pl. coloriées	}	
Liliacées, vol. I à IV	240　　 id.	} par Redouté.	
Astragologia	50 en noir	}	
Icones plantarum Galliæ rariorum.	50　 id.	par Turpin et Poiteau.	
Mémoires sur les Légumineuses...	70　 id.	}	
Organographie	60　 id.	} par Heyland.	
Plantes rares du Jardin de Genève.	24 coloriées	}	
Divers autres mémoires, y compris celui des Myrtacées publié après la mort de l'auteur	281 col. ou noir.	La plupart d'Heyland.	
Total..........	943		

Une grande partie du texte des *Icones selectæ* (5 vol. in-folio) de M. Delessert est d'Aug.-Pyr. de Candolle, qui avait même donné à son ami, pour les insérer dans cet ouvrage, un certain nombre de planches de Composées. Le chiffre total des planches botaniques expliquées ou publiées par mon père, ou faites à ses frais, est donc à peu près de *mille*.

Environ 300 dessins préparés pour divers ouvrages n'ont pas été publiés, sans parler de 500 dessins, au trait, de germinations, et d'un millier de copies de la Flore du Mexique, mentionnées ci-dessus, p. 288.

Mon père a introduit l'usage des diagrammes ou plans de coupes transversales des fleurs, qui a contribué beaucoup à l'intelligence de la symétrie des organes.　　　　　　　　　　　　　　(Alph. de C.)

IV

Familles, genres et espèces établis par DC.

1° *Familles.*

En 1801. Algues (distinguées des Lichens).

　　1805. Hypoxyla (réunion de deux ordres, l'un dans les Champignons l'autre dans les Lichens),

　　1805. Alismaceæ (depuis divisées), Colchicaceæ, Valerianeæ, Grossularieæ, Juglandées (indiquées seulement).

　　1811. Ochnaceæ, Simarubeæ.

　　1817. Dilleniaceæ.

1821. Podophyllaceæ, Fumariaceæ.

1824. (Déjà en 1813 dans la *Théorie élémentaire*, sans descriptions), Drosoraceæ, Lineæ, Camellieæ.

1824. Hippocastaneæ, Rhizoboleæ, Oxalideæ, Coriarieæ.

1826. Alangieæ, Memecyleæ.

1828. Fouquieraceæ.

1830. Corneæ (tribu élevée au rang de famille).

1839. Roussæaceæ.

1845. (Déjà dans la *Théorie élémentaire*, 2me édit., sans description.) Sesameæ.

Total, vingt-cinq familles, adoptées généralement par les botanistes.

2° *Genres.*

Les genres nouveaux établis par mon père s'élevaient en 1839, d'après la liste qu'il en avait dressée, à 492

Publiés depuis sa mort dans les volumes VIII à X du *Prodrome* ou dans *Meissner, Genera* 15

Total 507

L'auteur avait noté vingt-sept genres d'anciens auteurs qui avaient été abandonnés, mais qu'il avait repris et publiés de nouveau en les leur attribuant. Si on les ajoute aux genres de lui, cela forme en tout cinq cent trente-quatre genres nouveaux ou rétablis.

3° *Tribus et sections.*

Nous n'avons pas relevé le nombre des subdivisions de familles (tribus), ni celui des sous-genres (sections) que mon père a constitués, parce que ces divisions sont moins fixes et ont une forme moins précise que les familles ou les genres. Elles ont cependant leur valeur, et mon père a beaucoup contribué à les introduire dans la science. C'est même dans la création de ces groupes intermédiaires, fondés sur les principes de la méthode naturelle, que le *Prodromus* a le plus innové. La subordination des groupes y est complète, tandis que précédemment on faisait volontiers des divisions artificielles dans les familles et surtout dans les genres.

4° *Espèces nouvelles.*

La liste nominative des espèces nouvelles, annexée au manuscrit des *Mémoires*, peut se résumer de la manière suivante :

Espèces publiées dans :

Différents mémoires ou articles antérieurs à la Flore française...   31

Astragologia.. 47

Flore française et son Supplément. *Synopsis*. Rapports sur les
    voyages.. 533

Catalogus horti Monspeliensis 125

Divers mémoires ou opuscules de 1806 à 1829 et *Ficus* en 1840. 127

Plantes rares du Jardin de Genève et Notices.................. 49

Systema et *Prodromus* jusqu'aux Composées.................. 1722

Composées dans le *Prodromus* et dans *Wight contributions* 3064

Prodromus, vol. VII, part. 2 148
                                                  ―――――

    Total pendant la vie de l'auteur.................. 5846

    Après sa mort, dans les volumes VIII-XI du *Prodromus*. 504
                                                    ―――――

                                          Total........ 6350

La dernière plante que mon père ait décrite (en 1841) est un *Vitex ;*
la dernière espèce nouvelle est le *Vitex Vauthieri,* que M. Schauer a publiée dans le *Prodromus*, vol. XI, page 690.

Le chiffre de 6350, rapproché de celui des genres nouveaux (534),
montre que l'auteur n'a pas multiplié les genres outre mesure, comme le
pensaient jadis quelques personnes. La proportion de dix à onze espèces
par genre est celle qui résulte de l'ensemble des végétaux phanérogames
énumérés, en 1841, dans le *Nomenclator* de Steudel. Depuis cette époque, dans les derniers volumes du *Prodromus,* je remarque une proportion d'espèces plus grande par genre, mais cela devait arriver, puisque
nous approchons du moment où tous les genres qui existent à la surface
de la terre seront connus.

Mon père est probablement le botaniste qui a décrit la plus grande
quantité de formes nouvelles, génériques et spécifiques, du moins parmi
ceux qui ont conservé aux mots genre et espèce leur sens ordinaire.
Lamarck, Kunth, de Martius, Blume, sir W.-J. Hooker, Lindley, ont également décrit un bien plus grand nombre de formes nouvelles que Linné ;
cependant je suis porté à croire que les chiffres indiqués ci-dessus n'ont
été atteints par personne. Du reste, le mérite du *Prodromus* est plutôt
dans la classification de toutes les formes, ou importantes ou secondaires,
conformément aux principes de la méthode naturelle, et à ce point de vue
le groupement des espèces dans les paragraphes, la création de sous-
genres ou sections de genres, celle de tribus et de sous-tribus mérite-

raient autant d'attention que l'établissement de familles, genres ou espèces.

Enfin, le perfectionnement des ouvrages par de bonnes règles de nomenclature et par des procédés d'ordre avance autant la science que certaines nouveautés, et puisque nous faisons ici la récapitulation des services rendus par l'auteur des *Mémoires*, il convient de mentionner les suivants : 1º il a contribué plus que personne à établir dans la nomenclature la loi de priorité ; 2º il a le premier cité régulièrement les numéros des collections de voyageurs et a recommandé fortement ce moyen d'ordre si commode ; 3º il a introduit l'emploi d'un signe typographique pour indiquer les auteurs ou les localités dont on a vu des échantillons authentiques.

(Alph. de C.)

V

Nomenclature des genres nouveaux.

On a pu remarquer dans le texte des *Mémoires* (p. 90, 118, 398, etc.), combien l'auteur attachait d'importance à la dédicace d'un genre, et cependant à quel point il tenait aux règles usitées dans cette nomenclature, par exemple à celle de ne pas prendre le nom d'une personne absolument étrangère à la botanique ou aux sciences qui s'y rattachent. Il a voulu aussi montrer l'impartialité qu'il mettait dans les hommages rendus aux botanistes, et dans ce but il avait relevé les noms de genres dédiés par lui à divers botanistes en les classant d'après les pays d'origine des individus. Je donne ce tableau après l'avoir complété.

Le signe † indique une personne qui était morte à l'époque où le genre lui a été dédié ; le signe ♀ une personne du sexe féminin.

SUISSES (30).	Huberia.	D'autres cantons (11).
Genevois (19).	Macairea.	Blanchetia.
	Marcetia.	Chailletia.
Chabræa †.	Moricandia.	Ginginsia.
Colladonia.	Pictetia †.	Graffenrieda †.
Delucia †.	Pueraria.	Meissneria.
Dubyæa.	Rochea †.	Moritzia.
Dufresnia.	Saussurea †.	Suteria †.
Dunantia.	Senebiera.	Tschudya †.
Fatioa †.	Trembleya †.	Vicatia †.
Heylandia.	Vaucheria.	Wydleria.
		Zollikoferia.

FRANÇAIS (54).

Andrieuxia.
Amoreuxia †.
Anvillea †.
Auchera.
Badiera †.
Barbiera.
Baumannia.
Berlandiera [1] †.
Berniera †.
Berthelotia.
Biotia.
Bravaisia.
Bremontiera †.
Bucquetia †.
Bulliarda †.
Cambessedesia.
Chantransia.
Chastenæa ♀.
Clairvillea.
Condaminea †.
Coursetia †.
Cuviera.
Danthonia †.
Daubentonia †.
Dolomiæa †.
Drusa.
Duhaldea †.
Dumasia.
Flourensia.
Hanya †.
Latreillea †.
Lavoisiera †.
Lecokia.
Lessertia.
Leuzea.

Loreya.
Lucya † ♀.
Menonvillea †.
Montbretia †.
Moquinia.
Nicolsonia †.
Parmentiera †.
Prieurea.
Requienia.
Robertia.
Rochonia †.
Rousseauxia †.
Savignya.
Taverniera †.
Thevenotia †.
Trochetia.
Tessiera.
Varennea †.
Vilmorinia.

ANGLAIS (19).

Ainsliæa.
Arrowsmithia †.
Baconia †.
Bedfordia.
Burriellia +.
Davya †.
Drummondia †.
Fullartonia †.
Hopkirkia.
Ingenhouszia †.
Kerria †.
Notonia.
Priestleya †.
Sabinea.
Stauntonia.
Sweetia.

Webbia.
Wollastonia †.
Woodvillea †.

ITALIENS (19).

Balbisia.
Berteroa.
Billiotia ♀.
Bivonæa.
Brignolia.
Carminatia †.
Clavena †.
Collæa.
Comolia.
Cortia †.
Dondisia †.
Orsinia.
Picconia.
Morettia.
Recchia.
Scaligeria †.
Spallanzania †.
Toricellia †.
Visiania.

ALLEMANDS (16).

Betkea.
Blumea.
Bojeria.
Ernestia.
Fresenia.
Hartmannia †.
Heinsia †.
Johrenia †.
Keerlia.
Meyeria.
Purshia †.

[1] En 1836. On croyait Berlandier mort; voyez page 337.

Ruckeria †.
Salmea.
Salzmannia.
Schomburgkia.
Tiedemannia.

ESPAGNOLS (14).

Alarconia †.
Diasia.
Echeveria †.
Espajoa †.
Lugoa †.
Montagnæa †.
Ossæa †.
Oyedæa †.
Poloa †.
Sagræa.
Varthemia †.
Vascoa †.
Velæa †.
Venegasia †.

RUSSES (7).

Andreoskia.

Fischeria.
Goldbachia.
Kutchubea.
Stechmannia †.
Stevenia.
Turczaninowia.

GRECS (4).

Democritea †.
Eumachia †.
Menestoria †.
Strabonia †.

DANOIS (4).

Lundia.
Niebuhria †.
Schouwia.
Wallichia.

AMÉRICAINS DES ÉTATS-
UNIS (3).

Bigelowia.
Darlingtonia.
Rumfordia †.

BRÉSILIENS (2).

Arrabidæa.
Mansoa.

MEXICAINS (2).

Mendezia.
Perezia.

PORTUGAIS (1).

Remija †.

SUÉDOIS (1).

Friesia.

NORWÉGIEN (1).

Christiania †.

VENEZUELIEN (1).

Vargasia.

Cette liste comprend cent quatre-vingt-trois noms appartenant à seize pays différents ; trois genres sont dédiés à des dames, l'une botaniste (Mme de Chastenay), les autres qui ont aidé aux ouvrages botaniques de leur père (Mme Billioti) ou frère (Mlle Lucy Dunal).—On remarque l'absence de quelques-uns des amis particuliers de l'auteur. Elle vient de ce que les individus en question, ou d'autres personnes de leurs noms, avaient déjà reçu l'hommage d'un nom de genre. — Quatre-vingt-une personnes avaient cessé de vivre lorsque l'auteur a rappelé et consacré leur souvenir. Je pourrais amuser mes lecteurs en parlant de jeux de mots, de rapprochements bizarres qui ont parfois suggéré une dédicace (*Barbiera, Biotia*) ; je préfère signaler aux jeunes botanistes l'élégance de certains noms de genres dans lesquels les sections portent des noms de baptême en harmonie avec eux (*Saussurea*, contenant les sections *Benedictia* et *Theodorea*, d'après les deux de Saussure père et fils), celle d'autres noms de

genres où le nom de l'espèce principale est une seconde allusion personnelle obligeante (*Baumannia*, dédié aux frères Baumann, l'espèce
unique recevant le nom de *B. geminiflora*), enfin cette autre élégance de
dédier fréquemment un genre à l'homme dont le nom se rattache naturellement à l'origine de la plante, à son usage, à son histoire ou à ses
affinités, ce qui aide au souvenir et plaît à l'esprit.   (Alph. de C.)

VI

Cours publics donnés par Aug.-Pyr. de Candolle.

		Nombre approximatif	
		de leçons.	d'élèves.
1.	1804, au Collége de France, en remplacement de Cuvier, sur la physiologie végétale	45	120
2.	1806, à l'Athénée (alors Lycée) de Paris, sur la botanique élémentaire	40	100
3.	1807, second cours à l'Athénée, commencé par moi et continué par Guersent	2	
4.	1808, à l'École de médecine de Montpellier, cours d'anatomie et de physiologie végétales (avec herborisations)	45	400
5.	1809, *idem*, cours de classification botanique (avec herborisations)	45	400
6.	1810, *idem*, cours d'anatomie et physiologie végétale (avec herborisations)	45	450
7.	1811, *idem*, cours de méthodologie botanique (avec herborisations)	45	450
8.	1812, *idem*, cours d'anatomie et physiologie végétale (avec herborisations)	45	500
9.	1813, *idem*, cours de méthodologie botanique (avec herborisations)	45	400
10.	1814, *idem*, cours d'anatomie et physiologie (avec herborisations)	45	500
11.	1815, *idem*, cours de méthodologie botanique (avec herborisations)	45	400
12.	1816, *idem*, cours d'anatomie et physiologie (avec herborisations)	45	500
	A transporter	492	4220

		Nombre approximatif	
		de leçons.	d'élèves.
	Transport......	492	4220
13.	1816–17, à l'Auditoire de philosophie de l'Académie de Genève. Cours de botanique générale.	108	30
14.	1817, cours particulier au Calabri. Botanique élémentaire........................	40	110
15.	1817, à l'École de médecine de Montpellier. Méthodologie botanique (avec herborisations)..	45	600
16.	1817–18, à l'Auditoire de philosophie de Genève. Cours de zoologie élémentaire..........	108	30
17.	1818, à Genève, au Calabri. Cours particulier de botanique élémentaire	45	100
18.	1818–19, à l'Auditoire de philosophie. Cours de botanique élémentaire................	108	40
19.	1819, au Musée académique. Cours de botanique élémentaire........................	40	90
20.	1819–20, à l'Auditoire de philosophie. Cours de zoologie élémentaire	108	40
21.	1820, au Jardin botanique. Cours de botanique élémentaire........................	40	80
22.	1820–21, à l'Auditoire de philosophie. Cours de botanique élémentaire	108	45
23.	1821, au profit du Musée. Cours de zoologie avec MM. Necker, Mayor, Deluc............	20	100
24.	1821–22, à l'Auditoire de philosophie. Cours de zoologie élémentaire	108	50
25.	1822–23, idem. Botanique élémentaire	108	50
26.	1823, au Musée. Botanique agricole..........	45	100
27.	1823–24, à l'Auditoire de philosophie. Zoologie élémentaire........................	108	50
28.	1824, au Musée. Cours de zoologie (Mammifères).	40	60
29.	1824–25, à l'Auditoire de philosophie. Botanique élémentaire........................	108	50
30.	1825–26, idem. Zoologie élémentaire........	108	55
31.	1826–27, idem. Botanique élémentaire.......	108	55
32.	1827–28, idem. Zoologie élémentaire........	108	55
	A transporter....	2103	6010

		Nombre approximatif de leçons.	d'élèves.
	Transport......	2103	6010
33.	1828, au Musée. Botanique agricole............	40	60
34.	1828-29, à l'Auditoire de philosophie. Botanique élémentaire........................	108	55
35.	1829-30, *idem.* Zoologie élémentaire........	108	70
36.	1830-31, *idem.* Botanique élémentaire	108	75
37.	1831-32, *idem.* Zoologie élémentaire........	108	80
38.	1832-33, *idem.* Botanique élémentaire	108	90
39.	1833-34, *idem.* Zoologie élémentaire........	108	92
40.	1834-35, *idem.* Botanique élémentaire	108	95
	Total........	2899	6627

Ce tableau, rédigé par mon père, se résume de la manière suivante :

		Leçons.	Élèves
3	cours de botanique donnés à Paris	87	220
10	cours *id.* *id.* à Montpellier....	450	4600
16	cours *id.* *id.* à Genève	1330	1125
11	cours de zoologie *id.* *id.*..........	1032	682
40	Total.......	2899	6627

Les élèves des cours de zoologie étaient, en presque totalité, les mêmes qui avaient suivi ou qui devaient suivre le cours de botanique ; ainsi à Genève le nombre des élèves a été réellement de onze à douze cents. L'influence de cet enseignement a été considérable en ce qui concerne la diffusion des connaissances et le développement intellectuel d'un grand nombre de jeunes gens répartis dans diverses professions libérales ; mais, comme je l'ai dit (page 239), il a créé beaucoup moins de botanistes que les ouvrages du même professeur. Les quatre mille six cents élèves qui applaudissaient de toute leur force à l'enseignement si brillant de Montpellier, ont fourni un seul botaniste (Dunal) qui ait continué à écrire sur la botanique après sa thèse, ou deux, si l'on compte M. Moquin-Tandon, lequel s'est plutôt formé par les ouvrages de mon père et par l'influence de Dunal. Les onze à douze cents élèves de Genève ont donné six ou sept botanistes ayant continué à travailler. Évidemment les ouvrages en ont fait naître dix fois plus, sans parler de leur influence sur la marche générale de la science.   (Alph. de C.)

VII

Fonctions publiques.

1800. Porté sur la liste des Notables du département du Léman.

1800. Député du département du Léman pour la fête du 1er vendémiaire an ix (23 septembre 1800), près le premier consul.

1802. (5 septembre). Professeur honoraire de zoologie à l'Académie de Genève. (Titre sans fonctions actives.)

1802. Suppléant de M. Cuvier pour le cours d'histoire naturelle au Collége de France.

1805. Examinateur de botanique à l'École vétérinaire d'Alfort (pendant deux ans).

1806. Chargé par le ministre de l'intérieur de faire des voyages dans les départements pour en étudier la botanique et l'agriculture (six ans).

1807. (15 janvier). Professeur de botanique à l'École de médecine de Montpellier et directeur du Jardin (jusqu'en 1816). Professeur honoraire en 1836.

1809. (7 juillet). Professeur honoraire à la Faculté des sciences de l'Académie de Genève. (Titre sans fonctions.)

1810. Professeur de botanique à la Faculté des sciences de Montpellier (jusqu'en 1816).

1812. Membre du Conseil de l'Académie de Montpellier.

1815. (27 mai). Recteur de l'Acad. de Montpellier (pendant les cent-jours).

1815. (2 septembre). Doyen de la Faculté des sciences de Montpellier (jusqu'en 1816).

1816. Professeur d'histoire naturelle à l'Académie de Genève (jusqu'en 1835). A ce titre, membre du Sénat et de la Compagnie académique, jusqu'en février 1834, époque à laquelle ces corps ont cessé d'exister. Professeur honoraire en 1835,

1816. Membre du Conseil Représentatif et Souverain de la république de Genève. Réélu en 1829 et 1839.

1817. Directeur du Jardin botanique de Genève.

1818. Membre de l'Administration du Musée académique de Genève.

1818. Membre de la Direction de la bibliothèque publique (jusqu'en 1838).

1825. Doyen de la Faculté des sciences de l'Académie de Genève.

1830. Recteur de l'Académie (pour deux ans).

1832. Vice-recteur (pour deux ans), et à ce titre membre du Conseil d'instruction publique en février 1834. Réélu, en juin 1834, pour trois ans.

Présidence de Sociétés.

1819. Président de la Société de lecture de Genève.

1820, 1822, 1824. Président de la Classe d'agriculture de la Société des Arts de Genève.

1825-1841. Président de la Société des Arts.

1832. Président de la Société suisse des Sciences naturelles.

VIII

Académies et Sociétés savantes.

D'après une liste que mon père avait dressée à la fin de sa vie et dont il parle ci-dessus, p. 368, il croyait être affilié à quatre-vingt-treize Sociétés scientifiques ou Académies, mais son énumération n'était pas complète. J'ai fait relier en un volume in-folio toutes les lettres officielles de nomination à des fonctions publiques et tous les diplômes qu'il avait reçus, et j'ai constaté qu'il appartenait à *cent quatorze* Académies ou Sociétés scientifiques. Le volume dont je parle est assez curieux, soit à cause de la signature de savants illustres, soit pour les intitulés et la gravure même des diplômes qui caractérisent certaines époques ou certains pays.

Parmi tous les titres décernés par les Académies, il en est un auquel on attache une importance majeure, à cause de sa rareté et du corps illustre qui le confère, c'est le titre d'ASSOCIÉ ÉTRANGER *de l'Académie des sciences de Paris.* Le nombre des titulaires en est limité à *huit*, pour l'ensemble de toutes les sciences physiques, mathématiques et naturelles, et de tous les savants qui ne sont pas Français. C'est pour eux en quelque sorte un bâton de maréchal. Dans la même Académie, le nombre des *correspondants* est de huit à douze à peu près par science, et ce titre est conféré à des Français résidant hors de Paris comme à des étrangers. Il y a dans ce moment environ quarante correspondants français et soixante étrangers; mais la proportion varie, parce qu'on remplace quelquefois un étranger par un Français ou *vice versâ.* Ces chiffres font comprendre combien il est nécessaire qu'un savant soit illustre pour qu'il soit nommé *associé étranger,* ou qu'il soit seulement porté sur la liste de présentation lorsqu'il y a une vacance. Sans doute il se trouve en dehors des correspondants beaucoup d'hommes qui mériteraient aussi bien que les titulaires d'être nommés, et en dehors des huit associés quelques correspondants qui mériteraient de passer au rang supérieur ; mais il est certain que l'Académie s'est efforcée, en général, de faire de bons choix, et surtout qu'elle n'a pas écarté systématiquement et habituellement les hommes ou distingués ou illustres de tel ou tel pays. Pénétré de l'idée de la justice moyenne et habituelle de l'Académie, qui doit même être plus grande à l'égard d'étrangers que pour des concurrents nationaux, j'ai eu la curiosité de dresser la liste complète des *associés étrangers*, depuis leur fixation au nombre rigoureux de huit, en 1725, jusqu'à nos jours [1]. C'est la plus admirable série de noms qu'on puisse imaginer : elle commence par Leibnitz, Newton, Bernouilli, etc., et se termine par nos plus illustres contemporains, tels que Herschell, Mitscherlich, Owen, etc. Il y a en tout quatre-vingt-un noms pour le laps de cent trente-sept ans (1725 à 1861). La répartition selon les sciences et les pays suggère bien des réflexions. J'en indiquerai quelques-unes brièvement, mais peut-être y reviendrai-je ailleurs, sous une autre forme, lorsque j'aurai achevé de contrôler le document français par un examen analogue des listes (moins restreintes) de la Société royale de Londres et des principales Académies allemandes. Je me suis déjà assuré que tous les grands corps scientifiques apprécient assez semblablement les illustrations des pays qui leur sont étrangers. Ainsi, à une même époque, les proportions de savants allemands ou italiens nommés par l'Académie de Paris et par la Société royale de Londres sont à peu près les mêmes. De l'étude comparée de ces listes on pourra donc obtenir une appréciation équitable de la marche des sciences dans les divers pays et dans le monde entier, indépendamment de toute opinion individuelle et même des préjugés collectifs nationaux, si l'on veut supposer qu'ils influent dans cette affaire. Sur la liste des quatre-vingt-un associés étrangers de l'Académie de Paris, je me borne à remarquer les faits suivants :

Huit ou dix de ces savants illustres ont écrit sur la botanique, mais pour plusieurs c'était un accessoire. Trois seulement sont parvenus uniquement par la botanique : Linné, de Candolle, Robert Brown, et même Linné n'était pas exclusivement botaniste.

La proportion par pays est loin d'être en rapport avec les chiffres de population. On en jugera par le tableau suivant dans lequel je donne le nombre des associés étrangers depuis 1725, et la population approximative des pays, il y a une vingtaine d'années, ne trouvant pas des rensei-

---

[1] Le secrétariat de l'Institut a bien voulu me communiquer les noms de l'époque ancienne.

gnements satisfaisants sur ce qu'elle était en 1793, époque intermédiaire entre 1725 et 1861.

Suisse..................	10	sur	2	millions.
Hollande...............	5	»	2 ¹/₂	»
Suède..................	4	»	3	»
Grande-Bretagne et Irlande.	27	»	22	»
Danemark..............	1	»	1	»
Allemagne	19	»	36	»
Italie..................	10	»	20	»
Pologne................	1	»	4	»
États-Unis.............	2	»	12	»
Espagne	1	»	13	»
Russie	1	»	50	»
Autres pays............	0			
Total.........	81			

Trois petits pays, la Suisse, la Hollande et la Suède ont fourni une proportion extraordinaire de ces savants illustres. Ils n'ont entre eux aucune analogie, si ce n'est la religion. L'effet du mouvement d'émancipation intellectuelle du seizième siècle est plus évident encore si l'on examine les détails, car les dix associés étrangers de la Suisse sont de Bâle, 4 ; de Genève, 4 ; de Berne, 1, et du canton de Vaud à l'époque bernoise, 1 ; mais aucun n'était né dans les cantons catholiques. Le seul associé étranger attribué à la Russie, parce qu'il y était né, est le fils du géomètre bâlois Euler, qui était parvenu au même rang que son père et qu'on aurait pu compter aussi bien comme Suisse. En Allemagne, la plupart des associés étrangers sont des États protestants. Enfin dans les Iles Britanniques, la proportion fournie par l'Irlande est presque nulle relativement à l'Angleterre et surtout à l'Écosse.

Les grands pays civilisés qui constituent les agglomérations anglaises, allemandes et italiennes occupent un rang moyen sur la liste. En consultant les tableaux de la Société royale de Londres et de quelques Académies allemandes dans lesquels figurent les savants français, l'ordre des grands pays se trouve celui-ci : France, Iles Britanniques, Allemagne, Italie, mais aucun n'atteint les proportions des trois petits pays mentionnés ci-dessus.

Les proportions varient pour quelques pays lorsqu'on envisage la première ou la seconde moitié de la période. Ainsi l'Allemagne a beaucoup grandi dans le siècle actuel. Son infériorité dans le tableau, relativement à l'Angleterre, tient au commencement du dix-huitième siècle et disparaît à notre époque. Les États-Unis ont donné Franklin et Rumford, nés avant l'émancipation. Depuis qu'ils sont indépendants, que leur démocratie est absolue, que leur population a sextuplé, que leurs établissements d'instruction se sont multipliés, ils n'ont plus fourni d'associés étrangers. La Suisse paraît prendre la même voie. Longtemps la première, eu égard à sa faible population, elle cesse de figurer sur la liste depuis 1841. Toutefois, lors de la dernière élection, deux de ses ressortissants (MM. Agassiz et de la Rive), formés sous d'anciennes influences, ont eu l'honneur d'être portés sur une liste de présentation de dix noms, et, en général, par la manière dont se font les indications et à cause de la rareté des élections, tous les savants présentés méritent d'être élus. Les autres noms étaient ceux de six Allemands et de deux Anglais.

Il résulte de ces chiffres que pour le développement des hommes qui étendent le domaine de l'esprit humain et qui sortent d'une manière incontestable de la moyenne des savants, il faut la réunion de deux conditions : 1° une émancipation préliminaire des esprits par une influence libérale, soit religieuse (réforme du seizième siècle), soit philosophique (France et Italie au dix-huitième siècle, Allemagne au dix-neuvième) ; 2° un état social qui ne soit ni l'absolutisme d'un seul maître, ni la pression et l'agitation d'une multitude. Les grands travaux intellectuels ne s'exécutent ni sous les verroux ni dans la rue. En d'autres termes et pour abandonner le style figuré : le despotisme n'aime pas les questions abstraites, ni l'indépendance d'esprit des savants ; la démocratie tient moins à avancer es sciences qu'à les répandre. Celle-ci d'ailleurs, en faisant du même homme un militaire et un civil, un orateur et un professeur, un magistrat et un homme d'affaires, d'une manière générale, en obligeant ou sollicitant tout le monde à s'occuper de tout, arrête le développement des hommes spéciaux. Il est donc naturel que les grandes illustrations scientifiques se trouvent principalement dans les époques de transition entre les régimes absolutistes et démocratiques. (Alph. de C.)

IX

Voyages.

L'auteur des *Mémoires* n'est pas sorti de l'Europe centrale et méridionale, mais entre le Rhin et les Pyrénées, entre Rome, Vienne et

Londres, il a plus voyagé, plus exploré sous le point de vue botanique et
agricole, que bien des voyageurs qui ont fait le tour du monde. Les travaux de la *Flore française* et la mission qu'il avait reçue du gouvernement pour compléter cet ouvrage, lui ont fait concentrer son activité sur
l'ancien empire français ; mais des cent vingt et un départements dont il
était alors composé, il n'en est pas, excepté ceux qui composaient la
Corse, qu'il n'ait visités et parcourus de place en place, en herborisant,
observant et questionnant. On n'aurait plus l'idée aujourd'hui de voyages
de cette nature; on a même de la peine à se les représenter. Non-seulement les chemins de fer n'existaient pas, mais c'est tout au plus s'il y
avait des routes dans certains départements, et sur les chemins de traverse on trouvait rarement des services de diligences. Le jeune et ardent
botaniste savait s'en passer. Il faisait d'immenses journées à cheval ou
plus ordinairement à pied, seul ou accompagné d'un botaniste du pays,
chargé d'une grande boîte de fer-blanc et quelquefois d'un bagage de papier pour dessécher les plantes qu'il récoltait. Ces excursions, que les
botanistes font avec plaisir dans une forêt comme celle de Fontainebleau
ou sur de belles montagnes, il les a faites avec le même entrain, la même
persévérance dans les plaines de la Campine, sur les montagnes arides de
la France centrale, dans les forêts immenses des Ardennes, ou le long des
côtes, sous le soleil brûlant du Languedoc. Elevé à une époque où la révolution avait plus ou moins ruiné tout le monde, il s'était habitué à vivre
simplement, comme un militaire, et ses herborisations étaient des campagnes. Je trouve souvent dans ses lettres et ses journaux de voyages
des récits qui le prouvent. En voici quelques fragments.

Narbonne, 15 juin 1807 (journal). — « Avant trois heures du matin,
nous nous sommes mis en route avec M. Pech, le fils, tous trois[1] montés
sur des chevaux, pour aller faire l'herborisation de Sainte-Lucie, ou plutôt
pour nous transporter à Sainte-Lucie, où nous sommes arrivés à six heures.
La route suit presque tout le long le canal. On traverse une plaine assez
remarquable en ce qu'elle est toute plus ou moins salée. Lorsqu'elle l'est
beaucoup, le sel s'affleurit à la surface et alors on ne la cultive point,
même pour en tirer de la soude. Si elle l'est moins, on la cultive soit en
soude, soit en blé; la soude ne vient que dans les lieux assez peu salés
pour que le blé y vienne. D'ordinaire, on sème ensemble la soude et le
blé, et selon l'année l'un des deux réussit, étouffe l'autre, etc... Nous
sommes descendus à la maison de campagne de M. Delmas, qui est neuve,

[1] M. Pérrot était le troisième.

et qui a le mérite d'avoir, au pied d'un roc entouré d'eau de mer, une fontaine fraîche qui ne tarit point. Après un déjeuner rapide, nous avons commencé à herboriser en suivant la côte ouest de l'île (jointe à la terre ferme). » Suivent les détails d'une riche récolte de plantes maritimes. « A quatre heures, nous sommes arrivés chez M. Delmas, où nous avons dîné de grand appétit, après avoir fait une course de dix heures par la vive chaleur, et nous sommes revenus à Narbonne, assez fatigués de notre journée, qui a été de dix-sept heures bien remplies »

Le 27 août. — « Après une longue journée dans la montagne, près de la célèbre localité de Roncevaux, le guide nous a déclaré, à neuf heures et demie, qu'il s'était complétement égaré, et nous ne voyions point de terme à la course, point de cabane de pasteurs où nous puissions nous retirer. Dans cet embarras, nous prîmes notre parti, et en vrais chevaliers errants nous couchâmes à la belle étoile. Nous coupâmes de la fougère pour faire un lit sous un massif d'arbres; nous étendîmes dessus la couverture d'un cheval, et ayant nos livres pour oreillers, nous dormîmes d'un plein somme. »

30 juin 1808. (*Lettre à sa femme.*) — « Je ne puis m'arracher de cette ville (Nice), où je trouve un nombre de plantes incroyable, et un jeune botaniste (Risso) tout entier occupé à me conduire aux lieux où elles croissent et à me donner les renseignements qui peuvent m'intéresser. Je compte cependant demain me mettre en route pour Gênes, avec des muletiers de San Remo qui sont connus et auxquels on m'assure que je puis avoir confiance... Depuis ma dernière lettre, j'ai fait de grandes courses dans les environs; d'abord j'ai passé une journée à visiter les bords du Var, torrent tantôt furieux, tantôt presque à sec et dont les bords m'ont souvent rappelé ce qu'on lit des forêts d'Amérique : on y voit de grands arbres couverts de clématites et de vignes sauvages tellement vigoureuses qu'elles s'élèvent au sommet, entourent les branches, retombent à terre et forment un fourré réellement impénétrable. Je me suis promené plus de deux heures au milieu de cette espèce de bois où l'on a pratiqué un sentier, et dans un pays chaud comme celui-ci tu peux juger du mérite d'un pareil ombrage.

« Mardi, je me suis mis en route pour l'excursion la plus forte que j'aie encore faite. Nous sommes partis à l'aube, MM. Risso, Sieule [1] et

----

[1] Un jardinier du Jardin botanique de Montpellier.   (Alph. de C.)

moi, à cheval, pour nous rendre à la forêt de Meyris, éloignée de quinze lieues d'ici ; en bien marchant, nous y sommes arrivés en onze heures de route pénible, en suivant les sinuosités des montagnes. Nous avons été nous héberger dans la cabane d'un bûcheron, et à peine arrivés nous avons passé le reste de la journée à herboriser dans la forêt. Rentrés le soir, après seize heures de route, nous avons pensé à dormir ; mes compagnons se sont installés dans un vaste dortoir, rempli de paille *en apparence* propre et qui sert de lit habituel aux bûcherons, mais ils n'ont pu fermer l'œil de toute la nuit. Pour moi, qui suis plus habitué à ces sortes de gîtes, je m'étais établi mollement sur une planche placée dans la cabane, le plus loin possible du dortoir : là j'ai dormi toute la nuit avec plus de délice que dans le meilleur lit. Mon père verra par là que je mets à profit les leçons qu'il me donnait jadis à Bellevue, où je faisais ma méridienne sur le plancher. Mes compagnons enviaient mon bonheur, et le matin, en entendant le récit de leurs infortunes, je me retournais voluptueusement sur ma planche, en pensant à la bonne nuit que j'y avais passée. Le lendemain, nous partîmes de bonne heure pour atteindre le sommet de la montagne, qui est à plus de sept cents toises de hauteur. Là nous avons trouvé des traces d'un camp ; il s'y est livré un combat terrible entre les Français et les Piémontais ; on assure qu'il y a péri plus de 10,000 hommes. Nous marchions sur des os humains, et nous fûmes douloureusement ramenés aux horreurs de la société là où nous ne comptions penser qu'aux plantes et aux montagnes. Tout ce pays a été longtemps le repaire des plus terribles barbets ; plusieurs des paysans que nous rencontrions avaient été célèbres dans cette guerre de brigands ; aujourd'hui tout cela est si soumis, si tranquille, qu'on a peine à croire qu'ils aient été agités. Après avoir atteint le sommet, nous avons retraversé toute la forêt, et nous sommes venus à pied au village de Luceran, rejoindre nos chevaux, que nous y avions envoyés. Après dix heures de marche dans la montagne, nous nous sommes remis à cheval pour six heures, et à l'entrée de la nuit nous sommes arrivés à Nice. Personne ne voulait croire qu'en deux jours nous eussions fait ce trajet, qui est de plus de quarante lieues. Jamais je n'ai été aussi peu fatigué d'aucune course. Le lendemain j'aurais été prêt à recommencer si le soin de mes collections ne m'avait retenu au logis. J'expédie aujourd'hui à Montpellier une caisse de plantes sèches et une de plantes vivantes, fruits de mes excursions. »

Tel était l'homme que le vieux Gouan avait estimé au premier coup d'œil *avoir peur de trouver du gravier sous ses pieds* (ci-dessus, page 211).

Il est vrai que, dans l'intérieur d'une ville, son zèle le portait à travailler douze heures de suite dans un herbier, non pas pour absorber à son profit les observations des botanistes du pays, mais au contraire pour livrer à la publicité ces observations, utiles à la science, en citant scrupuleusement ceux à qui on les devait. Il visitait aussi les hôpitaux, s'informait des sociétés de secours mutuels et parfois signalait aux ministres ou aux préfets des négligences incroyables ou des abus dans les établissements de charité. Se trouvait-il, un jour de pluie, dans un endroit qui n'offrît aucune ressource d'instruction, pas même un cultivateur intelligent à questionner, il s'enfermait dans quelque mauvaise chambre d'auberge et rédigeait ses journaux, ses rapports au ministre, ou bien il écrivait de longues et intéressantes lettres à sa famille. Le voyage de 1808, en Italie, fut cependant à peu près le dernier dans lequel il déploya l'ardeur d'investigation que je viens de décrire. Déjà en 1810, lors de ses voyages dans le Dauphiné et en Alsace, je trouve dans ses lettres et ses journaux des expressions qui témoignent de temps en temps de la fatigue, de l'ennui. On le comprend : ce n'étaient plus les herborisations fructueuses des Pyrénées ou des Alpes maritimes ; il ne voyait guère que des plantes communes ou très-connues ; sa santé était déjà un peu moins robuste, mais surtout il avait agrandi le cercle de ses idées sur la botanique, grâce au travail et à cette plénitude de force intellectuelle dont on jouit à trente-deux ans. Les plantes de France ne lui suffisaient plus. Il s'occupait du règne végétal tout entier, et pensait à la *Théorie élémentaire* et au *Systema*. Depuis ce moment, les voyages devinrent un accessoire dans ses travaux, et plus tard une simple nécessité pour veiller à ses affaires, ou, comme il le répète souvent dans les pages qui précèdent, une distraction agréable.　　　　　　　　　　(Alph. de C.)

X

Bibliothèque et herbier.

Mon père s'était proposé de donner dans ses mémoires des détails assez circonstanciés sur son herbier, sa bibliothèque, ses collections de graines, produits végétaux, etc., choses qui l'ont occupé pendant toute sa vie et auxquelles il attachait, avec raison, un très-haut prix. Il avait commencé un article, dont la place dans le manuscrit n'était pas bien arrêtée. Je n'ai pas jugé à propos de le compléter. Il y aurait trop à dire ;

ce serait un petit ouvrage de bibliographie et de statistique, d'autant plus que depuis 1841, époque de la mort de mon père, je n'ai pas cessé d'ajouter aux livres et à l'herbier, afin de les tenir au niveau des huit ou dix grands établissements de ce genre qui existent en Europe.

La bibliothèque est une des plus riches qu'un botaniste puisse consulter. Tous les grands ouvrages s'y trouvent, et en outre une quantité extraordinaire de brochures et opuscules donnés par les auteurs, ou achetés avec suite par mon père et par moi pendant une soixantaine d'années. Lorsque M. le Dr Pritzel préparait son *Thesaurus literaturæ botanicæ*, publié en 1851, il passa trois mois à Genève, travaillant tous les jours dans ma bibliothèque, et me dit y avoir trouvé des centaines d'ouvrages ou brochures qu'il n'avait rencontrés ni à Berlin, ni à Munich, ni dans aucune des autres villes d'Allemagne qui renferment de riches bibliothèques. Nos volumes ne sont pas reliés avec luxe, et les éditions ne sont pas toujours les plus belles, mais en revanche, bien des livres contiennent des notes manuscrites qui ajoutent à leur valeur, et quelques-uns sont rares.

L'herbier a, comme toutes les grandes collections, des parties plus riches ou mieux arrangées que d'autres. En somme, il se recommande surtout par l'abondance des échantillons types. La série qui a été employée pour la rédaction du *Prodromus* est arrangée strictement d'après l'ouvrage. On la conserve à part, sans y rien ajouter, afin de lui garder toute sa valeur spéciale comme document. Les plantes arrivées depuis et les familles non décrites dans le *Prodromus* forment un second herbier. Mon père avait calculé en 1818 que le nombre des échantillons (chacun de un ou de plusieurs fragments de même date et localité) s'élevait à environ 47,200. Depuis cette année, il eut soin d'inscrire chaque collection venue ou achetée, en indiquant son origine et le nombre de ses échantillons, ce qui a été continué exactement. Nous pouvons constater ainsi, d'une manière précise, l'accroissement de nos richesses. En 1841, mon père avait accumulé 161,750 échantillons. Aujourd'hui, à la fin de 1861, le chiffre dépasse 242,000. Si l'on suppose deux échantillons, en moyenne, par espèce, cela représente plus de *cent mille* espèces. A l'époque de Linné, on en connaissait 7 à 8,000.

L'herbier de mon excellent ami, M. Edmond Boissier, est aussi riche et tout aussi accessible aux botanistes qui veulent travailler, de sorte que la ville de Genève offre, sous le rapport de l'abondance des livres et des matériaux, les mêmes ressources que les plus grandes capitales.

(Alph. de C.)

XI

Correspondance [1].

AUGUSTIN-PYRAMUS DE CANDOLLE (AGÉ DE SEIZE ANS ET DEMI) A SON
AMI J. PICOT-TREMBLEY, A GENÈVE [2].

Champagne, 16 novembre 1794.

...En attendant que je puisse assister aux leçons de M. Prevost, j'ai commencé depuis ton départ l'*essai sur l'entendement humain*, qui m'intéresse infiniment. Avant de l'entreprendre, j'espérais bien y trouver du
plaisir (car j'ose me servir de ce mot), mais il a encore surpassé mon attente : aussi je n'ai touché que ce livre-là, excepté qu'à temps perdu j'apprends toujours, comme dans les derniers moments de ton séjour, quelques
morceaux de Racine et de Deshoulières. Tu récitais, dis-tu, pendant ta
route, tes morceaux tragiques ou comiques ; j'en fais tout autant ici, et
depuis que je suis réduit à courir seul les grands chemins, chaque fois
que je vais à Grandson ou ailleurs, ce qui tu sais m'arrive assez souvent,
je répète en moi-même tous mes morceaux ; quelquefois aussi je les ré-
cite à haute voix dans la campagne, et peu s'en faut que les paysans n'ac-
courent, croyant que je suis fou, comme cela arriva à Racine lorsqu'il
déclamait ses tragédies dans la chaleur de la composition.

---

[1] Mon père avait une correspondance très-étendue, mais ni lui ni la plupart
de ses amis n'envisageaient une lettre comme une affaire littéraire ou d'agrément. Ce n'est pas là non plus qu'il jetait aucune idée scientifique nouvelle.
Il écrivait pour obtenir des plantes, des livres, pour affaires administratives ou
autres, pour communiquer avec les personnes de sa famille, etc. Les hommes
qui s'occupent de sciences n'ont point, sous ce rapport, les habitudes des littérateurs, et il vaut mieux, en général, ne pas publier leurs lettres. Aussi, d'une
immense quantité de lettres écrites ou reçues par mon père, je me contente
d'en extraire quelques-unes qui se rapportent à lui, qui complètent ses *Mémoires*
et qui tirent souvent leur mérite des circonstances ou des noms de l'écrivain.
Celles de Cuvier sont remarquables; j'aurais voulu les publier toutes.
(Alph. de C.)
[2] Qui venait de le quitter, après avoir passé une partie de ses vacances à
Champagne.   (Alph. de C.)

AUGUSTIN-PYRAMUS DE CANDOLLE A SON PÈRE, A CHAMPAGNE, PRÈS GRANDSON[1].

Genève, 18 janvier 1795.

....Dimanche je suis allé avec Picot botaniser aux bords de l'Arve et à Conches, chez son oncle Achard... Je dirai à mon frère que le lichen trouvé dans la route d'Aubigny à Marnans, sur la molasse, est une plante assez rare, c'est une *Marchantia*... Aujourd'hui, après avoir travaillé longtemps, je suis allé chez M. Gosse[2] lui montrer nos trouvailles et chercher ces plantes avec lui. J'ai déjà un petit herbier de mousses assez joli, et outre cela, je tiens sur ma fenêtre des assiettes humectées où je transplante toutes celles que je trouve, et où je me forme un petit jardin d'un genre particulier.

Genève, 4 mars 1795.

Je voudrais pouvoir, dans cette lettre, réparer le vide que toutes les précédentes ont eu quant à la politique, mais je suis tous les jours plus dégoûté de m'informer de nouvelles qui ne font que rendre triste sans aucune utilité. Mes études fournissent des aliments à mon esprit au delà de ce qu'il peut digérer, et je n'ai ni le besoin ni l'envie d'en aller chercher ailleurs ; si le hasard m'apprend quelque chose qui ait rapport à la politique, je n'y attache d'importance que dans l'idée de vous l'écrire et que cela pourra vous intéresser davantage que si je vous entretenais des propositions de géométrie qui m'occupent.

....Depuis quelques jours la botanique renaissante me donne une nouvelle occupation et un nouveau plaisir, et tant mieux, parce que plus je l'aimerai, plus j'aimerai à vivre à Champagne. D'ailleurs, dans ces temps-ci, où il ne faut pour ainsi dire s'attacher à rien de mondain, quoi de plus doux et de plus sûr que cette étude : lorsqu'on se promène chaque plante se personnifie, chaque brin d'herbe intéresse ; on marche, entouré de connaissances et d'amis qui ne trompent point, qui ne sont point contredisants. La vue générale de cette science élève l'âme, l'agrandit, et

---

[1] Je donne les premières lettres où l'auteur parle de botanique, parmi celles que l'on a conservées de lui. Il avait alors dix-sept ans et avait déjà suivi le cours de M. Vaucher, mentionné ci-dessus, page 27.   (Alph. de C.)

[2] Henri-Albert Gosse, chez lequel a été fondée la Société suisse des sciences naturelles. Voir une notice sur lui dans la *Bibliothèque Universelle*, III, p. 133.
    (Alph. de C.)

soit qu'on suive l'ensemble ou les détails, elle remplit d'admiration et de respect pour celui dont la main organisa les végétaux... Il me manque un secours indispensable, les œuvres de Linné ; depuis longtemps je les désirais, mais outre que j'ignorais si tu aurais la bonté de me les donner, quand cela aurait été, j'aurais été bien embarrassé d'en trouver un (exemplaire); le hasard m'a appris que M. T. en a fait venir de Paris [1].

AUGUSTIN-PYRAMUS DE CANDOLLE A MADAME DE LUZE-FEER [2], A NEU-CHATEL.

Genève, 5 janvier 1796.

Vous voyez, Madame, ma ponctualité à remplir mes engagements ; ce n'est pas lorsqu'ils me sont aussi agréables que je m'aviserais d'y manquer... Dans peu vous me parlerez de vos bals, de vos fêtes, puisque ce sont des noms que l'on connaît encore chez vous. Pour moi, la peinture de ma vie est bien loin d'offrir de semblables tableaux. Je suis isolé dans ma patrie comme si j'étais dans un pays étranger, et moitié de gré, moitié de force, j'y mène la vie la plus retirée et la plus sédentaire. Quelques amis composent le cercle étroit d'où j'ai le bonheur de ne pas sortir ; des livres, voilà mes compagnons fidèles et assidus ; les travaux les plus sérieux mais les plus intéressants, voilà mes fêtes journalières... Lorsque je suis au milieu d'un travail pénible ou ennuyeux et que je suis prêt à l'abandonner de lassitude, soudain je m'y remets avec une nouvelle ardeur, me disant : si je le finis, ce sera une heure de plus dont je pourrai disposer à Champagne ; ce sera une promenade, une lecture de plus avec Mme de Luze. Cette espérance me fait surmonter les difficultés et aplanir tous les obstacles... Souvent, après une journée occupée, le soir, au coin de mon feu, seul avec moi-même, je retourne sur le passé, et je regrette : quoi ? le voici :

> Aux bords d'un lac que je ne nomme pas,
> Près des lieux où l'été m'amène
> Est un hameau, etc.

[1] Dans la lettre suivante il remercie son père de l'avoir autorisé à acheter les œuvres du «Prince de la botanique.» (Alph. de C.)

[2] La correspondance avec Mme de Luze avait un but littéraire, comme on peut le deviner d'après les pages 25 et 49 des *Mémoires*. Chaque lettre étant une composition d'écolier, semée parfois de petits vers, l'auteur en faisait d'abord un brouillon qu'il conservait. Je donnerai ici quelques fragments de ces lettres. Dans la seconde se trouve une peinture assez inattendue de Genève, dix-huit mois après la Terreur. (Alph. de C.)

Ce qui lui plaît dans ce hameau, c'est d'y trouver :

> Les grâces sans coquetterie,
> La douce et tranquille gaîté,
> Et l'esprit sans afféterie, etc.

Genève, 12 février 1796.

J'ai eu le plaisir, Madame, de recevoir votre lettre... Je pourrais aussi vous parler de comédies, mais je n'y suis que spectateur de loin en loin. Trois troupes de société se sont établies ici cet hiver ; *Zaïre* et *Mahomet*, voilà leurs coups d'essai, et elles les ont exécutés avec une perfection qui m'a étonné, et qui vous surprendra sûrement aussi lorsque je vous aurai dit de quel ordre sont les acteurs : le superbe Orosmane est un ouvrier horloger, Nérestan est un cordonnier, Zaïre est une marchande appelée Krippendorffen, qui, malgré la rudesse de ce nom barbare, jouait avec douceur et majesté. Les autres étaient à l'avenant. Eh bien, en chaussant le cothurne tragique ou le brodequin comique ils quittaient la bassesse de leurs manières, et surtout l'accent affreux de notre peuple.

Je pourrais encore, Madame, vous parler de bals et de concerts, et vous citer entre autres un jour où il y avait dix-neuf bals dans la ville. Vous vous étonnerez du contraste de ma première lettre et de celle-ci, mais il me paraît qu'on est las de vivre depuis plusieurs années sans aucun amusement, et comme depuis quelques mois nous n'avons point eu d'insurrection, on en profite avec empressement.

AUGUSTIN-PYRAMUS A SES PARENTS [1], A CHAMPAGNE.

Genève, mercredi 17 mai 1796.

Si mes deux dernières lettres étaient sur un ton lugubre et ennuyé, celle-ci, mes bons parents, sera d'un style plus gai. Vous en comprenez aisément la raison. Avant de vous parler de mon examen je vous dirai suivant mon usage (l'emploi) de la semaine qui s'est écoulée depuis ma dernière lettre. Cette semaine a été plus fertile en événements. Je me

---

[1] Je publie cette lettre avec toutes ses négligences de style et malgré la recommandation de l'écrivain quelle fût entièrement confidentielle, parce qu'elle fait bien comprendre soit le caractère du jeune homme, soit la nature des mobiles, et en quelque sorte le fort et le faible de notre ancien système genevois de l'instruction publique. Avec des professeurs et des étudiants pareils, il n'est pas surprenant que l'esprit scientifique et politique de Genève ait survécu à une terrible révolution et à l'occupation étrangère.   (Alph. de C.)

préparais ; j'étais chaque jour accablé d'ennui et assez en peine. Vendredi je pris un gros rhume, un peu mal aux oreilles, j'étais épouvanté, heureusement que cela n'a pas continué et que j'ai pu faire mon examen[1]. Pendant les préparations, M. Prevost et M. L'Huilier avaient toujours eu l'air de me destiner un morceau fort beau et fort difficile que j'aurais fort aimé, en sorte que le dernier jour je ne me suis préparé que là-dessus ; or çà, écoutez le tour qu'ils m'ont joué : ils ne m'ont demandé ni l'un ni l'autre ce morceau. Le contre-temps m'a entièrement déconcerté, en sorte qu'au commencement je balbutiais totalement. Enfin, au bout du compte, je me suis tiré de M. Prevost. M. Pictet m'a demandé l'histoire chimique des plantes, parce que, m'a-t-il dit en m'interrogeant, il savait que je m'étais occupé avec succès de l'histoire naturelle. Quant à M. L'Huilier, il m'a fait faire un calcul bien long, bien difficile, que j'ai fait tant bien que mal, ce qui m'a donné un air fort savant. Voilà l'histoire de mon examen. Je ne vous omets rien. Ce n'est pas trop modeste, je le sens, mais quand je vous parle, c'est à d'autres moi-mêmes, et il est bien permis, je crois, de se complaire dans certains souvenirs qui flattent l'amour-propre et excitent l'émulation. Excusez-moi donc en faveur de cette considération, et surtout que ce détail n'aille pas plus loin que vous trois. Mon *grabeau*[2] est ce qui m'a fait plaisir, car j'étais mécontent de mon examen : ils m'ont dit les choses les plus flatteuses et les plus amicales, m'ont parlé de tout ce que j'aime le mieux, de mes parents et de ma patrie, en m'exhortant à ne pas tromper les espérances que les premiers avaient conçues de moi pour leur bonheur et la deuxième pour son illustration. Ç'a été là ce qui m'a été le plus sensible : le reste quoique très-flatteur m'a peu touché, par exemple, lorsqu'ils me parlaient de mon goût pour les belles-lettres, l'histoire naturelle, de mes succès en mathématiques quoique je ne les aime pas, de ce que j'avais soutenu des thèses où j'avais converti mon professeur à mon opinion, etc. Cela a glissé sur moi légèrement, mais la première chose m'a pénétré, et du fond du cœur je me suis promis à moi-même de remplir ces espérances. Pardonnez-moi ce détail, j'espère qu'il fera passer chez vous une partie de la joie dont je suis comblé. J'en suis encore ému en écrivant.

T*** a fait un examen sec et médiocre, et a eu un grabeau beaucoup trop bon ; on l'a beaucoup loué de ce qu'il s'appelait T***. Bellot a fait un

[1] Pour la fin de la deuxième année de philosophie.　　　(Alph. de C.)
[2] On appelait ainsi un résumé de l'opinion des professeurs sur l'examen et sur la conduite de l'élève pendant l'année.　　　(Alph. de C.)

superbe examen sur le morceau que je voulais, et a eu un grabeau trop faible pour ses talents. Pictet a fait aussi un brillant examen et a reçu un fort bon grabeau. On n'a fait hier que ces examens, parce que nos professeurs nous ont tenus chacun trois quarts d'heure.

Je compte aujourd'hui expédier mes visites, faire mes arrangements, mes préparatifs de travail pour cet été, etc. Demain, la société d'histoire naturelle chez M. Gosse, et dans peu de jours je vous embrasserai. Ne m'oubliez auprès d'aucun de ceux qui vous entourent. Tout à vous.

AUGUSTIN-PYRAMUS DE CANDOLLE A MADAME DE LUZE.

Paris, 22 novembre 1796.

Qu'il me tardait, Madame, de pouvoir m'entretenir avec vous, car quoiqu'il y ait encore bien peu de temps que j'ai quitté Champagne, jamais quinze jours ne m'ont paru aussi longs ; paisible, casanier, comme je l'ai toujours été, j'ai les yeux et la tête fatigués de tout ce que je vois depuis lors, comme si j'assistais à une lanterne magique. Je vois toutes les heures passer devant moi de nouveaux individus ; quelle différence avec ma vie précédente que l'uniformité et un agrément soutenu faisaient couler avec rapidité? pour laquelle croyez-vous, mon aimable voisine, que soit l'avantage? Je ne vous ai pas promis une relation de ma vie, mais celle des impressions que me feraient tant de nouveaux objets. J'avoue que plusieurs choses dont je me faisais une idée brillante dans l'éloignement m'ont paru bien mesquines quand je les ai vues de près ; les gens de lettres, les femmes à la mode, les grands seigneurs, les lieux célèbres ont cela de commun.

Mon voyage a été agréable pour la compagnie que j'avais[1] et la promptitude avec laquelle il s'est fait ; mais nous étions bien de ceux dont Rousseau dit qu'ils ne voyagent que pour arriver. Nous avons traversé toute la chaîne du Jura pendant trente-six heures, et nous n'avons su y voir autre chose que le coup d'œil mélangé de rouge et de vert des coteaux plantés de pins et de hêtres. Nous avons traversé Poligny, Dôle et Genlis de vive nuit, en sorte que nous ne pouvons guère en parler; tout ce que nous devons faire en bonne politique c'est de les supposer des villes belles et bien peuplées, car un voyageur habile doit toujours vanter le pays où il passe Le seul incident fut à Dôle. Notre chaise roulait sur le chemin de Poligny, Morphée y était en quatrième avec nous ; tout à coup elle

[1] Voyez ci-dessus, page 39.

s'arrête, nous ouvrons les yeux, une grande porte barre le chemin ; c'est celle de Dôle. Nous crions ; le gardien vient qui refuse décidément d'ouvrir ; nous faisons notre prière pour passer là la nuit, quand ce gardien, tout en déclarant qu'il n'ouvrira point, allume sa lumière et ouvre la porte. Vous comprenez que c'était une femme et vous avez deviné. La galante ville que Dôle, dont les femmes tiennent les portes !

....Depuis le peu de temps que je suis à Paris j'ai déjà vu une foule de choses et de personnes. L'un des premiers coups d'œil dont j'ai été curieux a été celui de l'Opéra. C'était un jour de concert; toutes les femmes étaient brillamment parées, et j'avoue que je n'ai jamais vu un aussi beau spectacle. Les Parisiens même étaient étonnés, jugez de ma stupéfaction. Je vis danser le célèbre Vestris dans le rôle de Télémaque : je fus dans un étonnement continuel de voir pousser aussi loin l'art des futilités et l'illusion du coup d'œil. L'Opéra m'a attéré, mais que j'ai joui aux Français ! Quelle aisance! quel naturel ! que de finesse le moindre mot acquiert dans la bouche de Molé! Quel art pour faire ressortir les morceaux saillants ! Les Français sont sans contredit ce que j'ai vu de plus intéressant ici. J'ai passé hier cependant une soirée curieuse. C'était un petit bal avec madame Tallien ! Vous voyez que je prends mon vol un peu haut. Oui, Madame, je l'avoue, c'est bien de la témérité à moi, pauvre campagnard, d'avoir dansé avec Mme Tallien.... Je vous dirai cependant en confidence qu'elle n'a pas répondu à mon idée. C'est une grande femme, très-bien faite, d'une tournure noble et gracieuse, mais ayant peu de finesse dans la physionomie. On la dit bonne et sa figure l'annonce. On la dit femme à maux de nerfs et à intrigues, et sa figure ne l'annonce guère. On la dit..... mais que ne dit-on pas? Je l'ai vue à l'Opéra brune, au bal blonde. Quand elle est brune, elle a les cheveux court coupés ; elle en fait parade, m'a-t-on dit, parce que sous Robespierre quand elle s'attendait à la guillotine, elle voulut éviter au bourreau l'honneur de lui couper sa chevelure et la coupa avec un morceau de verre, faute d'outils. Elle avait les bras nus jusqu'à l'épaule, la gorge fort découverte, et un grand châle bleu. La mode actuelle est de porter les manches assez courtes, en sorte que le bras sorte nu de dessous le châle. On porte aussi des bonnets de velours noir et vert qui ressemblent au casque de Don Quichotte.

[1] Mme Tallien avait passé plusieurs années de sa jeunesse à Genève. Elle se trouvait avoir des relations avec les familles genevoises établies à Paris. Le bal dont il s'agit était chez Mme Beaumont-Sartoris. Quelques jours après mon père rencontra dans la même maison Mme Récamier, « l'autre femme à la mode, dit-il, et qui mérite bien mieux ce nom.»   (Alph. de C.)

AUGUSTIN-PYRAMUS DE CANDOLLE A SES PARENTS, A CHAMPAGNE.

Paris, 26 germinal, 15 avril 1798 [1].

La fin de la journée vous sera consacrée, mes bons parents, et c'est une fête pour moi de voir arriver le moment de m'entretenir avec vous. Il y a quatre jours seulement que je vous ai écrit, et ce temps-là me paraît bien long. Tout celui qui s'est écoulé depuis un mois me paraît un siècle : j'en ai compté les minutes avec amertume... Je m'attriste surtout en pensant à vous, mes bons parents ; vous êtes seuls, tristes, et je crains que vous ne vous attristiez trop, que cela ne nuise à votre santé. J'attends de vos lettres avec impatience. Il y a bien longtemps que je n'en ai reçu, ou plutôt il me semble, car il n'y a réellement que quatre jours... Depuis cette décade je suis confiné dans mes cours et mes études. Je commence à me mettre à celles de médecine, grâces aux conseils et aux talonnements de Coindet et de Maunoir, car je n'aime guère encore cet état. Je vois une pratique désagréable et une théorie pleine d'ambiguïté et d'obscurité. Ils m'assurent que je n'aurai pas appris tout ce fatras un an que j'en raffolerai, mais je n'en crois rien. En attendant, j'aurai à mener ici une vie très-pénible et très-active. Le peu de temps que je dérobe à Hippocrate, je le donne vite à Linné. Je cours au jardin et je me mets à regarder : j'ai là une ample pâture à ma curiosité. C'est mon plus grand plaisir. Vous comprenez que je ne suis pas fort au fait de ce qui se passe dans Paris ni ailleurs. Je laisse aller le monde en le regardant le moins que je puis. De temps en temps je tourne les yeux de son côté pour savoir s'il ne s'y est rien passé d'heureux, et je détourne la tête sans avoir rien vu... On va avoir l'élection d'un Directeur. On parle de Treilhard et de Talleyrand : je voudrais ce dernier parce qu'il a dit qu'il y avait cinq parties du monde : l'Europe, l'Asie, l'Afrique, l'Amérique et Genève [2].

Paris, 2 floréal, 21 avril 1798.
Rue Copeau, n° 720, vis-à-vis celle du Battoir.

... . Tout ce que nous apprenons ici sur des pays dont vous êtes bien voisins perce l'âme déjà froissée. Je suis encore plus disposé à être triste

---

[1] Précisément le jour de l'entrée des Français à Genève.   (Alph. de C.)

[2] On croit généralement à Genève que ce mot (ironique et non laudatif) avait été dit lors du congrès de Vienne. Talleyrand l'avait seulement repris, à ce qu'il paraît. J'ai raconté (p. 423) comment un autre diplomate lui avait répondu.
(Alph. de C.)

depuis quelques jours par une cause qui m'est particulière, c'est que j'ai commencé à visiter les hôpitaux, et le spectacle de tous ces malades a fait sur moi une impression pénible et profonde. Cela n'a pas contribué à me faire aimer l'état que j'embrasse ; j'ai au contraire tous les jours plus de répugnance pour lui : je suis cependant décidé à continuer les études pendant cette année ; peut-être parviendrai-je à m'endurcir comme les autres. Ces visites d'hôpitaux qui se font de grand matin, me rendent malheureux pour le reste du jour ; j'y suis autant indigné de la dureté des médecins et chirurgiens que peiné de voir les gens souffrants ; aussi je les abrége autant que je puis, et ma distraction à ce travail pénible je la trouve au Jardin des Plantes. Là, occupé d'objets doux et tranquilles, je détourne pour quelques heures mes idées et du spectacle des souffrances physiques de l'homme et des maux moraux qui l'accablent, mais dès que j'en sors je suis reporté vers ces tristes réflexions. Je compte me donner beaucoup cet été à l'histoire naturelle...

Paris, 23 avril, 4 floréal.

Voici encore une lettre, mes bons parents, qui suit de bien près ma dernière. Je ne veux que vous conter ma journée : elle a été longue pour moi à cause de la multitude des idées qui m'ont traversé la tête. Je suis d'abord allé passer deux heures à l'Hôtel-Dieu ; ces heures sont toujours pénibles par les maux dont on y est témoin et par la dureté des chirurgiens et médecins. De là je suis allé dans l'hospice de l'école de médecine où j'ai vu faire deux opérations affreuses, celle du cancer et celle de la pierre, et ces opérations m'ont fait frissonner de la tête aux pieds. Je ne pouvais concevoir le courage de ceux qui embrassent l'art de guérir et je me maudissais de l'avoir embrassé. Je suis sorti de cet affreux spectacle triste comme à l'ordinaire, j'entendais encore les cris des malheureux et je voyais couler leur sang. En un mot j'étais dégoûté de mon métier autant que possible. Dans ces dispositions j'allai au Jardin, et là, au milieu de mes plantes, je retrouvai la sérénité que j'avais jusqu'à présent goûtée dans mes études. Dans ces dispositions, j'allai chez Lamarck. La conversation tomba sur son grand Dictionnaire de Botanique et il me proposa d'y travailler comme moyen de me faire connaître, chaque article étant signé par le rédacteur. Vous concevez quel plaisir m'a fait cette proposition, etc.

Paris, 20 messidor, 8 juillet 1798.

... On a vu tout à coup à chaque coin de rue un peloton de soldats qui demandaient les cartes de sûreté et menaient au bureau central... Je fus arrêté une vingtaine de fois, mais comme je suis parfaitement en règle je n'avais rien à craindre .. Ecrivez-moi je vous en supplie, car il me semble que je suis isolé. J'ai besoin que des lettres me transportent au milieu de tout ce que j'ai de plus cher, et j'ai souvent souhaité de pouvoir laisser ici ma tête pour y étudier et de retourner avec mon cœur dans le pays que vous habitez. Depuis ma dernière lettre, j'ai reçu un grand diplôme de la Société Philomathique. Je me suis beaucoup lié avec Humboldt ; j'ai d'abord sextidi passé la matinée avec lui et Desfontaines ; il nous a montré de nouveaux organes qu'il a découverts dans les feuilles et nous a développé les diverses configurations de ces organes dans diverses plantes. Cette matinée est très-mémorable pour moi. Le lendemain je suis allé chez lui Il m'a montré la collection de ses instruments qui sont tous portatifs parce qu'il travaille en voyageant ; il n'a que vingt-sept ans, et depuis l'âge de seize il n'est jamais resté plus de trois mois dans une ville. Il a parcouru toute l'Europe, fait une foule d'expériences, composé trois livres essentiels ; en un mot c'est un génie inouï[1]. Le même jour, j'allai avec lui assister à des expériences de chimie de son invention qui m'intéressaient beaucoup. Vous voyez que j'ai eu le bonheur de me lier beaucoup avec lui, et c'est encore à mes petits Lichens que je le dois. Il part pour l'Inde et il emmène avec lui un jeune homme de ma connaissance. Dans la division que je faisais de mon corps, je voudrais mettre mes yeux et mes oreilles de cet intéressant voyage. Pour être dans les sciences à présent il faudrait avoir les cent yeux d'Argus, les cent mains de Briarée, etc., etc., et une tête capable de tout retenir : si j'avais cent cœurs, ils seraient tous pour vous chérir. Adieu mes bons parents. J'embrasse tendrement vos hôtes. Distribuez mes civilités à vos voisins, à chacun sa dose, soit en quantité, soit en qualité.

[1] Humboldt avait onze ans de plus que mon père, mais paraissait plus jeune que son âge. — L'abbé Morellet revient plusieurs fois dans ses Mémoires sur ce que, dans sa longue vie, il n'avait jamais connu un jeune homme devenu plus tard illustre qui ne fût susceptible d'une admiration enthousiaste pour des hommes ou des ouvrages remarquables. Les lettres de mon père, de 1796 à 1800, viennent souvent à l'appui de cette remarque. Le 7 janvier 1797, par exemple, il avait assisté à une séance de l'Institut : « J'ai vu bien des gens qui n'ont pas été aussi contents que moi, mais je n'ai jamais entendu rien de pareil. Je me console de n'avoir pas ce bon goût qui rend mécontent de tout, et le plus grand avantage, à mon avis, de la jeunesse est d'avoir un esprit tout neuf pour l'admiration. »   (Alph. de C.)

2 thermidor, an VI.

.....Lacépède a terminé son cours par un tableau du bonheur que procure l'histoire naturelle : ce tableau était si vrai et si bien senti que presque tout le monde en était ému, ce qui est rare ici. Pour moi je le suis encore en y pensant ; il doit nous le distribuer et je veux vous l'envoyer, afin que vous vous réjouissiez de l'heureux sort qu'il me promet. Ce bonheur, je l'éprouve déjà dans mes études qui sont si intéressantes que je ne puis m'en séparer un moment.

GEORGE CUVIER [1] A AUGUSTIN-PYRAMUS DE CANDOLLE, A PARIS.

A Marseille, le 24 frimaire an XI.

G. Cuvier, Membre de l'Institut national, Professeur au Collége de France et au Museum national d'Histoire naturelle [2], etc.

A son cher ami et confrère de Candolle [3].

Je sais en détail, mon cher ami, jusqu'à quel point vous justifiez ce que je vous disais avant de partir « que de tels lieutenants n'ont de chefs qu'en idée ; » ce sera dorénavant à moi à travailler pour qu'à mon retour le regret qu'on aura de vous ne soit pas trop vif ; mais je sens que j'ai besoin de tels stimulants, et les gens parmi lesquels je vis, les chemins que je traverse, et la besogne que j'ai à faire, auraient bientôt émoussé tout ce que Dieu m'avait donné d'esprit, si je ne songeais qu'il faudra revenir un jour dans cet amphithéâtre que vous remplissez si bien aujourd'hui. Je

[1] Nos contemporains ont connu Cuvier un haut dignitaire, froid et réservé dans ses propos comme dans ses lettres ; je suis bien aise de le leur montrer tel qu'il était avec ses amis au moment le plus brillant de sa carrière scientifique. Mon père avait conservé de lui vingt-neuf lettres, dont la première (celle ci-dessus), écrite à l'âge de trente-quatre ans, pendant une tournée d'inspection universitaire dans le Midi. Sur l'enveloppe du paquet, mon père avait écrit, en apprenant la mort de son illustre ami :

> Multis ille bonis flebilis occidit
> Sed nullis flebilior quam mihi.

Je n'ai fait d'autre changement que celui de rétablir l'orthographe dans quelques mots. A cette époque les hommes les plus exacts et les plus érudits laissaient souvent passer des fautes. (Alph. de C.)

[2] Les mots en italiques sont imprimés en tête de la lettre. (*Idem.*)

[3] Alors son remplaçant comme professeur au Collége de France. Voyez ci-dessus, page 144. (Alph. de C.)

mène une vie vraiment honteuse pour un philomate ; de la bonne chère, des voyages dans de charmants pays, une inaction de tête complète, tel est mon sort actuel ; sans quelques séjours dans les villes pendant lesquels je peux me livrer à certaines recherches, j'oublierais que j'ai appartenu autrefois à la noble caste de ceux qui étendent les conquêtes de l'esprit humain ; mon seul espoir est que lorsque je viendrai reprendre ces belles fonctions, mes amis ne me rejetteront pas tout à fait parce que je me serai plongé pendant quelque temps dans le bourbier matériel des emplois sociaux ordinaires ; je leur demande cette grâce en faveur de mon tendre attachement pour eux, vous voyez combien je me crois peu digne d'être comme vous m'appelez, votre chef invisible. Hélas ! y a-t-il encore en moi quelque chose d'invisible ? Sans doute les membres du Bulletin [1] ont des esprits, autant que de l'esprit, mais quand on a pu quitter vos jolies assemblées pour venir faire expliquer vingt fois de suite le « conticuere omnes intentique ora tenebant, » ou démontrer autant de fois le théorème de Pythagore, peut-on se vanter d'avoir autre chose qu'un corps grossier ? C'est sans doute à titre de corps matériel que je savais déjà à mon départ de Paris vos nouvelles de cour et le costume du deuxième consul et les titres des ministres ; puisque j'avais encore quelque reste de contact avec vos spiritualités comment ne vous l'avais-je pas dit. Vos autres anecdotes sont charmantes et je vous en remercie ; elles égayeront pendant huit jours toute la bonne compagnie de ce pays-ci.

Mon avis pour la grande affaire sur laquelle vous me consultez est que vous receviez le dit personnage, si vous êtes sûr d'avoir assez de mémoire pour l'intéresser les jours où il viendra ; un grand principe est que les esprits doivent toujours se ménager des protections dans le royaume des corps. Les philosophes donnent comme preuve de l'existence de Dieu qu'il n'y a qu'une intelligence qui ait pu disposer ce bas-monde comme il est. Depuis que je vois combien peu les petites intelligences y ont d'influence, je suis presque tenté de ne plus croire qu'il ait été fait par une grande.

Notre Lycée [2] ira à merveille. Notre opération est à peu près terminée et est allée bien et vite. J'espère qu'on nous en saura gré là-haut.

Je vous prie de me rappeler au souvenir de la belle et douce Madame de Candolle ; son aimable société est une des choses que je regrette le

---

[1] Le comité de rédaction du Bulletin de la Société philomathique. Voyez p. 96. (Alph. de C.)

[2] Il s'agit de l'Athénée, de Paris, qui s'est appelé d'abord Lycée. (*Idem.*)

plus dans ma position actuelle. Présentez aussi mes respects très-humbles à toute sa famille. Vous aurez du reste de mes nouvelles par Geoffroy, Duméril et mon frère.

Bordeaux, 15 germinal an XI.

Non, mon cher confrère, ce n'est malheureusement pas pour Paris que je pars en recevant votre lettre ; c'est pour Mont de Marsan, Dax, Saint-Sever-Cap-de-Gascogne, et autres abominables endroits, dont j'espère que vous n'avez jamais entendu parler ; il faut être, comme je suis, abandonné de Dieu pour se voir forcé par les circonstances à faire encore un tel voyage, lorsque mon successeur est nommé et touche sans doute le revenu. Mais l'ami Fourcroy a si bien arrangé les choses que tout serait à recommencer si je ne finissais pas. Enfin, Dieu aidant, j'en serai quitte dans dix jours, et si après je reste vingt-quatre heures à Bordeaux, je consens à être renvoyé dans les Landes ou à n'avoir plus d'autres jouissances que celles que donne l'oxyde d'azote.

La raison que vous me dites de la nomination de Chénier à ma place, était encore nouvelle pour moi ; mais on m'en avait déjà mandé six ou sept autres qu'on me donnait toutes pour véritables. Puisqu'il y en avait tant je ne conçois pas pourquoi on a été si étonné de l'événement.

Il me paraît que ce scrutin de Borda, dont on disait tant de mal, n'a jamais produit des élections plus mauvaises que celles d'à présent. Je ne vois pas le mérite d'une forme d'élection qui donnerait prépondérance à la majorité ; ce serait un moyen sûr de soumettre la terre à la domination des gobe-mouches dans le vain espoir de la soustraire à celle des intrigants ; je ne sais laquelle de ces espèces est à préférer ; d'ailleurs ceux-ci finissent toujours par être les maîtres, malgré tous les scrutins, et vous voyez bien qu'il ne leur a pas fallu un grand temps pour cela ; il est vrai qu'à l'Académie française il y a toujours eu dans leurs mains un levier bien puissant, celui des bons dîners, et un secrétaire d'État doit savoir employer cette arme-là.

Je crains bien qu'elle ne soit pas autant à la disposition de Dureau et de St-A. Ce pauvre dernier surtout n'a pas l'air d'avoir jamais bien dîné lui-même, Dieu sait faire dîner les autres.

Adieu, mon cher confrère ; c'est avec une grande joie que je vous prie de ne plus m'écrire ; l'idée de me revoir bientôt au sein du Bulletin me soutient dans le peu de jours d'ennui qui me restent à supporter. Bientôt je ne représenterai plus, je ne donnerai plus d'audiences, je ne dînerai plus de sous-préfets en sous-préfets, je n'irai plus par la ville en uniforme et avec de grands laquais derrière mon carrosse, je n'entendrai plus vingt prétendants à la chaire de latinité se disant qui ancien principal, qui ancien professeur de collége ou de congrégations et ne pouvant venir à bout de traduire une strophe d'Horace; en un mot, vous ne pouvez vous imaginer combien de choses désagréables j'abandonnerai pour une seule, charmante et délicieuse, que vous vous figurez sans doute à merveille, l'aimable société de mes excellents amis. Adieu. Mes respects à Madame.

AUGUSTIN-PYRAMUS DE CANDOLLE A SA FEMME [1].

Florence, 11 août 1808.

..... J'ai trouvé à Florence tant de choses à voir, tant de personnes à connaître que j'ai été obligé d'y prolonger mon séjour. De plus, de Gérando [2] a mis tant d'amitié dans la manière dont il me reçoit que je suis un peu obligé de suivre ses idées et il a mis dans sa tête que je ne partirais d'ici qu'après la fête du 15 août. J'hésitais encore hier à partir aujourd'hui, mais comme il est tombé un peu malade, je ne voudrais pas le quitter dans ce moment; en outre, il prétend qu'il a besoin de moi pour un travail sur l'agriculture de la Toscane et je dois mettre beaucoup d'intérêt à faire ce qui peut lui être utile.

Si je n'avais pas l'impatience d'arriver à Genève et le désagrément de ne pas trouver de plantes, j'aurais ici une vie fort agréable. Je suis très-enchanté de Florence et de ses habitants, dont grâces à ma position je connais l'élite avec facilité. Gérando met tant de zèle à être utile à ce pays, à leur adoucir les maux de la réunion, qu'il y est généralement adoré : se présenter quelque part en son nom, c'est être sûr d'être accueilli avec une faveur toute particulière. J'ai fait connaissance assez intime avec Pacchiani qui est un abbé, professeur de physique, amateur de tout ce qui est bon et beau, très-aimable en conversation et parfaitement oisif. Il s'est établi mon cicerone et me mène voir les choses, les hommes et même les femmes distinguées de Florence. C'est avec lui que j'ai été voir et la fameuse galerie de Florence, et le Panthéon florentin, où sont les monuments élevés à tous leurs grands hommes, et l'Académie où se sont formés tant d'artistes, et la maison natale de Michel-Ange, ornée de ses ébauches et de l'histoire de sa vie peinte par ses disciples, et tant de bi-

---

1 Elle était alors à Genève.   (Alph. de C.)

2 M. de Gérando avait été envoyé à Florence pour organiser la Toscane en département français, lors de sa réunion.   (Alph. de C.)

bliothèques, d'hôpitaux, d'établissements célèbres. Mes matinées suffisent
à peine à ce travail. A cinq heures je dîne avec Gérando, avec Camille Perrier, jeune homme fort agréable et bon à connaître qui vit avec lui, et
avec Mme Protta, femme de mérite, qui est venue ici de Naples pour voir
de Gérando, qu'elle avait connu autrefois et qu'elle aime comme son fils.
Tel est notre petit couvert qui a bien son mérite. Après dîner nous allons
nous promener ensemble, et toujours avec un but, tantôt pour voir la
maison de Machiavel, tantôt la fameuse église qui dans les guerres civiles
fut fortifiée et défendue par Michel Ange, tantôt pour visiter des manufactures, etc. De là nous revenons finir notre soirée au spectacle, qui est
le rendez-vous de toute la bonne société. Je n'y ai pas encore écouté un
air (et je n'ai rien perdu, car la musique est, dit-on, fort mauvaise), mais
j'y ai connu tout ce qu'il y a de mieux dans la ville : telles sont Madame
de Médicis, rejeton de l'illustre famille qui a tout créé en Toscane et qui
est une des plus jolies femmes qui existent, la princesse de Montemilleto,
aussi très-distinguée par son esprit, la famille Ricci qui est celle avec laquelle je me plais le plus. Quelquefois nous allons à la campagne jouir
du frais ; nous partons à huit heures du soir et revenons à deux heures
du matin : rien n'est beau comme ces nuits de l'Italie ; l'air y est si pur,
si frais, d'une température si égale, qu'on en jouit avec délices. Nous
avons été ainsi souper chez Madame Ricci ; chez le prince Corsini. L'autre
jour nous y avons couché. Les chambres y sont peintes par l'Albane, car
tout ici rappelle de grands souvenirs. J'ai passé hier la journée entière à
Pozzolatico, chez Madame Ricci, et c'est une des journées les plus utiles
et les plus agréables de mon séjour. Le fils est le premier agriculteur de
ce pays. J'ai passé la moitié de la journée à parcourir ses fermes avec
lui et à faire un cours de l'agriculture toscane. Sa sœur est la jeune personne la plus remarquable que j'aie rencontrée ; elle sait le français et le
latin comme l'italien, entend les mathématiques, parle de tout cela sans
fausse modestie, avec un naturel rare, et joint à ces talents un esprit très-
piquant. Dans la même maison vit Fossombroni, le premier mathémati-
cien et l'un des hommes les plus aimables de l'Italie. On me traite presque
en ami dans cette maison où tu conçois que je me trouve fort bien. Je
parle à présent l'italien assez couramment : chacun me fait compliment
sur mon accent et sur mes progrès. — Voilà ma vie de Florence ; elle ne
ressemble guère à celle des Pyrénées et je crois que si tu as peur de
quelque chose pour moi ce ne sera pas des rochers.

Florence, 23 août 1808.

Me voilà encore à Florence, ma bonne amie, et je ne sais vraiment quand je saurai me tirer de ce beau et bon pays. Chaque fois que je parle de partir, M. de Gérando me propose quelque nouvelle course à faire et je ne puis résister à cet appât... J'ai eu d'abord les fêtes de la naissance de l'empereur, qui ont été très-brillantes. Le 14 j'ai été à un magnifique concert chez le prince Corsini, et le lendemain à un bal très-beau chez le gouverneur général, dans l'ancien palais du roi. Toute la noblesse de Toscane y était en habits de gala et il y a dans ce pays tant de beauté, tant d'élégance et de goût que cette réunion était superbe. Le palais était illuminé, une belle terrasse et vingt salons servaient de promenade ; le souper, où on voyait deux cents dames parées, assises à la même table, était un spectacle singulier : outre le coup d'œil, je m'y suis très-bien trouvé, parce que toutes mes connaissances de Florence y étaient. J'ai maintenant l'avantage de comprendre l'italien avec assez de facilité et je recherche les occasions de parler cette jolie langue.

A trois heures du matin je suis sorti du bal, par raison ; à cinq, je suis monté à cheval pour faire une tournée dans les montagnes, accompagné par mon fidèle Sieule et par M. Raddi [1]. J'ai été coucher au couvent de Valombrosa, situé dans un bois épais, au sommet d'une montagne. Les moines, quoiqu'ils ne soient pas payés pour aimer les Français, m'ont très-bien reçu en apprenant que j'étais professeur à Montpellier, et je t'assure que je m'attache à cette ville en voyant l'estime qu'on a pour elle à l'étranger. Valombrosa est une des plus belles positions de montagnes que j'aie encore rencontrées. Le contraste de mon souper d'aujourd'hui dans la petite cellule d'un moine avec celui d'hier m'amusait beaucoup. Le lendemain j'ai gravi le haut de la montagne et je suis redescendu dans un pays triste, nu et sterile, où j'ai voyagé toute la matinée. Le soir j'ai été encore demander l'hospitalité à un couvent, celui des Camaldules. Ce sont des moines blancs, qui pour plaire au bon Dieu laissent croître leur barbe et rasent leurs cheveux. Ils ne m'ont point accueilli comme les premiers. Ils m'ont dit que depuis qu'on avait rogné leurs revenus ils ne faisaient plus l'hospitalité, mais quand je leur ai dit que j'étais commissaire du gouvernement, ils m'ont fait autant de politesses que j'avais trouvé d'abord de mauvaise grâce. Ils me menèrent faire ma prière dans l'eglise,

---

[1] Zélé botaniste, qui a voyagé au Brésil. Mon père a écrit une notice sur lui.
(Alph. de C.)

ce dont je m'acquittai avec ferveur, car j'avais grande envie d'avoir à souper. Leur réception fut beaucoup meilleure qu'à Valombrosa, et je n'en ai conservé aucune reconnaissance, parce qu'elle était due à la crainte et à l'intérêt; aussi en partant, afin d'avoir un prétexte de payer mon écot, je leur ai commandé quelques messes, ce qui, j'espère, va me sanctifier infiniment. De Camaldoli je suis venu à Arezzo, où j'ai trouvé un M. Camuccini, qui m'a fait faire une course charmante dans la vallée de Chiana. Cette vallée appartient à l'ordre des chevaliers de San Stefano, et il en est le directeur. Nous avons été d'une ferme à l'autre. A chaque station nous changions de voiture, et de cette manière j'ai vu en deux jours un pays vaste et très-curieux. J'ai poussé jusqu'au fameux lac de Trasimène, situé dans l'État du pape; j'ai herborisé sur le champ de bataille d'Annibal, mais en voyant ce petit lac marécageux, je me suis bien rappelé l'épître au lac Léman, où, après avoir parlé des lacs d'Italie, Voltaire dit : *mon lac est le premier*. Celui de Montepulciano est ce que nous appelons en bon genevois une *carpière*.

La vallée de Chiana était autrefois un marais infect ; elle est aujourd'hui riche et fertile, et pour la dessécher le seul moyen a été d'y faire couler plusieurs petites rivières, en retenant leur limon pour élever le sol du pays. Après y avoir passé deux jours en admiration, je suis revenu à Arezzo, et de là j'ai regagné Florence en un seul jour, mais aussi j'y suis arrivé bien fatigué d'avoir fait vingt-deux lieues à cheval sans désemparer.

Rome, 30 août 1808.

Oui, ma bonne amie, c'est de Rome que je t'écris.... De Gérando m'a de jour en jour retenu à Florence; lundi passé il m'a demandé encore de rester deux jours de plus pour aller avec lui à Prato, petite ville près de Florence, où il voulait faire une visite de manufactures ; je ne pouvais guère refuser, et en effet j'y ai passé une journée charmante et utile. J'y ai vu beaucoup de choses nouvelles pour moi quant à l'agriculture. Nous avons dîné chez un M. Pacchiani ; pendant le dîner on nous a chanté le Tasse, et nous avons eu un improvisateur qui a chanté des vers à l'occasion de la visite de M. de Gérando à la ville de Prato ; c'était le vrai genre italien. Au retour, de Gérando nous a beaucoup parlé de Rome et m'a fort pressé d'y aller ; il a fait la même proposition à deux jeunes gens qui habitent avec lui, M. Camille Perrier, son ami, et M. de Champlouis, son secrétaire particulier : c'était, tu l'avoueras, une occasion bien séduisante d'aller à Rome et d'y aller en bonne société. Je n'ai pas su y résister, et cependant j'en ai aussi des remords : je tâcherai de regagner le temps perdu en supprimant une partie de la fin de mon voyage. Puisque c'est M. de Gérando qui me l'a non-seulement conseillé, mais qui m'y a presque forcé, il arrangera tout cela avec le ministre[1]. Enfin, que te dirai-je, le diable m'a tenté pour venir dans la ville sainte, et m'y voici. Nous n'avons été voir que le temple de Saint-Pierre, mais c'est assez pour un jour.....

L'avant-veille de mon depart de Florence, j'ai appris, par M. de Gérando, la mort de Ventenat[2], et en me rappelant la sensation que m'avait causée, il y a deux ans, une nouvelle analogue reçue à Quimper, je me suis applaudi de la philosophie que j'ai dans l'intervalle acquise à mes dépens. J'ai sur-le-champ écrit à Duméril pour lui dire que je me présentais et lui donner mes instructions. Je suis bien résolu à ne pas m'inquiéter le moins du monde de ce qu'on fera. Si je suis nommé, j'en serai bien aise, si je ne le suis pas j'ai mes consolations toutes prêtes : je passe ma vie paisible entre Montpellier et Genève; je travaille avec activité à mon grand ouvrage, et si je ne me fais point d'illusion, je ferai un jour rougir l'Institut de ses injustices, et placé à la tête d'une des grandes écoles, j'y mettrai tant de zèle, que je me ferai un nom et une école malgré lui. D'ailleurs le sort de notre vie serait au moins fixé, et je t'avoue que je suis las de tant d'incertitudes; ainsi, tout bien considéré, je suis décidé à voir le bon côté des deux événements et à en regarder l'issue comme s'il s'agissait d'un autre. Je m'estime heureux d'être absent, parce que je ne verrai pas de près toutes les petites intrigues et les petites calomnies et les petites trahisons. Je vous engage tous à mettre à la chose la même philosophie, ou si vous aimez mieux, la même indifférence. Je n'en attends l'issue que comme celle d'une expérience faite sur la nature humaine, et s'il fallait parier, je gagerais contre mon élection. Adieu, ma bonne amie. Adieu, mon Alphonse. J'embrasse père, mère, frère, sœur, et suis bien impatient d'être réuni avec vous tous.

---

[1] Rome était occupée par les troupes françaises, comme à présent, mais ne faisait pas encore partie de l'empire. C'était une petite irrégularité pour le voyageur du gouvernement de sortir du territoire qu'il avait pour mission de parcourir. Il ne resta que huit jours à Rome.   (Alph. de C.)

[2] Cette lettre que je n'avais pas lue quand je corrigeais les épreuves de la page 197, m'a fait apercevoir d'une erreur échappée à mon père : c'est en Italie et non à Genève qu'il avait appris la nouvelle vacance à l'Institut.
          (Alph. de C.)

Rome, 4 septembre 1808.

Je t'ai écrit il y a trois jours par la poste, ma bonne amie, mais j'apprends que les lettres d'ici vont passer par Paris avant d'arriver à leur destination, de sorte que je crains de t'avoir innocemment laissée longtemps sans nouvelles. Aujourd'hui, j'écris par l'estafette, et j'espère être plus heureux. Quand tu recevras ma première lettre de Rome, tu sauras quand, comment et pourquoi j'y suis venu ; mais pour ne pas me répéter, je ne le dirai pas aujourd'hui. Je t'écris à la hâte, et je ne veux te parler que du plaisir que j'éprouve à voir ce pays. Plaisir, ce n'est pas le mot, c'est plutôt de l'intérêt. La moindre pierre y rappelle un souvenir, y excite une comparaison plus souvent triste qu'heureuse. J'y pense à toi cent fois le jour, et voudrais plus que jamais t'avoir à mes côtés. Tu aurais bien des jouissances, mais je dois ajouter tu y trouverais les mêmes désappointements qu'à Paris, des masures devant Saint-Pierre, des rues sales et tortueuses, des cabarets dans le temple de Vesta, des moines sur le Capitole, à chaque pas se rencontrent des contrastes choquants ou ridicules, mais tout cela se rachète par tant de beautés qu'on passe aisément sur le reste. J'ai passé une matinée à jamais digne de souvenir à visiter les ruines de l'ancienne Rome. Suis-moi sur le Colisée, promène-toi avec moi dans le Forum, dans le palais des Césars, sur le Capitole, viens avec moi à ce délicieux Tivoli, où j'ai passé ma journée d'hier, tantôt admirant la magnificence du paysage, tantôt visitant les maisons d'Horace, de Mécènes, de Properce, de Tibulle. Ils y ont chanté leurs maîtresses et leurs amis ; moi j'y ai pensé à celle qui est l'une et l'autre, mais je n'ai pas osé t'y faire le moindre quatrain par respect pour leurs noms. Si tu veux voir le revers de la médaille, lis l'ouvrage de M. de Bonstetten : il est vrai à faire frémir. Adieu, ma bonne amie. Ma première lettre sera de Florence pour mes parents, que j'embrasse du fond du cœur. Adieu, embrasse cent fois Alphonse pour moi[1].

---

[1] Je demande pardon à mes lecteurs de publier une lettre aussi familière, mais il m'a paru que les *Mémoires*, écrits en grande partie à une époque où l'auteur était âgé et fatigué, ne représentent pas bien la vivacité de ses sentiments et la grâce de ses expressions lorsqu'il était dans la plénitude de ses forces. Les lettres d'Italie le montrent tel qu'il était à trente ans, actif, gai, ambitieux, énergique, sensible, indépendant, et elles le montrent d'autant mieux qu'elles n'étaient pas destinées à sortir du cercle le plus intime.　　(Alph. de C.)

GEORGE CUVIER A AUG.-PYR. DE CANDOLLE[1], A MONTPELLIER.

Mon cher ami,

Vous n'avez jamais à craindre de m'ennuyer en me demandant des avis ou des services; mais vous n'avez pas à craindre non plus les dangers dont vous me parlez. Ils sont l'ouvrage de l'imagination un peu méridionale de vos collègues, tout comme les mesures dont ils se plaignent le sont de leur conduite par trop gasconne...

......Au fond, pourquoi tant de bruit pour ces signatures? Dans tous les pays du monde, les diplômes des universités sont donnés au nom du Recteur et du Chancelier. S'il n'en était pas ainsi à Montpellier, c'est que c'était non une faculté, mais une université de médecine. La voilà faculté; est-ce un si grand malheur? Le Piémont, la Toscane sont bien devenues des provinces de France; le roi d'Espagne et des Indes est bien dans la pauvreté à Marseille; le pape, qui faisait trembler les rois, est prisonnier d'un petit général; l'empereur des Romains est réfugié dans une petite ville de Hongrie; Mlle Bourgoin a été prise par l'armée de Schill. Parmi tant de malheurs qu'ont éprouvés les têtes couronnées, le Doyen de Montpellier n'en a d'autres que de passer du ministre de l'intérieur au grand maître de l'Université impériale; je ne vois pas qu'il faille prendre si fort la chose au tragique. Et qu'auriez-vous dit si l'on vous eût donné tel ou tel Recteur, si, etc... Mais l'Université ne verra que le bien public, et fera le vôtre, malgré les tracas que pourraient encore lui susciter les têtes un peu chaudes de vos collègues. Cet oracle est plus sûr que tous ceux de Calchas.....

---

[1] Cette lettre et la suivante ne sont pas datées, mais elles doivent être de 1809, époque d'une réorganisation des Écoles de médecine, comme conséquence de la création de l'Université. L'École de Montpellier, qui avait des traditions respectables, mit alors tout en œuvre pour éviter de passer sous les fourches caudines, et mon père se prêtait aux réclamations, soit par opinion, soit par égard pour ses collègues. Il écrivait à Cuvier, mais celui-ci, qui l'appuyait dans toutes les affaires utiles à l'enseignement, n'entendait pas qu'on évitât la centralisation universitaire. Il répondait par des plaisanteries ou en parlant d'intrigues misérables qui étaient, selon lui, au fond de tout cela. Mon père, dans ses *Mémoires*, n'a pas dit un mot de ces intrigues, au contraire (voyez page 238). C'est très-généreux, mais la vérité m'oblige de dire qu'elles lui ont souvent rendu la vie amère et qu'elles ont bien contribué à le faire quitter Montpellier, comme celles de Paris à le faire aller à Montpellier. C'est à Genève qu'il a trouvé enfin, à une époque heureuse, non pas *otium cum dignitate*, mais *laborem cum dignitate*.

(Alph. de C.)

Adieu, portez-vous bien ; faites un heureux voyage. Si vous trouvez des os fossiles à Valence, à Vienne, à Grenoble, prenez m'en une note, et, s'il est possible, un dessin.

> Mon cher ami,

Je vous remercie bien de la marque de souvenir et du bel ouvrage que vous me donnez ; je vous remercie encore de vos félicitations, quoique leur objet n'en vaille pas trop la peine. C'est une corvée que j'ai prise autant par zèle pour les écoles que par intérêt pour l'Université, et dont il ne me reviendra que du travail, et probablement quelques-uns de ces petits désagréments que la vanité blessée ne manque guère de procurer, même de la part de ceux à qui l'on n'a que du bien à faire. Mon vice-rectorat ne me donne de fonctions ostensibles et légales qu'à Paris, mais la confiance du grand maître y ajoute celles d'être soit auprès de lui, soit auprès du Conseil, rapporteur de toutes les affaires qui se présenteront en médecine..... J'ai voulu commencer mon apprentissage de rapporteur en parcourant les anciennes correspondances, et je vous assure que les cartons de Montpellier m'ont bien appris..... On ne vit jamais un tel ramas d'injures, de dénonciations et de calomnies réciproques [1]..... A peine sommes nous installés, et déjà on nous assaille, comme on assaillait le ministre. Nos courtisans de Paris n'y feraient œuvre. Faites de la botanique, mon cher ami ; parlez à l'Europe ; continuez votre réputation, et ne vous fiez point à l'héritage de celle de vos devanciers du dixième siècle, ni même du dix-huitième, tout cela ne sert de rien aux gens qui vivent dans le dix-neuvième. J'espère que vous ne montrerez pas ma lettre, mais je vous conseille de dire, ce qui est vrai, que je mettrai tout mon zèle pour faire bien traiter l'Ecole ; je me ferai honneur d'accélérer dans les bureaux tout ce qui la regardera. J'aurai le plus grand soin d'arrêter l'effet des libelles et des lettres calomnieuses, en éclairant le grand maître sur leurs véritables motifs ; en un mot, j'espère que vous n'aurez jamais à vous plaindre, je ne dis pas de l'établissement de l'Université, qui n'est pas notre ouvrage, mais du moins de la conduite et des intentions de ceux qui la composent. Vous nous avez adressé un beau mémoire contre nos diplômes, mais il n'y a pas moyen de faire autrement.

---

[1] Je supprime quelques phrases probablement exagérées. Mon père avait de la sympathie pour le Midi, Cuvier n'en avait point (nous le voyons par les lettres qui précèdent), et s'il était juste il n'était pas indulgent. (Alph. de C.)

Adieu, mon cher ami. Croyez que dans toutes mes fonctions je n'estimerai rien autant que l'occasion de faire quelque chose d'agréable pour vous. Ecrivez-moi en particulier toutes les fois que vous vous intéresserez à quelque mesure ; je m'en rapporterai plus à votre avis qu'à celui de dix autres. Mes respectueux hommages à Mme de Candolle. Mes compliments à M. Dumas. Croyez-vous qu'il me garde toujours rancune [1] ?

LE SÉNATEUR CHAPTAL A AUG.-PYR. DE CANDOLLE, A MONTPELLIER [2].

Paris, 9 janvier 1809.

Le changement d'administration dans l'enseignement doit amener nécessairement, mon cher de Candolle, quelque embarras et un peu de confusion dans les premiers temps, mais j'espère que l'instruction et le sort des grands établissements n'en souffriront pas.

Déjà on a fait quelques changements qui doivent encourager les chefs de l'enseignement : 1° Cuvier est seul rapporteur pour les écoles de médecine, et comme il a une grande influence dans le Conseil, il y fera passer facilement tous les projets utiles ; 2° l'empereur a déclaré que le grand maître travaillerait avec le ministre de l'Intérieur, qui seul présenterait les résultats à Sa Majesté, ce qui réduit beaucoup sa domination.

Mais, comme les soins de l'organisation et le défaut d'argent peuvent rendre, pour quelque temps, l'administration sourde aux demandes d'argent, je vous prie, mon cher de Candolle, de prendre sur ce qui me revient sur mon traitement de professeur honoraire. Vous pouvez prévenir M. Piron, mon procureur fondé, que je laisse la totalité à votre disposition, et que vos reçus le couvriront auprès de moi de tout ce qu'il vous donnera.

---

[1] Cette lettre dévoile bien des turpitudes, mais elle a le mérite de faire ressortir les beaux côtés du caractère de Cuvier ; le sentiment du devoir, l'équité et l'horreur des intrigues. Du reste, les hommes les plus distingués ne regardent souvent que par une lunette. Cuvier ne faisait pas une réflexion bien simple : que la centralisation produit les dénonciations. Au début, c'était Montpellier qui en adressait à Paris ; on verra (page 560) que peu d'années après, Paris en exigeait de Montpellier. Les universités d'Oxford ou Cambridge n'ont pas de semblables rapports avec Londres, parce qu'elles n'en dépendent pas, et elles n'en sont pas moins florissantes. (Alph. de C.)

[2] Pour annoncer le don annuel de 6,000 francs au Jardin de Montpellier, mentionné ci-dessus, page 229. Chaptal n'était plus alors ministre de l'intérieur. J'aime à publier cette lettre pour montrer que, s'il y avait parmi les Méridionaux des intrigants, il y avait aussi de nobles caractères. (Alph. de C.)

Je ne doute pas de tout le bien que vous ferez aux sciences et à l'école, et je suis porté à vous en faciliter les moyens autant par intérêt pour la science que par mes sentiments pour vous.

Je vous salue cordialement.

GEORGE CUVIER A AUG.–PYR. DE CANDOLLE, A MONTPELLIER.

3 mars 1812.

Mon cher ami,

J'ai remis votre lettre en main propre, et on m'a paru l'accueillir convenablement. Quant à l'autre reproche, sur lequel j'ai, comme vous le savez, plus d'une raison pour être de votre avis, tout dépendra du moment et de la manière dont le Maître des Maîtres pensera alors sur les partisans de la transsubstantiation et de ses ennemis[1]. Soyez toujours sûr que j'y ferai tout ce que j'y pourrai faire. Je suis bien flatté que notre travail sur les environs de Paris vous ait plu. Tout le mérite en est au soin et à la précision que Brongniart y a mise. Je n'aurais à moi seul jamais pu avoir cette patience; mais le resultat est réellement important. Il a aussi été jugé tel par les géologistes d'Allemagne.

En ce moment, je suis tout entier à ma grande anatomie, et dans ce travail de longue haleine je trouve chaque jour quelque résultat intéressant qui soutient mon zèle. Mes fossiles paraîtront bientôt.

Adieu, mon cher ami. Présentez mes hommages à Madame de Candolle, et comptez sur mon tendre dévouement.

[1] Il s'agissait évidemment de quelque demande de mon père ou de l'un de ses amis protestants de Montpellier. Ce ne pouvait être la demande du rectorat, puisque Dumas n'était pas mort en 1812. On voit par cette lettre et par les suivantes que déjà sous le premier empire, en 1812 et 1813, la circonstance d'être protestant était un obstacle dans la carrière de l'instruction publique. Depuis Louis XIV, qui a été d'une injustice extrême à l'égard du célèbre Magnol, jusqu'à Charles X, ce n'est pas sans peine qu'un protestant a pu enseigner la botanique dans une ville du Midi, et cependant il s'est trouvé que la plupart des hommes plus ou moins distingués qui ont professé cette science à Montpellier et à Toulouse, étaient ou sont protestants : Magnol, de Candolle, Dunal, Moquin-Tandon, Clos, Martins et Planchon. Je me rappelle un mot qui semble du dix-huitième siècle, mais qui a bien été dit dans le dix-neuvième par une femme spirituelle, mère de l'un de ces botanistes, et elle-même catholique. Son curé regrettait que les botanistes fussent si souvent hérétiques : «Que voulez-vous, Monsieur le curé, il faut un peu d'indulgence, Flore était païenne.» (Alph. de C.)

LE MÊME AU MÊME, A MONTPELLIER.

(Sans date.)

Mon cher ami,

Si l'homme que vous m'indiquez n'est pas encore nommé dans cette première fournée, c'est qu'il a fallu le temps de persuader un archipuissant personnage de ce pays-ci qui en voulait absolument un autre. On en est venu à bout, et je crois qu'on peut regarder la chose comme faite. Du moins, c'est en ce moment l'intention bien prononcée de notre chef. Ce qu'il y a de plaisant, c'est que si vous n'eussiez pas été si jeune et si huguenot, c'était vous qui passiez. Mais tenez tout ceci bien secret, pour ne pas réveiller les intrigues de là-bas, qui pourraient gâter de nouveau tout ce qu'on a fait. On ne saurait croire quelle activité de correspondance, et au besoin de calomnie, il y a entre les deux villes. Soyez encore averti, ou de ne pas rencontrer de procession, ou de lui lever votre chapeau, car cela est très-nécessaire pour faire son chemin en médecine.

Le conseil de l'université a été admis samedi au conseil d'État, pour discuter devant l'empereur quelques projets de règlement. On voulait confondre les recettes de toutes les facultés, de toutes les écoles, dans la caisse de l'université. C'était perdre de fond en comble l'école de Montpellier, car faisant ensuite un traitement égal à tout le monde, vous eussiez été presque réduits à votre fixe actuel. J'ai plaidé votre cause et celle de l'émulation en général avec toute la force dont je suis capable ; l'archichancelier et l'empereur ont été de mon avis ; ainsi, je crois que vous me devez une belle chandelle.

Mes compliments bien sincères à M. Dumas [1].....

J'oubliais de vous dire que j'ai cédé à M. de Jussieu les fonctions ostensibles de vice-recteur de la médecine. Je conserve une partie du travail de bureau, et j'ai le vice-rectorat entier des sciences, tant l'intérieur que l'extérieur ; ce qui me convient mieux et peut devenir beaucoup plus utile, parce que tout y est à faire. D'ailleurs, nos médecins sont presque aussi intrigants que les vôtres, et j'aspirais à en être débarassé.

---

[1] Dumas est mort le 3 avril 1813, ce qui fixe, dans un sens, l'époque de la lettre. Il était recteur et doyen de la Faculté de médecine. Je ne devine pas de quelle place il s'agissait.   (Alph. de C.)

BERTHOLLET, SÉNATEUR, ETC., A AUG.-PYR. DE CANDOLLE, A MONT-
PELLIER [1].

21 avril 1813.

Monsieur,

Je me flatte que vous ne doutez pas du vif intérêt que je prends à votre
nomination à la place de recteur pour laquelle vous avez tant de titres :
nous avons fait, Chaptal et moi, les démarches les plus vives auprès du
grand maître, mais nous n'avons pas trouvé en lui les dispositions que
nous devions supposer. Je crois devoir vous instruire confidentiellement
de l'état des choses. Chaptal et moi, nous lui avons parlé séparément et
il nous a fait à l'un et à l'autre à peu près la même réponse. Il m'a dit à
moi qu'il y avait plusieurs partis à Montpellier et qu'il y en avait qui vous
étaient fort contraires ; qu'on lui avait écrit contre vous et qu'il fallait
commencer par bien vivre avec l'évêque, d'où nous avons conclu que cet
évêque avait écrit contre vous ; qu'au reste il ne vous donnait pas l'exclusion. Nous avons su depuis qu'il chargeait deux inspecteurs qui vont à
Montpellier de prendre des informations : ces deux inspecteurs sont M. Lefèvre-Gineau et M. Rendu [2]. Lefèvre-Gineau nous a promis tous ses bons
offices ; mais nous ne savons que penser de M. Rendu, que nous ne con-
naissons pas, et qui passe pour très-passionné en fait de religion. Il paraît que le grand maître aurait envie d'élever à la place de recteur le fils
de son ami M. de Bonnal [3], qui est déjà employé à l'université, je crois,
comme inspecteur. Je ne me suis pas borné à parler au grand maître,
mais je lui ai écrit une lettre où j'ai fait valoir et l'intérêt de l'université
et les titres qui vous désignent. Chaptal en a fait autant.

Soyez bien persuadé du sincère dévouement avec lequel j'ai l'honneur, etc.

[1] Comme la non-élection de mon père à la place de recteur, en 1813, a beaucoup occupé, lui, ses amis et même le public de Montpellier, je donne ici quelques lettres qui s'y rapportent. J'aurais pu en donner un plus grand nombre,
car beaucoup de gens influents firent des démarches en sa faveur, les uns par
amitié vraie, les autres parce qu'ils lui voulaient tout le bien possible..... à
Montpellier. Je rappellerai qu'il fut nommé pendant les Cent jours. Voyez ci-
dessus, pages 240 et 252. (Alph. de C.)

[2] Le premier se montra très-favorable à mon père ; pour le second, j'en doute.
(Alph. de C.)

[3] Lisez de Bonald. (*Idem.*)

L'ÉVÊQUE DE MONTPELLIER [1] A AUG.-PYR. DE CANDOLLE.

Montpellier, ce 9 mai 1813.

Monsieur,

Je suis on ne peut plus reconnaissant du beau présent que vous avez bien voulu me faire, en m'envoyant votre nouvel ouvrage sur la botanique [2]. Né comme vous, Monsieur, sur les bords du lac de Genève, dans ce beau pays où la nature se montre avec tant de grandeur et de magnificence, c'est avec une véritable joie que je vois votre nom se placer parmi ceux de nos illustres compatriotes les Deluc, les Bonnet, les Saussure, les Pictet, etc., qui se sont couverts d'une véritable gloire en vengeant la religion par leurs belles découvertes.

Agréez, Monsieur, avec l'hommage de ma profonde sensibilité, celui de ma parfaite considération.

† M. N. Evêque de Montpellier.

ANTOINE LAURENT DE JUSSIEU A AUG.-PYR. DE CANDOLLE.

Paris, 7 juin 1813.

.....Connaissant mes sentiments à votre égard, vous avez dû juger que je ne négligerais pas vos intérêts auprès de M. le grand maître. J'ai cru le voir extrêmement bien disposé en votre faveur et arrêté seulement par des considérations d'un ordre particulier, mais ces légers obstacles seront sûrement surmontés lorsqu'il saura que vous avez pour vous à Montpellier le suffrage de la majorité... Le retour de MM. les inspecteurs généraux en tournée sera probablement l'époque où les diverses nominations seront faites, et vous devez être persuadé que je ne serai pas un de ceux qui prendront le moins de part à votre nomination. Recevez la nouvelle assurance de ma haute estime et du sincère attachement avec lequel je suis, Monsieur, votre très-humble serviteur.

MADAME DE RUMFORD A AUG.-PYR. DE CANDOLLE, A MONTPELLIER.

25 avril 1813.

Je suis très-heureuse, Monsieur, de trouver une occasion de vous prou-

---

[1] Monseigr Fournier, originaire de Gex, près de Genève.　　(Alph. de C.)

[2] La lettre porte *bothanique*, sans doute par inadvertance. Il s'agissait de l'envoi de la Théorie élémentaire qui venait de paraître. L'auteur disait, dans son billet d'envoi, que cet ouvrage présentait des idées nouvelles qu'on pourrait développer au point de vue religieux. — Sur la vie honorable, mais accidentée de Monseigr Fournier, et ses mots plus naïfs que bien orthodoxes (voyez p. 254), il faut lire la *Biographie universelle*, supplément, vol. LXIV.　　(Alph. de C.)

ver mon zèle à vous obliger. Je ne sais s'il sera couronné du succès que vous avez le droit d'attendre, mais enfin si vous ne réussissez pas ce ne sera ni ma faute ni celle de vos amis qui sont ici fort occupés de vos intérêts.....

Les difficultés que l'on fait naître dans l'âme du grand maître sont que vous n'êtes pas catholique romain ; les principes religieux étant fort à l'ordre du jour dans les conseils de la grande maîtrise, l'on croit que la qualité de catholique romain est la première de toutes pour obtenir la place.

LA MÊME AU MÊME[1].

12 juin 1813.

Salut à Monsieur le Recteur ! Je désire bien vivement, Monsieur, être la première à vous donner le salut de votre nouvelle dignité qui vous a été conférée hier. Vous avez trouvé ici beaucoup d'amis, et je vous le dirai, vous en aviez besoin, car les dissidents étaient peu nombreux, mais *un* est fort en crédit. Enfin, la raison, votre bonne réputation, votre talent, tout a concouru pour votre nomination. Recevez-en mes compliments bien sincères. Cependant comme le monde est un mélange de bien et de maux, vos amis, tout en vous servant, voyaient avec peine qu'en faisant ce qui vous était agréable ils s'ôtaient l'espérance de vous voir fixé à Paris ; et ce n'est pas sans regret qu'ils faisaient ce sacrifice. Il est véritable pour moi, Monsieur, qui ai su apprécier vos talents, votre bonne et intéressante conversation, mais vous savez mieux ce qui vous concerne que nous.......

M. Cuvier, arrivé depuis deux jours de son voyage d'Italie, a été très-bon pour vous. Vous avez sûrement appris qu'il a eu le malheur de perdre son fils, ce qui l'afflige beaucoup. Les dignités, les places, la faveur, rien ne le console de ce malheur qui pour lui est sans remède. — Adieu, Monsieur le Recteur.

M. DELEUZE A AUG.-PYR. DE CANDOLLE, A MONTPELLIER.

Paris, 24 juin 1813.

M. Cuvier est arrivé d'Italie au moment où l'on s'occupait de la nomination et je crois qu'il vous a bien servi. Il a obtenu la parole positive du grand maître et je suis maintenant bien persuadé que vous serez nommé.

---

[1] Voici la lettre mentionnée à la page 242. On verra à quel point le grand maître, M. Fontanes, avait fait croire aux amis de mon père qu'il le nommait.

(Alph. de C.)

Comme vous jouissez d'une grande considération, que vous êtes appelé à la place de recteur par l'opinion publique, je ne pense pas qu'il puisse se former aucune intrigue contre vous. Ceux qui voudraient avoir la place sentiront bien qu'ils feraient des démarches inutiles, et je suis maintenant tranquille sur cet objet ne pensant pas que le grand maître rétracte la parole qu'il a donnée à M. Cuvier.

JEAN-BAPTISTE SAY[1] A AUG.-PYR. DE CANDOLLE, A MONTPELLIER.

Paris, 12 juin 1814.

Monsieur et bien cher ami,

Votre Théorie élémentaire de la botanique ne vous place pas seulement au premier rang des botanistes où vous étiez déjà par vos autres ouvrages, mais au rang des meilleurs philosophes. Je puis vous certifier qu'après l'avoir lue d'un bout à l'autre et après m'être étonné que vous ayez pu me faire comprendre, à moi ignorant, tant de choses, il m'a semblé y voir un chef-d'œuvre d'analyse et de raisonnement. Ce sera un des caractères de notre âge que cette philosophie appliquée aux sciences, cette vue d'en haut qui permet de saisir, outre leur relation avec les autres branches de nos connaissances, la relation de toutes leurs parties entre elles. La rectification de leur langage, conduisant à la rectification de leurs idées, caractérise aussi leurs progrès modernes.

Je viens de profiter des circonstances pour mettre au jour la seconde édition de mon Économie politique dont MM. Juillerat et Encontre ont bien voulu se charger de vous porter un exemplaire. C'est un ouvrage tout nouveau, retravaillé pendant onze années, et où je crois avoir fixé les principes de cette science, dont j'ai fait, comme on le doit faire de toutes les sciences, une exposition de faits. Je puis dire : *Voilà comment les choses se passent dans ce qui a rapport aux richesses des particuliers et de la Société.* Je mets cet ouvrage sous votre protection. C'est vous qui ferez sa fortune dans le midi. Les philosophes accusent un peu les naturalistes et les géomètres de ne pas croire aux sciences morales et politiques, mais je crois que ce reproche ne pourra bientôt plus s'adresser qu'à la vieille école des savants. La nouvelle sentira que les événements moraux s'enchaînent l'un à l'autre comme les événements physiques ; que

1 Cette lettre est, du côté de J.-B. Say, le pendant de ce que dit mon père (page 124) sur l'analogie de leurs méthodes de raisonnement. Le célèbre économiste avait une logique plus serrée ; le naturaliste, plus d'imagination. En échangeant leurs idées ils les complétaient. (Alph. de C.)

dans les premiers comme dans les seconds, il n'y a point d'effets sans cause; que par conséquent on peut parvenir à assigner ces causes et à produire à volonté tels ou tels effets.

Il appartient à ceux qui, comme vous, Monsieur et cher ami, joignent de nombreuses connaissances à un solide jugement, et à une grande aptitude à la réflexion, d'être l'appui d'une doctrine d'où l'on peut attendre quelque amélioration dans l'ordre social. On prétend que l'homme ne vaut pas la peine qu'on l'éclaire; mais c'est une pétition de principes : c'est parce qu'on n'en prend pas la peine qu'il ne vaut pas mieux. Et cependant on finit par rendre justice à ceux qui marchent en avant de leur siècle; on suit enfin à force de broncher les routes qu'ils ont indiquées et on les proclame de grands hommes. A la vérité il est souvent un peu tard pour qu'ils en jouissent, mais ils attrapent toujours par-ci par-là quelques bons moments. C'en sera un très-bon pour moi si vous prenez la peine de me parcourir. Cette édition est infiniment plus que l'autre digne de votre attention. Elle classera beaucoup d'idées que vous avez sans doute déjà, et j'ose dire qu'elle vous en découvrira quelques-unes. J'obtiens ici une approbation bien flatteuse de tous ceux dont l'approbation a quelque prix.

Du reste, si vous me demandez comment va le monde, je vous repondrai que nous sommes délivrés du cauchemar[1]; mais voilà tout. J'ai tort, nous y avons gagné des processions.

Je vous prie, etc.

L'ARCHITRÉSORIER DE L'EMPIRE, DUC DE PLAISANCE, GRAND MAITRE DE L'UNIVERSITÉ, ETC., A M. DE CANDOLLE, PROFESSEUR A LA FACULTÉ DE MÉDECINE DE MONTPELLIER.

Paris, 27 mai 1815.

Monsieur,

La connaissance que j'ai de votre mérite, m'a déterminé à faire choix de vous pour le Rectorat de l'Académie de Montpellier. Je vous adresse une ampliation, etc...

.....Je connais trop bien aussi votre sagesse pour craindre que la différence de communion existant entre vous et le plus grand nombre des fonctionnaires de votre Académie puisse jamais donner lieu à aucune désunion

[1] J.-B. Say avait beaucoup de cauchemars. J'ai cru d'abord que c'était celui de la guerre; mais non, car sa lettre est datée de six jours avant Waterloo; ce doit être le cauchemar des Bourbons.   (Alph. de C.)

préjudiciable aux intérêts qui vous sont confiés. Vous sentez aussi bien que moi combien il est important de maintenir un parfait accord et une confiance réciproque parmi tous les hommes associés à vos travaux. Je vous recommande à cet égard une précaution particulière, que je crois indispensable et dont vous saurez apprécier le motif : c'est de n'exercer jamais que par des intermédiaires votre surveillance rectorale sur les Ecoles ecclésiastiques [1].

Recevez, Monsieur le Recteur, etc.

LE MÊME AU MÊME.

Paris, 3 juin 1815.

Monsieur le Recteur, je désire que vous m'adressiez dans le plus court délai, des renseignements *confidentiels* sur le personnel des inspecteurs, proviseurs, censeurs, professeurs de lycées, principaux de colléges, chefs d'institution et maîtres de pension dépendant de votre Académie [2]. Ces renseignements doivent avoir pour objet de me faire connaître ce que vous pensez de la capacité, des mœurs et des principes de ces fonctionnaires. Il m'importe particulièrement de savoir jusqu'à quel point ils vous paraissent attachés au gouvernement impérial et s'il s'en trouve qui n'aient pas prêté le serment de fidélité à l'empereur et d'obéissance aux constitutions de l'empire.

A l'égard des simples régents de colléges et des maîtres d'études des lycées peut-être vous serait-il difficile d'entrer sur-le-champ dans des details *individuels*. Vous pourrez vous borner à votre sentiment sur l'esprit dont ils vous paraissent en général animés dans chaque établissement. Toutefois vous auriez soin de me désigner nommément (*sic*) ceux d'entre ces maîtres d'études et régents qui se seraient fait remarquer soit par un mérite et des talents distingués, soit par une conduite blâmable et des principes contraires au gouvernement.

Vous ne devez pas craindre, M. le Recteur, de me dire toute votre pensée. Cette partie de votre correspondance, indépendante du travail que vous êtes tenu de m'adresser chaque année au mois de juin, sera secrète. Elle ne sera connue que de vous et de moi

---

[1] Recommandation très-sage de M. le duc de Plaisance, mais fort inutile. Un fonctionnaire protestant est toujours disposé à ne pas se mêler des affaires catholiques. Ce serait contraire à la fois à ses principes et à son repos. Les ecclésiastiques catholiques n'ont pas de supérieurs plus commodes que les protestants.
(Alph. de C.)

[2] C'est-à-dire des départements de l'Hérault, l'Aude, l'Aveyron et les Pyrénées orientales. (Alph. de C.)

Vous voudrez bien, en conséquence, m'adresser les renseignements que je vous demande en *mon hôtel rue de Varennes*, et non au chef-lieu de l'Université[1].

Recevez, Monsieur le Recteur, etc.

P. S. Actuellement que la constitution est solennellement jurée, il ne reste plus de prétexte à aucun fonctionnaire pour refuser sa prestation du

---

[1] Le nouveau recteur ne se pressa pas de recueillir les renseignements. Je ne sais même s'il les a envoyés. Ceux qu'on lui préparait dans chaque collège entraient tout à fait dans ses idées. Ils étaient en général de deux sortes : N. est attaché au gouvernement ; ou bien : N. n'a pas d'opinion politique. — Pour les serments, on les prêtait assez généralement. Quelques fonctionnaires pensaient comme l'évêque de Montpellier (page 254). Plus rarement il sortait du fond d'un collége obscur la voix d'un honnête homme inconnu qui disait, comme M. Crozat, principal de Clermont-l'Hérault, le 19 juin 1815 : « Monsieur le Recteur, je n'ai pas l'honneur d'être connu de vous. Je suis père d'une nombreuse famille..... J'ai sacrifié tout mon avoir (70,000 fr.) pour payer les dettes d'un frère, victime d'associés de mauvaise foi..... Mon père, ma mère, mes frères, sœurs et parents de tous degrés sont devenus mes enfants adoptifs, et je me vois arrêté tout à coup dans l'exercice d'un emploi mon seul gagne-pain et celui de tant d'autres. Vous me demandez, M. le Recteur, un serment que je ne crois pas devoir prêter. Il n'y a pas plus de six mois que j'ai prêté ce serment de fidélité à un autre. Je ne puis pas regarder de pareils engagements comme illusoires et non avenus. L'idée que je me suis faite d'un serment repousse celle de les accumuler l'un sur l'autre. De deux choses l'une, ou le serment est un engagement sacré et le plus sûr garant des promesses d'un homme d'honneur, ou c'est une pure formule, un cérémonial qui n'engage à rien. Dans le premier cas, qui peut en excuser la violation ? Dans le second, quel intérêt peut-on y attacher et pourquoi le demander ? Sera-t-on plus sûr de la probité d'un homme parce qu'en prêtant un nouveau serment il se sera déclaré parjure au premier ? Tout dépend, du reste, de l'idée qu'on y attache. L'homme qui croit en Dieu le prend pour garant de ses promesses quand il prête serment. S'il le viole, il manque à ce qu'il doit à Dieu et à ce qu'il doit aux hommes. Il n'y a ici ni fanatisme ni entêtement. Je ne prétends en aucune façon me déclarer le champion d'aucune cause ni d'aucun parti. Je n'ai rien à attendre de personne que la libre faculté de gagner ma vie par mon travail. Je veux être aussi soumis, aussi respectueux, aussi obéissant que qui que ce soit, mais il répugne à ma façon de penser de prêter un nouveau serment. Et cependant, M. le Recteur, c'est de mon état que j'attends mon bien-être et celui de ma famille. Ce grand intérêt serait bien capable de me décider si je croyais qu'on pût transiger avec ses devoirs, mais à Dieu ne plaise que des motifs d'intérêt puissent jamais me faire varier dans mes principes, etc. » — Pendant que le respectable principal écrivait on combattait à Waterloo, mais il ne dut connaître le résultat que dans les premiers jours de juillet, tant les communications étaient alors difficiles. Sa lettre devenait un titre de recommandation... à moins qu'on ne la trouvât pas assez royaliste. (Alph. de C.)

serment de fidélité à l'Empereur, en conséquence tous les professeurs de
faculté de votre académie, tous les fonctionnaires des lycées, les principaux
et régents de colléges, les chefs d'institutions et maîtres de pensions, qui,
dans le délai de huit jours, n'auraient pas prêté ce serment seraient sur-
le-champ révoqués. Veuillez bien les informer de cette décision [1].

J.-B. SAY A AUG.-PYR. DE CANDOLLE, A GENÈVE [2].

Paris, 12 décembre 1817.
Jour de l'escalade [3].

Voici une lettre, mon bon ami, qui vous parviendra quand il plaira à
Dieu et à M. Dumont, car il m'a dit de préparer mes dépêches. (Suivent
des détails de famille.)

J'ai un million de remerciements à vous faire de votre lettre du 26 septembre. Elle me met bien au courant de l'opinion à Genève, et par-des-

---

[1] Cette lettre a été pour moi un trait de lumière jeté sur plusieurs passages
des *Mémoires* et sur beaucoup d'actes, d'opinions, de préjugés, si l'on veut, de
mon père. Il n'aimait pas les fonctions administratives (page 241); cela devait
être. En même temps il avait demandé d'être recteur, « craignant de se trouver
sous les ordres d'un cagot » (*ibid.*); je le crois bien : il prévoyait des renseignements *confidentiels* sur son compte, et il ne devait pas supposer que tout le
monde agirait comme il agit lui-même à l'égard des serments lors de la seconde
restauration (page 257). Trente ans plus tard, nous le voyons s'opposer à la
création d'un corps chargé d'inspecter l'Académie de Genève (page 449). Il avait
vu de près des inspections et en connaissait les abus possibles. Son principe in-
variable a été, dans les affaires d'instruction publique, de s'en rapporter à l'intérêt bien entendu des professeurs, à leur amour-propre et à leur sentiment du
devoir pour faire marcher l'enseignement, plutôt qu'à une influence supérieure
d'inspection. Il aimait les universités indépendantes, comme les sociétés libres.
Il leur croyait plus de vigueur et d'honnêteté, en moyenne, qu'aux employés
grands ou petits des gouvernements. Le dégoût qu'il éprouva en 1816 et la facilité avec laquelle il abandonna, dans un moment où il ne possédait à peu près
rien, une place de 12,000 francs pour une de 1200 environ, ne s'explique pas
complétement par les motifs énoncés dans les *Mémoires*. J'ai mieux compris ses
sentiments après avoir lu sa correspondance de 1809 à 1816, surtout les pièces
du rectorat. C'est pour cela que je publie la présente lettre. D'ailleurs, en montrant les misères de l'empire le plus glorieux qui ait jamais existé, je consolerai
peut-être ceux de mes compatriotes qui se plaignent, comme moi, des misères
d'une petite démocratie socialiste.   (Alph. de C.)

[2] C'est la lettre dont j'ai déjà cité une phrase, page 124, en note.
(Alph. de C.)

[3] Tentative du duc de Savoie sur Genève, en 1602, dont on célébrait et on
célèbre encore l'anniversaire dans beaucoup de familles genevoises protestantes.
(Alph. de C.)

sus le marché de celle de Montpellier. Les courtisans s'informent des
mouvements des princes ; il n'est pas hors d'analogie que nous autres, nous
nous informions de l'état de notre reine qui est l'opinion. C'est le thermomètre de la faveur ou du discrédit qui nous attend ; et je ne suis pas
très-mécontent du degré que montre cet instrument à peu près partout.
Qu'en adviendra-t-il ? je n'en sais rien ; mais je sais qu'on sait mieux que
jamais ce qu'on veut et ce qu'on ne veut pas. Ce qu'on veut c'est de
n'être pas parqué et tondu comme des moutons ; ce qu'on ne veut pas ce
sont des troubles. Quant à moi, je pense qu'on aura ce qu'on désire et
qu'on saura éviter ce qu'on craint.

AUG.-PYRAMUS DE CANDOLLE A SA FEMME.

Paris [1] (mai 1819).

.....M. Cuvier m'a donné des nouvelles de Montpellier fort inquié-
tantes pour l'Ecole : il paraît qu'elle est tout à fait sens dessus dessous,
et j'ai peur qu'on ne destitue Prunelle et Broussonet de leurs places de
professeurs : le dernier l'est déjà de celle de doyen. Dans ce gâchis, Cuvier prend cependant de l'intérêt à Dunal ; il m'a conseillé de l'emmener
avec moi à Londres pour que la fusée se démène en son absence. En
sortant de là, j'ai été chez Deleuze où j'ai trouvé Dunal : je lui ai appris
qu'il partait pour l'Angleterre et qu'il fallait de suite aller s'occuper de ses
passe-ports ; il y est allé aussitôt, sans s'informer seulement de mes motifs, ce qui a fait un vrai coup de théâtre pour Deleuze[2]. J'ai vu M. Desfontaines, M. Thouin, toujours les mêmes pour moi ; M. Chaptal, qui voulait me renvoyer à Montpellier ! Plus je vois les détails de cette affaire
plus je suis heureux de m'être décidé à temps de les quitter.

BERTHOLLET [3] (COMTE, ANCIEN SÉNATEUR, ETC.), A AUG.-PYR. DE CAN-DOLLE, A GENÈVE.

25 janvier 1820.

Monsieur et cher confrère,

Je voudrais ne pas perdre ce titre de votre confrère : c'est l'objet de
cette lettre.

Nous venons de perdre Palissot de Beauvois et par conséquent nous

---

[1] Allant en Angleterre pour la seconde fois. Voyez page 371. (Alph. de C.)
[2] Voir la note sur Dunal, page 282. Vis-à-vis de son maître il était comme un
enfant, tant il l'aimait, tant il avait confiance dans son jugement et ses intentions
à son égard. (Alph. de C.)
[3] Mon père ne parle pas dans ses *Mémoires* de cette dernière tentative faite

avons une place vacante dans la section de botanique. Ne pourriez-vous pas allier cette place avec les fonctions que vous avez à remplir à Genève, et votre patrie ne se prêterait-elle pas à cet arrangement? Je suis persuadé que notre académie serait très-empressée de vous acquérir, quoiqu'il n'y ait qu'un petit nombre de nos amis avec lesquels j'aie concerté de vous écrire. Ayez la bonté de me faire connaître promptement vos dispositions et de m'écrire clairement si vous ne rejetez pas ma proposition, en m'autorisant à faire connaître votre acceptation au moment de la nomination.

En attendant, et en tout cas, conservez-moi votre bienveillance et agréez mes sentiments affectueux.

AUG.-PYR. DE CANDOLLE A SA FEMME.

Paris, 21 octobre 1823.

Depuis plus de trois heures que je suis levé, ma chère amie, je suis toujours prêt à prendre la plume pour t'écrire et toujours une kyrielle d'importuns se succèdent les uns aux autres et m'empêchent de commencer : ce sont des botanistes qui veulent faire des travaux et qui viennent me soutirer des plantes ou des opinions ; c'est notre ancien camarade Dureau qui vient me réciter ses vers ; c'est un M ** qui veut fertiliser les Landes, qui a organisé une grande société dans ce but et qui vient s'informer comment il faut s'y prendre ; ce sont des imprimeurs qui viennent apporter ou chercher des épreuves... enfin je ne suis pas plus en sûreté ici qu'à Genève, et peu s'en est fallu que je n'aie passé la matinée entière sans que j'aie pu encore aujourd'hui te donner signe de vie.

..... En général, le ton de tout ce que je rencontre me paraît peu fait pour donner des regrets : la position bizarre où se trouvent la plupart des individus rend la société froide. Il est rare de trouver dix personnes réunies sans qu'elles soient au moins la moitié ou brouillées ou l'ayant été ; toute la conversation se ressent de ce que les gens qui vivent ensemble n'ont aucune confiance les uns pour les autres. Je n'ai pu aller qu'une seule fois au spectacle où j'ai vu *les Cancans*, pièce nouvelle dont on aurait pu tirer grand parti, mais qui est prise dans un rang trop bas, tandis

par ses amis de l'Académie des sciences pour le fixer à Paris. Elle montre la persistance de leur amitié, et le nom de Berthollet constate encore une fois qu'il avait l'appui des savants les plus illustres dont la France s'honore. Du reste, en 1820, mon père était content et heureux à Genève, et jamais il n'a eu la disposition de regarder en arrière et de regretter un parti pris.   (Alph. de C.)

qu'aujourd'hui les rangs élevés en offrent de beaux exemples : c'est presque te dire que j'ai rencontré Humboldt. J'avais un peu perdu de vue son commérage et j'en suis resté ébahi. En général, je ne sais si c'est Paris ou moi qui avons changé [1], mais je me trouve extrêmement dépaysé ; il n'y a que le bon papa Desfontaines en qui je ne trouve aucun changement ; c'est toujours la même bonté et la même phrase depuis vingt ans.

DESFONTAINES [2] A AUG.–PYR. DE CANDOLLE.

Paris, 9 janvier 1822.

Mon cher confrère et excellent ami,

Vous m'annoncez que vous êtes décidé à ne pas suivre le plan de travail que vous vous étiez proposé [3], parce qu'il est trop vaste et que le cours de votre vie ne suffirait pas à beaucoup près pour l'achever. Je le sais, ce que vous eussiez fait vous eût certainement apporté de la gloire et une réputation bien méritée ; ce qui eût resté à faire d'autres auraient pu l'achever, mais puisque vous êtes décidé à suivre une autre route que vous croyez préférable, je ne peux que vous encourager et y applaudir. Un *Prodromus* exigera moins de temps, mais il faudra encore bien des années pour l'achever et pour le bien faire. Je voudrais que les caractères de vos genres fussent établis, du moins autant qu'il serait possible, sur des organes faciles à apercevoir et à étudier, en y ajoutant si vous vouliez à la suite les observations qui n'intéressent que ceux qui font une étude approfondie de la botanique. Je crois qu'il faut rendre l'abord des sciences facile, afin de les répandre et de leur créer des amis et des prosélytes. Il importe peu qu'une science soit cultivée par un petit nombre d'adeptes, il faut quelle soit à la portée de ceux qui voudront s'y livrer sans beaucoup d'efforts et sans avoir la prétention d'y acquérir une grande renommée. La botanique est une science si aimable, si attrayante, qu'il faut faire tous nos efforts pour la rendre, en quelque sorte, populaire. Evitez les termes nouveaux dans vos descriptions et n'en faites usage que quand

---

[1] Énormément, ainsi que Humboldt ! Voir page 540. L'auteur avait quarante-cinq ans au lieu de vingt.   (Alph. de C.)

[2] Le respectable René-Louiche Desfontaines, le protecteur et l'ami de mon père (voyez p. 60, 136, etc.), était alors âgé de soixante-dix ans. Les conseils qu'il donnait ne sont pas ceux d'un botaniste profond, mais ils sont remplis de bon sens et peuvent servir aujourd'hui comme il y a quarante ans.   (Alph. de C.)

[3] Le *Systema*, que Desfontaines aurait désiré voir continuer.   (*Idem.*)

vous ne pourrez faire autrement. Je crois que l'on peut tout exprimer, du moins à peu de chose près, avec le langage reçu, latin ou français. Je voudrais aussi borner le nombre des genres et des espèces, que l'on a trop multipliés. Faites-nous un bon *Prodromus*, dont l'exposition soit claire, dont les caractères génériques et spécifiques soient faciles à saisir et ayez égard aux ignorants comme moi et beaucoup d'autres. Vous direz peut-être que je suis comme Gros-Jean qui voulait donner des leçons à son curé ; vous êtes mon ami, je dois vous dire tout ce que je pense. On a trop divisé, trop *subtilisé*, si j'ose ainsi parler. On pourrait encore aller jusqu'à l'infini. Je respecte et j'honore M. Brown, mais on a certainement des reproches à lui faire à cet égard. Jamais je n'aurais pu parvenir à connaître plusieurs de ses genres qui sont dans nos herbiers s'il ne me les eût pas envoyés ou nommés lorsqu'il est venu à Paris, parce que si le petit caractère sur lequel ils sont fondés manque, on ne sait plus où trouver la plante que l'on cherche. Faites-en l'essai vous-même.

M. de Cassini est un très-bon observateur, mais je pense que vous n'adopterez pas à beaucoup près tous ses genres. Si l'on continue il y aura autant de genres que d'espèces et autant d'espèces que d'individus, parce que la nature n'a rien fait de semblable. Faites-nous, mon ami, un bon *Prodromus*, facile à étudier et à entendre, et délivrez-nous de l'anarchie où tombe la botanique. Que je puisse voir cette heureuse réforme avant d'aller voir ce qui se passe en l'autre monde, je vous aimerai encore plus, si pourtant cela est possible, je vous bénirai quoique vous soyez un protestant. Je suis occupé à vous préparer des matériaux, car c'est maintenant tout ce que je peux faire.

J.-B. SAY A AUG.-PYR. DE CANDOLLE, A GENÈVE.

Paris, 1er juin 1827.

Mon ancien et bien cher ami,

Bientôt vous me direz mon vieux ami, car l'âge me gagne et chaque jour quelque infirmité nouvelle m'empêche d'oublier que je suis de 1767. J'ai fait avec grand plaisir la connaissance de votre fils.....

Recevez mes remercîments pour votre Organographie ; elle m'est précieuse à double titre puisqu'elle me vient de vous et qu'elle contient beaucoup d'instruction. J'en ai lu déjà une bonne partie, et je suis de plus en plus frappé de l'analogie qui existe entre les sciences physiques et les sciences morales et politiques quand on en fait l'objet d'une analyse raisonnée, et qu'animé comme vous du seul désir de constater et de répandre des vé-

rités, on se borne à observer la nature des choses et ses conséquences.
Ce sont vous autres physiologistes des corps vivants, qui avez appris à
nous autres physiologistes de la Société (qui est aussi un corps vivant)
la manière de l'observer et de tirer des conséquences de nos observations; et c'est depuis lors que nous faisons quelques progrès. Qui vivra
verra. Ce ne sera pas nous, mais c'est toujours quelque chose que de
vivre dans l'avenir.

.....Ma femme et ma fille O. me recommandent de les rappeler à votre
souvenir et à celui de Madame de Candolle. Portez-vous bien, l'un et
l'autre, et jouissez longtemps de la plus honorable existence dans une
des villes, non les plus grandes, mais les plus célèbres du monde.

M. DE CHATEAUBRIAND A AUG.-PYR. DE CANDOLLE.

Genève, 15 juin 1831.

J'ai été si heureux, Monsieur, d'assister à la touchante cérémonie des
Promotions que je m'empresserai de profiter de vos nouvelles bontés en
me rendant à la *distribution des prix des arts*. Vous m'avez fait infiniment trop d'honneur, Monsieur, en voulant bien vous souvenir de moi
dans votre beau discours[1]. Vous me permettrez, j'espère, d'aller vous remercier chez vous et vous offrir, Monsieur, avec l'hommage de mon admiration, l'assurance de ma considération respectueuse.

Genève, 25 juin 1831.

On m'a remis, je suppose de votre part, Monsieur, un exemplaire de
votre dernier discours *sur l'état de l'instruction publique*, et de votre *Notice sur la longévité des arbres*. J'ai une double raison de vous remercier
de l'un et de l'autre pour votre extrême obligeance à rappeler mon nom.
Ma passion pour les arbres a été ravie d'apprendre qu'ils vivent si longtemps et que j'ai peut-être offert mes hommages à quelque beauté de cinq

[1] M. de Châteaubriand avait été ému *jusqu'aux larmes* d'une phrase de ce
discours. En la relisant je vois qu'elle ne contenait pas plus d'éloges qu'il n'en
avait souvent entendu; mais l'illustre écrivain était alors dans des circonstances
malheureuses, et à Genève, où ses opinions n'avaient jamais eu beaucoup de
faveur, on l'accueillait avec de grands égards, à cause de son talent et de son
noble caractère. Ainsi, dans cette cérémonie des Promotions, il fut invité à marcher de l'hôtel de ville à la cathédrale, dans le cortége officiel, à la droite du
chef du gouvernement (M. Rigaud), et on lui donna une place d'honneur parmi
les autorités. Une foule immense approuvait et rehaussait de ses applaudissements ces témoignages de respect. (Alph. de C.)

mille ans dans les forêts américaines ; mais je vois d'après cela que les oliviers de Jérusalem, tout vieux qu'ils me paraissaient, n'étaient que des bambins.

Agréez de nouveau, Monsieur, mes remerciements, mon admiration et mes compliments les plus empressés.

XII

Journaux de sa vie tenus par l'auteur. Ses rapports de caractère avec Linné [1]. Origine de ses opinions en botanique.

Mon père avait commencé à Paris, en 1798, un journal quotidien, dans lequel il écrivait tous les actes de sa vie, toutes les idées ou les informations qui lui arrivaient, sans égard à leur relation ou à leur importance. Il a rédigé de cette manière 154 pages, du 21 vendémiaire an VII, au 10 messidor an VIII. Il a cessé alors brusquement, je suppose parce qu'il avait trouvé le plan mauvais, et en effet ce plan différait beaucoup de celui des notes mobiles (p. 494), dont il s'est servi plus tard, à sa grande satisfaction. Les renseignements scientifiques s'y trouvaient perdus dans une infinité de détails concernant sa personne ; il aurait eu de la peine à les retrouver, et n'aurait pas pu les employer sans perdre du temps à les copier. Le mieux aurait été peut-être d'inscrire en quelques mots dans un journal les événements de sa vie, et sur des papiers distincts chaque nouvelle scientifique ou chaque réflexion ayant quelque valeur et pouvant servir, une fois ou l'autre, dans un travail, en les classant selon les idées du moment.

J'ai retrouvé dans les feuilles du journal plusieurs des anecdotes contenues dans les *Mémoires*, et de temps en temps certaines expressions naïves de sentiment, ou des mots spirituels sur les événements du jour qui vous transportent, pour ainsi dire, à côté du jeune écrivain, déjà un aimable causeur. Le 4 frimaire an VII, par exemple, je lis : « La nation « française est comme un vieil habit qu'on a retourné ; les trous et les « fortes taches ne s'y voient pas moins et il n'est pas devenu neuf. » L'ouvrage de Tocqueville sur l'ancien régime se trouve ainsi résumé soixante ans avant qu'il eût paru.

[1] J'ai parlé dans l'*Avant-propos* des analogies qui existent au point de vue scientifique.

Le 20 nivôse, mon père prit la fantaisie d'écrire son journal en latin. Cela dura trois mois, en dépit des difficultés incessantes qui se présentaient pour exprimer dans cette langue les choses ordinaires de la vie moderne. Une impatience très-naturelle lui faisait enjamber quelquefois ces difficultés en fabriquant un mot, où en jetant des mots français dans son latin. « Astragalorum historiam indefessus continuavi. Delessert sæpe « vidi ut cum eo colloquari possem de *Soupis economicis* Rumfordi in « Lutetiâ instituendis. Micheli mihi communicavit *les plans des fourneaux* « et Senebier *les détails de la manipulation.* Laboravi ut prof. Pictet ad « Corpus legislativum promotus sit ; petitionem Senatui presentavi ; frus-« tra. Sed forsan ambo Pictet ad hoc corpus promovebuntur. Lacépède « hanc spem mihi dedit. Hodie cum illo multum disserui de Ichtyologiâ. « Est in votis obtinendi a ministro interno quosnam nummos ut in His-« paniam peregrinationem incipiam. Scopus esset plantas colligendi, re-« gionem parum cognitam describendi, nummos acquirendi, Sodæ præ-« parationem noscendi. — Sæpissime in hac decade amicam vidi. Sem-« per et semper amabilior mihi apparet, sed difficultates me terrent et « affligunt. » Il craignait alors que son père ne s'opposât à son mariage, et tout désespéré, il fut sur le point de partir comme naturaliste, avec l'expédition autour du monde du capitaine Baudin, qui ne réussit pas du tout.

C'est dans la lecture de ces pages, destinées assurément à lui seul, que j'ai été le plus frappé des rapports de caractère de mon père avec Linné. De tous les grands naturalistes dont on connaît la vie, c'est celui auquel il ressemblait le plus. Vivacité, activité, passion de l'étude, passion innée pour la botanique, gaîté et bonhomie dans la conversation, amour-propre et susceptibilité sans dépasser les limites permises, sensibilité, imagination développée, mais réglée, haine des intrigues, désir de répandre ses opinions et par conséquent zèle extrême pour l'enseignement, grande mémoire, avec peu d'aptitude pour apprendre les langues, esprit d'ordre et de méthode, esprit de généralisation plutôt que d'analyse, clarté dans les idées, promptitude d'intuition et de décision, tout cela se retrouve, chez l'un et chez l'autre, à des degrés différents d'intensité pour chaque disposition ou faculté, mais de manière à produire par la combinaison beaucoup des mêmes effets. Voici de quelle manière Fabricius décrivait Linné. Si l'on m'avait lu le passage que je vais citer sans me dire de quel naturaliste il est question, j'aurais pu croire qu'il s'agissait de mon père. Sans doute il y a des mots qui ne s'appliquent pas très-bien, mais ils auraient pu être mis par une personne étrangère à sa famille qui ne

l'aurait pas connu d'une manière très-intime : « Sa conversation était vive
« et agréable ; il nous amusait du récit de beaucoup d'anecdotes relatives
« aux naturalistes qu'il avait connus ; il aplanissait les difficultés que nous
« rencontrions dans le cours de nos études et nous favorisait souvent de
« ses instructions particulières. Dans nos entretiens, il n'était pas rare
« de le voir éclater de rire : la gaîté brillait sur son visage, et son âme
« se déployait avec une franchise et une liberté qui montraient son incli-
« nation naturelle pour la société. Il était petit de taille. Il avait l'air ou-
« vert, presque toujours serein, et les yeux les plus spirituels que j'aie
« jamais vus : ils étaient petits à la vérité, mais perçants au delà de toute
« expression ; leurs regards lisaient jusqu'au plus profond de mon âme.
« Il avait l'âme noble, l'esprit vif et fin. Toutes ses actions étaient ré-
« glées avec ordre et pour ainsi dire systématiques. Il avait eu dans sa
« jeunesse une mémoire prodigieuse. Son cœur était ouvert à toutes les
« impressions de la joie ; passionné pour la société, il aimait beaucoup la
« plaisanterie ; il était gai et aimable dans la conversation ; il avait de
« l'imagination et possédait l'heureux talent de conter et de placer à
« propos les anecdotes. Il avait les passions très-violentes ; il était vif
« et colère, mais il s'apaisait aussitôt. Son amitié était ardente et in-
« altérable, plus particulièrement encore pour ses disciples favoris. Son
« attachement était toujours fondé sur l'amour de la science ; il a été
« assez fortuné pour ne trouver que très-peu d'ingrats, et l'on sait
« de quel zèle ses disciples payaient son amitié et combien de fois ils
« se sont engagés dans sa défense. Quoique son amour pour la gloire fût
« sans bornes, son ambition n'eut d'autre objet que la prééminence litté-
« raire et ne dégénéra jamais en un orgueil offensant et insociable. Dans
« les sujets relatifs à la botanique, il ne souffrait que très-impatiemment
« la moindre contradiction : il recevait cependant avec reconnaissance les
« remarques de ses amis et s'en servait pour perfectionner ses œuvres,
« mais il dédaignait les attaques de ses adversaires et ne leur répondait
« jamais : il les abandonnait à l'oubli où ils sont depuis longtemps ense-
« velis... Il se plaisait à être admiré, ce qui paraît avoir été sa principale
« faiblesse. Son amour pour la louange était fondé sur la confiance qu'il
« avait dans son mérite, sur ses succès en histoire naturelle, et sur la
« réputation qu'il savait avoir acquise, d'être le premier auteur systéma-
« tique de son siècle [1]. »

---

[1] Fabricius, dans Fée, Vie de Linné, Mémoires de la Société royale de Lille,
1832, page 309. Pour bien connaître Linné, il faut lire son *Journal autographe*

En comparant d'une manière plus complète les deux naturalistes, il serait aisé de citer des différences, même de grandes différences, dans leurs idées et leurs habitudes, mais ces différences s'expliquent par des causes extérieures, comme la position sociale dans laquelle chacun était né et les influences morales et intellectuelles qui dominaient autour d'eux. La Suède, en 1707, année de la naissance de Linné, était complétement sous la dépendance de la réformation du seizième siècle. Genève, lors de la naissance de mon père, en 1778, se trouvait sous trois influences qui se combattaient et qui devaient se fondre plus ou moins dans la génération suivante. Une évolution intérieure avait changé le protestantisme rigide et mystique de Calvin en une religion douce, tolérante et amie des lumières, qui dominait dans les classes instruites de la société, et dont Charles Bonnet était le meilleur représentant. D'un autre côté, Rousseau et Voltaire avaient créé deux autres courants d'opinion qui se heurtaient entre eux et avec le premier. Il n'est pas difficile de reconnaître ces trois influences sur les idées et les sentiments du botaniste genevois, mais, je le répète, sous le point de vue des dispositions naturelles et du caractère, il ressemblait beaucoup à Linné.

Ses premiers travaux scientifiques appartiennent à deux écoles : l'école genevoise de Bonnet, de Saussure et Pierre Prevost, lorsqu'il traitait de physiologie, ou, comme on disait alors, de physique végétale ; et celle de Linné, lorsqu'il décrivait et dénommait les plantes. Par caractère il aurait peut-être été absolu et tranchant, comme Linné ; mais il avait appris de ses maîtres qu'il fallait souvent hésiter et peser les arguments [1]. Son pre-

traduit du suédois en français par M. Fée, et l'appréciation que donne Linné lui-même de ses travaux et de son caractère à la suite de son journal, dans la traduction en anglais de *Pulteney, a general wiew of the wrightings of Linnæus* (ed. 2, in-4° ; London, 1805), p. 552-578. On voit, par parenthèse, dans ce dernier écrit, que Linné tenait beaucoup à ses théories sur la métamorphose, l'origine des espèces et la *prolepsis*, comme titres de gloire ; mais il se trouve que ni les unes ni les autres ne sont restées dans la science, du moins telles qu'il les comprenait. En définitive, la grande et juste réputation de Linné repose surtout sur ses bonnes méthodes de nomenclature et de description, et sur la multiplicité de ses ouvrages touchant à toutes les parties de la science.

[1] Ce n'est pas de Linné qu'on aurait pu dire ce que disait M. Biot dans le *Journal des Savants*, en 1833, à l'occasion de l'*Organographie* et de la *Physiologie* qui venaient de paraître : « M. de Candolle manifeste en vingt endroits son mépris pour cette manière si commune, et qui donne tant d'avantage aux yeux du vulgaire, de se montrer froidement dogmatique dans les cas les plus douteux. Nous le louerons d'avoir eu toujours le courage contraire ; car c'est par l'indication même des doutes que l'on éclaire la science et que l'on prépare ses progrès. »

mier pas dans une voie nouvelle fut de mêler les deux tendances qui agissaient sur son esprit, car depuis Linné les botanistes purs ne s'occupaient guère de physiologie, et les physiologistes savaient à peine les noms des espèces dont ils parlaient. Bientôt l'exemple de Lamarck lui fit faire ces descriptions dont les botanistes actuels n'ont plus le secret, je veux dire les descriptions de la *Flore française* qui représentent une plante comme si on la voyait devant soi, au moyen de peu de mots exprimant les traits les plus apparents. Viennent ensuite des ouvrages originaux (*Essai sur les propriétés des plantes, Voyages botaniques en France, Théorie élémentaire, Mémoire sur la géographie des plantes de France*), ouvrages remplis d'idées qui ne se trouvent ni dans Linné, ni dans Bonnet, qui ne se trouvent pas non plus dans Jussieu, dont, par parenthèse, il semble avoir peu étudié les écrits, car il n'en parle point dans ses journaux intimes ni dans ses lettres de 1795 à 1800, quoique l'immortel *Genera plantarum* eût paru en 1789. Desfontaines, qu'il appelait son maître, avait été plutôt à son égard un protecteur et un ami. Ce n'est pas de lui assurément qu'il avait pu recevoir des idées neuves. Bien au contraire, ses explications verbales, moins prudentes que ses écrits, sont probablement ce qui l'avait égaré sur la question importante de la croissance des monocotylédones. C'est donc de lui-même, de son observation constante et personnelle de la nature, c'est de l'étendue et de l'activité de son esprit, combinées avec ses lectures antérieures, que venaient et les idées de ses principaux ouvrages et la fusion de toutes les branches de la botanique en une seule science, éclairée et simplifiée par quelques théories.

Qu'est-ce que la théorie? disait-il en 1809[1], *si ce n'est une manière simple et abrégée d'exprimer les résultats de l'expérience.* — *J'étais arrivé à mes conclusions,* disait-il à la fin de sa vie, en 1840[2], *tout simplement par la vue des faits.* C'est bien ce qui ressort de la lecture des *Mémoires*, de ses lettres particulières et de ses *journaux*. Il étudiait les plantes, il consultait les ouvrages afin de savoir les noms, mais quant à la manière de comprendre les faits et de les rapprocher par des théories, il suivait essentiellement ses propres idées, influencées souvent par la marche des sciences voisines, et se montrait quelquefois heureux de découvrir, dans des ouvrages déjà publiés, des opinions analogues aux siennes. On sait, par exemple, que l'illustre Gœthe avait écrit, en 1790, un opuscule sur la *Métamorphose des plantes*, où se trouvent

---

[1] Éloge de Broussonet, page 17.
[2] Voyez ci-dessus, page 376.

plusieurs des points de vue développés par mon père de 1809 à 1813, notamment dans la *Théorie*. Le travail remarquable du poëte était presque inconnu aux botanistes allemands, à plus forte raison aux français, surtout à ceux qui, comme mon père, ne connaissaient pas la langue allemande. J'ai cherché avec beaucoup de soin dans quelle année il avait eu la première notion de cet ouvrage. Il m'a été impossible de remonter plus haut que 1823. C'est alors qu'un M. E. Kampmann, demeurant rue des Maçons-Sorbonne, n° 2, à Paris, lui envoya un extrait, en langue française, de la *Métamorphose* de Gœthe, comme il lui avait envoyé des traductions des ouvrages de Kieser et de Runge.   (Alph. de C.)

XIII

Quelques pièces de vers.

Elles sont extraites d'un volumineux cahier sur lequel l'auteur avait mis l'épigraphe suivante :

> Mes premiers vers sont d'un enfant,
> Les seconds d'un adolescent,
> Les derniers à peine d'un homme.
>> (A. de Musset.)

ÉPÎTRE A BORÉE

faite au mois de décembre 1799, par un froid de 14°, dans une patache, en allant de Lyon à Paris [1].

> Mon Dieu je suis perclus de froid !
> J'ai la moelle des os gelée !
> Merci, merci, seigneur Borée,
> Par Jupiter, épargnez-moi !
> Je respecte fort votre haleine
> Lorsque sur la liquide plaine
> Je vois naviguer nos vaisseaux,
> Mais ici donnez-vous repos !
> Priez cette neige maudite,
> Qui couvre nos corps de flocons

[1] Voyez ci-dessus, page 80.

Bientôt transformés en glaçons,
De cesser sa rude poursuite !
Considérez qu'il est minuit,
Et sachez, tout dieu que vous êtes,
Que c'est un trait des moins honnêtes
D'attaquer son homme de nuit.
Voyez la charrette fatale,
Où dans cette nuit infernale
M'ont huché de cruels hasards :
Quatre planches mal agencées
Sur l'essieu durement placées
Et faisant jour de toutes parts,
Telle est la charrette maudite
Où je reçois votre visite,
Les pieds placés dans un panier
Où votre souffle se promène,
Et n'ayant qu'un rideau léger
Pour me parer de votre haleine.
Et pourquoi vais-je ainsi courant,
Affrontant la neige, la pluie
Et toutes les rigueurs du vent?
C'est pour quitter une patrie
Que mon cœur a toujours chérie,
C'est pour quitter de vrais amis
Que je chéris comme moi-même ;
Mais ma folie est donc extrême !
Non, certes. D'ici, dans Paris,
A travers la neige et la glace,
Je distingue un heureux salon
Où j'ambitionne une place
Autour de certain guéridon !
Oui, je l'aurai, dût la colère
Du dieu qui préside aux frimas
Devenir encor plus sévère
Dans ces déplorables climats.
Cette espérance me ranime !
Borée a beau se tourmenter,
C'est le serpent qui mord la lime
Et qui ne saurait l'entamer.

Mes pieds, mes mains pourront peut-être
Se glacer, grâce à sa rigueur,
Mais je défie ce grand maître
De pouvoir refroidir mon cœur.

VERS ÉCRITS EN 1810 SUR L'ALBUM DE MADAME LA PRINCESSE
CONSTANCE DE SALM—DYCK.

Dans mon jeune âge, entre Apollon et Flore,
Mon esprit flottait incertain,
Mais, que dis-je ? il balance encore,
Et secret déserteur du style linnéen,
J'ose parfois, en rimes hasardées,
Peindre à huis clos mes plus chères idées.
Ici, par un accord heureux,
Je trouve unis, dans ce manoir antique,
Ce qui fit l'objet de mes vœux,
L'amour des vers et de la botanique [1].
De cet accord pourrait-on s'étonner ?
Si parmi les neuf sœurs Flore n'est point placée,
Si du Parnasse elle semble chassée,
De cet arrêt elle a droit d'appeler.
Combien de peintures riantes,
De tableaux frais, d'images séduisantes
Ne peut-elle pas inspirer ?
Elle a son Pinde, et les noms de Virgile,
De Darwin, de Castel, de Vanière et Delille,
Suffisent bien pour l'illustrer.
Puisse à leurs noms se joindre un jour le vôtre,
Belle Constance, et notre Pinde heureux
Et de sa conquête orgueilleux
N'enviera jamais rien à l'autre.

---

[1] La princesse est un des poëtes distingués de l'époque et le prince de Salm est un habile botaniste. (*Note de l'auteur.*) — Mme la princesse de Salm, née de Theïss, avait un talent extraordinaire d'improvisation. Mon père a soutenu avec elle d'assez longues conversations, elle, parlant en vers alexandrins. Le prince de Salm, qui était aimé et respecté de tous les botanistes, vient de mourir à Nice dans un âge très-avancé. (Alph. de C.)

LES SATRAPES.

Conte fait en 1811, au lever du soleil, en voyageant entre Brioude et Saint-Flour [1].

On lit dans maint savant auteur
Qu'un certain roi de Perse ayant quitté le trône
Sans disposer de sa couronne
Et sans laisser de successeur,
Tous les satrapes d'importance
Qui par leur rang, leurs exploits, leur naissance,
A ce grade suprême avaient de justes droits,
Ne sachant pas comment fixer leur choix,
Convinrent entre eux tous d'une méthode unique,
Assez fausse, il est vrai, mais qui prit grand faveur
Chez un peuple plus qu'hérétique,
Et du soleil fervent adorateur.
Il fut conclu qu'en certaine journée
Celui d'eux qui pourrait montrer à l'assemblée
Du soleil le premier rayon,
Sur ses rivaux obtiendrait la couronne,
Tout comme si de sa personne
Le dieu lui-même eût fait l'élection.
Au jour nommé le peuple des satrapes,
(Car il est du peuple partout :
Il en est chez les grands, chez les rois, chez les papes,
Chez les savants et chez les gens de goût),
Le peuple des satrapes, dis-je,
Au lieu du rendez-vous avant l'aube rendu,
Tourné vers l'orient, œil fixe, cou tendu,
Au risque d'y prendre un vertige,
Et non sans quelque émotion,
Contemplait sans broncher la place fortunée
Où le soleil, par son premier rayon,
Devait fixer sa destinée.

---

[1] Cette pièce de vers, une des meilleures que mon père ait faites, pour le fond et pour la forme, a déjà été imprimée à la suite de son éloge par M. de Martius (Munich, 1841), et par Dunal (Montpellier, 1842).   (Alph. de C.)

Un seul d'entr'eux regardait le couchant
Tournant le dos à l'aube matinale.
Il est fou, disait-on, quelle erreur sans égale !
Se flatte-t-il apparemment
Que pour lui le soleil se lève à l'occident ?
Cependant du sein d'Amphitrite
Le soleil sort avec lenteur ;
Soudain sa première lueur
Sur les monts opposés se projette au plus vite.
Alors le satrape fûté
Qui seul tournait le dos à l'assemblée,
Le voit, le montre à la tourbe étonnée !
On rend justice à sa sagacité,
Du vrai génie ordinaire apanage ;
Aussitôt on lui rend hommage,
Et de la Perse il est proclamé roi.

Que ce récit soit pure fantaisie,
Ou qu'il mérite entière foi,
C'est ce dont peu je me soucie.
L'histoire de l'antiquité
N'est peut-être après tout que fable convenue :
En a-t-elle moins mérité
D'être par tous pays connue ?
Que je rencontre un sens ou moral ou piquant
Dans un récit d'ailleurs tant soit peu vraisemblable,
Je le reçois pour véritable ;
Le reste m'est indifférent.
Pourvu qu'elle soit agréable
Je ne crains point la fiction :
Je n'imite jamais gens de ma connaissance
Qui coupent sans remords une narration,
Pour adresser au conteur en souffrance
L'impertinente question,
C'est-il bien vrai, Monsieur, en conscience ?
Je réserve ma défiance
Pour les romans trop langoureux,
Pour les auteurs pétris de suffisance,
Ou pour les parleurs ennuyeux.

L'histoire du satrape est à mes yeux fort sage,
    Car j'y vois la fidèle image
    Du sort parmi nous apprêté
    Aux amants de la vérité.
Vérité ! pour te voir, il faut plus qu'on ne pense
Craindre les préjugés que l'on suce en naissant,
    Se défier de l'apparence
Et retourner le dos au vulgaire ignorant.

FRAGMENT D'UN VOYAGE A SAINT-SEINE.

Vers faits en route et adressés, dans une lettre, à ma femme,
le 2 octobre 1823.

    Par une pluie intarissable
    Et par un temps noir comme un four
    De la cousine incomparable
    J'ai quitté l'aimable séjour,
    Et dans la banale voiture
    Je me suis niché sur la dure
    Sans voir quelle société
    Avec moi le sort a jeté.
    Mais la clarté perçant la nue
    Dont le globe est environné,
    Vient de découvrir à ma vue
    L'heureux sort qui m'est destiné !
Une Anglaise grognon, plaignante et précieuse,
Promenant ses appas au moins de cinquante ans,
D'un petit gentleman gardienne obséquieuse,
Au fond d'un vieux chapeau montre ses longues dents.
A ses chastes côtés son digne époux sommeille.
Un bonnet jadis blanc couvre son morne front ;
Son chef est grisonnant, mais sa face vermeille
Et son nez épâté, façon de champignon,
    Tout en lui décèle un Breton
    Ancien amant de la bouteille.
Aucun d'eux de français n'a souillé son jargon !
Aussi faut-il au sein de ce riant ménage

M'amuser, si je sais, de mon propre langage,
Et faire à moi tout seul ma conversation.
    Ha ! me disais-je, en mon jeune âge
    Comme tout était différent !
    Il ne pleuvait que rarement :
    On ne trouvait dans les messageries
    Que des voyageuses jolies
    Et que d'amusants compagnons !
Hélas, le monde change, ou c'est nous qui changeons ?

LE BAL DE TRENTE ET QUARANTE.

Chanson faite à l'occasion d'un bal où toutes les dames devaient avoir de trente à quarante ans. — Genève, 4 mars 1824 [1].

    Sur l'air : *J'ons un curé patriote.*
        Ou : *Du Sénateur.*
        Ou : *Quels dîners* (de Béranger).

    Au jeu de trente et quarante,
    L'imprudent perd ses écus,
    Au bal qui nous enchante,
    Ma foi nous risquons bien plus,
    Car, parmi tant de beaux yeux,
    Le poste est bien périlleux !
        Les beaux ans, les beaux ans,
        Que ceux qui suivent trente ans !
    Ah, sachons en jouir longtemps !

    Trop légèrement on vante
    La jeunesse et ses attraits ;
    Ce n'est vraiment qu'après trente
    Que les appas sont parfaits !
    Messieurs, si vous en doutez,
    Autour de vous regardez.....
        Les beaux ans, etc.

    L'ancienne mythologie
    Met Vénus chez les mamans,
    Et son immortelle vie

[1] Voyez ci-dessus, page 408.

Elle la fixe à trente ans.
Beauté n'a tout son éclat
Qu'amour n'ait passé par là.
    Les beaux ans, etc.

Voyez la fameuse Hélène,
Qui fit tant de bruit jadis :
Elle passait la trentaine
Quand elle enchanta Pâris !
Au dire des curieux
Elle n'en valait que mieux.
    Les beaux ans, etc.

Ninon fit naître des flammes
Qu'elle avait soixante ans faits !
Quel long avenir, Mesdames,
Se prépare à vos succès.
Vous plairait-il point pourtant
D'avancer un peu les temps ?
    Les beaux ans, etc.

Notre jeunesse étudie,
L'amour n'est plus de saison :
La fine plaisanterie
Est un brevet de barbon.
Renouvelons le vieux temps,
Et restons tous vert-galants !
    Les beaux ans, etc.

Plaignez la jeune fillette
Qui n'ose lever les yeux :
Son avenir l'inquiète
Et la fait rêver bien creux.
Mais à trente ans, quel plaisir !
On sait à quoi s'en tenir.
    Les beaux ans, etc.

Voulez-vous la preuve claire
Que notre âge est le plus doux ?
Cette jeunesse a beau faire,

Elle viendra toute à nous,
Et nul de nos partisans
Ne rentrera dans ses rangs !
   Les beaux ans, etc.

Daignez accepter ma rime
  En guise de menuet,
Car, malgré que je m'escrime,
J'ignore comme il se fait :
A cinquante ans, le caquet
Va bien mieux que le jarret !
   Les beaux ans, les beaux ans,
  Que ceux qui suivent trente ans !
Ah, sachons en jouir longtemps !

MON HISTOIRE HYDROGRAPHIQUE.

1825

La rive du Léman a reçu mon enfance,
Et je lui consacrai les premiers de mes vœux.
Le lac de Neuchâtel fut le théâtre heureux
Où s'écoula le temps de mon adolescence.
La Seine m'a vu jeune aimer, apprendre, agir.
Vagabond volontaire, on m'a vu parcourir
De la Tamise au Rhin, du Tibre à la Garonne ;
L'Hérault dans ses replis avait cru me tenir,
Bientôt j'ai remonté vers la plage où le Rhône
D'un tranquille océan se décide à sortir.
Parfois je me délasse aux rives de la Saône,
Mais vers le Léman seul je veux vivre et mourir.

A MA FEMME POUR LE JOUR DE SA NAISSANCE.

Saint-Seine, 10 septembre 1825.

Un an de plus pèse donc sur ta tête,
Chère Fanny ; c'est pour t'en consoler
Que nous venons ici nous rassembler
Et célébrer joyeusement ta fête.

Ta fête aussi c'est notre fête à tous ;
Car si le temps de sa main surannée
T'a ce matin fait cadeau d'une année,
A tous il a baillé des mêmes coups,
Un an de plus !

Crois-moi, le temps ne fait rien à l'affaire.
Le temps a-t-il changé ton caractère,
Appesanti ta tournure légère,
Ou bien jeté la neige en tes cheveux ?
Non, mon enfant, mais de ta complaisance,
De ton désir de faire des heureux,
Nous avons fait la douce expérience.
Un an de plus !

LE GENÊT DES LANDES.

1830 [1]

(Lisez la note [2] avant la fable.)

Dans ce triste désert, Sahara de la France,
Que ceignent de leurs eaux la Garonne et l'Adour,
L'Océan de Gascogne apporte chaque jour
Le sable qu'avec violence
Sa vague aux rocs voisins a la veille arraché.
Là, deux fois dans chaque journée,
Par le magique effet d'une double marée,
Ce sable mis à l'air, par le soleil séché,
S'amoncelle en dune stérile !
Le vent saisit alors sa surface mobile,

---

[1] Voyez pages 77 et 357.   (Alph. de C.)

[2] Brémontier a enseigné aux habitants des Landes qu'en semant sur les dunes des graines de pins et de genêts mêlées, on pouvait y créer des forêts qui mettent le pays à l'abri du vent, et par conséquent du mouvement du sable. Le genêt, qui croît vite, abrite le pin, et celui-ci tue ensuite le genêt, après avoir profité des feuilles qu'il dépose chaque année dans le sable et qui lui servent d'engrais. Le premier essai de cette méthode a été fait en 1788, devant le bassin d'Arcachon. L'auteur de la fable a visité cette forêt précisément dans les circonstances qu'il a décrites, c'est-à-dire après avoir entendu un paysan se plaindre de l'envahissement des sables et le croire incurable. Il a cherché à peindre l'aspect du pays avec l'exactitude d'un naturaliste.   (*Note de l'auteur.*)

Et par un souffle lent, qui ne cesse jamais,
Dont on sait calculer la marche régulière,
Sur la plaine il l'étend en tapis de misère,
Encombre les maisons et couvre les guérets.
Le triste laboureur me montrait la prairie
Qui de ses jeunes ans fut le théâtre heureux
Plus qu'à moitié déjà par le sable envahie !
« Encor dix ans, dit-il, et ce vent désastreux
« Aura couvert mon unique héritage !

    « L'humble cabane où je reçus le jour
« Elle est sous terre !... Au loin dans la dune sauvage
« Voyez-vous les débris de cette antique tour ?

      « C'était le moutier où mon père,
      « Par une inutile prière,
« Croyait de ce fléau retarder les progrès.
« Elle est ensevelie au milieu des genêts ! »
Cesse, lui dis-je alors, de pleurer ta misère.
Un homme s'est trouvé dont le génie heureux
Au sable envahisseur oppose une barrière.
L'antiquité l'eût mis sans doute au rang des dieux
    Ce Brémontier dont ton insouciance,
      Ingrat, ignore jusqu'au nom.
Vois donc cette forêt qu'une utile science
Fit naître sur la dune en avant d'Arcachon !
      Son rideau simple et tutélaire
      Suffit pour protéger les champs.
Sache imiter au loin cette utile barrière,
Au lieu de répéter tes injustes accents !
Je quittai le vieillard. — Dans la forêt touffue,
      Dont Brémontier fut créateur,
De ses soins méconnus, l'âme encor tout émue,
J'allai porter un œil admirateur.

      Tout à coup, dans ma rêverie,
    Un vieux genêt me parut s'animer
    Et soulever sa couronne flétrie
Contre un pin, son voisin, qu'il semblait menacer.
    « Quoi, disait-il, j'ai sauvé ton enfance,
      « Le même jour notre semence
    « Fut confiée à ces sables mouvants !

« Ensemble nous avons passé nos premiers ans
 « Dans le calme et la confiance :
« Plus précoce que toi contre l'effet des vents
  « J'ai protégé ta débile existence !
« Enfant, il m'en souvient, tu t'élevais gaîment
« Sous l'abri bienfaiteur de mon léger ombrage ;
« Chaque automne avec joie en ce sable brûlant,
« Pour te nourrir j'enfouissais mon feuillage.
« Aujourd'hui tu grandis oubliant ma bonté
      « Et tu m'étouffes de ton ombre !
« Écarte, au nom du ciel, ce rameau triste et sombre
« Qui m'ôte du soleil la bénigne clarté.
        « Je perds ma force ! Mon feuillage
« Tombe décoloré sous ton sinistre ombrage ! »
    « Je meurs, ingrat, pour t'avoir abrité ! »
Il se tut. — Quoi, me dis-je avec inquiétude,
Tous les êtres vivants suivent la même loi !
      L'égoïsme et l'ingratitude
Sont leurs dieux et chacun ne vit donc que pour soi !
    Serait-il vrai que la reconnaissance
N'est qu'un vif sentiment des faveurs à venir ?
Nous isolant de ceux qu'il faudrait prévenir,
Devons-nous à nous seuls borner notre assistance ?
      Non, mes amis, il n'en est rien,
        Sachons toujours faire le bien ;
      Il porte en lui sa récompense :
Mais ne comptons jamais sur la reconnaissance !

ÉPILOGUE.

Mon « Exegi monumentum [1]. »

Il est donc enfin terminé
Ce recueil, monument borné
De mes juvéniles pensées

---

[1] Cette pièce n'est pas datée. Elle était placée dans le manuscrit à la fin du recueil. D'après quelques indices, je la crois composée en 1824 ou à peu près.

(Alph. de C.)

Et de mes rimes négligées !
Né dans l'étroite intimité,
Il n'ira point de race en race
Jusques à la postérité.
Qu'il garde la modeste place
Pour laquelle il fut destiné,
Et n'aille point grossir la masse
De ces fades fruits du Parnasse
Dont le public est rebuté !
J'ai souvent fait gémir la presse
(Peut-être trop en vérité !)
Mais mes écrits de toute espèce
Ont eu pour but la vérité,
Pour mobile l'utilité.
Jamais d'un simple badinage
Mon nom ne devint le parrain :
Le public m'a vu grave et sage,
Mes amis seuls m'ont vu badin.
Quand j'aurai faussé compagnie,
Peut-être, un jour, ces vieux amis,
En lisant entre eux des écrits
Qu'aux jours fortunés de ma vie
Dictèrent, non la vanité,
Mais la simple et franche gaîté,
Le sentiment, ou la folie,
Ou bien certaine activité
Que le destin m'a départie,
En pensant à notre amitié,
A l'angle de leur œil mouillé,
Essuieront une larme amie !
Peut-être mes petits-enfants,
Qui ne connaîtront leur grand-père
Que par ces in-folio pesants,
Couverts d'une docte poussière,
Qu'on garde, mais qu'on ne lit guère,
Verront par ces légers écrits,
Sans vanité, sans importance,
Que l'enjouement et la science
Peuvent se trouver réunis,

Et que tout en suivant les traces
Des savants les plus érudits
On peut sacrifier aux grâces.....
Puissent-ils ne pas dire entr'eux
Qu'elles ont rejeté mes vœux !

XIV

De quelques dispositions testamentaires de Aug.-Pyr. de Candolle.

Le testament est du 20 février 1841. Ses principales dispositions concernent la famille ou les propriétés du testateur, ou des établissements de charité de Genève ; il est inutile d'en parler, mais je citerai celles relatives à des établissements étrangers, à des amis, ou à des objets scientifiques. Elles complètent, en quelque sorte, les *Mémoires*.

« Je donne au Consistoire protestant de la ville de Montpellier, pour ses pauvres, 300 francs, en souvenir des années heureuses que j'y ai passées.

« A la bibliothèque de la ville d'Yverdon 100 francs, comme signe du « prix que j'attache au droit de bourgeoisie que ma famille y a obtenue « depuis trois siècles.

« A la Société de physique et d'histoire naturelle de Genève une « somme de 2,400 francs pour fonder un prix en faveur de la meilleure « monographie d'un genre ou d'une famille de plantes ; la Société fixera « les conditions du concours et le jugera ; l'ouvrage couronné sera im- « primé ou par l'auteur ou dans les Mémoires de la Société [1]. »

Par les articles suivants, le testateur abandonnait à son élève et ami Guillemin le droit de publier de nouvelles éditions de la *Théorie élémentaire* et de *l'Organographie*. Le légataire étant mort peu de temps après n'a pu profiter de cette clause, qui était simplement un avantage pécuniaire. L'article suivant est celui-ci : « Je donne à M. Dunal, profes- « seur de botanique à Montpellier, en souvenir de sa bonne et constante « amitié : 1° les livres doubles qui pourront se trouver à mon décès dans

---

[1] Par suite de cette fondation, des prix quinquennaux, de 500 francs, ont déjà été adjugés à MM. Meissner, professeur à Bâle, pour une monographie des Thymélées ; Jean Müller, d'Argovie, pour une monographie des Résédacées, et de Bunge, professeur à Dorpat, pour une monographie des Anabasées.

(Alph. de C.)

« ma bibliothèque ; 2° le droit de publier une nouvelle édition ou de la
« *Flore française* ou de l'*Essai sur les propriétés des plantes.* » La maladie et la mort de Dunal l'ont empêché de publier ces nouvelles éditions,
qui auraient sans doute été bien rémunérées, mais qui auraient exigé de
longs travaux.

« Je prie mon fils de choisir dans mon herbier cent plantes que j'aie dé-
« crites le premier, et de les adresser de ma part à mon bon et ancien
« ami Benjamin Delessert, comme témoignage de mes sentiments pour
« lui et sa famille. » Ces plantes ont été envoyées sur papier encadré de
noir, et elles forment un volume, conservé à part, dans la grande collection de M. Delessert, ouverte si libéralement aux botanistes.

Le testateur donne une copie de son dictionnaire inédit de nomenclature botanique à l'administration du Muséum d'histoire naturelle de
Paris, « comme témoignage de la reconnaissance que j'ai conservée pen-
« dant toute ma vie pour les bontés dont elle m'a honoré dès ma jeunesse.
« Je désire que ce manuscrit soit placé dans son herbier, à l'usage des
« botanistes [1]. »

Enfin le testament se termine par ces mots : « Je remercie mes parents,
« mes amis, mes collègues et mes concitoyens de la bienveillance qu'ils
« m'ont souvent témoignée. Je prie tous les Genevois auxquels ma mé-
« moire pourra être chère de l'exprimer, non par des discours ou autres
« marques de ce genre, mais en encourageant de toutes leurs forces les
« études scientifiques dans notre ville comme étant la carrière qui a le
« plus honoré ses habitants et qui convient le mieux à leur position et à
« leur caractère. »

La seconde phrase de cet article est la seule dont on n'ait pas tenu
compte. A peine la nouvelle de la mort du savant genevois fut répandue
que ses amis se réunirent pour aviser aux moyens de lui élever un monument dans le jardin botanique de Genève. Une souscription fut vite remplie, et notre célèbre compatriote, le sculpteur Pradier, fut chargé de
l'exécution. C'est dans la session de la Société suisse des sciences naturelles à Genève, en 1845, que le monument fut inauguré par un discours
éloquent de M. Macaire-Prinsep, président du comité des souscripteurs,
auquel se joignirent les acclamations des naturalistes suisses et d'un nombreux public [2].   (Alph. de C.)

[1] Voyez page 286.
[2] Voyez le journal l'*Illustration* du 30 août 1845.

XV

Biographies et éloges publiés sur Aug.-Pyr. de Candolle [1].

1° Pendant sa vie.

Biographie des contemporains. 1822. Vol. v, p. 254, et supplém. p. 11. Articles faits par Bory Saint-Vincent ; le premier court et en quelques points inexacts ; le second développé et exact.

Encyclopédie des gens du monde. 1834. Vol. iv, part. ii; au mot Candolle. Article signé S. B. (Sabin Berthelot).

Dictionnaire de la conversation. 1835. Vol. xix, p. 315. Article signé N. Bermont.

2° Depuis sa mort.

Discours de M. le premier syndic Rigaud au Conseil Représentatif, le 27 septembre 1841. — Communiqué officiellement à la famille et imprimé dans le *Mémorial du Conseil*. — Extrait dans les *Actes de la Société suisse d'utilité publique*. Lausanne, 1842, p. 303.

Éloge prononcé par M. de Martius dans une séance de la Société botanique de Bavière, le 28 novembre 1841, publié d'abord dans l'*Allgemeine Zeitung*, puis, avec des additions, dans le journal *Flora*, n° 1 de 1842 (et à part). Traduit en anglais dans *Silliman's American Journal*, 44, n° 2.

Article lu par le Dr Roget, secrétaire de la Société royale de Londres, dans la séance du 30 novembre 1841. — Imprimé dans les *Proceedings of the royal Society*.

Dunal. Note biographique sur feu M. le professeur de Candolle, février 1842. Imprimée dans le *Journal de la Société médicale pratique de Montpellier*. (Ecrit préliminaire à l'éloge mentionné plus loin.)

Le Magasin pittoresque d'avril 1842. Article de Töpffer (sans signature), avec portrait.

A Notice of prof. Augustin-Pyrame de Candolle, by George E. Emerson, president of the Boston Soc. of natur. history, read 17 nov. 1841. Printed in *Silliman's American Journal of Science*, vol. xlii, n° 2. Avril 1842.

---

[1] Il ne m'est pas possible de connaître tous les articles de journaux qui ont été publiés, mais j'indique au moins les ouvrages originaux ou éloges auxquels on a puisé. (Alph. de C.)

Éloge lu à la Société linnéenne de Londres par le secrétaire. Imprimé dans les *Annals and Magazine of natur. history*, 10, page 413, mai 1842.

Éloge prononcé aux promotions par M. Cellérier, recteur, le 8 août 1842. Br. in-8°.

Éloge par M. A. de la Rive dans le discours du président de la Société des Arts, du 11 août 1842. Imprimé dans les Procès-verbaux de la séance.

Actes de la Société suisse des sciences naturelles siégeant à Altorff, le 25 juillet 1842.

Éloge historique de A.-P. de Candolle, lu à la séance de rentrée des trois Facultés de Montpellier, le 8 novembre 1842, par F. Dunal. Broch. in-4°, avec portrait.

Le Nouveau Messager suisse de 1843. Article par J. Ruegger.

Morren. Notice sur la vie et les travaux de Aug.-Pyr. de Candolle, lue à la séance publique de l'Académie de Bruxelles, le 14 décembre 1842. *Indépendance belge*, 16 et 20 décembre 1842, et br. in-12.

Flourens. Éloge historique de A.-P. de Candolle, lu à la séance publique de l'Institut, le 10 décembre 1842. Imprimé dans les *Mémoires de l'Académie*, et à part. Traduit en anglais dans *Reports of the Smithsonian institution*. Washington, 1860.

Ch. Martins. Revue indépendante du 10 mars 1843, à la fin d'un article intitulé : la Métamorphose des plantes.

Daubeny. Sketch of the wrightings and philosophical character of A.-P. de Candolle. Dans *Edinburgh new philos. Journal*, April 1843.

Gautier, professeur. Notice sur les membres ordinaires de la Société de physique et d'histoire naturelle que cette Société a perdus de 1833 à 1842. Dans le vol. x des Mémoires de la Société, page xxvi.

Choisy. Album de la Suisse romande, 1843, vol. i, p. 15, avec portrait lithographié.

A. de la Rive. Notice sur la vie et les écrits de A.-P. de Candolle. *Bibl. univ.*, novembre et décembre 1844. — 2me édition, fort augmentée; 1 vol. in-12°. Genève, 1851.

Ad. Brongniart. Notice sur Aug.-Pyr. de Candolle, lue à la Société royale et centrale d'agriculture, dans sa séance publique du 19 avril 1846. Imprimée dans les Mémoires de la Société, 1846.

Haag. La France protestante : au mot Candolle. 1854.

Discours prononcé à l'inauguration du buste de Aug.-Pyr. de Candolle, dans le Jardin des plantes de Montpellier, le 4 février 1854, par

M. Ch. Martins, professeur à la Faculté de médecine de Montpelli er, Broch. in-8°. Montpellier, 1854.

Discours prononcé à l'inauguration du buste de M. de Candolle, dans le Jardin botanique de Montpellier, par M. Paul Gervais, professeur à la Faculté des sciences. Br. in-8°. Montpellier, 1854.

Nouvelle biographie générale, publiée par MM. Didot, sous la direction du D^r Hœfer ; in-8°, volume VIII, page 462, 1855. Article Candolle (Aug.-Pyr. de).

Notice biographique sur M. de Candolle (A.-P.), dans le Musée biographique, Panthéon universel, de Perraud de Thoury ; in-8°, 1856.

(Alph. de C.)

XVI

Portraits, gravures, bustes.

A 14 ans. — Portrait au crayon et à l'estompe, dessiné en pied, par Auriol [1].

20 ans. — Portrait au crayon, par Mlle Rath, donné à Mme Humbert.

24 ans. — Portrait en miniature, par Mlle Rath, donné par elle à ma femme lors de notre mariage. Volé quelques années après.

30 ans. — Portrait à l'huile, par Boilly, donné par moi à Mme Torras.

— — Copie de ce portrait, par ma belle-sœur N. T. (avec un changement de coiffure), donné à Mme Hooker.

— — Gravure de cette copie réduite à de très-petites dimensions, par Mme Turner, belle-mère de Mme Hooker.

42 ans. — Portrait au crayon, par Mme Munier-Romilly, lithographié et mis par elle en vente au profit de l'établissement des orphelines [2].

48 ans. — Gravure d'après le portrait de Mme Munier, par Tardieu, pour la collection de Levrault, à la suite du Dictionnaire des sciences naturelles [3].

---

[1] Mentionné page 54. Il n'était pas ressemblant. (Alph. de C.)

[2] Le portrait était excellent, mais la lithographie était alors tout à fait dans l'enfance. (Alph. de C.)

[3] Après avoir fait cette gravure, d'après un très-bon portrait, le graveur reçut la visite de mon père et ne le reconnut pas. A la suite de cette entrevue, il modifia peut-être son ouvrage, qui en définitive ne ressemble guère.

(Alph. de C.)

49 ans. — Portrait au crayon de Mlle Rath [1], qu'elle a fait lithographier et dont elle a donné le produit au Jardin de Génève.

50 ans. — Portrait à l'huile, par M. Bouvier, donné par lui à la Société des Arts.

52 ans. — Gravure par M. Bovy d'un second portrait au crayon par Mme Munier-Romilly [2].

53 ans. — Médaillon en relief, par M. David (d'Angers).

54 ans. — Médaillon en cire rouge et pierre gravée d'après ce médaillon, par M. Veillard, sourd-muet.

58 ans. — Autre médaillon en cire, par M. ......, destiné à une médaille de bronze qui n'a pas été faite.

60 ans. — Portrait à l'huile, de grandeur naturelle, par Hornung [3]. Une copie de D'Albert a été envoyée par moi à la Faculté des sciences de Montpellier [4], et une autre par Straub, à la Faculté de médecine de la même ville.

61 ans. — Portrait en noir, par M. Jacob. Je l'ai donné à Auguste Torras, mon beau-frère.

62 1/2 ans. — Portrait au crayon, ébauché à Turin, par ordre de l'Académie de cette ville.

L'énumération qui précède était jointe au manuscrit des *Mémoires*. Après la mort de mon père et par son ordre, j'ai fait exécuter une gravure soignée, format in-folio, par Bouvier. On s'est servi principale-

[1] Il a servi de modèle pour une mauvaise lithographie placée en tête de la traduction russe de mon *Introduction à l'étude de la botanique*, publiée à Moscou en 1837. (Alph. de C.)

[2] Excellent portrait, mieux rendu que le précédent de Mme Munier. Dans tous les deux les amis de mon père retrouvaient son expression et sa vivacité. C'est en général du second portrait de Mme Munier qu'on a tiré des copies, par exemple la gravure sur bois qui est dans le *Magasin pittoresque* de 1842, n° 14, et la lithographie du *Messager suisse* de 1843. (Alph. de C.)

[3] Donné par moi, en 1841, à la Bibliothèque publique de Genève. Il est à regretter qu'un aussi bel ouvrage ait été exécuté après la maladie de mon père, en 1836, qui avait altéré sensiblement son teint et sa physionomie. — Copié en émail, par Dupont; aussi en émail (et modifié), par Henry, pour M. J.-L. Du Pan. C'est d'après ce dernier que les éditeurs de l'*Album genevois* ont publié une lithographie en 1841. (Alph. de C.)

[4] Ce portrait a servi pour la lithographie placée en tête de l'éloge de M. Dunal. Le digne élève et ami de mon père n'a pas dû en être content. (Alph. de C.)

ment pour ce travail du second portrait de Mme Munier-Romilly, et cette artiste si distinguée a eu l'obligeance de retoucher le dessin du graveur afin de compléter encore la ressemblance. J'ai donné un grand nombre d'exemplaires de cette gravure, qui est en vente à Genève et à Paris [1].

Un excellent buste en marbre de Carrare, exécuté par Dorcière, a été placé dans le salon de la Société des Arts de Genève, dont mon père était président. Des moules en plâtre de ce buste ont été répandus à Genève. J'en ai donné d'autres, en ciment, qu'on disait inaltérable, aux Jardins botaniques de Zurich et de Montpellier ; mais ils n'ont pas résisté aux intempéries.

Le monument élevé par une réunion de souscripteurs dans le Jardin botanique de Genève porte un buste, en bronze, par Pradier. L'artiste n'a malheureusement fait aucun usage des modèles qu'on lui avait envoyés, de sorte que la ressemblance est à peu près nulle.

Enfin un portrait à l'huile a été placé par ordre du gouvernement français dans la galerie de Versailles. Ce portrait a été exécuté par M. de Régny, principalement d'après celui de M. Hornung, mentionné ci-dessus.

(Alph. de C.)

XVII

Additions et rectifications.

Page 81. Il s'est glissé probablement une erreur dans la rédaction du manuscrit au sujet de « *Cicé, qui a été depuis archevêque d'Aix.* » Ce doit être l'abbé *de Cussé* Boisgelin, depuis archevêque d'Aix, car c'est lui que Morellet désigne dans ses Mémoires, vol. I, page 11, comme son camarade à la Sorbonne, avec Loménie et Turgot. Il fit bien connaissance avec l'abbé de Cicé, ensuite archevêque de Bordeaux, mais ce fut après être sorti de Sorbonne (p. 24). La ressemblance des deux noms est la cause évidente de l'erreur. Du reste, comme le remarque mon père, on ne trouve pas dans les Mémoires de Morellet une foule d'anecdotes et de chansons de lui qui étaient dirigées contre l'Église. On sait que Voltaire l'avait surnommé dans sa jeunesse l'abbé *Mords les*. La chanson que l'auteur des Mémoires lui escamota si plaisamment a été imprimée. J'en ai

---

[1] A Genève, chez J. Cherbuliez, libraire ; à Paris, chez Masson, libraire, 17, place de l'École de Médecine. (Alph. de C.)

une autre, intitulée *Mon confiteor*, qui ne le sera pas, à moins que le vingtième siècle ne ressemble au dix-huitième.

Page 498. Malgré toute la peine que je me suis donnée pour compléter la liste des ouvrages ou opuscules de mon père, je viens d'en retrouver deux qui m'avaient échappé.

61*   Lettre sur les recherches botaniques à faire en Suisse. Dans *Meissner, Naturwissenschaftlicher Anzeiger*. Berne, 1818, in-4°, n° 7.
77*   Division des roses (dans un mémoire de Seringe). Musée helvétique, in-4°, cahier 1, Berne, 1823.

Alph. de C.

ERRATA.

Page 407, avant-dernière ligne, supprimez le mot autrement.

TABLE DES MATIÈRES

Pages

Préface de l'éditeur . . . . V-XVI
Préface de l'auteur. 1

LIVRE I. **De ma naissance jusqu'à mon établissement à Paris. — 1778 à 1798. — Enfance et adolescence.** . . . 5

§ 1. Naissance. Famille 5
2. Enfance 9
3. Adolescence 22
4. Commencement de mes goûts pour la botanique. . . 27
5. Terreur à Genève 29
6. Auditoire de philosophie 31
7. Voyage à Paris (1797). 38
8. Été à Champagne 48
9. Hiver à Genève 51
10. Départ pour Paris (1798). 53

LIVRE II. **Jeunesse. — Séjour à Paris. — 1798 à 1808.** 55

§ 1 Commencement de mon séjour à Paris. 55
2. Liaison avec MM. Desfontaines et L'Héritier. . . . 60
3. Relations avec la famille Delessert 63
4. Herborisation à Fontainebleau. 67
5. Course en Normandie 68
6. Premiers travaux en zoologie. 71
7. Relations de société. 72
8. Voyage en Hollande. 74
9. Été à Paris. 76
10. Voyage à Champagne 77
11. Intimité dans la famille Torras. 80
12. Dîners chez Mme Bidermann 80
13. Voyage à Champagne 85
14. Histoire des Astragales. 88
15. Travaux botaniques divers. 91

Pages

§ 16. Première présentation à l'Institut. 94
17. Société philomathique. 96
18. Mission près le premier consul 101
19. Société philanthropique 105
20. Travail avec Biot 116
21. Expériences sur les Ipécacuanas 117
22. Rapport sur les Conferves. 117
23. Observations sur la graine des Nymphæa. 119
24. Travaux divers. Commencement d'herbier. 120
25. Visite aux hôpitaux et prisons de Paris 122
26. Relations avec la famille Say. 123
27. Course à Champagne et aux Alpes 125
28. Société d'encouragement 131
29. Mariage. 134
30. Flore française. 137
31. Cours au Collége de France 144
32. Doctorat en médecine 146
33. Amella. 150
34. Course au Jura, aux Alpes, avec Biot et Bonpland. . 152
35. Synopsis de la Flore française 160
36. Relations avec M. Correa. 162
37. Société d'Arcueil. 164
38. Origine de mes voyages en France. 169
39. Voyage dans l'ouest de la France. 170
40. Deuxième présentation à l'Institut 184
41. Naissance d'Alphonse. 187
42. Ouvertures pour aller à Montpellier. 188
43. Voyage aux Pyrénées 189
44. Nomination à Montpellier. 189

LIVRE III. **Age viril. — Séjour à Montpellier.** — 1808
à 1816. 194

§ 1. Établissement à Montpellier. 194
2. Voyage en Toscane (non rédigé). Voir *Pièces justifica-*
tives, page 544. 197
3. Troisième présentation à l'Institut 197
4. Retour à Montpellier 200
5. Voyage botanique en Piémont (non rédigé). 201
6. Retour à Montpellier. Hiver de 1809 à 1810. . . . 201
7. Voyage d'Alsace et de Belgique (non rédigé) et incidents
divers. 202
8. Voyage au centre de la France, en 1811 (non rédigé) . 204

§ 9. Résultats de mes voyages. Projet d'une statistique végétale de la France. 204
10. Supplément à la Flore française. 209
11. Travaux botaniques divers 212
12. Flore du Mexique 219
13. Entreprise du *Systema*. 221
14. Société de Montpellier. 223
15. Visites d'étrangers 226
16. Direction du Jardin botanique 228
17. Enseignement. Élèves 233
18. Naissance d'un second fils 239
19. Demande du rectorat 240
20. Désastres militaires de l'empire. 243
21. Course à Genève, après la Restauration 248
22. Événements des Cent-jours 251
23. Seconde restauration des Bourbons. 257
24. Voyage à Paris 260
25. Détermination de quitter Montpellier 263
26. Voyage en Angleterre. 264
27. Retour à Paris et à Montpellier. 280

LIVRE IV. **Age mûr. — Séjour à Genève depuis mon
arrivée jusqu'à ma démission des fonctions de professeur. — 1816 à 1834.** 283

§ 1. Introduction. Établissement à Genève 283
2. Copie de la Flore du Mexique 288
3. Retour momentané à Montpellier 291
4. Premiers temps de mon séjour à Genève 293
5. Fondation du Jardin botanique 298
6. Autres institutions que j'ai contribué à fonder à Genève. 302
7. Détails sur ma carrière politique. 310
8. Académie; enseignement; élèves 324
9. Société des Arts. 339
10. Comité d'utilité cantonale. 346
11. Bibliothèque publique 349
12. Société de physique et d'histoire naturelle et autres Sociétés de Genève 350
13. Société helvétique des sciences naturelles. Voyages en
Suisse 352
14. Académies ou Sociétés savantes étrangères 368
15. Voyages divers 370
16. Travaux scientifiques 384

Pages

§ 17. Relations sociales. 399
18. Visites d'étrangers 409
19. Vie de famille. 436
20. Développements d'Alphonse (article supprimé, sauf des
considérations sur l'éducation). 446
21. Organisation académique 447
22. Démission. 450

LIVRE V. **Vieillesse. — Genève. — 1835 à 1841.** . . . 453

Pièces justificatives et notes additionnelles. 493

I. *Emploi du temps. Procédés d'ordre* 493
II. *Liste complète des ouvrages ou mémoires.* 495
III. *Planches botaniques publiées* 512
IV. *Familles, genres et espèces établis par l'auteur.* . . . 512
V. *Nomenclature de ses genres nouveaux.* 515
VI. *Cours publics donnés par lui* 518
VII. *Fonctions publiques.* 521
VIII. *Académies et Sociétés savantes* 522
IX. *Voyages.* Lettres de 1807 et 1808. 525
X. *Bibliothèque et herbier* 529
XI. *Correspondance.* 531
　　Lettre de Aug. -Pyr. de Candolle à son ami J. Picot-
　　　Trembley. 1794. 531
　　Id. de Aug.-Pyr. de Candolle à son père. 1795 . . 532
　　Id. de Aug.-Pyr. de Candolle à Mme de Luze. 1796. 533
　　Id. de Aug.-Pyr. de Candolle à ses parents. 1796. . 534
　　Id. de Aug.-Pyr. de Candolle à Mme de Luze. 1796. 536
　　Id. de Aug.-Pyr. de Candolle à ses parents. 1798. . 538
　　Id. de George Cuvier. An XI. 541
　　Id. de Aug.-Pyr. de Candolle à sa femme. 1808. . 544
　　Id. de George Cuvier. 1809 550
　　Id. de Chaptal, sénateur. 1809 552
　　Id. de George Cuvier. 1812 553
　　Id. de Berthollet, sénateur. 1813. 555
　　Id. de Mgr Fournier, évêque de Montpellier. 1813. . 556
　　Id. de Antoine-Laurent de Jussieu. 1813 556
　　Id. de Mme de Rumford. 1813. 556
　　Id. de Deleuze. 1813 557
　　Id. de Jean-Baptiste Say. 1814 558
　　Id. du duc de Plaisance, grand maître de l'Univer-
　　　sité. 1815. 559
　　Id. de Crozat, principal du collége de Clermont. . 561

Pages

Lettre de Jean-Baptiste Say. 1817 562

Id.   de Aug.-Pyr. de Candolle à sa femme. 1819 . . 563

Id.   de Berthollet, comte, ancien sénateur. 1820 . . 563

Id.   de Aug.-Pyr. de Candolle à sa femme. 1823 . . 564

Id.   de Desfontaines. 1822. 565

Id.   de Jean-Baptiste Say. 1827 566

Id.   de Châteaubriand. 1831 . . . . : . 567

XII. *Journaux de sa vie tenus par l'auteur. Ses rapports de caractère avec Linné. Origine de ses opinions en botanique* 568

XIII. *Quelques pièces de vers* 573

XIV. *De quelques dispositions testamentaires* 586

XV.   *Biographies et éloges publiés* 588

XVI. *Portraits, gravures, bustes* 590

XVII. *Additions et rectifications* 592

CHEZ JOEL CHERBULIEZ, LIBRAIRE

à Genève, Grande rue

Portrait de Augustin-Pyramus de Candolle, gravé par Bouvier, d'après Mme Munier-Romilly. Format in-folio. Prix : 8 francs.—Voyez *Mémoires*, p. 592.

Géographie botanique raisonnée, ou exposition des faits principaux et des lois concernant la distribution géographique des plantes de l'époque actuelle, par ALPH. DE CANDOLLE. 2 volumes in-8°, avec 2 cartes géographiques. Paris et Genève, 1855. Prix : 25 francs.

DE CANDOLLE. **Prodromus systematis naturalis regni vegetabilis**, editore et pro parte auctore Alph. de Candolle. In-8°, Parisiis, apud V. Masson. — Vol. XV, sect. 2, fasc. 1, Sistens Euphorbiceas, auctore EDM. BOISSIER. Nov. 1861.

Augustin-Pyramus de Candolle, sa vie et ses travaux, par A. DE LA RIVE. 1 volume in-12, 3 fr. 50 c.

9 782012 588219